# 选矿厂
## 生产技术与管理

王毓华　何建璋　廖振鸿　编著

中南大学出版社·长沙
www.csupress.com.cn

**图书在版编目（CIP）数据**

选矿厂生产技术与管理／王毓华，何建璋，廖振鸿
编著. —长沙：中南大学出版社，2024.3
ISBN 978-7-5487-5702-3

Ⅰ．①选… Ⅱ．①王… ②何… ③廖… Ⅲ．①选矿
厂—生产技术②选矿厂—生产管理 Ⅳ．①TD928

中国国家版本馆 CIP 数据核字（2024）第 035444 号

选矿厂生产技术与管理

XUANKUANGCHANG SHENGCHAN JISHU YU GUANLI

王毓华　何建璋　廖振鸿　编著

| | | |
|---|---|---|
| □出 版 人 | 林绵优 | |
| □责任编辑 | 史海燕 | |
| □责任印制 | 李月腾 | |
| □出版发行 | 中南大学出版社 | |
| | 社址：长沙市麓山南路 | 邮编：410083 |
| | 发行科电话：0731-88876770 | 传真：0731-88710482 |
| □印　　装 | 长沙鸿发印务实业有限公司 | |

| | | | |
|---|---|---|---|
| □开　　本 | 710 mm×1000 mm 1/16 | □印张 38.25 | □字数 771 千字 |
| □版　　次 | 2024 年 3 月第 1 版 | □印次 2024 年 3 月第 1 次印刷 | |
| □书　　号 | ISBN 978-7-5487-5702-3 | | |
| □定　　价 | 198.00 元 | | |

# 作者简介

**王毓华**，1964 年生于湖北鄂州，教授。1989 年硕士研究生毕业后在化学工业部长沙化学矿山设计研究院从事工程设计工作。1996 年获博士学位并留校任教，曾任中南大学资源加工与生物工程学院副院长。

主要研究方向包括：浮选理论与工艺、资源再生与利用、计算机在矿物加工中的应用。参与并负责国家重点基础研究发展计划项目(973)2 项、科技支撑计划课题 7 项、企业科研项目 40 余项。获国家科技进步一等奖 1 项，省部级一等奖 5 项、二等奖 1 项、三等奖 1 项，获授权专利 14 项。发表学术论文 100 余篇(SCI 收录 40 余篇)。出版教材 2 种，专著 1 种。

**何建璋**，1965 年生于山东郓城，高级工程师。曾任新疆有色金属工业集团稀有金属有限责任公司董事长兼总经理，西部黄金股份公司副总经理兼伊犁公司经理，西部黄金股份公司董事长，现任新疆有色金属工业(集团)有限责任公司总工程师。

多年致力于锂辉石、绿柱石、钽铌、云母及黄金选矿的生产、科研和管理，尤其对锂辉石及绿柱石的选矿及锂铍分离有独到的见解。运用形状选矿理论研制的云母回收工艺不但对伴生于硅酸盐矿物的云母进行了有效回收，而且创造了可观的经济效益。研制的 20 m³ 自吸式浮选机成功运用于锂辉石的生产。

廖振鸿，1990年生于湖南娄底，高级工程师。本科、硕士研究方向为矿物加工工程，博士研究方向为控制科学与工程。2015年硕士毕业后，一直在中国五矿长沙矿冶研究院从事复杂难选铁矿开发与过程优化控制技术研究与应用工作。负责企业横向科研项目6项；参与国家科技支撑计划课题2项，重点研发计划课题1项，国家自然科学基金项目2项，企业横向课题20余项。作为骨干人员参与研究的2项科技成果被国家级行业协会评定为"国际领先"；获中国五矿集团有限公司科技进步一等奖2项；发表论文10余篇。

# 前言

Foreword

《选矿厂生产技术与管理》是一本以选矿厂生产技术人员、管理人员和岗位操作人员为读者对象而编写的技术培训和参考用书。该书在作者们多年来对选矿厂生产管理和技术人员进行选矿技术培训时所用的讲义的基础上，经过多年的修改、补充和完善，于 2023 年 8 月最终定稿。

本书由王毓华教授、何建璋高级工程师和廖振鸿高级工程师共同完成编写，书中融合了编者们多年从事选矿专业的教学、工程设计、生产调试、科学研究及生产管理等方面的经验，较系统地介绍了选矿的基本概念(包括矿产资源、矿石与矿物的概念，矿产资源的开发程序及选矿基本术语等)、选矿工艺过程的基本原理和设备(包括工艺过程基本原理、工艺过程的影响因素与调整和设备的操作与维护等)、选矿自动控制、选矿试验与生产检验，以及选矿厂生产管理等方面的知识和内容。

全书共 12 章，第 1 章、第 2 章、第 4 章、第 11 章由王毓华编写，第 6 章、第 9 章、第 10 章、第 12 章由何建璋编写，第 3 章、第 5 章、第 7 章和第 8 章由廖振鸿编写。教材内容上循序渐进，深入浅出，易读易懂，侧重基本原理、方法和实际应用的介绍，具有较好的科学性、实用性和可操作性。不仅适合于选矿厂管理人员、技术人员和生产人员使用，而且适合作为大专院校的教师和学生教学及生产实践的参考用书。

教材编写过程中，除参考了附录所列主要参考图书及文献资料外，还参考了其他大量期刊文献资料(不便——列出)，在此一并说明，并表示衷心感谢！本书出版得到国家重点研发计划课题"基于界面流场协同调控锂辉石低温无碱自选技术"（2021YFC2903202）的支持。

由于编者知识和水平的局限性，错误及疏漏之处在所难免，敬请广大读者朋友批评指正，以便不断地修改和完善。

编　者

2023 年 12 月

# 目录 / Contents

# 1

# 选矿概论

## 1.1 矿产资源概述

### 1.1.1 矿产资源及分类

按地质学观点，矿产资源指存在于地下或地表，因地质作用而形成的呈固态、液态或气态，并具有现实或潜在经济价值的天然富集物。其既包括已发现，并对其数量、质量和空间位置等特征取得一定认识的矿产，也包括经过预测或推断可能存在的矿产。从工业应用角度，矿产资源包括已开采和将来可能开发并具有经济价值的矿产。

我国矿产资源法实施细则中，矿产资源的分类包括：能源、金属、非金属和水气矿产等4大类共168种。其中，地下水具有矿产资源和水资源的双重特性。因矿产资源是不可再生的自然资源，珍惜和保护矿产资源是人类的职责。

矿产资源产业指从事与矿产资源勘查、开发（采、选、冶）、尾矿处理及矿产资源综合利用、废弃矿产资源回收等相关的经济活动的集合或系统。矿产资源开发是矿产资源产业的核心组成部分，其主要生产活动是根据矿产资源勘查提供的地质资料，通过矿山开采、选矿厂和冶炼厂的加工处理，把可以利用的矿产资源分离提取出来，作为材料和化工等行业的原料。

### 1.1.2 矿产资源开发程序

矿产资源开发程序一般是指对已探明的矿产资源进行开采、选矿分离和冶炼的过程，其中，确定采矿权是关键所在。根据我国《矿产资源开采登记管理办法》的规定，矿产资源开发的基本程序如下。

（1）新设采矿权申请登记

新设采矿权的申请分为两个阶段：申请划定矿区范围和申请采矿登记。两个阶段之间有矿区范围预留期，大型矿山不超过 3 年，中型矿山不超过 2 年，小型矿山不超过 1 年。在预留期内，登记管理机关不再受理该区域内新的采矿权申请，而申请人需委托有资质单位完成矿产资源开发方案、环境影响评价报告及安全评估报告的编制工作，并报有关主管部门审批通过。通过招标、拍卖和挂牌等方式竞得采矿权者，不再经过第一阶段的程序。

（2）矿产资源开发利用方案审查申请

申请人向登记管理机关提出申请并提交矿产资源开发利用方案等申请材料。登记管理机关受理后，经办人审查申请材料，如材料不完善，需补充或修改的，及时通知申请人限期补充材料，逾期不补充材料，视为自动放弃申请。同时组织专家野外调查，并予以审查。申请人按专家审查意见补充和修改开发方案，重新报登记管理机关。登记管理机关经办人提出审定意见，报主管领导审批签发。签发后通知申请人 30 天内领取开发方案审批文件。

（3）采矿权变更的申请登记

申请登记采矿权变更者须提交两个方面的资料：一、必要材料，包括申请办理采矿变更登记的报告（原件，1 份）、采矿权变更的申请登记书（原件，3 份）、采矿许可证（原件）；二、根据变更类型的不同还应提交附加文件，具体包括：

①变更矿区范围，还应提交矿区范围图（以比例尺为 1∶10000 地形图或地形地质图为底图，在其上标定矿区范围拐点编号、直角坐标和矿区面积）（原件，2 份）。

②变更主要开采矿种或开采方式，还应提交矿产资源开发利用方案（应由具有设计资格的单位编制）及审查批复文件（原件，2 份），环境影响评价报告书（或环境影响报告表）及环保行政主管部门的审批文件（原件，1 份）。

③变更采矿权人或矿山企业名称，还应提交变更前、后企业法人营业执照（复印件，各 1 份）。

④经依法批准转让采矿权申请变更，还应提交转让审批机关出具的采矿权转让批准书（原件，1 份）、受让人营业执照（复印件，1 份）。

申请人向登记管理机关提出申请并提交申请材料。登记管理机关受理后，经办人审查申请材料，如材料不完善，需补充或修改的，及时通知申请人限期补充材料，逾期不补充材料，视为自动放弃申请。准予登记的，通知申请人缴纳采矿权使用费和登记手续费，办理领取采矿许可证手续。申请人在接到通知后 30 天内，凭领证通知和缴款证明，领取采矿许可证。登记管理机关在发证后，及时将登记发证项目的有关事项通知采矿项目所在地的县级人民政府地矿主管部门。

（4）矿权延续申请登记

矿权延续申请登记须提交申请办理采矿延续登记的报告（原件，1 份）、采矿权延续申请登记书（原件，3 份）、采矿许可证（原件）、采矿权延续后矿产资源开发利用方案(应由具有设计资格的单位编制)及审查批复文件(原件,2份)。

(5)采矿权注销审批

采矿权注销审批须提交申请办理采矿注销报告(原件,1份)、采矿权注销申请登记书(原件,3份)、采矿许可证(原件)、矿山闭坑报告及批复文件(原件1份)。

根据我国《矿产资源开采登记管理办法》规定,在办理完以上相关手续,并获得批准后,方可进行矿产资源的开采。

## 1.1.3 矿产资源在国民经济中的地位

矿产资源是一种重要的自然资源,是人类社会发展的重要物质基础。矿产资源产业在社会经济发展中的地位和作用主要体现在以下几个方面。

(1)矿产资源产业是国民经济的基础产业

矿产资源产业为产品深加工及高新技术等产业提供了最基本的原料,是人类社会赖以生存和经济社会可持续发展的重要物质基础,对加快工业化进程和提高人民生活水平具有举足轻重的作用。统计表明,我国95%以上的一次能源、80%以上的工业原料、70%以上的农业生产资料均来自矿产资源。若将产品制造业等下游产业考虑在内,则有70%以上的国民经济行业和相关部门的运转是靠矿产资源来支撑的。

(2)矿产资源产业是国民经济的重要组成部分

矿产资源产业通过自身的矿产资源勘查和开发等生产活动所创造的产值,是国内生产总值不可缺少的组成部分。据统计,我国地质勘查和矿业总产值之和约占国内生产总值的8%,是国民经济中一支重要力量。

(3)矿产资源产业创造了巨大的社会效益

矿产资源产业,特别是矿山开采、选矿等产业,目前尚属劳动密集型产业,因此,发展矿产资源产业是解决社会就业问题的一个重要渠道。2000年度的统计数据表明,全国共有各类矿山企业(不包括海域石油和天然气)15.3万多个。全国各类矿山企业从业人员共960多万人,其中能源矿产开采从业人员达498.86万人,黑色金属矿产开采从业人员37.12万人,有色金属矿产开采从业人员42.42万人,贵金属矿产开采从业人员23.19万人,稀有、稀土和分散元素矿产开采从业人员1.39万人,冶金辅助原料矿产开采从业人员11.05万人,化工原料矿产开采从业人员23.50万人,建材及其他非金属矿产开采从业人员32.6万人。2019年底,我国采矿业从业人数仍达到736万人。

(4)矿产资源产业促进了基础设施建设

矿产资源的开发加快了城市化的进程。我国现有150多个资源型城市,其中矿业城市占有极为突出的地位。20 世纪 90 年代末，全国 660 个城市中，有 130 个可划为矿产资源型城市，约占我国城市总数的 1/5。与此同时，矿产资源的开发还大大地促进了我国公路、铁路、桥梁和港口等基础设施的建设。

## 1.1.4 我国矿产资源现状、面临问题与发展

### 1.1.4.1 我国矿产资源特点

从资源总量上看，我国是一个资源大国，已探明储量的矿产有 163 种，其中 20 多种矿产探明储量位居世界前列，但我国矿产资源的人均拥有量仅位居世界第 80 位。在已探明矿产储量中，只有 60% 的矿产资源可供开发利用，而仅有 35% 的矿产资源可以采出。因此，我国矿产资源体现出以下主要特点：

(1) 分布不均，优势矿产大多储量不大。大宗需求矿产多为短缺或探明储量不足，矿产资源地理分布也不均衡。

(2) 贫矿多，富矿少。如铁矿石平均品位为 33.5%，比世界平均水平低 10%；锰矿平均品位仅 22%，与世界商品矿石工业标准 (48%) 相差甚远；铜矿平均品位仅为 0.87%；磷矿平均品位仅 16.95% 等。

(3) 中大型、超大型矿床少，中小型矿床多。

(4) 已探明矿产储量中，大多是共生或伴生矿。据资料统计，共、伴生矿床约占已探明矿产储量的 80%。目前，全国开发利用的 139 个矿种，有 87 种矿产部分或全部来源于共、伴生矿产资源。

(5) 有色矿产资源总量尽管很大，但由于人口众多，人均占有资源量很低，仅为世界人均占有量的 52%。

从以上数据可以看出，我国还是一个资源相对贫乏的国家。

### 1.1.4.2 我国矿产资源开发利用现状

(1) 共、伴生矿产资源综合利用现状

目前有色金属行业 70% 以上的共、伴生有价元素都能得到不同程度的综合利用。综合回收的共、伴生元素近 40 种，特别是包头稀土矿、攀枝花钒钛磁铁矿、金川镍矿 3 个大型共生矿床。很多采选联合企业已初步形成了共、伴生矿产资源综合回收体系。据统计，综合回收的黄金产量占其总产量的 1/4 ~ 1/3，银、铂族金属和稀散元素几乎 100% 都是综合回收的，近 3/4 的硫酸原料是从有色金属生产过程中综合回收的。黑色金属的综合利用率达到 30% ~ 40%。化工、石化、建材、煤炭和核工业等行业中，矿产资源的综合利用率不足 30%。

(2) 废弃物的资源化利用程度低

资料统计表明，我国有色金属工业固体废弃物的回收利用率约为 69%，钢铁高炉渣的回收利用率为 85%，选矿尾矿回收利用率为 2%，煤矸石回收利用率为

17%。在日本，粉煤灰已基本得到利用，而我国目前的利用率仅为21%左右。我国废旧金属资源的二次利用率也很低，在每年新增总量中所占的比例不到5%，而法国已超过30%，美国为25%～30%。

由于我国伴生矿多，有的矿床中共(伴)生的有用组分价值大大超过了主矿产的价值，但选矿回收率低，大部分进入尾矿，开发利用尾矿具有巨大的经济效益。我国目前对尾矿的处理则主要采用荒地筑坝堆存的方式，每年都要花费大量资金用于堆放尾矿和维护尾矿库。

### 1.1.4.3　我国矿产资源开发面临的问题

经济快速增长与部分矿产资源的大量消耗之间存在着矛盾。目前，我国石油、(富)铁、(富)铜、优质铝土矿、铬铁矿、钾盐等矿产资源的供需缺口较大。东部地区地质找矿难度增大，探明储量增幅减缓。部分矿山的开采已进入中晚期，储量和产量逐年降低。

我国长期以来对矿业开发采取粗放式经营，矿山企业盲目大规模开采，采富弃贫的现象十分普遍。对低品位或共(伴)生矿产资源不利用或利用率很低的情况严重。大部分矿山企业为追求最大经济效益，不愿意在新技术上进行投资，至今仍采用一些落后的采选技术，导致矿产资源被严重浪费，使原本有限的矿产资源的利用总量迅速减少。

矿产资源的大规模无序开发，还导致了严重的环境问题。其主要体现在对地形地貌的破坏和"三废"的排放上。前者会造成严重的地质灾害，如地表下沉、滑坡和泥石流等，后者则会对大气、江河、农田造成污染，而且会占用大量耕地。有色金属矿山企业是排出废渣最多的行业，很多废渣中含有重金属及有害元素，如铬、砷、铅、镉、铀、钍等，会严重破坏环境，威胁人畜安全，且治理起来比较困难。

### 1.1.4.4　我国矿产资源开发的可持续发展

人口、资源与环境构成了可持续发展理论的3个主要问题。其中的资源问题主要指自然资源，而矿产资源属于自然资源中不可再生的资源。矿产资源产业与可持续发展的关系十分密切，在可持续发展中占有非常重要的地位。为确保我国经济社会的可持续发展，矿产资源产业应加强以下几个方面的工作。

(1) 加强地质勘查工作

矿产资源产业应提高急需矿种储量的增长速度，实现新增矿产储量与开采所消耗储量之间的动态平衡。根据统计分析，2020年，45种主要矿产的可采储量对国民经济建设的保证程度是，有24种矿产可以保证国内需求，钛和硫两种矿产资源可以基本保证；石油、铀、铁、锰、铝土矿、镍、锡、铅、金和锑10种矿产资源则不能保证，部分需长期进口补缺；锂、铬、铜、锌、钴、铂族金属、锶、钾、硼、金刚石等矿产资源属于短缺型矿产，主要靠进口解决。

（2）用可持续发展的基本原则指导矿业的生产经营活动

主要包括：①矿山开采必须经过有关主管部门批准后才能进行，并须在矿产开采前制定环境保护方案，确保不破坏生态环境。②矿业生产必须保护生态平衡，不容许过度开采，不得破坏森林、草地和原有植被。③开采与土地复垦、恢复生态相结合，实现开采与复垦同步，边开采边复垦，使闭坑矿山通过复垦实现农牧业化。④矿产资源属于非再生资源，应将矿产资源开采收益中的一部分，投入到具有替代作用的可再生资源的开发研究中。

（3）加快推进采选新技术进步

主要包括：①加强管理，加大资金投入，引进国外先进的采选设备和采选技术，提高采选回收率。②加强矿产综合利用的开发和研究，着重解决难选复杂矿石的选矿分离问题。③加强矿山现有尾矿和废渣的综合利用研究，进一步提高资源综合利用率。

（4）大力发展循环经济

"十四五"时期我国进入新发展阶段，开启全面建设社会主义现代化国家新征程。大力发展循环经济，推进资源节约集约利用，构建资源循环型产业体系和废旧物资循环利用体系，对保障国家资源安全，实现碳达峰、碳中和，促进生态文明建设具有重大意义。

在过去的十多年时间里，发展循环经济对推进资源节约集约利用作出了突出贡献，已成为保障我国资源安全的重要途径。2020 年，我国利用废钢约 2.6 亿吨，相当于替代 62% 品位铁精矿约 4.1 亿吨；再生有色金属产量 1450 万吨，占国内十种有色金属总产量的 23.5%，相当于减少开采原生金属矿产 7.03 亿吨。

# 1.2 矿物和矿石

## 1.2.1 矿物和矿石的概念

地球平均直径为 6371.2 km，由地壳、地幔和地核三大部分构成（图 1-1）。地壳的平均厚度约 33 km，最薄处仅几千米。目前人类开采矿物原料的区域就在地壳范围内。

地壳由各种岩石组成，而岩石则由不同种类的矿物组成。所谓矿物，即指自然界中具有固定化学组成和物理化学性质的天然化合物或自然元素。

矿物是地壳中的化学元素在地质作用下进行各种化学反应而得到的产物。地壳中不同位置的温度、压力和各种化学元素浓度不同，导致地壳中的化学反应和

反应产物不同，从而形成各种不同的
矿物。地质作用主要包括：内生成矿
作用(熔融—运动—凝固)、外生成矿
作用(破坏—转移—沉积—固结)和变
质成矿作用。

内生成因的矿物是黑色金属、有
色金属和稀有稀土金属等矿产资源的
主要来源。主要包括岩浆型矿物(金
属矿物有铬铁矿、磁铁矿、磁黄铁矿、
镍黄铁矿、黄铜矿等；脉石矿物有橄
榄石、辉石、角闪石、斜长石、钾长
石、石英、云母等)、伟晶型矿物(金属
矿物有绿柱石、独居石、铌钽矿、金红

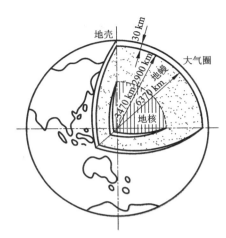

图 1-1　地球内部结构示意图

石、锂辉石、锡石、白云母、宝石等；脉石矿物有石英、钾长石、斜长石、电气石、
黄玉等)、气成—热液型矿物(金属矿物有黑钨矿、锡石、辉钼矿、辉铋矿、毒砂、
自然金、磁铁矿、赤铁矿、白钨矿、磁黄铁矿、黄铁矿、黄铜矿、斑铜矿、辉铜矿、
闪锌矿、方铅矿、自然银、辉锑矿、辰砂、雄黄、雌黄等；脉石矿物有石英、长石、
白云母、石榴石、萤石、电气石、方解石、重晶石等)。

外生成矿作用是在低温和低压条件下进行的，其物理化学条件完全不同于内
生成矿作用，所形成的矿物种类和特点也存在较大差异。外生成因的矿物主要包
括风化型矿物(金属矿物有褐铁矿、赤铁矿、硬锰矿、软锰矿、铝土矿、赤铜矿、
铜蓝、自然铜等；脉石矿物有蛋白石、石英、方解石、黏土等)、沉积型矿物(机械
沉积作用形成的矿物有自然金、铂族元素矿物、金刚石、锡石、金红石、磁铁矿、
独居石、黑钨矿、刚玉等；脉石矿物主要为石英、长石，其次为云母、石榴石、黏
土等。化学沉积作用形成的矿物有赤铁矿、褐铁矿、菱铁矿、氢氧化锰、菱锰矿、
铝土矿、岩盐、钾盐、石膏、硼砂等；脉石矿物为蛋白石、石英、方解石、白云石、
鲕绿泥石等)。

变质成因矿物是原来形成于内生作用或外生作用的矿物，在受到后来地质热
动力的变质作用后所形成的相应种类和特点的新矿物。包括接触变质型矿物(矿
物有石墨、磷灰石、磁铁矿、赤铁矿、方铅矿、黄铁矿等；脉石矿物有石英、长石、
方解石、绿帘石等)和区域变质型矿物(矿物有磁铁矿、赤铁矿、硬锰矿、褐锰矿
等；脉石矿物有石英、黑云母、石榴石、蓝晶石、硅线石等)。

自然界存在的矿物中，也不是所有的矿物都能被利用。学界将那些能够被人
类利用的矿物称为有用矿物。对含有有用矿物的矿物集合体，如果其中有用成分

的含量在现代技术经济条件下能够加以回收和利用，则这些矿物集合体就被称为矿石。因此，矿石是由种类和含量不同的矿物集合体所组成的。

值得注意的是，矿石的概念是随着现代技术发展和社会经济增长的需要而变化的。过去有些矿石因有用成分含量较低而被认为是废石，随着科学技术的进步，在现有技术经济条件下可以回收利用时，这些废石也就变成了矿石。

有用矿物在地壳中的分布是很不均匀的。由于地质作用的不同，一些矿物可富集在一起，形成巨大的矿石堆积。矿石大量聚积且具有开采价值的区域就叫作矿床。

由于矿石是由不同矿物组成的，因此，矿石中除了有用矿物外，还有一些目前工业上尚不能经济利用的矿物，一般称这些矿物为脉石矿物。对矿产资源的开发和利用，首先就是要通过选矿的方法将有用矿物和脉石矿物分离开来。

## 1.2.2　矿石的分类

矿石的分类方法很多。按其工业用途可分为金属矿石和非金属矿石两大类，其中金属矿石又可细分为黑色金属矿石、有色金属矿石、稀有金属矿石、分散元素及放射性元素矿石 5 种；非金属矿石则可细分为冶金辅助原料、化工原料、特种非金属矿物和建筑材料 4 类。矿石按其结构和构造可分为块状、浸染状矿石。按矿石的选矿难易程度则可分为难选、易选矿石。自然界中矿石的分类简要见表 1-1。

在金属矿石中，根据金属元素存在的化学状态的不同，通常分为自然矿石、硫化矿石、氧化矿石和混合矿石。有用矿物是自然元素的矿石就叫作自然矿石，如金、银、铂、元素硫等。硫化矿石中的有用矿物为硫化物，如黄铜矿($CuFeS_2$)、黄铁矿($FeS_2$)、方铅矿($PbS$)、闪锌矿($ZnS$)等。氧化矿石中的有用矿物则是氧化物，如磁铁矿($Fe_3O_4$)、赤铁矿($Fe_2O_3$)等。混合型矿石中既含有硫化矿物，又含有氧化矿物。对有色金属矿石，所谓氧化矿石、混合矿石和硫化矿石是根据矿石中主金属的氧化率(如铜矿石中氧化铜的铜含量占矿石中总铜含量的百分数)进行划分的。一般氧化率在 30% 以上的铜矿石为氧化铜矿石，氧化率为 10%~30% 的为混合铜矿石，氧化率在 10% 以下的就称为硫化铜矿石。

习惯上根据矿石中有用成分含量的差别，将矿石分为富矿石和贫矿石。对磁铁矿矿石而言，矿石品位大于 45% 的称为富矿，小于 45% 的称为贫矿。值得一提的是，随着选矿和冶炼技术的不断发展，富矿和贫矿的划分标准也是不断变化的。

当矿石中只含有一种有用金属时，称为单金属矿石。含有两种以上金属的矿石，则称为多金属矿石。

表 1-1 矿石的分类

| 矿物工业种类 | 矿物类别 | 矿物 | 举例 |
|---|---|---|---|
| 金属矿物 | 黑色金属矿物 | 铁矿物 | 磁铁矿、赤铁矿、镜铁矿、褐铁矿、菱铁矿 |
| | | 锰矿物 | 软锰矿、硬锰矿、菱锰矿、褐锰矿、水锰矿和锰方解石 |
| | | 铬矿物 | 铬铁矿 |
| | | 钒矿物 | 钒酸钾铀矿、钒铅矿（褐铅矿）、铅钒锌矿、钒酸钙铜矿和钒云母 |
| | | 钛矿物 | 钛铁矿、金红石（其变种有铁金红石、锐钛矿、板钛矿）和含钛磁铁矿 |
| | 有色金属矿物 | 铜矿物 | 黄铜矿、斑铜矿、辉铜矿、铜蓝、砷黝铜矿、赤铜矿、孔雀石、自然铜等 |
| | | 铅矿物 | 方铅矿、白铅矿和铅钒 |
| | | 锌矿物 | 闪锌矿、菱锌矿和铁闪锌矿等 |
| | | 铝矿物 | 一水硬铝石、一水软铝石、三水铝石等 |
| | | 镁矿物 | 菱镁矿、白云石、水镁石等 |
| | | 镍矿物 | 镍黄铁矿、辉砷镍矿、针硫镍矿、红砷镍矿和暗镍蛇纹石 |
| | | 钴矿物 | 辉砷钴矿、砷钴矿、硫钴矿、硫镍钴矿、含钴黄铁矿等 |
| | | 钨矿物 | 黑钨矿和白钨矿 |
| | | 锡矿物 | 锡石和黝锡矿 |
| | | 钼矿物 | 辉钼矿、彩钼铅矿和钼华 |
| | | 铋矿物 | 辉铋矿、泡铋矿、自然铋和铋华 |
| | | 汞矿物 | 辰砂、自然汞、黑辰砂 |
| | | 锑矿物 | 辉锑矿、锑华、锑赭石、黄锑矿 |
| | | 铂族金属 | 自然铂、砷铂矿、钯铂矿、铂铱矿 |
| | | 金矿物 | 自然金及赋含自然金的有关金属硫化物,如黄铜矿、黄铁矿、毒砂等 |
| | | 银矿物 | 自然银、辉银矿和含银的方铅矿 |
| | 稀有金属矿物 | 钽矿物 | 钽铁矿、细晶石、锰钽铁矿和重钽铁矿 |
| | | 铌矿物 | 铌铁矿、褐钇铌矿、烧绿石、重铌铁矿、钛铁金红石 |
| | | 铍矿物 | 绿柱石、日光石榴石、金绿宝石、香花石和硅铍石 |
| | | 锂矿物 | 锂辉石、锂云母 |
| | | 锆矿物 | 锆石、斜锆石 |
| | | 铯矿物 | 铯分布在锂辉石、锂云母、钾盐等矿物中,独立矿物有铯榴石、硼铯铷矿 |
| | | 铷矿物 | 无单独矿物,主要分布在锂辉石、盐矿和土壤中 |
| | | 铈矿物 | 独居石、氟碳铈矿、氟碳钙铈矿、烧绿石 |
| | | 钇矿物 | 磷钇矿、硅铍钇矿和褐钇铌矿 |
| | | 锶矿物 | 天青石、菱锶矿 |

续表 1-1

| 矿物工业种类 | 矿物类别 | 矿物 | 举例 |
|---|---|---|---|
| 金属矿物 | 分散元素 | 锗 | 独立的锗矿物很少,通常是伴生在各类含锗的铜铅锌硫化物矿石、煤矿、赤铁矿石、富银硫化矿石中 |
| | | 镓 | 镓的独立矿物现在尚未发现,主要赋存在闪锌矿、黄铁矿、霞石、白云母、锂辉石、铝土矿及煤矿中 |
| | | 铟 | 铟主要呈类质同象赋存于铁闪锌矿、赤铁矿、方铅矿以及其他多金属硫化物矿石中 |
| | | 铊 | 铊大部分是分布在伟晶岩和气成矿床的钾长石及云母中,以类质同象置换钾。可以部分分布在白铁矿、黄铜矿、闪锌矿、方铅矿和雄黄等硫化矿物中。只有红铊矿和硒铊银铜矿等少数矿物独立存在 |
| | | 铼 | 铼目前也未发现独立矿物,主要是赋存在辉钼矿、辉铜矿、铌铁矿、钽铁矿、铪铁锆石、重稀土等金属矿物中 |
| | | 镉 | 镉的独立矿物有硫镉矿、菱镉矿及方镉矿等少数几种富镉矿物,但均不形成独立矿床。镉主要还是赋存在热液铅锌硫化物中 |
| | | 钪 | 钪的独立矿物仅有钪钇石,但不富集成矿床,主要是赋存在铌铁矿、水锆石、锂云母、白云母、锡石、黑钨矿、绿柱石、电气石中 |
| | | 硒 | 有硒镍银矿、硒镍矿独立矿物,但一般均未形成独立矿床,主要是赋存于黄铜矿、黄铁矿、方铅矿中,有时也赋存于辉钼矿、铀矿中 |
| | | 碲 | 碲矿物有 40 多种,主要有碲铅矿、碲铋矿和碲辉锑铋矿等。也常赋存于黄铁矿、黄铜矿、闪锌矿、方铅矿等金属硫化物中 |
| | | 铪 | 主要赋存在锆英石中 |
| | 放射性金属矿物 | 铀矿 | 晶质铀矿、沥青铀矿、钙铀云母、铜铀云母、铀黑和钒钾铀矿 |
| | | 钍矿 | 方钍矿、钍石和独居石 |
| 非金属矿物 | 冶金辅助原料 | | 菱镁矿、耐火黏土、白云石、红柱石、蓝晶石、石英、方解石(石灰石)、萤石、石棉等 |
| | 化工原料 | | 磷矿物,有工业价值的主要为磷灰石。硫的矿物主要有黄铁矿、白铁矿、磁黄铁矿及自然硫等。其他原料包括:钾盐、光卤石、石膏、钾长石、钠硝石、方解石、雄黄、雌黄、毒砂、芒硝等 |
| | 特种非金属矿物 | | 金刚石、水晶、冰晶石、光学萤石、白云母(绝缘)、金云母(绝缘)、电气石和玛瑙 |
| | 建筑材料及其他 | | 主要包括:石棉、石墨、石膏、滑石、铝矾土、高岭石、黏土、长石、硅灰石、石英、方解石、萤石、叶蜡石、蛭石、石榴石、刚玉等 |

## 1.2.3　矿物的性质及形态

### 1.2.3.1　矿物的物理性质

矿物的物理性质主要取决于矿物的化学成分和内部构造，除此之外，矿物的形成环境也有一定影响。矿物的物理性质主要包括光学性质、力学性质、磁学性质、电学性质及其他物理性质等。

矿物的物理性质是鉴定矿物的主要依据，而且某些矿物的物理性质还是工业部门和科学技术领域要专门应用的特性。例如石英的压电性、云母的绝缘性、冰洲石的双折射性、金刚石的硬度等。

矿物的物理性质也是选择选矿技术和选矿流程等的重要依据。例如：可利用矿物的磁性和电导率的差异进行矿物的分选；由于矿物密度的差异，其在水或空气介质中的沉降速度不同，可使不同矿物之间实现分离。

（1）矿物的光学性质

矿物的光学性质是指矿物对光线的吸收、折射和反射所表现出的各种性质，包括矿物的颜色、条痕色、光泽和透明度等，常见矿物颜色分类见表1-2。

表1-2　常见矿物颜色

| 颜色 | 矿物 | 颜色 | 矿物 |
|---|---|---|---|
| 紫色 | 紫水晶 | 银灰色 | 方铅矿 |
| 褐色 | 多孔状褐铁矿 | 橙色 | 雄黄 |
| 蓝色 | 蓝铜矿 | 钢灰色 | 黝铜矿 |
| 黄褐色 | 粉末状褐铁矿 | 红色 | 辰砂 |
| 绿色 | 孔雀石 | 靛青蓝色 | 铜蓝 |
| 锡白色 | 毒砂 | 铜红色 | 自然铜 |
| 黄色 | 雌黄 | 铁黑色 | 磁铁矿 |
| 黄铜色 | 黄铜矿 | 金黄色 | 自然金 |

选矿工艺中，可以利用矿石中有用矿物和脉石矿物的光泽、颜色不同的原理，推测矿物的富集程度，或者进行光电选矿等。

（2）矿物的力学性质

矿物在外力（如打击、刻划、挤压或拉伸、扭曲等）作用下所表现出的物理机械性质，称为矿物的力学性质。其主要包括矿物的硬度、密度、解理、韧性等。

矿物的解理这一性质与选矿关系非常密切。容易产生解理，或解理方向较多的矿物容易破碎，能缩短碎矿和磨矿时间。但在碎磨这类矿石时，要注意防止过粉碎现象的产生。

不同的矿物或同种矿物的不同解理面上，离子的分布情况不同，如闪锌矿和萤石分别含有 $S^{2-}$ 离子和 $F^-$ 离子，因此其表面的键能性质不同。矿物解理面与断裂面上的键能性质也与浮选性能有着密切的关系。键能的性质不同，所采用的浮选药剂的性质和用量也就不同。

矿物的硬度是根据矿物的抗压强度划分的，有硬、中硬和软矿物之分。矿物硬度与选矿的关系也很密切，主要体现在：

①硬度与碎矿和磨矿工艺流程、破碎磨矿机械性能及碎磨设备选择有密切关系。因矿物硬度不同，抗压强度也不同，矿物破碎的难易程度、破碎时所需要的时间和消耗的功也不同。硬度越大，矿物愈难破碎，破碎时消耗的能量就愈大。

②矿石中各矿物间的硬度差异愈大，实现选择性粉碎和产生过粉碎现象的可能性就愈大。

③在破碎和磨矿过程中，应根据矿石硬度的变化，进行给矿量、给水量、磨矿机返砂量、装球(棒)量等工艺参数的调节，以提高破碎和磨矿的生产效率。

矿石按照密度 ($\rho$) 大小不同，可分为轻矿物 ($\rho<2.5$ t/m³，如自然硫、石墨等)、中等重量*矿石 ($\rho=2.5\sim4$ t/m³，如石英、长石等) 和重矿物 ($\rho>4$ t/m³，如方铅矿、黄铜矿等)。根据矿石中有用矿物和脉石矿物的密度差异，可采用重力选矿的方法进行分离。

(3)矿物的磁电性质

矿物的磁电性质是指矿物在外加磁场或电场中所表现出的一些基本属性。按照矿物磁性的差异，有强磁性矿物(如磁铁矿和磁黄铁矿等)、弱磁性矿物(如赤铁矿、褐铁矿等)和非磁性矿物(如石英、方解石、方铅矿等)之分。利用矿物之间磁性的差异，可采用磁选的方法进行分离。

按照矿物电性的差异，则有导体矿物(如自然铜等)、半导体矿物(如硫化矿物和金属氧化矿物)和非导体矿物(如硅酸盐和碳酸盐矿物)之分。利用矿物之间导电性的差异，可采用电选的方法进行分离。

(4)矿物的其他物理性质

矿物的其他物理性质包括矿物的放射性、导热性、发光性、易燃性等。利用矿物的这些物理性质差异，可采用光分离、热分离等特殊选矿方法进行分离。

### 1.2.3.2 矿物的化学性质

矿物化学性质包含的内容较多，与选矿有密切关系的是矿物的可溶性和氧化性。

(1)矿物的可溶性

与水相互作用时，部分矿物常以离子形式转入液相中，该过程称为矿物的溶解。由于矿物的溶解，矿浆溶液中产生各种离子，通常称之为"难免离子"，这些

---

\* 本书重量指质量。

所谓的"难免离子"是影响浮选过程的重要因素之一。

常温常压下，一般是硫酸盐、碳酸盐以及含有氢氧根和水的矿物容易溶解，大部分硫化物、氧化物及硅酸盐类矿物则是难溶的。

离子电价和半径大小均会影响矿物的可溶性。高电价、小半径的阳离子所组成的氧化物类矿物，其水溶速度都很小，如锡石、金红石和石英等都属极难溶的矿物。

阴、阳离子半径之比不同也会影响矿物的溶解性。在阴离子半径大大超过阳离子半径的情况下(尤其是含氧盐)，阳离子半径大的矿物水溶速度小。一般阴阳离子半径比值小的矿物较易溶解，如硬石膏和重晶石的阴、阳离子半径之比，前者小于后者，故重晶石难溶解，而硬石膏极易溶解。一般含有[OH]⁻及水的矿物水溶速度都较大，如石膏、胆矾等。

除上述因素外，温度、压力、溶剂成分和pH等外因也对矿物的可溶性有一定影响。如硫化矿物在水中一般是难溶的，而在酸中的溶解速度增大。此外，矿物氧化后一般可溶性也会增加。

(2)矿物的氧化性

矿物自形成后就不断受到氧化作用。原生矿物暴露或处于地表条件下，由于空气中氧和水的长期作用，促使矿物发生氧化，形成一系列的金属氧化物、氢氧化物以及含氧盐等次生矿物。矿物被氧化后，其成分、结构及表面性质均发生变化，对选矿和冶金性能有非常大的影响。

氧和二氧化碳，以及溶解有氧及二氧化碳的水都是强的氧化剂。它们与某些矿物起作用还会产生硫酸及硫酸铁等强氧化剂，这些强氧化剂又会促使矿物表面进一步氧化。因此，氧化剂的存在是矿物遭受氧化的重要因素。

矿物的氧化性还与矿物本身的性质有关，有些矿物很难被氧化，如自然金；有些矿物氧化得很慢，如方铅矿等；而有些矿物则极易氧化，如铜、锌和银的矿物。通常在金属矿物中，那些缺氧的矿物(如硫化物等)最容易被氧化。多数金属氧化物则很少受到影响。

硫化物是最容易氧化的，但金属硫化物的氧化速度并不相同。金属硫化物自然氧化的快慢程度由大到小排列为：$FeAsS$，$FeS_2$，$CuFeS_2$，$ZnS$，$PbS$，$Cu_2S$。

### 1.2.3.3 矿物的形态

所谓矿物的形态，就是指矿物的外表形状。由于矿物在地质成矿过程中的外部条件(温度、压力、时间、空间、杂质成分等)不同，矿物产生的形态也各种各样，主要包括以下几个方面。

(1)单体矿物的形态

当矿物晶体向一个方向延伸得较快时，就发展成为柱状、针状和毛发状等，如辉锑矿、电气石和石棉等矿物。当矿物晶体沿着两个方向发展时，就形成板状、片状、鳞片状等，如重晶石、云母、黑钨矿等矿物。当矿物晶体在三度空间的发育相等或近似相等时，则呈等轴状或粒状，如方铅矿、磁铁矿、黄铁矿等。

（2）矿物的连生体形态

矿物晶体不仅可以以单晶方式存在，还可以由两个或两个以上的单晶体集合在一起，这种现象称为晶体的连生。晶体的连生又按连生体之间有无一定的规律分为规则连生和不规则连生两类。不规则连生是指各连生的晶体之间没有一定的规律，这种连生方式在矿物中的存在较为广泛，如水晶和方解石晶簇等。规则连生是指各晶体按一定的规律连生在一起，其连生方式主要是双晶，其次是平行连生。

（3）矿物集合体的形态

自然界的矿物大多是由许多单体聚集在一起的，这种聚集的整体称为集合体。集合体的形态取决于单体的形态和集合的方式。按其结晶程度分为显晶质、隐晶质和胶状集合体。显晶质集合体用肉眼或放大镜可以分辨出各个矿物颗粒的界限，其按矿物颗粒大小可分为：粗粒集合体（直径大于 5 mm）、中粒集合体（直径为 2~5 mm）、细粒集合体（直径小于 2 mm）、致密块状集合体（用肉眼难以分辨界限）。

隐晶质集合体要在显微镜下才能分辨出它的单体，而胶状集合体则不具有单体界线。隐晶质集合体可以是化学溶液直接结晶而成，也可以是胶体矿物老化而成。根据隐晶质和胶状集合体外形和成因的不同，隐晶质集合体可分为结核体、分泌（充填）体、钟乳状集合体、鲕状及豆状集合体等。

综上所述，不同的矿物具有不同的形态，这是识别矿物的标志之一。矿物形态对选矿过程也具有一定的影响和利用价值。如在筛分过程中，片状矿物要比等体积的粒状矿物所占平面面积大，不易过筛，这一原理在片状云母的分选中得到了应用；针状、放射状矿物难以单体解离；鲕状、肾状等胶体矿物，其有用成分也不易分离；土状和粉末状矿物在碎磨过程中易造成泥化等。

## 1.2.4　矿物的赋存状态、结构构造及其与选矿的关系

### 1.2.4.1　矿物的赋存状态

矿石中有用和有害元素的赋存状态，是选择选矿方法、确定工艺流程和工艺指标的一个重要依据。因此，研究矿石中有用和有害元素的赋存状态，对实现矿产综合利用及选冶试验研究，都具有重要的现实意义。矿物在矿石中的存在形式，主要有独立矿物、类质同象和吸附 3 种。

（1）独立矿物形式

指有用和有害元素均组成独立矿物，存在于矿石中。有以下几种情况：①以单质（元素）矿物形式存在于矿石中。同种元素自相结合成自然元素矿物，称为单质矿物，如自然铋（Bi）、自然铜（Cu）、硫磺等。②以化合物形式存在于矿石中。由两种或两种以上的元素相结合而成。这种矿物是金属元素赋存的主要形式，也

是选矿的主要对象，如辉钼矿（$MoS$）、黄铜矿（$CuFeS_2$）、磁铁矿（$Fe_3O_4$）、赤铁矿（$Fe_2O_3$）等。③呈胶体沉积的细分散状态存在于矿石中。胶体是一种高度细分散的物质，带有相同的电荷，因而能以悬浮状态存在于胶体溶液中。当胶体溶液产生沉淀时，在一种主要胶体物质中，会伴随有其他胶体物质和一些有用或有害组分，形成像褐铁矿、硬锰矿等的胶体矿物。一部分铁、锰、磷等矿石就是由胶体沉淀而富集的。

（2）类质同象形式

在结晶过程中，构造单位（原子、离子、分子）可以互相替换，而不破坏其结晶构造的现象，就叫类质同象。如钨锰铁矿，其中的锰和铁离子可以互相替换，而不破坏其结晶构造，所以 $Fe^{2+}$ 和 $Mn^{2+}$ 就是以类质同象的形式存在于矿石中。

（3）吸附形式

某些元素以离子状态被另外一些带异性电荷的物质吸附，而存在于矿石或风化壳中。如果有用元素以这种形式存在，则用一般的物相分析和岩矿鉴定方法查看定是无能为力的，一般须进行 X 射线、差热分析或电子探针等专门分析，才能确定元素是呈类质同象状态还是吸附状态。

当矿物以独立矿物形式存在于矿石中，且粒度大于 0.02 mm 时，基本上适合用机械选矿的方法进行分选。若粒度小于 10 μm，则采用现有机械选矿方法难以实现有效分选，可通过火法或湿法冶金方法加以处理。某些稀有元素，本身不形成独立矿物，只能以类质同象的形式赋存在其他矿物中，如闪锌矿中的镓和铟等，要提取这些稀有元素，一般应先用机械选矿方法将它们富集到类质同象的矿物中，然后采用冶金方法加以综合回收。

### 1.2.4.2　矿石的结构构造

（1）矿石的结构

指矿石中矿物颗粒的形态、大小及空间分布上所显示的特征。影响矿石结构的主要因素有：矿物的粒度、晶粒的形态（结晶程度）及镶嵌方式等。按矿物颗粒粒度大小，一般划分为微粒（2~20 μm）、细粒（0.02~0.2 mm）、中粒（0.2~2 mm）、粗粒（2~20 mm）、极粗粒（20~200 mm）共 5 个类型。一般粒度在 0.02 mm 以上时，可采用不同的选矿工艺进行处理，当粒度小于 0.02 mm 时，可采用浮选或冶金方法进行处理。根据晶粒晶形的完好程度，可分为自形晶（晶粒的晶形完整）、半自形晶（晶粒的部分晶面残缺）、他形晶（晶粒的晶形极不完整）。矿物晶粒与晶粒之间的接触关系称为镶嵌。矿石中矿物的镶嵌特征可分为自形晶自形镶嵌、自形晶他形镶嵌、半自形晶他形镶嵌、自形镶嵌、半自形镶嵌、他形镶嵌等 6 种类型。

（2）矿石的构造

指矿物集合体的形状、大小和相互结合关系。常见的矿石构造主要有：块状构造(有用矿物集合体在矿石中占80%左右，无空洞的致密状，矿物排列无方向性，颗粒有粗大、细小、隐晶质几种)，浸染状构造(有用矿物颗粒或其细小脉状集合体，相互孤立地、疏散地分布在脉石矿物构成的基质中)，角砾状构造(一种或多种矿物集合体构成角砾，被另一种或多种矿物集合体不规则地胶结)，条带状构造(矿物集合体在一个方向上延伸，呈条带相间出现)，脉状、交错脉状和网脉状构造(矿物集合体呈细脉不相交地穿插于另一矿物集合体中，称为脉状构造；若一种矿物集合体被另一矿物集合体的细脉交织穿插，则称交错脉状构造；若有几种矿物集合体细脉彼此交叉，构成网状，则称网脉状构造)。

矿石的结构构造直接决定着有用矿物的单体解离的难易程度，以及连生体的特性，从而影响碎磨和选别过程。

# 1.3 选矿在资源开发过程中的地位与作用

## 1.3.1 选矿在资源开发过程中的地位

埋藏在地下的矿产资源要得到开发和利用，一般要经过地质找矿和探矿、采矿、选矿、冶金、材料及化工等工艺环节，最终将矿产资源转化为可供利用的各种材料。对于一些富集程度高的矿石，可不经过选矿，直接进行冶炼。但随着矿产资源的大规模开发和利用，矿产资源的变化趋势却是有价成分的品位越来越低，矿石中的矿物组成和共生关系越来越复杂，矿物的嵌布粒度越来越细。目前，越来越多的矿产资源，不经过选矿的富集，就不能直接经济利用，因此，选矿工艺是矿产资源开发中一个不可缺少的工艺环节。

## 1.3.2 选矿的目的和任务

选矿是利用矿石中各种矿物之间的物理化学性质差异，将有用矿物从矿石中分离出来，形成精矿，再除去其中的有害杂质，经济合理、最大限度地利用矿产资源的过程。

从矿山开采出来的矿石，有用成分的品位一般都比较低。例如铜矿石中含铜量一般只有0.5%~1%。这样的矿石直接进行冶炼，在技术和经济上都是不可取的。为满足冶炼的要求，必须采用选矿方法将矿石中的脉石和有用矿物分开，除去大量杂质矿物，提高有用成分的含量，同时尽可能地将矿石中的多种有用矿物分离成独立的精矿，以降低冶炼成本，提高冶炼生产能力、效率和产品质量，达到最大限度地利用矿产资源的目的。由此可见，选矿的主要任务包括：①除去矿石中的有害杂质；②将矿石中的有价成分富集起来；③使精矿产品达到冶炼或其他工业的质量要求。

选矿技术除了可用于处理矿石外,在其他领域也有极大的应用潜力。如,可从废弃物料(如生活和工业垃圾、工业固体废弃物等)中分离回收有价成分;也可处理工业废水,回收废水中的有价成分,净化水质,保护环境。

### 1.3.3  选矿技术的发展趋势

为适应矿产资源开发利用的发展趋势,选矿技术也在不断创新。目前国内外选矿技术发展的主要趋势为:

(1)利用各种手段强化选矿过程,发展和应用各种联合流程,包括各种选矿方法的组合以及选矿方法和热力学、化学方法的组合,提高金属回收率和精矿质量;

(2)利用各种新的技术和方法处理难选矿石和贫矿,以及冶炼渣;

(3)加强新技术在选矿过程中的应用研究,以及生产过程的自动控制;

(4)研制新型、大型选矿工艺设备,提高选矿机械的效率。

矿产资源是不可再生的,随着开发利用的不断深入,资源总有枯竭的那一天。如何实现资源的循环利用,是选矿面临的新课题。加强选矿技术在再生资源利用领域的研究,也是选矿领域今后的重要发展趋势和方向。

## 1.4  选矿过程及选矿方法

### 1.4.1  选矿过程

典型的选矿过程包括矿石的准备、矿石的选别和产品处理 3 个阶段。

#### 1.4.1.1  选矿的前期准备

在矿产资源地质成矿过程中,不同的有用矿物具有不同的结晶粒度,一般结晶粒度在 2 μm 到 5 mm 之间。根据采矿方法的不同,采矿所提供的入选矿石粒度一般均在 350 mm 到 1400 mm 之间,因此,矿石在进入选别工艺流程前,首先要进行破碎和磨矿,称为选矿的前期准备。

破碎和磨矿的目的主要有两个:其一是将矿石碎磨至有用矿物基本单体解离的程度,并尽可能避免过粉碎;其二是通过碎磨为后续的不同选别作业提供合适的入选粒度、粒度组成和浓度。前期准备阶段通常由破碎与筛分作业、磨矿和分级作业的配合来完成。

#### 1.4.1.2  矿石的选别

选别是选矿过程中的重要阶段,是利用矿物之间的物理化学性质差异,选取不同的选矿分离方法,使有用矿物与脉石矿物达到有效分离,并尽可能将共生的有用矿物彼此分离开,得到质量合格的单一精矿产品的过程。常见的选别方法有重选、磁选、电选和浮选等。矿石的选别究竟该采用什么样的选别工艺,应针对生产矿石进行选矿试验研究,通过选矿试验确定最合适的工艺方法、工艺流程与工艺参数。

### 1.4.1.3 产品处理

精矿和尾矿是选矿厂的产品。对选矿产品的处理主要包括精矿脱水和尾矿处置两个方面。由于选矿大多采用湿式分选工艺,精矿产品中含有大量水分,因此,为方便精矿的贮存、外运和降低冶炼成本,必须通过浓缩、过滤,甚至干燥等脱水工序,脱除精矿中的绝大部分水分。

一般矿石中有价成分的含量较低,选矿回收的有价成分的量也较少,大量矿石以尾矿形式排放。大量的尾矿则需要输送到合适的位置(通常是为此而特别构筑的尾矿库)贮存。有些特殊条件下,需要对尾矿进行浓缩脱水,实现尾矿干堆,以节省尾矿堆存的占地面积,降低尾矿输送成本,实现尾矿水的回收利用。对特殊选矿工艺,当尾矿中含有严重污染物质时,还应采取相应的治理措施和工艺,达到合格标准后才能排放。

## 1.4.2 常见的选矿方法

由于自然界中矿物的物理化学性质各异,在生产实践中所采取的选矿分离方法也就各不相同,目前生产实践中采用的选矿方法有如下几种。

### 1.4.2.1 重力选矿法(重选)

重力选矿法的基本原理就是利用矿石中有用矿物与脉石矿物之间的密度差异,在介质(通常为水介质,也可使用风和重悬浮液)的重力场中实现彼此间的分离。一般情况下,矿石中不同矿物间的密度差越大,矿石越容易实现重力分选。

重力选矿方法适合于处理有用矿物嵌布粒度较粗的矿石。它的优点是成本低,且由于不采用化学药剂,环境污染较小,主要污染是悬浮物。重力选矿方法受矿物密度和粒度的限制,当矿物嵌布粒度小于 0.074 mm 时,密度的影响就非常小,重选方法的分选效率也显著降低。此外,重选方法的用水量较大(一般为 10 $m^3$/t 原矿石或以上),与其他工艺相比,分选效率也相对较低。

重力选矿法多用于钨、锡等矿石的分选。重力选矿工艺主要包括跳汰选矿、摇床选矿、离心选矿、螺旋选矿、溜槽选矿和重介质选矿等。

### 1.4.2.2 浮游选矿法(浮选)

浮选是利用矿物表面的物理化学性质的差异,通过添加各种浮选药剂来调节矿物的表面性质,进一步扩大矿物表面润湿性和可浮性的差异,从而实现有用矿物和脉石矿物彼此间的分离的方法。当矿物表面容易被水润湿时,称其为亲水性矿物,基于此,亲水性矿物难于附着在气泡上,表现为难浮。相反,当矿物表面不易被水润湿时,称其为疏水性矿物,这种矿物就容易上浮。

浮选工艺过程一般包括:在磨矿或搅拌槽中添加浮选药剂,调节矿物表面的润湿性差异。在浮选设备中形成气泡,并通过浮选设备的搅拌作用,使疏水性矿粒与气泡发生碰撞，形成矿化气泡。在浮选设备中形成矿化的泡沫层，产生"二次富集"作用。对正浮选工艺，矿化泡沫排出浮选设备，成为有用矿物的精矿产品，槽内则为尾矿产品。

浮选是最重要的选矿方法之一。浮选方法不仅在有色金属矿的分选过程中广泛应用，而且还广泛应用于稀有金属、贵金属、黑色金属、非金属以及煤炭等矿物资源的分选过程。随着矿产资源的日益贫化，共生关系更加复杂，嵌布粒度变细，浮选方法在资源开发利用领域的地位也日益显著。

### 1.4.2.3　磁力选矿法（磁选）

磁力选矿是根据矿石中各种矿物磁性的差异，在磁场中实现矿物分选的选矿方法。当不同磁性的矿物处在某一磁场强度和磁场梯度的磁场中时，因受到的磁场作用力不同，产生了不同的运动轨迹，不同磁性的矿物颗粒分选成为磁性和非磁性产品。

生产实践中，磁选分湿式和干式两种。生产中使用的磁选机，按其结构特点不同可分为筒式磁选机、带式磁选机、转环式磁选机和盘式磁选机等。根据磁场强弱的不同，磁选机又可分为弱磁选机（分选强磁性矿物）、强磁选机（分选较弱磁性矿物）和高梯度磁选机（分选弱磁性矿物）等。

磁选主要用于黑色金属矿石（如铁矿石、锰矿石）的分选，但在有色金属、稀有金属，以及某些非金属矿石的分选实践中也得到了应用，如高岭土、石英砂提纯脱铁等。

### 1.4.2.4　电力选矿法（电选）

电力选矿是利用各种矿物导电性能的差异，在电场中实现不同物料的分选的选矿方法。不同导电性能的矿物颗粒由于在电场中受到不同的电荷感应，导致受到不同的电场作用力，在运动过程中产生不同的运动轨迹，将物料分为导电性和非导电性产品。影响电力选矿的矿物电性，包括电导率、介电常数及比导电度和整流性。

电选方法的处理能力较小，对入选物料的水分、杂质、粒度等的要求较高。因此，电选一般应用于粗精矿的进一步精选。目前电选在有色金属、稀有金属、黑色金属及非金属矿石的分选过程中得到了应用，如锡石、钨、锂辉石、金红石、钛铁矿、锰矿、铬铁矿、金刚石等；在石墨、石棉及煤等矿种的选矿中也有应用。对于重选、磁选方法较难分离的白钨矿与锡石、钽铌矿与石英、煤与黄铁矿、铁矿石与脉石矿物等，采用电选方法处理可实现有效分离。此外，电选方法在矿石或原料的分级和除尘等领域也得到了应用。

### 1.4.2.5　化学选矿法

用重选、磁选、浮选和电选等常规方法分离矿物时，并不会改变矿物的化学组成，而化学选矿方法则是通过改变矿物的化学组成提取矿石中有用成分的方法。化学选矿方法包括火法、湿法，以及火法与湿法的联合等。常见的工艺有：氯化挥发、氯化还原、细菌浸出、化学浸出及离子交换等。

一般来说，化学选矿过程包括：①物料的准备作业（与常规选矿方法基本相同，还包括造块）；②离析或焙烧作业（化学处理有着各种形式的焙烧，根据处理对象不同，有所谓酸性焙烧、碱性焙烧、氯化焙烧、氧化焙烧和硫酸化焙烧等，焙烧后的产物又有着不同的处理方式。例如难选氧化铜矿石的离析，就是将矿石在加温状态下，添加食盐、氯化钙等氯化剂、煤粉还原剂等，改变矿石的化学组成以除去有害杂质，金属的富集可以采用浮选法处理）；③浸出作业（酸浸、碱浸、氨浸、细菌浸出、氰化浸出、各种盐溶液浸出以及水溶性、焙烧矿的水浸等）和有用金属的提取作业（溶剂萃取、离子交换、置换沉淀、离子浮选、电沉积等）；④辅助作业（浸出液净化、沉淀、过滤等）。

细菌浸出是利用细菌对硫化物的作用，在矿堆内生成大量的硫酸，然后通过硫酸与铜矿物等的化学反应，浸出铜矿物中的铜。化学选矿法适合处理品位低、有用矿物嵌布粒度细、复杂难选的铜矿石，是当今矿产资源不断贫化的趋势下一种很有前途的选矿方法。

### 1.4.2.6　其他选矿法

除上述介绍的几种较常见的选矿方法外，生产实践中还有光电选矿、拣选、摩擦选矿和形状选矿等方法。其中：

光电选矿法主要是根据矿物之间的光学特性（颜色、反射率、荧光性、透明度等）的差异，利用光电效应的原理，对矿物进行分选的一种选矿方法。近年来，采用光电选矿法选别金刚石、钨矿物取得了较好的效果。钨矿选矿厂采用光电选矿法代替人工手选废弃脉石，对于选别粒度 50~20 mm 的原矿石，可获得废石弃去率 60% 的好结果。

拣选是利用矿石或物料之间的光学性、磁性、电性、放射性等物理性质的差异，使被分选物料呈单层（行）排队，逐一受到检测器件的检测，用电子技术对检测信号进行放大处理，然后驱动执行机构，使有用矿物或脉石矿物从主料流中偏离出来，从而使性质不同的物料得以分选的一种选矿方法。拣选方法适用于块状和粒状物料的分选。其分选物料粒度上限可达到 250~300 mm，下限可小至 0.5~1 mm。拣选主要作为矿石初步富集的方法，也可用于粗选和精选作业。可采用拣选方法处理的矿石和物料种类繁多，如非金属矿石、煤炭、建筑材料、黑色金属矿石、有色金属矿石、稀有金属矿石、贵金属矿石、放射性矿石以及种子、粮食、食品等。

摩擦选矿是根据矿石或物料在分选设备上运动时的摩擦系数的差别，使不同矿物颗粒达到分离的方法。由于片状云母晶体的滑动摩擦系数与浑圆状脉石的滚动摩擦系数存在较大的差别，因而可采用摩擦选矿的方法使云母晶体和脉石分离。一般常用斜板分选机，该机是由一组金属斜板组成，每块斜板长 1350 mm、宽 1000 mm，其下一块斜板的倾角大于上一块斜板的倾角。每块斜板的下端都留有收集云母晶体的缝隙，其宽度按斜板排列顺序依次递减。缝隙前缘装有三角堰板。在选别过程中，大块脉石滚落至石堆，云母及较小脉石块经堰板阻挡，通过缝隙落至下一斜板。依次在斜板上重复上述过程，使云母与脉石逐步分离。

形状选矿是根据矿石中不同矿物晶体几何形状上的差异，采用不同形状的筛孔实现矿物间分离的方法。因云母晶体与脉石的形状不同，在筛分中透过不同形状筛孔的能力也不同。选别时，采用一种两层以上不同筛面结构的筛子，一般第一层筛网为条形；第二层筛网为方形。当原矿进入筛面后，由于振动或滚动作用，片状云母及小块脉石可以从条形筛缝漏至第二层筛面；因第二层是格筛，故可筛去脉石，留下片状云母。形状选矿法具有流程简单、设备少、生产率高、分选效果好等优点，因而在云母矿山中得到了广泛应用。

## 1.4.3　常用选矿设备

选矿过程是一个较为复杂的工艺过程，根据选矿工艺过程性质的划分，可将常用的选矿设备划分为主体工艺设备和辅助设备两大类。常用选矿设备及分类见表 1-3。

表 1-3　常用选矿设备及分类

| 设备分类 | 工艺环节 | 设备类别 | 举例 |
|---|---|---|---|
| 主体工艺设备 | 破碎作业 | 破碎设备 | 颚式破碎机、旋回破碎机、圆锥破碎机、辊式破碎机等 |
| | | 筛分设备 | 固定筛、自定中心振动筛、直线振动筛、圆振动筛等 |
| | 磨矿作业 | 磨矿设备 | 球磨机、棒磨机、自磨机 |
| | | 分级设备 | 螺旋分级机、水力旋流器 |
| | 选别作业 | 重选设备 | 跳汰机、摇床、螺旋溜槽、离心选矿机、圆锥选矿机等 |
| | | 浮选设备 | 机械搅拌式浮选机、机械搅拌充气式浮选机、浮选柱 |
| | | 磁选设备 | 筒式弱磁选机(永磁和电磁)、强磁选机(永磁和电磁)、高梯度磁选机 |
| | | 电选设备 | 高压直流电选机 |
| | 脱水作业 | 浓缩设备 | 浓密机、浓泥斗、浓密箱等 |
| | | 过滤设备 | 圆筒过滤机(内滤和外滤)、圆盘过滤机、折带过滤机、陶瓷过滤机等 |
| | | 干燥设备 | 圆筒干燥机、红外加热干燥机等 |

**续表 1-3**

| 设备分类 | 工艺环节 | 设备类别 | 举例 |
|---|---|---|---|
| 辅助设备 | | 给矿设备 | 槽式给矿机、板式给矿机、电振给矿机、圆盘给矿机、摆式给矿机等 |
| | | 输送设备 | 胶带输送机、砂泵 |
| | | 药剂设备 | 搅拌槽、机械加药机、自动加药机 |
| | | 起重设备 | 单梁起重机(手动和电动)、桥式起重机、电动葫芦等 |

# 1.5 选矿工艺流程及技术指标

## 1.5.1 选矿工艺流程

选矿厂各生产作业的前后顺序和联系就构成了选矿工艺流程。通常采用选矿工艺流程图和设备联系图来描述选矿工艺流程。选矿工艺流程图不仅可清晰地表示各个作业间的相互联系及各作业名称,而且可表示产品数、质量指标和水量平衡关系等。按选矿专业规范,选矿工艺流程图多用线流程表示,如图1-2(某铜矿选矿厂工艺流程图)所示。其中,破碎和磨矿作业用"○"(圆圈)表示,其他作业用上粗下细的两条横线表示,流程中间产品流向用带箭头的细线表示,筛分、分级和浓缩作业中,标有"-"的产品为筛下或溢流产品,标有"+"的为筛上或沉砂产品。有时,还可用文字或数据对某一作业情况做进一步说明。

## 1.5.2 选矿技术指标

为了考查和评判选矿工艺过程的效果,通常采用以下技术指标来表征。

(1)品位

矿石品位是指矿石中所含有的某种金属或有价成分的多少,是反映矿石质量的指标之一,也是选矿厂金属平衡的基础数据,一般用百分数(%)来表示。对于金、银等贵金属以及稀土金属而言,由于它们在矿石中的含量很低,其品位通常用每吨或每立方米矿石中含多少克来表示($g/t$, $g/m^3$)。

矿石中有价金属的品位应从取样化验分析结果中得到。化验分析一般包括化学分析和仪器分析。不同的化验分析方法得到的品位值的准确性存在一定差异。选矿生产过程中,必须掌握生产原矿品位、精矿品位及尾矿品位的变化情况,才能更好地分析选矿生产中存在的各种问题。

所谓原矿品位就是指进入选矿厂待处理的原矿中所含有价金属的重量占原矿重量的百分数。精矿品位是指经选矿得到的精矿产品中所含有价金属的重量占精

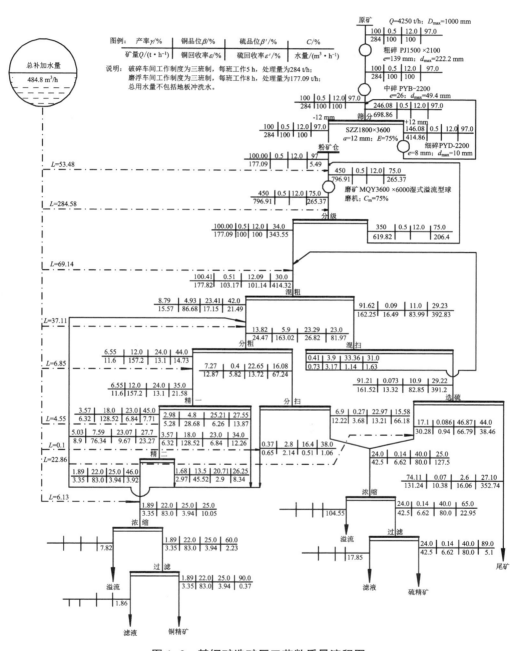

图 1-2 某铜矿选矿厂工艺数质量流程图

矿重量的百分数，能反映精矿的质量。尾矿品位则是指尾矿中所含有价金属的重量占尾矿重量的百分数，能反映选矿生产过程中有价金属的损失情况。如铜精矿品位为15%，则表示100 t 干的铜精矿中含有 15 t 金属铜。

选矿产品的品位通常用希腊字母表示。$\alpha$ 表示原矿品位，$\beta$ 表示精矿品位，$\theta$ 表示尾矿品位。

（2）产率

选矿产品的产率就是产品重量与入选原矿重量之比的百分数（%），一般用希腊字母 $\gamma$ 表示。在某铜矿选矿厂生产中，每昼夜处理500 t 原矿石，可获得 30 t 精矿，则精矿和尾矿的产率为：

$$\gamma_{精矿} = \frac{精矿重量}{原矿重量} \times 100\% = \frac{Q_{精矿}}{Q_{原矿}} \times 100\% = \frac{30}{500} \times 100\% = 6\%$$

$$\gamma_{尾矿} = \frac{原矿重量 - 精矿重量}{原矿重量} \times 100\% = \frac{Q_{原矿} - Q_{精矿}}{Q_{原矿}} \times 100\%$$

$$= \frac{500 - 30}{500} \times 100\% = 94\%$$

或

$$\gamma_{尾矿} = 100\% - \gamma_{精矿}$$

产品的产率除可通过电子计量装置得到产品的重量来计算外，在选矿厂生产实践中，通常是通过对原矿（$\alpha$）、精矿（$\beta$）、尾矿（$\theta$）产品的品位进行取样分析，得到品位值后按下式进行计算：

$$\gamma_{精矿} = \frac{\alpha - \theta}{\beta - \theta} \times 100\%$$

（3）回收率

选矿回收率是指精矿中的金属或有价成分的重量与入选原矿中同类金属或有价成分重量之比的百分数，常用 $\varepsilon$ 来表示。其反映了选矿生产过程中有价金属的回收效率、选矿生产的技术水平以及选矿生产管理工作的质量和水平。

选矿生产过程要在保证精矿品位的前提下，尽可能地提高有价金属的选矿回收率。选矿回收率有实际回收率和理论回收率两种。如果只表示某一特定作业金属的回收情况，则称为作业回收率。

实际回收率是对原矿和精矿直接称重计量，并取样化验分析，得到相应的品位后，按下式计算：

$$\varepsilon_{实际} = \frac{精矿重量 \times 精矿品位}{原矿重量 \times 原矿品位} \times 100\%$$

理论回收率是对选矿生产过程中原矿、精矿、尾矿取样分析，再用下式计算：

$$\varepsilon = \gamma \frac{\beta}{\alpha} = \frac{\beta(\alpha - \theta)}{\alpha(\beta - \theta)} \times 100\%$$

上式中，$\alpha$，$\beta$，$\theta$ 分别为该作业中待回收金属的原矿、精矿、尾矿品位。

如选矿工艺是多段选别，则总回收率为各段选别回收率之乘积：

$$\varepsilon = \varepsilon_1 \varepsilon_2 \varepsilon_3, \cdots, \varepsilon_n$$

选矿厂的生产技术部门一般通过实际回收率的计算，编制实际金属平衡表；通过理论回收率的计算，编制理论金属平衡表。对两者进行对比分析，能够揭露出选矿过程的机械损失，查明选矿工作中的不正常情况，以及在取样、计量、分析与测量中的误差。通常理论回收率都高于实际回收率，但两者不能相差太大。在单一金属的浮选矿厂，一般不允许相差 1%。如果超过了该数值，就说明选矿过程中金属流失严重。

(4)选矿比

原矿重量与精矿重量的比值就称为选矿比。用选矿比可确定要获得 1 t 合格精矿所需处理的原矿矿石的吨数。根据上述铜选矿厂的数据计算，其选矿比为：

$$选矿比 = \frac{原矿重量(\text{t})}{精矿重量(\text{t})} = \frac{500}{30} \approx 16.7$$

(5)富矿比

精矿中有价成分含量的百分数($\beta$)和原矿中同种有价成分含量的百分数($\alpha$)的比值，称为富矿比(或叫富集比)。富集比表示了精矿中有价成分的含量与原矿中同种有价成分含量相比，增加了多少倍。例如硫化铜矿选矿中，原矿中铜品位为 1%，精矿中铜品位为 25%，则其富矿比为：

$$富矿比 = \frac{精矿品位(\%)}{原矿品位(\%)} = \frac{\beta}{\alpha} = \frac{25}{1} = 25$$

# 1.6 选矿厂的组成与建设

## 1.6.1 选矿厂的组成与布置

选矿厂一般由主要工业场地、辅助工业场地及生活场地 3 大部分组成。具体如下：

①主要工业场地包括：破碎筛分厂房、主厂房、脱水厂房，以及连接各厂房和设施的胶带运输机通廊、转运站等建筑物、维修站、药剂贮存与制备设施、选矿试验室、化验室、技术检查站、备品备件及材料仓库等。

②辅助工业场地包括：总降压变电所及设施、机修和汽车修理及外部运输设施、水源地和供水设施等。

③居住场地包括：职工住宅、公用食堂、浴室、医务所、子弟学校和托儿所、文化娱乐场所及行政办公室等。

选矿厂厂房布置的基本要求如下：

①应布置在以挖土为主的地段，避免布置在有溶洞、滑坡等的地段。

②布置时要充分利用地形条件，贯彻物料(粉矿、矿浆及药剂等)自流原则，厂房布置紧凑、合理确定预留场地，在满足工艺要求的前提下，尽量节约场地，少占或不占用耕地。

③布置时要充分考虑尾矿、污水、粉尘、有害气体、噪声和放射性物质等的处理问题，创造良好的工作环境。

④选矿厂的辅助生产厂房及设施的布置，必须符合有关设计规范标准。

选矿厂厂房布置的方案主要有：

①山坡式布置。为尽可能实现物料的自流，节省物料输送成本，选矿厂厂址一般选在具有一定坡度的山地上，这是国内选矿厂的主要布置方案，其优点是可充分利用地形。破碎厂房的地形坡度一般要求为25°，主厂房(含磨矿和浮选车间)的地形坡度一般在15°左右。

②平地式布置。在地形条件不容许时，选矿厂也有布置在自然坡度为4%~5%的平地上，如我国的金川镍矿第二选矿厂，其缺点是物料的运输成本较高。

选矿厂厂房建筑的主要形式有：

①多层式厂房。多用于物料自流坡度要求较大、流程中返回作业少的工艺过程，如破碎筛分车间、重介质选矿厂、洗煤厂等。其优点是厂房占地面积小，操作联系方便；缺点则是厂房高度大，结构复杂，基建费用大。

②单层阶梯式厂房。其优点是能确保选矿厂主矿流实现自流，厂房结构简单；缺点则是厂房面积大，管理较为分散。

③混合式厂房。这种厂房能充分利用地形条件，是目前选矿厂最常用的厂房结构形式。

## 1.6.2 选矿厂建设的基本步骤

选矿厂在建设前，必须委托有专门资格的科研单位或高等学校，针对选矿厂拟处理的矿石开展选矿试验工作，通过一定规模的选矿试验确定适合拟处理矿石的最佳选矿工艺和参数。在此基础上，再委托有专门资格的设计单位开展设计工作，包括：设计合理的生产工艺流程、工艺指标，选择合适的工艺设备；进行合理的设备配置；设计合适的厂房结构，确保选矿厂生产的正常进行；配备必要的劳动定员，以便满足正常生产的需要。

对新设计的选矿厂，必须做到技术上可靠，经济上合理，既要为未来的生产获得较高的技术经济指标创造条件，又要为生产工人提供良好的工作环境，使选矿厂建设的投资能够最大限度地发挥效果。

选矿厂设计就其基本过程来说，分为建厂调查、可行性研究、设计任务书、初步设计、施工图设计和竣工总结等环节。为了提高设计质量，设计人员还应参加采样、矿石试验研究，以及现场试生产等各项工作。

选矿试验规模体现了试验工作的深度。一般选矿试验规模与设计阶段的对应关系如下：

①矿石可选性试验。其结果主要用于矿床评价、中小型选矿厂的可行性研究及设计任务书编制；

②实验室小型试验。其试验结果一般可用于中小型选矿厂（矿石易选）的初步设计，或者大型选矿厂（矿石易选）的可行性研究及设计任务书编制；

③实验室扩大连续试验。其试验结果一般用于大型选矿厂（矿石易选）、中小型选矿厂（矿石难选）的初步设计；

④半工业试验。其试验结果用于中型选矿厂（矿石极难选）、大型选矿厂（矿石难选）的初步设计；

⑤工业试验。其试验结果用于大型选矿厂（矿石极难选）的初步设计。

### 1.6.3　选矿厂建设中应注意的问题

在选矿厂建设过程中，一般应重视以下几个方面的问题：

①重视选矿试验工作。选矿厂设计过程中必须根据相关的选矿试验报告推荐的工艺流程及参数，结合已有的同类型选矿厂生产经验，确定最适合拟处理矿石的工艺流程及技术指标。因此，在设计之前，要高度重视选矿试验工作，在设计过程中，要重视对拟采用设计流程的充分论证。

②重视产品方案的确定。产品方案的确定不仅会影响选矿厂的产品销售和经济效益，而且会影响选矿工艺流程及参数的确定。因此，产品方案的确定工作在选矿试验过程中就要重视和考虑。

③重视设备的选型。选矿工艺过程是通过不同工艺设备来完成的，因此，设备选型的好坏将直接影响选矿工艺流程及工艺指标的实现。设备选型过程中应着重考虑设备性能（设备的机械性能及工艺性能两个大的方面）。必要情况下，还应对一些拟选用设备进行试验，以确定最佳的设备选型。

④完成工艺流程、产品方案和工艺设备的选择后，必须结合选矿厂的工艺要求和安全规范等进行合理的设备配置。在可能的情况下，要考虑工艺流程的可变动性，从而为适应今后矿石性质变化所导致的工艺流程变更创造条件。

⑤选矿厂建设中，还应重视供水、供电及交通运输等外部条件的建设；重视尾矿、废水及废弃物的排放和处理问题，尽可能实现绿色生产。

# 2

# 破碎与筛分

矿石进入选别作业之前，一般要进行破碎和磨矿，才能为选别作业提供入选粒度和粒度组成适宜的原料。生产实践中的破碎流程一般由破碎和筛分作业构成。

## 2.1 破碎与筛分的基本原理

### 2.1.1 破碎的目的和任务

从矿山开采出来并送往选矿厂的矿石块度一般均较大（与采矿方法有关）。一般露天开采的矿石最大块度为 500~1400 mm，井下开采的矿石最大块度为 300~750 mm。在地质成矿过程中，有用矿物在矿石中的赋存粒度较小，除少数矿石类型外，一般都在 0.1 mm 以下。为使矿石中的有用矿物解离成单独的颗粒，并使颗粒的粒度大小适合各种选矿方法的要求（如浮选合适的入选粒度一般为 0.3~0.01 mm），必须对矿石进行破碎和磨矿。

破碎的基本任务包括：为磨矿作业准备经济的给矿粒度；使粗粒嵌布矿物初步达到单体解离，以便采用重介质、跳汰、形状分选等粗粒级选矿方法进行分选；使各种高品位矿石（一般为高品位铁矿、石灰石矿等）达到工业应用所要求的粒度，直接供用户使用。

### 2.1.2 破碎过程

#### 2.1.2.1 破碎比

一般将破碎前矿石的粒度与破碎产物粒度之间的比值称为破碎比。破碎比表示矿石经过破碎后，粒度减小的程度。由于破碎机破碎矿石的功率消耗和生产率都与破碎比有关，所以，破碎比是判断破碎过程的一个重要指标。破碎比常用的计算方法有以下两种：

（1）破碎前矿石最大粒度与破碎后矿石最大粒度之比

$$i = \frac{D_{最大}}{d_{最大}} \qquad (2-1)$$

式中：$i$ 为破碎比；$D_{最大}$ 为破碎前矿石的最大粒度，mm；$d_{最大}$ 为破碎后矿石的最大粒度，mm。

矿石中最大粒度一般可根据筛上产物重量百分率累积曲线来确定。在重量百分率累积曲线中，累积产率在 5% 或 20% 时，相对应的粒度即为矿石的最大粒度，也就是 95% 或 80% 的矿石能通过的正方形筛孔的筛孔尺寸。由于各国的技术习惯不同，英、美等国家习惯取 80% 过筛时的筛孔宽度为矿石的最大粒度（称 P80），而我国则取 95% 过筛时筛孔的宽度为矿石的最大粒度（称 P95）。

（2）破碎机给矿口的有效宽度和排矿口宽度的比值

$$i = 0.85B/e \qquad (2-2)$$

式中：$B$ 为破碎机给矿口宽度，mm；$e$ 为破碎机排矿口宽度，mm。

一般当给入破碎机中的矿石最大粒度比破碎机的给矿口宽度小 15% 时，才能进入破碎机的破碎腔而得到破碎，因此，式（2-2）中的 0.85B 就是破碎机给矿口的有效宽度。采用式（2-2）计算破碎比时，虽误差比较大，但在生产实践中很常用。因为生产中不可能经常对大批矿石进行筛分分析，所以只要知道破碎机的给矿口及排矿口宽度，就可以用上式估算出破碎比。

#### 2.1.2.2　分段破碎

若将粒度为 1400 mm 的原矿破碎到 0.1 mm，则破碎比高达 14000。目前生产中所用的破碎设备，由于结构上的原因，只能在一定的破碎比范围内有效工作（表 2-1），不可能一次性将粗大矿块破碎到很细小的颗粒。因此，在生产实践中，通常是将适合处理各种粒度的破碎和磨矿设备依次串联起来，构成破碎和磨矿流程，以保证所需要的破碎比。

表 2-1　各种破碎机在不同工作条件下的破碎比范围

| 破碎段 | 破碎机形式 | 工作条件 | 破碎比范围 |
| --- | --- | --- | --- |
| 第Ⅰ段 | 颚式破碎机和旋回破碎机 | 开路 | 3~5 |
| 第Ⅱ段 | 标准圆锥破碎机 | 开路 | 3~5 |
| 第Ⅱ段 | 中型圆锥破碎机 | 闭路 | 4~8 |
| 第Ⅲ段 | 短头圆锥破碎机 | 开路 | 3~6 |
| 第Ⅲ段 | 短头圆锥破碎机 | 闭路 | 4~8 |
| 第Ⅲ段 | 对辊机 | 闭路 | 3~15 |
| 第Ⅱ、Ⅲ段 | 反击式破碎机 | 闭路 | 8~40 |

在破碎流程中，每种破碎设备都只能完成破碎过程的一部分破碎任务，这就形成了分段破碎。多段破碎的组合就可完成矿石的破碎任务。一般，矿石经过某台破碎设备破碎后，其粒度就会减小一次，称为"破碎段"。破碎段是构成破碎流程的基本单元。生产实践中，根据破碎粒度大小划分的破碎段见表 2-2。

表 2-2　破碎段的划分

| 阶段 | | 给矿最大直径 $D_{最大}$/mm | 产品最大块直径 $d_{最大}$/mm |
|---|---|---|---|
| 第一段 | 粗碎 | 1400~300 | 350~100 |
| 第二段 | 中碎 | 350~100 | 100~40 |
| 第三段 | 细碎 | 100~40 | 30~10 |
| | 超细碎 | 75~25 | -6(占60%左右) |

整个破碎过程的破碎比称为总破碎比($i$)，而各破碎段的破碎比($i_1$, $i_2$, $\cdots$, $i_n$)则称为阶段破碎比。假设 $D_{最大}$ 为原矿的最大粒度；$d_n$ 为破碎最终产物的最大粒度；$d_1$, $d_2$, $\cdots$, $d_{n-1}$ 分别是第一段、第二段……第 $n-1$ 段破碎产物的最大粒度，则有：

$$i = i_1 \cdot i_2 \cdot i_3 \cdots \cdot i_n = \frac{D_{最大}}{d_1} \times \frac{d_1}{d_2} \times \cdots \times \frac{d_{n-1}}{d_n} = \frac{D_{最大}}{d_n} \qquad (2-3)$$

目前生产中原矿的最大粒度范围是 200~1400 mm，破碎最终产物粒度范围对球磨机而言是 10~20 mm，则破碎流程的总破碎比范围为 140~10。根据表 2-1 中的数据，对最大的总破碎比 140，只能采用三段破碎流程才能实现，如 $i = i_1 \times i_2 \times i_3 = 4.5 \times 5 \times 6.22 \approx 140$。因此，一般选矿厂的破碎均采用三段破碎流程，小型选矿厂多采用两段破碎流程。近来，为实现"多碎少磨"，大型选矿厂也有采用四段破碎流程，即前两段均为粗碎，第三段为中碎，第四段为细碎。

### 2.1.2.3　破碎矿石施力的基本方式

在矿石破碎过程中，任何一种破碎机械都不可能只以一种力作用于矿石。一般是以某种力为主，再辅助其他种类的作用力。破碎矿石时施力的基本方式包括压碎、劈开、折断、磨剥和冲击等，如图 2-1 所示。

破碎施力方式中，压碎方式主要与矿石的抗压强度有关；劈开方式则主要与矿石的抗拉强度有关；对于折断方式，则要考虑矿石的抗弯强度；采用磨剥方式破碎矿石时，就要考虑矿石的抗剪切强度；冲击破碎方式则与矿石的抗冲击强度有关。目前采用的破碎机械，一般都包含上述几种施力方法的联合作用。

机械强度是固体物质的重要物理性质之一，反映出对于外力作用的抵抗能力。破碎矿石时，必然要遭到矿石机械强度所引起的阻力，包括抗压强度、抗拉

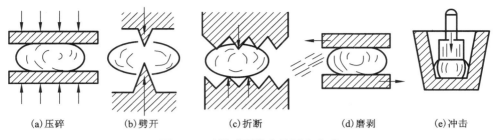

图 2-1 破碎矿石施力的基本方式

强度、抗剪强度和抗弯强度等。矿石被破碎时的难易程度就与这些阻力密切相关。

影响矿石破碎难易程度的最主要因素是矿石的硬度，选矿中常用矿石的极限抗压强度 $\sigma_{压}$(kg/cm$^2$)或者普氏硬度系数 $f = (\sigma_{压}/100)$ 来表示。矿石的硬度在破碎和磨矿设备的选型计算中经常用到，根据破碎磨矿设备选型计算的习惯，通常将矿石分为硬矿石(难碎性矿石)、中等硬度矿石(中等可碎性矿石)和软矿石(易碎性矿石)3 个等级，对应的普氏硬度系数分别为硬矿石($f = 8 \sim 20$)、中硬矿石($f = 4 \sim 8$)和软矿石($f < 4$)。

生产实践中，一般用矿石的可碎性或可磨性来反映矿石被破碎的难易程度，它取决于矿石的机械强度。同一破碎机械在相同条件下破碎坚硬矿石和软矿石时，由于矿石的可碎性不同，破碎硬矿石时的生产率较低，功率消耗也较大，矿石可碎性系数一般采用下式表示：

$$可碎性系数 = \frac{该碎矿机在相同条件下破碎指定矿石的生产率}{该碎矿机破碎中硬矿石的生产率}$$

一般多采用石英来代表中等硬度矿石，其可碎性系数假定为 1(即中等可碎性矿石)。则硬矿石的强度大，可碎性系数小于 1(难碎性矿石)；软矿石的强度小，可碎性系数大于 1(易碎性矿石)。需要指出的是，矿石的难碎(磨)性，还与矿石的塑性指数密切相关，有些矿石的硬度小，但塑性指数大，同样是难碎性矿石。

## 2.1.3 筛分过程

### 2.1.3.1 物料的透筛过程

将颗粒大小不同的混合物料，通过单层或多层筛子分成若干不同粒度级别物料的过程即为筛分。松散物料的筛分过程，一般经以下两个阶段完成：①易于穿过筛孔的颗粒通过由不能穿过筛孔的颗粒所组成的物料层到达筛面；②易于穿过筛孔的颗粒透过筛孔，成为筛下产物。

要使这两个阶段能够实现，物料在筛面上应具有适当的运动。一方面使筛面上的物料层处于松散状态，物料层将会产生离析（按粒度分层），大颗粒位于上层，小颗粒位于下层而容易到达筛面并透过筛孔。另一方面，物料和筛子的运动都促使堵在筛孔上的颗粒脱离筛面，有利于小颗粒透过筛孔。物料的筛分过程见图 2-2。

(a) 混合物料给入振动筛　(b) 在振动作用下实现松散　(c) 物料按粒度产生离析　(d) 易筛粒透过筛面，
　　　　　　　　　　　　　　　　　　　　　　　分层，易筛粒到达筛面　　完成筛分

**图 2-2　物料在振动筛上的筛分过程**

在实际筛分过程中，小于筛孔尺寸的颗粒要成为筛下产物，会受许多因素的限制。它们要透过筛面，就必须先穿过筛面上由大于筛孔尺寸的物料所组成的料层而到达筛面，然后才有可能透过筛面。为此，将矿粒通过筛孔的可能性称为筛分概率，而筛分概率受以下因素的影响：①筛孔大小；②矿粒与筛孔的相对尺寸；③筛子的有效面积；④矿粒运动方向与筛面所成的角度；⑤物料的含泥量和含水量等。在这些因素的影响下，细粒物料可能到达筛面与筛孔接触，也可能未到达筛面就随筛上产物被排走。即使到达筛面与筛孔接触，也不一定就能通过筛孔，有的可能一次接触就透过筛孔，有的则可能经过多次接触才透过筛孔，还有的甚至不能透过筛孔，也就是说，细颗粒的透筛过程实际上是一个随机过程。

### 2.1.3.2　筛分效率

生产实践中，振动筛的使用不仅要求筛子的处理能力要大，而且要求尽可能多地使小于筛孔的细颗粒物料透过筛孔成为筛下产物。因此，考察筛分效果好坏有两个重要的指标：一个是筛子的处理能力，即筛孔大小一定的筛子，每平方米筛面面积每小时处理混合物料的吨数 $[t/(m^2 \cdot h)]$，它是表征筛分作业的数量指标；另一个是筛分效率 $E$，是表征筛分作业的质量指标。

所谓筛分效率，就是指实际得到的筛下产物重量与入筛物料中所含粒度小于筛孔尺寸的物料重量之比，筛分效率常用百分数或小数来表示：

$$E = \frac{C}{Q\alpha} \times 100\% = \frac{\alpha - \theta}{\alpha(100 - \theta)} \times 100\% \qquad (2-4)$$

式中：$E$ 为筛分效率，%；$\alpha$ 为入筛原物料中小于筛孔级别的含量，%；$\theta$ 为筛上产物中所含大于筛孔尺寸粒级的含量，%；$Q$ 为入筛原物料重量；$C$ 为筛下产品重量。

筛分效率反映了筛分过程完成的程度。筛分效率 $E$ 越大，筛分过程就越完全。但实际筛分过程中，由于筛网的磨损，大于筛孔尺寸的颗粒也可能进入筛下产物，因此筛下产物的重量应该是 $C\beta$，则筛分效率应按下式计算：

$$E = \frac{\beta(\alpha-\theta)}{\alpha(100-\theta)} \times 100\% \qquad (2-5)$$

式中：$\beta$ 为筛下产物中所含小于筛孔尺寸粒级的含量，%，其他参数意义同上。

### 2.1.3.3 筛分作业

根据筛分作业的目的和作用分为预先筛分和检查筛分两类。

（1）预先筛分

预先筛分是指在矿石进入该段破碎机之前，就先筛出合格粒级的物料，这样既能防止物料的过粉碎，又可提高破碎机的生产能力。当矿石中的水分较高或黏性物料较多时，采用预先筛分还可以避免破碎机被堵塞。给料中细粒级（小于该破碎机排矿口宽度的粒级）含量越多，采用预先筛分就越有利。生产实践证明：第二段和第三段破碎采用预先筛分是必要的，但当中碎设备的能力有富余且物料含水含泥不高时，中碎作业前设置预先筛分的意义就不大（会增加投资和配置难度）。

（2）检查筛分

各种破碎机的破碎产物中都会存在一部分大于排矿口宽度的粗粒级物料。设置检查筛分是为了控制破碎产物的粒度，并使粒度不合格的产品返回破碎机中再次破碎，因此，检查筛分通常与破碎机构成闭路。

一般将单位时间内返回破碎机中的筛上物料的量与破碎机的新给矿量之比称为循环负荷，常用百分数表示。循环负荷的大小主要取决于矿石的硬度、破碎机排矿口尺寸的大小，以及检查筛分筛孔尺寸大小和筛分效率。

要注意的是，检查筛分的使用会使投资增加，并使破碎车间的设备配置复杂化，故一般只在最后一段破碎作业设置检查筛分，并和预先筛分作业合并，构成预先及检查筛分的闭路流程，如图 2-3（e）所示。

## 2.1.4 洗矿

当矿石中含有大量黏土物质时，会导致破碎流程的不畅通。对某些矿石，为避免有害矿泥对后续选别过程的影响，或满足某些特殊选别工艺的要求（如手选和光电选矿等），均需设置洗矿作业加以解决。洗矿就是去除矿石中有害黏土物质或矿泥的过程，包括碎散和分离两个步骤。碎散是借助水的浸泡、冲击和搅拌作用使黏土物质碎解和分散，而分离则是借助粗细颗粒在矿浆中的沉降速度差异实现的。

洗矿方法和设备选择取决于矿石的可洗性，而矿石可洗性与所含黏土的种类、比例、可塑性、膨胀性及渗透性等物理机械性质，以及洗矿设备的效率等因素有关。一般情况下，矿石的可洗性与洗矿方法的关系如表 2-3 所示。

表 2-3　矿石可洗性与洗矿方法的关系

| 矿石类别 | 黏土存在状态 | 黏土的塑性指数 | 必要洗矿时间/min | 单位电耗/(kW·h·t⁻¹) | 洗矿效率/(t·kW⁻¹·h⁻¹) | 一般可用的洗矿设备及方法 |
|---|---|---|---|---|---|---|
| 易洗矿石 | 砂质黏土 | <7 | <5 | <0.25 | 4 | 振动筛冲水 |
| 中等可洗矿石 | 黏土在手上能擦碎 | 7~15 | 5~10 | 0.25~0.5 | 2~4 | 槽式洗矿机洗一次 |
| 难洗矿石 | 黏土黏结成团,在手上难擦碎 | >15 | >10 | >0.5~1.0 | 1~2 | 槽式洗矿机洗二次或水枪和槽式洗矿机联合 |

## 2.2　破碎流程

　　组成破碎流程的基本作业是破碎和筛分(包括预先筛分和检查筛分),必要时才设置洗矿作业(当矿石含泥、含水量较高时)。究竟采用几段破碎,是否设置预先筛分、检查筛分及洗矿作业,均应根据矿石性质、破碎机械性能、原矿最大粒度和最终破碎产物粒度等条件来确定。破碎段数不同,加上破碎机和筛子的组合不同,可得到不同结构的破碎流程。

### 2.2.1　破碎段的基本形式

　　破碎段的基本形式如图 2-3 所示,其中,(a)为单一破碎作业的破碎段;(b)为带有预先筛分的破碎段;(c)为带有检查筛分的破碎段;(d)和(e)均为带有预先筛分和检查筛分的破碎段,其区别在于前者是在不同的筛子上进行预先筛分和检查筛分,后者是在同一个筛子上进行。

### 2.2.2　常用的破碎流程

　　理论上,由图 2-3 中不同破碎段的组合可以得到很多种不同的破碎流程。但合理的破碎流程,必须确定合适的破碎段数,以及设置预先筛分或检查筛分的必要性,同时考虑洗矿作业的可能性等。因此,生产实践中常用破碎流程的种类就不是很多,主要包括:

　　(1)一段破碎流程

　　采用一段破碎流程的选矿厂,其磨矿作业大都采用自磨机。此时,破碎流程的目的是为自磨机提供合适的磨矿介质和入磨物料,粒度一般为 200~350 mm。这种破碎流程一般适用于原矿含泥和含水量较高的矿石。

　　由于球磨机最适宜的给矿粒度一般为 10~20 mm,因此,一段破碎流程难以满足球磨机的给矿粒度要求,必须采用两段或两段以上的破碎流程。

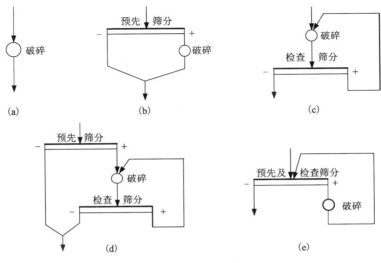

图 2-3 破碎段的基本形式

（2）两段破碎流程

常见的两段破碎流程有两段开路破碎流程[图 2-4(a)]和两段一闭路破碎流程[图 2-4(b)]。

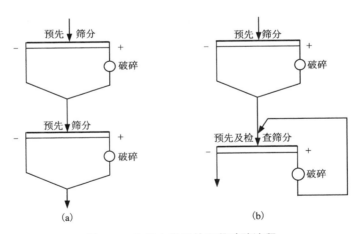

图 2-4 生产中常见的两段破碎流程

两段开路破碎流程的破碎产物粒度较粗，多限于中小型选矿厂和工业试验厂采用，第一段也可不设置预先筛分。在这种情况下，当原矿中含泥和含水量较高时，为使生产能正常进行，主要靠第二段的预先筛分，小型选矿厂也可以采用。

两段一闭路破碎流程是中、小型选矿厂最常用的破碎流程。

（3）三段破碎流程

三段破碎流程的基本形式有：三段开路破碎流程［图 2-5(a)］和三段一闭路破碎流程［图 2-5(b)］。

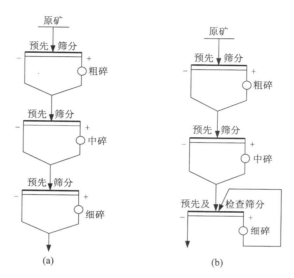

图 2-5　生产中常见的三段破碎流程

三段一闭路破碎流程是目前选矿厂应用最为广泛的破碎流程。不论是井下开采矿石，还是露天开采矿石，只要原矿含泥量不高，这种流程都能很好地适应。因此，这也是大、中型选矿厂最通用的破碎流程。

与三段一闭路破碎流程相比，三段开路破碎流程所得到的产品粒度虽较粗，但可以简化破碎车间的配置，节省基建投资。因此，在磨矿的给矿粒度要求不严，或粗磨采用棒磨，或处理水分较高的矿石，或矿石密度较大，或受地形限制的情况下，可以采用这种破碎流程。采用三段开路加棒磨的破碎磨矿流程，不需要设置复杂的闭路筛分和返回产物的运输设备，且棒磨受给矿粒度的影响较小，排矿粒度均匀，可以保证下一段磨矿作业的操作稳定。同时，该破碎流程的粉尘也较少，因而可以改善劳动卫生条件。

只有处理极坚硬的矿石和特大规模的选矿厂为了减少各段破碎比或增加总破碎比时，才考虑采用四段破碎流程。

## 2.2.3　洗矿流程

生产实践中，典型的洗矿流程如图 2-6 和图 2-7 所示。洗矿后的矿泥有单独处理和矿砂与矿泥合并处理两种方案。究竟采用哪种方案，则要根据矿泥和矿砂的可选性试验来确定。

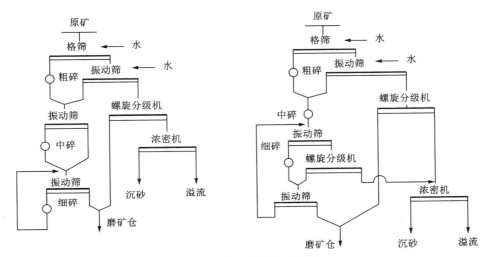

图 2-6　粗碎前的洗矿流程

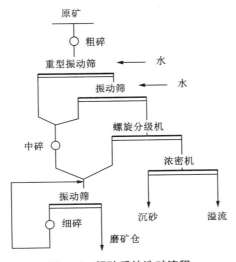

图 2-7　粗碎后的洗矿流程

## 2.3    破碎及筛分过程的影响因素

### 2.3.1    破碎作业的影响因素

衡量破碎作业优劣的主要指标为：在一定的给矿粒度和所要求的排矿粒度下，一台破碎机单位时间内所处理的矿石量[t/(台·h)]。其主要影响因素有：

①矿石的物理性质。包括矿石的硬度、给矿中最大矿块粒度、矿石密度和容重、含泥量和含水量。

矿石硬度较大或过小，均会降低破碎机的处理能力。矿石的密度和容重越大，越有利于提高破碎机的生产能力。当矿石中含泥和含水量较高，尤其是黏性矿物含量较高时，易产生破碎腔堵塞现象，不仅会降低破碎机的生产能力，而且会导致破碎流程不畅通。

②所采用破碎机类型。不同破碎机由于结构上的差异，对生产能力有重要影响，包括啮角、给矿口和排矿口宽度、主轴转数等。

一般旋回破碎机和颚式破碎机由于排口较大，受矿泥和水分的影响较小，而圆锥破碎机对含水和含泥矿石较为敏感，极易导致破碎腔的堵塞，这也是在圆锥破碎机之前一般要设置预先筛分的原因之一。此外，破碎机的排矿口越大，其生产能力也越大，但破碎产物的粒度就越粗。为此，排矿口的大小应根据破碎产物粒度的要求来确定。

③操作条件。包括处理的原矿量和给料的均匀性等。一般原矿处理量越大，其生产能力就越大，但当给矿量过大时，不仅易导致破碎腔的堵塞，还会降低破碎机的生产能力。均匀的给矿量有利于提高破碎机的效率，防止破碎腔的堵塞，延长破碎机的使用寿命。

### 2.3.2    筛分作业的影响因素

筛分效率和生产能力分别是筛分作业的质量和数量指标，也是主要的技术经济指标。影响筛分效率和生产能力的主要因素有：矿石的物理性质、筛子的运动特性及筛面结构和操作条件3个方面。

#### 2.3.2.1    矿石物理性质的影响

（1）被筛物料的含水量及含泥量

物料所含水分有外在水分(处于颗粒表面)和内在水分(处于物料的孔隙、裂缝中)，后者对筛分过程几乎没有影响。表面水分能使细粒互相黏结成团，并附着在大颗粒上，从而堵塞筛孔和破碎腔，使筛分过程较难进行，大大降低筛分效率。

一般来说，筛孔尺寸愈大，水分的影响愈小。因此，物料含水量较高时，可考虑适当加大筛孔尺寸来提高筛分效率。若水分超过一定范围，物料的黏滞性反而会减轻或消失，此时水分又有促进矿粒通过筛孔的作用(这就是湿式筛分的基本原理)。

若物料中含有易于结团的黏性物质(如高岭土等)，即使在水分含量低时也会黏结成团，使细粒难于进入筛下而严重堵塞筛孔。筛分黏性矿石必须采取湿式筛分或预先洗矿等有效措施来强化筛分过程。

(2)被筛物料的粒度特性

颗粒尺寸对筛分效率的影响较大，一般有3种粒度界限值得注意。

①小于3/4筛孔尺寸的颗粒比较容易过筛，称为"易筛粒"。

②小于筛孔而大于3/4筛孔尺寸的颗粒，尽管粒度小于筛孔，但难以过筛，称为"难筛粒"。

③粒度为1~1.5倍筛孔尺寸的颗粒，通常会遮住筛孔，妨碍细粒物料通过，称为"阻碍粒"。

给料中颗粒最大粒度一般不应大于筛孔尺寸的4倍，否则将严重影响筛分过程。若大于筛孔级别的数量较大，则应先用一个筛孔较大的筛子或采用双层筛将大块矿石筛除，这样既可改善筛分过程，又可减少小筛孔筛网的磨损。

(3)被筛物料的颗粒形状

圆形颗粒比较容易通过方孔和圆孔。破碎产物中的颗粒大多是多角形的，通过方孔和圆孔时，就比通过长方形孔容易。条状、板状和片状物料难以通过方孔和圆孔，但容易通过长方形孔。

## 2.3.2.2　筛子的运动特性和筛面结构的影响

(1)筛子的运动状态

对筛面不运动的固定棒条筛，矿石顺着筛面滑下，其筛分效率通常不超过60%。对筛面运动的振动筛，矿粒在通过筛面时，由于跳动作用，矿料容易松散，离析作用快。给料中的细粒多半会集中在物料的底层，这就增加了通过筛网的机会。筛子的振动同时也减少了筛孔的堵塞。振动筛的筛分效率较高，最佳情况下可达90%，一般为65%~85%。

(2)筛面的长度和宽度

筛子的生产能力主要取决于筛子的宽度，而筛分效率则主要取决于筛子的长度。筛面越长，物料在筛上停留的时间就越长，筛分效率也就越高。但筛面太长，也会增加厂房面积和动力消耗。

筛面的长度与宽度有一个适宜的比例。在筛子负荷相等的情况下，筛面窄且长时，物料厚度较大，使细粒难以接近筛面和通过筛孔，筛分效率降低。反之，筛面宽而短时，物料层随之减薄，细粒易通过筛孔，但筛分时间较短，矿粒通过筛孔的机会减少，因而筛分效率也会下降。通常，筛子的长度是筛子宽度的 2~3 倍。

（3）筛面的倾角

一般情况下，筛子都是倾斜安装的，其目的是便于排出筛上产物。筛子倾角大小要适合，角度太小，筛上产物排出慢；倾角太大，则物料排出速度太快，筛分时间短，筛分效率低。对于振动筛，当筛面倾斜安装时，由于矿粒是跳跃中通过筛孔的，则筛孔的穿透面积是它在水平面上的投影，等于筛孔面积与筛面倾角余弦值的乘积。倾角越大，筛孔穿透面积就越小。因此，筛面的倾角要恰当，在倾斜方向上可以适当地增加筛孔尺寸，以提高筛分效率。

（4）筛面的种类

筛面主要有钢棒筛面、钢丝筛面、钢板冲孔筛面和橡胶筛面。筛孔占的面积越大，矿粒通过筛孔的机会越多，筛分效率就越高，但筛网的使用寿命就相应较短。

筛面厚度与筛孔尺寸之比值对筛分过程也有影响。该比值越大，难筛颗粒堵塞筛孔的机会就越多，筛分效率就越低。这种影响在金属板冲制的筛面筛分时更为严重。此时把筛孔做成向下扩张的圆孔或椭圆孔，可以减少堵塞。

筛孔形状对筛面的有效面积和矿粒通过筛孔的可能性都有影响。长方形筛孔的筛面，有效面积较大，矿粒易穿过，筛分效率高。筛孔为正方形的次之，圆形筛孔的最低。生产中选用哪种筛面，应结合实际情况考虑。当磨损严重成为主要矛盾时，应当选用耐磨的钢板或钢条筛面。若要求筛分效率高，则可以选用有效面积较大的钢丝编织筛面。

### 2.3.2.3　操作条件对筛分过程的影响

（1）给矿要均匀连续

连续且均匀地将矿料给入筛面上，既充分利用了筛面面积，又便于细粒通过筛孔，可获得较高的生产率和筛分效率。

（2）给料量

随着给料量的增加，生产能力提高，但筛分效率会逐渐降低。当给矿量过大时，筛子负荷也会过大，整个筛子会成为一个运送物料的溜槽。因此，对筛分作业，既要求筛分效率高，又要求兼顾处理量，不能片面地追求单方面指标。

（3）振幅和频率

筛分的生产率和筛分效率在一定的范围内，随着筛子振幅和频率的增加而增大。但振幅过大，会使矿粒在空中停留的时间过长，减少矿粒通过筛孔的机会。振幅和频率过大，还会降低筛子的使用寿命。生产中，一般采用的振动筛的振幅为 2~6 mm，频率为 200~1200 次/min。筛分粗粒物料时，可以采用较大的振幅、较低的频率；筛分细粒物料时，可以采用较小的振幅、较高的频率。

## 2.4　破碎设备

　　选矿厂使用的破碎机,主要有颚式破碎机、旋回破碎机和圆锥破碎机等。破碎机的型号和规格,主要是根据所处理的矿石性质、选矿厂规模及厂址地形等条件,经方案综合比较确定的。

### 2.4.1　颚式破碎机

　　根据动颚板的运动特性,颚式破碎机一般可分为简单摆动的双肘板机构和复杂摆动的单肘板机构两大类。工业上广泛应用的简单摆动式和复杂摆动式颚式破碎机,分别见图 2-8 和图 2-9。

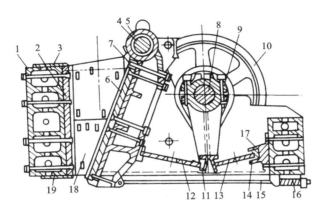

1—机架;2—衬板;3—压板;4—心轴;5—动颚;6—衬板;7—楔铁;
8—偏心轴;9—连杆;10—皮带轮;11—推力板支座;12—前推力板;13—后推力板;
14—后支座;15—拉杆;16—弹簧;17—垫板;18—侧衬板;19—钢板。

**图 2-8　900 mm×1200 mm 简摆型颚式破碎机**

　　从图 2-8 和图 2-9 可以看出,简单摆动和复杂摆动颚式破碎机在结构上有一定的差别。复杂摆动颚式破碎机减少了连杆、后肘板及动颚心轴等部件。颚式破碎机的主要零部件有机架、破碎腔、轴、轴承、连杆、排矿口以及保险装置。

　　(1)机架

　　颚式破碎机的机架有铸钢、铸铁和焊接 3 种类型,也可以是整体式或组合式机架。整体式机架多用于中小型规格颚式破碎机,其重量轻,稳定性好。组合式机架多用于运输困难或规格很大的颚式破碎机,其由 4 块或 6 块铸钢件或焊接件用嵌销和螺栓连接而成,加工复杂,整体性较差。

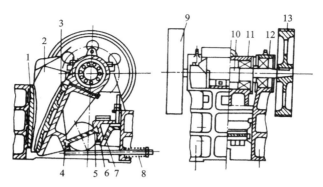

1—固定颚衬板；2—侧衬板；3—动颚衬板；4—推力板支座；5—推力板；6—前斜铁；
7—后斜铁；8—拉杆；9—飞轮；10—偏心轴；11—动颚；12—机架；13—皮带轮。

**图 2-9　250 mm×400 mm 复摆型颚式破碎机**

（2）破碎腔

破碎腔由固定颚板和可动颚板构成。固定颚板和可动颚板分别衬有齿形衬板，齿形衬板是用螺栓固定在固定和可动颚板上。

衬板表面通常都有纵向波纹齿形。齿形的排列方式，一般针对抗弯强度较低的物料采用动颚齿板的齿峰对着固定颚齿板的齿谷。对于脆性物料，可采用齿峰对齿峰的排列方式，具有较好的劈碎效果。对细碎型颚式破碎机，其破碎腔的上端采用齿形，但下端为平行区，多设计为平滑形衬板，粉碎的主要形式为料层粉碎，可使产品粒度均匀，排矿口不易堵塞。

衬板的磨损一般是不均匀的，靠近给矿口部分磨损较慢，而接近排矿口部分则磨损较快。为了延长衬板使用寿命，往往将衬板加工成上下对称的形式，以便下端磨损后，倒向互换使用。为使衬板牢固地、紧密地贴合在颚板上，使衬板各点受力较均匀，常在衬板与颚板之间垫以可塑性材料的衬垫，如铅板、铝板和合金板等，也有采用低碳钢板的。

破碎腔的两侧壁也装有锰钢衬板，其表面是平滑的，采用螺栓固定在侧壁上，磨损后更换。

（3）轴、轴承和连杆

简摆型颚式破碎机有偏心轴和悬挂动颚的心轴，复摆型只有一根偏心悬挂轴。工作时，它们会受到很大的冲击负荷，故大、中型颚式破碎机的轴采用锰钼钒钢、锰钼硼钢和铬钼钢等合金钢制造。

小型颚式破碎机一般使用滚动轴承，大、中型颚式破碎机则使用滑动轴承。

连杆只有简摆型颚式破碎机才有。连杆有整体的、组合的及液压连杆等形式。为了减少连杆的惯性作用，应力求减轻其重量，所以，中小型颚式破碎机一般采用"工"字形或"十"字形断面结构，而大型颚式破碎机通常采用箱形断面或组合连杆。

（4）排矿口调整装置

随着衬板的磨损，排矿口会增大，产品粒度会变粗。为了确保产品粒度合格，颚式破碎机均设有排矿口调整装置，其调整方法有3种：

①楔块调整装置，结构如图2-10所示。它是通过放在后肘板与机架后壁间的楔块2和3来调整。转动螺母5使楔块3沿机架壁上升和下降，即可使排矿口减小和增大。此法可达到无级调整的目的，方便省力，且不必停车。缺点是使机架尺寸和重量增加，且不易调平，致使肘板和连杆（或动颚）受力不均，因此，只适用于中、小型颚式破碎机。

②垫片调整装置，结构如图2-11所示。在后肘板1的支撑座2后面放入一组厚度相同的垫片3，改变垫片的数量，即可达到调整排矿口大小的目的。此法可达到多级调整的目的，比较方便，同时可使设备紧凑和重量减轻，但必须停车进行。因此，多用于大、中型颚式破碎机。

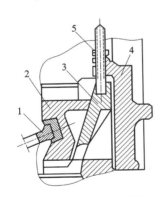

1—肘板；2—楔块；3—调整楔块；
4—机架；5—螺母。

**图2-10　楔块调整装置**

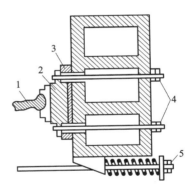

1—肘板；2—支撑座；3—调整垫片；
4—螺帽；5—拉紧螺帽。

**图2-11　垫片调整装置**

③液压调整装置，结构如图2-12所示。在调整前，先将连接滑块座与后机架间的螺帽及拉杆弹簧帽松开，再启动油泵，向油缸充油，使活塞推动滑块座向前移动，然后在滑块座与机架间增减垫片，以调整排矿口的大小。调整后将油卸出，拧紧滑块座与后机架间的螺帽并重新调整拉杆弹簧的螺帽，完成排矿口的调整。此法用于大型颚式破碎机。

（5）保险装置

保险装置是当颚式破碎机的破碎腔进入了非破碎物体（如铁块等）时，为了有效地防止机器零件损坏而采用的一种安全措施。常用的保险装置有 3 种：

①可折断肘板。后肘板一般使用普通铸铁材料，并在其上开设若干个孔，以降低其断面强度；或者采用组合肘板（如图 2-13 所示），当破碎机中进入非破碎物体时，机器超过正常负荷，肘板或连接铜钉立即折断或剪断，使碎矿机停止工作，从而避免机器贵重零部件损坏。

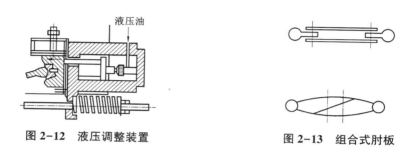

图 2-12　液压调整装置　　　　　　　　图 2-13　组合式肘板

②液压杆件。这种连杆上有一个液压油缸和活塞，油缸与连杆上部连接，活塞与连杆下部连接。正常工作时，油缸内充满压力油，活塞与油缸相当于整体连杆的一部分。当非破碎物进入破碎腔时，作用于连杆的拉力增加，油缸下部油室的油压随之增加，当油压超过组合阀内的高压溢流阀所规定的压力时，压力油将通过高压溢流阀排出，活塞及肘板将停止动作，动颚也停止摆动，从而起到保险作用。

③ 液压摩擦离合器。在颚式破碎机的偏心轴两端装有液压摩擦离合器，当破碎机出现过载现象时，过电流继电器将通过延时继电器启动液压泵电动机，使离合器分离，同时切断主电机，由此起到保险作用。

颚式破碎机是靠动颚的运动进行工作的，因此，动颚的运动轨迹对破碎效果有较大的影响。简摆型的动颚上端与下端的运动是同步的，动颚上端的行程小于下端，下端行程较大有利于排料通畅。此外，简摆型动颚的垂直行程较小，动颚衬板的磨损也较小。复摆型颚式破碎机的运动轨迹较为复杂，动颚上端的运动轨迹近似为圆形，下端的运动轨迹近似为椭圆形，且动颚上端与下端的运动是异步的。

颚式破碎机在工作时，由于偏心作用，偏心轴在运动过程中会产生往复式运动轨迹，驱动动颚（或通过连杆）靠近或离开定颚。矿石进入固定颚和动颚之间的破碎腔后，当动颚向定颚靠拢时，其会受挤压而破碎，当动颚向离开定颚的方向运动时，被碎矿石会靠自重向下移动直到排出。动颚每摆动一个周期，矿石就受到一次挤压并向下排送一段距离，如此周而复始地进行。

## 2.4.2 圆锥破碎机

按使用范围的不同，圆锥破碎机可分为粗碎、中碎和细碎 3 种类型。粗碎圆锥破碎机又称旋回破碎机。中碎和细碎圆锥破碎机，根据破碎腔形式的不同，可分为标准型（中碎用）、中间型（中细碎用）和短头型（细碎用）3 种，破碎腔如图 2-14 所示。

(a)标准圆锥破碎机　　(b)中型圆锥破碎机　　(c)短头圆锥破碎机

*b*—平行带宽度；*l*—平行带长度；*B*—动锥直径。

**图 2-14　圆锥破碎机破碎腔形状**

（1）旋回破碎机

按照排矿方式的不同，旋回破碎机又分为侧面排矿和中心排矿两种。中心排矿的旋回破碎机最为常见，主要由工作机构、传动机构、调整装置、保险装置和润滑系统等部分组成，详细结构如图 2-15 所示。

旋回破碎机主要由机架、活动圆锥、固定圆锥、主轴、大小伞齿轮和偏心轴套等组成，其工作过程是连续的。工作时，活动圆锥的主轴支撑在横梁上面的固定锥形螺帽上，主轴下部置于偏心轴套中。偏心轴套转动时，使动锥围绕中心轴做连续的偏心旋回运动。当动锥靠近固定圆锥时，矿石受到破碎作用。当动锥离开固定圆锥时，破碎的产品靠自重经排矿口排出。

①机架。由下部机架 14、中部机架（定锥）10 和横梁 9 组成。下部机架安装在混凝土基础上，机架侧壁上留有机器检查孔，工作时用盖子盖上。中心套筒 24 由筋板 25 及传动轴套筒 16 连接在下部机架上，为保护传动轴套筒，安装有保护板 26。

②工作机构。由定锥 10 和动锥 32 组成，矿石在二者构成的破碎腔中被破碎。定锥内镶有三排衬板 11。动锥 32 压合在主轴 31 上，其表面套有衬板 33，并用螺帽 8 压紧。在螺帽 8 上装有锁紧板 7，以防止螺帽退扣。主轴 31 用开缝锥形螺帽 2、锥形压套 1、衬套 4 和支承环 6 悬挂在横梁上，并用楔形键 3 防止开缝螺帽退扣。衬套的锥形端支承在支承环上，侧面支承在锥形衬套 5 上，这是目前旋回破碎机动锥最常用的一种悬挂方式。衬套下端与锥形衬套的内表面均为圆锥面，故能保证衬套沿支承环呈滚动接触，从而满足主轴旋摆运动的要求。因支承

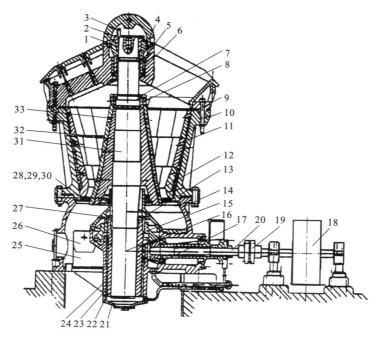

1—锥形压套；2—锥形螺帽；3—楔形键；4—衬套；5—锥形衬套；6—支承环；7—锁紧板；
8—螺帽；9—横梁；10—固定圆锥（定锥）；11—衬板；12—挡油环；13—止推圆盘；14—下机架；
15—大圆锥齿轮；16—传动轴套筒；17—小圆锥齿轮；18—三角皮带轮；19—弹性联轴节；
20—传动轴；21—机架下盖；22—偏心轴套；23—衬套；24—中心套筒；25—筋板；26—护板；
27—压盖；28、29、30—密封套环；31—主轴；32—可动圆锥（动锥）；33—衬板。

**图 2-15  中心排矿式 900 旋回破碎机**

环与衬套上的负荷很大，为使悬挂装置正常工作，支承环通常用青铜制造，衬套则用结构钢制造，并进行表面处理。

③传动机构。由电机经三角皮带轮 18、弹性联轴节 19、传动轴 20、小圆锥齿轮 17 和大圆锥齿轮 15，驱动偏心轴套 22 转动，从而带动主轴和动锥一起做旋摆运动。主轴上端悬挂在横梁上，下端插在偏心轴套的偏心孔中，其中心线是以悬挂点为顶点画出的圆锥面。偏心轴套放在衬套 23 的中心套筒 24 中，并在衬套中旋转。偏心轴套与大圆锥齿轮连在一起，在中心套筒 24 与大圆锥齿轮 15 之间设有三片止推圆盘 13，下面的圆环用销固定在中心套筒上，上面的圆环用螺栓固定在大圆锥齿轮下面，中间圆环则以小于偏心轴套的转速转动。上下圆环的作用是防止大圆锥齿轮和中心套筒受磨损。

④排矿口调整装置。当动锥和定锥上的衬板磨损后，排矿口会逐渐变大，需

进行排矿口调整。旋回破碎机排矿口调整装置如图 2-16 所示，它的工作原理是通过旋转主轴悬挂装置上的锥形螺帽，使主轴上升或下降，主轴上升时排矿口减小，主轴下降时排矿口增大，从而实现排矿口大小的调整。这种调整装置简单可靠，但主轴重量大，调整时间长，劳动强度大，且需停车调整。

⑤保险装置。旋回破碎机的保险装置如图 2-17 所示，是利用传动轴和三角皮带轮联轴节上的保险轴销，当超过负荷时，保险轴销沿削弱断面被扭断，从而达到保险目的，但可靠性较差。

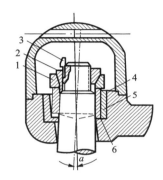
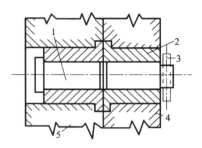

1—锥形压套；2—锥形螺帽；3—楔形键；
4—衬套；5—锥形衬套；6—支承环。

图 2-16　排矿口调整装置

1—保险轴销；2—衬套；3—开口销子；
4—三角皮带轮；5—轮毂。

图 2-17　保险装置

⑥润滑系统。采用油泵压入润滑油，润滑油经输油管从机架下盖 21 上的油孔进入偏心轴套 22 的下部空隙处，由此分为两路：一路沿主轴与偏心轴套间的间隙上升，至挡油环被阻挡而溢至圆锥齿轮处；另一路则沿偏心轴套与衬套间的间隙上升，经止推圆盘 13 也进入圆锥齿轮处，使圆锥齿轮润滑后经排油管排出。悬挂装置采用干油润滑，定期用手压油枪压入干油。此外，为了防止粉尘进入运动部件，在动锥下部设置有由套环 28、29 和 30 组成的密封装置。

由于普通旋回破碎机排矿口调节困难，保险装置可靠性较差，目前国内外普遍采用液压旋回破碎机，采用液压技术实现排矿口调整和保险作用。

旋回破碎机工作平稳，生产率高，易于启动，破碎比大，破碎产品粒度均匀，同时可以采取挤满式给矿，因此不需要给矿设备。旋回破碎机多用于选矿厂粗碎或中碎作业，其缺点是结构较复杂，设备机身高，基建投资较大。

（2）圆锥破碎机

标准圆锥破碎机、中型圆锥破碎机及短头圆锥破碎机的结构基本相同，其差别主要在于破碎腔形式的不同（图 2-14）。因此，对圆锥破碎机的结构，这里以标准弹簧圆锥破碎机为例加以说明，详见图 2-18。

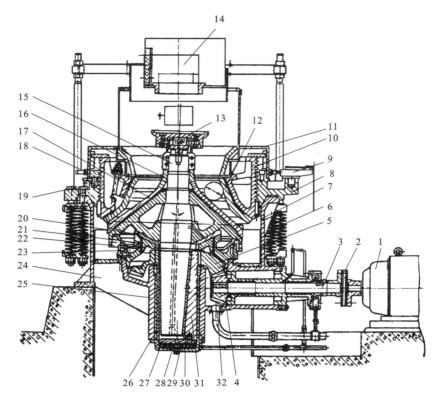

1—电动机；2—机架；3—传动轴；4—小圆锥齿轮；5—大圆锥齿轮；6—保险弹簧；7—机架；8—支承环；
9—推动油缸；10—调整环（定锥）；11—防尘罩；12—固定锥衬板；13—给料盘；14—给料箱；
15—主轴；16—可动锥衬板；17—可动锥体（动锥）；18—锁紧螺帽；19—活塞；20—球面轴瓦；
21—球面轴承座；22—球形颈圈；23—环形槽；24—筋板；25—中心套筒；26—衬套；
27—止推圆盘；28—机架下盖；29—进油孔；30—锥形衬套；31—偏心轴承；32—排油孔。

**图 2-18　标准弹簧圆锥破碎机**

①工作机构。由带有锰钢衬板的动锥 17 和定锥（调整环 10）组成。动锥压装在主轴（竖轴）15 上，主轴的一端插入偏心轴套的锥形孔内。在偏心轴套的锥形孔中装有锥形衬套 30。当偏心轴套转动时，带动动锥做旋摆运动。为保证动锥做旋摆运动，动锥下部表面做成球面，并支承在球面轴承上。动锥和主轴的重量由球面轴承和机架承受。

②衬板的结构。圆锥破碎机衬板断面形状对破碎效果影响很大。中碎圆锥破碎机的衬板已由原来的梯形衬板[图 2-19（a）]改进为圆滑型衬板[图 2-19（b）]，有较大的倾角，则可增大给矿粒度，并提高生产能力 15%~20%。若采用有两个阶梯段的形状衬板[图 2-19（c）]，并减少衬板上部厚度，可进一步提高破碎效果并节省材料。细碎圆锥破碎机以前的衬板具有较长的平行带，容易堵塞

[图 2-20(a)]，不仅影响生产率和工作效率，而且衬板磨损后的产品粒度和能耗增加显著。因此，宜采用较短平行带的新型衬板[图 2-20(b)]，可降低衬板成本，改善主轴受力情况，在整个破碎期间保持锥面的平行性，提高破碎效率和生产率，减少堵塞。

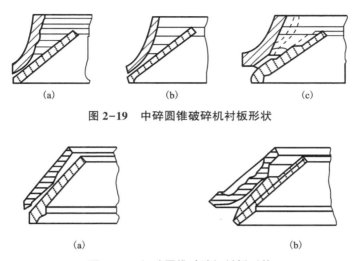

(a)　　　　　　　　(b)　　　　　　　　(c)

**图 2-19　中碎圆锥破碎机衬板形状**

(a)　　　　　　　　　　　　　　　(b)

**图 2-20　细碎圆锥破碎机衬板形状**

③调整装置。圆锥破碎机的调整装置和锁紧机构都是固定锥的一部分，由调整环 10、支承环 8、锁紧螺帽 18、推动油缸 9 和锁紧油缸等组成。调整环 10 和支承环 8 构成排矿口调整装置。支承环安装在机架的上部，借助破碎机周围的弹簧 6 与机架 7 贴紧。支承环上部装有锁紧油缸和活塞，且支承环与调整环的接触面处有锯齿形螺纹。两对拨爪和一对推动油缸分别装在支承环 8 上。破碎机工作时，高压油注入锁紧油缸，使活塞上升，将锁紧螺帽和调整环稍微顶起，使得支承环与调整环的锯齿形螺纹呈斜面紧密贴合。调整排矿口时，需将锁紧油缸卸压，使锯齿形螺纹放松，再操纵液压系统，使推动油缸工作，推动调整环向右或向左转动，通过锯齿形螺纹转动，使定锥上升或下降，实现排矿口大小的调整。

④保险装置。利用装设在机架周围的弹簧作为保险装置。当破碎腔进入非破碎物体时，支承环和调整环被向上抬起而压缩弹簧，使动锥和定锥间的间隙和排矿口增大，排出非破碎物体。之后支承环和调整环在弹簧的作用下很快恢复原来位置。弹簧既是保险装置，也是保持破碎机正常破碎力的装置，因此，弹簧的张紧程度对破碎机正常工作有重要作用，拧紧弹簧时应留有适当压缩余量。

⑤润滑系统。采用循环稀油集中润滑，油通过油泵从机架下面中心套筒 25 侧壁上的油孔进入偏心轴套的止推圆盘中。由于圆盘上有放射状油沟，故圆

盘得以被润滑，然后由此处分为三路上升。第一路沿青铜衬套与偏心轴套间的间隙上升；第二路从偏心轴套与主轴间的间隙上升；第三路沿主轴的中心圆孔上升，流至动锥底部球面与球面青铜轴瓦之间的间隙，使这些摩擦面得以润滑。然后这三路油汇合在一起，流经大小圆锥齿轮。最后顺流而下至排油管排出，流回原油箱。润滑油不仅起到润滑作用，而且带走了各摩擦面产生的热量，所以在油流回油箱前要经过冷却装置，使油冷却后再回至油箱中。水平传动轴与轴承的润滑是单独的油路系统。调整环和支承环上的梯形调整螺纹，是通过从支承环侧壁上的注油孔向螺纹注入黄油来实现润滑的。

尽管弹簧圆锥破碎机的排矿口可采用液压操纵进行调节，但其锯齿形螺纹结构的调整装置仍需停车调整，且易被灰尘堵塞，甚至在设备严重过载时有可能起不到保险的作用，为此，目前生产中大力推广液压圆锥破碎机，其不仅排矿口调节方便，而且过载保险性高，克服了弹簧圆锥破碎机的一些缺点，单缸液压圆锥破碎机的结构如图 2-21 所示。

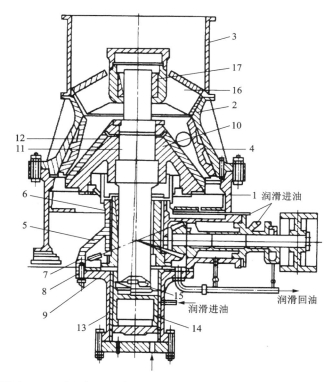

1—下部机架；2—上部机架；3—给矿漏斗；4—衬板；5—中心套筒；6—偏心轴套；
7—大圆锥齿轮；8—底盘；9—止推圆盘；10—动锥体；11—主轴；12—衬板；
13—油缸；14—活塞；15—止推圆盘组；16—横梁；17—衬套。

**图 2-21 单缸液压圆锥破碎机**

由于保险装置的改变，液压圆锥破碎机的上下机架采用螺栓连接替代弹簧连接，以达到固定上下机架的目的。在上机架 2 上固定有给矿漏斗 3，其内侧镶有衬板 4（上机架就是固定锥体）。下机架 1 安装在混凝土的基础上，内有中心套筒 5。中心套筒是用螺栓固定在下机架上，是一个可卸部件，不和下机架制成一个整体。偏心轴套上的大圆锥齿轮 7，固定在偏心轴套的下部并放在下机架的底盘 8 上，因此在底盘与大圆锥齿轮之间放有止推圆盘 9。动锥体 10 固定在主轴 11 上，表面镶有衬板 12，其主轴下端穿过偏心轴套 6 支承在液压油缸 13 内的活塞 14 上的止推圆盘组 15 上。止推圆盘组由三片圆盘组成，上面一片圆盘的一面为平面，另一面为球面，并将平面与主轴下端固定在一起。下面一片圆盘的两面均为平面。中间一片圆盘的一面为平面，另一面为球窝面，它与固定在主轴上的圆盘球面相接触。为了防止主轴倾倒和使偏心轴套在主轴旋摆时受力均匀，可将主轴上端插在上机架横梁 16 上的衬套 17 的内孔中，此内孔为上大下小的圆锥形，主轴的下端支承在球窝止推圆盘上，可以满足主轴旋摆运动的要求。

圆锥破碎机与旋回破碎机在结构上的主要差别为：圆锥的形状（包括定锥和动锥）不同，动锥的支承方式不同（旋回破碎机的动锥是悬挂在横梁上，圆锥破碎机的动锥则是支承在球面轴承上）。具体表现在：

①中、细碎圆锥破碎机的活动圆锥和固定圆锥都是正立的截头圆锥。圆锥形状缓倾，破碎腔中存在一个平行区，满足了控制排矿粒度均匀的要求。旋回破碎机的圆锥形状是急倾斜的，活动圆锥正立，而固定圆锥倒立。

②中、细碎圆锥破碎机的活动圆锥支撑在球面轴承上，而旋回破碎机的活动圆锥则悬挂在机体的横梁上。

③中、细碎圆锥破碎机的机架由上、下两部分组成，其间用螺栓连接。弹簧圆锥破碎机在螺栓上套有弹簧，借助附带手柄的铰杆和铰链，可使固定圆锥上升或下降，从而调节排矿口的大小。而旋回破碎机利用主轴上端的螺帽，使悬挂的活动圆锥上升或下降，从而调节排矿口的大小。

④中、细碎圆锥破碎机有弹簧或液压保险装置，可靠性好。对弹簧圆锥破碎机而言，当破碎腔中进入非破碎性物体时，在弹簧上面的固定圆锥（调整环）和上部机架（支承环）会同时向上抬起，使弹簧压缩，排矿口增大，从而使非破碎性物体从排矿口排出，避免机器的损坏。然后，支承环和调整环借助弹簧的弹力又恢复至原位。

圆锥破碎机的工作是随动锥转动连续地破碎矿石，它比颚式破碎机的生产率高，而且工作比较平稳。圆锥破碎机具有生产能力大、功率消耗低、破碎比较大、破碎产品的粒度均匀等优点，广泛用于各种硬度矿石的中碎和细碎，但不宜处理黏性物料。

### 2.4.3 其他圆锥破碎机

随着选矿技术和机械制造业的发展和进步，围绕节能降耗，提高破碎效率的问题，国内外相继出现了许多新型圆锥破碎机。

（1）HP 系列圆锥破碎机

芬兰 Metso 集团生产的 HP 系列圆锥破碎机（原属 Metso 集团 Nordberg 公司）具有国际领先水平。HP 系列圆锥破碎机的结构见图 2-22，该系列的规格主要有 HP200、 HP300、 HP400、HP500 和 HP800。

HP 系列圆锥破碎机的最新改进包括：采用高能化原理设计，大幅度提高了功率/质量比和功率/体积比；有 6 种从粗到

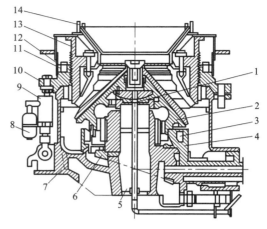

1—轴承座；2—动锥体主轴；3—平衡重；4—密封环；
5—柱体；6—偏心轴套；7—机架；8—蓄能器；
9—液压保险杠；10—支承环；11—锁紧液压缸；
12—锁紧螺母；13—调整环；14—受料斗。

**图 2-22 HP 系列圆锥破碎机结构图**

细的不同破碎腔形衬板可供选用，仅通过更换不同衬板就可以使同一台设备在粗碎到超细碎之间变换；超细碎腔利用料层粉碎原理，要求充满给料；采用液压马达旋转定锥，快速调整排料口或拆卸定锥，可以在负荷状态下调整排料口；自动控制系统可以远程控制液压站；所有主要部件均可从破碎机顶部或侧面进行维修；采用了超声波料位计。

HP 系列圆锥破碎机的零部件比 Symons 圆锥破碎机减少了 30%，而同规格破碎机的处理能力却提高了 20%，破碎比达到 2 ~ 10，主要用于第二段到第四段破碎。目前，我国包头钢铁集团公司的选矿厂、鞍钢集团鞍山矿业公司齐大山选矿厂，以及太原钢铁厂的尖山铁矿等矿山的生产中已采用了该类型设备。

（2）惯性圆锥破碎机

北京矿冶研究总院和俄罗斯 Механобр 技术有限公司合资成立的北京凯特破碎机有限公司，从 20 世纪 90 年代初就开始研制惯性圆锥破碎机，目前已形成了 GYP-60、GYP-100、GYP-200、GYP-300、GYP-450、GYP-600、GYP-900、GYP-1200 的系列规格。惯性圆锥破碎机结构见图 2-23。

其主要特点有：①主轴为悬臂梁结构，动锥由球面瓦支撑；②破碎力由主轴上的偏心配重物旋转产生的离心惯性力形成；③主轴转速较高，可以产生强大的破碎力，同时高转速可以产生高频振动，进一步强化了破碎过程；④改变主轴转

速、偏心配重物质量和偏心距，可以调整破碎力；⑤破碎腔内进入不可破碎物时，动锥可以自然退让，使设备零部件得到保护；⑥采用充满给料以形成料层粉碎条件，节能并具有选择性破碎功能；⑦产品粒度与排料口大小无关，而取决于破碎力；⑧设备设计中考虑了动平衡，整体振动小，不需要庞大的基础。

惯性圆锥破碎机具有较高的破碎比和较细的产品粒度，破碎比高达 10~20，产品粒度达 95%-8 mm 或 80%-6 mm。由于高频振动的作用，物料硬度越大，受力越大，因此可以破碎极硬的物料，如刚玉、硬质合金等。

GYP-600 惯性圆锥破碎机于 1997 年用于柿竹园有色金属矿。GYP-1200 惯性圆锥破碎机于 2005 年 11 月用于鞍钢集团某矿业

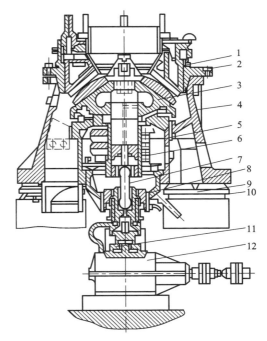

1—调整环；2—支承环；3—动锥；4—机架；5—轴套；
6—激振器；7—球头连杆；8—中间轴；9—止推轴承；
10—减振元件；11—球形立轴；12—减速器。

图 2-23　惯性圆锥破碎机结构图

公司的破碎车间，处理来自东鞍山铁矿的铁矿石，该矿石为鞍山式含铁石英岩，硬度 $f$ 为 17~18，密度为 3.14 g/cm$^3$。

## 2.4.4　辊式破碎机

辊式破碎机是一种较为传统的破碎机械，构造简单，破碎时产生的过粉碎少。按辊子的数目可以分为单辊、双辊、三辊和四辊 4 种。按辊面形状，可分为光面辊碎机和齿面辊碎机两种。目前，生产中普遍应用的主要有对辊破碎机和高压辊磨式破碎机(HPGR)。

(1)对辊破碎机

对辊破碎机是目前生产中最常见的一种破碎中硬矿石的中、细碎设备。其结构和工作原理见图 2-24。两个相向回转的圆辊，借助摩擦力，将给入的矿石卷进两辊之间的空间(破碎腔)，使矿石受到挤压和研剥而破碎。破碎后的产品靠自重排出。排矿口宽度借助增减垫片 6 移动可动辊轴承来调整，弹簧 7 为保险装置。

对辊破碎机的规格用破碎辊的直径和长宽(如 φ750×500 mm)来表示。光滑

辊面的对辊破碎机可用于破碎硬度较大的物料。齿状或沟槽形辊面的对辊破碎机则适合破碎较松软的物料。

对辊破碎机生产能力较小，辊面磨损不均匀，因而其应用受到了一定的限制。但它结构简单，维护方便，过粉碎少，产品粒度均匀，故在小型选矿厂，尤其在我国的小型重选矿厂仍较常用。

（2）高压辊式破碎机（HPGR）

20 世纪 80 年代，在发达国

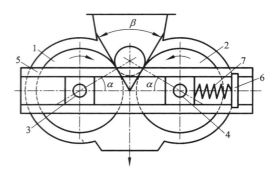

1—固定辊；2—可动辊；3—固定辊轴承；
4—可动辊轴承；5—导槽；6—垫片；7—弹簧。

图 2-24  对辊机结构示意图

家，高压辊式破碎机在水泥、矿业、冶金、化工等诸多领域得到了广泛应用，取得了显著的经济效益和社会效益。在过去的二十多年中，德国、美国、丹麦和俄罗斯等国曾做过大量理论及应用研究，使得该设备的设计和制造不断完善，设备性能日益提高。我国对该设备的研究起步较晚，由于投资和技术瓶颈的制约，国产高压辊式破碎机的应用也较少。

图 2-25（a）是 CSIRO 高压辊式破碎机结构示意图，其由 Krupp Polysius 公司完成制造。辊为光面辊，直径为 250 mm、宽度为 100 mm。其中一个辊为固定辊，另一个辊则为可动辊，可在与辊轴成一定角度的轨道上自由移动，其行程通过液压—充气弹簧来控制。特性参数通过设置基本辊距、氮气罐初始压力、油缸初始油压来确定。当破碎腔中充满物料时即产生颗粒间的破碎作用，并形成薄饼状破碎产物，即所谓的"料层破碎"，见图 2-25（b）。破碎机工作间隙是决定破碎机产能和破碎产物粒度的重要参数。一般给矿粒度减小，破碎机的工作间隙也相应减

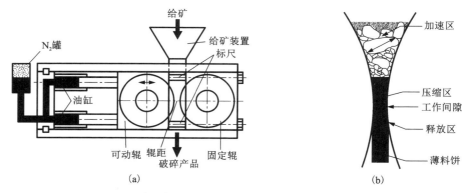

（a）                    （b）

图 2-25  高压辊式破碎机结构（a）和料层破碎（b）示意图

小，但随着辊速的增加，给矿粒度对工作间隙的影响也随之减弱。随着辊速的降低，料层增厚(即工作间隙增大)，反之料层变薄。

## 2.5　筛分设备

### 2.5.1　筛分设备的分类

筛分机械的种类较多，按筛面运动特性可分为固定筛、摇动筛、振动筛和旋转筛4大类。按传动机构不同，可分为无传动、机械传动、电磁传动和超声波传动等4大类。按筛面形状不同，可分为平面筛、圆弧筛和筒式筛等3大类。在选矿生产实践中，一般将筛分机械分为以下几类：

①棒条筛，包括固定棒条筛和运动的滚轴筛。

②摇动筛，包括水平摇动筛和倾斜摇动筛。

③振动筛，包括机械振动的偏心振动筛、惯性振动筛，自定中心振动筛、共振筛和冲击振动筛，以及电磁振动筛和超声波振动筛。

④筒筛，包括圆筒筛、圆锥筛和角锥筛。

⑤细筛，包括弧形筛(筛面呈曲面形状)、击振细筛、旋流细筛、超声波细筛、微孔筛及离心筛。

固定筛和振动筛是选矿厂最常用的筛分设备，圆筒筛及摇筛在少数选矿厂中有应用。近年来，细筛在国内外选矿厂中的应用也越来越广泛，如分级、脱水和脱介等。

### 2.5.2　固定筛

在选矿厂，筛分大块物料通常采用固定筛，包括格筛、条筛和悬臂条筛。

固定格筛一般由平行排列的钢棒或工字钢构成。钢棒或工字钢称为格条，格条之间用横向钢棒联结在一起，格条间的缝隙大小为筛孔尺寸，格条断面的形状如图2-26所示。

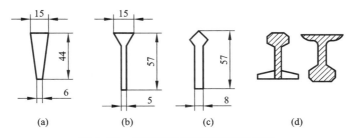

图2-26　固定筛格条断面形状示意图

固定格筛一般水平安装在原矿矿仓的顶部。筛孔为正方形或长方形,筛孔尺寸为(0.8~0.85)$B$($B$为粗碎机给矿口宽度,mm)。筛上过大块矿石则需用手锤、气锤或其他方法破碎,并使其过筛。

固定条筛主要用于粗碎和中碎前的预先筛分。粗碎前通常采用如图2-27所示的固定条筛。中碎前可采用如图2-28所示的悬臂条筛。固定条筛一般采用倾斜安装,倾角的大小应保证矿石物料能沿筛面自流下滑,即倾角应大于矿石物料对筛面的摩擦角。一般矿石的筛分,其安装倾角多为40°~50°。对于大块矿石,倾角可稍减小;而对于黏性矿石,倾角则要相应增加。

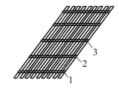

1—格条;2—垫圈;3—横杆。

图2-27 固定条筛

条筛筛孔尺寸一般为筛下产物粒度的1.1~1.2倍,且筛孔尺寸一般不小于50 mm。条筛的宽度值取决于给矿机和运输机,以及破碎机给矿口的宽度,并应大于给矿中最大块矿石粒度的2.5倍,条筛的长度一般为筛子宽度的2倍。

条筛的优点是构造简单,无运动件,也不需要动力。缺点是易堵塞(处理黏性矿石时),所需安装高差大,筛分效率较低,一般筛分效率仅为50%~60%。

图2-28 悬臂条筛

## 2.5.3 振动筛

根据筛框运动轨迹的不同,振动筛可以分为圆(椭圆)运动振动筛和直线运动振动筛两大类。圆(椭圆)运动振动筛包括:惯性振动筛、自定中心振动筛、重型振动筛和圆振动筛等。直线运动振动筛则包括:直线振动筛和共振筛等。与固定格(条)筛相比,振动筛具有以下突出优点:

①筛体以低振幅、高振动次数做强烈振动,有效减轻或消除了物料的堵塞现象,使筛子具有较高的筛分效率和生产能力。

②动力消耗较小,构造简单,操作、维护、检修比较方便。

③振动筛具有较高的生产率和效率,因而,所需筛网面积比固定筛小,可以有效节省厂房面积和高度。

④振动筛的应用范围较广,多用于中、细碎前的预先筛分和检查筛分。

(1)惯性振动筛

惯性振动筛是通过不平衡体的旋转(偏重轮)产生的离心惯性力,使筛子产生振动的一种筛分机械,包括座式和悬挂式。

惯性振动筛的工作原理如图2-29所示。装有筛网2的筛框1,倾斜地安装在弹簧 8 上,并与水平面成 15°~30° 的倾角。穿过筛框的主轴 4 上,装有带重块 7 的两个偏重轮 6。偏重轮被轴带动旋转时,产生不平衡的离心惯性力,并作用于筛框和弹簧,使筛子振动。由于惯性振动筛的主轴、偏重轮和皮带轮中心线重合,当偏重轮偏心块转至正上方时,在离心力作用下,弹簧被拉伸,当偏重轮偏心块转至正下方时,在离心力作用下,弹簧被压缩,因此,皮带轮中心运动轨迹近似圆形。惯性振动筛运转过程中,由于其皮带轮与电机皮带轮中心距离不断发生变化,导致皮带时紧时松,从而影响皮带和电机的使用寿命。

惯性振动筛的振幅可借助配重改变来调节。其规格用筛网尺寸(宽度×长度)来表示。

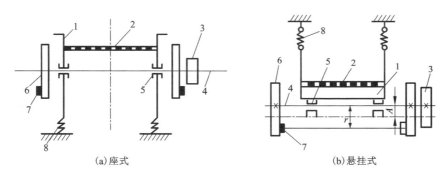

(a)座式　　　　　　　　(b)悬挂式

1—筛框;2—筛网;3—皮带轮;4—主轴;5—轴承;6—偏重轮;7—重块;8—弹簧。

**图 2-29　惯性振动筛原理示意图**

由于惯性振动筛完全是弹性连接,可平衡惯性力,故转速可以很高,筛分效率高达 80%。适用于处理细粒级矿石(0.1~15 mm),还能筛分潮湿和黏性物料,主要缺点是电动机振动大,寿命短。由于其振幅不能太大,所以不宜处理粗粒物料。

(2)自定中心振动筛

自定中心振动筛有皮带轮式和轴承式两种,二者的结构和工作原理基本相同。

其中,轴承式自定中心振动筛的结构和工作原理如图 2-30 所示。筛框 1 由 4 根弹簧吊杆固定在筛框上方的支架上。筛框与水平面成 15°~25° 的倾角。筛框内装有筛网和振动器。振动器的

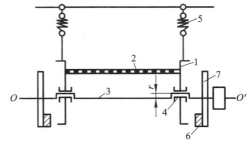

1—筛框;2—筛网;3—偏心轴;4—滚动轴承;
5—弹簧;6—配重块;7—飞轮。

**图 2-30　轴承式自定中心振动筛原理示意图**

主轴 3 支撑在滚动轴承 4 中，主轴的两端分别装有带配重块 6 的飞轮 7。

主轴旋转时，由于偏心产生的离心力和飞轮的配重所产生的离心力互相平衡，故筛框绕轴线 $O-O'$ 做半径为 $r$ 的圆周运动，此时，对主轴的轴线 $O-O'$ 而言，它在空间的位置始终不变，所以这种振动筛称为自定中心振动筛。自定中心振动筛的振幅可以通过增减飞轮上的配重和借助偏心轴套改变偏心距来进行调整。

自定中心振动筛的筛分效率高、生产能力大、应用范围广、结构简单，调整方便，工作可靠。广泛应用于冶金、煤炭等工业部门，主要用于中、细碎物料的筛分，最大给矿粒度可达 150 mm。

（3）重型振动筛

一般振动筛的转速选择远离共振区，即工作转数比共振转数大几倍。当筛子起动和停车时，由于转数由慢到快，或由快到慢都会经过共振区，短时地引起系统的共振，这时，筛框的振幅很大，在操作过程中经常可以见到。为此，出现了能克服共振，可以自动移动偏心块位置的重型振动筛。

图 2-31 是用于筛分大块度、大密度物料的自定中心座式重型振动筛。这种振动筛结构比较坚固，能承受较大的冲击负荷，振幅大，为避免起动和停车时发生共振，采用了自动平衡器，可以起到减振作用。

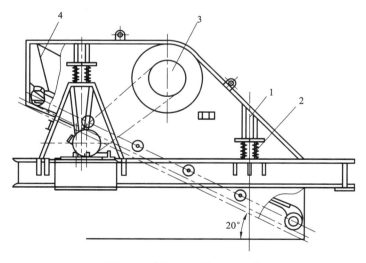

1—筛框；2—弹簧；3—激振器；4—筛面。

图 2-31　重型振动筛

重型振动筛振动器的结构如图 2-32 所示，偏心重块 5 利用铰链安装在销轴 3 上，在重块中部用弹簧 6 拉紧，重块可以自由转动，当主轴 1 的转速低于某一数值时(大致等于共振转速),偏心重块所产生的离心力很小(离心力随转速而变化),由于弹簧的作用,偏心重块的离心力对销轴 3 产生的力矩低于弹簧力对销轴 3 的力矩,偏心重块对回转中心不发生偏离,保持如图 2-32 所示位置。这种位置对筛框而言,产生的激振力很小,虽然振动器主轴有一定的转速,但筛框的振幅很小,可以平稳地克服共振转速,避免筛框的支撑弹簧损坏。当振动器的转速高于共振转速时,偏心重块所产生的离心力因大于弹簧的作用力而被弹出,产生正常工作中所需要的激振力,从而使筛框的振幅达到工作振幅。当停车时,发生相反的情况,当激

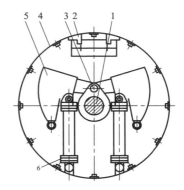

1—主轴；2—挡块；3—销轴；
4—激振器外壳；5—偏心重块；6—弹簧。
图 2-32　重型振动筛激振器

振器转速降至共振转速时,偏心重块被弹簧作用力拉回原位,振动器基本处于平衡位置,从而使振动器经过共振转速附近时,筛框的振幅也不致急剧增加。

筛子的振幅可以通过增减偏心重块的重量来进行调整。筛子的振动次数可以用更换小皮带轮的方法来改变。在筛子起动和停车过程中,偏心重块弹出和拉回时对挡块 2 有冲击力,因此应制成由铁片和胶片垫片组成的组合件,其可以对冲击力起缓冲作用。

重型振动筛在选矿厂主要用于中碎之前作预先筛分设备,代替容易堵塞的固定条筛。此外,也可作为含泥多的大块物料的洗矿设备。

(4)圆振动筛

圆振动筛是引进德国技术制造的一种高效振动筛。其振幅强弱可调节,筛分效率高。广泛应用于选煤、选矿、建材、电力及化工等行业。圆振动筛主要由筛箱、筛网、振动器、减振弹簧装置、底架等组成,如图 2-33 所示。

它采用筒体式偏心轴激振器及偏块调节振幅,振动器安装在筛箱侧板上,并由电动机通过三角皮带带动旋转,产生离心惯性力,迫使筛箱振动。筛箱侧板采用优质钢板制作而成,侧板与横梁、激振器底座采用高强度螺栓或环槽铆钉连接。振动器安装在筛箱的侧板上,一并由电动机通过联轴器带动旋转,产生离心惯性力,迫使筛箱振动。

①圆振动筛的工作原理:电动机经三角带使激振器偏心块产生高速旋转,运转的偏心块产生很大的离心力,激发筛箱产生一定振幅的圆运动,筛上物料在倾斜的筛面上受到筛箱传给的冲量而产生连续的抛掷运动,物料与筛面相遇的过程中使小于筛孔的颗粒透筛,从而实现分级。

②圆振动筛具有以下特点:采用偏心块作为激振力,激振力强;筛子横梁与

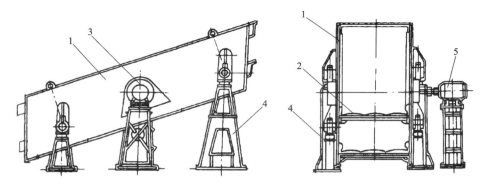

1—筛框；2—筛网；3—振动器；4—筛座；5—电机。

图 2-33 圆振动筛外形结构图

筛箱采用高强度螺栓连接，无焊接；筛机结构简单，维修方便快捷；采用轮胎联轴器，柔性连接，运转平稳；筛分效率高，处理量大，寿命长。

（5）直线振动筛

直线振动筛主要由筛框、箱型激振器、吊拉减振装置、驱动装置等组成，如图 2-34 所示。

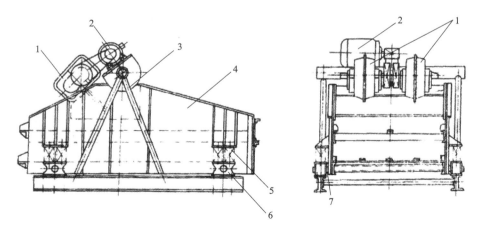

1—垂直剖分箱式激振器；2—电动机；3—电机支承架；
4—筛箱；5—减振弹簧；6—筛箱支承底架；7—摩擦阻尼器。

图 2-34 ZKX 型直线振动筛结构图

筛箱由不同厚度的钢板焊制而成，具有很高的强度和刚度。筛箱由四个支柱和两个槽钢组成的支架支撑，借助减振弹簧实现减振。驱动装置由箱式激振器和电机组成，安装在筛箱侧板上。

直线振动筛工作原理如图 2-35 所示。电动机经三角皮带带动主轴旋转，主轴的中部有齿轮副，使从动轴向相反方向转动。在主轴和从动轴上设有相同偏心距的重块，当激振器工作时，两个轴上的偏心重块的相位角一致，产生的离心惯性力的 $X$ 方向的分力带动筛子沿 $X$ 方向运动。至于惯性力在 $Y$ 方向的分力，其方向相反而大小相等，所以可以互相抵消，这样，就使筛箱沿 $X$ 方向呈直线运动。

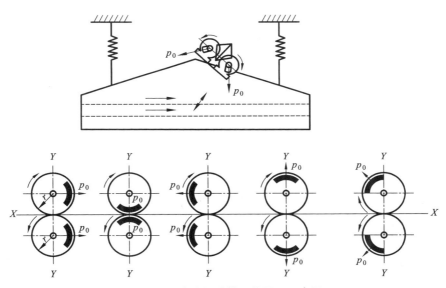

图 2-35　直线振动筛工作原理示意图

与圆运动振动筛相比，直线运动的振动筛有如下特点：

①筛面水平安装，筛子的安装高度减小；②筛面是直线往复运动，上面的物料层一方面向前运动，一方面料层在跳起和下落过程中受到压实的作用，有利于脱水、脱泥和重介质选矿时脱去重介质，亦可用于干式筛分及磨矿流程中的粗磨段代替螺旋分级机进行检查分级等作业；③筛面振动角度通常为 45°，但对于难筛物料，如石块、焦炭、烧结矿，可采用 60°；④缺点是构造比较复杂，振幅不易调整，振动器重量大。

## 2.6　洗矿设备

洗矿设备主要有两类:一类是借高压水流作用来碎散含泥物料,如水力洗矿床(筛)和湿式筛分等,或在低压水流中,借矿块彼此间和矿块与机械表面间的摩擦来碎散含泥物料,如圆筒洗矿机等;另一类是借助设备的机械作用力完成含泥物料的碎散,如槽式洗矿机等。

### 2.6.1　圆筒洗矿机

圆筒洗矿机(筛)是一个加长的圆筒筛,在圆筒筛内安装有喷嘴,水以一定的压力从喷嘴射出,冲洗沿圆筒筛运动的含黏土的矿石,如图2-36所示。

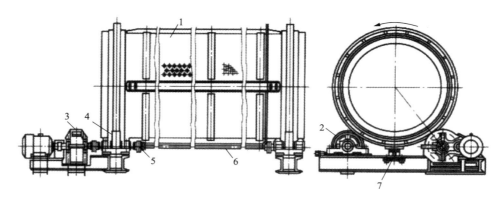

1—筒筛筒体;2—托轮;3—减速机;4—传动轮;5—联轴节;6—传动轴;7—支承托架。

**图2-36　圆筒洗矿机**

圆筒洗矿机具有较强烈的机械和水力作用,适宜处理粒度达200~300 mm 的中等可洗和较难洗的矿石。洗矿效果随矿石在圆筒筛中的停留时间、喷水的压力和用水量的增加而增强。为强化机械作用,在圆筒筛的内壁可安装松散矿石用的纵向耙筋(钢条或角钢)和环形堰。

### 2.6.2　擦洗机

擦洗机与圆筒洗矿机不同,它具有无孔的筒体,给料和排料端均有端盖板,类似于球磨机。筒体和端盖板内壁均有锰钢或橡胶衬板,衬板上有筋条,并形成了向排料端逐渐增大的螺旋线,使物料能得到良好的碎散,并保证物料向排料端运动。筒体则借助下面的金属托轮或橡胶轮胎的摩擦,或齿轮进行传动。擦洗机的结构如图2-37所示。

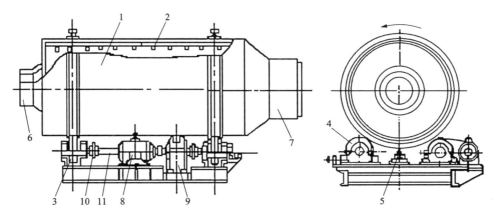

1—筒体；2—带筋衬板；3—传动辊；4—托轮；5—止推辊；6—给料口；
7—排料口；8—电动机；9—减速机；10—联轴节；11—传动轴。

图 2-37　擦洗机

擦洗机可水平或倾斜安装，在倾斜安装时，为避免筒体轴向移动，可用止推托辊支撑筒体，通常，安装倾角应小于 6°。排料口直径应大于给料口直径，且有一定(或可调)高度的环状堰，保证在擦洗机内形成一定厚度的物料层，一般擦洗机的充填率可达 25%。在擦洗机筒体内可设置固定的喷嘴，高压冲洗水既可以反物料流方向喷射，也可以顺物料流方向喷射。在逆向流擦洗机中，矿泥以溢流的形式从给料端流出；经高压水冲洗过的块状物料，由排料端的升矿轮或有孔的铲斗提升至锥形排料口而排出筒体。擦洗机适用于粒度达 300 mm 的中等可洗和难洗的矿石。

## 2.6.3　槽式洗矿机

槽式洗矿机有倾斜式的、水平的和组合式 3 种类型，倾斜槽式洗矿机最常见。因增加了给料和洗矿产品脱水等辅助装置，水平和组合式洗矿机未能得到广泛应用。倾斜槽式洗矿机又包括螺旋(或带条螺旋)式和叶桨式 2 种。前者与螺旋分级机相似，用于处理粒度为 0~10 mm 易洗和中等可洗矿石。后者用于处理粒度达 100 mm 的中等可洗和难洗矿石。

尽管型号和规格不同，但倾斜叶桨槽式洗矿机在机械结构方面都是相同的。倾斜叶桨槽式洗矿机由槽体、装有叶桨的两根面对面旋转的中空轴、下轴承、盘根水封、传动装置、沉砂槽和溢流槽等部件组成，如图 2-38 所示。

叶桨一般用高锰钢制成，互相交错着安装在中空轴上。叶桨顶点连线构成螺旋线，叶桨的安装角(通常为 65°)朝向轴的下方。轴带动叶桨旋转，推动矿粒向

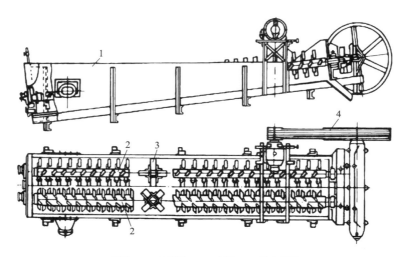

1—槽体；2—叶桨轴；3—叶桨；4—传动部件。

**图 2-38　倾斜槽式洗矿机**

排料端移动。给料和水从槽体下部给入。借助叶桨的揉搓和擦洗，以及由槽体上端给入适量高压水的冲洗，矿泥得以碎散与分离，从而完成洗矿。矿浆和粗粒物料反向运动，洗出的细泥从槽体下端的溢流槽排出，粗粒物料由叶桨向上推送到沉砂槽排出。槽体的倾角一般为 5°~12°。

　　倾斜槽式洗矿机对黏性大的泥团的碎散作用特别有效。但受入洗矿石最大粒度的限制，更适合处理含大块矿石少，含泥较多的难洗矿石。

## 2.7　破碎筛分设备的管理与维护

### 2.7.1　破碎设备

#### 2.7.1.1　颚式破碎机

（1）安装

　　颚式破碎机一般安装在混凝土基础上面，由于破碎机的重量较大，工作条件恶劣，而且机器在运转过程中会产生很大的惯性力，会导致设备基础和机器系统发生振动。设备基础的振动又会引起其他设备和建筑物的振动。因此，颚式破碎机的基础一定要与厂房柱的基础隔开。同时，为了减少振动，可在破碎机基础与机架之间放置橡皮或木材作衬垫。

（2）操作

正确操作是保证破碎机连续正常工作的重要因素之一。操作不当或者操作过程中的疏忽大意，往往是造成设备和人身事故的重要原因。正确的操作就是要严格执行操作规程。

①启动前的准备工作。在颚式破碎机启动之前，必须对设备进行全面仔细的检查。具体内容包括：检查破碎机齿板的磨损情况，调整好排矿口尺寸；检查破碎腔内有无矿石（若有大块矿石，必须取出）、连接螺栓是否松动；检查皮带轮和飞轮的保护外罩是否完整；检查三角皮带和拉杆弹簧的松紧程度是否合适；检查贮油箱（或干油贮油器）油量的注满程度和润滑系统的完好情况；检查电气设备和信号系统是否正常等。

②操作中的注意事项。在启动颚式破碎机前，应该首先开动油泵电动机和冷却系统，经 3~4 min，待油压和油流指示器正常时，再开动破碎机的电动机。

启动后，如破碎机发出不正常的敲击声，应立即停车，待查明和消除故障后，再重新启动机器。破碎机必须空载启动，启动一段时间，运转正常后方可开动给矿设备。给入破碎机的矿石应逐渐增加，直到满载运转。

操作中必须注意均匀给矿，矿石不许挤满破碎腔，而且给矿块的最大尺寸不应大于颚式破碎机给矿口宽度的 0.85 倍。此外，给矿时应严防电铲的铲齿和钻机的钻头等非破碎性物体进入破碎腔。一旦发现这些非破碎性物体进入破碎腔，而又通过排矿口，应立即通知皮带运输岗位及时取出，以免进入下一段破碎机，造成严重的设备事故。

操作过程中，要经常注意避免大矿块卡住破碎机的给矿口。如果已经卡住，就一定要使用铁钩去翻动矿石。如果大块矿石需要从破碎腔中取出，则应该采用专门的工具，严禁用手去进行这些工作，以免发生事故。

运转过程中，如果给矿太多或破碎腔堵塞，应该暂停给矿，待破碎腔内的矿石排空后，再开动给矿机，此时，严禁停止破碎机运转。

机器运转中，应定时巡回检查，通过看、听、摸等方法观察破碎机各部件的工作状况和轴承温度。对于大型颚式破碎机的滑动轴承，更应该注意轴承温度，通常轴承温度不得超过 60 ℃，以防止合金轴瓦熔化，产生烧瓦事故。当发现轴承温度很高时，切勿立即停车，应及时采取有效措施降低轴承温度，如加大给油量，强制通风或采用水冷却等。待轴承温度下降后，方可停车检查和排除故障。

破碎机停车时，必须按照生产流程的顺序进行停车。首先要停止给矿，待破碎腔内的矿石全部排空后，再停止破碎机和胶带机。当破碎机停稳后，方可停止油泵和电动机。应当注意，破碎机因故突然停车，在事故处理完毕准备开车以前，必须清除破碎腔内积压的矿石，方准开车运转。

（3）维护与检修

颚式破碎机在使用中，必须经常维护和定期检修。颚式破碎机的工作条件是非常恶劣的，虽然设备的磨损不可避免，但机器零件的过快磨损，甚至断裂，往往都是由于操作不正确和维护不周到。例如，润滑不良将会加速轴承的急剧磨损。所以，正确的操作和精心的维护（定期检修）是延长机器寿命和提高设备运转率的重要途径。在日常维护工作中，正确判断设备故障，准确分析原因，从而迅速采取消除方法，这是熟练的操作人员应该了解和掌握的。颚式破碎机常见的设备故障、产生原因和消除方法见表 2-4。

表 2-4　颚式破碎机工作中的故障及消除方法

| 设备故障 | 产生原因 | 消除方法 |
| --- | --- | --- |
| 1.破碎机工作中听到金属的撞击声，破碎齿板抖动 | 破碎腔侧板衬板和破碎齿板松弛，固定螺栓松动或断裂 | 停止破碎机，取出非破碎性物体，检查衬板固定情况，用锤子敲击侧壁上的固定楔块，然后拧紧楔块和衬板上的固定螺栓，或者更换动颚破碎齿板上的固定螺栓 |
| 2.推力板支撑（滑块）中产生撞击声 | 弹簧拉力不足或弹簧损坏。推力板支撑滑块产生很大磨损或松弛，推力板头部严重磨损 | 停止破碎机，调整弹簧的拉紧力或更换弹簧，更换支撑滑块；更换推力板 |
| 3.连杆头产生撞击声 | 偏心轴轴衬磨损 | 重新刮削轴或更换新轴衬 |
| 4.破碎产品粒度增大 | 破碎齿板下部显著磨损 | 将破碎齿板调转 180°；或调整排矿口，减小宽度尺寸 |
| 5.剧烈的劈裂声后，动颚停止摆动，飞轮继续回转，连杆前后摇摆，拉杆弹簧松弛 | 由于落入非破碎性物体，推力板被破坏或者铆钉被剪断；由于下述原因使连杆下部破坏：工作中连杆下部安装推力板支撑滑块的凹榴出现裂缝；安装了没有进行适当计算的保险推力板 | 停止破碎机，拧开螺帽，取下连杆弹簧，将动颚向前挂起，检查推力板支撑滑块，更换推力板；停止破碎机，修理连杆 |
| 6.紧固螺栓松弛，特别是组合机架的螺栓松弛 | 振动 | 全面地扭紧全部连接螺栓，当机架拉紧螺栓松弛时，应停止破碎机，把螺栓放在矿物油中预热到 150 ℃后再安装上 |

续表 2-4

| 设备故障 | 产生原因 | 消除方法 |
|---|---|---|
| 7. 飞轮回转，破碎机停止工作，推力板从支撑滑块中脱出 | 拉杆的弹簧损坏；拉杆损坏；拉杆螺帽脱扣 | 停止破碎机，清除破碎腔内的矿石，检查损坏原因，更换损坏的零件，安装推力板 |
| 8. 飞轮显著地摆动，偏心轴回转渐慢 | 皮带轮和飞轮的键松弛或损坏 | 停止破碎机，更换键，校正键槽 |
| 9. 破碎机下部出现撞击声 | 拉杆缓冲弹簧的弹性消失或损坏 | 更换弹簧 |

　　机器设备要保持完好状况，除了要正确操作外，还要靠经常的维护和检修，而设备的维护是设备检修的基础。使用中只要做好勤维护、勤检查，并且掌握设备零件的磨损周期，就能及早发现设备零件缺陷，做到及时检修更换，从而使设备不至于到不能修复而报废的严重地步。因此，设备的及时检修是保证正常生产的重要环节。

　　在一定工作条件下，设备零件的磨损情况通常是有一定规律的，工作一定时间后，就需要进行修复或更换，这段时间间隔就叫零件的磨损周期或零件的使用期限。颚式破碎机主要易磨损件的使用寿命和最低储备量的大致情况可参考表 2-5。

表 2-5　颚式破碎机易磨损件的使用寿命和最低储备量

| 易磨损件名称 | 材料 | 使用寿命/月 | 最低贮备量/件 |
|---|---|---|---|
| 可动颚的破碎齿板 | 锰钢 | 4 | 2 |
| 固定颚的破碎齿板 | 锰钢 | 4 | 2 |
| 后推力板 | 铸铁 | 2 | 4 |
| 前推力板 | 铸铁 | 24 | 1 |
| 推力板支撑座(滑块) | 碳钢 | 10 | 2 |
| 偏心的轴承衬 | 合金 | 36 | 1 |
| 动颚悬挂轴的轴承衬 | 青铜 | 12 | 1 |
| 弹簧(拉杆) | 60SiMn | 12 | 2 |

　　根据零(部)件易磨损周期的长短，要对设备进行计划检修。计划检修分为小修、中修和大修。各阶段检修内容如下：

　　①小修。即设备日常的维护检修工作。小修时，主要检查更换严重磨损的零件，如破碎齿板和推力板支撑座等；修理轴颈，刮削轴承；调整和紧固螺栓；检查

润滑系统，补充润滑油量等。

②中修。是在小修的基础上进行的。根据小修中检查和发现的问题，制定修理计划，确定需要更换零件项目。中修时经常要进行机组的全部拆卸，要详细地检查重要零件的使用状况，并解决小修中不能解决的零件修理和更换问题。

③大修。这是对破碎机比较彻底的检修。大修除包括中、小修的全部工作外，主要是拆卸机器的全部部件，进行仔细的全面检查，修复或更换全部磨损件，并对大修的机器设备进行全面的工作性能测定，以达到和原设备同样的性能。

#### 2.7.1.2　旋回破碎机

（1）安装

旋回破碎机的地基应与厂房地基隔离开，地基的承重量应为机器重量的1.5~2.5倍。装配时，首先将下部机架安装在地基上，然后依次安装中部和上部机架。在安装工作中，要注意校准机架套筒的中心线与机架上部水平面之间的垂直度，并检查下部、中部和上部机架的水平，以及它们的中心线是否同心。接着安装偏心轴套和圆锥齿轮，并调整其间隙。随后将可动圆锥放入，再装好悬挂装置及横梁。

安装完毕后，应进行5~6 h的空载运转试验。在运转试验中应仔细检查各个连接件的连接情况，并随时测量油温是否超过60 ℃。若空载运转正常，再进行有载运转试验。

（2）操作

启动破碎机之前，必须先检查润滑系统、破碎腔以及传动部件等的情况。检查完毕并确认后，开动油泵5~10 min，使破碎机的各运动部件都受到润滑，然后再开动主电动机。让破碎机空转1~2 min后，再开始给矿。旋回破碎机工作时，必须按操作规程经常检查润滑系统，并注意在密封装置下面不要过多地堆积矿石。停车前，先停止给矿，待破碎腔内的矿石完全排出以后，才能停住电动机，最后关闭油泵。停车后，检查各部件，并进行日常的维护工作。

润滑油要保持良好的流动性，但温度不宜过高。气温较低时，须用油箱中的电热器加热。当气温高时，可用冷却过滤器冷却。工作时的油压为1.5 kg/cm$^2$ *，进油管的油速为1.0~1.2 m/s，回油管的油速为0.2~0.3 m/s，润滑油必须定期更换。旋回破碎机的润滑系统和设备与颚式破碎机相同。润滑油分两路进入破碎机：一股油从机器下部进入偏心轴套，润滑偏心轴套和圆锥齿轮后流出；另一股油润滑传动轴承和皮带轮轴承后回到油箱。悬挂装置用干油润滑，定期用手压油泵打入。

---

\*　1 kg/cm$^2$ = 98 kPa。

（3）维护与检修

①小修。检查破碎机的悬挂零件；检查防尘装置零件，清除尘土；检查偏心轴套的接触面及其间隙，清洗润滑油沟，清除沉积在零件上的油渣；测量传动轴和轴套之间的间隙，检查青铜圆盘的磨损程度，检查润滑系统和更换油箱中的润滑油。

②中修。除了完成小修的全部任务外，还要修理或更换衬板、机架及传动轴承。一般约半年进行一次。

③大修。一般为5年进行一次。除了完成中修的全部内容外，还要修理悬挂装置的零件、大齿轮与偏心轴套、传动轴和小齿轮、密封零件、支撑垫圈，以及更换全部磨损零件和部件等。同时，还必须对大修以后的破碎机进行校正和测定工作。

旋回破碎机主要易磨损件的使用寿命和最低储备量参考表2-6。旋回破碎机工作中产生的故障及其消除方法参见表2-7。

表2-6　旋回破碎机易磨损件的使用寿命和最低储备量

| 易磨损件名称 | 材料 | 使用寿命/月 | 最低储备量 |
| --- | --- | --- | --- |
| 可动圆锥的上部衬板 | 锰钢 | 6 | 2套 |
| 可动圆锥的下部衬板 | 锰钢 | 4 | 2套 |
| 固定圆锥的上部衬板 | 锰铁 | 6 | 2套 |
| 固定圆锥的下部衬板 | 锰铁 | 6 | 1件 |
| 偏心轴套 | 巴氏合金 | 36 | 1件 |
| 齿轮 | 优质钢 | 36 | 1件 |
| 传动轴 | 优质钢 | 36 | 2套 |
| 排矿槽的护板 | 锰钢 | 6 | 1件 |
| 横梁护板 | 锰钢 | 12 | 1件 |
| 悬挂装置的零件 | 锰钢 | 48 | 1套 |
| 主轴 | 优质钢 | | 1件 |

## 2.7.1.3　中、细碎圆锥破碎机

（1）安装

安装时首先将机架安装在基础上，并校准水平度，接着安装传动轴。将偏心轴套从机架上部装入机架套筒中，并校准圆锥齿轮的间隙。然后安装球面轴承支座，以及润滑系统和水封系统，并将装配好的主轴和可动圆锥插入，接着安装支承环、调整环和弹簧，最后安装给料装置。

破碎机装好后，进行7~8 h空载运转试验。如无问题，再进行12~16 h有载运转试验，此时，排油管排出的油温不应超过50~60 ℃。

表 2-7　旋回破碎机工作中产生的故障及其消除方法

| 设备故障 | 产生原因 | 消除方法 |
|---|---|---|
| 1. 油泵装置产生强烈敲击声 | 油泵与电动机安装得不同心；半联轴节的销槽相对其槽孔轴线产生很大的偏心距；联轴节的胶木销磨损 | 使其轴线安装同心；把销槽堆焊出偏心，然后重刨；更换销轴 |
| 2. 油泵发热（温度为 40 ℃） | 稠油过多 | 更换比较稀的油 |
| 3. 油泵工作，但油压不足 | 吸入管堵塞；油泵的齿轮磨损；压力表不精确 | 清洗油管；更换油泵；更换压力表 |
| 4. 油泵工作正常，压力表指示正常压力，但油流不出来 | 回油管堵塞；回油管的坡度小；黏油过多；冷油过多 | 清洗回油管；加大坡度；更换比较稀的油；加热油 |
| 5. 油的指示器中没有油或油流中断，油压下降 | 油管堵塞；油的温度低；油泵工作不正常 | 检查和修理油路系统；加热油；修理或更换油泵 |
| 6. 冷却过滤前后的压力表的压力差大于 0.4 kg/cm² | 过滤器中的滤网堵塞 | 清洗过滤器 |
| 7. 在循环油中发现很硬的掺和物 | 滤网撕破；工作时油未经过过滤器 | 修理或更换滤网；切断旁路；使油通过过滤器 |
| 8. 流回的油量减少，油箱中的油也显著减少 | 油在破碎机下部漏掉，或者由于排油沟堵塞；油从密封圈中漏出 | 停止破碎机工作，检查和消除漏油原因；调整给油量，清洗或加深排油沟 |
| 9. 冷却器前后温度差过大 | 水阀开得过小，冷却水不足 | 开大水阀，正常给水 |
| 10. 冷却器前后的水与油的压力差过大 | 散热器堵塞；有的温度低于允许值 | 清洗散热器；在油箱中将油加热正常温度 |
| 11. 从冷却器出来的油温超过 45 ℃ | 没有冷却水或水不足；冷却水温度高；冷却系统堵塞 | 给入冷却水或开大水阀，正常给水；检查水的压力，使其超过最小许用值；清洗冷却器 |
| 12. 回油温度超过 60 ℃ | 偏心轴套中摩擦面产生有害的摩擦 | 停机运转，拆开检查偏心轴套，消除温度增高的故障 |
| 13. 传动轴润滑的回油温度超过 60 ℃ | 轴承不正常，阻塞、散热面不足或青铜套有油沟断面不足等 | 停止破碎机，拆开和检查摩擦表面 |
| 14. 随着排油温度的升高，油路中油压也增加 | 油管或破碎机零件上的油沟堵塞 | 停止破碎机，找出温度升高的原因并加以解决 |

续表 2-7

| 设备故障 | 产生原因 | 消除方法 |
| --- | --- | --- |
| 15. 油箱中发现水或水中发现油 | 冷却水的压力超过油的压力；冷却器中的水管局部破裂，使水掺入油中 | 使冷却水的压力比油压低 0.5 kg/cm²；检查冷却器的水管连接部分是否漏水 |
| 16. 油被灰尘弄脏 | 防尘装置未启用 | 清洗防尘及密封装置，清洗油管重新换油 |
| 17. 强烈劈裂声后，可动圆锥停止转动，皮带轮继续转动 | 主轴折断 | 拆开破碎机，找出折断损坏原因，安装新的主轴 |
| 18. 碎矿时产生强烈的敲击声 | 可动圆锥衬板松弛 | 校正锁紧螺帽的拧紧程度；铸锌剥落时，需要重新浇铸 |
| 19. 皮带轮转动，而可动圆锥不动 | 连接皮带轮与传动轴的保险销被剪断（由于掉入非破碎物体）；键与齿轮被破坏 | 清除破碎腔内的矿石，拣出非破碎物体，安装新的保险销；拆开破碎机，更换损坏的零件 |

（2）操作与维护

启动前，首先应检查破碎腔内有无矿石或其他物体卡住。检查排矿口的宽度是否合适。检查弹簧保险装置是否正常。检查油箱中的油量、油温（冬季不低于 20 ℃）情况。并向水封防尘装置给水，再检查其排水情况等。做完上述检查，并确信检查无问题后，可按下列程序开动破碎机：

开动油泵检查油压，油压一般应在 0.8~1.5 kg/cm²，注意油压切勿过高，以免发生事故，如我国某铁矿的破碎车间，由于破碎机油泵的压力超过 3 kg/cm²，结果导致中碎圆锥破碎机的重大设备事故。另外，冷却器中的水压应比油压低 0.5 kg/cm²，以免水掺入油中。

油泵正常运转 3~5 min 后，再启动破碎机。破碎机空转 1~2 min，一切正常后，再开动给矿机进行碎矿工作。

给入破碎机的矿石，应该从分料盘上均匀地给入破碎腔，否则将引起破碎机的过负荷，并使可动圆锥和固定圆锥的衬板过快磨损，降低设备的生产能力，并产生不均匀的产品粒度。同时，给入矿石不允许只从一侧（面）进入破碎腔，而且给矿粒度应控制在规定的范围内。注意均匀给矿的同时，还必须注意排矿问题，如果排矿堆积在破碎机排矿口的下面，有可能把可动圆锥顶起来，以致发生重大事故。因此，发现排矿口堵塞以后，应立即停机，迅速进行处理。

对于细碎圆锥破碎机的产品粒度，必须严格控制，以提高磨矿机的生产能力和降低磨矿费用。为此，要求操作人员定期检查排矿口的磨损状况，并及时调整排矿口尺寸，再用铅块进行测量，以保证满足破碎产品粒度的要求。

为使破碎机安全正常生产，还必须注意保险弹簧在机器运转中的情况。如果弹簧具有正常的紧度，但支承环经常跳起，此时不能随便采取拧紧弹簧的办法，而必须找出支承环跳起的原因，除了进入了非破碎性物体外，还可能是由于给矿不均匀或给矿过多、排矿口尺寸过小、潮湿矿石堵塞排矿口等。

为保持排矿口宽度，应根据衬板的磨损情况，每隔两三天就顺时针回转调整环，使其稍稍下降，可以缩小由于磨损而增大了的排矿口间隙。当调整环顺时针转动 2~2.5 圈后，排矿口尺寸仍不能满足要求时，就得更换衬板了。

停止破碎机时，要先停止给矿机，待破碎腔内的矿石全部排出后，再停止破碎机的电动机，最后停油泵。

（3）检修

①小修。检查球面轴承的接触面，检查圆锥衬套与偏心轴套之间的间隙和接触面，检查圆锥齿轮传动的径向和轴向间隙；校正传动轴套的装配情况，并测量轴套与轴之间的间隙，调整保护板，更换润滑油等。

②中修。在完成小修全部内容的基础上，重点检查和修理可动锥的衬板和调整环、偏心轴套、球面轴承和密封装置等。中修的间隔时间取决于这些零部件的磨损状况。

③大修。除了完成中修的全部项目外，主要是对圆锥破碎机进行彻底检修。检修的项目有：更换可动圆锥机架、偏心轴套、圆锥齿轮和动锥主轴等。修复后的破碎机，必须进行校正和调整。大修的时间间隔取决于这些部件的磨损程度。

细碎圆锥破碎机易磨损零件的使用寿命和最低储备量参见表 2-8。表 2-9 为中、细碎圆锥破碎机工作中产生的故障及消除方法。

表 2-8　中、细碎圆锥破碎机易磨损零件的使用寿命和最低储备量

| 易磨损件名称 | 材料 | 使用寿命/月 | 最低储备量 |
| --- | --- | --- | --- |
| 可动圆锥的衬板 | 锰钢 | 6 | 2 件 |
| 固定圆锥的衬板 | 锰钢 | 6 | 2 件 |
| 偏心轴衬套 | 青钢 | 18~24 | 1 套 |
| 圆锥齿轮 | 优质钢 | 25~36 | 1 件 |
| 偏心轴套 | 碳钢 | 48 | 1 件 |
| 传动轴 | 优质钢 | 24~36 | 1 件 |
| 球面轴承 | 青钢 | 48 | 1 件 |
| 主轴 | 优质钢 | | 1 件 |

表2-9　中、细碎圆锥破碎机工作中产生的故障及消除方法

| 设备故障 | 产生原因 | 消除方法 |
|---|---|---|
| 1.传动轴回转不均匀，产生强烈的敲击声或敲击声后皮带轮动，而可动圆锥不动 | 圆锥齿轮的齿由于安装的缺陷和运转中传动轴的轴间间隙过大而磨损或损坏；皮带轮或齿轮的键损坏；主轴由于掉入非破碎物体而折断 | 停止破碎机，更换齿轮，并校正齿合间隙；换键；更换主轴，并加强除铁工作 |
| 2.破碎机产生强烈的振动，可动圆锥迅速运转 | 主轴由于下列原因而被锥形衬套包紧：主轴与衬套之间没有润滑油或油中有灰尘；可动圆锥下沉或球面轴承损坏；锥形衬套的间隙不足 | 停止破碎机，找出原因并消除故障 |
| 3.破碎机工作时产生振动 | 弹簧压力不足；破碎机给入细的和黏的物料；给矿不均匀或给矿过多；弹簧刚性不足 | 拧紧弹簧上的压紧螺帽或更换弹簧；调整破碎机的给矿；换成刚性较大的强力弹簧 |
| 4.破碎机向上抬起的同时产生强烈的敲击声，然后又正常工作 | 破碎腔中掉入非破碎性物体，时常引起主轴的折断 | 加强除铁工作 |
| 5.碎矿或空转时产生可以听见的劈裂声 | 可动圆锥或固定圆锥衬板松弛；螺钉或耳环损坏；可动圆锥或固定圆锥不圆而产生冲击 | 停止破碎机，检查螺钉拧紧情况和铸锌层是否脱落，重新铸锌；停止破碎机，拆下调整环，更换螺钉或耳环；安装时检查衬板的椭圆度，必要时进行机械加工 |
| 6.螺钉从机架法兰孔和弹簧中跳出 | 机架附近螺钉损坏 | 停机，更换螺钉 |
| 7.破碎产品中含有大块矿石 | 可动圆锥衬板磨损 | 下降固定圆锥，减小排矿口间隙 |
| 8.水封装置中没有流入水 | 水封装置的给水管不正确 | 停机，找出给水中断的原因并消除故障 |

## 2.7.2　筛分设备

由于振动筛是选矿厂最常见的筛分设备，因此，这里重点介绍振动筛的安装、操作与维护。

（1）安装与调整

振动筛按规定倾角安装在基础上或悬架上后，要进行调整。先进行横向水平度调整，以消除筛箱的偏斜。校正水平后，再调整筛箱的纵向倾角。筛网应均匀

张紧，防止筛网产生任何可能的局部振动，因为这种振动只要一出现，就会导致这部分筛网受弯曲疲劳而损坏。三角皮带的松紧度是靠调整滑轨螺栓来改变的，调整的结果应使三角皮带具有一定的初拉力，但不应使初拉力过小或过大。

（2）操作

在筛子启动前，应检查螺钉等连接部件是否紧固可靠，电气元件有无失效，振动器的主轴是否灵活，轴承润滑情况是否良好等。

筛子的启动次序是：先启动除尘装置，然后启动筛子，待运转正常后，才能允许向筛面均匀地给矿。停车的顺序与此相反。

（3）维护

在振动筛正常运转时，应密切注意轴承的温度，一般不得超过 40 ℃，最高不得超过 60 ℃。运转过程中应注意筛子有无强烈噪声，筛子振动是否平稳，不准有不正常的摆动现象。当筛子有摇晃现象发生时，应检查四根支撑弹簧的弹性是否一致，有无折断情况。在振动筛运行期间，应定期检查零部件的磨损情况，如已磨损过度，应立即予以更换。经常观察筛网有无松动，有无因筛网局部磨损而造成漏矿现象。遇有上述情况，应立即停车进行修理。筛子轴承部分必须保证良好的润滑，当轴承安装良好、无发热、漏油时，可每隔一星期左右用油枪注入黄油一次，每隔两月左右，应拆开轴壳，将轴承进行清洗，重新注入洁净的黄油。

# 3

# 磨矿与分级

## 3.1 磨矿与分级概述

### 3.1.1 磨矿与分级的目的

矿石在进行选矿分离之前需具备 2 个前提条件：其一是要保证矿石中的有用矿物与脉石矿物，或不同种类有用矿物之间达到充分的单体解离；其二是不同的选矿工艺，要达到适宜的入选粒度，如浮选工艺合适的粒度范围为 0.3 ~ 0.01 mm。要满足这两个要求，单靠破碎是很难实现的，因此，在破碎之后还必须进行磨矿。

值得注意的是，磨矿过程不是把矿石磨得越细越好，即不能把矿石磨成特定选矿工艺难以回收的粒度，一般称这种粒度为过粉碎粒度。由此可见，磨矿分级的目的是：保证有用矿物与脉石矿物或不同种类有用矿物间的充分单体解离，同时保证必要的入选物料粒度及合理的粒度组成，并避免产生过粉碎。

磨矿分级是破碎筛分的继续，也是选别之前物料准备工作的重要组成部分。从技术经济角度看，磨矿是选矿厂生产过程中，影响技术经济综合效益的一个极其关键的作业。磨矿分级产品质量的好坏，直接影响选别指标的高低。当有用矿物单体解离不足或过粉碎严重时，均会导致金属回收率及精矿品位的显著下降。磨矿过程同时也是选矿厂动力消耗和金属材料消耗较大的作业，设备投资也占有很大比重，而且选矿厂的处理能力实际上主要取决于磨矿机的处理量，也就是说，改善磨矿分级效果，提高磨矿分级作业指标，对选矿厂的生产具有极其重要的意义。

### 3.1.2 磨矿过程

矿石的磨矿过程是在磨矿机中完成的，磨矿机的工作状态和介质的种类等均会影响磨矿的效果。

（1）磨矿机对矿石的粉碎作用

按矿石被粉碎方式的不同，磨矿分为有介质磨矿（球磨和棒磨）和无介质磨矿（自磨）两大类。前者主要由介质来粉碎矿石，后者则主要靠矿石间的相互作用来粉碎矿石，因而，这两种方式对矿石的磨碎原理也不完全相同。

有介质的磨矿中，磨矿介质主要有钢球、钢棒和砾石等。尽管这些介质的形状和性质不同，但磨碎矿石的基本原理是相似的。

当磨矿机以一定转速旋转时，处于筒体内的磨矿介质由于受到旋转时所产生的离心力作用，导致介质与筒体之间产生一定的摩擦力。这种摩擦力使磨矿介质随筒体一起旋转，并到达一定的高度。当介质自身重力（实际是重力的向心分力）大于离心力时，就会脱离筒体被抛射下落，从而击碎矿石。同时，在磨矿机运转过程中，磨矿介质之间存在滑动现象，也会对矿石产生较强的研磨作用。因此，矿石在磨矿介质产生的冲击力和研磨力联合作用下得以被磨碎（图 3-1）。

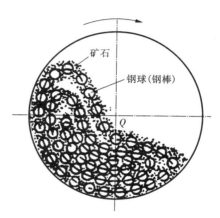

图 3-1　磨矿机磨碎矿石作用简图

（2）磨矿机的工作状态

对有介质的磨矿机而言，其工作状态就是指磨矿机中介质的运动状态。磨矿机中，磨矿介质提升的高度与抛落的运动轨迹，主要取决于磨矿机的转速和磨矿介质的充填量。图 3-2 为磨矿机在 3 种转速时，磨矿介质的运动情况。

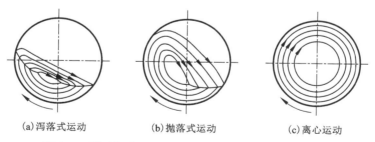

（a）泻落式运动　　　（b）抛落式运动　　　（c）离心运动

图 3-2　磨矿机在不同工作转速时磨矿介质的运动状态

磨矿机低速运转时，由于介质受到的离心力较小，磨矿介质被提升的高度也较小。介质随筒体上升到一个较小的高度后，就离开筒体向下形成"泻落"。此时，介质对矿石的冲击作用较小，研磨作用则相对较大。这种磨矿过程就称为"泻落式磨矿"，如图3-2(a)所示。

磨矿机在以正常转速运转时，因介质受到的离心力作用较大，随筒体上升的高度也较大。当介质以一定的初速度离开筒体，并沿抛物线轨迹做向下的"抛落"运动时，介质抛落所产生的冲击作用就较强，而此时介质的研磨作用则相对较弱。这种磨矿状态就称为"抛落式磨矿"，如图3-2(b)所示。生产中的大多数磨矿机都是在这种磨矿状态下工作。

当磨矿机的转速达到某个极限数值时，由于介质受到了最大的离心力作用，磨矿介质几乎随筒体做同心旋转而不下落。这种情况就称为"离心运转"，如图3-2(c)所示。介质产生离心运转后，理论上就失去了磨矿作用。所以，磨矿机应在低于其离心运转的转速条件下工作。

想要合理地选择磨矿机的工作参数(如临界转速、工作转速等)，提高磨矿机的磨矿效率和生产能力，就必须了解磨矿介质在筒体内的运动规律。

磨矿介质在磨矿机筒体内的运动规律(见图3-3)，据实际观察和理论分析可以简单概括如下：

①当磨矿机在一定的转速条件下运转时，介质在离心力$P$和重力$G$的作用下做有规则的循环运动。图3-3中的封闭曲线代表了介质的运动轨迹。

②磨矿介质在筒体内的运动轨迹，由做圆弧轨迹的向上运动和做抛物线轨迹的向下运动所组成(见图3-4)。

③各层介质随筒体上升的高度不同。由最外层(靠近筒体)到最内层，介质随筒体上升的高度依次逐渐降低。

④各层介质的回转周期也不相同。愈靠近内层(靠近筒体中心)的介质，其回转周期愈短。

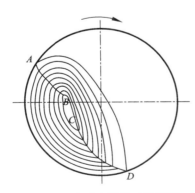

图3-3　磨矿介质运动示意图

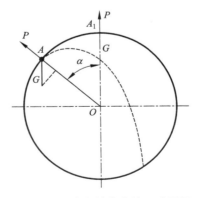

图3-4　钢球在筒体内的运动图解

（3）临界转速

生产实践中，通常以最外层的磨矿介质开始产生"离心运转"时的筒体转速，作为磨矿机的"临界转速"。

根据图 3-4 中的钢球受力情况，以及 $P=G$ 的条件，演算之后即可得出磨矿机的"临界转速" $n_0$ 为：

$$n_0 = \frac{42.4}{\sqrt{D}} \tag{3-1}$$

式中：$n_0$ 为磨矿机的"临界转速"，r/min；$D$ 为磨矿机筒体有效直径，即筒体规格直径减去两倍衬板的平均厚度，m。

值得注意的是，式（3-1）中没有考虑介质和衬板之间存在的相对滑动现象（在实际过程中是存在滑动的）。尽管如此，在工业生产中仍常用此式来计算磨矿机的"临界转速"，并作为衡量磨矿机工作转速是否合适的标准。

目前，国内现有生产球磨机的工作转速一般是临界转速的 80%～85%，即 $n_{球}=(80\%\sim85\%)n_0$，而棒磨机的工作转速则稍低。

## 3.1.3 分级过程

同筛分作业一样，与磨矿作业配套的分级作业也是将宽级别的混合物料分成若干个窄级别物料的过程。但与筛分不同的是，分级过程一般在水介质中进行，主要是按矿粒在水介质中的沉降速度的大小进行粗细分级（如螺旋分级机），或者按颗粒在离心力场和重力场的复合力场中的运动速度的差异进行粗细分级（如水力旋流器）。筛分过程则是按矿粒的几何粒度的大小实现粗细分级。

在磨矿分级过程中，分级的作用在于及时将磨矿机排矿中的合格粒级产物分出，避免其返回到磨矿机而导致过磨。同时，将分出的不合格粗粒级矿石返回至磨矿机再磨。这对于保证较好的分选效果和提高磨矿效率至关重要。

按照分级任务的不同，可将分级作业分为预先分级、检查分级和控制分级 3 种。预先分级是指在矿石未给入磨矿机之前就分离出粒度已经合格的物料，以避免这部分物料进入磨矿机而产生过粉碎，还可以提高磨矿机的处理能力。检查分级则是从磨矿机排出的产物中分离出粒度已经达到要求的产物，并将不合格产物返回至磨矿机再磨的分级过程，有时将预先分级和检查分级合并在一起。对检查分级得到的溢流产物再进行分级，以得到粒度更细的产品，则称为控制分级。

## 3.1.4 磨矿分级流程

磨矿分级流程由磨矿和分级作业构成。选择和确定磨矿分级流程的主要依据包括：矿石的可磨性、矿石中矿物的嵌布特性、磨矿机的给矿粒度、要求达到的产品粒度、选矿厂的规模及矿石进行阶段选别的必要性等。

　　目前，生产实践中采用的磨矿流程种类较多，但最常用的磨矿分级流程主要有一段磨矿和两段磨矿两种。

　　（1）一段磨矿流程

　　一段磨矿流程多用于嵌布粒度较粗的矿石的磨矿，适用于磨矿产品粒度要求在 0.10~0.15 mm 以上的选矿厂，常用的流程结构见图 3-5。

　　图 3-5（a）是选矿厂最常见的一段闭路磨矿流程，该流程设置有检查分级作业，能实现对磨矿产物粒度的控制。如果入磨原料中粒度合格产物含量高（-0.074 mm 占 15% 以上时），则可采用设置有预先分级的一段闭路磨矿流程，如图 3-5（b）和（c）所示。如果在一段磨矿条件下，要得到比较细的磨矿产品（-0.074 mm 占 70% 以上时），则可采用增加溢流控制分级作业的一段闭路磨矿流程，如图 3-5（d）所示。

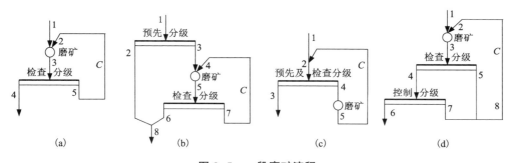

图 3-5　一段磨矿流程

　　（2）两段磨矿流程

　　两段磨矿流程适用于浸染状、嵌布粒度较细且硬度较大的矿石的磨矿，适宜的磨矿产品粒度一般在 0.15~0.074 mm。生产实践中常见的两段磨矿流程如图 3-6 所示。

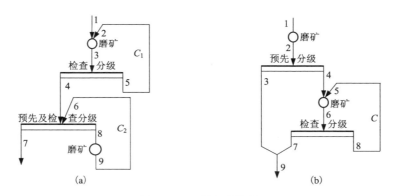

图 3-6　两段磨矿流程

图 3-6(a)是选矿厂生产中最常见的两段全闭路磨矿流程,适用于要求磨矿产品粒度小于 0.15 mm(-0.074 mm 粒级含量大于 70%)或更细的大、中型选矿厂。图 3-6(b)为两段一闭路磨矿流程,适用于入磨给矿粒度较粗、生产规模较大的选矿厂,第一段一般多用棒磨进行开路磨矿。

## 3.2 磨矿分级工艺指标及影响因素

### 3.2.1 磨矿分级工艺指标

磨矿效果的好坏,一般用磨矿细度、磨矿机生产能力和磨矿机作业率等指标来衡量。其中,磨矿细度是质量指标,生产能力和作业率则是数量指标。

(1)磨矿细度

磨矿产品的细度通常采用“标准筛”中的 200 目(0.074 mm)筛子来筛分最终产品,以筛下产物量占入筛产品总量的百分数来表示,如磨矿细度为-0.074 mm 占 60%(现在的国际统一单位中用“mm”而不再使用“目”)。筛下量占总量的百分数越大,表示产品粒度越细。

不同种类的矿石有不同磨矿细度的要求。适宜的磨矿细度一般应根据矿石的嵌布特性和选矿工艺要求,并经过选矿试验或参考生产实践数据确定。

(2)磨矿机的生产能力

磨矿机的生产能力通常用以下三种指标之一进行表征。

①磨矿机台时生产能力。即在一定给矿和产品粒度条件下,单位时间(h)内磨矿机能够处理的原矿量,以 t/(台·h)表示。

只有当磨矿机的型号、规格、矿石性质、给矿粒度和产品粒度相同时,才可以比较简明地评述各台磨矿机的工作情况。

②磨矿机“利用系数”。即单位时间内每立方米磨矿机有效容积平均所能处理的原矿量,以 t/(m³·h)表示,磨矿机的利用系数计算公式为:

$$q=\frac{Q}{V} \tag{3-2}$$

式中:$Q$ 为磨矿机处理能力,t/h;$V$ 为磨矿机的有效容积,m³。磨矿机“利用系数”$q$ 的大小,只能在给矿粒度、产品粒度均相近的条件下,才能比较真实地反映矿石性质和磨矿机操作条件情况。因此,它也只能粗略地评述磨矿机的工作状况。

③特定粒级利用系数。即采用单位时间内,通过磨矿所获得的某一指定粒级的含量来表示的生产能力,也以 t/(m³·h)表示。多数情况下,用磨矿过程中新生成的-0.074 mm 级别含量来表示。

$$q_{-0.074} = \frac{Q(\beta_2 - \beta_1)}{V} \tag{3-3}$$

式中：$q_{-0.074}$ 为按新生成 $-0.074$ mm 粒级计算的磨矿机生产能力，$t/(m^3 \cdot h)$；$\beta_2$ 为分级机溢流中(闭路磨矿时)或磨矿机排矿中(开路磨矿时)$-0.074$ mm 级别的含量，%；$\beta_1$ 为磨矿机新给矿中 $-0.074$ mm 级别的含量，%；其他符号意义同前。

该指标可比较真实地反映矿石性质和操作条件对磨矿机生产能力的影响。因此，设计部门在计算新建选矿厂磨矿机的生产能力，或生产部门比较处理不同矿石以及同一类型矿石，但计算不同规格磨矿机的生产能力时，通常采用此指标来表示。

(3)磨矿机的作业率

设备作业率又称为设备运转率，是指磨矿分级机组的实际工作小时数占日历小时的百分数，即：

$$磨矿机作业率 = \frac{磨机总运转小时数}{同期日历小时数} \times 100\% \tag{3-4}$$

生产实践中，每台磨矿机一般 1 个月计算 1 次，全年累计并按月计算其平均值。磨矿机生产过程中，停止给矿但未停止运转时，仍按运转时间计算。

磨矿机作业率的高低，能反映选矿厂的生产管理水平，还可揭示和分析影响磨矿分级机组不正常运转的原因，以便采取有效的改进措施。

(4)分级效率

分级效率是指分级机溢流中某一指定粒度级别的重量占分级机给矿中同一粒级重量的百分数，即：

$$E = \frac{\beta(\alpha - \theta)}{\alpha(\beta - \theta)} \times 100\% \tag{3-5}$$

式中：$E$ 为分级效率，%；$\alpha$、$\beta$、$\theta$ 分别表示分级机给矿、溢流、返砂中某一粒度级别重量的百分数，%(计算时可用小数代入)。

式(3-5)只考虑了进入溢流中细粒级的含量，但未考虑分级溢流中混入的粗粒级的量。如果考虑分级过程量的效率，并反映分级产物的好坏(即质的效率)，可用下式计算分级效率：

$$E = \frac{100(\beta - \alpha)(\alpha - \theta)}{\alpha(\beta - \theta)(100 - \alpha)} \times 100\% \tag{3-6}$$

式中的符号意义同式(3-5)。

## 3.2.2　影响磨矿分级过程的主要因素

影响磨矿和分级过程的因素有很多，归纳起来主要包括以下 3 个方面：

①矿石性质方面。包括矿石硬度、含泥量、给矿粒度和要求的磨矿产品细度等。

②磨矿机结构方面。包括磨矿机类型、规格、衬板类型和形状。

③操作条件方面。主要有磨矿机转速、磨矿介质(形状、材质、密度、尺寸、配比和充填系数等)、磨矿浓度、返砂比和分级效率。

在这 3 个方面的因素中,有些参数(如磨矿和分级设备类型、规格、磨矿机结构参数和磨矿机转速,以及矿石硬度和给矿粒度等矿石性质参数)在生产过程中一般是不能轻易变动的;有些参数则会经常进行调整(如操作条件方面的参数),以使磨矿机在适宜的条件下稳定运行。为此,这里重点分析各种操作参数对磨矿和分级过程的影响。

(1)磨矿介质装填制度

磨矿介质装填制度主要包括介质形状和材质、介质尺寸和配比及介质充填率。

①介质形状和材质。

磨矿介质试验表明,球形和长棒形介质的磨矿效果相对较好,因而是生产实践中最为常用的磨矿介质。磨矿过程中,球形介质的碰撞为点接触,棒形介质的碰撞则为线接触。因此,球磨机磨矿效率较棒磨机高,适宜于细磨。然而,球磨与棒磨相比较,存在较严重的过粉碎现象。一般当给矿粒度在 40 mm 以下,要求的磨矿产品粒度为 1 mm 以上时,采用棒磨的效率相对较高。

需指出的是,随着原矿矿石性质向贫、细、杂方向的变化,对磨矿提出了更高的要求,即要求实现选择性磨矿,以提高后续分选作业的效率。为此,相继出现了短柱和短锥等异形磨矿介质的使用,这也是磨矿领域的一个新的研究方向。

选择介质材质时,应从材料的密度、硬度、耐磨性、价格和加工制造条件等方面综合考虑。目前,生产中使用的磨矿介质一般都采用钢质、铁质及合金材料。钢球与铁球相比,密度大、强度高、耐磨性好,磨矿效果也较好。但铁球的突出优点是价格便宜,制造方便。从经济性考虑,生产中一般大球常用钢材质,小球常用铁材质。粗磨时宜用钢球,细磨则可用铁球。近年来,已成功使用添加有稀土和锰等元素的球墨铸铁球代替钢球,实践表明,这种球比低碳或中碳锻造钢球的耐磨性提高了一倍以上,是一种价格便宜的"代钢"材料。

②介质尺寸和配比。

介质尺寸和配比主要根据入磨矿石的性质来确定。一般入磨矿石的硬度越大,给矿粒度越粗,则应加入尺寸较大的介质,以产生较大的冲击磨碎作用。反之,则可用较小尺寸的介质,以增强研磨作用。表 3-1 中列出了中等硬度矿石在磨矿时,磨矿机给矿粒度与装入磨矿介质尺寸之间的基本关系。

表 3-1  装球尺寸与给矿粒度的基本关系

| 给矿中最大粒度/mm | 12~18 | 10~12 | 8~10 | 6~8 | 4~6 | 2~4 | 1~2 | 0.5~1 |
|---|---|---|---|---|---|---|---|---|
| 装球尺寸/mm | 120 | 100 | 90 | 80 | 70 | 60 | 50 | 40 |

生产实践中，一般是根据入磨物料的粒度组成(通过对入磨物料进行筛分，分成若干个不同级别)，按不同粒级计算出所需要的介质尺寸和介质的合理配比(详细计算参见 3.3.4 节)，以适应入磨矿石性质的不均匀性，满足操作条件的要求。

③介质充填系数(充填率)。

介质充填率是指磨矿介质占磨矿机有效容积的百分数。介质充填率与磨矿机转速关系较大，也会影响介质的运动状态。充填率较低时，磨矿机的实际临界转速较高，介质实现"泻落式"工作状态的转速也较高。充填率较高时，即使低转速运行，介质也可能产生抛落。不同介质充填率与适宜的磨矿机转速率之间有如下对应关系。

| 介质充填率/% | 适宜的磨矿机转速率/% |
|---|---|
| 32~35 | 76~80 |
| 38~40 | 78~82 |
| 42~45 | 80~84 |

最适宜的介质充填率应在一定转速下，使磨矿介质的机械能达到最大。实践中应根据磨矿试验来确定合适的介质充填率。在没有磨矿试验结果的情况下，则可参照生产实践数据进行确定。为了保持磨矿机中适宜的介质配比和充填率，应稳定磨矿指标，还应定期向磨矿机中补加磨矿介质(详细补加方式参见 3.3.4 节)。

(2)分级效率和返砂比

在闭路磨矿流程中，分级效率和返砂比对磨机和分级机的工作状态影响显著。分级效率越高，返砂中含合格粒级的量就越少，过粉碎现象就会越轻，从而磨矿效率也会越高。目前，生产中常用的螺旋分级机的分级效率较低，研制与改进分级设备，提高分级效率，是提高磨矿作业指标的有效途径之一。

在一定范围内，返砂比的增大虽有利于磨矿机产量的提高，但是，返砂比过大也会导致磨矿机和分级机的负荷过大，从而破坏磨矿和分级的正常运行。对格子型磨矿机而言，其往往会因返砂比过大而产生"胀肚"现象。实践表明，返砂比由 100%增大到 400%~500%时，磨矿机生产能力能提高 20%~30%。根据生产实践数据，适宜的返砂比范围如表 3-2 所示。

**表 3-2　不同磨矿条件下适宜返砂比的范围**

| 磨矿条件 | | 返砂比/% |
|---|---|---|
| 磨矿机和分级机自流配置(第一段):粗磨至 0.5~0.3 mm | | 150~350 |
| | 粗磨至 0.3~0.1 mm | 250~600 |
| (第二段):由 0.3 mm 磨至 0.1 mm 以下 | | 200~400 |
| 磨矿机和水力旋流器配置(第一段):粗磨至 0.4~0.2 mm | | 200~350 |
| | 粗磨至 0.2~0.1 mm | 300~500 |
| (第二段):由 0.2 mm 磨至 0.1 mm 以下 | | 150~350 |

(3)磨矿浓度

磨矿浓度通常以矿浆中固体物料重量的百分数来表示。磨矿浓度不仅会影响磨矿机的生产能力、产品质量和电能消耗,而且还会影响分级机的溢流粒度,进而影响后续作业的选别效果。

磨矿浓度过低时,磨矿机中的固体量就会减少,从而减小磨矿介质的有效磨碎作用。随着磨矿浓度的适当提高,磨矿效率也会相应提高,但粗粒易从磨矿机中排出,使磨矿产品粒度变粗;磨矿浓度过高时,磨矿机的生产能力(因矿浆流动性变差)和磨矿效率(因降低了介质的冲击和研磨作用)反而会降低,严重时还会因排出的矿量过少而出现"胀肚"现象。

适宜的磨矿浓度应由磨矿试验来确定。生产实践中,粗磨(产品粒度0.15 mm 以上)或磨密度较大的矿石时,磨矿浓度一般为 75%~85%;细磨(产品粒度小于 0.15 mm)或磨密度较小的矿石时,磨矿浓度一般为 65%~75%。两段磨矿时,第一段磨矿浓度应高一些(一般为 75%~85%),第二段磨矿浓度应低一些(一般为 65%~75%)。湿式自磨机或湿式棒磨机的磨矿浓度一般为 65% 左右。

# 3.3　磨矿分级操作与控制

磨矿分级工艺的操作与控制主要包括:磨矿机"胀肚"的处理、循环负荷的平衡与控制、浓度和细度的控制,以及磨矿介质的配比和补加等 4 个重要方面。

## 3.3.1　磨矿机"胀肚"及其处理

由于磨矿机中给入的矿量超过了磨矿机容积的最大通过能力[一般为12 t/(m³·h)],磨矿机逐步丧失磨碎能力,这种现象就称为磨矿机"胀肚"。磨矿机的"胀肚",不仅会使磨矿机失去对矿石的磨碎作用或降低磨碎能力,严重的"胀肚"还会直接导致磨矿机设备的损坏。因而,在生产实践中要避免出现"胀肚"现象。

（1）产生"胀肚"的原因

湿式磨矿机产生"胀肚"的原因主要有以下几个方面：

①给矿量过大。按照物料平衡原则，当磨矿过程达到平衡时，磨矿机的排矿量应等于磨矿机的给矿量（含新给矿和返砂）。当给矿量大于磨矿机的排矿量时，就容易产生磨矿机"胀肚"现象。通常，磨矿机"胀肚"的数量标准是：磨矿机单位容积的小时通过量（新给矿量加返砂量）不得大于 12 t/（m³·h），否则，就会导致磨矿机"胀肚"。

②给矿粒度变粗。尽管磨矿机的给矿量没有超过磨矿机的最大通过能力，但当给矿粒度组成发生变化，粗级别含量增高时，也容易造成磨矿机的"胀肚"。给矿粒度组成基本不变时，磨矿机的工作将保持相对稳定，此时，磨矿机的给矿速度等于排矿速度，矿量保持着动平衡，磨矿速度也趋近于一个常数，磨矿时间也基本不变。如果给矿中粗级别含量增高，这种平衡将受到破坏。因为入磨粒度变粗后，矿石要磨到所指定的排矿粒度，所需要的时间也要延长，按照原来的磨矿时间就不能从磨矿机内排出，此时，给入磨矿机的矿量又不会减少，就会导致磨矿机内粗粒矿块愈积愈多，出现排矿速度小于给矿速度的状况，从而引起磨矿机"胀肚"。

③磨矿介质（球或棒）没有按时补加，导致充填率降低。当磨矿达到理想状态时，磨矿机内介质的大小搭配和重量都应始终保持不变，即达成所谓的"球荷平衡"，消耗的量要与补加的量保持平衡。往往由于不按时和按量补加磨矿介质，或者补加介质不合理，随着磨矿的不断进行，介质不断被消耗，使介质的消耗量大于补加量，从而导致介质的充填率越来越低，介质尺寸也越来越小。

介质重量和尺寸的减小，会使介质对矿石的冲击力、磨剥力、挤压力和单位时间内的打击次数相应减小，使得给入磨矿机的矿石不能及时得到破碎而难于排出磨矿机，最终导致磨机内矿石的充填量逐步增大而造成"胀肚"。

④磨矿介质尺寸的配比不合理。不管是球磨机还是棒磨机，都要根据入磨物料的粒度组成，通过计算来选配不同直径的钢球或钢棒，以保证磨矿过程能产生足够的冲击力、研磨力和挤压力等。

当介质大小的搭配不合理时，如小尺寸介质多，大尺寸介质少，粗颗粒矿块就不易被磨碎。相反，如果大尺寸介质多，小尺寸介质少，则磨矿机内介质的数量少（介质充填率一定时），介质对矿石在单位时间内的打击次数就相应减少，且介质对矿石的研磨作用也变差，最终将导致矿石不能及时磨碎并排出磨矿机而产生"胀肚"现象。

⑤磨矿介质的质量较差。介质的质量主要包括两个方面，即有足够的机械强度（如硬度、脆性、抗形变能力等）和有较大的密度。

介质密度小，质量也就小，下落时产生的重力势能就不大（重力势能

$E_p = mgh$, $m$ 为介质质量；$g$ 为重力加速度；$h$ 为介质在筒体内的下落高度），对矿石产生的冲击能力就较弱，磨碎效果不好。介质的硬度低，对矿石的磨剥力也就较小。介质性脆或抗变形性能较差时，受力容易破碎（钢球）或产生弯曲变形（钢棒）。破碎的钢球和变形的钢棒，不仅自身的磨碎能力很差，而且还会扰乱其他介质正常的磨矿作用。这些问题都将大大降低介质对矿石的磨碎效果，从而引起磨矿机"胀肚"。

⑥原矿性质发生了变化。矿石的性质除了粒度和粒度组成外，还由于产地和成矿条件的不同，在硬度、密度和韧性等指标上有差异，从而导致矿石的可磨性发生变化。当选矿厂的供矿方案改变，如由易磨矿石改为难磨矿石，且磨矿制度未作相应调整时，也会有产生磨矿机"胀肚"的可能性。

⑦分级机返砂量增大。在闭路磨矿中，粗颗粒矿石在分级机中形成返砂并被送回至磨矿机再磨。磨矿和分级达到平衡时，$Q_{排} = Q_{原}(1+C)$。当分级机的管理不善（分级效率降低），或者磨矿机磨不细矿石时，就会使磨矿机排料中的粗粒级的量增加，返砂比 $C$ 也会相应增加，等式右边数值增大，出现 $Q_{排} < Q_{原}(1+C)$，这就是磨矿机"胀肚"的开始。

除以上造成磨矿机"胀肚"的主要客观因素外，生产过程中，操作人员不负责任，不及时进行相关参数的调整等主观因素也是不可忽视的。

（2）发现和判断磨矿机"胀肚"的方法

磨矿机物料平衡的破坏，一般不可能是瞬间发生的事情，应是一个从量变到质变的过程。因此，只要操作人员密切注意，在出现轻微"胀肚"或中等程度"胀肚"时能及时发现并排除，就不会酿成严重"胀肚"的事故。

①磨矿机运转状态的自动检测。对于装配有自动监测装置（如"电耳"等）的磨矿机，当"胀肚"产生时，自动监测装置就会报警。当自动监测装置失灵或没有安装自动监测装置时，磨矿机的"胀肚"就要靠磨矿工人进行监视了。

②观察磨矿机电流表指示读数的变化。一般在磨矿机的配电开关柜上都装有表征主电动机电流大小的电流表。在磨矿机正常工作时，电流表上的指针始终在一个很小的范围内摆动（即电流表读数变化很小）。一旦磨矿机的给矿量大于排出量（即将发生"胀肚"），电流表指针将向低读数方向偏转，而且随着磨矿机"胀肚"的逐步加剧，指示的读数也会越来越低。当磨矿机被"胀死"（磨矿机内矿石和介质完全不能活动）时，电流表指示读数将会降到一个最低位置。由此可见，通过观察电流表指示读数的变化，就能知道磨矿机中矿量的变化，从而及时发现磨矿机出现"胀肚"的征兆。

③监听磨矿机筒内声响的变化。磨矿机运转时的噪音主要来源是：各回转体与空气发生的摩擦，齿轮间的接触，磨矿介质与衬板间的撞击，介质间的相互碰撞，以及矿石、介质和衬板间产生的碰撞和摩擦作用等。其中，由矿石、介质和

衬板间的碰撞和摩擦而产生的声响是磨矿机筒体内发出的主要声响。

当磨矿机内介质的装入量一定时，从筒体内发出的声响会随矿石充填量的不同而发生变化。当磨矿机达到物料平衡的工作状态时，筒体内发出的声响应是基本不变的。但是，当磨矿机出现"胀肚"时，其介质打击衬板，或者介质与介质间的相互碰撞，以及介质打击矿石的声音就会逐步减弱，声音也变得越来越沉闷。当出现严重"胀肚"时，筒体内的声响就几乎消失，只能听到磨矿机筒体和其他回转体与空气间的摩擦作用所发出的嗡嗡声。因此，通过监听磨矿机筒内发出的声响变化，就可以预测和发现磨矿机的"胀肚"。

④观察磨矿机排矿浓度和排矿量的变化。在磨矿过程达到平衡状态时，磨矿机的排矿浓度和排矿量应基本保持不变。如果磨矿机出现"胀肚"，磨矿机的排矿浓度就会逐渐升高，其排矿量也会相应增大，排矿粒度也会相应变粗。严重时会出现所谓的"前吐"和"后拉"的情况。当"胀肚"现象逐步加重时，则矿浆浓度变得很高，流动性变得很差，难以从磨矿机中排出，导致排矿量逐步减少。由此可见，通过观察磨矿机的排矿浓度、粒度和排矿量的变化，在一定程度上也可以判断和发现"胀肚"。

需要指出的是，某些磨矿操作条件，如磨机前水（磨机给料端的补加水）和后水（磨机排矿端的补加水）的补加水量的变化，也会导致磨矿机排矿浓度、粒度和排矿量的变化，如果长时间得不到调整，就会导致磨机"胀肚"。

（3）磨矿机"胀肚"的一般处理方法

由于磨矿流程、磨机"胀肚"的程度和引起"胀肚"原因的不同，生产实践中所采用的处理方法也不完全相同。

当发现磨矿机"胀肚"时，不论"胀肚"的程度如何和造成"胀肚"的原因为何，首先都应该立即停止磨矿机的给料。对开路磨矿，停止给料后，只要适当加大磨矿机后水，让磨矿机慢慢排空，其"胀肚"便可消除。对闭路磨矿，停止给料后，还要关闭磨矿机前水，增大磨矿机后水，以提高分级浓度，使粗颗粒尽快从分级机溢流中排出，降低分级机返砂量。这是生产实践中处理磨矿机与螺旋分级机回路中磨矿机"胀肚"的基本方法，总结成一句话就是："前水闭，后水加，提高分级浓度降返砂。"

闭路磨矿中，虽然停止了磨矿机的新给矿，但还有返砂不断进入磨矿机，这对消除"胀肚"是不利的。为了尽快消除磨矿机"胀肚"，可适当提升分级机的螺旋，使一部分物料暂时存留在分级机槽内，待磨矿机"胀肚"消除，磨矿机恢复正常工作后，再慢慢放下分级机的螺旋，逐步排出存留在分级机槽内的粗粒物料，直至磨矿回路恢复正常工作状态。

当采用筛子或其他分级设备构成磨矿回路时，一般设计时应设置事故池，一旦磨矿机出现严重"胀肚"，便可将粗砂排至事故池内，等"胀肚"消除后再用砂泵或其他方法逐步返回磨矿机。

对于磨矿机"胀肚"过于严重,磨矿机筒内物料填充得很紧,停止给料并运转一段时间后,"胀肚"仍然不能消除的情况,可以从磨矿机的进料端或排料端射入高压水,把靠近磨矿机两端的物料冲散并稀释,使靠近两端的物料能逐步活动并排出筒体。此过程反复几次,待停留在磨矿机筒体内的物料排出一部分后,就可以适当增大后水,以增强介质和物料的活动性,加快排料速度。当磨矿机"胀肚"逐渐减轻后,可以将磨矿机后水调到正常流量范围,并适当补加一些前水。

当"胀肚"全部消除后,电流表指示的读数和磨矿机筒体内的声响都会恢复正常,这时就可以按正常情况给水和给料了。但仍需要查明"胀肚"的原因并采取相应措施加以调整,否则再恢复给料时,又可能会发生"胀肚"。

磨矿机发生"前吐"和"后拉"的严重"胀肚"时,格子型球磨机会从给料端吐出钢球,溢流型球磨机则前后端都会吐出钢球,从后面吐出的钢球将进入给料器下边的给料槽。在处理"胀肚"过程中,免不了要与磨矿机的给料勺头相撞击,所以,当发生吐球的严重"胀肚"故障处理完后,应停止磨矿机进行检查。看看勺头是否脱落,给矿器是否松动,联接螺钉是否被剪断,磨矿机有关部位是否受损伤等。还应把残留在给矿槽内的矿石和钢球清除干净。溢流型球磨机从排料端吐出的钢球也要处理干净(尤其是没有隔筛时),若不处理干净,钢球就会进入分级机,从而损坏分级设备。

### 3.3.2 磨矿循环负荷的平衡与控制

矿石给入磨矿机中被磨碎后排入到分级机中进行分级,分成返砂(粗粒)和溢流(细粒)两个部分,返砂与原矿合并后一起进入磨矿机。返砂量随原矿量的增加而增加,溢流量也会相应增加。当原矿量与返砂量之和接近磨矿机的最大通过能力[ $12 \ t/(m^3 \cdot h)$ ]时,原矿量不能再增加了,返砂量也不再增加,此时返砂量就达到了一个基本稳定的值,分级机的溢流量则等于原矿量,磨矿过程就达到了平衡状态。此时,返砂量与原矿量的比值(循环负荷)基本为一个常数,即循环负荷也达到了平衡。

从理论上讲,分级机的溢流粒度都应该全部是合格粒级(即小于指定级别)。磨矿机的排矿中,大于指定级别粒度的颗粒都应该通过分级返砂返回到磨矿机再磨。但由于磨矿效率,有不少粗颗粒会多次返回到磨矿机,造成返砂量比原矿给矿量大几倍的情况。因此,生产实践中,循环负荷率很少低于200%,偶尔也会达到1000%,但正常值一般在300%~400%。

循环负荷率的适当增大可以提高磨矿机的生产率,但是由于分级设备的分级效率不可能达到100%,因而,返砂中必然还有部分合格粒级。随着返砂量的增大,这部分返回到磨矿机的合格粒级的绝对数量也会增大,势必会加剧物料的过粉碎。此外,循环负荷率过高,不仅会增加分级机的负荷(降低分级机使用寿命),而且将引起磨矿机的"胀肚"。因此,循环负荷率有一个基本的限度值,即磨矿机循环负荷率的最大值为:

$$C_{\max} \leqslant \frac{磨矿最大通过能力的处理矿量-原矿量}{原矿量} \times 100\% \qquad (3-10)$$

(1)循环负荷的控制

闭路磨矿流程中,磨矿机电耗相同时,磨矿机的生产率与循环负荷率之间存在如下基本关系:①在一定范围内,生产率随循环负荷率的提高而提高;②在其他条件相同时,如果分级溢流产物的粒度不变,磨矿机生产率增大,则循环负荷率也相应提高;③磨矿机生产率不变时,分级溢流粒度变细,循环负荷率也会提高。

因此,保持稳定且足够的返砂量,对提高磨矿机的生产率是很有益处的。然而,适当而稳定的返砂量,要通过控制下面各个环节来获得:

①必须保持原矿给矿量的稳定和均衡。稳定的返砂量是指在磨矿过程中,返砂量或返砂比不随时间变化而改变。返砂 $S=CQ_{原}$,要保持 $S$ 和 $C$ 不变,只有保持 $Q_{原}$ 稳定不变才能达到,所以要保持原矿给矿量的均衡稳定。

②当返砂量过大时,要适当减少原矿量,或适当减少前水,使分级浓度适当提高,溢流粒度适当变粗。等返砂量恢复正常后,再适当调整原矿和前水量,并恢复磨矿和分级过程的平衡。

③若按②处理后,返砂量又很快增加,那么原矿量减少后就不能再增加了。此时,要检查磨矿介质的充填量和配比情况。因为介质量减少或配比变化大,都会导致矿石磨不细,所以应该及时补加或清理介质(清除废钢球或废钢棒)。

④如果返砂量降低,可适当增加原矿量和前水量。同时,应检查分级溢流粒度的变化(有可能是溢流跑粗了)。溢流跑粗的原因有可能是分级机螺旋上的衬铁过度磨损或大量脱落,应查明原因并及时处理。

⑤当原矿量不大,但返砂量较大时,可能是因为磨矿机磨不细或分级浓度太低。可适当减少后水量,提高磨矿浓度,延长磨矿时间,降低排料粒度。同时减少前水量,提高分级浓度,降低返砂量。

总之,当磨矿介质的配比、装入量和补加量正常,设备状况良好,原矿性质没有多大变化时,循环负荷就是通过原矿量和磨矿前水、后水的调节来控制的。

如果是两段全闭路磨矿流程,且两台磨矿机的生产能力又相同,则往往会发生第一段磨矿机"胀肚"而第二段磨矿机"吃不饱"的情况,即所谓的"负荷分配不平衡"。对于这种磨矿流程,一般应尽量提高第一段分级机的分级浓度,让其溢流跑粗,以降低第一段磨矿的返砂量。对第二段磨矿,在保证溢流粒度的前提下,可适当降低分级浓度,使其返砂量适当增大。这样做的目的是既可发挥第二段磨矿的效率,又可提高第一段磨矿的生产能力。

(2)循环负荷的测定

磨矿机循环负荷的测定方法一般有实测法和筛析法两种。因连续生产过程中,实测很难测准磨矿回路中各产物的量,因此,生产实践中最常用的还是筛析法。所谓筛析法,就是从磨矿机给矿、磨矿机的排矿、分级机返砂和溢流等产物中分别同时进行取样,并用指定粒级的筛子对所取样品进行筛分分析,得到各产物中指定粒级的含量,然后按物料平衡原则来计算循环负荷(详细见12.10.3.6节)。两段磨矿流程中的第二段磨矿的循环负荷率,也可按上述办法进行测定和计算。

### 3.3.3 磨矿和分级浓度及细度的控制

磨矿浓度和细度,以及分级溢流浓度和细度是磨矿作业最关键的技术指标之一。磨矿浓度和细度,尤其是细度的好坏,不仅影响磨矿机的生产率和技术效率,而且会直接影响选别作业的技术指标。因此,如何控制好浓度和细度,使矿石既能磨细又不过粉碎,充分满足后续选别作业的要求,是磨矿分级环节的关键所在。

(1)磨矿作业浓度和细度的控制

磨矿浓度一般是指磨矿机筒体内的矿浆浓度,也相当于磨矿机排矿的浓度。磨矿细度通常指磨矿最终排矿产物的粒度。在磨矿机筒体内,从进料口到排料口的各个断面上,物料的细度都不会相同,因此,只有排出筒体外的物料才能综合反映出磨矿的细度。磨矿浓度和细度之间是相互联系和影响的。

①磨矿浓度的控制。开路磨矿中,影响磨矿浓度的因素主要是原矿性质、给矿量和后水补加量。原矿性质主要是粒度和粒度组成,其他性质一般变化较小。当给矿量一定时,后水量增加,磨矿浓度降低。当给水量一定时,给矿量增加,则磨矿浓度提高。一般情况下,磨矿机的给矿量应该是固定的,因此,磨矿浓度主要靠后水进行调节。

如果给矿中粗粒含量增加,给矿量保持不变,则应适当减少后水,适当提高磨矿浓度,以保证磨矿细度。如果给矿中细粒含量增加,则应适当增加后水量,同时也可适当增加给矿量,这样可以减少过粉碎。闭路磨矿中,由于增加了返砂量,当后水量一定时,无论是原矿量增加还是返砂量增加,磨矿浓度都会提高。

②磨矿细度的控制。开路磨矿中,影响磨矿细度的主要因素是原矿性质、磨矿浓度和磨矿介质装入量与补加量等。当原矿性质和介质条件基本不变时,在一定范围内,磨矿浓度增高,细度也相应增大。

闭路磨矿时,情况相对比较复杂,磨矿细度还会受到返砂量和分级效率的影响。返砂量较大时,给矿粒度组成发生变化,细级别的含量也会增大。一般来说，磨矿的给料粒度较细时，应该适当降低磨矿浓度，以改善矿浆的流动性，提高排矿速度，从而减少过粉碎。返砂量较小，且原矿粒度又较粗时，应减少后水量，以提高磨矿浓度，从而保证磨矿细度。可见，磨矿细度的控制还是通过调节后水量来实现的。

（2）分级浓度、分级溢流浓度和细度的控制

分级浓度是指分级机槽体内的矿浆浓度。不同于分级机溢流浓度，分级浓度始终高于分级机的溢流浓度。因为进入分级机中的矿浆，在沉降作用下，上层浓度较稀的矿浆将作为分级机溢流排出，下层浓度较高，且粒度较粗的物料则会成为返砂被返回到磨矿机。通过调整磨矿机的前水，便可实现分级浓度的控制。

值得强调的是，分级浓度是决定返砂量大小、分级溢流量大小、溢流浓度高低和溢流细度的关键因素之一。

螺旋分级机是根据矿物颗粒沉降速度的不同来实现分级的。分级机中的矿浆沉降是一个干涉沉降过程，即分级机中大小不同的颗粒在沉降过程中会相互碰撞和受到沉降介质的附加阻力。颗粒愈小，比表面积愈大，受到的附加阻力也愈大，所以难于沉下去，而粗粒则容易沉下去，从而实现粗细粒级的分级。

当分级浓度很高时，干扰作用和附加阻力都会增大，以致粗颗粒也难沉下去，不能成为返砂而从溢流中排出，此时溢流浓度会增高，粒度会变粗，溢流细度会下降。当分级浓度较低时，情况则相反，较细颗粒也能沉下来，因而，返砂量会增大，溢流浓度会下降，细度会增大。

当分级溢流粒度过粗（细度低）时，应降低分级浓度。当溢流粒度过细（细度过高）时，应提高分级浓度。由此可见，对分级机溢流浓度和细度的控制，也是通过调节补加水，改变分级的浓度来实现的。

从整个磨矿回路来看，补加水只有磨矿机的前水和后水，前、后水不管哪一个发生变动，都将引起分级浓度的变化，进而引起分级溢流细度的变化。生产实践表明，只要固定后水，前水只需随着原矿量的变化进行等比例的调整，就可保持稳定的分级溢流浓度和细度。

## 3.3.4 磨矿介质的配比和补加

磨矿介质的配比和补加也是稳定磨矿回路和磨矿指标的关键内容。但是，这一点往往是许多人容易轻视或忽视的问题。

（1）磨矿介质的配比

进入磨矿机的矿石一般是由粗细和软硬不同的物料所组成。因而，将所有矿石颗粒磨碎到指定粒度所需要的作用力也是不同的。对于粗粒和较硬的矿石，磨碎时需要较大的打击力，应添加直径较大的介质。对于细粒和较软的矿石，磨碎时以研磨力为主，应添加直径较小的介质。

　　磨矿介质的配比工作主要包括：确定选用哪几种规格的磨矿介质；确定各种规格介质各占多大比例及其实际重量。这里以钢球为例加以说明，钢棒的配比和补加与之相似，可参考进行。

　　生产实践中，要根据原矿粒度筛分结果来确定合适的钢球配比，即要求每种钢球的比例与对应级别物料的比例相当，才能达到满意的磨矿效果。钢球配比的一般步骤如下：

　　①对球磨机的给矿（原矿+返砂）取样进行筛析（初始配球时只筛原矿），将其分成若干级别（一般分为 3~5 个级别），并计算出各级别含量（其中，-0.074 mm 粒级为合格粒级，一般可不参与计算）。

　　②按各级别粒度上限或平均粒度 $d_{矿}$，根据公式 $D_{球}=25.4\sqrt{d_{矿}}$，估算相应级别的钢球直径。式中：$d_{矿}$ 为各级别矿石粒度，mm；$D_{球}$ 为钢球直径，mm。

　　③按球磨机工作容积，选取适当球荷充填率（参考 3.2.2 节），并根据公式 $G=\delta\cdot\psi\cdot\dfrac{\pi D^2}{4}\cdot L$ 计算装球总量。式中：$G$ 为装球总量，t；$\delta$ 为钢球堆密度，t/m³（其取值见表 3-3）；$\psi$ 为球荷充填率，%；$D$ 为磨矿机筒体有效内直径，m；$L$ 为磨矿机筒体内有效长度，m。

表 3-3　钢球堆密度

| 球种类 | 铸铁球 | 铸铁棒 | 铸钢球 | 锻钢球 | 轧钢球 |
|---|---|---|---|---|---|
| $\delta/(\text{t}\cdot\text{m}^{-3})$ | 4.0~4.3 | 4.9 | 4.35~4.65 | 4.5~4.8 | 6.0~6.5 |

　　④根据装球总量和各粒级产率，计算每种规格钢球的装入量。

　　需要指出的是，对磨矿机的初始配球，由于无法考虑分级机的返砂部分，通常只对入磨原矿进行粒度分析，然后再按上述公式进行配球计算。

　　（2）磨矿介质的补加

　　随着磨矿过程的不断进行，原来装入磨矿机的钢球在将矿石粉碎的同时，自身也因磨损而消耗。因而，在磨矿过程中要不断添加新的钢球，目的有两个方面：一是要保持初装介质时的充填率；二是要保持钢球配比基本不变。生产实践中，钢球的日常补加制度如下：

　　①钢球单耗量的确定。钢球的单耗量通常以每处理 1 t 矿料所消耗的钢球重量来表示。它的大小与钢球的材质和制造工艺、被磨物料的性质、磨矿机的直径、衬板结构形式、工艺操作等有关。其计算方法为：

　　钢球的单耗量＝（最初装球量+累计补加量-计算时磨矿机内的好钢球量）/累计处理的矿量

　　生产实践中，一般是根据初始配球重量，在磨矿机正常运转一段时间后，对磨矿机进行停车清球，并根据上式计算钢球消耗。需要注意的是，由于破损及严重变形的钢球，不能起到正常的磨矿作用，应看成是被消耗掉的钢球，故其重量应扣除。

②补加量的计算。钢球的补加量＝钢球的单耗量×上次补加钢球至本次补加钢球的时间段内所处理的矿量。

③补加球的比例。磨矿机经过一段时间运转之后，磨矿机内的大球会逐渐被磨损成小球，而小球则逐步被磨损掉，因此，补加钢球时，应补加不同直径的钢球，以保证磨矿机内的球荷配比基本稳定。一般在最初装球时，使用了几种不同直径的钢球，那么，补加时也应添加这几种钢球，但补加比例与最初装球的比例不同。其中，大球的比例要比小球的比例适当高一些。补加球比例可按下面方法进行估算：

a. 对磨矿机进行停车清球时，应统计出相应尺寸钢球的重量比例。由于钢球在磨损一段时间后，其直径变化范围变大，因此，统计时应按初始配球时计算的钢球直径大小分类。如初始配球时为 A、B、C、D 四种大小的钢球，则一般按 A-B、B-C、C-D、D-D′共 4 个钢球级别进行统计，分别计算它们所占的百分率，即得到 $\gamma_0^{A-B}$、$\gamma_0^{B-C}$、$\gamma_0^{C-D}$、$\gamma_0^{D-D'}$。

b. 按下式依次估算出每种钢球由直径 $D_0$ 磨至 $D$ 等级别时的磨损率 $\gamma_i$。

$$\gamma_i = 1 - \left(\frac{D}{D_0}\right)^{6-n}$$

上式中：$n$ 为钢球磨损比，泻落工作时，$n=2$；抛落工作时，$n=3$；一般取 $n=2.3$。对于 A 球径，逐一计算 $\gamma_{A-B}$、$\gamma_{A-C}$、$\gamma_{A-D}$、$\gamma_{A-D'}$。对于 B 球径，逐一计算 $\gamma_{B-C}$、$\gamma_{B-D}$、$\gamma_{B-D'}$。对于 C 球径，逐一计算 $\gamma_{C-D}$、$\gamma_{C-D'}$。对于 D 球径，计算 $\gamma_{D-D'}$。

c. 根据上面估算的磨损率，按下列各式估算每种补加钢球在全部补加球中所占的重量百分率 $\beta_i$。

$$\gamma_0^{A-B} = \frac{1}{100}(\gamma_{A-B}\beta_A)$$

$$\gamma_0^{B-C} = \frac{1}{100}(\gamma_{A-C}\beta_A + \gamma_{B-C}\beta_B)$$

$$\gamma_0^{C-D} = \frac{1}{100}(\gamma_{A-D}\beta_A + \gamma_{B-D}\beta_B + \gamma_{C-D}\beta_C)$$

$$\gamma_0^{D-D'} = \frac{1}{100}(\gamma_{A-D'}\beta_A + \gamma_{B-D'}\beta_B + \gamma_{C-D'}\beta_C + \gamma_{D-D'}\beta_D)$$

……

d. 如果钢球级别较多，则按照以上规律依次往后进行计算。

需要指出的是，以上是合理补加钢球的粗略估算，要制定出合理的补加钢球制度，还需要依靠长期清球数据的积累，不断修正钢球补加数据。为此，应做到以下几点：

①定期或不定期测定磨矿机的钢球充填率。一般利用停车机会，打开磨矿机的入孔盖或由给料、出料端进入磨矿机内，测量静止磨矿机球荷表面到磨矿机筒体的最高点距离，从而估算钢球所占的体积，由此，计算钢球充填率：

钢球充填率=钢球实际占有体积/磨矿机的有效容积

②定期测定磨矿机内钢球配比。要求每年对每台磨矿机进行 1~2 次全面清球，并做好钢球的粒度分析(一般是结合检修或更换衬板时进行)，为制定合理钢球补加制度提供依据。

# 3.4 磨矿设备

工业生产中使用的磨矿机种类繁多，其分类的方式也有多种。最常见的是根据磨矿机内介质性质的不同进行分类。当介质为钢球时，称之为球磨机，介质为钢棒则称为棒磨机。当介质为砾石时，称之为砾磨机。若以矿石自身作为介质，则称自磨机。

磨矿机的种类虽然各不相同，但磨矿机规格的表示方法却都是相同的，均以不带衬板时，磨矿机筒体的内直径 $D$ 和筒体有效长度 $L$ 的乘积表示。如 MQG2100×3000，即表示筒体直径为 2100 mm，长度为 3000 mm 的湿式格子型球磨机。

## 3.4.1 球磨机

目前，选矿厂最常用的湿式球磨机主要有格子型和溢流型两种。

(1)格子型球磨机

湿式格子型球磨机的结构见图 3-7，其主要由给料器、中空轴颈、主轴承、前后端盖、扇形衬板、筒体、筒体衬板、人孔、格子板、中心衬板、提升斗、大齿圈、小齿轮、减速机、联轴节和电动机等构成。

由图可见，联合给料器 1 固定在中空轴颈 2 的端部，后端盖 5 和中空轴颈 2 为一个整体，磨矿机筒体 6 和后端盖 5 和前端盖 13 相连接，前端盖 13 和中空轴颈 15 为一整体，磨矿机通过轴承 3 和主轴承 14 支承，主轴承 3 和 14 采用自定位调心滑动轴承。主轴承受力很大，大型磨矿机采用集中循环润滑，小型磨矿机采用油杯滴油润滑。磨矿机大齿圈 12 与筒体 6 相联，电动机 17 通过大齿圈 12 驱动磨矿机运转。

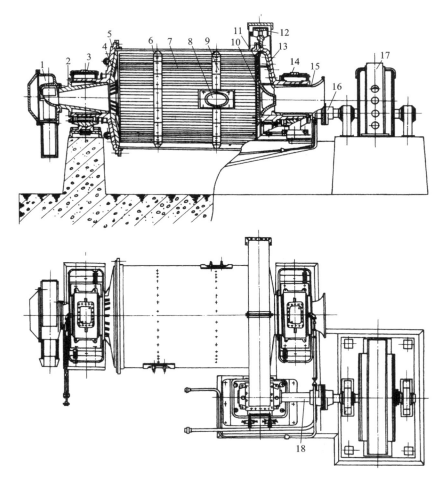

1—联合给料器；2—中空轴颈；3—主轴承；4—扇形衬板；5—后端盖；6—筒体；7—衬板；
8—人孔盖；9—楔形压条；10—中心衬板；11—格子衬板；12—大齿圈；13—前端盖；
14—主轴承；15—中空轴颈；16—弹性联轴节；17—电动机；18—传动轴。

**图 3-7  φ2700 mm×3600 mm 格子型球磨机**

给矿器的作用是给磨矿机输送原料。根据其形状的不同可分为鼓式、蜗式和联合式给矿器，它们的结构见图 3-8（a）（鼓式给矿器）、图 3-8（b）（蜗式给矿器）和图 3-8（c）（联合给矿器）。

鼓式给矿器的端部为截头锥形盖子，筒体内壁装有螺旋，其端部与截锥形盖子连接，筒体与盖子之间有带扇形孔的隔板，物料通过隔板经螺旋送入中空轴颈后给入到磨矿机内。鼓式给矿器只能在给料位置高于磨矿机水平轴线的条件下使用。蜗式给矿器有单勺和双勺两种，螺旋形的勺子将物料舀起，通过侧壁上的孔

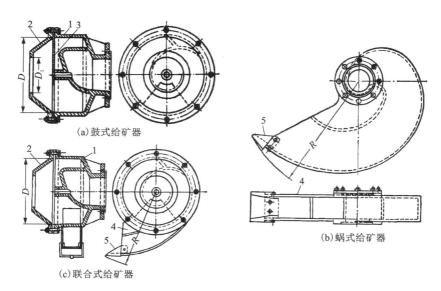

(a)鼓式给矿器

(b)蜗式给矿器

(c)联合式给矿器

1—给矿器筒体；2—截头锥形端盖；3—扇形孔隔板；4—螺旋形勺子；5—勺头。

**图 3-8　给矿器的构造**

送入中空轴颈后给入磨矿机内，因此，其常用于将低于磨矿机轴线以下的物料掏起并送入磨矿机内，通常在分级机构成闭路时使用。联合给矿器是鼓式和蜗式的组合，可同时将原矿和返砂送入磨矿机内，是最常用的一种给矿器，无论是一段磨矿还是两段磨矿均可使用。

磨矿机筒体内的衬板分为扇形衬板（在前后端盖上）和筒体衬板。扇形衬板一般用高锰钢铸成，格子型球磨机进料端盖上才装有扇形衬板，目的是保护端盖。筒体衬板的作用是保护筒体，以及在磨矿机旋转过程中提升介质和被磨物料。筒体衬板用硬质钢、高锰钢、铬钢、合金铸铁、橡胶或磁性等材料制成。其中，高锰钢具有足够的抗冲击韧性，被广泛应用于生产实践。但高锰钢衬板的制造技术条件要求高，价格也较贵。因而，逐步出现了加铬高锰钢和铬锰硅钢衬板，它们的性能更优于高锰钢衬板。橡胶衬板具有耐磨性能好，质量轻，噪声小，球耗低，易于加工制造，装拆方便，使用寿命长等优点。自 1990 年以来，橡胶衬板在矿山行业得到了广泛的推广应用。一般金属衬板的厚度为 50~150 mm，使用寿命为 1 年左右。橡胶衬板厚度为 40~80 mm，使用寿命为 3 年左右。

磁性衬板在磨矿过程中，可以在其表面吸附一层磁性物质，使矿石和磨矿介质不直接与衬板接触，从而减轻磨损，延长使用寿命（一般是锰钢衬板的 4~6 倍）。磁性衬板的厚度比锰钢衬板薄，可直接借助磁性安装在磨矿机筒体上（避免了因螺栓安装导致的磨矿机漏浆）。与高锰钢衬板相比，磁性衬板的维护费用节省 25% ~ 40%，电耗降低 4% ~ 7%，介质消耗降低 5% ~ 7%，磨矿机作业率提高 3% ~ 4%。但为了避免磨损严重，磁性衬板一般用于第二段磨矿或细磨。

筒体衬板的结构形状不仅直接影响磨矿机的工作效率，而且影响磨矿机的作业率。筒体衬板的形状一般有如图 3-9 所示的几种，分为平滑和不平滑两类。平滑衬板因钢球滑动较大，磨剥作用较强，适用于细磨；不平滑衬板可使钢球从较高处落下，并且对钢球和矿料都有较强的搅动作用，因而适用于粗磨。

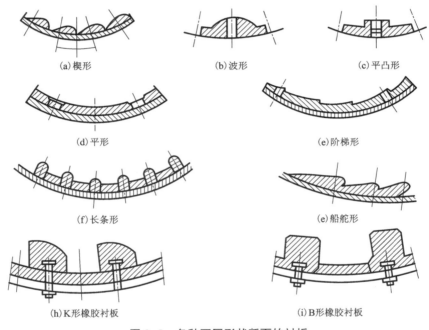

(a) 楔形　　　　　　　　(b) 波形　　　　　　　　(c) 平凸形

(d) 平形　　　　　　　　　　　　　(e) 阶梯形

(f) 长条形　　　　　　　　　　　(e) 船舵形

(h) K 形橡胶衬板　　　　　　　　(i) B 形橡胶衬板

**图 3-9　各种不同形状断面的衬板**

格子板仅在格子型球磨机上使用，安装在磨矿机的排料端，见图 3-10。磨碎的物料通过格子板上的孔进入提升斗并排出磨矿机。格子板还起到筛子的作用，能阻止大块物料和磨矿介质排出。扇形格子板的箅孔大小和排列方式对球磨机的生产能力和产品细度都有很大影响。箅孔大小既能阻止钢球和未磨碎的粗颗粒的排出，又能保证含有合格粒级的矿浆顺利排出。为避免矿粒堵塞，箅孔断面应制成梯形，箅孔大小则向排矿端方向逐渐扩大，多采用倾斜排列方式，如图 3-11（b）所示。

格子型球磨机的工作原理：在排料端装有格子板，格子板上开有许多按一定方式排列的排料孔。在排料端盖上有放射状棱条（筋），将格子板与端盖之间的空

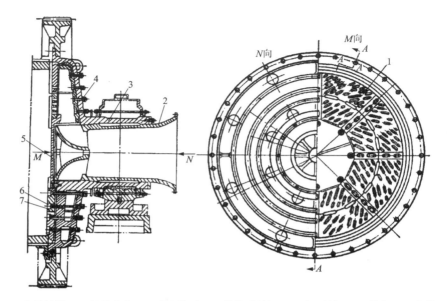

1—格子衬板；2—轴承内套；3—中空轴颈；4—簸箕形衬板；5—中心衬板；6—筋条；7—楔铁。

**图 3-10　格子型球磨机排料端盖**

(a)同心圆排列　　　(b)倾斜排列　　　(c)辐射状排列

**图 3-11　格子板蓖孔的排列形式**

间分成若干个扇形室，每个室安装簸箕形衬板(又叫提升斗，参见图 3-10)，格子板紧靠着提升斗。当磨矿机旋转时，把在排料端下部通过格子板的孔隙流入扇形室的矿浆提升到高过出料口的水平，从而排出磨矿机。因此，格子型球磨机的排料是强迫式排料。

格子型球磨机的优点是：排料的矿浆面低，矿浆能迅速排出，可减少矿石的过磨；装球多，且大、小球均可装入，小球也不会被排出，能形成良好的工作条件。相同条件下，其生产能力较高，能耗较低，生产率一般高 10% ~ 25%，由于格子型球磨机的生产率高，所以其功耗可能比溢流型球磨机还要低。格子型球磨机的缺点是构造较为复杂。因此，格子型球磨机一般用于粗磨或两段磨矿中的第一段磨矿，磨矿产物粒度一般大于 0.15 mm。

（2）溢流型球磨机

图 3-12 为 $\phi2700$ mm×3600 mm 溢流型球磨机的结构图。溢流型球磨机的构造比格子型球磨机要简单一些，除排料端的某些结构不同外，其他部分大致相同。溢流型球磨机与格子型球磨机在结构上的主要区别在于：①溢流型球磨机没有格子板；②排料端中空轴颈衬套的内表面上，装有螺旋方向与磨矿机旋转方向相反的螺旋叶片，目的是防止小球或粗粒矿石随矿浆一起排出。

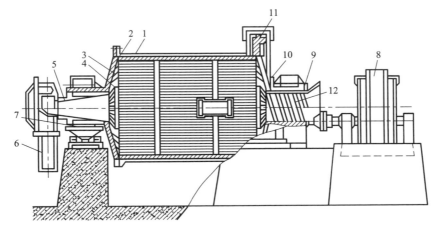

1—筒体；2—法兰盘；3—端盖；4—衬板；5—进料管；6—给料器；
7—主轴承；8—电动机；9—出料管；10—挡圈；11—大齿轮；12—螺旋叶片。

**图 3-12　$\phi2700$ mm×3600 mm 溢流型球磨机**

溢流型球磨机在工作原理上也与格子型球磨机有不同之处。其排料过程为非强迫式，即自溢式排料。当筒体内的矿浆面高于出料管内直径的最低水平线时，磨矿机内矿浆的压力大于排料管内矿浆的压力，矿浆就和水一起排出球磨机。由于溢流型球磨机筒体内矿浆的液面比格子型球磨机要高，因而，溢流型球磨机是高水平排料，排料速度较慢，易于产生过粉碎。所以溢流型球磨机适用于细磨或两段磨矿中的第二段磨矿。

## 3.4.2　棒磨机

图 3-13 为溢流型棒磨机的结构图。选矿厂使用的棒磨机有溢流型和开口型两种，其中溢流型使用广泛，开口型棒磨机已停止制造。

溢流型棒磨机的构造与溢流型球磨机的构造基本相同，其主要的区别是：前者的磨碎介质为长圆棒，后者为钢球。在构造上，棒磨机为保证钢棒在筒体内作有规则的运动，所以两个端盖锥形端面的曲率较小，端盖衬板也做成平直端面，

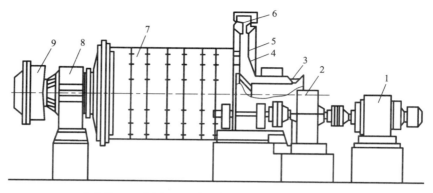

1—电动机；2—减速机；3—出料管；4—端盖衬板；5—端盖衬板；
6—大齿轮；7—筒体；8—主轴承；9—进料管。

图 3-13　溢流型棒磨机结构图

这样可以防止钢棒产生轴向移动或者因歪斜而引起的混乱(俗称"乱棒")。排矿端的中空轴颈的直径较同规格溢流型球磨机大得多，目的是加快矿浆通过磨机的速度。

为了避免在磨矿过程中，因强烈滑动而造成棒的快速磨损和产生歪斜，棒磨机的转速一般都比球磨机要低一些，一般为球磨机的 60%~70%。介质的充填率也较低，为 35%~40%。棒磨机多采用波形或阶梯形等非平滑衬板。

棒磨机在操作上与球磨机不同的是，加棒时必须停止磨矿机，将棒从排料口喂入，这也是其排矿端的中空轴颈直径较大的原因之一。因此，棒磨机的介质添加麻烦而且劳动强度比较大(配有专门的加棒装置)。与同规格的溢流型球磨机相比，棒磨机厂房的跨距也要大一些，否则无法方便加棒。也正因为这一点，棒磨机配置时，往往使磨矿机的长度方向与厂房的横向一致，即采用横向配置。

棒磨机对物料的磨碎过程也与球磨机有所不同。棒磨机是按粒度从大到小的顺序依次磨碎矿石的，因此磨矿过程的过粉碎现象较轻。钢棒之间是线接触方式，首先粉碎的是粒度较大的物料。当钢棒沿着衬板旋转上升时，棒与棒之间夹着粗粒，好像"筛子"一样让细粒从棒间的缝隙中通过，使棒与棒之间产生类似"筛分分级"的作用，因而棒磨机具有较强的"选择性磨碎"特性。

棒磨机的给料粒度一般为 25~40 mm，排料粒度一般为 1~3 mm。因此，棒磨机适合于粗磨，一般多用于两段磨矿中的第一段磨矿。在某些情况下，棒磨机还可以代替碎矿作业中的短头圆锥破碎机。当处理较软或不太硬的矿石，或者黏性较大的矿石时，用棒磨机将 25 mm 左右的矿石磨到 3~2 mm，比用短头型圆锥破碎机与筛子闭路的流程简单，费用也较低。

### 3.4.3 自磨机

自磨机借助矿石本身在筒体内的冲击和磨剥作用，使矿石达到粉碎。用它对粗碎后的矿石进行自磨，是降低大型选矿厂破碎和磨矿工艺投资，以及生产成本的有效措施之一。

自磨机分干式和湿式两种，其中湿式自磨机最常见，其结构如图 3-14 所示。一般湿式自磨机与球磨机的结构大致相同，均由筒体、端盖、衬板、排矿部、给矿部、轴承部、传动部及润滑系统等组成，其结构特点如下：

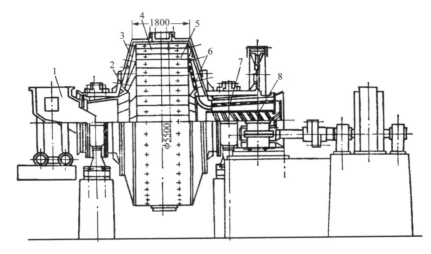

1—给料小车；2—波峰衬板；3—端盖衬板；4—筒体衬板；
5—提升衬板；6—格子板；7—圆筒筛；8—自返装置。

图 3-14 φ5500 mm×1800 mm 湿式自磨机结构示意图

①中空轴颈短，筒体长度小而直径大，其比值为 0.3~0.2，即直径可为长度的 5 倍，这样可使物料容易给入并易于分级，缩短物料在磨机内的停留时间，防止物料偏析现象产生，从而提高生产能力。

②给矿端盖侧壁上有两圈环状的波形衬板，为便于破碎矿石，衬板面呈锥角，锥角约为 150°，此衬板具有破碎和侧向反击作用，可使矿石在磨机内合理分布并防止偏析现象产生。

③筒体上除有波形衬板外，筒壁上还有断面为凹形的提升衬板，除可保护筒体外，其主要作用是提升矿石。在圆周上每隔一定距离就装有提升衬板，衬板的高度和间距对物料运动轨迹的影响很大，因此，只有取最佳值时，自磨机才能在消耗最小能量的状态下，达到最大的生产能力。

④主轴承的长度比球磨机的轴承短而直径大。自磨机的转速率较低，一般为70%~80%。为了简化传动系统，通常采用低速电动机。

⑤采用移动式给矿漏斗，进料端漏斗处带有积料衬垫，可防止矿石直接冲击和磨损端部。

⑥采用排矿自返装置实现自行闭路磨矿。从格子板排出的物料，通过锥形筒筛，筛下物料由排矿口排出，筛上粗粒物料则经螺旋自返装置返回自磨机内再磨。

⑦湿式自磨机的大齿轮固定在排矿端的中空轴颈上（干式自磨机的大齿轮固定在给矿端的中空轴颈上）。自磨机采用稀油集中循环润滑系统。

### 3.4.4 （超）细磨矿设备

随着矿产资源向"贫、细、杂"方向发展，为适应微细粒嵌布矿石解离的要求，（超）细磨矿设备的研制取得了新的进展，相继出现了一些新型的细磨设备，工业应用最多的是搅拌磨机，由于采用更小的磨矿介质，高速旋转的搅拌器能使磨矿介质和被磨物料在磨机内做多维循环运动及自转，被磨物料在磨矿过程中主要受研磨和冲击作用。按不同的划分标准，搅拌磨有不同类型，如立式和卧式搅拌磨等。立式搅拌磨常称为塔式磨机，卧式搅拌磨主要有艾萨（Isa）磨机。

（1）塔磨机

塔磨机于20世纪50年代初由日本塔磨矿机有限公司（Japan Tower Mill Co ltd）首先研制成功。随后瑞典布利登·艾利斯集团 MPSI 公司也开发了塔磨机。我国于80年代开始研制塔磨机，并已在生产中应用。

塔磨机由固定垂直筒体、网棒、螺旋装置、圆锥分级器和循环泵等组成，如图3-15所示。筒体内部衬有耐磨钢板或喷涂人造橡胶，且装有网棒，以卡住磨矿介质，形成一层新的耐磨衬。待磨物料从筒体下端用压力给入，旋转的螺旋搅拌器驱动磨矿介质作上下垂直循环运动、切向螺旋线运动及强烈的自旋运动，使物料受到磨矿介质强烈磨剥而粉碎。磨细产品在排出磨矿机之前，先经圆锥分级器粗分级，粗颗粒进入分级器底部形成一股循环流经泵打入磨矿机中再磨。加球量为容积的1/3，球介质深度比容积相同球磨机深。因此，可以提高磨矿效率，比球磨机粉碎速度快10倍以上。

塔磨机工作原理如图3-16所示，低速旋转的搅拌螺旋运转过程中，由于离心力、重力、摩擦力的作用造成粉碎介质与物料间实现有序方式的运动循环和宏观上受力的基本平衡，其运动过程如黑箭头所示，在搅拌螺旋内为小于提升速度的螺旋式上升，在内衬与螺旋外缘间为螺旋式下降。然而，在微观上由于其受力的不均匀性，形成动态的运动速差和受力变化，造成物料被强力挤压和研磨，产生物料之间的受力折断、微剪切和劈碎等综合作用。合格物料的输送则是随输送介质上升, 其运动过程如空白箭头所示, 并进行内部分级后从塔磨机本体上部自流溢出。

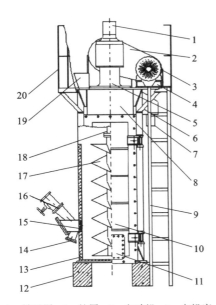

1—轴承罩; 2—护罩; 3—电动机; 4—电机座;
5—减速机; 6—支撑; 7—排料口; 8—塔体;
9—扶梯; 10—大门; 11—放球口; 12—基础;
13—衬板组; 14—排渣口; 15—下入料挡板; 16—下入料口;
17—搅拌螺旋; 18—上主轴; 19—上入料口; 20—操作平台。

图 3-15　塔磨机结构

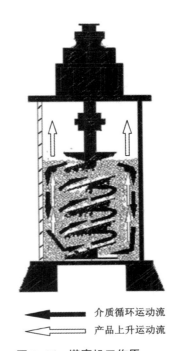

◀━━━　介质循环运动流

◁═══　产品上升运动流

图 3-16　塔磨机工作原

塔磨机的基本特点体现在: 粉碎介质与物料之间的充实度高, 球与球、球与塔磨机里衬及搅拌螺旋体间的碰撞很少。整个转动部分在宏观上受力的平衡处理, 使支撑系统受力很小, 轴承的能耗也很小。达标的物料总是较未达标的物料容易到达排料口附近, 实现了粉碎过程的内部分级, 过粉碎现象大为减少。

塔磨机通常采用直径 12~30 mm 钢球作为磨矿介质, 坚硬的砾石和陶瓷球也可用作磨矿介质, 常用于处理粒度小于 6 mm 的矿石, 主要在粗磨、二段磨或再磨作业中使用, 产品粒度 P80 = 15~30 μm。塔磨机筒体与衬板不运转, 主要是介质摩擦物料粉碎矿石, 因此, 能耗低, 较传统球磨机可节约能耗 30%~50%, 同时拥有占地面积小、介质消耗低等优点。但当给矿粒度中 -75 μm 粒级含量低于 30% 时, 塔磨机与球磨机的能耗差别就不明显了。

（2）艾萨磨机

艾萨磨机（IsaMill）是卧式搅拌磨机，于 20 世纪 90 年代由澳大利亚 Mount Isa 矿山和德国耐弛公司合作开发，并最先应用于澳大利亚 Mount Isa 矿山生产中。艾萨磨主要由电动机、减速机、工作部件、筒体等组成，工作部件则由主轴和多个并排串在轴上的圆盘组成，如图 3-17 所示。

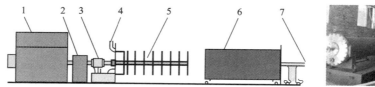

1—电动机；2—减速机；3—轴承座；4—进料口；5—工作部件；6—筒体；7—排料口。

图 3-17　艾萨磨机结构示意图

艾萨磨机通常有 8 个安装在悬臂轴上的带孔圆盘，圆盘的周边线速可达 21~24 m/s。介质直径<3 mm，充填率为 80%，矿浆浓度为 50% 左右，矿浆体积占比 20%，其给矿压力为 0.1~0.2 mpa。两磨盘之间实质为单独的磨矿腔室（共 8 个），磨矿介质通过磨盘的带动沿径向加速向外壳运动，两个磨盘之间的介质由于沿盘面向外的径向加速度不同，从而在每个磨盘腔室内形成循环，矿物则在介质的搅动下实现磨矿。由于磨机有 8 个磨矿腔室，从磨机进料处至排料处都不可能形成短路，因此介质和矿物颗粒之间碰撞的机会大大增加。

艾萨磨机的排矿端设有由转子和置换体组成的产品分离器，该分离器为专利技术，使得艾萨磨机具有内部分级功能。产品分离器只将粒度合格的磨矿产品排出磨机，而将介质和粒度未达到要求的颗粒留在磨机中，这样，就使得艾萨磨机实现了开路磨矿，获得的产品粒级分布窄，省去了筛子或旋流器，简化了流程，减少了投资。

艾萨磨机在工作过程中，通过水平高速搅动物料和磨矿介质，从而达到研磨剥蚀的目的。物料从进料口给入后与磨矿介质做绕轴向的圆周运动和自转运动，物料运动到排矿口，借助排矿口设置的产品分离器，可实现循环分级，使合格粒度物料排出，而不合格物料和介质则返回继续研磨，无须另外设置分级设备。

与塔磨机相比，艾萨磨机使用的磨矿介质直径更小，直径一般小于 3 mm，多为陶瓷球，介质比表面积更大，磨矿效果更好；常用于细磨、超细磨流程；艾萨磨机产品粒度一般在 6 μm 左右或更细；由于其筒体可沿轴向平移，更便于检修。

## 3.5 分级设备

闭路磨矿中，分级设备的作用与碎矿流程中筛子的作用相似。把磨矿机排出的物料按粒度进行分级，使粒度已经合格的细级别物料与粗颗粒级别物料分离，得到的粒度合格物料被送入选别作业，而不合格的粗粒级物料则返回到磨矿机再磨。这样既能使物料磨得细，又可尽量避免物料的过粉碎。

选矿厂常用的分级设备主要有以下几种类型：①螺旋机械式分级机，主要有高堰式和沉没式螺旋分级机；②离心水力分级设备，主要指水力旋流器；③细筛，主要有弧形筛、高频细筛等。

### 3.5.1 螺旋分级机

最常用的分级设备是螺旋分级机，包括高堰式（见图3-18）、低堰式和沉没式（见图3-19）。根据螺旋分级及螺旋数目的不同，又可分为单螺旋和双螺旋分级机。

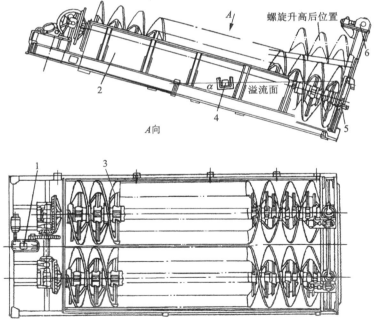

1—传动装置；2—水槽；3—左、右螺旋；4—进料口；5—放水阀；6—提升机构。

图3-18 高堰式双螺旋分级机

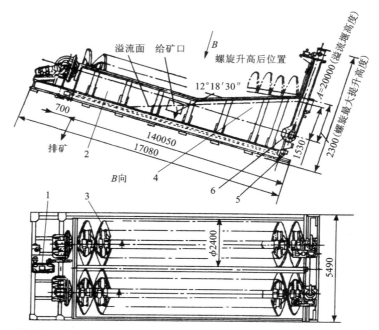

1—传动装置；2—水槽；3—左、右螺旋；4—进料口；5—下部支座；6—提升机构。

图 3-19  φ2400 mm 沉没式双螺旋分级机

从图 3-18 和图 3-19 可知，螺旋分级机有一个倾斜的半圆柱形槽子 2，槽中装有一个或两个螺旋 3，其作用是搅拌矿浆并把沉砂运向斜槽的上端（返砂口）。螺旋叶片与空心轴相连，空心轴支撑在上下两端的轴承内。传动装置安在槽子的上端，电动机经伞齿轮使螺旋传动。下端轴承装在提升机构 6 的底部，提升机构通常由电动机经减速器和一对伞齿轮带动丝杆，使螺旋下端升降。当停车时，可将螺旋提取，以免沉砂压住螺旋，从而使开车时不至于过负荷。

高堰式螺旋分级机的溢流堰位置比螺旋轴的下端轴承高，但低于下端螺旋的上边缘。高堰式螺旋分级机适合于分离出粒度大于 0.15 mm 粒级的物料，通常用于第一段磨矿中与磨矿机构成闭路。

沉没式螺旋分级机的下端螺旋有四至五圈全部浸在矿浆中，溢流堰位置比下端螺旋上缘要高。因而，其分级面积较大，有利于分离出 0.15 mm 以下的细粒级物料，通常用在第二段磨矿中与磨矿机构成闭路。

低堰式螺旋分级机的溢流堰位置低于螺旋轴下端轴承的中心，其分级面积较小，一般只能用于洗矿或脱水过程，目前选矿生产中已很少见。

与其他分级设备相比较，螺旋分级机的优势在于构造简单，工作平稳和可靠,操作方便,返砂含水量较低,易于与磨矿机形成自流连接,是生产中较常采用的分级设备。缺点则表现为分级效率低,下端轴承易磨损,占地面积大等,有逐步被水力旋流器取代的趋势。

## 3.5.2 水力旋流器

水力旋流器的结构见图 3-20,上部呈圆筒形,下部呈圆锥形。图 3-21 为水力旋流器的工作原理示意图。矿浆以 $0.4 \sim 3.5 \times 10^5$ Pa 的压力从给矿管沿切线方向送入,在其内部高速旋转,从而产生很大的离心力。在离心力和重力的联合作用下,较粗的颗粒被抛向旋流器的器壁,向下做旋转运动,由底部的沉砂口排出,称之为沉砂;较细的颗粒和大部分的水,则沿中心向上形成上升的旋流,从上部的溢流管溢出,称之为溢流。这样就达到了粗细颗粒分离的目的。

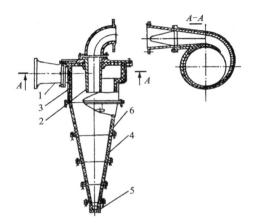

1—给矿管;2—溢流管;3—圆筒体;
4—圆锥体;5—沉砂口;6—内衬。

图 3-20 水力旋流器的结构图

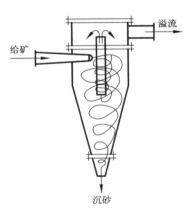

图 3-21 旋流器工作原理示意图

旋流器有分级和脱泥两种类型,前者用来分出 800~74(或 43)μm 的粒级,后者用来脱除 74(或 43)~5 μm 的细泥。分级用的旋流器给矿浓度较高,给矿压力较大,圆筒直径较粗,而脱泥用的旋流器则与之相反。

水力旋流器的主要优点是结构简单,占地面积小,生产率高;缺点是易磨损,特别是排砂嘴磨损快,工作不够稳定,易使生产指标产生波动。水力旋流器的分级效率比螺旋分级机要高些,一般为 30%~50%,有时可为 60%~70%。

### 3.5.3 细筛

细筛是严格按颗粒的几何尺寸大小进行分级的设备。选矿生产实践中用作分级的筛子种类很多，但用于磨矿循环中取代分级设备的生产实例却比较少，这主要是因为细物料的湿法筛分过程中，给料的固体浓度要很低，筛分时间要较长，筛分面积还要大，这些高要求影响了细筛的广泛使用。此外，在设备配置上，与螺旋分级机和水力旋流器相比，细筛也难以与磨矿机构成自流连接，给料和筛上产物的输送几乎都要采用提升运输设备来实现。

目前，我国在铁矿石磨矿回路中使用较多的是电磁高频振动细筛。铁矿石选矿厂采用细筛再磨工艺，使铁精矿品位得到了大幅度提高，但也存在一些问题，比如一段和二段磨矿负荷分配不均衡，磨矿能耗升高等。尽管生产实践中采用的细筛种类较多，但其结构和原理十分相似。

(1) GYX 型高频振动筛

GYX 型细筛的结构如图 3-22 所示，它的主要特点是处理能力较大，筛分效率高，分离粒度较细，干式和湿式筛分均可达到 40 μm；该细筛的振动频率较高，振动幅度小；采用多层筛网重叠技术，能有效防止筛网堵塞。这种细筛曾于 2003 年 6 月在河北承德黑山铁矿中使用，提高了铁精矿品位。

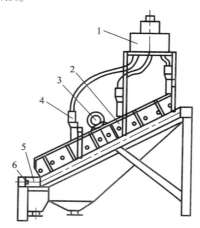

1—分矿器；2—筛框；3—高频振动电动机；
4—给矿斗；5—机架；6—收集斗。

**图 3-22  GYX31-1207 高频振动细筛结构示意图**

(2) 直线振动细筛

直线振动细筛的结构如图 3-23 所示，它的特点是采用双电动机驱动的自同步原理，制造结构简单，维修方便；采用偏心激振器，可通过调节激振器来改变筛子的振幅；采用非线性橡胶弹簧，使用寿命较长，噪声小，筛分效率较高。

直线振动细筛的筛分原理是在筛框两侧板上的两组偏心块振动器反向旋转产生激振力，物料在筛面上以 30°倾角做斜上抛运动。物料在抛起时被松散，在与筛面接触时细粒物料透过筛孔，从而达到分级的目的。

ZKHX1856 型振动细筛已先后在鞍钢齐大山选矿厂、首钢大石河选矿厂和海南铁矿选矿厂投入工业应用，运行可靠，分级效率比螺旋分级机高 15%~20%，

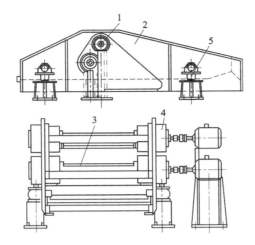

1—电动机；2—筛框；3—筛网；4—激振器；5—橡胶弹簧。

**图 3-23 直线振动细筛结构示意图**

磨矿机的磨矿效率也提高了 20% 以上，同时，筛上产品含水量降低了 3% 以上，含泥量降低了 15% 左右。

（3）Derrick 高频振动细筛

美国德瑞克细筛为重叠式高频振动细筛，主要由矿浆分配器、振动电机、给矿箱、筛网、机体和支撑平台 6 个部分构成，结构如图 3-24 所示。

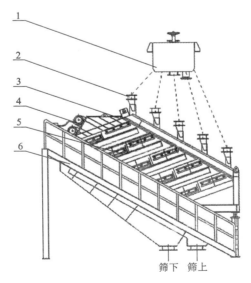

筛下 筛上

1—矿浆分配器；2—给矿箱；3—机体；4—振动电机；5—筛网；6—支撑平台。

**图 3-24 德瑞克高频细筛结构**

德瑞克细筛工作时，利用持续水流和高频振动的综合作用实现细粒物料的分级。在两片筛网之间配置有耐磨橡胶的洗矿槽，每台筛面都根据需要配置有 1~3 个洗矿槽。为使前一筛网已脱水的筛上产品在洗矿槽再造浆，喷淋装置直接向洗矿槽喷水，可以使筛上物在洗矿槽中重新造浆，固体颗粒彻底翻转和碎散，再经筛分使粗、细物料分离。通过多次洗矿、筛分和重复造浆，高频振动细筛的筛上产品完全能达到所需的粒度规格。

德瑞克细筛已在我国鲁南矿业公司、莱钢莱芜铁矿选矿厂、太钢尖山选矿厂和峨口选矿厂等企业实现工业应用。

生产实践中，细筛一般与磨矿机平行配置，筛上物料采用提升设备提升到一定高度后再自流给入到磨矿机再磨，形成闭路磨矿。

# 3.6 磨矿分级设备的管理与维护

## 3.6.1 球磨机安装、操作与维护

虽然球磨机的种类很多，结构也有所不同，但由于各种类型球磨机的结构差别不大，其操作、维护及检修内容大致相似。

（1）球磨机的安装

球磨机安装质量的好坏，是能否保证磨矿机正常工作的关键。各种类型球磨机的安装方法和顺序大致相同。为了确保球磨机能平稳地运转和减少对建筑物的危害，必须把它安装在为其重量 2.5~3 倍的钢筋混凝土基础上。基础应打在坚实的土壤上，并与厂房基础最少有 400~500 mm 的距离，以避免基础与厂房产生共振。

在安装球磨机时，首先应安装主轴承。为了避免加剧中空轴颈的台肩与轴承衬的磨损，两主轴承的底座板的标高差，在每米长度内不应超过 0.1 mm。其次安装球磨机的筒体部分。在安装过程中，结合具体条件，可将预先装配好的整个筒体直接装上，也可以分几部分分别安装。安装时应注意检查与调整轴颈和球磨机的中心线，其同心误差必须保证在每米长度内小于 0.25 mm。最后安装传动部分的零部件（小齿轮、轴、联轴节、减速器、电动机等）。在安装过程中，应按产品技术标准进行测量与调整。检查齿圈的径向摆差和小齿轮的啮合性能，减速器和小齿轮的同心度，以及电动机和减速器的同心度。当所有部分的安装都符合要求后，才可以进行基础螺栓和主轴承底板的最后浇灌（二次浇灌）。

（2）操作和维护

要使球磨机的运转率高，磨矿效果好，必须严格遵守操作和维护规程。

在球磨机启动前，应检查各连接螺栓是否拧紧。检查齿轮和联轴节等的键，以及给矿器勺头的紧固状况。检查油箱和减速器内的油是否充足，整个润滑装置

及仪表有无毛病，管道是否畅通等。检查球磨机与分级机周围有无阻碍运转的杂物。然后用吊车盘绕球磨机转一周，松动筒内的球荷和矿石。检查齿圈与小齿轮的啮合情况，看有无异常声响。

启动的顺序是：先启动球磨机润滑油泵，当油压到达 1.5~2.0 kg/cm² 时，才允许启动球磨机，然后启动分级机，等一切都运转正常，才能开始给矿。

在运转过程中，要经常注意轴承温度，不得超过 50~65 ℃；要经常注意电动机、电压、电流、温度、音响等情况。随时注意润滑系统，油箱内的油温不得超过 35~40 ℃，给油管的压力应保持在 1.5~2.0 kg/cm² 范围内。检查大小齿轮、主轴承、分级机的减速器等传动部件的润滑情况，并注意观察球磨机前后端盖、筒体、排矿箱、分级机溢流槽和返砂槽是否堵塞和漏砂。经常注意矿石性质的变化，并根据情况及时采取适当措施。

停止球磨机前，要先停给矿机。待筒体内矿石处理完后，再停球磨机的电动机，最后才停油泵。借助分级机的提升装置把螺旋提出矿浆面，接着再停止分级机。球磨机的常见故障及处理方法见表 3-4。

（3）球磨机的检修

要确保球磨机安全运转和提高设备的完好率，延长球磨机的使用年限，就必须进行有计划的检修。一般，选矿厂球磨机的检修工作分为 3 种类型：

①小修。每月进行一次，包括临时性的事故修理，主要是对设备进行小的更换和小的调整。小修阶段的重点是更换设备的易磨部件，如球磨机的衬板、给矿器勺头，调整轴承和齿轮的啮合情况等，并修补设备各处的破漏。

表 3-4  球磨机的故障、原因及其消除方法

| 故障的现象 | 原因 | 消除方法 |
|---|---|---|
| 1. 主轴承熔化,轴承冒烟或电机超负荷断电 | 供给轴颈的润滑油中断;砂土落入轴承中 | 清洗轴承并更换润滑油;修整轴承和轴颈或重新浇铸 |
| 2. 球磨机启动时,电机超负荷或不能启动 | 启动前没有盘磨 | 盘磨后再启动 |
| 3. 油压过高或过低 | 油管堵塞,油量不足;油黏度不合适,过脏,过滤器堵塞 | 消除油压增加或降低的原因 |
| 4. 电动机电源不稳定或过高 | 勺头活动,给矿器松动;返砂中有杂物;中空轴润滑不良;排矿浓度过高;筒体周围衬板重量不平衡,或磨损不均匀;齿轮过度磨损;电机电路上有故障 | 上紧勺头或给矿器,改善润滑状况,更换衬板,调整操作,更换或修理齿轮,排除电气故障 |

**续表 3-4**

| 故障的现象 | 原因 | 消除方法 |
|---|---|---|
| 5. 轴承发热 | 油量过多或不足;油质不合格或油被污染;轴承安装不正,或落杂物;油路不通,润滑油环不工作 | 停止给矿,查明原因,更换污油,清洗轴承,检查润滑油环 |
| 6. 球磨机振动 | 齿轮啮合不好,或磨损过甚;地脚螺丝或轴承螺丝松动;大齿轮连接螺丝或对开螺丝松动;传动轴承磨损过甚 | 调整齿间隙,拧紧松动螺丝,修正或更换轴瓦 |
| 7. 突然发生强烈振动和撞击声 | 齿轮啮合间隙混入铁杂质;小齿轮轴窜动;齿轮打坏,轴承或固定在基础上的螺丝松动 | 消除杂物,拧紧螺丝,修正或更换轴瓦 |
| 8. 端盖与筒体连接处、衬板螺钉处漏矿浆 | 连接螺丝松动,定位销过松;衬板螺丝松动,密封垫圈磨损,螺栓打断 | 拧紧或更换螺丝,拧紧定位销,加密封垫圈 |

②中修。一般每年进行一次,对设备各部件做较大的清理和调整,更换大量的易磨部件。

③大修。除完成中、小修全部任务外,着重修理和更换各主要零部件,如中空轴、大齿轮等。大修的时间间隔,取决于各种主要零部件的损坏程度。球磨机易损零件的平均寿命和最低贮备量如表 3-5 所示。

**表 3-5　球磨机易损零件的平均寿命和最低贮备量**

| 易损零件名称 | 材料 | 寿命/月 | 每台机器最少备用量/套 |
|---|---|---|---|
| 筒体衬板 | 锰钢 | 6~8 | 2 |
| 端盖衬板 | 锰钢 | 8~10 | 2 |
| 轴颈衬板 | 碳钢或白口铁 | 12~18 | 1 |
| 格子板衬板 | 锰钢或铬钢 | 6~18 | 2 |
| 给矿器勺体 | 碳钢或白口铁 | 8 | 2 |
| 给矿器体壳 | 碳钢或白口铁 | 24 | 1 |
| 主轴轴承瓦 | 轴承合金 | 24 | 1 |
| 传动轴承轴瓦 | 轴承合金 | 18 | 2 |
| 小齿轮 | 40Cr | 6~12 | 2 |
| 齿圈 | 碳钢 | 36~48 | 1 |
| 衬板螺钉 | 碳钢 | 6~8 | 0.5 |

## 3.6.2 （半）自磨机安装、操作与维护

（1）（半）自磨机安装

（半）自磨机必须安装在坚固的钢筋混凝土基础上，其安装过程大致包括以下三个阶段：

①第一阶段，回转部分的安装。构筑合适的设备基础，且基础验收合格；确定水平高度参考点，在基础上刻画磨机纵横中心线；为主轴承底板准备水平砂浆堆，找平主轴承副底板（平垫铁）；安装、找正主轴承底板；安装、找正主轴承座，安装主轴瓦；安装适合端盖和筒体组件的垛式支架，找准筒体液压千斤顶的位置。为确保安全，液压千斤顶不允许长期单独支撑磨机；按照说明书要求组装筒体和端盖、中空轴；把端盖和筒体组件下落至主轴承上；最终调整主轴承座，检查轴承间隙；完成两个主轴承的装配，安装主轴承润滑系统；拆卸垛式支架、运输支撑和吊耳等；按要求把各螺栓紧固至最终扭矩值；复检各安装数据，合格后进行主轴承底板二次灌浆。

②第二阶段，传动部分的安装。安装大齿轮，最终校正后，按要求拧紧螺栓。安装大齿轮前，先将齿轮罩下部准备就位；为小齿轮轴承底板准备水平砂浆堆，找平副底板；安装、找正小齿轮轴承底板；安装小齿轮轴承，检查自由和固定端位置；检查大小齿轮的侧隙和接触情况；为主电机底座准备水平砂浆堆，找平副底板；安装主电机底座及主电机；安装气动离合器，并找正主电机和小齿轮的中心线；浇铸慢速驱动装置水平砂浆堆，找平副底板；安装慢速驱动装置，找正慢驱和小齿轮中心；给小齿轮底板、主电机底板和慢驱底板二次灌浆；复查传动系统，按要求重新将所有螺栓紧固至最终扭矩值；安装齿轮罩；给齿轮面上涂润滑剂，使用喷射润滑装置中所用的润滑剂；安装喷雾润滑系统；安装其他防护罩；安装气动离合器和喷射润滑装置的气动系统和电控系统及电源。

③第三阶段，其他零部件的安装。安装进、出料口和筒体衬板；安装给料小车；安装出料部；磨机清理、涂漆；复查、检查所有连接件的紧固性，保证所有部件都是按说明书和装配图纸安装的。

（2）（半）自磨机操作

①磨机的启动与停机。

启动顺序：低压油泵→高压油泵→主电机→主轴承冷却系统→喷射润滑→气动离合器→输送系统。一般情况下，在 1 h 内不允许连续两次启动磨机。

停机顺序：停给料设备→气动离合器松闸→停喷射润滑→停同步电机→磨机停止运转后延时关闭高低压润滑系统，然后手动每隔 30 min 开 2 min 高低压油泵，直至筒体冷却至室温。

停机后再启动：如果磨机停机超过 1 h，则磨机内负荷有可能结块，在正常启

动之前，必须用慢驱转动磨机约 2 周，同时加水。当慢速驱动时，必须观察所有连锁程序。慢动盘车后，按正常启动程序启动。

②正常操作。

首先要保证磨机均匀给料。不给料时，磨机不能长时间运转，以免损坏衬板，消耗介质。定期检查磨机筒体内部的衬板和介质的磨损情况，对磨穿和破裂的要及时更换，对松动或折断的螺栓应及时拧紧或更换，以免磨穿筒体。经常检查并保证各润滑点(小齿轮轴承、主轴承橡胶密封圈等处)有足够和清洁的润滑油。对稀油站的回油过滤器，视脏污情况定期清洗，一般每三个月清洗一次。每半年检查一次润滑油的质量，必要时更换新油。经常检查磨机大小、齿轮的啮合情况和接口螺栓是否松动。根据入磨物料及产品粒度要求调节钢球加入量及级配，并及时向磨机内补充钢球，使磨机内钢球始终保持最佳状态。定期对磨机主轴承及油站冷却器进行酸洗清理。精心保养设备，经常打扫环境卫生，并做到不漏水，不漏浆，无油污，螺栓无松动，设备周围无杂物。(半)自磨机常见故障见表 3-6。

(3)(半)自磨机检修

主轴承的密封一个月检查一次，确认状态是否良好，磨损后应更换。主轴承磨损一年检查一次，主轴承表面应检查是否有非正常磨损和热变色。在中空轴或瓦面损坏之前，磨损的轴瓦必须更换。

定期检查大齿轮排油口，防止堵塞。一年应该拆开一次，清理内表面的润滑脂，在拆开期间，大小齿轮都应该清洗，并检查齿的损坏和磨损情况。至于在排油口下面的润滑油收集筒，应该定期清理，大约两个月一次。

润滑系统的检修包括更换堵塞的滤油器，检查监控仪器仪表的状态、油泵电机轴承的润滑，检查润滑系统所有管线的清洗。

表 3-6　(半)自磨机常见故障及处理措施

| 部件或系统 | 故障表现 | 可能原因 | 处理措施 |
| --- | --- | --- | --- |
| 主轴承 | 温度高 | 轴承未找正 | 检查轴承座和轴承肩的找正 |
| | | 油流小 | 矫正油流 |
| | | 中空轴或轴瓦损坏 | 修复中空轴和轴瓦表面，或更换轴瓦 |

续表 3-6

| 部件或系统 | 故障表现 | 可能原因 | 处理措施 |
|---|---|---|---|
| 润滑系统 | 油温高 | 冷却不足 | 检查冷却器，包括控制阀 |
| | | 不合适的加热 | 检查加热器和控制装置 |
| | 油流小 | 油泵失效 | 检查油泵 |
| | | 油管泄漏或堵塞 | 检查油路 |
| | | 滤油器堵塞 | 检查滤油器，必要时更换元件 |
| | | 油泵安全阀故障 | 检查安全阀 |
| | | 流量计故障 | 检查流量计及运行情况 |
| | 油压低(与理论相比) | 油管泄漏 | 检查油管路 |
| 大齿轮装置 | 齿面温度高/噪声高/不正常的磨损 | 齿轮不对中 | 检查齿轮是否对中，必要时进行调整 |
| | | 润滑不充分 | 检查润滑管路及喷嘴 |
| 小齿轮轴承 | 温度高 | 轴承故障 | 检查轴承 |
| | | 齿轮未对正 | 检查对中，必要时调整 |
| 气动离合器 | 发热或噪声过大 | 安装不对中 | 检查对中，必要时调整 |
| 主电机 | 电机温度高 | 轴承故障 | 检查轴承 |
| | | 润滑不充分 | 检查润滑是否正确 |
| | | 气动离合器不对中 | 检查对中，必要时调整 |
| 进料装置 | 漏料严重 | 进料装置安装问题 | 检查安装位置、密封与对中情况 |
| | | 进料衬套磨损 | 更换进料衬套 |
| 排料装置 | 漏料 | 排料衬套磨损 | 更换排料衬套 |
| | 吐出大颗粒 | 格子板损坏或磨损 | 检查、修复或更换格子板 |

定期检查进料溜槽对中空轴内衬的对中情况，以及中空轴内衬磨损情况，在磨透之前更换。定期检查排料筛和中空轴内衬磨损情况，在磨透之前根据需要更换。

## 3.6.3 分级设备操作与维护

生产实践中常用的分级设备是螺旋分级机和水力旋流器。因此，这里重点介绍这两种分级设备的操作和维护。

(1)螺旋分级机的操作与维护

①螺旋分级机的操作。正常运转前应该先进行空运转。运转时应逐渐增加负荷，而且保持均匀给料。入料中不得有大块物件(如从球磨机排出的废钢球和较大的杂物等)进入螺旋分级机槽内，为此，可在其进料槽和水槽连接处设置金属隔网。

螺旋分级机停车前，应先停止给料，利用螺旋的作用清除掉槽体内的大部分物料之后方可停车。当螺旋分级机因故障而突然停车时，必须立即停止给料并同时提升起螺旋片，以避免矿石淤塞而埋死螺旋片。对提升起来的螺旋片应该用钢丝绳吊起，以免提升丝杆因长时间受力而产生变形。解除故障之后，再次启动之前，应去除钢丝绳，使螺旋缓慢下降。当螺旋叶片接触到槽内矿浆时，就可以开动螺旋分级机，使其螺旋叶片一边旋转一边下降，直到下降至下部支座与水槽上的支架吻合为止。在螺旋分级机已完全恢复正常运转位置后方可进料。

为了设备的使用安全，螺旋分级机提升机构上设置有行程开关。操作人员应经常检查行程开关的准确性和灵敏性，以免螺旋升到预定范围之外而发生更严重的设备事故。

②螺旋分级机的维护。各轴承应按规定时间和要求进行检查和注油，减速器内的油面应达到油面指示线。螺旋下部支座如果是滚动轴承，每月应至少检查一次，去除脏污的润滑脂并更换新润滑脂。如果是胶瓦或树脂瓦，应检查其磨损和水封情况，如磨损严重应及时更换。

螺旋叶片上的耐磨衬铁磨损严重时，必须及时更换，以免造成螺旋叶片的磨损，或因为耐磨衬铁的脱落，导致螺旋叶片严重损坏。为了保证螺旋分级机的良好运转，必须定期进行预拆预修。

(2)水力旋流器的操作与维护

①水力旋流器的操作。水力旋流器的正常工作要求其给矿必须有一定的压力，因此，保持给矿压力的稳定是保证旋流器高效分级的关键。

在生产实践中，水力旋流器的给矿可以采用稳压箱给矿方式，即借助必要的高差，采用管道自流给入到水力旋流器。一般是用砂泵将矿浆扬送到高处的稳压箱中，再自流引入到水力旋流器，以达到稳定给矿压力的目的。但是由于矿浆量的波动，给矿稳压箱或砂泵池的液面也产生波动，导致水力旋流器的给矿压力不够稳定，这是造成水力旋流器给矿压力变化和分级效率波动的主要原因。

实际操作过程中，还往往由于砂泵叶轮的磨损而导致水力旋流器的给矿压力下降和矿浆量减少，此时，可以根据矿浆量和压力大小的变化来调节水力旋流器开启的台数，以稳定给矿压力。

水力旋流器的使用过程中还要加强产品质量的检查，主要是检查沉砂和溢流的浓度和粒度是否符合生产要求。

若旋流器的溢流浓度突然增大，应该首先观察进入选别作业的矿浆量是否发生了变化，如果矿浆量没有减少，而旋流器的沉砂量又比较正常，且是第二段分级所用的旋流器，则说明一段磨矿的处理量增加较大，应及时与一段磨矿联系，保持原矿给矿量的计量准确性。如果进入选别作业的矿浆量减少，则应检查磨矿的补加水是否有变化，同时可适当增加补加水量。

若旋流器的溢流浓度突然变小，应立即检查旋流器沉砂的变化，如果是旋流器沉砂出现"拉稀"，则说明磨矿的给矿量不足，或砂泵的压力不够，应立即进行检查和处理。

若旋流器的溢流量突然增大，则应先关闭磨矿的补加水，并停止供矿 1～2 min，使其分级过程恢复正常。需要指出的是，当旋流器的沉砂口发生堵塞时，其溢流量会增大，但同时溢流粒度也会明显变粗。旋流器产生堵塞的原因多半是处理量过大或给矿浓度过高，有时也会因给矿矿浆内夹有杂物而堵塞沉砂嘴。

水力旋流器的沉砂浓度以呈伞状喷出为正常。浓度过大时，沉砂呈绳状（或珠状），称为"拉干"。浓度过低时，呈伞状的角度很大或沉砂没有压力，称为"拉稀"。两种情况均不正常，均会使溢流跑粗。

②水力旋流器的维护。首先应该搞好隔渣工作。如果隔渣工作做不好，则沉砂口易发生堵塞，导致无法分级或沉砂口等部件加速磨损。因此，必须在给矿矿浆池或砂泵前设置隔渣筛，同时操作工人应及时清除隔筛上的杂物。

要根据所处理的矿石性质，掌握易磨损件的更换周期。旋流器的最大缺点就是磨损太快，导致分级效率指标严重恶化。易磨件中，沉砂口的磨损是最快的，其次是给矿口。准确掌握这些易磨损件的更换周期，并及时更换易磨件，是保证旋流器正常工作的关键，也是水力旋流器操作维护工作中的一项极为重要的内容。

此外，为了减轻旋流器筒体的磨损，一般会内衬耐磨材料，如橡胶等。如果内衬胶的质量较差，则各段内衬胶不同心或脱胶也是导致分级效率下降的重要原因。如果旋流器采用砂泵直接给矿，则砂泵的工作状态也会直接影响旋流器的分级效率，因此，也应密切关注砂泵的工作状况并及时调整。

# 4

# 浮　选

## 4.1　浮选的基本原理

### 4.1.1　浮选过程

浮选是利用矿物表面的物理化学性质差异进行分选的选矿工艺。浮选过程一般包括下列工序：

（1）矿石原料的准备

经过磨矿和分级作业，将矿石磨细至合适粒度（即 0.3~0.01 mm），且使矿石中不同矿物基本得到单体解离，避免矿石过粉碎，并控制适合浮选工艺要求的矿浆浓度。

（2）矿浆的调整和药剂的添加

对不同种类矿石，通过添加浮选药剂来控制矿浆条件（如 pH 等），调节矿物表面物理化学性质（即矿物表面亲水和疏水性差异），调节浮选泡沫的性质，满足浮选工艺的要求。

（3）充气和浮选

将调制好的矿浆引入浮选设备，经浮选机搅拌和充气，在矿浆中会产生大量气泡，使矿粒与气泡产生碰撞和黏附。表面疏水性好的矿粒附着在气泡上，并上浮到矿浆表面，形成矿化泡沫层。上层矿化气泡之间产生兼并而破裂，形成矿化泡沫的"二次富集"，浮选机的刮板将上层泡沫刮出成为浮选精矿。表面疏水性较差的矿粒则不能牢固地附着在气泡上，而是停留在矿浆中成为尾矿，从浮选设备中排出。

若浮选过程将有用矿物富集到泡沫产物中，将脉石矿物留在矿浆中，习惯称之为正浮选。如铝土矿正浮选，添加脂肪酸类捕收剂浮选一水硬铝石，含硅矿物则留在矿浆中成为尾矿。有时需将脉石矿物富集到泡沫产物中，而将有用矿物留在矿浆中,此时称为反浮选。如在铝土矿反浮选中,采用阳离子捕收剂将硅酸盐矿物浮选到泡沫产物中成为尾矿,一水硬铝石则留在矿浆中成为精矿。

浮选工艺的应用范围极广,几乎所有的矿石和矿物原料,甚至是纸张和塑料等可再生的原料,以及工业废水等,都可采用浮选方法进行分离。据统计,世界上有色金属矿物产量中有 90%以上是采用浮选法得到的。浮选法的分选效率比较高,它能有效地将品位很低的矿石富集成商品精矿。特别是对于细粒浸染和成分复杂的矿石,采用浮选法处理,可得到较好的分选效果。

浮选方法的缺点:矿石需要细磨,需要添加各种选矿药剂,因此其选矿成本相对较高,而且容易造成环境污染。

## 4.1.2　矿物表面的润湿性与可浮性

(1)润湿现象

矿物表面存在润湿现象,如图 4-1 所示。在光滑洁净的石英表面滴上一滴水,水就会迅速在石英表面扩展开,石英表面被水润湿,则称石英为亲水性矿物。如果在石蜡的表面滴一滴水,水滴就不会铺展开而在石蜡表面呈球形,石蜡不被水润湿,则称石蜡为疏水性矿物。

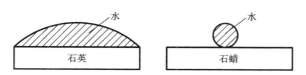

**图 4-1　矿物表面的亲水和疏水示意图**

(2)润湿接触角

浮选矿浆由矿粒、水和气泡,即固、液、气三相构成。所谓相,是指系统中具有相同物理化学性质的任何均匀物质,相与相之间存在着界面。润湿接触角是指固、液、气三相接触面所形成的夹角。矿物表面润湿性差异可用润湿接触角来表示。

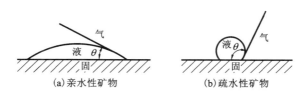

**图 4-2　矿物表面的润湿性示意图**

从图 4-2 可知,矿物的润湿性越差,疏水性越好,润湿接触角越大。反之,矿物的润湿性愈强,疏水性则越差,润湿接触角越小。

(3)矿物表面润湿性与可浮性的关系

矿物在水介质中表现出天然的易浮或难浮的性质,称为矿物的天然可浮性。硫磺和石墨等是天然可浮性好的矿物,而石英和方解石等则是天然可浮性较差的矿物。

天然可浮性好的矿物是疏水性矿物,天然可浮性差的矿物则是亲水性矿物。若矿物表面亲水,那它与水分子间的亲合力就很强(浮选中把相界面间的吸引力叫作亲合力),水在矿物表面附着牢固,形成很稳定的水膜,使矿物难以附着在气泡上,这类矿物就不能浮或很难浮,因此亲水性矿物的可浮性差。对疏水性矿物,水分子在矿物表面上的亲合力很弱,在矿物表面固着不牢,不能形成稳定的水膜,当它与气泡碰撞接触后,气泡就会迅速排开水分子而附着在疏水性矿粒表面,矿粒随气泡上升并浮到矿浆表面,因此疏水性矿物的可浮性好。

(4)矿物可浮性的调节

矿物的可浮性是可以调节和改变的。即通过采用不同种类的浮选药剂来处理矿物表面,就可以改变矿物表面的亲水性或疏水性,从而达到调节矿物可浮性的目的。

### 4.1.3 矿物表面性质与可浮性

矿物表面的物理化学性质,不仅决定了矿物的天然可浮性,也影响着矿物在浮选药剂作用下的浮游行为。

(1)矿物表面键能

根据力学原理,矿石碎磨时,矿物将沿其脆弱面,如裂缝、解理面、晶格间含杂质区等处裂开,也会沿应力集中的地方断裂。断裂后的新鲜表面存在着不饱和的键能。矿物晶格结构不同,暴露表面键能的形式及强弱也各不相同。晶体间的键通常可分为:

①离子键(或离子晶体)。晶格中的正、负离子靠静电引力互相吸引。自然界中大多数氧化物和含氧盐类矿物均属此类。

②共价键(或原子晶体)。晶格中的原子间靠电子配对产生的引力相互吸引,如金刚石、硅酸盐类、石英等。

③分子键(或分子晶体)。靠分子间的引力(通常为范德华力)构成,如石墨、辉钼矿、硫磺和云母等。

④金属键(或金属晶体)。它的构造单位是金属正离子或中性原子,依靠其周围不断运动的自由电子构成金属键,如自然铜和自然银等。

离子键和共价键的键能较强,而分子键和金属键的键能相对较弱。键能弱时,与水分子的亲合力就小,可浮性就好;键能强时,与水分子的亲合力就大,可浮性就差。

（2）矿物的物理及化学不均匀性

由于矿物晶格缺陷，矿物会产生物理和化学的不均匀性。

①矿物的物理不均匀性。在成矿过程中，矿物晶体会产生各种缺陷，包括空位、夹杂、位错及嵌镶等，称为物理不均匀性。矿物晶体的缺陷，会导致矿物在碎磨后，表面电荷不平衡，从而形成一定的表面活性，增加其表面的吸附能力。自然界中有些矿物，如方铅矿等硫化矿物存在的缺陷，会促进其表面与阴离子捕收剂的吸附（如黄原酸盐等），从而变得易浮。

②矿物的化学不均匀性。指矿物由类质同象等原因造成的化学组成的不规则性。化学不均匀性一般会导致矿物在浮选矿浆中对各种离子具有不同的吸附能力，从而造成可浮性差别，这就为实现矿物间的浮选分离提供了基础。

（3）矿物表面的吸附性

由于矿物表面电荷或键能的不平衡，其表面会产生各种吸附现象。矿物表面在与浮选药剂作用时，一般会产生化学和物理这两种最常见的吸附形式，此外，还会产生其他类型的吸附，如特性吸附等。

化学吸附只存在于固体的表面，且只是单分子层。其作用能量大，有较好的选择性，吸附比较牢固，不易解吸。

物理吸附主要是靠静电引力和分子间的吸引力实现的，吸附不够稳定，既容易吸附，也容易解吸。物理吸附常表现为药剂呈分子状态与矿物表面的作用。

（4）矿物表面的氧化

矿物表面受空气中的氧、二氧化碳、水及水中的氧等的作用，会发生表面氧化反应。有些硫化矿物表面的轻微氧化，可改变其可浮性，如黄铁矿表面轻微氧化后，其可浮性变好。这是因为，表面经轻微氧化后，其表面会形成元素硫之类的疏水性物质或有利于捕收剂产生吸附作用的活性点。但硫化矿物表面的过度氧化，会使硫化矿物表面生成硫酸盐等亲水性物质，可浮性将大大降低。

（5）矿物的溶解

硫化矿物表面氧化后会生成硫酸盐，从而增加矿物表面的溶解度和亲水性。矿物溶解后，矿浆中会增加各种不同的离子组分，通常称之为"难免离子"，这些所谓的"难免离子"对浮选过程会产生很大的影响。有些还会干扰或消耗浮选药剂，破坏浮选药剂对矿物的选择性。因此，生产实践中应根据所处理矿石性质的不同，采取控制生产用水的水质、矿浆 pH、矿物充气氧化条件、磨矿时间和细度等措施来调节浮选矿浆，以达到良好的分选条件。

## 4.2 浮选药剂

浮选是依靠添加各种不同的浮选药剂来扩大矿物间可浮性的差异而实现的。

浮选药剂是用以调节和控制矿物可浮性的化学物质，是浮选工艺的关键所在。

### 4.2.1 浮选药剂的分类

根据目前生产中使用的情况，通常将浮选药剂按用途分为以下 3 大类：

①捕收剂。捕收剂的主要作用是使目的矿物表面疏水，增加其可浮性，使其易于向气泡附着。

②调整剂。调整剂主要用于调整适合捕收剂产生作用的矿浆环境。一般把促进目的矿物与捕收剂间作用的调整剂称为活化剂，把对非目的矿物产生抑制作用的调整剂称为抑制剂。调整矿浆介质 pH 作用的调整剂则被称为 pH 调整剂。

③起泡剂。起泡剂的主要作用是促使浮选过程中形成适合矿物富集的泡沫（包括泡沫的黏性、泡沫强度、泡沫几何尺寸等）。一般起泡剂与捕收剂之间会有联合作用。

根据上述分类，浮选药剂较详细的分类见表 4-1。

表 4-1　浮选药剂分类

| 类型 | 系列 | 品种 | 典型代表 |
| --- | --- | --- | --- |
| 捕收剂 | 阴离子型 | 硫代化合物<br>羟基酸及皂 | 黄原酸盐类、脂肪酸类等 |
| | 阳离子型 | 胺类衍生物 | 脂肪胺、季铵盐及混合胺等 |
| | 非离子型 | 硫代化合物 | 乙黄腈酯等 |
| | 烃油类 | 非极性油 | 煤油、焦油等 |
| 起泡剂 | 表面活性物 | 醇类 | 松醇油、樟脑油等 |
| | | 醚类 | 丁醚油等 |
| | | 醚醇类 | 醚醇油等 |
| | | 酯类 | 酯油等 |
| | 非表面活性物 | 酮醇类 | （双丙）酮醇油 |
| 调整剂 | pH 调整剂 | 电解质 | 酸、碱 |
| | 活化剂 | 无机物 | 金属阳离子 $Cu^{2+}$ 等，阴离子 $S^-$、$HS^-$、$HSiO_3^-$ 等 |
| | 抑制剂 | 气体，有机化合物 | 氧、$SO_2$ 等；淀粉、单宁等 |
| 絮凝剂 | 天然絮凝剂 | | 石膏粉，腐殖酸等 |
| | 合成絮凝剂 | | 聚丙烯酰胺等 |

## 4.2.2 捕收剂

通常将能选择性地作用于矿物表面,使矿物表面产生疏水,提高矿物可浮性的化合物称为捕收剂。捕收剂的选择应满足来源广、价格低、易使用、毒性小、成分稳定、捕收力强、选择性好等基本要求。

金属硫化矿浮选常用的捕收剂是硫代化合物类,金属氧化矿常用捕收剂为烃基酸类,硅酸盐类矿物的浮选常用胺类捕收剂,非极性矿物的浮选则多使用烃油类捕收剂。

(1)硫化矿捕收剂

硫代化合物类捕收剂通常具有二价硫原子组成的亲固基,同时疏水基分子量较小,其主要代表药剂有黄药、黑药、氨基硫代甲酸盐、硫醇、硫脲及它们相应的脂类化合物。

①黄药。黄药的化学名称是烃基二硫代碳酸盐(俗称黄原酸盐),化学通式为 $ROCSSMe$,其中,R 为烃基,Me 为碱金属离子。乙基黄药的结构式如下:

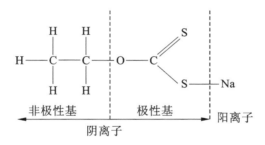

一般情况下,黄药的颜色为淡黄色,但因含有一些杂质,颜色会有所加深。黄药的密度一般为 $1.3 \sim 1.7 \ g/cm^3$。黄药具有刺激性的臭味,易溶于水,使用时常配成 5% ~ 10% 的水溶液。

黄药在水中极易发生解离、水解和分解而失去药效,因此,黄药宜在碱性矿浆中使用。黄药本身是还原剂,易被氧化,氧化后的产物是双黄药,使其效果变差。因此,黄药不宜长期存放,且应密闭存放。配制好的黄药一般不宜长时间使用,最好每个生产班都配制新鲜的黄药。

根据黄药结构式中烃基 R(即非极性基)的不同,主要有:乙基黄药($C_2H_5OCSSNa$)、异丙基黄药[$(CH_3)_2CH \ OCSSNa$]、丁黄药($C_4H_9 \ OCSSNa$)、戊基黄药($C_5H_{11} \ OCSSNa$)及各种混合黄药等。

黄药自应用以来,一直是硫化矿浮选不可替代的优良捕收剂之一,在黄铜矿、方铅矿、闪锌矿、黄铁矿等硫化矿的浮选中是最常用的捕收剂。

②硫氮类。硫氮类捕收剂也是硫化矿浮选中常见的药剂,化学名为氨基二硫代甲酸盐,化学通式是 $R_2NCSSMe$。最常用的为乙硫氮和丁硫氮,两者结构式

如下：

$$C_2H_5 \diagdown N-C \diagup S \diagdown SNa$$

（乙硫氮）

$$C_4H_9 \diagdown N-C \diagup S \diagdown SNa$$

（丁硫氮）

乙硫氮为白色砂状，但因制造过程中会有极少量的黄药产生，故其工业品常呈淡黄色。乙硫氮易溶于水，但在酸性介质中容易被分解而降低药剂作用，常配制成5%左右的溶液使用。

乙硫氮能与重金属离子生成不溶性的沉淀物，因而，捕收能力一般比黄药强。乙硫氮对方铅矿和黄铜矿的捕收能力均很强，对黄铁矿的捕收能力则较弱。乙硫氮选择性较好，浮选速度较快，用量也比黄药少，对硫化矿的粗粒连生体也有较强的捕收能力。

乙硫氮最常用于铅锌硫化矿的浮选实践中。用于铜铅硫化矿浮选分离时，能够得到比黄药更好的分选效果。

③硫氨酯。硫氨酯的化学全称是硫逐氨基甲酸酯，属于非离子型极性捕收剂，也是硫化矿浮选中常见的药剂，其结构如下：

$$R-O-C \diagup S \diagdown{N-R'} \atop H$$

生产实践中主要应用的是丙乙硫氨酯，这是一种琥珀色微溶于水的油状液体，使用时直接采用原液添加。丙乙硫氨酯是一种选择性良好的硫化矿捕收剂，对黄铜矿、辉铜矿和经铜离子活化的闪锌矿具有较强的捕收作用，但对黄铁矿的捕收能力较差，是分选铜、铅、锌等硫化矿的选择性捕收剂，可降低抑制黄铁矿所需的石灰用量。国外的硫化矿浮选矿厂中多用它代替黄药，尤其是硫化铜矿的浮选，如代号为 Z-200 的药剂，就是"O-异丙基 N-乙基硫逐氨基甲酸酯"。Z-200 药剂目前在我国的硫化铜矿浮选中已得到广泛的应用。

④黑药类。黑药类捕收剂的化学名为二烃基二硫代磷酸盐，化学通式为 $R_2PO_2SSH(Me)$，常用的烃基 R 为甲酚基或烷氧基，丁基铵黑药的化学结构式如下：

$$C_4H_9-O \diagdown {P} \diagup {S} \atop {C_4H_9-O \diagup {}\diagdown S-NH_4}$$

黑药也是应用较为广泛的硫化矿捕收剂，其捕收能力较黄药弱，但选择性较黄药好，目前工业上常用黑药主要有甲酚黑药和丁铵黑药两种。

甲酚黑药的化学式为$(CH_4CH_3O)_2PSSNa$，根据生产时加入的五硫化二磷的百分含量的多少，可分为15号和25号黑药等。甲酚黑药为暗绿色油状液体，微溶于水，相对密度为1.1，有难闻的臭味，具有强的腐蚀性，能烧伤皮肤，也具有起泡能力。使用时，常加入到球磨机中。

丁铵黑药的化学式为$(C_4H_9O)_2PSSNH_4$，它是一种白色粉末，易溶于水，潮解后会变黑，有较强的起泡性，适用于铜、铅、锌、镍等硫化矿的浮选。弱碱性矿浆中对黄铁矿和磁黄铁矿的捕收能力较弱，对方铅矿的捕收能力较强。

⑤硫醇类。硫醇类捕收剂的化学通式为RSH，它也是硫化矿捕收剂。硫醇由于具有难闻的臭味，在工业中一直较少应用，近来一些分子量较大（或长链）的硫醇及其衍生物在生产中逐步得到应用。

7个碳原子以上的硫醇的溶解度降低，臭味减小，但使用时必须充分乳化才能得到较好的效果。十二烷基硫醇可用于铜、钼、金、银等金属硫化矿的浮选，但经过乳化后再使用，不仅用量降低了，而且浮选指标也明显提高。1，6-己二硫醇、1，2-己二硫醇、1，8-辛二硫醇、1，14-十四二硫醇等对黄铁矿的捕收能力较弱，对黄铜矿、方铅矿和闪锌矿的选择性捕收较好。因而，多用于铜、铅、锌硫化矿的浮选。

硫醇类的衍生化合物在浮选实践中应用则较为普遍，典型的有巯基苯骈噻唑（苯骈噻唑硫醇）和苯骈咪唑硫醇（N-苯基-2-巯基苯骈咪唑）。其中，巯基苯骈噻唑的结构式为：R—O—C(=S)(—N(—R')H)

它是一种黄色粉末，不溶于水，可溶于酒精、氢氧化钠或碳酸钠溶液，但是其钠盐可溶于水（称为卡普来克斯Capnex）。

巯基苯骈噻唑用于菱锌矿浮选时，可不经过预先硫化，得到的浮选指标与黄药—硫化钠法基本接近。巯基苯骈噻唑对氧化铅矿的捕收性也较强，硫化矿浮选中，对方铅矿的捕收能力最强，对闪锌矿的捕收能力较差，对黄铜矿的捕收能力最弱。

当巯基苯骈噻唑用量较高时，会导致精矿质量的降低，因而，生产实践中多与黄药或黑药混合使用。

苯骈咪唑硫醇的结构式为：C—SH(Na)（苯骈咪唑结构）

它是一种白色固体粉末，难溶于水、苯及乙醚，易溶于热碱（如氢氧化钠和硫化钠等）和热的醋酸。苯骈咪唑硫醇多用于硅酸铜和碳酸铜等氧化铜矿的浮选，以及难选的硫化铜矿的浮选。

⑥硫脲类。硫脲类衍生物——二苯基硫脲,俗称白药,其结构式为:

$$N \quad C—SH(Na)$$
$$S$$

它为不溶于水的白色粉末,实践中通常将其溶于苯胺(加入 10% ~ 20% 的邻甲苯胺溶液,配制成 T–T 混合液),对方铅矿的捕收能力较强,对黄铁矿的捕收能力较弱,选择性好,但浮选速度慢,多用于铜、铅、锌硫化矿的浮选。

(2)氧化矿捕收剂

氧化矿捕收剂主要是指分子组成结构中含有键合氧原子的一些有机酸(及其皂)类,均为阴离子型捕收剂,主要用于金属氧化矿的浮选。

目前生产中常用的有:脂肪酸类、烃基磺酸类、硫酸酯类、胂酸及膦酸类和羟肟酸类共 5 大类捕收剂。

①脂肪酸类。常用的脂肪酸类捕收剂主要有油酸、油酸钠及氧化石蜡皂等。

油酸的化学分子式为 $C_{17}H_{33}COOH$,油酸钠化学分子式为 $C_{17}H_{33}COONa$。

油酸是天然不饱和脂肪酸中存在最广泛的一种,可由油脂的水解得到。纯油酸为无色油状液体,冷却时可得到针状结晶,熔点为 14 ℃,相对密度为 0.895。油酸容易氧化变成黄色,并产生酸败气味。

油酸不易溶解和分散,实践中常需加溶剂乳化,矿浆温度不应低于 14 ℃。它主要用于浮选碱土金属的碳酸盐及金属氧化矿物,如方解石、菱铁矿、菱锰矿、菱锌矿、白铅矿及孔雀石等。其缺点是选择性差,不耐硬水,用量较大。

氧化石蜡皂是以炼制石油的副产品——石蜡为原料,经氧化、皂化而制得,其通式为 $C_nH_{2n+1}COONa$( $n = 5 \sim 20$ )。氧化石蜡皂外观呈暗黄色油脂膏状物,溶于水,由于含有一定量低分子的羧酸,故其捕收能力和起泡能力均较差,但选择性好。

氧化石蜡皂在温度较低时,浮选效果不好,常温下使用时,需进行乳化。氧化石蜡皂主要用于氧化铁矿、磷酸盐矿、萤石及一些稀有金属矿石浮选。

妥尔油(妥尔油皂)是以木材为原料的碱法造纸厂产出的一种纸浆废液,为脂肪酸和树脂酸的混合物,起泡能力强,生产实践中常将它和氧化石蜡皂混用,混用配比一般为(1:3) ~ (1:4)。

环烷酸是石油炼制工业的副产品。石油的不同馏分用苛性钠洗涤时,碱洗液(碱渣)中含有石油的酸性成分,即环烷酸。这是各种结构环烷酸及其他有机物的混合物,其中环烷酸的含量一般为 40% 左右,不皂化物约为 15%,为绿色至褐色胶状物。其结构式随环烷基分子量大小而异，可列举如下：

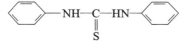

结构式中，$n=5\sim9$。由石油经馏分洗出来的环烷酸为无色液体，其黏度随分子量的增加而增大，其物理化学性质与直链脂肪酸相似。环烷酸可以作为油酸的代用品，用于氧化铁矿、碳酸盐类和磷灰石等浮选。

②烃基磺酸类。烃基磺酸类药剂的结构通式为 $RSO_3Na$，其中，R 为烷基、芳基或环烷基。如果采用石油精炼的副产物磺化制得，则称为石油磺酸。采用煤油经过磺化得到的烃基磺酸盐，称磺化煤油。

石油磺酸和石油磺酸钠，是在非硫化矿浮选中有很大应用前途的药剂。按其溶解特性又分为水溶性和油溶性两大类。水溶性磺酸盐烃基分子量较小，含支链较多或含有烷基芳基混合烃链的产品，其水溶性较好，捕收能力不太强，起泡性较好，可以用作起泡剂（如十二烷基磺酸钠），也可作硫化矿的捕收剂（如十六烷基磺酸钠），或用于非硫化矿浮选。

油溶性磺酸盐烃基分子量较大，烃基为烷基时，烃链中含 20 个 C 以上，基本上不溶于水，可溶于非极性油。其捕收性较强，主要用作非硫化矿的捕收剂，常用于氧化铁矿和非金属矿（如萤石和磷灰石等）浮选。与脂肪酸相比，磺酸盐的水溶性较好，耐低温性能好，抗硬水的能力较强，起泡性能较强。其捕收能力和相同碳原子数的脂肪酸相比稍低，有时有较好的选择性。

③硫酸酯类。烃基硫酸酯钠的化学通式为 $R—OSO_3Na$。它由脂肪醇经硫酸酯化及中和制得硫酸盐，在结构上不同于磺酸盐。磺酸盐 $R—O_3Na$ 中的硫原子直接和烃基中的碳原子相联结，不能水解成醇；烃基硫酸盐 $R—O—SO_3Na$ 中的硫原子是通过氧和碳原子相结合而制成的，容易水解生成醇和硫酸氢钠。因此，硫酸盐的水溶液放置过久，会水解降低捕收能力。

$$R—O—SO_3Na+H_2O \longrightarrow ROH+NaHSO_4$$

含碳原子 12~20 个的烷基硫酸钠盐，是典型的表面活性剂。其主要代表是十六烷基硫酸钠（$C_{16}H_{33}OSO_3Na$），它是白色结晶，易溶于水，有起泡性，可作为黑钨矿、锡石、重晶石、钾石盐等的捕收剂。它对含钙矿物（如白钨矿、方解石等）的捕收能力较油酸弱，选择性较好，可在硬水中使用。十六烷基硫酸钠，可用于多金属硫化矿的浮选。它对黄铜矿有选择性捕收作用，对黄铁矿的捕收能力较弱，对粗粒和微细粒矿物均有良好的捕收能力。其浮选效果比戊基黄药好，用量为 20~30 g/t。

④膦酸类。有机膦酸是磷酸的衍生物。作为捕收剂的是苯乙烯膦酸，其结构式为：

$$\left.\begin{array}{l}CH_2-CH_2 \\ CH_2-CH_2\end{array}\right\rangle CH-(CH_2)_n-COOH(Na)$$

苯乙烯膦酸能与 $Sn^{2+}$、$Sn^{4+}$、$Fe^{3+}$ 等离子生成难溶性盐。对 $Ca^{2+}$、$Mg^{2+}$ 离子，只有在苯乙烯膦酸浓度很高时才能形成盐，故对含 $Ca^{2+}$、$Mg^{2+}$ 的矿物捕收能力较弱。

纯的苯乙烯膦酸为白色结晶，可溶于水。其溶解度随温度的升高而增大。它的选择性比甲苯胂酸稍差，但毒性较小，无起泡性，对温度较敏感，可用于锡石、黑钨矿等浮选。据研究报道，用于浮选锡石的膦酸类药剂，尚有烃基二膦酸、氨基二膦酸和烷基亚氨基二膦酸等。

⑤羟肟酸类。烷基羟肟酸(氧肟酸、异羟肟酸)具有两种互变异构体，两者同时存在，是一种螯合剂，能与多种金属离子形成螯合物。其结构式为：

$$\langle\!\!\!\bigcirc\!\!\!\rangle-CH=CH-P{\Large\langle}\!\!\begin{array}{l}OH\\=O\\OH\end{array}$$

式中的 R 为非极性基，可以是烷基，也可以是苯基和邻、间、对甲苯基等。实际应用的羟肟酸通常为钠盐或铵盐。

国内生产的有 $C_7\sim C_9$ 羟肟酸、环烷基、苯基等羟肟酸。异羟肟酸钠用于氧化铜矿浮选，可直接浮选或预先硫化后浮选，硫化后的氧化铜矿，浮选效果较单用黄药更好。国内在稀土矿物的浮选中得到广泛的应用，并获得了较好的效果。羟肟酸也可以浮选锡石、氧化铁矿、黑钨矿、白钨矿及白铅矿等。羟肟酸(盐)应用于浮选时应注意其选择性和矿浆 pH 有关，其次是温度的影响，升高温度，捕收剂的吸附量和浮选回收率都增加。

（3）硅酸盐矿物捕收剂

硅酸盐类矿物常用的捕收剂为胺类捕收剂。胺类捕收剂解离后产生带有疏水烃基的阳离子，属阳离子捕收剂。

胺类捕收剂是有色金属氧化矿、石英、长石、云母等铝硅酸盐和钾盐的有效捕收剂。常用的阳离子捕收剂为含 $10\sim20$ 个碳原子的胺盐，最常见的为烷基伯胺（如十二烷基胺、十八烷基胺等）。烷基胺类捕收剂一般不溶于水，可溶于酸性溶液或有机溶剂。因此，使用时可用盐酸（或醋酸）和胺类捕收剂按照摩尔量 $1:1$ 进行配料，加热水溶化后，再用水稀释到 $1\%\sim0.1\%$ 的水溶液。

胺彻底烷基化所生成的化合物，就称为季铵盐。季铵盐为晶体，具有盐的性质，溶于水，而不溶于非极性的有机溶剂。与烷基胺相比，季铵盐具有选择性较好的特点。如十二烷基三甲基氯化铵可很好地浮选石英等硅酸盐矿物。当十二烷基三甲基氯化铵中的一个甲基被苯环取代后，就是十二烷基二甲基苄基氯化铵，其捕收能力明显增强。研究结果和实践表明，季铵盐类是非常有前途的阳离子捕收剂。

使用胺类捕收剂时应注意以下几方面的问题：

①一般不能同阴离子捕收剂同时加入，因为它们相互间会发生化学反应。但近年来的研究表明，采用适当比例混合使用阴、阳离子捕收剂，可改善和提高药剂的作用效果。

②胺类捕收剂有一定起泡能力，随着水硬度的增加，用量要增大。

③胺类捕收剂可优先附着于矿泥的表面，导致其选择性降低，因此，浮选前应先脱除矿泥，或者通过强化矿浆分散等措施来减轻矿泥的影响。

④胺类捕收剂可和中性油类药剂混合使用，比如可用阳离子捕收剂和煤油混合浮选石英。

（4）非极性矿物浮选捕收剂。

常用非极性矿物捕收剂主要为非极性油，其主要成分是脂肪族烷烃（$C_nH_{2n+1}$）和环烷烃（$C_nH_{2n}$）。

非极性油捕收剂的来源主要有两种：一是石油工业产品，如煤油、柴油、燃料油等；二是炼焦化工副产品，如焦油、重油、中油等。但由于炼焦副产品来源不甚广，成分复杂而且不稳定，经常有一定量的酚类，毒性较大，所以目前已经很少应用。

生产中单独使用烃油作捕收剂时，只能用于一些天然可浮性很好的非极性矿物，包括石墨、煤、硫磺、辉钼矿、滑石及雄黄等。一般而言，单独使用烃油进行浮选时，用药量较大，常需要 $0.2\sim1.0$ kg/t 或更高，且选择性较差。因此，烃油常作为辅助捕收剂使用，多与阳离子或阴离子捕收剂混合使用，以提高药剂的捕收能力。

### 4.2.3　起泡剂

浮选过程需要产生必需的大量而稳定的气泡，除了要靠浮选机或外部充气来产生气泡外，还必须向浮选矿浆中添加适量的起泡剂，以达到调节泡沫结构的目的。

起泡剂一般为异极性的表面活性物质，其分子结构由非极性的亲油（疏水）基团和极性的亲水（疏油）基团构成，形成既有亲水性又有亲油性的所谓"双亲结构"分子。亲油基可以是脂肪族烃基，脂环族烃基和芳香族烃基或带 O、N 等原子的脂肪族烃基，脂环族烃基和芳香族烃基。亲水基一般为羧酸基（—COONa）、羟基（—OH）、磺酸基（—SO₃Na）、硫酸基（—OSO₃Na）、膦酸基[—PO(ONa)₂]、氨基（ —N≡ ）、腈基（—CN）、硫醇基（—SH）、卤基（—X）、醚基（—O—）等。

（1）松醇油

松醇油是浮选生产中应用比较广泛的一种起泡剂。其由松树的根、茎、枝干馏或基馏所制成，主要成分为萜烯醇 $C_{10}H_{17}OH$。一般萜烯醇的含量为 50% 左右，尚有萜二醇、烃类化合物及其他杂质。

松醇油是黄色至淡黄色油状液体,有刺激性气味,比重为 0.9~0.915,可燃,微溶于水,在空气中可氧化,氧化后,其黏度会增加。

松醇油的起泡性较强,一般没有捕收能力,能生成大小均匀、黏度中等和稳定性合适的气泡。单次用量一般为 5~60 g/t。当其用量过大时,气泡会变小,泡沫黏度则会增加,从而影响浮选指标。

(2)二号油

二号油的主要成分也是萜烯醇,其含量比松醇油稳定。二号油是由松节油经水合反应而制得。二号油为淡黄色油状液体,颜色比松醇油淡,比重为 0.9~0.91,起泡性较强。与松醇油相比,起泡能力较松醇油稍弱,泡沫稍脆,同样没有捕收性。

(3)醚醇油

醚醇是一类选择性较好的起泡剂,是由石油裂化产品合成的,其结构式为:$CH_3—(OCH_2—\underset{\underset{CH_3}{|}}{CH})_n—OH$ ,其中 $n = 1,2,3,\cdots$,使用最多的为聚丙二醇烷基醚。

醚醇油类起泡剂水溶性好,是淡黄色油状液体,无毒,有芳香气味,比重一般为 0.92~0.94。其不受矿浆 pH 的影响,能形成大量适宜于浮选的小气泡,生成的泡沫不黏,消泡快,不会形成"跑槽"现象。而且其用量比松醇油和二号油少。

(4)甲酚酸和重吡啶

甲酚酸是炼焦的副产品,是含酚、甲酚和二甲酚的混合物,密度一般为 0.983~1.034 g/cm³。其起泡性较松醇油弱。纯的高级甲酚酸能形成较脆的泡沫,选择性好,适用于多金属矿石的优先浮选。但它有毒、易燃,价格较贵。

重吡啶是煤焦油中分离出来的碱性有机混合物,比重稍大于 1,是一种褐色油状液体,主要成分是吡啶、喹啉、芳香胺等,具有起泡性,也有一定捕收能力。

(5)脂肪醇类

由于醇类的化学活性(硫醇除外)远不如羧酸类活泼,故它不具捕收性而只有起泡性。在直链醇同系物中相比,碳原子数目为 5、6、7、8(即戊、己、庚、辛醇)的醇,其起泡能力最大;随着碳原子数目的增加,其起泡能力又逐渐降低。因此,用作起泡剂的脂肪醇类,其碳原子数目都在此范围内。分子量相同的醇类相比,直链醇常较其他异构体起泡能力强。

①杂醇油。酒精厂分馏酒精后的残杂醇油,经过碱性催化缩合成高级混合醇。硫化铅锌矿和多金属硫化矿浮选时,它可代替松油,且具有良好的选择性。

②高醇油($C_6 \sim C_8$醇)。其原料来源有二：一种是电石工业，以乙炔为原料生产丁、辛醇时的$C_4 \sim C_8$醇的馏分；另一种是石油工业副产品的混合烯烃经过"羰基合成"制成的。高醇油为淡蓝色液体，比重为0.83，可代替松醇油，用于有色金属硫化矿浮选，而且用量较松醇油低。

③甲基戊醇(甲基异丁基甲醇MIBC)，其结构式为：

$$
\begin{array}{c}
CH_3 \\
\diagdown \\
CH-CH_2-CH-CH_3 \\
\diagup \qquad\qquad | \\
CH_3 \qquad\qquad OH
\end{array}
$$

纯品为无色液体，可用丙酮为原料合成制得。它是目前国外广泛应用的起泡剂，泡沫性能好，对提高精矿质量有利。

除上述介绍的起泡剂外，还有樟油、脂太酸乙酪及硫酸酯和磺酸盐等起泡剂。

### 4.2.4 调整剂

调整剂按其在浮选过程中所起的作用可分为：抑制剂、活化剂、介质pH调整剂、矿泥分散剂、凝聚剂和絮凝剂等。

调整剂包括各种无机化合物(如盐、碱和酸)和有机化合物。同一种药剂，在不同的浮选条件下，往往会起着不同的作用。因此，浮选过程中如何使用好调整剂，为浮选过程创造良好的条件，是非常重要的。

(1)抑制剂

抑制剂是浮选实践中最为常见和重要的调整剂之一。这里就生产实践中最常见的抑制剂加以介绍。

①石灰。石灰(CaO)有强烈的吸水性，与水作用生成消石灰$Ca(OH)_2$，是一种强碱。石灰常用于提高矿浆pH，抑制硫化铁矿物(如黄铁矿、磁黄铁矿和白铁矿等)和硫砷铁矿(如毒砂)。

石灰对起泡剂的起泡能力也有影响。如松醇油类，起泡能力会随pH的升高而增大；酚类的起泡能力，则随pH的升高而降低。

石灰本身又是一种凝结剂，能使矿浆中微细颗粒凝结。因而，当石灰用量适当时，浮选泡沫可保持一定的黏度。当用量过大时，则将促使微细矿粒凝结，而使泡沫发黏，影响浮选过程的正常进行。

使用脂肪酸类捕收剂时，一般不用石灰来调节pH。因会生成溶解度很低的脂肪酸钙盐，消耗掉大量的脂肪酸，使过程的选择性变坏，其反应式为：

$$2RCOOH+Ca^{2+}\longrightarrow (RCOO)_2Ca\downarrow +2H^+$$

在石英的活化浮选中，往往添加石灰来活化石英，然后再用阴离子捕收剂浮选活化后的石英(其原理同上)。

生产过程中石灰常配制成石灰乳添加。由于其碱性较强,所以应注意劳动保护。

②硫酸锌($ZnSO_4 \cdot 7H_2O$,皓矾)。硫酸锌的纯品为白色晶体,易溶于水,是闪锌矿的抑制剂,通常在碱性矿浆中才有抑制作用,矿浆 pH 愈高,其抑制作用愈明显。

$Zn(OH)_2$ 为两性化合物,溶于酸生成盐:$Zn(OH)_2 + H_2SO_4 =\!=\!= ZnSO_4 + 2H_2O$。在碱性介质中,得到 $HZnO_2^-$ 和 $ZnO_2^{2-}$。它们吸附于矿物表面,增加了矿物表面的亲水性。

$$Zn(OH)_2 + NaOH =\!=\!= NaHZnO_2 + H_2O$$
$$Zn(OH)_2 + 2NaOH =\!=\!= Na_2ZnO_2 + 2H_2O$$

硫酸锌单独使用时,抑制效果较差,通常与硫化钠、亚硫酸盐或硫代硫酸盐、碳酸钠等配合使用。

③亚硫酸、亚硫酸盐、$SO_2$ 气体等。这类药剂主要包括二氧化硫($SO_2$)、亚硫酸($H_2SO_3$)和硫代硫酸钠($Na_2S_2O \cdot 5H_2O$)等。

二氧化硫溶于水生成亚硫酸:$SO_2 + H_2O =\!=\!= H_2SO_3$。二氧化硫在水中的溶解度随温度的升高而降低,18 ℃时,用水吸收,其中亚硫酸的浓度为 1.2%;温度升高到 30 ℃时,亚硫酸的浓度为 0.6%。

亚硫酸在水中分两步解离,溶液中 $H_2SO_3$、$HSO_3^-$ 和 $SO_3^{2-}$ 的浓度,取决于溶液的 pH。使用亚硫酸盐浮选时,矿浆 pH 常控制在 5~7 的范围内。此时,起抑制作用的主要是 $HSO_3^-$。

二氧化硫及亚硫酸(盐)主要用于抑制黄铁矿、闪锌矿。生产中常用溶解有二氧化硫的石灰造成的弱酸性矿浆(pH = 5~7),或者使用二氧化硫与硫酸锌、硫酸亚铁、硫酸铁等联合作抑制剂。此时,方铅矿、黄铁矿、闪锌矿受到抑制,而黄铜矿不但不受抑制,反而被活化,为了加强对方铅矿的抑制,可与淀粉配合使用。被抑制的闪锌矿,用少量硫酸铜即可活化。

用硫代硫酸钠、焦亚硫酸钠($Na_2S_2O_3$)代替亚硫酸(盐),可抑制闪锌矿和黄铁矿。对于被铜离子强烈活化的闪锌矿,则需同时添加硫酸锌、硫化钠或氰化物,才能够增强抑制效果。

亚硫酸盐在矿浆中易于氧化失效,因而,其抑制作用有时间性。为使过程稳定,通常采用分段添加的方法。

④硫化钠($Na_2S \cdot 9H_2O$)。生产中除了硫化钠外,还有硫氢化钠 NaHS、硫化钙 CaS 等。硫化钠在浮选中所起的作用是多方面的,它可作为硫化矿的抑制剂、有色金属氧化矿的硫化剂(活化剂)、矿浆 pH 调整剂,以及硫化矿混合精矿的脱药剂等。

用硫化钠抑制方铅矿时，最适宜的 pH 是 7~11（9.5 左右最有效），此时 HS⁻浓度最大，HS⁻一方面排挤吸附在方铅矿表面的黄药，另一方面其本身又吸附在矿物表面，使矿物表面亲水。

硫化钠用量大时，绝大多数硫化矿都会受到抑制。硫化钠抑制硫化矿的递减顺序大致为方铅矿、闪锌矿、黄铜矿、斑铜矿、铜蓝、黄铁矿、辉铜矿。

硫化钠常用于辉钼矿浮选，主要用它抑制其他硫化矿。因为辉钼矿天然可浮性很好，不受硫化钠的抑制。

有色金属氧化矿的浮选方法之一，就是用 $Na_2S$ 将矿物表面硫化后，用黄药类捕收剂浮选。

氧化铜矿如孔雀石，氧化铅如白铅矿，经 $Na_2S$ 硫化后，其表面会生成硫化物薄膜。对于白铅矿，其硫化反应一般认为是：

$$PbCO_3]PbCO_3+2Na_2S=PbCO_3]PbS+2Na_2CO_3$$
（白铅矿）表面　　　　　　　　　　（白铅矿）硫化表面

硫化钠的作用与浓度、搅拌时间、矿浆 pH 及矿浆温度等因素有密切的关系。用量过小，不足以使矿物得到充分硫化；用量过大，则会引起抑制作用。在需要较高的硫化钠用量时，为避免 pH 过高，可采用 NaHS 代替 $Na_2S$ 或在硫化时适当添加 $FeSO_4$、$H_2SO_4$ 或 $(NH_4)_2SO_4$。

硫化时间长，矿物表面形成的硫化物薄膜厚，对浮选有利。但时间过长，$Na_2S$ 会分解失效。强烈搅拌会造成硫化膜的脱落，因此应当尽量避免。

硫化钠用量大时，会解吸吸附于矿物表面的黄药类捕收剂，所以硫化钠可作为混合精矿分离前的脱药剂使用。如铅锌混合精矿或铜铅混合精矿分选前，往往将矿浆浓缩，加大量硫化钠脱药，然后洗涤，重新加入新鲜水调浆后，进行分离浮选。

⑤水玻璃。通常使用水玻璃作为矿泥分散剂，以及石英、硅酸盐、铝硅酸盐类矿物的抑制剂。

水玻璃的化学组成通常以 $Na_2O \cdot mSiO_2$ 表示，是各种硅酸钠（如偏硅酸钠 $Na_2SiO_3$，二硅酸钠 $Na_2SiO_5$，原硅酸钠 $Na_4SiO_4$，经过水合作用的 $SiO_2$ 胶粒等）的混合物，成分常不固定。$m$ 为硅酸钠的"模数"（或称硅钠比），不同用途的水玻璃，其模数相差很大。模数低，碱性强，抑制作用较弱；模数高（例如大于 3 时），不易溶解，分散不好。浮选用的水玻璃模数是 2.0~3.0。纯的水玻璃为白色晶体，工业用水玻璃为暗灰色的结块，加水呈糊状。

水玻璃水溶液在空气中不能放置过久，否则受空气中二氧化碳作用，会析出硅酸，导致其抑制作用降低：

$$Na_2SiO_3+CO_2+H_2O \Longrightarrow Na_2CO_3+H_2SiO_3\downarrow$$

水玻璃在水溶液中的性质随 pH、模数、金属离子以及温度的变化而变。如在酸性介质中能够抑制磷灰石，而在碱性介质中，磷灰石几乎不受其抑制。实践中，为了提高水玻璃的选择性，可采取下列措施：

a. 水玻璃与金属盐[如 $Al_2(SO_4)_3$、$MgSO_4$、$FeSO_4$、$ZnSO_4$ 等]配合使用。

b. 水玻璃与碳酸钠配合使用。如抑制石英浮磷灰石用此法。

c. 矿浆加温。用于白钨矿、方解石和萤石的浮选分离。用油酸和其他羧酸类捕收剂浮选得到的混合精矿经浓缩后，加温到 $60 \sim 80$ ℃，加入水玻璃搅拌，然后浮选，结果方解石受抑制，白钨矿仍可浮。

由于水玻璃用途不同，其用量范围变化很大，从 $0.2 \sim 15$ kg/t，通常用量为 $0.2 \sim 2.0$ kg/t，配成 5%～10%溶液添加。

⑥磷酸盐。常用的磷酸盐有磷酸三钠（$Na_3PO_4 \cdot 12H_2O$）、磷酸钾（钠）（$K_3PO_4 \cdot 12H_2O$）、焦磷酸钠（$Na_4P_2O_7$）和偏磷酸钠（$NaPO_3)_n$ 等。

多金属硫化矿分选时可用磷酸三钠来抑制方铅矿，如用硫酸铜活化闪锌矿，用磷酸三钠抑制方铅矿，进行锌精矿脱铅。硫化铜矿物和硫化铁矿物（黄铁矿、磁黄铁矿）分离时，可在石灰介质中，用磷酸钾（钠）加强对硫化铁矿物的抑制作用。

浮选氧化铅矿时用焦磷酸钠来抑制方解石、磷灰石、重晶石。浮选含重晶石的复杂硫化矿时，用其抑制重晶石，并消除硅酸盐类脉石的影响。

常用的偏磷酸钠是六偏磷酸钠（$NaPO_3)_6$，它能够和 $Ca^{2+}$、$Mg^{2+}$ 及其他多价金属离子生成络合物（如 $NaCaP_6O_{13}$ 等），从而使得含这些离子的矿物得到抑制。此外，它还能分散矿泥，消除 $Ca^{2+}$、$Mg^{2+}$ 离子的影响。

硫化矿物浮选时，加入六偏磷酸钠有助于加强辅助捕收剂烃油的作用。用油酸浮选锡石时，可用六偏磷酸钠抑制含钙、铁的矿物。用钾盐浮选时，六偏磷酸钠可以防止难溶的钙盐从饱和溶液中析出。

⑦有机抑制剂。许多有机化合物可作为抑制剂，如低分子量的有机化合物羧酸苯酚等。高分子量的有机化合物有淀粉类、纤维素和木质素类、单宁类等。

淀粉是一种由葡萄糖单元构成的高分子聚合物，分子式可简化为 $(C_6H_{10}O_5)_n$。

淀粉分子有两种不同的结构：一种是含有直链的链淀粉，一种是含支链的胶淀粉。淀粉颗粒中后者占 75%左右，前者占 25%左右。链淀粉能溶于热水，胶淀粉不溶于水，但能在水中膨胀。由于原料不同，淀粉的性能亦有所不同。

用阳离子捕收剂浮选石英时，可用淀粉抑制赤铁矿；铜钼精矿分离时，可用淀粉抑制辉钼矿，它还可作为细粒赤铁矿的选择性絮凝剂。淀粉加热到 200 ℃时，会分解成为较小的分子，这就是糊精。它是一种胶状物质，可溶于冷水，主要用作石英、滑石、绢云母等的抑制剂。

纤维素一般是不溶于水的，但其衍生物，如羟乙基纤维素、羧甲基纤维素，却是水溶性的。用阳离子捕收剂浮选石英时，羟乙基纤维素可作为赤铁矿的选择性絮凝剂，它也是含钙、镁碱性脉石的选择性抑制剂。工业品的羟乙基纤维素有两种：有一种溶于氢氧化钠溶液，不溶于水；另一种为水溶性的。

羧甲基纤维素(1 号纤维素 CMC，$[C_6H_7O_2(OH)_2OCH_2COOH]_n$)是一种应用较广的水溶性纤维素，由于所用原料不同，所得的产品性能也有所差别。用芦苇作原料制得的羧甲基纤维素，用于硫化镍矿浮选时，可作为含钙、镁矿物抑制剂。用稻草作原料制得的羧甲基纤维素，可抑制磁铁矿、赤铁矿、方解石以及被 $Ca^{2+}$、$Fe^{3+}$ 活化了的石英、钠辉石等硅酸盐类矿物。

单宁又称植物多酚，是从植物中提取的高分子量的无定形物质。在多数情况下，它们呈胶态物，可溶于水。粗制单宁，国内称为拷胶，如落叶松树皮拷胶和五倍子拷胶等。单宁是多种成分的混合物，常用其来抑制含钙、镁的矿物，如方解石、白云石等。

除天然单宁外，还有所谓人工合成的单宁。通常是用苯酚或多环的萘、菲等经过磺化、氯化等缩合而成。例如，磺化粗菲和甲醛的缩合物，或磺化苯酚与甲醛的缩合物。这些产品都是固体，胶磷矿浮选时，它们可作为脉石矿物——白云石、方解石、石英等的抑制剂。

腐殖酸是一种高分子量的聚电解质化合物。作为浮选抑制剂时，用的是将褐煤用氢氧化钠处理后得到的腐殖酸钠溶液。在含褐铁矿、赤铁矿、碳酸铁的铁矿石反浮选时，用石灰、氢氧化钠和粗硫酸盐皂等药剂浮选石英，此时可用腐殖酸钠抑制铁矿物。

木质素类是存在于木材、芦苇等天然植物中的高分子量的聚合物。木质素经过磺化、硫化、氯化、碱处理等加工，可以得到水溶性的磺化木素、氯化木素、碱木素等产品。木质素抑制剂的主要用途是抑制硅酸盐矿物、稀土矿物。木质素磺酸盐可作为铁矿物的抑制剂，浮选钾盐矿时，它可作为脱泥剂，脱除不溶解的矿泥。

(2) 活化剂

按活化剂的化学性质，可分为以下几类：

① 各种金属离子。用黄药类捕收剂时，能与黄原酸形成难溶性盐的金属阳离子，如 $Cu^{2+}$、$Ag^+$、$Pb^{2+}$ 等；使用的药剂有硫酸铜、硝酸银、硝酸铅等。

用脂肪酸类捕收剂时，能与羧酸形成难溶性盐的碱土金属阳离子，如 $Ca^{2+}$、$Ba^{2+}$ 等；氯化钙、氧化钙、氯化钡等可作为活化剂使用。

② 无机酸、碱。它们主要用于清洗欲浮矿物表面的氧化物污染膜或黏附的矿泥，如盐酸、硫酸、氢氟酸、氢氧化钠等。

某些硅酸盐矿物，其所含金属阳离子被硅酸骨架包围，使用酸或碱将矿物表面溶蚀，可以暴露出金属离子，增强矿物表面与捕收剂作用的活性，此时，多采用溶蚀性较强的氢氟酸。

③有机活化剂。这是一类比较新的活化剂，简要介绍如下：

聚乙烯二醇或醚，可用作脉石矿物的活化剂，如在多金属硫化矿浮选时，将其与起泡剂一起添加，可选出大量脉石，然后再进行铜铅锌的混合浮选。工业草酸（HOOC—COOH），可用于活化被石灰抑制的黄铁矿和磁黄铁矿。

乙二胺磷酸盐，其结构式如下：

$$R-\underset{\underset{OH}{|}}{\overset{\|}{C}}-N-OH \rightleftharpoons R-\underset{\underset{O}{\|}}{\overset{|}{C}}-NH-OH$$

它是氧化铜矿的活化剂，对结合氧化铜和游离氧化铜都有良好的活化作用，能改善泡沫状况，还能降低硫化钠和丁黄药的用量。

（3）介质 pH 调整剂

pH 调整剂的主要作用是形成有利于浮选药剂的作用条件，改善矿物表面状况和矿浆离子组成。常用的酸、碱调整剂如下：

硫酸是常用的酸性调整剂，其次如盐酸、硝酸、磷酸等；石灰是应用最广泛的碱性调整剂，主要用于硫化矿浮选。碳酸钠的应用，仅次于石灰，主要用于非硫化矿浮选。碳酸钠是一种强碱弱酸的盐，在矿浆中水解后可得到 $OH^-$、$HCO_3^-$ 和 $CO_3^{2-}$ 等离子，对矿浆 pH 有缓冲作用，pH 值可保持在 8~10 之间。石灰对方铅矿有抑制作用，浮选方铅矿时，多采用碳酸钠来调节矿浆的 pH。

用脂肪酸类捕收剂浮选非硫化矿时，常用碳酸钠来调节矿浆 pH，因为碳酸钠能消除 $Ca^{2+}$、$Mg^{2+}$ 等的有害作用，同时还可以减轻矿泥对浮选的不良影响。碳酸钠还被用作黄铁矿的活化剂；从铁矿石中反浮选石英时，常用氢氧化钠作 pH 调整剂。

（4）絮凝剂与凝聚剂

絮凝剂能促使矿浆中细粒联合变成较大团粒的药剂，按其作用机理及药剂结构特性，可以大致分为两种类型：

①高分子有机絮凝剂。已使用的选择性絮凝剂有：聚丙烯腈的衍生物（聚丙烯酸胺、水解聚丙烯酰胺、非离子型聚丙烯酰胺等）、聚氧乙烯、羧甲基纤维素、木薯淀粉、玉米淀粉、海藻酸铵、纤维素黄药、腐殖酸盐等。可以用选择性絮凝法处理的矿物很多，如氧化铁矿物、方铅矿、锡石、重晶石、硅孔雀石等。

聚丙烯酰胺(3 号凝聚剂)属于非离子型絮凝剂，是以丙烯腈为原料，经水解聚合而成的，其代表式为：

$$\overset{CH_3}{\underset{CH_3}{>}}CH-CH_2-\underset{\underset{OH}{|}}{CH}-CH_3$$

工业产品为含聚丙烯酰胺 8% 的透明胶状体，也有粒状固体产品，可溶于水，使用时配成 0.1%~0.5% 的水溶液，用量为 2~50 $g/m^3$。

同类型聚丙烯酰胺，由于其聚合或水解条件不同，所以化学活性有很大差别。分子量愈大，絮凝沉降作用愈快，但选择性差，分子量约为 $5\times10^6$。

聚丙烯酰胺的活性基为—$CONH_2$，在碱性及弱酸性介质中有非离子的特性，在强酸介质中具有弱的阳离子特性。经适当的水解，引入少量离子基团（如带—COOH 基的聚合物），可以促进其选择性絮凝作用。

使用聚丙烯酰胺时，其用量应适当。用量很少（每吨矿石用量约几克药剂）时，会显示选择性；超过一定用量，就失去了选择性，而成为无选择性的全絮凝；用量再大，就将呈现保护溶胶作用而不能絮凝了。

②天然高分子化合物。石青粉、白胶粉、芭蕉芋淀粉等天然高分子化合物，都可以用作选择性絮凝剂。

凝聚剂一般为无机物电解质，有时也称为"助沉剂"。这类药剂常用的主要有：无机盐类，如硫酸铝、硫酸铁、硫酸亚铁、铝酸钠、氯化铁、氯化锌、四氯化钛等；无机酸类，如硫酸、盐酸等；无机碱类，如氢氧化钙、氧化钙等。

除上述药剂以外，有些固体混合物，如高岭土、膨润土、酸性白土和活性二氧化硅等，也可用于凝聚作用（多用于废水的处理）。

（5）其他浮选剂

除上述几大类浮选药剂外，浮选过程中还有一些经常使用的药剂，如脱药剂和消泡剂等。

①脱药剂。实践中常用的脱药剂有：酸和碱，用来造成一定的 pH，使捕收剂失效或从矿物表面脱落；硫化钠可解吸矿物表面的捕收剂薄膜，脱药效果较好；活性炭，利用其巨大吸附性能，吸附矿浆中的过剩药剂，促使药剂从矿物表面解吸。活性炭使用时，应控制用量，特别是混合精矿分离之前的脱药，用量过大往往会造成分离浮选时的药量不足。

②消泡剂。某些捕收剂，如烷基硫酸盐、丁二酸磺酸盐、烃基氨基乙磺酸等的起泡能力很强，会影响分选效果和泡沫的输送。采用有消泡作用的高级脂肪醇或高级脂肪酸、酯、烃类，可以消除过多泡沫的有害影响。

烷基硫酸盐溶液中，以单原子脂肪醇和高级醇组成的醇类，以及 $C_{16} \sim C_{18}$ 的脂肪酸的消泡性能为最好。油酸钠溶液中，以饱和脂肪酸为最好。烷基酰胺基磺酸盐中，以 $C_{12}$ 以上的饱和脂肪酸及高级醇为最好。

## 4.2.5 浮选药剂的配制

浮选药剂的配制方法及浓度的高低与其在浮选矿浆中效能发挥的程度有着直接的关系。不同的浮选药剂有不同的化学性质，为使其在浮选过程中发挥最大的效能，应该采取不同的配制方法。如油酸可以用碱皂化后使用，脂肪胺一般用等摩尔比例的酸配制成盐使用，羟肟酸类药剂往往要配制于碱液中使用。总之，具体的药剂配制方法应根据药剂的化学性质来确定。

药剂配制浓度一般低一点较好，因对于单位耗量一定的固体药剂来说，药液浓度低意味着体积量大，在矿浆中所占的比例大，与有用矿物接触的机会多。同时药液浓度低,固体药剂溶解得更加充分和完全。此外,由于药剂浓度低,单位体积内固体含量相应减少,即使现场给药工人一时疏忽大意,添加量稍有波动,对浮选指标的影响也不会太明显。但药剂浓度过低,所需的装盛容器体积太大,也会给生产现场的药剂配制、储存和运输带来困难。药剂的配制浓度,主要是根据药剂用量的多少、溶解度大小及添加是否方便来选择。主要浮选药剂配制的适宜浓度见表4-2。

表4-2　主要浮选药剂配制的适宜浓度

| 药剂名称 | 药液浓度/% | 药剂名称 | 药液浓度/% | 药剂名称 | 药液浓度/% |
|---|---|---|---|---|---|
| 乙、丁、戊基黄药 | 10 | 硫酸 | 5~20 | 氢氧化钠 | 5~10 |
| 钠或铵黑药 | 5~10 | 盐酸 | 5~20 | 碳酸钠 | 10~20 |
| 硫酸锌 | 5~20 | 水玻璃 | 10 | 淀粉 | 1~5 |
| 亚硫酸钠 | 5~20 | 偏硅酸钠 | 10 | 单宁 | 5~10 |
| 硫酸铜 | 5~20 | 3号絮凝剂 | 0.1~0.5 | 硫氢化钠 | 5~10 |
| 硫化钠 | 5~20 | 羧甲基纤维素 | 1~5 | 硫酸铝 | 5~10 |

# 4.3　浮选设备

## 4.3.1　浮选设备工作原理与分类

(1)浮选设备工作原理

浮选设备中的泡沫浮选过程主要包括:

①悬浮矿粒与浮选药剂作用,使目的矿物表面疏水化、非目的矿物亲水化。

②使矿浆处于紊流状态,以保证矿粒在浮选槽内均匀地悬浮。

③在矿浆中产生气泡,并使之均匀地弥散,且与矿粒进行良好的接触。

④疏水矿粒与气泡碰撞并黏附在气泡上,形成矿化气泡。

⑤矿化气泡连续不断地浮升至液面,形成泡沫层。在泡沫层中,气泡不断兼并、破裂和脱水,脱除部分夹杂的亲水性矿粒,产生"二次富集"作用。

⑥矿化泡沫排出浮选槽,得到泡沫精矿。

可见,矿浆充气和气泡矿化是浮选最重要的两个过程,也是评定浮选机工作效率的关键因素。浮选槽中矿浆的充气程度,取决于单位体积矿浆内空气的含量和气泡在矿浆中的分散程度,以及气泡在槽内分布的均匀度。气泡矿化的可能性、矿化速度及矿化程度,除与矿粒和药剂的物理化学性质有关外,也与浮选机中矿粒和气泡碰撞接触的条件相关。

（1）气泡的形成

吸入或由外部风机压入浮选机内的空气流，可通过不同方法使之分散成单个的气泡，浮选机内气泡形成方式主要包括：

①利用机械搅拌作用粉碎空气流形成气泡。机械搅拌式浮选机内，采用叶轮等机械搅拌器对矿浆进行强烈搅拌，使矿浆产生强烈的湍流运动。由于矿浆湍流作用，或矿浆和气流垂直交叉运动的剪切作用，以及浮选机导向叶片或定子的冲击作用，使吸入或压入的空气流被分割成细小的气泡。矿浆与空气的相对运动速度差越大，矿浆流紊动度越大，液—气界面张力越低，则气流被分割成单个气泡的速度也越快，所形成的气泡尺寸也就越小。

气流往往是先被分割成较大的气泡，这种较大的气泡常常是不稳定的，因为矿浆湍流作用，不断从气泡表面带走少量空气，从而形成细小气泡。

②使空气流通过细小孔眼的多孔介质而形成气泡。在某些浮选机（如浮选柱）内，压入的空气流通过带有细小孔眼的多孔陶瓷、微孔塑料、穿孔的橡皮和帆布等特制的充气器时，就会在矿浆中形成细小的气泡。

③从溶有气体的矿浆中析出气泡。在标准状态下，空气在水中的溶解度约为2%，当降低压力或提高温度时，被溶解的气体会以气泡的形式从溶液中析出。从溶液中析出的气泡具有两个基本特点：一是直径小，分散度高，在单位体积矿浆内，有很大的气泡表面积；二是这种气泡能有选择性地优先在疏水矿物表面上析出，因而是一种"活性微泡"。近年来，对利用这种活性微泡来强化浮选过程的方式越来越重视。

④浮选机内形成气泡还有一些其他方法。如喷射式浮选机和喷射旋流浮选机等采用射流方式产生气泡，电解浮选利用水电解产生大量微泡等。有时在同一种浮选机内，还可以同时采用两种以上的方式产生气泡。

（2）气泡运动及分区

通常气泡在机械搅拌式浮选机内的运动大体可分为三个区，如图4-3所示。

第一区是充气搅拌区。主要作用是：对矿浆空气混合物进行强烈搅拌，粉碎气流，使气泡弥散；避免矿粒沉淀；增加矿粒和气泡的碰撞接触机会等。在充气搅拌区，由于气泡跟随叶轮甩出的矿浆流作紊流运动，所以，气泡升浮运动的速度较慢。

第二区是分离区。在此区间内，气泡随矿浆流一起上升，同时矿粒向气泡附着，形成矿化气泡上浮。随着槽体上部矿浆紊流运动变弱，静水压力减小，气泡变大，矿化气泡升浮速度也逐渐加大。

第三区是泡沫区。带有矿粒的矿化气泡上升至此区并形成有一定厚度的矿化泡沫层，由于大量气泡的聚集，气泡升浮速度减慢。泡沫层上层的气泡会不断自发兼并，产生"二次富集"作用。

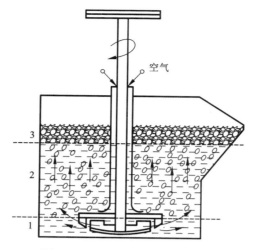

1—搅拌充气区；2—气泡分离区；3—泡沫层。

**图4-3　浮选机内各作用区的分布**

（2）浮选设备选型基本原则

①具有良好的充气作用。浮选过程中，气泡的作用是运载疏水性矿物。为增加矿粒与气泡碰撞接触机会，造成有利于附着的条件，并能将疏水性矿粒及时运载到矿浆表面，在浮选机内必须有足够大的气泡表面积（空气弥散度）以及适宜的气泡升浮速度。为此，浮选机必须保证能向矿浆中吸入（或压入）足量的空气，并使这些空气在矿浆中充分地弥散，以便形成大量大小适宜的气泡，同时这些弥散的气泡，又能均匀地在浮选槽内分布。在一定充气量范围内，充气量愈大，空气弥散愈好，气泡分布愈均匀，矿粒与气泡接触碰撞的机会也愈多。

②具有良好的搅拌作用。矿粒在浮选机内的悬浮状况也是影响矿粒向气泡附着的重要因素。为使矿粒与气泡充分接触，应使全部矿粒处于悬浮状态，并使矿粒在浮选机内均匀分布，从而营造矿粒与气泡接触和碰撞的良好条件。此外，搅拌作用还可以促进某些难溶浮选药剂的溶解和分散，进一步提高药剂作用效果。

③能形成平稳的泡沫区。在浮选槽的矿浆表面应能形成平稳的泡沫区，以使矿化气泡顺利浮出。同时，为使气泡充分地矿化，气泡在矿浆中的运动应有足够的矿化路程。在泡沫区中，矿化气泡不仅要能保持目的矿物的黏附（强度适合），同时要让夹杂的脉石从气泡上脱落（兼并作用），当然，这还需要起泡剂的配合。

④矿浆的循环流动作用。为增加空气和矿粒的接触机会，浮选机应能使矿浆循环流动，强化浮选过程中各种界面的传质作用。

⑤应能连续和平稳工作，且便于操作和调节。

除以上工艺性能要求外，还应具备结构简单、操作方便、维修工作量小、节能高效、便于实现自动控制和生产费用低等特点。因此，要根据实际情况，通过详细的技术经济论证来选取浮选设备。

浮选设备的充气程度与空气弥散程度将直接影响气泡的矿化过程、浮选速度、工艺指标和浮选药剂用量等。充气程度通常用充气量表征，即每分钟每平方米浮选槽面积上通过的空气量 $m^3/(m^2 \cdot min)$，或者每立方米矿浆中含有的空气量。空气弥散程度或空气分布均匀性通常用 K 值表征，即单位时间和槽体面积内，平均空气量与最大空气量和最小空气量之差的比值，或者单位容积内平均空气量与最大空气量和最小空气量之差的比值。通常充气程度应根据具体浮选过程的要求来确定，而空气弥散程度和分布均匀性则能反映出颗粒与气泡间的碰撞和矿化概率。

（3）浮选设备分类

生产实践中使用的浮选设备多达数十种类型，按充气和搅拌方式不同，可分为机械搅拌自吸气式浮选机、充气机械搅拌式浮选机、充气式浮选机和气体析出式（变压式）浮选机等类型。按槽体结构不同，可分为深槽和浅槽浮选机。按泡沫产品排出方式不同，可分为刮板式和自溢式浮选机等。常见浮选设备分类见表 4-3。

表 4-3 常见浮选设备分类

| 类别 | 充气方式 | 典型浮选机型号 | | 基本特点 |
| --- | --- | --- | --- | --- |
| | | 国内 | 国外 | |
| 机械搅拌 | 自吸气 | XJK 型（A 型）、JJF 型、XJQ 型、SF（BF）型、棒形 | FW 型（法连瓦尔德）、WEMCO 型、φMP 型（米哈诺布尔）、WN 型（瓦尔曼） | 优点：自吸空气和矿浆，无须外加充气装置。易实现中矿返回，简化设备配置。缺点：充气量较小且调节不便，能耗较高，磨损较大。JJF 型、XJQ 型和 WEMCO 型浮选机吸气量大，气泡充分弥散，矿浆面平稳，但无自吸矿浆能力 |
| | 外部充气 | CHF－X 型、BS-K 型、XCF 型、KYF 型 | AG 型（阿基泰尔）、MX 型（马克斯韦尔）、D-R 型（丹佛）、TANKCELL | 优点：充气量大且易于调节，能耗较低，磨损较小。缺点：无吸浆能力，设备配置不便，需增加风机和中矿返回泵。其中，XCF 型浮选机具有吸浆能力 |

续表 4-3

| 类别 | 充气方式 | | 典型浮选机型号 | | 基本特点 |
|---|---|---|---|---|---|
| | | | 国内 | 国外 | |
| 空气式 | 压气式 | 单纯压气 | KYZ-B 型 | CALLOW 型(卡洛)、MACLNTOSH 型(马格伦拓什) | 优点:结构简单,易操作,能耗低,单位容积处理量大。缺点:充气器易结垢堵塞,空气弥散效果较差,粗粒回收率较差等 |
| | | 气升式 | | SW 型(浅槽)、EKOF 型(埃科夫) | |
| | 析气式 | 真空式 | | ELMORE 型(埃尔莫尔)、COPPEe 型(科坡) | 优点:充气量大,浮选速度快,处理量大、能耗低,占地面积小等 |
| | | 加压式 | XPM 型(喷射旋流式) | WEDAG 型(维达格)、DAVCRA(达夫克勒) | |

实践表明,无论什么类型的浮选设备,其工作过程都基本相似,主要包括气泡生成、气泡与颗粒间的作用、疏水和亲水矿物的分离这三个基本过程。因此,根据浮选设备中疏水矿物矿化方式的不同,也可将目前工业应用的浮选机划分为机械搅拌矿化浮选机、逆流矿化浮选机和混流矿化浮选机三大类。

机械搅拌矿化浮选机是目前工业应用最广泛的浮选机,其矿化过程如图 4-4 所示。通过叶轮旋转切割空气产生气泡,并在叶轮附近产生强湍流环境,使气泡和颗粒相互碰撞,从而实现机械搅拌矿化。

逆流矿化浮选机由于其槽体高度通常较高而被称为浮选柱。浮选柱的矿化过程如图 4-5 所示,原矿从柱体上方给入,受重力作用向下运动,气泡则在槽体底部产生,在浮力作用下向上运动。运动方向相反的气泡和颗粒在槽体垂直方向上发生碰撞而实现逆流式矿化。

混流矿化浮选机通常由独立的矿化区和槽体组成,矿粒和气泡在矿化器中混合并发生强烈的相互作用从而完成矿化,然后进入槽体中完成分离,其矿化过程如图 4-6 所示。相比而言,机械搅拌矿化浮选机和逆流矿化浮选机无独立的矿化区,矿化和分离均在同一槽体内完成。混流矿化浮选机由于采用了独立的矿化区,因而具有矿浆停留时间短、气泡尺寸小和矿化效率高等优点,且矿化过程对分离过程的影响较小。

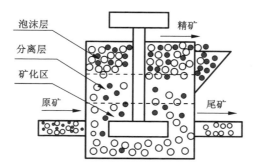

图 4-4 机械搅拌矿化浮选机矿化过程

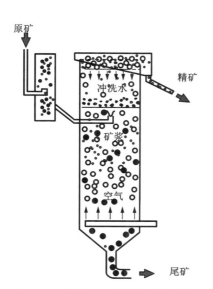

图 4-5 逆流矿化浮选机矿化过程

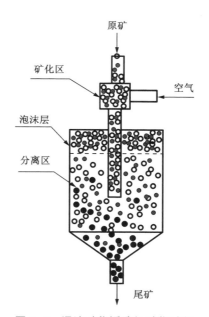

图 4-6 混流矿化浮选机矿化过程

## 4.3.2 机械搅拌矿化浮选机

### 4.3.2.1 机械搅拌自吸气式浮选机

这类浮选机是在机械搅拌作用下,依靠定子和转子间形成的负压实现空气的吸入,并在叶轮的切割作用下产生气泡。

(1)XJK 型浮选机

XJK 型浮选机,又称 A 型或 XJ 型浮选机,属于一种带辐射叶轮的空气自吸式机械搅拌浮选机,其结构如图 4-7 所示。浮选机单槽容积共包括 0.13 m³、0.23 m³、0.35 m³、0.62 m³、1.1 m³、2.8 m³ 和 5.8 m³ 七个规格。

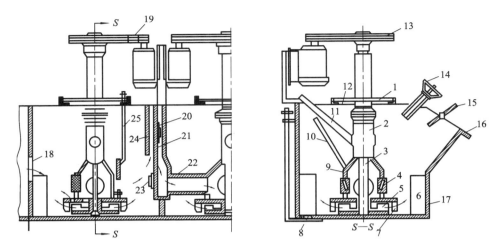

1—座板;2—空气筒;3—主轴;4—矿浆循环孔塞;5—叶轮;6—稳流板;7—盖板(导向叶片);
8—事故放矿闸门;9—连接管;10—砂孔闸门调节杆;11—吸气管;12—轴承套;13—主轴皮带轮;
14—尾矿闸门丝杠及手轮;15—刮板;16—泡沫溢流堰;17—槽体;18—直流槽进浆口;
19—电动机皮带轮;20—尾矿溢流堰闸门;21—尾矿溢流堰;22—给矿管(吸浆管);
23—粗砂闸门;24—中间室隔板;25—内部矿浆循环孔闸门调节杆。

**图 4-7 XJK 型浮选机结构示意图**

XJK 型浮选机一般由两槽构成一组,第一槽(带有进浆管)为吸入槽或吸浆槽,第二槽(无进浆管)为自流槽或直流槽。每组之间都设有中间室(闸门),用来调节矿浆液面。叶轮安装在主轴下端,主轴上端有皮带轮,通过电机带动其旋转。空气由进气管吸入。叶轮上方装有盖板和空气筒(或称竖管),空气筒上开有孔,用来安装进浆管、中矿返回管或作矿浆循环之用,并可通过拉杆调节孔的大小。

叶轮用生铁铸成,上面有六个辐射状叶片,在叶轮上方 5~6 mm 处,装有盖板,叶轮和盖板的结构如图 4-8 所示。盖板的主要作用是:①当矿浆被叶轮甩出时,在盖板和叶轮之间形成负压而吸入空气;②调节进入叶轮的矿浆量;③停车时,可以防止矿砂沉积在叶轮上而"压死"叶轮,从而可以随时开车;④起一定程度的稳流作用。

浮选机工作时,矿浆由进浆管给到盖板的中心处,叶轮旋转产生的离心力将矿浆甩出,在叶轮与盖板间形成一定负压,外界空气便能自动经进气管吸入。在叶轮的强烈搅拌作用下,矿浆与空气得到充分混合,同时气流被分割成细小的气

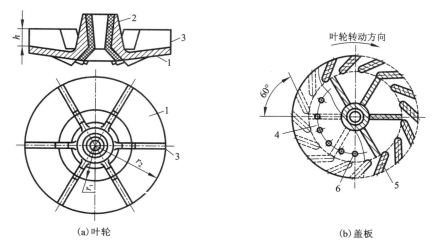

(a)叶轮                           (b)盖板

1—叶轮锥形底盘；2—轮壳；3—辐射叶片；4—盖板；5—导向叶片(定子叶片)；
6—循环孔；$r_1$—矿浆入口半径；$r_2$—矿浆出口半径；$h$—叶片外缘高。

**图 4-8　XJK 型浮选机的叶轮盖板结构**

泡。矿粒与气泡接触碰撞形成矿化气泡并上浮即可得泡沫产品。

XJK 型浮选机的缺点是：①空气弥散不佳，泡沫不够稳定，易产生"翻花"现象，不易实现液面自动控制；②浮选槽为间隔式，矿浆流量受闸门限制，导致矿浆流通压力降低，粗而重的矿粒容易沉槽；③叶轮和盖板磨损较快，导致充气量减少且不易调节。

（2）XJQ 型和 JJF 型浮选机

XJQ 型浮选机由北方重工沈阳矿山机械集团有限责任公司(原沈阳矿山机器厂)于 1976 年研制，共有 XJQ-20、40、80、160 和 280 五种规格，对应的浮选槽容积为 2 m³、4 m³、8 m³、16 m³、28 m³。JJF 型浮选机则由矿冶科技集团有限公司(原北京矿冶研究总院)设计制造，共有多种规格型号，浮选槽容积为 1~160m³。XJQ 型和 JJF 型浮选机与美国维姆科浮选机的结构相似，主要由槽体、叶轮、定子、分散罩、假底、导流管、竖筒和调节环等组成，如图 4-9 所示。

XJQ 型和 JJF 型浮选机采用深型叶轮，形状为星形，叶片为辐射状，定子为圆筒形，其上均匀分布有椭圆孔作为矿浆通道，其中 JJF 型浮选机叶轮如图 4-10 所示。定子遮盖叶轮高度仅三分之二，定子外增加了表面均布小孔的锥形分散罩，起稳定液面的作用。为实现自吸气，叶轮下部又增设了导流管和假底，导流管与假底相连，由于假底不紧贴槽壁，可使矿浆通过假底和槽底之间的间隙，并经导流管实现矿浆的下部大循环，有助于实现槽子下部矿粒的循环，防止沉槽。

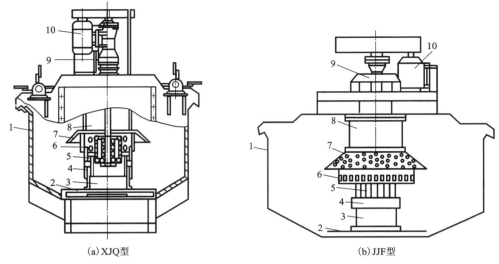

(a) XJQ型　　　　　　　　　　　　(b) JJF型

1—槽体；2—假底；3—导流管；4—调节环；5—叶轮；
6—定子；7—分散罩；8—竖筒；9—轴承体；10—电机。

**图 4-9　XJQ 型和 JJF 型浮选机结构**

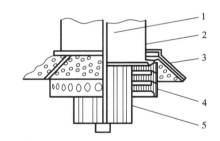

1—主轴；2—竖筒；3—分散罩；4—定子；5—叶轮。

**图 4-10　JJF 型浮选机叶轮结构**

　　浮选机转子和定子间的空隙较大[如图 4-11(b)所示]，其中 JJF-8 型的间隙为 180 mm，可削弱或消除转子和定子间的涡流，使矿浆和空气混合流沿着槽子容积均匀分布，形成较为稳定的矿化气泡。其优点除结构简单外，还由于转子的转速低，转子和定子间存在着较大的空隙，可大大降低搅拌器的磨损程度，节省经营维修费用，降低动力消耗，停车后再启动也比较容易。槽底上方设有一假底，矿浆可在二者之间流过，并通过导流管进行循环，使矿浆以固定路线进行下部大循环[如图 4-11(a)所示]。XJQ 型和 JJF 型浮选机矿浆液面稳定，便于自动控制，但缺点是不能自吸矿浆，需阶梯配置，中矿返回时要使用泡沫泵，或与具有吸浆功能的浮选机配套使用。

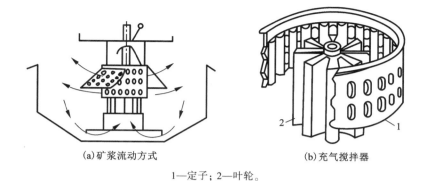

(a)矿浆流动方式 (b)充气搅拌器

1—定子；2—叶轮。

**图 4-11  XJQ 型和 JJF 型浮选机矿浆流动方式和充气搅拌器**

（3）SF(BF)型浮选机

SF 型浮选机由矿冶科技集团有限公司于 1986 年研制，用来与 JJF 型浮选机组成联合机组。即 SF 型浮选机用作每个作业的首槽，起自吸矿浆作用，可以不用阶梯配置，不用泡沫泵返回中矿。JJF 型浮选机则作为直流槽，充分发挥各自的优势。SF 型浮选机单独使用的效果也比较好。

SF 型浮选机的结构如图 4-12 所示，主要由槽体、装有叶轮的主轴部件、电动机、刮板及其传动装置等组成。SF 型浮选机的叶轮为后倾式双叶片叶轮，由上、下叶片和轮盘组成。上叶片的作用是吸入空气和矿浆，下叶片的作用主要是借助叶轮旋转的离心力抽吸其下部的矿浆并向四周抛出，该部分矿浆的比重比上叶片抛出的气液混合物比重大，其离心力和速度亦大，对气液混合物具有带动加速作用，从而加大了上叶轮腔的真空度，起到辅助吸气作用。另外，由于叶轮旋转，矿浆通过下叶轮腔向四周甩出的同时，其下部矿浆由四周向中心补充，形成在叶轮之下的矿浆循环。容积大于 10m³ 的 SF 型浮选机，设置了导流管和假底，矿浆通过假底之下的通道和导流管由下向上循环，在导流管和假底之下的通道内，矿浆流速大，足以使粗粒矿物悬浮而不沉淀。

SF 型浮选机保持了"A"型浮选机能自吸空气和矿浆的优点，但与"A"型浮选机相比，其吸气量大，叶轮周速低，叶轮与盖板间隙大，磨损轻，对流程复杂、选别段数多的中小型选矿厂尤为合适。

BF 型浮选机则是 SF 型浮选机的改进型，其结构如图 4-13 所示。叶轮由闭式双截锥体组成，可产生强烈的矿浆下循环，吸气量大且功耗低。每槽兼有吸气、吸浆和浮选三重功能，可自行组成浮选回路，无须其他辅助设备，且可水平配置，便于流程的变更。矿浆循环合理，能最大限度地减少粗砂沉槽。由于设有矿浆液面自控和电控装置，调节也比较方便。

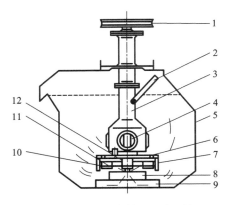

1—皮带轮；2—吸气管；3—中心筒；
4—主轴；5—槽体；6—盖板；
7—叶轮；8—导流管；9—假底；
10—下叶片；11—上叶片；12—叶轮盘。

图 4-12　SF 型浮选机结构

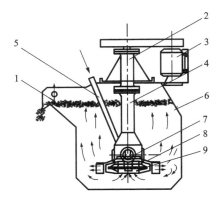

1—刮板；2—轴承体；3—电动机；4—中心筒；
5—吸气管；6—槽体；7—主轴；8—定子；9—叶轮。

图 4-13　BF 型浮选机结构

（4）维姆科型浮选机

目前生产实践中使用的大型 WEMCO 浮选机容积最大为 300 $m^3$。图 4-14 是维姆科型浮选机的结构示意图，由带放射状叶片的星形转子、周边有许多椭圆形孔的圆筒(扩散器)和突出筋条的定子、锥形罩盖、一个供矿浆循环用的假底、导管、竖管、空气进入管及槽体等组成。

当星形转子旋转时，便在竖管和导管内产生涡流，此涡流形成负压，将槽子外面的空气吸入。被吸入的空气，在转子与定子区内与转子下面经导管吸进的矿浆进行混合。由转子造成的切线方向运动的浆气混合流，经定子的作用转换成径向运动，并均匀地抛甩于浮选槽中。矿化气泡向上升浮至泡沫层，自流溢出即为泡沫产品。

WEMCO 型浮选机的基本特点包括：①采用新型充气搅拌器及圆锥形泡沫罩。定子具有较好的变向和扩散作用，使浆气混合流呈径向运动，形成了较为稳定的矿化气泡。圆锥形泡沫罩则将转子产生的涡流与泡沫层隔离，保持液面平稳。②设有假底和套筒，增强了搅拌能力，并形成了矿浆的大循环。叶轮的安装浸入矿浆中深度较浅，可使充气量增大，避免粗粒沉槽，减少动力消耗。③矿浆按一定径向速度，形成以竖轴为中心的旋流，使矿浆的充气量加大，充气效率提高。转子转速可以降低，转子与定子间隙较大(约 200 mm)，磨损减少，维修方便。④由于不能自吸矿浆，安装时，各作业间需设置液面 200～300 mm 高差，或采用砂泵实现中矿返回。

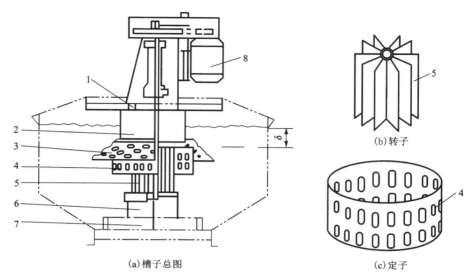

(a)槽子总图   (b)转子   (c)定子

1—进气口；2—竖管；3—锥形罩；4—定子(扩散器)；5—转子；
6—导管；7—假底；8—电动机；δ—浸没深度。

**图 4-14   维姆科型浮选机**

#### 4.3.2.2   机械搅拌外部充气式浮选机

目前生产中使用的机械搅拌外部充气式浮选机种类也较多，主要与美国丹佛 D-R 型浮选机相类似的有：沈阳矿山机械集团有限公司研制的 XJC 型、中国有色工程研究设计总院研制的 BS-X 型和矿冶科技集团有限公司研制的 CHF-X 型浮选机。这三者的结构和工作原理基本相同。与芬兰奥托昆普 OK 型浮选机类似，同时吸收了美国道尔—奥利弗型浮选机优点的有：矿冶科技集团有限公司研制的 XCF 和 KYF 型浮选机，以及中国有色工程研究设计总院研制的 BS-K 型浮选机。这里主要介绍 CHF-X 型、BS-K 型、KYF 型和 XCF 型浮选机。

(1)CHF-X 型充气搅拌式浮选机

容积为 14 m³ 的 CHF-X 型充气搅拌式浮选机由两槽组成一个机组，每槽容积 7 m³，两槽体背靠背相连，其结构如图 4-15 所示。

该浮选机的主要部件为主轴、叶轮、盖板、中心筒、循环筒、钟形物和总风筒等。整个竖轴部件安装在总风筒(兼作横梁)上。叶轮为带有 8 个径向叶片的圆盘。盖板是由四块组装而成的圆盘，在其周边均布有 24 块导向叶片。叶轮与盖板的轴向间隙为 15~20 mm，径向间隙为 20~40 mm。中心筒上部的给气管与总风筒、鼓风机相连，中心筒下部与循环筒相连。钟形物安装在中心筒下端。盖板与循环筒相连，循环筒与钟形物之间的环形空间供循环矿浆使用，钟形物具有导流作用。

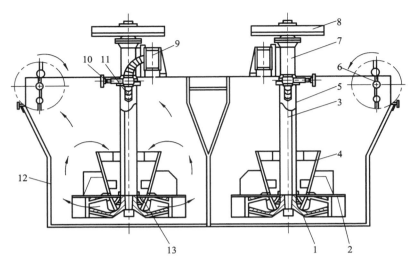

1—叶轮;2—盖板;3—主轴;4—循环筒;5—中心筒;6—刮泡装置;7—轴承座;
8—皮带轮;9—总风筒;10—调节阀;11—充气管;12—槽体;13—钟形物。

**图 4-15  CHF-X 型浮选机结构示意图**

CHF-X 型浮选机除具有与一般叶轮式机械搅拌浮选机相似的结构外,还设有矿浆垂直循环筒(国外丹佛 D-R 型浮选机亦设有类似矿浆循环筒)。其运用了矿浆的垂直大循环和从外部特设的低压鼓风机压入空气来提高浮选效率。矿浆通过循环筒和叶轮形成的垂直大循环而产生的上升流,可把粗粒矿物和比重大的矿物提升到浮选槽的中上部,从而消除了浮选机内出现的分层和沉槽现象,如图 4-16 所示。

鼓风机所压入的低压空气经过叶轮和盖板叶片后被均匀地弥散在整个浮选槽中。矿化气泡随垂直循环流上升,进入浮选槽上部的平静分离区,矿化气泡上升到泡沫层的路程较短。

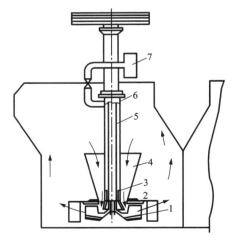

1—叶轮;2—盖板;3—钟形物;4—循环筒;
5—主轴部件;6—中心筒;7—风筒。

**图 4-16  浮选槽内矿浆运动方式示意图**

叶轮只用于循环矿浆和弥散空气,深槽浮选机的叶轮仍可在低转速下工作,搅拌器磨损较轻,矿浆液面比较平稳。叶轮与盖板间的轴向和径向间隙都比 A 型浮选机大,且没有严格要求,易于安装和调整。该浮选机适用于要求充气量大,矿石性质较复杂的粗重难选矿物的浮选。但该浮选机需采用阶梯配置,无自吸气和自吸矿浆的能力,需设置低压风机,中矿返回需设砂泵,不利于复杂流程的配置,多用于大、中型浮选矿厂的粗选和扫选作业。

(2)BS-K 型浮选机

BS-K 型浮选机属深槽充气式浮选机,其结构如图 4-17 所示。该浮选机采用了低转速大叶片叶轮,断面呈截圆锥形,叶片与矿浆接触面大,增强了叶轮搅拌能力。其采用了"U"形槽体,且槽体上部断面不断扩大,利于保持液面稳定。

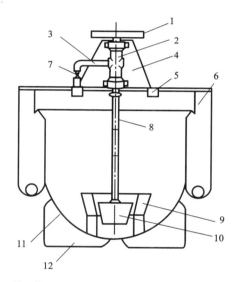

1—皮带轮;2—轴承体;3—进风管;4—支座;5—风槽;6—泡沫槽;7—风阀;
8—空心主轴;9—定子;10—转子(叶轮);11—槽体;12—槽体支座。

图 4-17　BS-K 型浮选机结构示意图

浮选机工作时,由鼓风机送来的低压空气经风槽(支承梁)、风管、调节阀进入中空轴,再经叶轮腔排出,并同时进行浆气混合。叶轮旋转时,空气在叶轮与定子中间与矿浆进一步混合、弥散并形成泡沫,矿化泡沫上升到稳定区后富集,然后从溢流堰溢出或刮出,流入泡沫槽。

浮选机具有单槽、双槽、三槽、四槽、五槽及六槽等六种单元(大型号最多四槽),可由几个单元组成一列(即几个作业区),形成一个大的选别作业。首槽装有给矿箱,尾槽装有排矿箱。由于浮选机无自吸矿浆能力,单元之间需采用阶梯配置，并装有中间箱。作业中间产品返回时需要泡沫泵。

由于浮选机采用了低转速大叶片叶轮，具有强的搅拌力，加快了矿化速度。同时空气由外部单独供给，避免了矿浆短路，提高了浮选效率。充气量也可依生产工艺条件的变化进行调节，从而有利于矿物的浮选。采用"U"形槽体，大大减少了粗颗粒的沉积，充分利用了槽体容积。结构上的这些优点，保证了该浮选机适用于不同条件的选矿厂，在铜矿、镍矿和金矿浮选中都得到了广泛应用。

(3)KYF型浮选机

KYF型浮选机的结构见图4-18，叶轮结构见图4-19。KYF型浮选机的独特之处包括：采用了单壁后倾叶片和倒锥台状叶轮（类似于高比转速的离心泵轮，扬送矿浆量大、压头小、功耗低）。在叶轮腔中设置了多孔圆筒型气体分配器，使空气能预先均匀地分散在叶轮叶片的大部分区域，提供了较大的矿浆—空气接触界面。浮选槽为"U"形槽体、空心轴充气和悬挂定子。

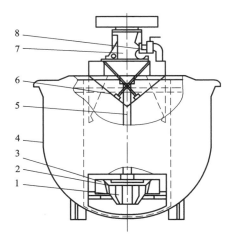

1—叶轮；2—空气分配器；3—定子；4—槽体；
5—空心主轴；6—推泡板；7—轴承件；8—空气调节阀。

图4-18 KYF型浮选机结构

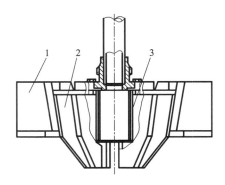

1—叶轮；2—叶轮；3—空气分配器。

图4-19 KYF型浮选机叶轮结构

KYF型浮选机的工作原理是，当叶轮旋转时，槽内矿浆从四周经槽底由叶轮下端吸入叶轮叶片间，与此同时，由鼓风机给入的低压空气，经风道、空气调节阀和空心主轴进入叶轮腔的空气分配器，通过分配器周边的孔进入叶轮叶片间，矿浆与空气在叶轮叶片间进行充分混合后，由叶轮上半部周边向斜上方排出，并经安装在叶轮四周斜上方的定子稳定和定向后，进入整个浮选槽中。矿化气泡上升到槽子表面形成泡沫，经泡沫刮板刮到（或自溢至）泡沫槽中，部分矿浆再返回叶轮区进行再循环，重新混合形成矿化气泡，剩余的矿浆流向下一槽，直到最终成为尾矿。

（4）XCF 型浮选机

XCF 型为吸浆式充气机械搅拌浮选机，它不仅具有一般充气机械搅拌式浮选机的优点，而且能自吸给矿和中矿，通常与 KYF 型浮选机配套使用。该浮选机的结构如图 4-20 所示，叶轮和定子系统见图 4-21。

XCF 型浮选机的槽体采用"U"形设计，有利于粗重矿粒返回叶轮区进行再循环，能避免矿砂堆积，减少矿浆短路现象。

叶轮由上叶片、下叶片和大隔离盘组成。上叶片为辐射直叶片，下叶片为后倾某一角度的多边形叶片，隔离盘直径大于或等于叶片外圆直径。上叶片主要从槽外吸入矿浆并与盖板一起组成吸浆区。下叶片负责循环矿浆和分散空气称为充气区。隔离盘将充气区和吸浆区分开，空气分配器安装在叶轮充气区中。盖板是一种具有特殊结构参数的重要零件，它与叶轮上叶片一起组成吸浆区。盖板封闭上叶片，使上叶片中心区形成负压，同时还起到将吸浆区与槽内其他区隔离的作用，有效地避免了充入的空气被导入到吸浆区，也使吸浆得以实现。连接管的作用在于定位中心筒和盖板，连接管上设计有一排气装置，能及时将浮选机运转过程中产生的大量气体排出，防止连接管内空气及压力不断增加，使上叶片中心区负压不断减小，最终出现无法吸入给矿和中矿的情况。

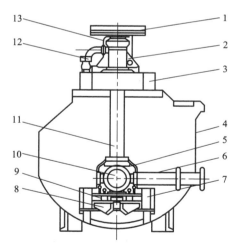

1—传动装置；2—轴承体；3—横梁；4—槽体；
5—中矿管；6—盖板；7—定子；8—叶轮；
9—给矿管；10—中心筒；11—连接管；
12—空气调节阀；13—电机。

图 4-20　XCF 型浮选机结构

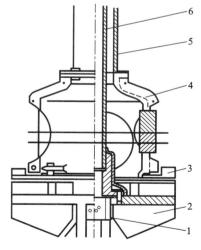

1—空气分配器；2—叶轮；3—盖板；
4—中心筒；5—连接管；6—空心主轴。

图 4-21　XCF 型浮选机叶轮和定子系统

XCF 型浮选机的工作原理为：当叶轮旋转时，叶轮上叶片抽吸给矿及中矿，槽内矿浆从四周经槽底由叶轮下端吸入到叶轮下叶片间，由鼓风机给入的低压空气通过分配器进入叶轮下叶片间，矿浆和空气在叶轮下叶片间进行充分混合后，从叶轮下叶片周边排出，叶轮上下叶片排除的矿浆和空气混合物，经安装在叶轮周围的定子稳流定向后进入槽体内，矿化气泡上升到槽子表面形成泡沫层，槽内矿浆一部分返回叶轮下叶片进行循环，另一部分通过槽壁上的流通孔进入下槽再选别。

### 4.3.3 逆流矿化浮选设备

逆流矿化浮选设备是借助多孔筛板或喷嘴等方式将压缩空气从外部充入浮选槽体内的矿浆中的一类浮选设备。矿浆从槽体上方给入，受重力作用向下运动，气泡则在槽体底部产生，在浮力作用下向上运动。气泡和颗粒在槽体垂直方向逆向运动而发生碰撞和矿化。这类浮选设备以各种类型的浮选柱为代表。

浮选柱的核心部件是气泡发生器。不同类型浮选柱的槽体结构基本类似，而区别主要在于气泡发生种类和结构的不同。最初的气泡发生器设置于浮选柱内部，一般为多孔的橡胶管和布料等。这类微孔气泡发生器由于易堵塞，导致其没有大规模的工业应用。目前工业应用的浮选柱气泡发生器类型主要包括空气射流气泡发生器、线性混合气泡发生器和文丘里管气泡发生器三大类，见表 4-4。

表 4-4 不同类型气泡发生器及浮选柱

| 气泡发生器类型 | 设备名称 | 气泡发生器名称 | 生产单位 |
|---|---|---|---|
| 空气喷射 | KYZ-B | 喷射气泡发生器 | 矿冶科技集团 |
| | CCF | 喷枪气泡发生器 | 中工矿业 |
| | CPT | SlamJet Sparger | Eriez |
| | COLUMNCELL | SonicSparger Jet | Outotec |
| 线性混合 | Microcel | MicrocelSparger | Metso |
| 文丘里管 | CSMFC | 自吸式气泡发生器 | 中国矿大 |
| | COLUMNCELL | SonicSparger Vent | Outotec |
| | CPT | CavTube | Eriez |

（1）空气喷射气泡发生器浮选柱

典型代表为 SlamJet 空气喷射气泡发生器，如图 4-22 所示。气泡发生器喷口插入浮选柱底部矿浆中，通过高压空气（0.2~0.7 MPa）穿过直径 1 mm 的喷孔形成高速空气流剪切矿浆，从而产生大量微细气泡。空气喷射气泡发生器的喷嘴和针阀由耐磨材料制成，以提高其使用寿命。

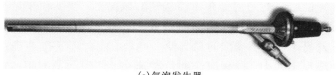

(a)气泡发生器

(b)运行状态

**图 4-22 SlamJets**

当前应用较广泛的空气喷射气泡发生器浮选柱主要有矿冶科技集团的 KYZ-B 浮选柱、中工矿业的 CCF 浮选柱、加拿大的 CPT 浮选柱和奥图泰(Ototec)公司的 COLUMNCELL。

①KYZ-B 型浮选柱。

KYZ-B 型浮选柱由矿冶科技集团研制开发,主要由柱体、给矿系统、气泡发生系统、液位控制系统、泡沫喷淋水系统等构成,其结构如图 4-23 所示。

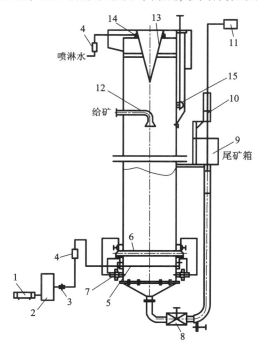

1—风机;2—风包;3—减压阀;4—转子流量计;5—总水管;6—总风管;7—充气器;8—排矿;
9—尾矿箱;10—气动调节阀;11—仪表箱;12—给矿管;13—推泡器(锥);14—喷水管;15—测量筒。

**图 4-23 KYZ-B 型浮选柱结构**

给矿器能保证矿浆均匀地分布于浮选柱的截面上，速度较小且不会干扰已经矿化的气泡脱落。泡沫槽增加了推泡锥装置，能缩短泡沫的输送距离，加速泡沫的刮出。充气量易于调节，操作简单方便。此外，能合理安排冲洗水系统的空间位置和控制冲洗水量大小，提高泡沫堰负载速率，使泡沫及时进入泡沫槽，有利于消除泡沫层的夹带，提高精矿品位。

尾矿箱可以根据不同选矿厂的处理量和选矿工艺进行设计，既保证尾矿流速小于矿化气泡的上升速度，同时又具有最优的处理量，避免矿化气泡从尾矿中夹带排走。通过控制给气、加药、补水、调节液面等方式，可迅速改变浮选过程，实现自动控制。

采用空气压缩机作为气源，气体经总风管送至各充气器并产生微泡，从柱体底部缓缓上升。矿浆由距顶部柱体约1/3处给入，经给矿器均匀分布后，矿浆缓缓向下流动，矿粒与气泡在柱体中逆流碰撞，疏水矿物附着在气泡上形成矿化气泡，上浮到泡沫区，经过二次富集后的产品从泡沫槽流出。亲水性矿物颗粒则随矿流下降至尾矿管排出。

KYZ-B型浮选柱的主要特点包括：①给矿器能保证矿浆均匀地分布于浮选柱的截面上。气泡发生装置所产生的气泡满足浮选动力学要求，建立了相对稳定分离区和平稳泡沫层，减小了矿粒的脱附机会。②气泡发生装置优化了空间上的分布，可以消除气流余能，形成细微空气泡，稳定液面，防止翻花现象的发生。喷射气泡发生器采用了耐磨的陶瓷衬里，使用寿命长；微孔气泡发生器采用不锈钢烧结粉末，形成的气泡大小均匀，浮选柱内空气分散度高，该气泡发生器可以再生并重复使用（适用于酸性和中性矿浆）。③泡沫槽增加了推泡锥装置，能缩短泡沫的输送距离，加速泡沫的刮出。④通过控制给气、加药、补水、调节液面等方式，能实现自动控制。

②CPT浮选柱。

CPT浮选柱是加拿大Candian Process Technologies INC.公司研制的新型浮选柱，在世界各地得到了广泛应用，其结构如图4-24所示。

CPT浮选柱可产生较厚的泡沫层，并采用泡沫喷淋水来保持柱体内的下行流，减少泡沫产品中亲水性颗粒的夹杂污染。为了产生更大的气泡表面积，除采用空气喷射气泡发生器外，CPT浮选柱还采用了一种基于水动力气穴原理的工业化喷射装置（图4-25），即文丘里管气泡发生器。水动力气穴现象是在外力作用下，由于液—液或固—液界面的破裂，导致气泡产生和长大的过程。在溶液中的某处，由于高流体速度的作用，其压力降低至液体的蒸气压时，就会产生水动力气穴现象，空气或充满气泡的蒸汽会被流体瞬间带至高压区，从而产生气泡，且气泡尺寸可以独立控制。因此，这种浮选柱的性能优于其他浮选柱。

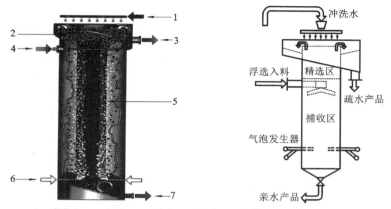

1—喷淋水;2—泡沫;3—精矿;4—给矿;5—隔板;6—进气;7—尾矿。

图 4-24 CPT 浮选柱结构示意图

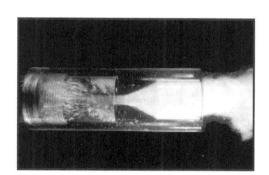

图 4-25 基于水动力气穴原理的工业化喷射装置

矿浆从浮选柱顶部以下 1~2 m 的给矿口给入,从上向下做干扰沉降运动,底部气泡发生器产生的微小气泡在浮力作用下从下往上运动,逆向流动的气泡和颗粒在捕收区发生逆流碰撞完成矿化过程,随后疏水矿物黏附在气泡上向上运动,最终成为泡沫产品,亲水矿物向下运动进入底流。

CPT 浮选柱的基本特点包括:①使用独立的气泡发生器,具有能耗低、易维护等优点。②高柱体能实现较长的矿浆停留时间,利于提高细粒级回收率。③厚泡沫层配合冲洗水可获得高的精矿品位。

(2)线性混合气泡发生器浮选柱

典型的线性混合气泡发生器 CISA/Microcel 如图 4-26 所示,从浮选柱内抽取中矿矿浆,在静态混合器作用下,矿浆切割空气产生大量细小气泡,同时强化中矿中难选颗粒和气泡间的作用,增加矿粒和气泡的碰撞概率,提高精矿回收率。

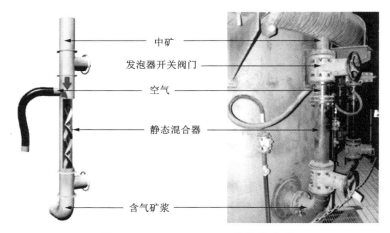

图 4-26　CISA/Microcel 气泡发生器

现今工业应用线性混合气泡发生器的浮选柱主要为美卓公司的 Microcel 浮选柱。Microcel 浮选柱结构如图 4-27 所示，其主体结构和 CPT 浮选柱类似。

1—槽体；2—泡沫槽；3—给矿管；4—泡沫淋洗管；5—中矿循环泵；6—环形矿浆管；
7—线性混合发泡器；8—环形气管；9—精矿管；10—尾矿管。

图 4-27　Microcel 浮选柱结构示意图

原矿浆从柱体上方给入，不同的是采用了中矿循环泵抽取槽体内矿浆并经过充气的线性混合气泡发生器，产生的气泡矿浆混合物输送至槽体底部。原矿浆向下运动，气泡向上运动，在槽体内完成逆流矿化。Microcel 浮选柱在 CPT 浮选柱单一对原矿逆流矿化的基础上，增加了对中矿进行的混流矿化，进而强化了浮选速率较小的细颗粒的回收效果。

（3）文丘里管气泡发生器浮选柱

艺利（Eriez）公司研发的文丘里管气泡发生器 CavTube 和使用 CavTube 的浮选柱如图 4-28 所示。同样地，使用离心泵从浮选柱中抽取矿浆，矿浆通过文丘里管气泡发生器时产生高速射流，吸入并剪切空气，在产生大量细小气泡的同时，强化矿粒和气泡间的作用，提高精矿回收率。

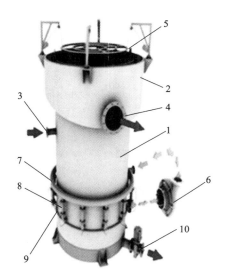

1—柱体；2—泡沫槽；3—给矿管；4—精矿管；5—泡沫淋洗管；6—中矿循环泵；
7—环形矿浆管；8—文丘里管气泡发生器；9—环形气管；10—尾矿管。

**图 4-28　CavTube 气泡发生器浮选柱**

## 4.3.4　混流矿化浮选设备

1912 年出现了基于机械搅拌式浮选机设计的混流矿化浮选机，如图 4-29 所示。这种混流矿化浮选机，采用了独立的矿化室。其在矿化室内设有搅拌叶轮，通过叶轮高速搅拌实现矿化作用，矿化后的矿浆再进入分离室，实现亲水和疏水矿物的分离。

20 世纪 60 年代出现了第一台高效的管流式混流矿化浮选机 Davcra cell，其结构如图 4-30 所示，空气和矿浆经过旋流器形式的混流矿化器实现矿化，矿化后的矿浆通过喷嘴射入浮选槽体内，高速的射流击打在垂直挡板上，进一步强化了颗粒和气泡间的作用，随后矿浆在挡板的阻挡作用下向上运动进入富集分离区，实现亲水和疏水矿物的分离。

在此之后，相继研制出了多种类型的工业型混流矿化浮选机，其中最典型的有 Jameson 浮选机、Concorde cell 浮选机、IMHOFLOT-CELL 浮选机和 StackCell 浮选机等。

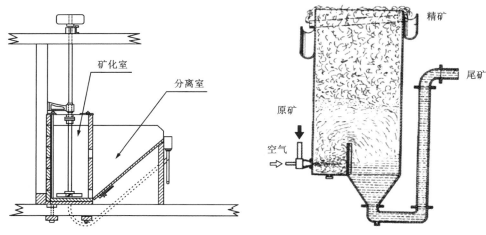

图 4-29　矿化分离浮选机结构示意图　　　　图 4-30　Davcra cell 结构示意图

（1）Jameson 浮选机

基于 Davcra cell 浮选机，澳大利亚 Newcastle 大学的 Jameson 教授和 Mount Isa 矿业公司联合研制出了当前应用最广泛的混流矿化浮选机——Jameson cell（詹姆森浮选机）。自 1986 年出现至今，Jameson 浮选机已成功应用于煤、铜、铅和锌等多种矿物的选别。

Jameson 浮选机的结构如图 4-31 所示，主要由槽体和下冲管组成，下冲管上部装有文丘里管气泡发生器，而下部则插入槽体底部区域。在文丘里管气泡发生器中，矿浆在离心泵的作用下高速通过喷嘴形成射流，高速矿浆射流形成负压吸入空气并将空气切割成直径为 0.1~0.6 mm 的微泡，并完成矿化过程。矿化后的矿浆在下导管中向下运动进入浮选机槽体。随后，矿化气泡向上运动进入泡沫层，而亲水矿物进入底流。

詹姆森浮选机除具有普通浮选柱的优点外，还在本质上消除了因柱体过高而带来的一些缺点。混有药剂的矿浆用泵打入导管的混合头内，经过喷嘴形成喷射流而产生一个负压区，从而吸入空气并产生气泡，形成稳定的气、液、固三相混合流，因此避免了常规浮选柱压入空气所引起的问题。气泡矿化过程是在下导管（下冲管）内完成的，由于下导管内矿浆溶气率高为 40%~60%，而普通浮选柱溶气率仅为 4%~16%，因此其矿化速度快且浮选效率高。

与传统机械搅拌浮选机相比，Jameson 浮选机由于采用了文丘里管气泡发生器，产生了微泡并强化了气泡和颗粒的作用，因此具有细粒浮选效果好和矿浆停

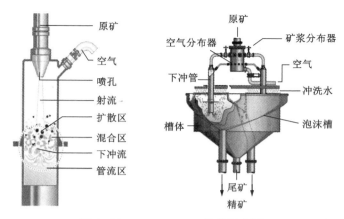

**图 4-31　Jameson Cell 结构示意图**

留时间短的明显优势。此外，还具有节能、槽体高度低、占地面积小、自动化程度高和生产稳定、使用寿命长等优点，但詹姆森槽也存在诸如喷嘴的堵塞与磨损等问题。

（2）Concorde cell 浮选机

基于 Jameson cell 浮选机，Jameson 教授研制出通过三次矿化来提高细粒浮选效果的 Concorde Cell 浮选机，其结构如图 4-32 所示。原矿矿浆首先通过文丘里管完成第一次矿化，然后矿化后的矿浆通过下冲管底端的喷口形成射流，完成第二次矿化，最后射流击打在矿化管下方的碗形反射底，形成漩涡，完成第三次矿化。通过三次矿化，Concorde Cell 实现了较短的矿浆停留时间和良好的细粒浮选效果，其浮选速率相比机械搅拌浮选机提高了近 100 倍，且对 4～150 μm 的宽粒级有用矿物具有良好的浮选回收效果。

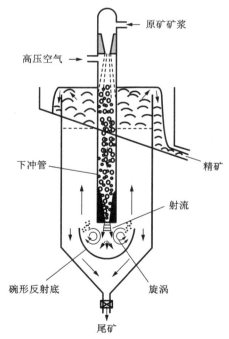

**图 4-32　Concorde Cell 结构示意图**

（3）Contact Cell 浮选机

Contact cell 浮选机是一种充气式混流矿化浮选机，其结构和工作原理如

图4-33所示。高压空气和矿浆进入气泡发生器后混合产生微泡,并强化气泡和颗粒的作用,完成第一次矿化。矿化后的矿浆通过孔板上的小孔形成射流,完成第二次矿化。随后矿浆经过下导管喷口击打在底部的内锥上,完成第三次矿化。矿化后的矿浆进入槽体后,疏水矿物随着气泡向上运动最终进入精矿槽,而亲水矿物进入底流。

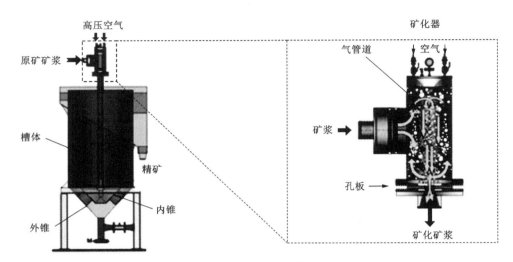

**图4-33 Concorde Cell 结构示意图**

## 4.3.5 浮选设备管理与维护

(1)机械搅拌式浮选机

机械搅拌式浮选机虽然种类较多,结构也各不相同,但是对机械搅拌式浮选机安装、操作和维护的基本要求是相同的。

①浮选机的安装。浮选机的组合装配可分多种形式(一槽一闸门、两槽一闸门和多槽一闸门),给矿管的位置亦可灵活确定,刮板传动的位置分左右安装。总之,浮选机各部件均可满足多种浮选工艺配置的需要。安装浮选机时,应按选矿厂设计的浮选工艺流程图进行槽体组合,安装槽体时并不需要专门的基础和用螺栓固定,但必须保证浮选槽的水平度。

当浮选机安装完毕,在开机之前,应仔细检查和清理浮选槽,然后进行空车试运转,并逐渐加入清水运转(注意调整循环孔的大小),直至给矿,同时应注意叶轮体是否有振动和冲击现象。在启动电动机时,应注意电动机轴的正确旋转方向,必须保证叶轮按顺时针方向旋转(俯视)。在使用时要注意对矿浆液面的调整(闸门打开的程度),只有及时地调整矿浆液面高度,才能保证有效地刮出泡沫并防止矿浆溢流到泡沫槽中。

②浮选机的操作。在操作浮选机过程中应经常检查以下内容：a.电动机和叶轮体中滚动轴承的过热情况，一般轴承温升不得超过 35 ℃，最高温度不得超过 65 ℃；b.传动皮带的拉紧情况，其拉紧程度要合适；c.皮带的磨损情况，发现有严重磨损时，应选择长度一致的皮带成组更换；d.油封橡胶圈的密封性，应特别注意轴承体中的润滑脂不要漏到矿浆中，以免影响浮选工作的正常进行；e.各润滑点是否有足够的润滑脂，如发现油少应及时添加；f.槽中有无其他杂物。机械搅拌式浮选机常见故障及其排除方法见表4-5。

表4-5  机械搅拌式浮选机常见故障及排除方法

| 现　象 | 原　因 | 排除方法 |
|---|---|---|
| 轴承发热 | 缺少润滑油；<br>油质不良；<br>主轴安装不正；<br>叶轮静平衡不符合要求 | 加油；<br>换油；<br>校正主轴安装精度；<br>叶轮做静平衡校正 |
| 支座摆动 | 主轴弯曲；<br>叶轮与定子间进入杂物；<br>叶轮静平衡不符合要求 | 更换或校正主轴；<br>清除杂物；<br>叶轮做静平衡校正 |
| 三角带磨损加剧 | 三角带长短不一；<br>三角带张紧不当；<br>两带轮端面不同平面 | 统一更换；<br>调节松紧程度；<br>校正两带轮相互位置 |

③浮选机的维护。在维护过程中应做到：a.在更换被磨损的叶轮和定子时，应用垫片调整好叶轮和定子之间的间隙，使间隙保持在6~10 mm范围内；b.在安装叶轮之前应检查保护主轴用的胶管是否磨损，如磨坏应更换新管；c.当轴承因磨损而导致轴向间隙过大时，只要调整里外座圈的压紧程度即可；d.若发现轴承体下盖油封漏油，应及时更换新油封，并注意不要压得太紧。

同其他设备一样，浮选机也应该按要求进行检修，其检修周期及内容为：a.小修的周期为3~6个月，主要检查叶轮、定子的损坏情况，并对主轴承进行换油；b.中修的周期为6~12个月，主要更换主轴部轴承、轴承体、叶轮和定子；c.大修的周期为60~120个月，主要更换槽体、泡沫槽、给矿箱、中间箱和尾矿箱。

（2）浮选柱

①浮选柱的安装与操作。安装浮选柱时要找正水平，并用螺栓将下柱体牢固

地连接在基础上，然后再连接中间圆筒和上柱体及其他部件。

开车时应先向充气管送风，经检查没问题后，再向柱中加清水，待清水盖住充气管后，打开尾矿连接管的闸门，见到清水能够流出后，即可开始给入矿浆，同时停止给水，微开尾矿闸门形成尾矿流，随着矿浆液面的升高，尾矿闸门也被逐渐打开，当有精矿泡沫产出时，调整尾矿闸门，达到尾矿排出量与进矿量平衡的程度，以保持液面恒定。

②浮选柱的维护。为了保证浮选柱的正常运转，要求严格控制好给矿量、风量和风压，并及时观察是否有下列情况出现：a.“翻花”。造成“翻花”的主要原因是空气管破裂和给入空气的压力太高。消除方法是调整风压。如仍有“翻花”则应立即停车，检查充气管是否破裂或存在未压紧的现象，排除故障后方可开车。b.尾矿管堵塞。这是操作过程中最容易发生的故障。原因多是矿浆中的给矿粒度太大，或者给矿量突然增大和尾矿管闸门开得太小，以及柱中落入其他杂物等。排除方法是：事先在排矿管最下端的适当位置安装高压水管或高压风管，一旦发生堵塞，即可用高压水或压缩空气来疏通。检查粒度与给矿量是否正常，若有异常，要调到正常为止。c.泡沫量减少。主要是由空气量太少或药剂制度有问题所致，消除办法是增大风量和调整药剂量，以及控制矿浆的搅拌调浆时间。

浮选柱停车时，应先停止给矿，同时将尾矿管闸门适当地关闭并注入清水，依靠补加水将矿化泡沫去除后，停止给药和注水，将尾矿闸门全部打开，直至放完矿浆，并用清水冲洗干净(避免空气管微孔堵塞)，最后才停止供风。

在事故停车时，操作人员应立即将尾矿管闸门全部打开，同时关闭给矿管，使柱中的矿浆迅速放完，避免出现淤塞现象，并用清水冲洗空气管。风室中的积水也应放净。另外，每天要放掉一次风包中的油水，避免机械油混入矿浆中而影响浮选作业指标。

## 4.4 浮选工艺的影响因素

影响浮选工艺的因素有很多，归纳起来可分为两大类：一是已知的自然可变因素，即不可调节的因素，主要有原矿的矿物组成和含量、矿物的嵌布特性、矿石的氧化和泥化程度(这些可统称为原矿性质)以及生产用水的质量等；二是为了控制分选条件而人为选择的因素，即可调节的因素，主要有磨矿细度、矿浆浓度、浮选时间、药剂制度、矿浆温度、浮选流程和浮选设备类型等。

### 4.4.1 矿石性质

浮选技术指标的好坏很大程度上与矿石性质有着直接的关系。矿石性质主要包括原矿品位、矿物组成、有用矿物的嵌布特性及共生关系和矿石的氧化率等。

（1）原矿品位

当矿石中有用元素的含量（即原矿品位）变化不大时，对浮选过程是有利的，整个浮选工艺条件容易控制，过程相对稳定，而当原矿品位变化范围大时，浮选工艺条件则不容易控制，选别指标无法保证。

原矿品位过高时，由于浮选设备能力的限制，浮选容易出现"跑槽"现象，造成金属流失。此外，矿石也难以得到充足的浮选时间，选矿回收率波动会很大。当原矿品位太低时，粗选精矿品位往往会偏低，给精选或第二段浮选带来困难，精矿品位常常出现不合格的情况。

（2）矿石中有用矿物的嵌补特性及共生关系

有用矿物的嵌布特性会直接影响碎磨流程结构及碎磨产品的解离度和粒度组成。当有用矿物嵌布粒度较粗且均匀时，一般只需一段磨矿就可使有用矿物绝大部分达到单体解离。若有用矿物嵌布粒度较细或不均匀，则往往需要多段磨矿才能达到适宜的解离度。

矿石中的有用矿物之间经常是共生或伴生的，并且伴、共生矿物存在的形式也是多种多样，如斑岩铜矿石中会伴生金、银等贵金属矿物。伴生矿物一般是通过对主金属矿物的回收而得到回收的。选别过程中，如能有针对性地添加药剂，选择适宜的工艺流程和工艺条件，则伴生贵金属的回收率也会得到提高。

（3）矿石的氧化率

氧化率高低是评价矿石性质的一个较重要指标。矿石的氧化率对选别有重大的影响，主要有以下几个方面：

①矿石泥化程度。许多金属矿物与脉石矿物的氧化都会改变原来矿物或矿石的结构构造，形成一系列土状或黏土状矿物，导致矿泥量增大。如长石类矿物氧化后会形成高岭土或其他黏土类矿物，降低长石的可浮性。

②矿石的矿物成分复杂，会影响有用矿物的可浮性。如黄铜矿经氧化后不仅残留着各种金属硫化物，同时还形成了新的次生金属矿物——孔雀石、蓝铜矿、硅孔雀石等，这些矿物的存在对整个浮选过程都有很大的影响。

③金属矿物表面的物理化学性质发生变化，会降低有用矿物的可浮性。如黄铜矿表面氧化形成一层孔雀石薄膜，这层薄膜是亲水的，使得黄铜矿的可浮性下降。

④矿石的酸碱度发生变化，导致选矿药剂的种类及用量也发生变化。矿石的氧化程度不同，矿浆的酸碱度也不同，对药剂种类及添加量的要求也会不同。此外，硫化矿物表面氧化后，会生成硫酸盐，在矿浆中溶解后，则产生难免离子，从而影响矿物的浮选。

### 4.4.2　磨矿细度

一般来说，适宜的磨矿细度是根据矿石中有用矿物的嵌布粒度，并通过浮选试验结果确定的。

生产实践表明，不同粒级的矿粒，其浮选效果不同。过粗或过细的矿粒，即使已达到单体解离，其浮选效果也是不理想的。硫化矿物浮选粒度上限一般为0.25~0.3 mm，自然硫一般为0.5~1 mm，氧化矿物一般为0.15 mm。生产实践中，当矿粒粒度小于0.01 mm时，浮选指标将显著恶化。

（1）粗粒浮选

矿物单体解离的前提下，粗磨可以大幅度节省磨矿费用，降低选矿成本。但较粗矿粒由于重量较大，重力作用影响显著，在浮选机中不易悬浮，与气泡碰撞的概率减少，附着气泡后因重力作用易于脱落，因此较难浮选。为改善粗颗粒的浮选效果，可采取以下措施：

①调节药方。目的在于增强矿物与气泡间的固着强度，加快浮升速度。可选用捕收力较强的捕收剂，如补加非极性油(如柴油、煤油等)可以巩固三相接触周边，增强矿物与气泡的固着强度。合理增加捕收剂浓度，也有利于疏水絮团的形成和上浮。捕收剂浓度较高时，矿化气泡在单位时间内浮出的数量比低浓度时大3~6倍。

②调节矿浆浓度。一般粗粒浮选时可适当增加矿浆浓度，但同时也应与所选择的浮选机相适应。一般对金属矿浮选浓度为20%~35%，非金属矿为15%~20%。若采用合适的浮选机，浮选浓度也可提高至60%左右。然而，矿浆浓度过高又会严重影响浮选设备的充气状况，从而恶化浮选指标。

③调节充气量。浮选机的充气量对于粗粒浮选具有重要的意义。增大充气量，可形成较多的大气泡，有利于产生"拱抬"上浮现象。一般可通过向浮选机中压入空气的方法来增加充气量。

④调节浮选机转速。对于粗粒浮选，若单纯依靠增加搅拌强度来增加其充气量，不仅无益，而且有害。原因在于：转速过低，粗颗粒难于悬浮，与气泡碰撞概率小；转速过高，矿浆紊动增强，粗颗粒又易于脱附。

⑤选择合适的浮选机。对于粗粒浮选，应根据需要和浮选机的特点选择合适的浮选设备，一般宜采用浅槽浮选机或新型流态化浮选机。

（2）细粒浮选

一般选矿中所谓的矿泥，通常是指-0.074 mm粒级的产物，而浮选中的矿泥则是指-0.010 mm的细粒级产物。矿泥有"原生矿泥"和"次生矿泥"之分。"原生矿泥"主要是由矿石中天然存在的各种泥质矿物，如高岭土、绢云母、褐铁矿、绿泥石、碳质页岩等形成的。"次生矿泥"则是在破碎、磨矿、运输、搅拌等过程中形成的矿泥。为减少"次生矿泥"的生成，应选择合理的破碎和磨矿流程，正确使用破碎筛分、磨矿分级设备，并提高设备效率。

矿泥由于具有质量小、比表面积大等性质，会对浮选过程产生一系列不利的影响。这些影响主要包括：矿泥易夹杂于泡沫中上浮，降低精矿质量；罩盖在粗粒矿物上，妨碍粗颗粒的浮游，回收率降低；吸收大量的浮选药剂，药耗增加；增加矿浆的黏性，浮选机充气条件变坏；细颗粒溶解度增大，矿浆中"难免离子"增加。

大量矿泥的存在，不但影响浮选指标，而且往往会破坏浮选过程。为消除或减少矿泥对浮选的不利影响，可采取下列措施：

①添加矿泥分散剂。通过分散矿泥，可消除其罩盖于其他矿物表面的有害作用。常用分散剂有水玻璃、碳酸钠、氢氧化钠、六偏磷酸钠等。

②分段、分批加药。要随时保持矿浆中药剂的有效浓度，可将药剂分段、分批添加，避免一次加入而被矿泥大量吸附。

③采用较稀的矿浆。矿浆较稀时，一方面可以减轻矿泥对精矿泡沫的污染，另一方面也可以降低矿浆的黏性。但当矿浆浓度过低时，药剂单位体积浓度也会降低，导致浮选回收率下降。

④脱泥。分级脱泥是最常用的办法之一。如用水力旋流器在浮选前分出某一粒级的矿泥并将其废弃或另做处理；或者对细泥和粗砂分别处理，即所谓的"泥砂分选"。对于一些易浮的矿泥，可在浮选前加少量起泡剂浮出。当被浮矿物与泥矿的性质差异较大时，还可专门制定浮选脱泥的药方。

目前生产中为改善细泥浮选工艺，所采取的措施还包括：用在矿浆中析出的微泡浮选细泥；用易浮粗粒作为"载体"背负细泥；利用"选择性絮凝""团聚浮选""电解浮选"及"纳米气泡浮选"等。

### 4.4.3 矿浆浓度

浮选矿厂常见粗选和精选作业的浮选矿浆浓度见表4-6。

表4-6 浮选矿厂常见矿浆浓度(固体) 单位：%

| 矿石类型 | 浮选循环 | 粗选 | | 精选 | |
|---|---|---|---|---|---|
| | | 范围 | 平均 | 范围 | 平均 |
| 硫化铜矿 硫化铅锌矿 | 铅及硫化铁 | 22~60 | 41 | 10~30 | 20 |
| | 铅 | 30~48 | 39 | 10~30 | 20 |
| | 锌 | 20~30 | 25 | 10~25 | 18 |
| 硫化钼矿 | 辉钼矿 | 40~48 | 44 | 16~20 | 18 |
| 铁矿 | 赤铁矿 | 22~38 | 30 | 10~22 | 16 |

矿浆浓度往往受许多条件的限制。如分级机的溢流浓度，就要受到粒度要求的限制。当要求的溢流粒度细时，溢流浓度就要低；当要求溢流粒度粗时，溢流浓度就要高。矿浆浓度对浮选过程的影响大致如下：

①矿浆过浓或过稀都会影响浮选机的充气效果。

②用药量不变的条件下，矿浆浓度高，液相中药剂浓度增加，可以节省药剂。

③矿浆浓度增加，如果浮选机的体积和生产率不变，则矿浆在浮选机中的停留时间相对延长，有利于提高回收率。反之，如果浮选时间不变，则矿浆愈浓，浮选机的生产率就愈大。

④矿浆浓度增加，细粒的浮选效率提高。如果细粒是有用矿物，则有利于提高回收率及精矿品位。反之，如果细粒是脉石矿物，则应稀释矿浆，以免细泥混入泡沫，使精矿质量降低。

一般矿浆较稀，回收率较低，但精矿质量较好。矿浆浓度的适当提高，不但可以节省药剂和用水，而且也相应提高回收率。但矿浆过浓，由于浮选机工作条件变坏，反而会使浮选指标下降。

浮选密度大、粒度粗的矿物，往往用较浓的矿浆。浮选密度小、粒度细的矿物，可用较稀的矿浆。

浮选操作中应按要求严格控制各作业的补加水量，尽量使各作业的浓度保持在适宜的范围内。矿浆浓度波动不能过大，否则会导致生产过程和指标的不稳定。

### 4.4.4 药剂制度

药剂制度包括药剂种类、用量、配制、添加地点以及添加方式，也简称为药方。药剂制度应通过矿石的浮选试验来确定。生产中要对加药数量、加药地点与加药方式不断地进行修正与改进。

（1）药剂用量

在一定范围内，增加捕收剂与起泡剂的用量，可以提高浮选速度和改善浮选指标，但用量过大，会造成浮选过程的恶化。同样，抑制剂与活化剂也应适量添加，使用中应特别强调"适量"和"选择性"这两个方面。过量的药剂所造成的危害往往不易被人们重视。

①捕收剂过量可能引起的危害主要有：

a. 破坏浮选过程的选择性，使精矿质量下降。浮选的"夹带"现象严重，使部分不该上浮的脉石矿物被"夹带"上来，即使回收率略有提高，但精矿品位却明显下降，选矿综合效率也会下降。

b. 给下一作业的浮选分离带来困难。因上一作业的泡沫产物带来了过量的药剂，且泡沫产物中的矿物成分复杂。此时往往采取多加调整剂的办法来补救，但多加调整剂，又会导致含有过量药剂的中矿返回到粗选及扫选作业，从而产生恶性循环，最终引起药方混乱，恶化浮选条件，致使指标下降。

c.其他药剂用量也随之增加。如捕收剂过量，抑制剂也需多加。不但浪费药剂，而且使尾矿中药剂的含量增高，造成环境污染。捕收剂用量过大，还会造成"跑槽"现象，导致有用矿物流失。

②起泡剂过量的影响有：造成大量黏而细的气泡，易使脉石矿物黏附在气泡上而降低精矿品位。如果原矿中含泥量较多，常容易引起"跑槽"事故，造成大量精矿溢出泡沫槽外，使有用矿物流失。

③活化剂过量的影响有：破坏浮选过程的选择性，还可能与捕收剂发生化学作用，消耗大量捕收剂。如矿浆中残存过剩的 $Cu^{2+}$ 极易与黄药发生反应形成难溶的黄原酸铜，增加不必要的捕收剂消耗。

④抑制剂过量的影响有：对不需要抑制的目的矿物也会产生抑制作用，降低了抑制的选择性，从而使目的矿物回收率下降。此时，要提高目的矿物的回收率，又需要添加活化剂或增加捕收剂用量，造成工艺条件的不稳定。

⑤介质 pH 调整剂的影响有：如果其用量不当，不能使矿浆保证适宜的 pH，则浮选药剂不能在合适的条件下发挥作用，会导致药剂用量的大幅度调整而产生混乱。

（2）药剂配制

同一种药剂，配制方式不同，其用量和效果也会不同。对于在水中溶解度较小或不溶于水的药剂，配制方法的影响尤为明显。如中性油类，不采取调节措施，在水中就难以弥散开而呈较大的液滴状，不但作用效果不好，而且用量也会偏高。为了提高药效，应依据药剂的化学性质，采用不同的配制方法，生产实践中常用的配制方法有：

①配制成水溶液。这种方式适用于黄药、水玻璃、硫化钠等可溶于水的药剂。

②加溶剂配制。对有些难溶于水的药剂，可将其溶于特殊的溶剂中再进行添加。如把油酸溶于煤油中再添加，可加强油酸的捕收作用。脂肪胺类捕收剂则可用等摩尔比例的醋酸或盐酸配制后使用。

③乳化法配制。脂肪酸类及柴油等药剂还可采用乳化方法，增加其弥散度，提高药效。常用的乳化法是添加乳化剂后，进行强烈的机械搅拌，并通入蒸汽或用超声波处理。例如塔尔油常与柴油在水中加乳化剂（烷基芳基磺酸酯），经强烈搅拌配制成乳化液后再使用。

④皂化法配制。脂肪酸类捕收剂常采用此法配制。如铁矿石浮选时，常采用氧化石蜡皂与塔尔油作捕收剂，同时，配入占总量 10% 左右的碳酸钠，使塔尔油皂化，并且加温制成热的皂液添加。

⑤配制成悬浮液或乳浊液。如生产中使用的石灰,可加水磨成石灰乳添加。活性炭可采用干粉添加或加水配制悬浮液后添加。

⑥原液添加。生产中使用的各种油类药剂,如松醇油、MIBC、煤油、Z-200 号等可直接按药剂用量添加原液。

生产中对于不同种类的药剂,配制的浓度也不相同,但一般配成浓度为 5%~20%的水溶液使用。药剂配制的浓度太稀,体积太大。浓度太大,对用量较少的药剂难以正确添加,且输送不便。药剂配制好后,不宜贮存过久,否则可能因变质而失效。药剂配制方法及浓度见表 4-2。

(3)药剂添加

浮选药剂与矿物表面的作用不是瞬时就能完成的。在浮选之前,应根据试验结果确定药剂与矿物颗粒间的有效作用时间,并据此确定药剂的添加制度。一般,加药点的设置应考虑药剂性能、用途及溶解度等因素,可分别加入磨矿机、分级机、砂泵池、搅拌桶或浮选机中,有时也可根据实际需要加入中矿浓密机中。

添加的浮选药剂最好为配制好的液体,这样有利于保证药剂加入的连续性、稳定性和准确性,以充分发挥药剂功效。

介质调整剂和矿泥分散剂,一般加入到磨矿机中,可消除部分有害离子的影响,并为其他药剂的作用创造适宜的条件。抑制剂、活化剂一般在捕收剂之前加入,多加在搅拌槽内,使药剂在矿浆中有较长的作用时间。捕收剂和起泡剂也常加入搅拌槽或浮选机中,对较难溶的捕收剂或为提高捕收剂的作用效果,可将其加入到磨矿机中。

为充分发挥每种药剂的作用,避免药剂间的相互影响,一般应让前一种药剂充分作用后,再加第二种药剂。如硫酸铜和黄药,氯化钙和油酸的添加,都要求分先后次序。

加药的方式有两种:一次添加和分段添加。

①一次添加。即将药剂集中加在一个点。优点是该加药点的药剂浓度大,作用强。此法常作为易溶于水、在矿浆中不易反应和失效的药剂的添加方式,如石灰、碳酸钠等调整剂。

②分段添加。即将药剂按作业、阶段分批加入。优点是可以使浮选作业的药剂浓度基本趋于一致,且药剂分散较均匀。

在矿浆中易氧化、分解、变质的药剂,常用分段添加方式。如黄药易氧化变质,二氧化碳和二氧化硫则易反应失效,应采取分段添加。

易被泡沫带走的药剂,如油酸作捕收剂时,本身有起泡性,易被泡沫带走,因此应分段添加。用量要求严格控制的药剂,如硫化钠浓度过大就会没有选择作用,一般应分段添加。

因分段加药可以防止药剂过量、失效,并能提高药效,节省用量,所以在浮选矿厂得到了广泛的应用。

(4)提高药效的几个措施

①混合用药。混合用药在实践中应用得比较广泛。各种捕收剂混合使用是以矿物表面不均匀性和药剂间的协同效应为依据。很多选矿厂的配药方案是：不同长度碳链的黄药混用，如戊基黄药加乙基黄药；不同类型的捕收剂混用，常以一种捕收剂为主，另一种为辅，如油酸与煤油以 1∶3 的比例浮选磷灰石，回收率由单用油酸的 20%上升至 80%；同类药剂的混用，如黄药与黑药混合使用。

②分散加药。为加速药剂在矿浆中分散，除采用药剂乳化等方法外，近年来还提出了气溶胶浮选法，它是将浮选药剂喷成雾状加至浮选机内的方法，对节省用药有一定的效果。

③浓浆加药，稀浆浮选。这种方法是将矿浆分成浓、稀或矿砂、矿泥两个分支。把浮选药剂加到浓浆或矿砂那一分支，然后再混合进行浮选。由于在浓浆中加药，药剂在矿粒表面的吸附作用加强，可减少矿泥对药剂的吸附，从而提高药效。

④为提高药剂使用效果，还可对药剂进行磁场、电场、加温等预处理。

## 4.4.5　矿浆酸碱度

矿浆的酸碱度即矿浆中的 $OH^-$ 和 $H^+$ 的浓度，一般用 pH 表示。矿浆 pH 既会影响矿物的浮选性质，也会影响各种浮选药剂的作用。pH 的影响主要有以下几方面。

(1)对矿物浮选性质的影响

矿浆 pH 会影响矿物表面性质，从而影响矿物的浮选行为。pH 增高可提高石英的亲水性。褐铁矿在 pH>6.7 的矿浆中可用胺类阳离子捕收剂浮选，而在 pH<6.7 矿浆中，可用烷基硫酸钠之类的阴离子捕收剂浮选。

(2)对药剂解离度的影响

黄药、氰化物和硫化钠等药剂的解离度都随 pH 增高而增大。可见，只有在适宜的矿浆 pH 条件下，才能较好地发挥药剂的功效。

(3)对矿物可浮性的临界 pH 的影响

矿物在不同浮选药剂条件下，都有一个"浮"与"不浮"的 pH，称为"临界pH"。控制临界 pH 就能控制矿物间的有效分选。表 4-7 是常见的几种硫化矿物在不同的捕收剂作用下的临界 pH。

表 4-7　常见的硫化矿物在不同的捕收剂作用下的临界 pH

| 捕收剂名称及其浓度 | 临界 pH | | | |
|---|---|---|---|---|
| | 闪锌矿 | 方铅矿 | 黄铁矿 | 黄铜矿 |
| 二乙基二硫代磷酸钠(32.5 mg/L) | | 6.2 | 3.5 | 9.4 |
| 乙基钾黄药(25 mg/L) | | 10.5 | 10.5 | 11.8 |
| 异戊基甲基药(31.65 mg/L) | 5.5 | 12.1 | 12.3 | >13 |
| 二乙基二硫代氨基甲酸钠(26.7 mg/L) | 6.2 | >13 | 10.5 | >13 |
| 正二戊基二硫代氨基甲酸钠(42.3 mg/L) | 10.4 | >13 | 12.8 | >13 |

　　(4)对捕收剂在矿物表面作用的影响

　　矿浆 pH 和捕收剂对矿物表面的综合作用是竞争吸附。如黄原酸离子($RCOSS^-$)与 $OH^-$ 在矿物表面的竞争。矿浆中的 $H^+$ 及 $OH^-$ 吸附在矿粒表面时,并不排除捕收剂离子,只是各占一定的位置。如果 pH 太高,矿物表面 $OH^-$ 的吸附就会占优势,从而增加矿物的亲水性而增强抑制作用。

　　(5)对起泡剂的影响

　　一般起泡剂多呈分子状态吸附于气液界面,解离愈少,其起泡性能愈好。如松醇油在 pH 为 6~9 的范围内,起泡性能变化不大。但若把 pH 提高到 9~11 的范围,起泡力就会显著增加。松醇油中加入部分电解质也会对气泡的稳定和起泡力有较大的影响。如加入 NaOH,泡沫的稳定性也随之提高。如加入 HCl,泡沫的稳定性随之降低。石灰和松醇油共用时,有时因使用不当,药剂量超过一定范围,常因生成大量黏韧的泡沫而造成"跑槽"现象。

　　各种起泡剂的分子结构不同,使得它们受 pH 的影响也不同。醇类起泡剂在碱性介质中使用效果好,而酚类起泡剂在酸性介质中使用效果好。

　　(6)对矿浆中某些离子的影响

　　矿浆 pH 会影响离子的组分分布,导致这些离子对矿物浮选行为产生不同影响。使用石灰调整 pH 时,它能与矿浆中 $Cu^{2+}$、$Fe^{2+}$ 等生成沉淀。同样,使用碳酸钠调整 pH 时,它也可与 $Ca^{2+}$、$Mg^{2+}$ 生成沉淀。这些均可减少有害离子对浮选的干扰和影响。

　　(7)对矿物氧化速度的影响

　　矿物表面的氧化速度随矿浆 pH 的不同而变化,尤其是金属硫化矿物。如重铬酸盐对方铅矿的氧化抑制作用,要在 pH 为 7.4~8 的碱性矿浆中进行才好。

　　综上所述,矿浆 pH 对矿物浮选的影响是多方面的。由于它与矿浆悬浮液的稳定性和浮选机械的腐蚀性等都有密切关系,为避免对设备的腐蚀作用,节省捕收剂和起泡剂用量,浮选多在碱性矿浆中进行,常见矿石的浮选 pH 见表 4-8。

**表 4-8　常见矿石的浮选 pH**

| 矿石类型 | 粗选 pH | 矿石类型 | 粗选 pH |
|---|---|---|---|
| 铜矿 | 9.5~11.8 | 铅锌矿 | 7.1~12 |
| 铜硫矿 | 10~11.5 | 铜锌矿 | 8~9.7 |
| 铜钼矿 | 10~11.5 | 铜铅锌矿 | 7.2~12 |
| 铜镍矿 | 7.8~9.5 | 辉钼矿 | 8.5 |
| 铜钴矿 | 10~11 | 铁矿 | 7~11.7 |

由于许多矿物是以盐的形式存在的，它们对矿浆 pH 具有缓冲作用，如方解石等。因此，在实际工作中，调整矿浆 pH 时必须考虑到这一点。

## 4.4.6　浮选机的充气和搅拌

充气量的大小，主要取决于浮选机的类型及浮选工艺的要求。不同类型的矿石可根据各自浮选工艺对充气量的要求，选用不同型号的浮选设备。在各作业中也可按原料中有用矿物的含量和泡沫量的多少调节充气量。

空气在矿浆中的弥散程度与气泡的大小有关。就一定数量的空气而言，气泡愈小，分散愈好，气泡的总表面积愈大，对浮选愈有利。但气泡太小，上升速度太慢，对矿物的携带能力减弱，又不利于有用矿物的上浮。

加强对矿浆的搅拌可增加矿粒与气泡的碰撞概率，加速水化膜的破裂，并提高矿粒与气泡的附着概率和停留概率。但过强的充气和搅拌又是不利的，不仅会破坏泡沫层的稳定，造成气泡兼并，使大量的矿泥被夹带进入泡沫而引起精矿质量的下降；还会使浮选机的矿浆容积减少，电能消耗增加，加速运动部件的磨损。

浮选实践中，通常要求搅拌要适宜，不能过强。操作中应尽量采用控制充气量和起泡剂用量的方法来调节。在处理充气量和药剂的关系上，也不能因充气不足，起泡不好而盲目地多加起泡剂；而应该首先进行充气量的调整，然后再调整起泡剂用量。适宜的充气量及搅拌强度要根据矿石性质、作业条件及对浮选的要求等因素选取。

## 4.4.7　浮选时间

浮选时间指达到某一确定回收率和精矿品位时所必需的时间。浮选时间过长，虽有利于提高精矿回收率，但会导致精矿品位下降；浮选时间过短，虽对提高产品质量有利，但会使尾矿品位增高，回收率下降。矿石所需的浮选时间应根据试验结果恰当地选取，太短或太长都是不经济的。浮选时间与浮选指标的关系可用图 4-34 来表示。

浮选时间与矿石的可选性、磨矿细度、药剂条件等因素有关。它们之间的一般规律是：在矿物可浮性好、原矿品位较低、矿物单体解离度高、药剂作用快的条件下，浮选时间可短些；反之则应长些。浮选含泥量高的矿石，要比含泥量低的矿石需要更长的浮选时间。一般粗、扫选作业的浮选时间少则 4~15 min，多则 40~50 min。

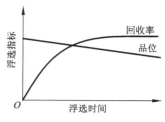

图 4-34　浮选时间与浮选
指标之间的一般关系

精选作业时间的长短，要根据有用矿物的可浮性好坏及精矿质量要求而定。一般来说，对易浮矿物，精选时间为粗选时间的 15%~100%。在复杂情况下，如多金属硫化矿的优先浮选流程，精选作业所需时间可以等于甚至大于粗选作业时间。在浮选可浮性很好的贫矿石，并对精矿质量要求很高（如原矿含钼 0.08%~0.1%，要求精矿含钼 50% 左右）时，精选作业时间可能是粗选作业时间的 5~10 倍。

### 4.4.8　浮选的水质

浮选过程是在水介质中完成的。浮选使用的水质，往往因时间和地区的不同而存在较大变化，水质对浮选过程及指标有较大的影响。

一般，浮选用水不应含有大量悬浮微粒，也不应含有大量能与矿物或浮选药剂发生反应的可溶性物质或离子。当水中含有碳酸盐、硫酸盐、磷酸盐，或钙和镁离子，或磨矿后的矿浆中存在铁、铜、锌等与矿物成分有关的离子时，对浮选过程中的某些矿物会产生活化或抑制作用，或者影响矿物间的分散和凝聚状态，甚至会与捕收剂发生化学反应而降低捕收剂效果。比如钙、镁离子会对非硫化矿物产生活化，还会与脂肪酸类捕收剂发生反应生成盐。

因此，生产中为了保证浮选过程的正常进行，要求重视水质的检测，必要时应对生产用水采取相应的处理措施，如硬水的软化等。

### 4.4.9　矿浆温度

尽管目前大多数浮选矿厂都在常温下进行浮选。但矿浆温度有时在浮选过程中也会起到重要的作用。一些特殊的浮选过程需要对矿浆进行加温，以保证浮选过程的正常进行。矿浆加温常用蒸汽或热水来实现。矿浆加温一般来自两个方面的要求：

①药剂性质的要求。有些浮选药剂要在一定的温度下，才能发挥其有效的作用。一般当矿浆温度适当升高时，抑制剂和活化剂的作用也会随之加强和加快。油酸类和脂肪胺类药剂对矿浆温度比较敏感，需在适宜的温度下使用（参见 4.2.2 节）。

②特殊工艺的要求。一些浮选要求提高矿浆温度,以达到分离矿物的目的。如白钨矿的浮选采用彼得罗夫法时,矿浆要求加温到 90 ℃左右。

硫化矿的加温浮选工艺,近年来也发展较快。如铜钼混合精矿的浮选分离,在石灰造成的高碱度矿浆中,通过蒸汽加温,使硫化铜、硫化铁等矿物表面的捕收剂膜解吸和破坏,并使辉钼矿以外的硫化物表面氧化,从而受到抑制。由于辉钼矿表面不易氧化,故混合精矿经加温处理后,添加煤油和起泡剂,便可浮出较纯净的辉钼矿,这就是所谓的石灰蒸汽加温分选法。

## 4.4.10 浮选流程

在浮选过程中,矿浆经过的各个浮选作业总称为浮选流程。浮选流程并非一成不变,常因矿石性质变化,或者采用先进的新工艺和设备而需不断改进,以期得到最佳的技术经济指标。浮选流程包括原则流程和流程结构两个方面。

(1)浮选原则流程

浮选原则流程主要是指处理各种矿石的原则技术方案,其中包括浮选段数、循环(又称回路)和矿物的浮选顺序。

①浮选段数。一般指磨矿与浮选相结合的数目。通常磨矿一次、浮选一次就称一段流程,其适用于有用矿物嵌布粒度相对较粗、较均匀且不易泥化的矿石。

多段流程是指两段以上的浮选流程。一般两段浮选流程可能的方案有精矿再磨、尾矿再磨和中矿再磨,分别见图 4-35(a)(b)(c)。

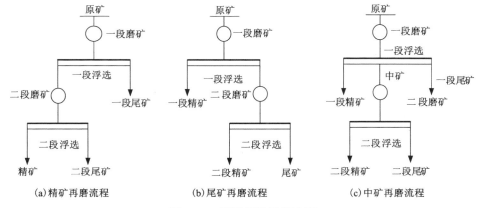

图 4-35 两段浮选流程方案

精矿再磨流程多用于有用矿物嵌布粒度较细的矿石,而它们的集合体则较粗,在较粗磨的条件下其集合体就能与脉石分离,从而得到混合精矿(或贫精矿)和废弃尾矿,在多金属硫化矿石浮选中较常用。

尾矿再磨流程多用于有用矿物嵌布很不均匀的矿石，或容易氧化和泥化的矿石。在较粗磨的条件下，分出一部分合格精矿，将含有细粒矿物的尾矿再磨再选。

中矿再磨流程多用于一段浮选能得到一部分合格精矿和废弃尾矿，而中矿中有大量矿物连生体的矿石。

②浮选循环。浮选循环也称为浮选回路，通常是按照所浮选的不同金属（或矿物）来命名的。如铅锌浮选中有铅循环和锌循环，见图4-36。

③矿物的浮选顺序。矿石中矿物的可浮性、矿物相互间的共生关系等因素与浮选顺序有关。有用矿物集合体较粗，在粗磨条件下就能得到废弃尾矿时，可用先混合浮选然后再浮选分离的流程。矿石中的矿物可浮性相等时，则可采用等可浮浮选流程。常见的矿物浮选顺序有优先浮选（见图4-37）、混合浮选、部分混合浮选和等可浮浮选等几种。

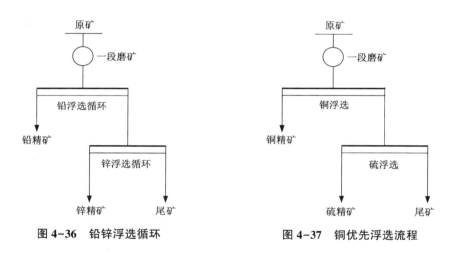

图4-36　铅锌浮选循环　　　　　图4-37　铜优先浮选流程

（2）浮选流程结构

流程结构除包含原则流程的内容之外，还应详细表达各段的磨矿分级次数，每个浮选循环的粗选、精选、扫选作业次数，以及中矿的处理方式等内容。

①作业次数。粗选作业一般都是一次，只有少数情况下才有两次以上的。精选和扫选作业次数较多，这与矿石性质（如矿物含量和可浮性等）和对产品质量要求及目的矿物的价值等有关。一般粗选作业目的是保证粗精矿品位和回收率，扫选作业目的是提高回收率，精选作业目的是提高精矿品位。

当原矿品位较高，矿物可浮性较差，而对精矿质量的要求不是很高时，就应加强扫选作业，以保证有足够高的回收率，精选作业则应少，甚至不精选。

当原矿品位低，而对精矿的质量要求又很高时，就要加强精选。如辉钼矿浮选，精选作业次数常常达到8次以上，在精选过程中往往还要进行再磨矿。有用矿物与脉石的可浮性相差很大,脉石矿物基本上不浮时,精选作业次数也可以相应减少。

②中矿处理。浮选的最终产品是精矿和尾矿。在浮选流程的中间环节,还会产出一些中间产品,如精选作业的尾矿和扫选作业的精矿等,实践中习惯称之为“中矿”。中矿一般都必须在浮选流程内部进行处理,常见的处理方案有以下4种:

a.返回浮选流程中的适当地点。最常见的方案是中矿顺序返回,即后一作业的中矿返回到前一作业。当矿物已单体解离,可浮性一般,而又比较强调回收率时,多采用顺序返回,中矿经受再选的机会较多,可避免损失。

将全部或部分中矿合并后,再一起返回至前面的某一作业,一般是粗选作业。这样可以使中矿得以多次再选,有利于提高精矿质量。这种方式适用于矿物可浮性较好,对精矿质量要求高的情况,如石墨和辉钼矿的浮选。一般中矿合并后,还需要浓缩。中矿合并返回粗选作业常常可以节省粗选作业的用药量。

生产实践中,中矿返回方案往往是多种多样的。一般应遵循的规律是:中矿应该返回到矿物组成和矿物可浮性等性质与中矿性质相近的作业。

b.中矿再磨。中矿的矿物连生体多时,需要再磨。再磨可单独设置,也可将中矿返回到第一段磨矿作业。中矿再磨之前的浓缩和分级一般是必要的,浓缩的溢流常作回水使用。

c.中矿单独浮选。有时中矿虽不呈连生体,但它的性质比较特殊,返回前面哪个作业都不太合适。在这种情况下,可将中矿单独浮选。

d.采用水冶等方法处理中矿。有的中矿含泥质多,返回前面作业会扰乱浮选过程,且指标极低。此时,可考虑用湿法冶金的方法处理这类中矿。

### 4.4.11 混合精矿脱药

对于多金属矿混合浮选得到的混合精矿,为改善其分离效果,在分离之前需要预先脱药,除去矿物表面吸附的捕收剂,以及矿浆中的过剩药剂,为分离创造良好的条件。混合精矿脱药的方法有:机械法、化学法及物理化学法、特殊法。

(1)机械脱药法

此法包括多次精选、再磨、浓缩、擦洗和过滤洗涤等过程。

①多次精选。它既是混合精矿提高品位的过程,又是一个脱药过程。一般精选浓度都较稀,因此,此法只能除去一部分过剩药剂,而不能除去矿物表面的捕收剂,故其效果是有限的。

②混合精矿再磨。再磨的主要作用是解决混合精矿中连生矿物的单体解离问题,但也可以剥落矿物表面一部分药剂,有一定的脱药作用。

③浓缩脱药。混合精矿浓缩时,可以除去矿浆中的过剩药剂。浓缩可用浓密机,也可用水力旋流器。

④擦洗。在矿浆搅拌时，靠矿粒之间摩擦可以脱除部分药剂。但容易泥化的矿物，不适宜采用此法。

⑤过滤洗涤法。将混合精矿浓缩过滤，并在过滤机上喷水洗涤，然后将滤饼调浆浮选，这是机械脱药法中脱药最彻底的一种方法，但比较麻烦。

（2）化学及物理化学法

此法包括硫化钠解吸及活性炭解吸等方法。

①硫化钠解吸法。硫化钠能解吸矿物表面的捕收剂，脱药比较彻底。但因硫化钠用量大，脱药后必须浓缩过滤，除去剩余的硫化钠，否则硫化矿都会受到抑制。

②活性炭解吸法。利用活性炭的吸附性能，可以吸附矿浆中的过剩药剂，并促进药剂从矿物表面解吸。此法不如硫化钠法彻底，但使用方便。

（3）其他几种方法

①加温法。目前在混合精矿分离中已经广泛采用。

②焙烧法。铜钼混合精矿的分离，曾用此法。在焙烧过程中可使矿物表面的捕收剂膜破坏，而且使铜矿物表面氧化。焙烧后的混合精矿再调浆用煤油浮选辉钼矿。

# 4.5  浮选工艺操作

浮选工艺操作是浮选实践的重要组成部分。好的操作方法不仅能实现稳定的浮选过程，而且能获得良好的工艺指标。

浮选岗位操作就是在熟悉原矿性质的基础上，根据浮选过程的各种现象，判断浮选过程质量的好坏，并应用浮选基本知识及时调整有关参数，以达到预期的各项技术经济指标。

## 4.5.1  浮选操作的基本原则

（1）根据产品数量和质量的要求进行操作

对于精矿而言，除产量以外，还有一个产品质量问题。所以，应该在保证较高精矿质量基础上，尽可能多地回收原矿中的有价矿物。

（2）根据原矿性质的变化进行操作

矿物可浮性的好坏决定了操作控制的难易程度。可浮性好的矿物，对各种工艺因素有较强的适应性，比较容易达到预期的数（质）量指标。可浮性差的矿物，适应性差，数（质）量指标波动大，只有及时调整有关因素，才能获得好的选别指标。

（3）要保持浮选工艺过程的相对稳定

各种工艺参数、控制条件的调整，一般均应尽量避免大起大落。

## 4.5.2　浮选操作的基本内容

浮选过程的操作与控制主要是为了保证浮选过程和产品质量的稳定性。生产实践中，往往不能及时测定产品的质量指标，因而就要根据不同矿石的浮选特点，观察浮选现象，然后进行必要的调整。不同矿石的浮选现象是不完全相同的，但针对大部分矿物的浮选，都存在一些共性的地方，具体包括以下内容：

（1）泡沫层厚度及各作业刮出量的控制

浮选机中的泡沫层是有用矿物实现富集的地方，泡沫层的厚薄对回收率与精矿品位有着直接的影响。决定泡沫层厚度的因素有原矿品位、作业种类及工艺条件等。操作中可从浮选机的矿浆闸门、药剂用量、矿浆浓度等方面进行调节。

浮选过程中，由于"二次富集"作用，上层泡沫的品位高于下层；泡沫在矿浆面上的停留时间愈长，富集作用愈好。一般来说，泡沫层愈厚，聚集的有用矿物数量就愈多，反之则愈少。但泡沫层太厚，使得上层气泡逐渐变大，总的表面积减少，单位面积的负载增大，有些已经浮选出的粗粒矿物又有可能从气泡上脱落而进入矿浆。对于部分难选矿物，因其与气泡的附着强度减弱，粗粒矿物脱落的可能性就更大。然而过薄的泡沫层不但会减弱"二次富集"作用，而且会在排出精矿时带出大量矿浆，既影响产品质量，又增加矿浆的循环量，降低选别指标。

在生产中，应控制好泡沫的刮出量，保持粗选、扫选、精选作业的泡沫刮出量的平衡和稳定，使泡沫中含有较多的有用矿物量，获得合格的精矿。浮选泡沫的颜色和刮出量应与对应的作业相一致。

必须指出的是，片面地增大泡沫的刮出量，似乎能提高有用矿物的回收率，但也容易把大量脉石刮入泡沫产品，使泡沫产品质量下降，造成中矿循环量增加，减少相应的浮选时间，恶化浮选作业条件，降低选别指标。

由于某些因素的影响，有时可能导致泡沫层厚度及作业刮出量出现异常，产生两种极端现象：①矿液面下落，根本刮不出泡沫；②大量矿浆和泡沫外溢。前一种情形产生的主要原因可能是：处理矿量突然减少、磨矿细度太粗、浮选浓度过大、起泡剂用量不足或原矿性质有了大的变化等。后一种情形产生的主要原因可能是：处理矿量增多、品位升高、浮选浓度变稀、补加水量和循环量增加、浮选药剂过量或原矿中矿泥增加、矿浆中混有润滑油等。

为保持工艺过程中各作业的有用矿物量和矿浆量的稳定和平衡，要控制泡沫层厚度和作业刮出量，具体操作方法可归纳为：

①及时发现和查明泡沫层厚度和泡沫刮出量发生变化的原因，并加以消除。浮选机刮出的产物只应该是矿化的泡沫，而不是矿浆。可通过调整矿浆液面来达到控制泡沫层厚度及泡沫刮出量的目的。发生矿浆溢出或矿液面急剧下降时，可以先借助浮选机的矿浆闸门进行调整。若是矿浆浓度和细度发生变化，则应及时与磨矿分

级操作工联系并加以调整；若是药剂用量不当，则应及时调整药剂用量。

②重点观察和掌握精矿产出槽及粗选作业前几槽的泡沫层厚度和刮出量。同时也要注意尾矿排出的泡沫状况。精矿产出槽和粗选作业前几槽集中了大量的有用矿物，它们的浮选现象及泡沫矿化状况对工艺因素变化的反映一般较为显著。所以，掌握好这些槽的操作是保证整个浮选工艺指标的关键。根据浮选过程中有用矿物量逐渐减少的实际情况，从粗选到扫选，各槽的泡沫刮出量应按顺序减少。

③调整矿浆闸门时，一般应从浮选作业尾部开始，逐一调整至前部。这样可以保持矿浆量的相对稳定，并尽量减少对下一作业的影响。若因分级溢流量的突然改变而造成浮选机刮出量的变化，为尽早消除异常，则可从浮选作业前部开始调整。

④ 精选作业应保持较厚的泡沫层，刮出量应与精矿质量的要求相适应。要防止过大或过小的泡沫刮出量，以不刮出矿浆为原则。

一般来说，在出现浮选机"掉槽"现象时，首先应该检查原矿处理量的变化、磨矿产品粒度的变化、矿石性质的变化，然后再检查浮选药剂的变化。此时调整的基本原则是，如果因暂时的矿量波动，可不必做出调整，运转一段时间后就可以自行恢复正常；如果是药剂用量的变化，可将药剂调整到合适的用量范围，然后再配合对浮选机的微调，使浮选过程恢复正常。切忌在没有弄清楚原因之前，大幅度地调整浮选机参数，这样做会导致浮选全过程平衡的破坏，致使浮选流程要经历很长时间(对复杂流程尤为突出)才能达到新的平衡，对生产指标的稳定极为不利。

（2）矿化泡沫的观察

浮选操作最重要的一项技能是观察泡沫。因为从泡沫表观现象的变化，能判断引起变化的原因，及时调整有关参数，以保证浮选过程在较好的条件下进行。

观察泡沫矿化情况应抓住几个有明显特征的浮选槽，主要有最终精矿产出槽、粗选作业槽、各加药槽及扫选作业最后一槽等。矿化泡沫的种种表观现象，主要是由气泡表面黏附矿物的种类、数量、粒度、颜色及光泽等因素决定的，而与此有直接联系的是药剂的用量。

①泡沫的矿化程度。泡沫层表面泡沫的矿化程度反映了矿浆内部矿粒向气泡黏附的情况。气泡表面黏附的有用矿物愈多，就越显出有用矿物的颜色、光泽等物理性质方面的特征。另外，泡沫层表面气泡有次序地兼并破裂也是可供观察的一种现象。当泡沫表面矿化良好，负荷较重时，气泡易于破裂。刮出后与泡沫槽撞击会发生"沙、沙"的响声。

浮选药剂对气泡的矿化程度有直接的影响。过量的药剂(特别是调整剂)往往会造成过大、过小或过脆、过黏的气泡。药剂数量不足时，则会因泡沫层的气泡容易兼并和破裂而显出不稳定。

一般来说，粗选槽内的矿化泡沫较厚实，即泡沫能较好地显示有用矿物的物理特征。扫选槽内的矿化泡沫较空而透亮，气泡上附着的有用矿物极少。

②泡沫的浓度。泡沫的浓度与泡沫的矿化程度有密切的关系。泡沫的矿化程度越好，泡沫的浓度就越高，相应的泡沫产物的品位也越高。相反，泡沫浓度越稀，则表明矿化效果差，脉石矿物含量高，相应的泡沫产物的品位就越低。浮选作业中，精选、粗选、扫选作业精矿泡沫浓度一般会依次降低。

③气泡的大小。气泡大小是浮选至关重要的表现特征之一。不同的矿石、作业，气泡大小各有不同。通常粗选作业的气泡大小以 20~30 mm 为宜；扫选作业的气泡大小以 5~15 mm 为好。精选作业的气泡大小应相对大些，而且较均匀。

浮选药剂是调整气泡尺寸的重要因素。一般情况下，起泡剂用量愈大，气泡愈小；抑制剂用量愈大，气泡也愈小。

④泡沫的颜色。泡沫的颜色是另一个明显的外观特征。它由泡沫表面黏附的矿物颜色所决定。在泡沫中，辉铜矿呈铅灰色，黄铜矿呈金黄带绿色，孔雀石呈绿带黑色，含铁的矿物呈褐色，黄铁矿呈淡黄发亮色，一水硬铝石呈棕灰色等。在精选区，若上浮泡沫颜色鲜明，则说明精矿质量高。在扫选区，若泡沫仍呈现出某种有用矿物的颜色，则说明尾矿中有用矿物损失较多。

除上述各种特征外，还有泡沫的光泽、形态和脆性等特征。例如，硫化矿物往往呈现出较强的金属光泽，氧化矿物较多时泡沫发黑，且光泽暗淡。黏附于气泡的矿粒粗，且硫化矿物多时，气泡脆，易兼并，刮出后易破裂；细泥或胶粒多时，气泡韧性强，不易破裂。

(3)淘洗产品或显微镜观察

为判断产品的质量，生产实践中还可用淘洗盘淘洗浮选产品，用肉眼直接观察或在显微镜下鉴定。

检查精矿时，可先采取一定数量的精矿样品进行淘洗，视杂质占有比例来判定精矿的质量。对于重金属矿物，则可以用水洗去轻矿物，并估计重金属矿物的含量。

在粗选作业接取产品淘洗，主要是为了观察各种矿物的上浮情况。在扫选作业检查产品，是为了了解有用矿物是否会过量地损失于尾矿中。

总之，淘洗产品要掌握的要领是：根据检查目的选择适当的采样地点和样品接取量，并依被检查矿物密度及含量确定淘洗的程度。泡沫中的有用矿物多时，一般接取量可少一些，反之应多一些。密度较大的矿物可进行多次淘洗，密度较小的矿物则应轻淘少洗。

此外，为使淘洗检查结果准确，每次接取的方法、接取的数量、淘洗程度均应尽量保持一致。这样，可比性和估计的准确度才会更高。此外，观察淘洗产品应在光线较强的条件下进行。

(4)浮选工艺操作中常见的异常现象、产生原因及主要调整方法

由于矿石种类的不同,浮选操作过程中出现的异常现象是很多的,产生这些现象的原因也错综复杂,常常并不完全是由一个因素所致。不同矿石的浮选行为和现象差异也非常大,需要在操作过程中具体情况具体分析,不能一成不变。方便起见,这里将生产实践中可能出现的各种常见的异常现象,以及相应的调整方法列入表4-9中,以供实际浮选操作时参考。

表4-9 浮选中常见的异常现象、产生原因及主要调节方法

| 异常现象 | 产生的可能原因 | 主要参考调整方法 |
| --- | --- | --- |
| 精矿品位低 | 1. 矿物组成及矿石氧化、泥化程度发生变化<br>2. 磨矿作业浓度大<br>3. 充气过量<br>4. 药剂过量,降低选择性<br>5. 精矿泡沫刮出量大 | 1. 调整药剂、流程<br>2. 降低浓度<br>3. 减少充气量<br>4. 减少药剂用量<br>5. 减少刮出量 |
| 回收率低 | 1. 矿物组成及矿石氧化、泥化程度发生变化<br>2. 磨矿细度粗<br>3. 药剂用量不当<br>4. 生产量过负荷,浮选时间不足<br>5. 中矿循环量增加,浮选过快不稳定 | 1. 调整药剂、流程<br>2. 提高磨矿分级细度<br>3. 调整药剂<br>4. 减少给矿量<br>5. 减少有关作业泡沫刮出 |
| 矿浆外溢 | 1. 浮选浓度低<br>2. 分级机溢流量增加<br>3. 浮选机事故,矿浆流通不畅<br>4. 起泡剂过量<br>5. 矿浆闸门提得过高<br>6. 返回产物(中矿)量增加 | 1. 减少给水量<br>2. 调整磨矿分级操作<br>3. 修理浮选机或清理管道<br>4. 减药或停药<br>5. 调节闸门<br>6. 减少中矿数量 |
| 矿液面下落 | 1. 浮选浓度变大<br>2. 浮选粒度粗<br>3. 浮选机搅拌力下降,充气管堵塞或脱落<br>4. 原矿品位高<br>5. 起泡剂用量不足<br>6. 电动机、管道、泵事故、矿浆量少<br>7. 不起泡、泡沫过脆 | 1. 减少矿量或补加水量<br>2. 调整磨矿分级操作<br>3. 修理浮选机<br>4. 补加药剂<br>5. 增加用量<br>6. 修理、疏通<br>7. 调整药剂 |
| 不起泡 | 1. 矿浆 pH 不合适<br>2. 药剂用量不合适<br>3. 原矿品位升高,性质变化<br>4. 矿浆浓度低 | 1. 调整药剂<br>2. 调整药剂<br>3. 调整药剂<br>4. 调整磨矿分级操作 |

续表 4-9

| 异常现象 | 产生的可能原因 | 主要参考调整方法 |
|---|---|---|
| 泡沫发黏 | 1. 矿石中矿泥增加<br>2. 其他矿物含量增加<br>3. 矿浆 pH 高<br>4. 起泡剂用量过大<br>5. 矿浆中混入润滑油<br>6. 矿浆浓度高<br>7. 药剂加量不当<br>8. 各作业泡沫刮出量过大 | 1. 调整药剂<br>2. 调整药剂<br>3. 减少调整剂用量<br>4. 减少用量<br>5. 减少或停加起泡剂<br>6. 调整磨矿分级操作<br>7. 检查药剂用量<br>8. 减少泡沫刮出量 |

# 4.6  有色金属硫化矿的浮选

## 4.6.1  硫化铜矿的浮选

（1）硫化铜、硫化铁矿物可浮性

黄铜矿（$CuFeS_2$），含 Cu 34.57%，不易氧化，在中性及弱碱性介质中能较长时间保持天然可浮性，但在 pH 大于 10 的强碱性介质中，表面会形成氢氧化铁薄膜，导致其天然可浮性下降。黄药是浮选黄铜矿最常用的捕收剂。在较宽 pH 范围（3~12）内，黄铜矿易被黄药类捕收剂浮选。黑药、硫氮及硫氨酯也是黄铜矿的捕收剂。

辉铜矿（$Cu_2S$），含 Cu 79.8%，性脆且容易过粉碎而泥化。国外许多大型斑岩铜矿的铜矿物为辉铜矿。我国以辉铜矿为主的铜矿还不多。

辉铜矿比黄铜矿更易氧化。氧化后，有较多的铜离子进入矿浆。这些铜离子的存在，会活化其他矿物，或者消耗药剂，造成分选的困难。各种铜矿物中，辉铜矿的可浮性最好，黄药和黑药是其良好的捕收剂。当用乙基黄药、乙基黑药和乙基双黑药为捕收剂时，pH 在 1~13 范围内，辉铜矿能全部浮出。辉铜矿的抑制剂是 $Na_2SO_3$、$Na_2S_2O_3$。大量的 $Na_2S$ 对辉铜矿也有抑制作用。常将碱与其他抑制剂（如硫化钠、硫化铵等）联合使用抑制辉铜矿。

斑铜矿（$Cu_5FeS_4$），化学成分不固定，按分子式计算含 Cu 63.3%。斑铜矿的表面性质及可浮性，介于辉铜矿和黄铜矿之间。用黄药作捕收剂时，在酸性及弱碱性介质中均可浮，当 pH>10 以后，其可浮性下降。在强酸性介质中，其可浮性也显著变坏。斑铜矿较黄铜矿更易氧化，捕收剂用量较黄铜矿要多，加入硫化钠或少量硫酸，可以改善其可浮性。

铜蓝（CuS），分子式的合理写法是 $Cu_2S \cdot CuS_2$。在铜蓝中，铜和硫均有两种不同价态的离子，分别为 $Cu^{2+}$、$Cu^+$ 和 $S^{2-}$、$S^-$。铜蓝的可浮性与辉铜矿相似。

砷黝铜矿($3Cu_2S \cdot As_2S_3$)，属原生铜矿，是等轴晶系结晶，有很多同分异构体，硬度小，脆性高，容易过磨泥化。砷黝铜矿中，含有与 $[SO_3]^{2-}$ 络阴离子相似的 $[AsS_3]^{3-}$，容易氧化。用丁黄药浮选砷黝铜矿时，最适宜的 pH 是 11～12。介质调整剂用碳酸钠比用石灰好，因为当游离 CaO 高于 400 $g/m^3$ 时，对砷黝铜矿有抑制作用。

黄铁矿($FeS_2$)，含 S 53.4%，多与其他硫化矿物共生，存在与其他硫化矿浮选分离的问题。

黄铁矿表面的轻微氧化，可提高其可浮性，而过度氧化，则会降低可浮性。黄铁矿的表面状态与矿浆 pH 有关，强酸性(pH = 2)介质中，其表面可能产生 $FeS_2 \longrightarrow FeS + S^0$ 反应，元素硫可提高其表面疏水性。在石灰造成的强碱性介质中，黄铁矿表面罩盖有 $FeO(OH)$，可浮性受到抑制。黄药是黄铁矿浮选最重要的捕收剂，吸附的产物为双黄药。在酸性或弱碱性介质中，有利于黄药在黄铁矿表面生成双黄药，表现为好浮。

磁黄铁矿 $Fe_{1-x}S(x = 0.1～0.2)$ 容易氧化和泥化，是相对较难浮的硫化铁矿物。在碱性和弱酸性矿浆中，应先用 $Cu^{2+}$ 离子或少量硫化钠活化，再用高级黄药捕收。磁黄铁矿的抑制剂有石灰和碳酸钠等。硫化矿中有磁黄铁矿时，浮选前矿浆搅拌充气调节很重要，一般应保证矿浆具有适度的搅拌和充气时间。磁黄铁矿的活化剂有硫酸铜、硫化钠、氟硅酸钠和草酸等。

白铁矿($FeS_2$)的化学成分与黄铁矿相同，但结晶构造不同。白铁矿为斜方晶系，而黄铁矿为等轴晶系。白铁矿比黄铁矿好浮，用黄药捕收时，硫化铁矿的可浮性顺序从易到难为：白铁矿＞黄铁矿＞磁黄铁矿。

(2)硫化铜矿浮选技术方案

硫化铜矿一般有致密块状含铜黄铁矿(又称块矿)和浸染状含铜黄铁矿(又称浸染矿)两大类。前者的特点是：矿石中黄铁矿含量可达 50%～95%，脉石矿物一般很少。后者的特点是：铜和铁的硫化矿物含量都较低，且以浸染状分布在脉石中，颗粒较细，分离难度增大。

生产实践中，含铜黄铁矿的选别方案主要有以下两种：

①优先浮选。一般是先浮铜，然后再浮硫。对于致密块状含铜黄铁矿，浮铜时为抑制大量的黄铁矿，需要在强碱性介质中(pH = 11～12)进行浮选。一般矿浆中游离 CaO 须达到 700～1000 $g/m^3$。捕收剂可用黄药，或黄药与黑药混用。

②混合浮选。一般在中性介质(pH = 7 左右)中进行浮选，矿浆中的游离 CaO 应控制在 100～150 $g/m^3$。铜硫混合精矿再分离时，再加石灰可以进一步提高矿浆 pH，抑制黄铁矿。

要提高铜精矿品位，就需要进行铜硫分离。多采用浮铜抑硫的技术方案，常用铜硫分离方法如下：

①石灰法(或石灰+腐殖酸法，或石灰+亚硫酸盐法)。采用石灰法进行铜硫分离，矿浆 pH 或矿浆中游离 CaO 含量十分重要。一般规律是，含黄铁矿多时，pH 要在 11 以上，或矿浆中游离 CaO 达 $700 \sim 1000$ g/m$^3$，以抑制大量黄铁矿。对含黄铁矿少的浸染状矿石，pH 在 9 左右就可以浮铜抑硫。

若黄铁矿可浮性较好，则单用石灰抑制效果差，而石灰用量过大，造成泡沫发黏时，可在低石灰用量下(pH=9 左右)，添加腐殖酸，以达到抑制黄铁矿的目的。此外，还可采用石灰+亚硫酸盐法进行铜硫分离，其关键是要根据矿石性质控制合适的矿浆 pH 及亚硫酸盐(或 $SO_2$)的用量，并注意适当加强充气搅拌。

被抑制的黄铁扩，可用硫酸、硫酸铜、碳酸钠或 $CO_2$ 气体等活化。为节省活化剂用量，浮铜后的尾矿可用水力旋流器浓缩，可先脱除一部分高碱度的泥浆水，然后加新鲜水稀释后再浮选。

②加温氧化法。对比较难分离的铜硫混合精矿可用此法来分选。而加石灰或不加石灰，蒸汽加温都会加速黄铁矿表面的氧化，使黄铁矿受到抑制。

## 4.6.2 硫化铅锌矿浮选

(1)硫化铅锌矿物可浮性

方铅矿(PbS)，含 Pb 86.6%，是立方晶体结晶，一般晶体比较完整。方铅矿中，常含有银、铜、铁、锑、铋、砷和钼等杂质。黄药、黑药和硫氮类药剂是浮选方铅矿最常用的捕收剂。在较宽的 pH 范围内，方铅矿易被乙黄药浮选，黄药在方铅矿表面发生化学吸附，吸附产物是黄原酸铅。

方铅矿最适宜的浮选 pH 为 $7 \sim 8$，一般采用碳酸钠调节(因石灰对方铅矿有一定的抑制作用)。重铬酸盐或铬酸盐则是方铅矿有效的抑制剂，被重铬酸盐抑制过的方铅矿，需要用盐酸(或在酸性介质中用氰化钠)处理后才能得到活化。硫化钠对方铅矿也有强烈抑制作用，氰化物对方铅矿几乎没有抑制作用。只有某些受到铁污染或变质的方铅矿，用氰化物抑制才能奏效。

闪锌矿(ZnS)，含 Zn 67.1%，根据其含杂质的不同，闪锌矿有许多种类型，外观颜色差别也很大，一般为褐色，也有黑色的(即铁闪锌矿)，甚至无色的。

黄药是闪锌矿浮选的有效捕收剂，但用短链黄药浮选闪锌矿时，多数情况下不浮或只有较低的锌回收率，只有含 $5 \sim 6$ 个碳链以上的高级黄药，在 pH 不高时才能获得较高的锌回收率。经 $Cu^{2+}$ 活化后的闪锌矿可用低级黄药实现有效浮选。黑药也是闪锌矿的有效捕收剂。

金属离子(如 $Cu^{2+}$、$Hg^+$、$Ag^+$、$Pb^{2+}$、$Cd^{2+}$ 等)对闪锌矿有良好的活化作用，最常用的是硫酸铜。$Cu^{2+}$ 在酸性介质中的活化效果最好，碱性介质中虽可产生活化，但浮选指标不如酸性时好。此外，在中性介质中如果出现比不加 $Cu^{2+}$ 更差的浮选现象，可能是由于 $Cu^{2+}$ 生成了 $Cu(OH)^+$、$Cu(OH)_2$ 或 $Cu_2(OH)^{4+}$ 之类的亲水化合物，或黄药与铜离子反应生成黄原酸盐，消耗了黄药，导致闪锌矿受抑制。

闪锌矿自发活化的原因是含有铜杂质，或者在磨矿过程中，被矿浆中的 $Cu^{2+}$ 活化，这是造成闪锌矿与其他矿物分离困难的原因之一。

闪锌矿的抑制剂主要有硫酸锌，其抑制剂能力较弱。对可浮性好或经过活化的闪锌矿，需要用氰化物与硫酸锌的组合抑制剂。此外，硫化钠、亚硫酸盐、硫代硫酸盐及 $SO_2$ 均可作闪锌矿的抑制剂。

（2）铅锌分离技术方案

自然界中单一的铅矿或锌矿是极为少见的。常见的是硫化铅锌矿，可分为铅锌矿、铅锌硫矿、铅锌萤石矿、铜锌矿和铜铅锌矿等。

用黄药类捕收剂浮选铅锌矿时，铅锌分离几乎都是采用抑锌浮铅的方案。尽管氰化物法具有较好的效果，但由于环境污染而不再使用。非氰化物法使用的主要药剂有 $H_2SO_3$、$Na_2SO_3$、$Na_2S_2O_3$、$ZnSO_4$ 和 $SO_2$ 气体等，这类药剂无毒，被抑制的闪锌矿也容易活化。

某铅锌硫矿采用优先浮选流程的方法，浮铅时用 $ZnSO_4$ + $Na_2CO_3$（1.4∶1）抑制闪锌矿，与氰化物法相比，铅精矿品位由 39.12% 提高到 41.80%，回收率由 74.59% 提高到 75.60%，锌精矿品位由 43.59% 提高到 48.43%，回收率由 88.54% 提高到 90.30%。该厂还尝试过用 $Na_2SO_3$+$ZnSO_4$ 和单用 $ZnSO_4$ 来抑制闪锌矿，亦能得到较好的指标。

在国外多用 $SO_2$ 气体抑制锌矿物，如日本丰羽铅锌硫矿，铅硫混合浮选时，磨到 45%-0.074 mm，用 $SO_2$ 气体抑制锌矿物，尾矿再磨后浮锌。铅硫混合精矿再磨后，进行铅硫分离，并用氰化物抑硫浮铅。

（3）锌硫分离技术方案

锌硫分离有抑硫浮锌和抑锌浮硫两种方案，有以下几种常见工艺：

①石灰法。这是最常用的抑硫浮锌法，处理原矿和分离锌硫混合精矿都可采用此法。用石灰调整 pH 到 11 以上，黄铁矿受到抑制。其优点是简单，石灰便宜易得；缺点是浮选设备（管道）容易结垢，硫精矿难过滤，造成精矿水分高。

②加温法。对一些可浮性较好的黄铁矿，用石灰法往往难以有效抑制，此时可采用加温法。因为矿浆加温时，闪锌矿和黄铁矿表面氧化程度不同。黄铁矿的可浮性下降，而闪锌矿仍保持其可浮性。

锌硫混合精矿用蒸汽加温分离，粗选温度为 42~43 ℃，精选不加温，不加任何药剂，可以分离锌硫。所得指标比用石灰法还好，锌精矿品位提高 6.2%，回收率提高 4.8%。

蒸汽加温时，补加一定数量的石灰，更为有效。如苏联乌拉尔选矿厂的试验证明，浮选机中充气搅拌，比在搅拌槽中充气搅拌好。同样搅拌 10 min，前者比后者锌回收率高10%~20%。蒸汽加温时，温度以不超过65 ℃为宜，在此以前，锌的回收率随温度上升而增加，超过该温度后，锌回收率下降。该厂的工业试验，用蒸汽将矿浆加温到35~45 ℃，锌精矿的品位由47%~48%，提高到50%~52%。

③二氧化硫+蒸汽加温法。这是抑锌浮硫的方法，已在加拿大布伦斯威克选矿厂得到应用。该厂锌精矿含有较多的黄铁矿，为提高锌精矿质量，该厂用二氧化硫气体处理矿浆，然后用蒸汽加温，进行抑锌浮硫。

具体过程是：第一搅拌槽从底部通入二氧化硫气体，控制pH=4.5~4.8，在第二、三搅拌槽通入蒸汽，加温到77~82 ℃。黄铁矿粗选时，pH=5.0~5.8，捕收剂用黄药。浮选尾矿为最终锌精矿，泡沫产品尚含锌，经精选后的中矿返回流程前部的中矿再磨。准确控制pH和温度，是本过程的关键。经处理后，锌精矿的产品由含锌50%~51%，提高到57%~58%。

### 4.6.3 铜铅锌复杂硫化矿浮选

复杂硫化矿通常是指铜、铅、锌、铁等硫化物在矿石中至少有两种致密共生，或者部分受到氧化变质的多金属硫化矿。复杂硫化矿可分为铜锌硫矿、铜铅锌硫矿和铜铅锌矿等几类。在复杂硫化矿石中，由于某些矿物的可浮性相近，或含大量次生铜矿物和黄铁矿，矿物嵌布粒度极细，结构复杂，氧化严重，含泥量多等，复杂硫化矿的分选十分困难。

（1）常用浮选技术方案

对铜锌硫矿、铜铅锌硫矿和铜铅锌矿，最基本的浮选分离方法有以下4种。

①优先浮选。适用于比较简单易选的矿石，如浮选铜锌硫矿时，可按铜、锌、硫的次序逐个浮选，得到3种精矿。

②混合浮选。适用于矿石中矿物呈集合体存在的情况，在粗磨条件下，可得到混合精矿和废弃尾矿的矿石，该方案通常可达到提前丢尾的目的。

③部分混合浮选。一般添加抑制剂来抑制锌硫矿物，将铜铅矿物一起混浮，得到铜铅混合精矿。铜铅浮选的尾矿，再进行锌硫分离。由于添加了锌硫矿物抑制剂，会对后续的锌硫浮选产生影响。

④按照矿石中矿物的可浮性，在不添加抑制剂的情况下，将可浮性相近的矿物一起浮选出来，然后再进行浮选分离，如黄沙坪铅锌矿的等可浮流程。

（2）铜锌分离技术方案

铜锌浮选分离是一个选矿难题，其原因在于：一是铜锌矿物致密共生。对高温型矿床，黄铜矿常呈细粒浸染状存在于闪锌矿中，颗粒常在5 μm以下，要磨到单体解离是很困难的，即使达到单体解离，也难于分离。二是闪锌矿易受铜离子活化。被铜离子活化的闪锌矿，可浮性与铜矿物相似。矿浆中有铜离子存在时，闪锌矿会吸附铜离子。此外，其他重金属离子，如$Hg^+$、$Ag^+$和$Pb^{2+}$等，也能活化闪锌矿。

由矿床成因引起的铜锌难以分离的问题，现在尚无好的解决办法。生产实践中应用的铜锌分离方法有浮铜抑锌和浮锌抑铜两大类，其中：

①亚硫酸盐法。凡是使用 $Na_2SO_4$、$Na_2S_2O_3$、$NaHSO_3$、$H_2SO_4$、$Na_2S_2O_5$ 和 $SO_2$ 气体等一类药剂，或将它们与 $ZnSO_4$ 等混合使用的，都可以归入此法。亚硫酸盐法的特点是，对铜矿物的抑制作用不大。对硫化矿物的抑制顺序是：未活化的闪锌矿>黄铁矿>方铅矿>黄铜矿。

为加强抑制效果，亚硫酸盐常与其他抑制剂配合使用，最常见的为 $Na_2SO_3$ 与 $ZnSO_4$ 配合使用。被铜离子活化的闪锌矿，单用 $Na_2SO_3$，抑制效果很差，与 $ZnSO_4$ 配合使用，可以增强抑制效果。亚硫酸钠还可与石灰、硫化钠、硫酸锌等药剂组合使用，代替氰化物抑制闪锌矿，也能获得较好效果。

使用亚硫酸盐法时，应注意以下几点：

a. 严格控制 pH。亚硫酸盐是强还原剂，主要作用组分是 $HSO_3^-$。解离常数计算表明，pH=4~7 时 $[HSO_3^-]$ 最大。因而，生产实践中最常见的 pH 为 5~6.5。

b. 严格控制用量。亚硫酸盐或 $SO_2$ 用量大时，对活化的闪锌矿抑制作用强，但对纯闪锌矿，过量反而会引起活化。此外，用量过大时，对黄铁矿也略有活化作用。

c. 采用 $SO_2$ 和 $H_2SO_3$ 时，黄药一般易被分解而消耗，宜改用不易分解的捕收剂，如(丙)乙硫氨酯等。

②硫酸锌加硫化钠法。$ZnSO_4$ 与 $Na_2S$ 反应生成细粒分散的胶体硫化锌，胶体硫化锌对活化的闪锌矿，有较强的抑制作用。矿石中含有较多的次生硫化铜矿时，可采用此法。

$Na_2S$ 与 $ZnSO_4$ 的添加方式，以及 $Na_2S$ 在矿浆中的浓度等，与此法应用的成功与否有很大关系。事先配制好的胶体硫化锌，抑制效果差，只有在矿浆中生成的胶体硫化锌，才有显著的抑制效果。

从节省 $Na_2S$ 用量，保持浮选作业中必要的 $Na_2S$ 浓度的观点出发，将 $ZnSO_4$ 加到磨机，$Na_2S$ 加到浮选槽效果较好。因为 $Na_2S$ 对不同矿物的抑制，都有一个平衡浓度，如闪锌矿是 0.1 mg/L，黄铜矿是 0.5 mg/L。因此，需要沿浮选作业线，保持必要的平衡浓度。

③加温浮选法。在石灰造成的高 pH 矿浆中，加温使黄铜矿氧化，然后再加硫酸铜活化闪锌矿，加捕收剂浮锌。

为改善铜锌分离效果，还可尝试以下途径：

a. 沉淀铜离子。沉淀铜离子的主要方法是用硫化钠。除 $Na_2S$ 外，也可采用阳离子交换树脂，吸附溶液中的铜离子。实际生产中，一般是把离子交换树脂加入球磨机，以达到阻止铜离子活化闪锌矿的目的。

b. 脱除闪锌矿表面上吸附的离子。比较有效的是 NaCN、$H_2SO_4$、$H_2SO_4$ + $Fe_2(SO_4)_3$。$H_2SO_4$ 与 $Fe_2(SO_4)_3$ 混用效果较好,且用酸量仅为单用 $H_2SO_4$ 的十分之一。

c. 混合精矿脱药。这是各种混合精矿分离前常用的方法。采用活性炭等脱除捕收剂以后,有利于分离。

(3)铜铅分离技术方案

方铅矿与黄铜矿等铜矿物的可浮性相近,一般在浮选铜铅锌矿石时,常将铜铅浮选为混合精矿,然后再进行铜铅分离。

铜铅分离有浮铜抑铅和浮铅抑铜两种技术方案。传统的重铬酸钾抑铅和氰化物抑铜的方案,均存在环境污染问题,因此,近年来开展了关于无氰无铬或少氰少铬的工艺研究。目前生产实践中通常采用的无氰方法主要有:

① 氧硫法。采用 $SO_2$ 或亚硫酸盐配合各种抑制剂的组合药剂来抑制方铅矿,浮选黄铜矿。其特点是对方铅矿的抑制较强,同时对黄铜矿的浮选有一定活化作用,且不会溶解贵金属。但被铜离子活化的方铅矿,不易被亚硫酸盐类药剂抑制,用此法分离时效果不好。常见有 $SO_2$(或亚硫酸)+淀粉、亚硫酸+硫化钠、硫代硫酸钠+三氯化铁和碳酸钠+硫酸亚铁等。

②羧甲基纤维素(CMC)+水玻璃(或焦磷酸钠)法。CMC 与水玻璃按质量比 1:100 的混合剂,或 CMC 与焦磷酸钠按质量比 1:10 的混合剂,分选铜铅混合精矿,可取得较好指标。

实践表明,CMC 对方铅矿有较好的抑制作用,但对铜矿物的可浮性也有不良影响。水玻璃对方铅矿的抑制作用较弱,对铜矿物影响也较小,将这两种药剂混合使用,可发挥两种药剂的协同作用,有效实现铜铅分离。

③矿浆加温法。矿浆加温法是先用蒸汽把 Cu-Pb 混合精矿加温到 60 ℃左右,在酸性和中性矿浆中,黄铜矿的可浮性提高,方铅矿则被抑制。分选时不必另加其他药剂,所得铜精矿品位高,含 Pb、Zn 量低。由于不需要加入药剂,故可减少环境污染。在矿浆加温的基础上,还可适当添加抑制剂来强化分离过程。

## 4.6.4 铜钼硫化矿浮选

(1)硫化钼矿物可浮性

自然界中钼的硫化物只有辉钼矿 $Mo_2S$,含 Mo 60%,具有很好的天然可浮性。一般用非极性油或起泡剂就可浮选辉钼矿。由于成矿条件的差异,晶格间距较大的辉钼矿较难浮选,但由于这类辉钼矿晶体的边缘可吸附铜离子,故可采用铜离子活化,或用黄药强化捕收。

辉钼矿在低温条件下的氧化产物 $MoO_{2.6~3}$ 可溶于水,高温条件下的氧化产物 $MoO_2$ 则不溶于水,表面的氧化产物降低了辉钼矿的可浮性,采用氢氧化钠可以清洗其表面的氧化产物，提高其可浮性。

单一的辉钼矿可用煤油、变压器油及中性油进行浮选。为提高药剂的作用效果，一般乳化后添加。辉钼矿的捕收剂还有戊黄烯酯，起泡剂选用乙烯—丙烯二乙醇较好。辉钼矿浮选的调整剂多采用水玻璃、碳酸钠或氢氧化钠。由于辉钼矿较难抑制，多采用糊精作为它的抑制剂。

（2）铜钼硫化矿浮选技术方案

自然界中的硫化钼矿物多与铜矿物共生，铜钼硫化矿石的选矿实践中，通常采用的技术方案有：

①先浮钼后浮铜。矿石中钼的品位很高时，可采用此方案。

②先浮铜后浮钼。由于受抑制的辉钼矿很难活化，因此，采用该方案时要慎重考虑。

③从铜钼混合精矿中分选钼。该方案应用最为广泛，一般还需要对混合精矿进行再磨。

铜钼混合浮选的基本原则是最大限度地回收铜矿物，以达到同时回收钼矿物的目的。一般在碱性介质中进行，采用石灰作调整剂抑制黄铁矿。矿浆 pH 与黄铁矿的多少及其可浮性好坏相关，一般 pH 在 8.5~12。由于辉钼矿在高 pH 条件下可浮性也会降低，合适的 pH 在 8.5~9，因此，采用碳酸钠调整矿浆 pH 是比较理想的。

铜钼混合浮选常用黄药类捕收剂，包括丁基黄药、异丙基黄药和戊基黄药等，乙黄药一般需与其他捕收剂配合使用。戊黄烯酯适合在中性介质中使用，对黄铁矿的捕收能力比黄药差。为有效捕收辉钼矿，可添加烃油，其中以中沸点分馏的煤油性能最好。添加烃油后，要注意调节起泡剂的用量，保证达到最佳的泡沫状态。

辉钼矿浮选中多采用甲基异丁基甲醇（MIBC）作起泡剂，用量平均在 30 g/t，也有一些选矿厂采用松油作起泡剂。生产实践中多采用铜钼混合精矿分离的方法，而抑铜浮钼是主要的分离方案。铜矿物主要为黄铜矿和斑铜矿时，采用硫化钠法、石灰蒸汽加温法和 NaClO 法比较合适；铜矿物主要为辉铜矿和铜蓝时，采用 $As_2O_3$（$P_2S_5$）+NaOH 法比较合适，但具体方案还应通过对比试验才能最终确定。

根据铜钼浮选分离的生产实践，其过程大致可归纳为以下几个步骤：

①铜钼混合精矿分离前先进行浓缩脱药，一般需要浓缩到 45%~60% 的固体浓度。

②加药或同时加温处理混合精矿，温度一般保持在 60 ℃~90 ℃，使混合精矿表面的捕收剂解吸，或破坏矿物表面捕收剂膜，导致铜矿物表面氧化，必要时需进行多次脱药处理。

③浮选钼矿物。一般补加烃油类作捕收剂，有时也需要添加水玻璃等其他调整剂，或补加起泡剂。

④根据钼精矿质量要求，决定是否需要采用精矿再磨。

⑤当需要从钼精矿中脱除滑石等易浮杂质矿物时，一般可采用反浮选。

⑥由于钼精矿质量要求高，含钼一般在 45% ~ 47% 及以上，因而，选矿富集比很高，往往需要 6~14 次的精选才能达到要求。

## 4.6.5 铜镍硫化矿浮选

（1）硫化镍矿物可浮性

硫化镍矿物主要有镍黄铁矿[（Fe，Ni）$_9S_8$，含 Ni 21% ~ 30%]、针硫镍矿（NiS，含 Ni 64.7%）、红镍矿（NiAs，含 Ni 43%）和含镍磁黄铁矿（含镍 0.7% 左右）。

镍矿物可在酸性、中性或弱碱性介质中进行浮选。捕收剂一般用高级黄药，如丁基黄药和戊基黄药等。含镍磁黄铁矿比其他镍矿物难浮，较好的浮选介质是弱酸性和酸性的。镍矿物的浮选速度较慢，在较强的碱性介质中还会受到抑制，其中，含镍磁黄铁矿在 pH 为 8.3 左右时就会受到抑制，是最容易受到抑制的含镍硫化矿物。

铜镍矿石中的铜矿物一般是黄铜矿，此外，铜镍硫化矿中还伴生有钴，以及金、铂、钯等贵金属。

（2）铜镍矿石的浮选特点

选择铜镍矿浮选方案时要考虑矿石中有用矿物的可浮性、矿物间的共生关系、含镍矿物的氧化和泥化程度，以及脉石矿物的种类及组成等因素。

①铜镍矿物的浮选特性。铜和镍矿物的浮选速度差异较大，铜矿物的浮选速度较快，而镍矿物的浮选速度较慢。试验表明，浮选的头 5 min 时间内，铜矿物就可浮出约 90%，镍矿物则需在 20~30 min 内才能基本浮选完。

②矿石中镍矿物的赋存状态和共生关系。一般镍矿物很少形成富集程度很高的单独集合体，多是分散在磁黄铁矿和黄铜矿等其他硫化矿之中，或以类质同象的形式存在于磁黄铁矿等硫化矿之中。

由于镍矿物与其他硫化矿物之间的共生关系密切，镍精矿产品的含镍量较低，一般含镍量在 3% ~ 7%，其最低限值为 2% ~ 2.5%，即含镍量大于 2% 时，可直接进行冶炼。由于铜镍共生紧密，在磨至很细的粒度时，往往也难以达到有效的分离，因此，通常在生产实践中生产铜镍混合精矿，而在冶炼过程中进行铜和镍的分离。当铜镍矿物共生关系较简单时，则有可能在对铜镍混合精矿进行再磨的前提下实现铜镍的浮选分离。

③含镍矿物的氧化和泥化。一般镍黄铁矿和含镍磁黄铁矿等含镍矿物，不仅易受到氧化，而且也易泥化。因此，硫化镍矿的浮选要特别重视磨矿过程，尽量

减轻镍矿物的过粉碎和氧化。实践中多采用阶段磨矿，经混合浮选得到铜镍混合精矿，提前丢弃尾矿。然后再对铜镍混合精矿进行再磨，进一步精选或进行铜镍分离。

④脉石矿物组成的影响。由于镍矿床的围岩一般为超基性岩，脉石矿物主要有蛇纹石、绿泥石、绢云母和滑石等。这些脉石矿物均是易泥化且易浮的矿物。易浮脉石矿物进入铜镍精矿，不仅会降低精矿质量，而且严重影响冶炼过程。生产实践中一般要求镍精矿中氧化镁含量不超过 5%~9%。

生产实践中，减轻易浮脉石矿物的不良影响有两种方法。一是设置易浮作业，添加适量起泡剂使部分易浮脉石矿物浮出。当生产采用回水时，由于回水中带有一定量的捕收剂，会导致铜镍矿物的损失。此外，即使不采用回水，部分可浮性较好的铜矿物也会损失在易浮作业的泡沫产品中。二是添加水玻璃、糊精和羧甲基纤维素等调整剂抑制易浮脉石矿物，这是生产实践中常见的方法。

(3) 铜镍分离技术方案

实现铜镍浮选分离主要有优先浮选和混合浮选再分离两种方案。优先浮选方案适合矿石中含铜较高，且铜镍共生关系较简单的矿石。该工艺可以直接得到铜精矿和镍精矿，但浮铜时，受抑制的镍矿物难以活化，导致镍的回收率较低，对生产回水的使用也有难度，因此，生产实践中较少采用。

铜镍混合浮选再分离则是生产实践中最常用的方案。该方案可得到较高的铜和镍金属回收率，生产过程易于控制，但对混合精矿脱药效果的好坏会直接影响到铜镍的分离效率，同时该方案得到的镍精矿中，氧化镁含量容易偏高，因此要求尽量提高混合精矿的质量。根据铜镍矿物可浮性的差异，生产中几乎都是采用浮铜抑镍的技术方案，主要分离方法包括石灰+糊精法、石灰+蒸汽加温法和活性炭+石灰法等。

## 4.6.6 铜钴硫化矿浮选

(1) 硫化钴矿可浮性

钴主要以硫化物和砷化物，或砷硫化合物的形态存在。主要含钴硫化物有辉钴矿（$CoAsS$，含 Co 34.5%）、硫钴矿（$Co_3S_4$，含 Co 57.9%）和硫铜钴矿（$CuCo_2S_4$，含 Co 35%~48%）等，钴矿物的可浮性与黄铁矿和毒砂接近。

(2) 钴矿浮选技术方案

①对钴矿物单独存在、共生关系比较简单的矿石，可以采用优先浮选或者混合浮选再分离的工艺方案，一般可得到含钴 10%~15% 的钴精矿。但当矿石中钴主要以钴黄铁矿形式存在时，则只能得到含钴量较低的钴黄铁矿精矿，含钴量在 2%~5%，甚至更低。

②含钴黄铁矿的可浮性比硫化钴和砷化钴还差，因此，对含钴黄铁矿的浮选

往往要延长浮选时间，有时需要达到 1~1.5 h。

③铜钴黄铁矿的优先浮选中，一般用石灰抑制钴和铁的硫化矿物，在 pH 为 10 左右的介质中浮选铜矿物。浮铜尾矿一般在酸性或弱酸性介质中浮选钴矿物，同时可用硫酸铜或硫化钠活化钴矿物。

④铜钴混合浮选再分离工艺方案中，采用石灰抑制含钴矿物，一般要求游离氧化钙浓度达到 900~1000 g/m³。游离氧化钙的浓度过高，会导致铜的损失，过低则对含钴矿物抑制不好。浮选完铜后，若尾矿还要进行含钴矿物与黄铁矿的分离，则需采用硫化钠脱药，然后浓缩脱除硫化钠，再添加新鲜水，在液固比为 1∶1 时，充气 2.5 h，再加捕收剂和起泡剂浮选黄铁矿，尾矿则是含钴矿物精矿。该工艺也可用于铜钴混合精矿的浮选分离。

## 4.6.7 硫化锑矿浮选

（1）硫化锑矿物可浮性

自然界中主要硫化锑矿物是辉锑矿（$Sb_2S_3$），含 Sb 71.4%，次要硫化锑矿物有脆硫锑铅矿（$2PbS \cdot Sb_2S_3$）、硫锑银矿（$3Ag_2S \cdot Sb_2S_3$）和车轮矿（$2PbS \cdot Cu_2S \cdot Sb_2S_3$）等。

辉锑矿一般需要预先用 $Pb^{2+}$ 和 $Cu^{2+}$ 金属离子活化，其中硫酸铜活化辉锑矿的 pH 范围是 4~7.5。未经活化的辉锑矿也可以用中性油作捕收剂，其中页岩焦油和泥煤加工的产物比较有效。

在矿浆中存在过量的 $Pb^{2+}$ 时，辉锑矿表面吸附 $Pb^{2+}$ 后，再加入 $K_2Cr_2O_7$，可在其表面形成不溶的亲水化合物而受到抑制。采用这一方法能成功实现辉锑矿与辰砂的浮选分离。先用硝酸铅作活化剂，进行汞锑混合浮选，混合精矿分离时再添加 $K_2Cr_2O_7$ 抑制辉锑矿。

（2）硫化锑浮选实践

某锑矿属于热液充填似层状矿床，锑矿物主要是辉锑矿，此外尚有少量氧化锑矿物。脉石矿物有石英、方解石、高岭土、石膏和重晶石等。采用重介质和浮选的联合工艺流程，原矿经重介质选别后，可废弃 50% 的废石，入选品位从含 Sb 3.67% 提高到 7.1%，作业回收率达到 97%。重介质精矿磨矿至 55%~60% -0.074 mm，加硝酸铅（155 g/t）活化辉锑矿，采用黄药（384 g/t）和页岩油（482 g/t），用松醇油（130 g/t）作起泡剂。浮选得到的锑精矿含 Sb 55%，作业回收率达 93.5%。

湖南桃江县板溪锑矿属脉状含锑破碎带型矿床，选矿厂入选矿物以辉锑矿为主，伴有毒砂、黄铁矿和微量的自然金、黄铜矿。脉石矿物主要为石英，次要为绿泥石、白云石、方解石等。碎矿为二段一闭路流程，磨矿流程为一段闭路，泥砂分选，浮选采用一粗二扫一精流程。该厂根据丁基铵黑药对辉锑矿选择性好、捕收力强，而对毒砂捕收能力弱的特性来实现锑砷分离，效果很好。技术条件和药剂制度：磨矿细度 70%-0.074 mm，pH 4.8~5，丁基铵黑药 580 g/t，硝酸铅 180 g/t，硫酸 4500 g/t，松醇油 8 g/t。选别指标：原矿品位含 Sb 9%，精矿品位含 Sb 62.36%，尾矿品位含 Sb 0.57%，回收率 92.3%。

### 4.6.8　含金硫化矿浮选

（1）含金矿物可浮性

自然界中，金矿有砂金和脉金两大类矿床。一般砂金矿含金 2~3 g/m³，脉金矿含金 5 g/t 时，就具有开采利用的价值。砂金一般采用重选的方法进行回收（如溜槽、摇床等）。脉金主要有石英脉含金矿石、黄铁矿含金矿石、含金多金属矿石、特殊含金矿石（如含金铀矿和钨锑金矿等）。

脉金矿石的处理方法有氰化法、混汞法、重选法和浮选法。氰化法选金的金属回收率高（93%~95%），可就地产出，应用较普遍。混汞法则常用于磨矿分级作业，以回收粗颗粒游离金。但随着环境保护要求的日益严格，这两种方法的应用受到了较大程度的限制。

自然金往往不是纯的，经常含有一些杂质，或者与其他金属，如银和铜形成合金（如琥珀金就是金与银的合金）。当自然金含铜或银，尤其是铁杂质时，其可浮性会降低。此外，由于金具有良好的延展性，在磨矿过程中其会变成片状，从而影响其可浮性。石灰、氰化物和硫化钠均是自然金的有效抑制剂。

碲金矿 $AuTe_2$ 和碲金银矿 $AuAg_3Te_2$ 都能用黄药和黑药浮选。含金黄铁矿、硫化铜矿、硫化铅矿和毒砂等也常是回收金的对象，因此，这些含金矿物的可浮性直接影响着金的回收率。

当金矿中含有石墨或碳质页岩时，属于难选的金矿，世界上这种类型的矿石为 4% 左右。石墨和碳质具有很好的可浮性，会严重干扰金的浮选，同时，进入到金精矿中的石墨和碳质还会影响氰化过程，使金损失在氰化渣中。

（2）金矿浮选技术方案

①浮选得金精矿，浮选精矿直接氰化处理。对含有粗粒金的石英质矿石或含金石英脉硫化矿，常采用此技术方案。

某金矿为石英脉金矿，主要矿物有自然金、黄铁矿和磁黄铁矿，其次为辉铋矿、黄铜矿、方铅矿及闪锌矿等。硫化物的总量不超过 2%。脉石矿物主要有石英、长石，以及少量的方解石、石榴子石、辉石和萤石等。金赋存于黄铁矿、辉铋矿和石英脉中，嵌布粒度不均匀，粗粒达到 0.05 mm，最细粒为 0.005 mm，一般在 0.016~0.008 mm，原矿中金的品位为 5~8 g/t。

矿石磨矿至 70%-0.074 mm，添加 100 g/t 黄药作捕收剂，以松醇油 45 g/t 为起泡剂，进行第一段浮选。浮选尾矿分级后再磨至 90%-0.074 mm，添加 25 号黑药 42 g/t 和丁基黄药 50 g/t，进行第二段浮选，两段浮选精矿合并为最终精矿，精矿含 Au 100 g/t，回收率 90%左右，精矿送氰化车间处理。

②浮选得金精矿，浮选精矿焙烧，焙烧渣氰化处理，或浮选精矿细菌氧化脱硫，氧化渣氰化提金。对于处理含有细粒浸染状金的黄铁矿和毒砂的矿石，多采用此类技术方案。

如某金矿为含砷金矿，原矿含金 6.2~7.0 g/t，第一段磨矿至 90%~95% -0.074 mm，进行两次浮选，浮选尾矿再磨至 96%~98%-0.074 mm 后，再进行两次浮选。浮选采用黄药和黑药作捕收剂，碳酸钠作调整剂，硫酸铜作活化剂。浮选精矿含金 90~150 g/t，含 S 16%~22%，含 As 6%，金的回收率为 89%。精矿经双室沸腾焙烧，脱除硫和砷化物后，烧渣再氰化处理。

新疆阿希金矿为围岩强蚀变型含金黄铁矿，原矿含金 3~5 g/t，磨矿细度为 88%~90%-0.074 mm，采用碳酸钠调浆，水玻璃抑制蚀变脉石，用戊基黄药和丁铵黑药作捕收剂，浮选得到品位大于 45 g/t 的含金黄铁矿精矿，金回收率在 85%~89%，浮选精矿经脱水后，采用氧化亚铁硫杆菌氧化脱硫，氧化渣氰化处理提金。

# 4.7 有色金属氧化矿浮选

## 4.7.1 铜铅锌氧化矿浮选

（1）氧化铜矿浮选

孔雀石[$CuCO_3 \cdot Cu(OH)_2$]，含 Cu 57.5%，其可浮性较好，可用脂肪酸或羟肟酸钠直接浮选，也可用硫化钠硫化后，再用高级黄药浮选。硫化时，加硫酸铵有促进其硫化的作用。

蓝铜矿[$2CuCO_3 \cdot Cu(OH)_2$]，含 Cu 55.3%，其可浮性与孔雀石相近，只是硫化浮选时，硫化的时间较长。

赤铜矿（$Cu_2O$），含 Cu 88.8%，可浮性与孔雀石相近。

硅孔雀石（$CuSiO_2 \cdot nH_2O$），含 Cu 36.1%，其表面亲水性较强，也不容易被硫化钠等硫化剂硫化。在 pH=4 时，加硫化氢、硫化钠及硫酸铵，可以部分将其硫化，然后用高级黄药浮选。硅孔雀石能用脂肪酸捕收，但浮选性质与脉石相似，难以分离。用羟肟酸及其他一些特殊的捕收剂，也能收到一些效果。

氧化铜矿浮选可划分为 7 种矿石类型：①孔雀石型，以孔雀石为主，其他矿物含量较少，属易选型矿石，可采用硫化浮选法分选；②硅孔雀石，以硅孔雀石为主，脉石为硅酸盐类，属难选型矿石，可用化学选矿法或离析-浮选法处理；③赤铜矿型，以赤铜矿和孔雀石为主，含铜品位高，不论脉石为何种类型，此类矿石均可采用浮选处理；④水胆矾型，以铜的矾类物为主，属中等可选性，可用浮选或化学选矿法直接回收，若脉石为碳酸盐矿物，则可采用联合法处理；⑤自然铜型，此种共生矿物，粒度较粗，品位较富，属易选型矿石，可用浮选分离；⑥结合型，氧化铜矿物以极细粒状被褐铁矿或泥状物包裹，品位较贫，若脉石为硅酸盐类，则属难选型矿石，可用化学选矿法直接回收。若脉石为碳酸盐类，则属复杂型，可用化学选矿法或离析—浮选法回收；⑦氧化铜混合型矿石，这类矿石中有氧化物，也有硫化物，成分复杂，粒度稍粗大，若脉石为硅酸盐类，可采用浮选—化学选矿法处理。

氧化铜矿石浮选的技术方案可分为：

①硫化浮选法。加硫化剂使氧化矿硫化，然后用普通硫化铜浮选的药方进行浮选。适用于处理以孔雀石、蓝铜矿、氯铜矿为主的矿石。

②脂肪酸浮选法。用脂肪酸作捕收剂进行浮选，通常还要添加碳酸钠、水玻璃和磷酸盐作脉石的抑制剂和矿浆的调整剂。

脂肪酸及其皂类能很好地捕收孔雀石和蓝铜矿，试验结果表明，只要烃链足够长，脂肪酸对孔雀石的捕收能力就是相当强的，在一定范围内，捕收能力越强，用量越少。实践中用得最多的是 $C_{10} \sim C_{20}$ 的混合羧酸。此法只适用于脉石不是碳酸盐的氧化铜矿。当脉石中含有大量铁、锰矿物时，其指标也会变坏。

③胺类浮选法。用胺类作捕收剂进行浮选，适用于处理孔雀石、蓝铜矿、氯铜矿等，含矿泥多时应加脉石抑制剂。若一般的抑制剂无效，则可选用海藻粉、木素磺酸盐、纤维木素磺酸盐或聚丙烯酸等作脉石抑制剂。

④螯合剂—中性油浮选法。硅孔雀石选用特殊捕收剂，如辛基取代的碱性染料孔雀绿、辛基氧肟酸钾、苯并三唑及中性油乳化剂、N-取代亚胺二乙酸盐、多元胺和有机卤化物的缩合物，以及季铵盐和季磷盐等。

⑤乳浊液浮选法。氧化铜矿物先经硫化，然后加铜络合剂，造成稳定的亲油性矿物表面，再用中性油乳浊液盖覆在其表面，造成强疏水的可浮状态，牢固地吸附在气泡上。脉石抑制剂可用丙烯酸聚合物和硅酸钠，铜络合剂可用苯并三唑、甲苯酞三唑、巯基苯并唑、二苯胍等，非极性油乳化剂可用汽油、煤油、柴油等。

（2）氧化铅矿浮选

白铅矿（$PbCO_3$），含 Pb 77.6%，是最主要的氧化铅矿物，一般硫化后用黄药浮选。白铅矿易于被硫化钠硫化，硫化最适宜的 pH 为 9.5。若硫化钠用量大，造成 pH 过高，可改用硫氢化钠作硫化剂。白铅矿易被脂肪酸浮选，但与脉石不易分离。

铅矾（$PbSO_4$），含 Pb 68.3%，其可浮性与白铅矿相似，但硫化的时间要比白铅矿长，硫化钠的用量也要比白铅矿多。铅矾硫化的最佳 pH 为 7~9。铅矾因表面的溶解度大,故捕收剂不易在表面固着,但在 pH 为 9.5~11,且有大量捕收剂时,加少量的酸性磷酸钠,铅矾可以部分上浮。

彩钼铅矿($PbMoO_4$),含 Pb 55.8%,可浮性与白铅矿相似,但硫化后与黄药的作用随温度升高而降低。

氧化铅矿的浮选有先硫化后浮选和直接浮选两类方法。

①硫化后用黄药浮选法。这是最常用的方法,值得注意的是硫化钠的添加方式。硫化钠集中添加,会造成矿浆 pH 过高,使铅矿物受到抑制,所以硫化钠要分段添加。例如用硫氢化钠代替硫化钠或添加硫酸铜、硫酸铁,甚至添加硫酸都能消除过量硫化剂的不良影响。

矿泥易吸附硫化剂,并污染矿物表面。添加水玻璃、焦磷酸钠和羧甲纤维素等,可以克服矿泥的一部分有害影响。有时需要脱泥,但这也会引起金属的流失。

脉石中的石膏,在矿浆中会引起矿泥团聚,并同碳酸根离子发生作用,生成碳酸钙的沉淀,覆盖在矿物表面上,妨碍矿物的硫化和捕收剂的捕收作用。消除石膏影响有两种方法:

a. 用硫氢化钠代替硫化钠,或添加少量的硫酸,以降低矿浆的 pH,使碳酸根离子生成可溶的化合物,而不生成不溶的碳酸钙;

b. 在矿浆中加入氯化铵或其他铵盐,以增加碳酸钙的溶解度,限制它在矿物表面上的沉淀。

②脂肪酸加中性油浮选法。这种方法常用于难选铅矿物含量较高、脉石矿物中方解石和白云石很少或没有的矿石。用这种方法所得到的指标,往往比前一种方法低。但在某些白铅矿的选矿厂,可得到较好的指标。捕收剂可用脂肪酸、重油、石油及煤油的氧化产品、环烷酸及其皂类和妥尔油等。

(3)氧化锌矿的浮选

菱锌矿($ZnCO_3$),含 Zn 52%,可用高级黄药或脂肪酸捕收。工业生产中常使用硫化钠硫化,然后用黄药或铵盐捕收。

异极矿($2ZnO \cdot SiO_2 \cdot H_2O$),含 Zn 54%,硫化后用黄药浮选,或用铵盐浮选,加硫酸铜有活化作用。硫化的适宜 pH 为 6.9~9.2,加温对异极矿的浮选有促进作用。

硫化后用黄药或胺浮选是目前使用的主要方法。

①加温硫化后黄药浮选法。首先将矿石进行脱泥,然后将矿浆加温到 50~60 ℃,并用硫化钠硫化,再用高级黄药及黑药进行浮选。低温硫化时,易形成胶状沉淀物,反之,硫化温度愈高,所形成的硫化膜愈牢固,在矿浆中所形成的沉淀物愈少,硫化速度愈快。过剩的硫化钠会使氧化锌的回收率下降,因为矿浆中有硫离子阻碍黄药在矿物表面上的吸附。增加硫化钠的用量,能提高锌精矿的质量,但会降低氧化锌的回收率。矿浆中的矿泥、氧化铁、氧化锰会消耗硫化钠,并降低精矿质量,所以应事先脱除。

②先硫化后伯胺浮选法。适用于浮选锌的碳酸盐、硅酸盐及其他含锌的氧化矿物。一般的胺类捕收剂在碱性介质中，对石英、碱土金属碳酸盐捕收作用较弱，且剩余的硫化钠对氧化锌矿物会起活化作用。伯胺对氧化锌捕收能力很强，特别是含 12~18 个碳原子的伯胺，作用尤为显著，而仲胺、叔胺的捕收能力却很弱。

氧化锌浮选用药量随矿石种类的不同而不同，但大体可用下列药量：浮氧化锌矿时，硫化钠 6~12 kg/t，伯胺 100~600 g/t；浮混合锌矿时，硫化钠 1~3 kg/t，伯胺 50~100 g/t。此法的精矿品位可达 40%~45%，回收率可达 50%~90%。

## 4.7.2 锡矿的浮选

锡石（$SnO_2$），含 Sn 78.6%，是锡的主要矿物。黝锡矿（$Cu_2FeSnS_4$），含 Sn 27.5%，也是有工业价值的矿物。锡石密度大（6.8~7.1 kg/cm³），一般用重选方法处理，但重选对细粒及矿泥部分的回收率不高，故需采用浮选。锡矿浮选法的捕收剂类型有下列 5 种：

①脂肪酸。主要用油酸和油酸钠作捕收剂，适用于处理 74~10 μm 粒级的物料。用脂肪酸类捕收剂时，钙镁碳酸盐矿物的可浮性高于锡石，一般是抑锡浮钙。抑锡浮钙—脱药—浮锡流程适用于含钙矿物多的矿泥，锡钙混合浮选—抑锡浮钙流程适用于含钙矿物少的矿泥，这两种流程都需控制 pH 在 6~10。用水玻璃抑制锡石，用六偏磷酸钠（有时混以磷酸三钠）抑制含钙矿物。

②肟酸。肟酸类捕收剂对锡石的捕收能力与油酸相似，但选择性较好。其有烷基苯肟酸和烷基肟酸两类。烷基苯肟酸中效果较好的是对位甲苯肟酸。由对位甲苯肟酸与邻位甲苯肟酸混合，可得到混合甲苯肟酸，对锡石的浮选效果优于对位甲苯肟酸。对锡石的捕收性有如下规律：混合甲苯肟酸>对位甲苯肟酸>邻位甲苯肟酸>苯肟酸>对硝基苯肟酸。

使用混合甲苯肟酸时，锡石在 pH 为 4~6 时的可浮性最好，而在 pH 为 6~7 时与石英和方解石的可浮性差异最大。一般采用水玻璃及硅氟酸钠抑制脉石，当方解石含量高时，使用羧甲纤维素可达到良好的抑制效果。

③膦酸。烷基膦酸和苯乙烯膦酸对锡石的浮选效果较好。试验证明，对甲苯膦酸和对乙基苯膦酸加入少量就可以得到较好的捕收效果。高级烷基苯膦酸则因选择性差，不适于作锡石的捕收剂。烷基膦酸对锡石有捕收性，但选择性差。丁基膦酸能得到高品位的锡精矿，但回收率很低。苯乙烯膦酸是一种较好的锡石捕收剂，可在弱酸和中性矿浆中浮选，选别指标较好，价格也较便宜。

④烷基磺化琥珀酸盐。烷基磺化琥珀酰胺四钠盐已用于玻利维亚的卡塔维选矿厂及英国的惠尔简锡石浮选矿厂。其对锡石的捕收性很强，用量少，与矿物的作用时间短，只需短时间搅拌，需在 pH=2~3 的矿浆中进行。对石英、长石和云

母没有捕收作用。对粗粒锡石（0.21~0.15 mm）的捕收效果好，但对小于 43 μm 粒级锡石的捕收效果稍差。

⑤羟肟酸。这是捕收能力较强的一类捕收剂，包括 $C_{7\sim9}$ 羟肟酸、水扬羟肟酸和苯甲羟肟酸等。俄罗斯合尔洛庆高尔斯克选矿厂采用羟肟酸作捕收剂，浮选含 Sn 0.1% 的原矿，得到了含 Sn 6% 的锡精矿，回收率为 55%。

### 4.7.3 钨矿的浮选

（1）白钨矿浮选

白钨矿（$CaWO_4$），含 $WO_3$ 80.6%，用脂肪酸及其皂类作捕收剂，pH 调整剂常用碳酸钠。用脂肪酸浮选时，适宜 pH 为 9~10。抑制剂可用水玻璃、糊精、淀粉等。白钨矿可浮性虽好，但对粗粒白钨矿仍常采用重选法回收。

细粒嵌布白钨矿一般采用浮选，或先浮选得到低品位精矿后送水冶处理。浮选时，油酸与煤油混合使用可减少油酸的用量。常用水玻璃抑制硅酸盐和分散脉石矿泥。浮选白钨矿时，要注意与硫化矿和其他非金属矿的分离问题。

①白钨矿与硫化矿分离。

在浮选白钨矿前，先用黄药浮出硫化矿，并在浮选白钨矿时，加少量氰化物抑制剩余的硫化矿。

②白钨矿与方解石、萤石分离。

在浮选白钨矿时，用水玻璃抑制方解石和萤石，按其过程不同又可分为：

a. 强搅拌法。将含有方解石和萤石的白钨粗精矿浓缩，加入大量的水玻璃（10~20 kg/t），在室温下长时间搅拌（长达 14~16 h），矿浆稀释后，进行白钨矿浮选，槽中产物为方解石和萤石。此法的优点是浮选过程在常温下进行，缺点是过程需要的时间太长。

b. 浓浆高温法，又称"彼得罗夫法"。将含方解石和萤石的白钨粗精矿浓缩至 60%~70% 固体，然后加入水玻璃，并将矿浆加温至 80 ℃以上，搅拌 30~60 min，再用水稀释，在室温下浮选白钨矿，槽中产物是萤石和方解石。

③白钨矿与石英类硅酸盐矿物分离。

用油酸作捕收剂时，水玻璃就能有效地抑制石英和硅酸盐类脉石矿物，其抑制次序是：石英>硅酸盐>方解石>磷灰石>钼酸盐>重晶石>白钨矿。

④白钨矿与重晶石分离。

水玻璃对白钨矿和重晶石的抑制作用相近，单用水玻璃并不能很好地分离白钨矿和重晶石，一般采用以下两种方法分离：

a. 用烃基硫酸酯钠盐作捕收剂，在酸性矿浆中，先浮出混合精矿，然后在强酸介质中，加水玻璃，再加烃基硫酸酯钠浮出重晶石，槽内产物即为白钨矿。

b. 将粗精矿在 300 ℃的温度下焙烧，然后稀释至液：固 = 5：7.1 的比例，用氯化钡作活化剂，浮选重晶石。槽内产品在 pH 为 5~6，矿浆浓度为液∶固 = 5∶1 时加烃基硫酸酯钠和氯化钡再浮，所得尾矿为低品位白钨矿精矿，再送去水冶。

⑤钨钼分离。

先浮选钼矿，再用油酸浮出白钨矿。浮选白钨矿时，粗选精矿经浓缩，加入大量的水玻璃，并通过蒸汽加温到 90 ℃以上，搅拌 30~40 min，过滤后调浆，在矿浆浓度为 16%~20% 固体时，再经二次精选，便得白钨精矿。

近年来，为进一步提高白钨矿与其他含钙矿物的分选性，开展了低(常)温浮选工艺的研究，通过采用 731 等改性氧化石蜡皂，以及胺类阳离子捕收剂，辅助水玻璃等调整剂，取得了较好的分离效果。

(2)黑钨矿浮选

黑钨矿[(Fe、Mn)$WO_4$)]，含 $WO_3$ 76.5%。用油酸浮选，最适宜的 pH 为 7~8。在三种类质同象的钨锰铁矿中，钨锰矿较易浮，黑钨矿中等可浮，钨铁矿较难浮。用脂肪酸类捕收剂时，常用碳酸钠作调整剂，用水玻璃作脉石抑制剂。

还可用氧化石蜡皂、妥尔油及烃基硫酸酯钠盐等作为黑钨矿的捕收剂。用油酸浮选时，加醇类混合起泡剂或磺丁二酰胺酸，可改善泡沫的矿化条件，得到较好的浮选结果。油酸浮选钨锰矿及黑钨矿分别在 pH 为 7 和 9 时的效果较好。水玻璃用量要严格控制，用量过多时，黑钨矿也会被抑制。

甲苯胂酸也是黑钨矿的良好捕收剂，国外常用对位甲苯胂酸，国内则用混合甲苯胂酸。苯乙烯膦酸是黑钨矿矿泥的良好捕收剂。

### 4.7.4　铝土矿的浮选

我国铝土矿资源的特点是高铝、高硅、低铁。一水硬铝石是铝土矿中的主要有用矿物，主要杂质矿物则为铝硅酸盐矿物(高岭石、伊利石、叶蜡石、绿泥石及石英等)、铁矿物(针铁矿、水针铁矿和赤铁矿)、钛矿物(锐钛矿和金红石)及少量硫化物(黄铁矿等)等。

(1)主要矿物的可浮性

一水硬铝石的零电点(PZC)一般为 5~7。采用脂肪酸类浮选时，在 pH 为 5~10，一水硬铝石的上浮率为 90% 以上；pH 大于 11 后，一水硬铝石上浮率降低。采用脂肪胺类浮选时，一水硬铝石在 pH 为 5~10 表现出较好的可浮性，上浮率为 80% 以上。

不同产地的高岭石零电点不同，一般为 2.5~4。采用脂肪酸类浮选时，整个 pH 范围内可浮性均较差，上浮量仅在 30% 左右。采用十二烷基硫酸盐或十二烷基磺酸盐作捕收剂，pH 为 2~7 时，高岭石上浮率为 50% 左右。采用脂肪胺类浮选时，pH 为 2~4 时可表现出较好的可浮性，上浮率为 80% 左右。十六烷基三甲基溴化铵等季铵盐类捕收剂在高用量时，对高岭石的捕收能力和选择性均较十二胺好，且浮选的 pH 范围较十二胺要宽一些。

伊利石是可浮性最差的硅酸盐矿物。采用脂肪酸类浮选时，在整个 pH 范围内上浮率仅在 10% 左右。采用脂肪胺类浮选时，在强酸性范围内表现出相对较好的可浮性，上浮率为 30% 左右，随着 pH 的升高，其可浮性显著降低，直至不浮。

叶蜡石是铝土矿矿石的所有硅酸盐矿物中可浮性相对最好的矿物。当采用脂肪酸类浮选时，整个 pH 范围内，其可浮性均较其他硅酸盐矿物好，上浮率为 60% 左右。采用脂肪胺类浮选时，其浮选 pH 范围较其他硅酸盐宽，在 pH 为 3~9 的范围内表现出相对较好的可浮性，上浮率为 80% 左右。

（2）铝土矿浮选特点

铝土矿原矿的铝硅比、矿物组成和嵌布关系等对其浮选过程的影响较大。不同产地的铝土矿，由于成矿条件的不同，可浮性也存在显著差异。一般而言，原矿铝硅比越高，矿石的可选性就越好。当原矿铝硅比降低至 3 以下时，分选脱硅的难度明显增加。铝土矿浮选脱硅有脂肪酸类阴离子捕收剂的正浮选和胺类阳离子捕收剂的反浮选两种技术方案。

铝土矿中不同矿物之间的可磨度差别较大，磨矿过程中极易产生过粉碎。研究表明，磨矿细度的增加，虽对提高精矿铝硅比有利，但也会由于泥化而影响浮选过程。因此，要使一水硬铝石较好解离而又减少过粉碎，实现选择性磨矿是很关键的。对正浮选，磨矿产品粒度相对细时为好，而反浮选时，磨矿细度可适当放粗。

对矿泥的处理措施主要有：添加矿泥分散剂，如碳酸钠、六偏磷酸钠和水玻璃等，因阳离子捕收剂对矿泥特别敏感，应采用分段加药；不论是正浮选还是反浮选脱硅，采用选择性脱泥都是消除矿泥影响最有效的方法。

矿浆酸碱度会影响矿物表面电性及浮选药剂的作用。采用脂肪酸类浮选时，矿浆 pH 宜控制在 8 至 10 的范围内。采用季铵盐等阳离子捕收剂浮选时，矿浆 pH 则应控制在 5 至 7。

水质对铝土矿浮选过程有较大影响。脂肪酸类捕收剂对浮选用水中的钙、镁离子极为敏感。对钙、镁含量高的硬水，则应增大碳酸钠或六偏磷酸钠的用量。反浮选工艺由于采用阳离子捕收剂，水质对工艺过程的影响相对较小。

采用脂肪酸类捕收剂时，矿浆温度一般应控制在 15~25 ℃。温度过低，捕收剂的溶解度下降，捕收性能降低；温度过高，捕收剂易解吸。采用脂肪胺类阳离子捕收剂（如十二胺）时，矿浆温度也应保持在 25 ℃ 以上。季铵盐由于具有良好的水溶性能，可在 5 ℃ 以上的低温矿浆中使用。

对正浮选脱硅工艺，为避免粗颗粒脱落，浮选机转速比常规浮选机转速低 20%~30%，为 150~270 r/min。对反浮选，转速升高有利于微细粒与药剂作用及气泡碰撞，提高细粒含硅矿物浮选速率，较适宜的浮选机转速为 300~350 r/min。

### 4.7.5 锂矿的浮选

常见的锂矿物主要有锂辉石、锂云母和透锂长石等。

(1)锂矿物的可浮性

锂辉石($Al_2O_3 \cdot Li_2O \cdot 4SiO_2$),含 $Li_2O$ 4.5%~8%。表面纯净的锂辉石很容易用油酸及其皂类浮起,但在其表面因风化而污染,或在矿浆中被矿泥污染后,其可浮性变坏。矿浆中的铜、铁和铝离子等,不仅会活化锂辉石,也会活化脉石矿物,因此,浮选前要脱泥并用碱处理。锂辉石的回收率随着氢氧化钠用量和搅拌强度的增加而提高,搅拌时间也相应缩短。

用油酸、环烷酸皂或羟肟酸等作捕收剂时,锂辉石在中性和碱性介质中,都能很好地浮游。用十八胺和膦酸酯钠盐为捕收剂时,只有在弱碱性或中性介质中,锂辉石才能浮游。用油酸作捕收剂,氟化钠和木质素磺酸盐为调整剂,氢氧化钠和碳酸钠调整 pH 为 7~7.5 时,锂辉石的浮选效果最好。

经金属离子活化的锂辉石,用阴离子或阳离子捕收剂都能浮起。无论采用哪一种捕收剂,水玻璃、糊精和淀粉都是锂辉石的强烈抑制剂,其中淀粉的选择性较好,糊精次之,水玻璃的选择性较差。

锂辉石有效的浮选粒度一般在 0.15 mm 以下。粒度为 0.2 mm 时,浮选的回收率为61%;粒度为 0.3 mm 时,浮选回收率为22%。因此,粗粒难浮是锂辉石浮选特点之一。

锂云母[$Al_2O_3 \cdot 3SiO_2 \cdot 2(KLi)F$],含 $Li_2O$ 1.2%~5.9%。粗粒锂云母一般用手选、风选或摩擦选富集,细粒的锂云母才用浮选法回收。以阳离子捕收剂最好,用十八胺时,锂云母在酸性和中性介质中都能很好地浮选。

矿浆中的一些铁盐、铝盐、铅盐、硫化钠、淀粉及磷酸氢钠等均能抑制锂云母。锂的碳酸盐和硫酸盐则能活化锂云母。用十八胺浮选锂云母时,最好的活化剂是水玻璃和硫酸锂,而最强的抑制剂是漂白粉、硫化钠和淀粉的混合物。铜、铝和铅的硝酸盐是锂云母的抑制剂,而铜和铝的硫酸盐却是锂云母的活化剂。

透锂长石($Al_2O_3 \cdot Li_2O \cdot 8SiO_2$),含 $Li_2O$ 2%~4%。用油酸、油酸钠和异辛基肿酸钠浮选透锂长石,在任何 pH 下均不浮游。用阳离子捕收剂,如用十八胺浮选透锂长石,则其可浮性很好,矿浆 pH 为 5.5~6.0 时,其回收率为78%,而用烷基胺盐在碱性介质(pH 为 7.5~9.5)中浮选时,其回收率可提高到 90%~92%。

采用烷基胺盐为捕收剂时,氯化铁(300~500 g/t)能强烈地抑制透锂长石,在介质的 pH 为 5.8 时,其回收率下降到 10%~15%,在酸性和碱性介质中,其抑制作用加强。氯化钙能活化透锂长石,在中性介质和碱性介质(pH=9.2)中能提高其回收率。采用烷基胺盐时,透锂长石的抑制剂有硫化钠、硅酸钠、淀粉、单宁、碳酸钠、氟硅酸钠及磷酸氢钠等。

（2）锂矿浮选技术方案

正浮选在酸性介质中进行时，称"酸法"工艺，用油酸及其皂类作捕收剂，将锂辉石浮入泡沫产品中。向矿浆中加氢氧化钠进行搅拌、擦洗，以除去表面的污染物，脱泥和洗矿后，按下面 3 种方法处理：

①先浮云母，后浮锂辉石，最后浮长石，即：在弱酸性介质中，用阳离子捕收剂浮云母；将浮选尾矿浓缩至 50%，用油酸类捕收剂及醇类起泡剂调浆后，再稀释至 17%，浮锂辉石；将浮完锂辉石的尾矿用氢氟酸处理后，加阳离子捕收剂浮选长石。

②先浮锂辉石，后浮云母，再浮长石，即：将矿浆浓缩至 64%，加油酸、硫酸和起泡剂搅拌后稀释至 21%，浮锂辉石；浮选尾矿中的云母，用阳离子捕收剂浮出；云母浮选尾矿加氢氟酸活化长石，加阳离子捕收剂浮长石。

③锂辉石和云母混合浮选，最后浮长石，即：在浓浆中加硫酸调浆，然后加阴离子捕收剂，浮选云母和锂辉石；混合精矿在酸性介质中搅拌，将云母和含铁矿物浮出，槽中产物便是锂辉石；混合浮选后的尾矿，加氢氟酸处理后，用阳离子捕收剂浮长石。

因锂辉石矿酸法正浮选工艺存在工艺流程复杂、生产成本高和设备腐蚀等缺点，目前锂辉石矿浮选广泛采用的是碱法正浮选工艺，其主要包括脱泥浮选和不脱泥浮选两个技术方案。

①碱法脱泥浮选工艺。

锂辉石及脉石矿物在磨矿过程中产生的泥化会影响后续浮选过程。通常在磨矿中添加 $Na_2CO_3$ 或 NaOH，并在浮选前设置脱泥作业去除有害矿泥，脱泥后再在矿浆中加入适量 NaOH 并进行长时间搅拌调浆，然后添加 $CaCl_2$ 活化剂和脂肪酸类捕收剂浮选锂辉石。

②碱法不脱泥浮选工艺。

在磨矿或浮选前加入 $Na_2CO_3$ 或 NaOH，进行长时间的强搅拌（需达到 20 min 或以上），达到分散矿泥、抑制脉石矿物和改善锂辉石浮选的目的。调浆后加入氯化钙做活化剂，加入阴离子捕收剂（如氧化石蜡皂、环烷酸皂、油酸钠和水杨羟肟酸等）直接浮选锂辉石。

碱法脱泥或不脱泥工艺也可采用阴离子组合捕收剂（如油酸与羟肟酸组合等）或阴阳离子组合捕收剂（如油酸与烷基胺组合等）来进一步提高锂辉石的浮选效果。与锂辉石矿酸法浮选工艺相比，碱法工艺具有浮选效率高、工艺流程简单、适应性强等优点，但需注意一点，浮选前的搅拌预处理环节尤为重要。

反浮选在碱性介质中进行，又称"碱法"，用阳离子表面活性剂作捕收剂，浮出脉石矿物，槽内产品就是锂辉石精矿。以糊精、淀粉等作为锂辉石的抑制剂，松醇油作起泡剂，用胺类阳离子捕收剂浮选石英、长石和云母等脉石矿物，槽内产品去铁之后，就是锂辉石。

值得提出的是，由于在磨矿过程中，锂矿物和脉石矿物均容易过磨而产生矿泥，对浮选过程产生不良影响，因此，一般采用棒磨加球磨的流程，浮选锂辉石前最好先进行脱泥，然后进行杂质(磷灰石等)浮选，从而为锂辉石浮选创造良好条件。

### 4.7.6 铍矿的浮选

(1)铍矿物可浮性

自然界中的含铍矿物主要有绿柱石($3BeO \cdot Al_2O_3 \cdot 6SiO_2$，含 BeO 14%)、金绿宝石($BeO \cdot Al_2O_3$，含 BeO 19.8%)、羟硅铍石[$Be_4(Si_2O_7)(OH)_2$，含 BeO 49.0%]和硅铍石($4BeO \cdot SiO_2 \cdot H_2O$，含 BeO 42.1%)等，其中，绿柱石的可浮性较好，研究也较多，后几种含铍矿物由于结晶粒度较细，选矿富集的难度相对较大。

用油酸作捕收剂时，绿柱石在弱酸性、中性和碱性介质中均可浮选。加磺化石油，在酸性介质中亦可浮选，随着硫酸用量的增加，其可浮性逐渐增大。当硫酸用量为 0.98 kg/t 时，可浮性最好，但超过此浓度，绿柱石就会被抑制。用油酸为捕收剂时，氢氟酸对绿柱石有活化作用，当用量达到 200 g/t 时，活化作用最好，但其用量超过 500 g/t 时，会被绿柱石的浮选完全抑制。用油酸作捕收剂时，绿柱石经氢氧化钠处理后回收率显著增高，这时长石的回收率增加很少，这是绿柱石和长石分离的方法之一。硫化钠是石英和长石的抑制剂，又是绿柱石的活化剂。用油酸作捕收剂，用硫化钠预先处理，可得含 BeO 5.9%的绿柱石精矿。

绿柱石浮选可采用阴离子捕收剂和阳离子捕收剂。研究结果表明，用油酸捕收时，回收率仅达 50%，若预先用氢氧化钠或氢氟酸处理，则回收率可增至 80%以上。阳离子捕收剂中以十八胺醋酸盐捕收性最强。用铵盐捕收时，适宜的 pH 范围为 9~10.5。

(2)铍矿浮选技术方案

不加调整剂时，无论用阴离子捕收剂或用阳离子捕收剂，绿柱石均不能与脉石分离，所以浮选前必须进行预先处理。预先处理的方法又可分为酸法(采用硫酸、盐酸和氢氟酸等)和碱法(采用氢氧化钠、碳酸钠等)两种。预先处理的目的是清洗矿物表面，除去黏附在绿柱石表面的重金属盐，选择性地溶掉其表面的硅酸，使铍离子暴露，增加其可浮性，并降低脉石矿物的可浮性。

①绿柱石的酸法浮选。酸法浮选分为混合浮选和优先浮选两种。混合浮选是矿浆经酸处理后，把绿柱石和长石都浮到泡沫产品中，然后再进行分离的方法。其具体步骤是：矿石经粗磨后，用黄药浮选硫化矿，然后在酸性介质中，用烷基胺盐浮出云母，浮完云母以后加入氢氟酸活化绿柱石，再加烷基胺盐浮出绿柱石和长石；混合粗精矿经三次稀释、浓缩脱药后加入碳酸钠，并用烷基胺盐浮选绿

柱石，经多次精选后得绿柱石精矿。

优先浮选是先浮云母再浮绿柱石。具体步骤是：经细磨的矿石，在硫酸介质中用阳离子捕收剂浮出云母，将其尾矿进行浓缩，并用氢氟酸处理，再用烷基胺盐浮选绿柱石，尾矿为长石和石英；绿柱石粗选精矿中，加入氢氟酸和阳离子捕收剂，再经多次精选，得绿柱石精矿。

②绿柱石的碱法浮选。碱法浮选是将矿石磨矿后进行脱泥，然后用氢氧化钠或碳酸钠处理后洗矿，使矿浆呈弱碱性，再用油酸浮绿柱石，精选若干次后，得绿柱石精矿。此法适用于共生矿物比较简单的矿石。

## 4.7.7　钽铌矿的浮选

(1)钽铌矿物可浮性

钽铌铁矿和烧绿石是主要的含钽铌矿物。钽铌铁矿中含钽多的叫钽铁矿，含铌多的则叫铌铁矿。钽铌铁矿和烧绿石可用阳离子和阴离子捕收剂浮选，用螯合捕收剂(如羟肟酸钠)的浮选效果相对较好。

用油酸作捕收剂，钽铌矿的可浮性在 pH 为 6~8 时最好。在酸性介质中的可浮性较差，而石英、长石在任何 pH 下可浮性都不好。为此，在 pH 为 6~8 时，用油酸作捕收剂就容易实现钽铌矿与石英等脉石的浮选分离。

用 10% 的酸(硫酸)处理钽铌矿后，其可浮性提高。随酸用量增大，钽铌矿的可浮性增大，用硫酸的效果比用盐酸好。用 1% 的氢氟酸处理，活化程度与硫酸相似。

油酸作捕收剂时，硫化钠浓度达到 10~20 mg/L 就能抑制钽铌矿及部分脉石。少量的硅氟酸钠，也能使全部矿物受到抑制。用阳离子捕收剂时，硫化钠最初能活化钽铌矿等一些矿物，但随着其用量的增加，钽铌矿的回收率将下降。

(2)钽铌矿浮选技术方案

细粒的钽铌矿，常用浮选及联合流程处理。当原矿中有钽铌矿、烧绿石、方解石及磷灰石等时，可先浮出脉石矿物，然后再浮钽铌矿和烧绿石。在碱性介质中，用水玻璃和硫酸铵作抑制剂，用油酸作捕收剂浮选脉石矿物。在酸性介质中，用烃基硫酸酯钠盐作捕收剂浮选钽铌矿，或在中性介质中,用油酸作捕收剂浮选钽铌矿。

当原矿中有钽铌矿、云母、锂辉石及其他矿物时，需先进行脱泥，然后用阳离子捕收剂浮选云母。尾矿用碱处理后进行混合浮选，丢弃尾矿。精矿用酸处理后进行钽铌浮选，并加硫酸酯钠盐，在酸性矿浆中进行精选和扫选。精矿为钽铌精矿，尾矿为锂辉石及其他矿物。

钽铌铁矿由于密度较大，在生产实践中多采用单一重选或者重浮联合工艺方法进行回收。

## 4.8 黑色金属矿浮选

### 4.8.1 铁矿石浮选

（1）铁矿物可浮性

①赤铁矿和假象赤铁矿（$Fe_2O_3$），含 Fe 70%。常用的捕收剂为油酸及其衍生物、羟肟酸、棕榈酸、环烷酸、硫酸化皂及氧化石油产品等。在饱和脂肪酸中以十二烷基酸的浮选效果最好，在不饱和脂肪酸中以亚油酸的浮选效果最好。用脂肪酸类捕收剂时，纯矿物在中性和弱碱性介质（pH＝7～7.5）中的可浮性最好。

赤铁矿的抑制剂可用淀粉、糊精、单宁酸、酸法造纸废液、纤维素、阿拉伯树胶和水玻璃等。用脂肪酸作捕收剂时，对多价金属阳离子，如 $Ca^{2+}$、$Al^{3+}$ 和 $Mn^{2+}$ 等也有抑制作用。偏磷酸对赤铁矿有活化作用，而正磷酸对赤铁矿却有抑制作用。偏磷酸对赤铁矿的活化作用是由于偏磷酸能与矿浆中阳离子结合，消除其对捕收剂的沉淀作用。

②菱铁矿（$FeCO_3$），含 Fe 48.3%，在强碱性介质中可用阳离子捕收剂进行浮选。

③褐铁矿（$2Fe_2O_3 \cdot 3H_2O$），含 Fe 57.1%，可用脂肪酸类捕收剂进行浮选。褐铁矿容易泥化，泥化后较难浮选。

根据铁矿石的矿石性质和脉石矿物种类的不同，工业中应用的主要有正浮选、反浮选及选择性絮凝分离等工艺。

（2）铁矿石正浮选

一般用脂肪酸或烃基硫酸酯作铁矿物捕收剂，用量为 0.2～1.0 kg/t。目前普遍采用妥尔油和氧化石蜡皂作捕收剂，可以单独使用或混合使用，但一般认为混合使用效果较好。一般在弱酸性和弱碱性介质中进行浮选。

用油酸浮选赤铁矿所控制的 pH 范围与矿石的粒度有关：细粒（-37 μm）赤铁矿在 pH 为 7.4 时对油酸的吸附量最大；一般的浮选粒度（-150+37 μm）则在 pH 为 3～9 时可浮性较好，当 pH>9 时，可浮性显著下降。在强酸（pH<3）介质中，赤铁矿的浮出率不超过 30%。

研究结果表明，羟肟酸比脂肪酸的捕收效果要好，浮选指标高，浮选速度快，还可不设脱泥作业，也不要求高浓度调浆。但药剂费用高，环保问题尚待解决。

正浮选的优点是药方简单，成本较低。缺点是只适合处理脉石类型较简单的矿石（石英等硅酸盐为主），浮选过程尚需加温（一般在 20 ℃～30 ℃），有时需要多次精选才能得到合格精矿，精矿泡沫黏，不易浓缩和过滤，精矿含水分较高。

（3）铁矿石反浮选

①阴离子捕收剂反浮选。用钙离子活化石英类脉石矿物后，用脂肪酸类捕收剂浮选，槽中产物为铁精矿。用淀粉（木薯淀粉、橡子淀粉和栗子淀粉等）、磺化木素和糊精等抑制铁矿物。用氢氧化钠或与碳酸钠混用，调整 pH 到 11 以上。尽管镁离子活化能力比钙离子强，但常用钙盐活化，用得最多的是氯化钙，其次是氢氧化钙。

此法适用于铁品位较高、脉石较易浮起的铁矿石的浮选。同时要注意处理或循环使用尾矿水，pH 高达 11 的尾矿水直接放入公共水系会造成公害。

②阳离子捕收剂反浮选。浮选石英脉石的胺类捕收剂中，以醚胺最好，脂肪胺次之，此外，水溶性很好的季铵盐也能很好地浮选石英及其他硅酸盐矿物。铁矿物一般用淀粉（玉米淀粉、木薯淀粉、马铃薯淀粉、高粱淀粉和栗子淀粉等）、水玻璃、单宁和磺化木质素等抑制剂，在 pH 为 8~9 时，抑制效果较好。

该方法优点是：矿石可以为粗磨矿（阴离子捕收剂时需要细磨），只要磨到单体解离，胺类捕收剂就能很好地浮选石英等脉石，铁矿物的回收率也较高。矿石中含磁铁矿时，若用阴离子捕收剂正浮选，则磁铁矿易损失在尾矿中，而反浮选法则有利于磁铁矿的回收。

阳离子反浮选适用于铁品位高、铁成分较复杂的铁矿石浮选。胺的用量一般为 0.3~0.5 kg/t，淀粉的用量一般为 0.5~0.7 kg/t。由于阳离子药剂对矿泥较为敏感，因此，生产实践中多在反浮选前设置脱泥作业，以减少矿泥的干扰。

③选择性絮凝浮选法。该法是使铁矿物先絮凝成团，脱除分散悬浮的脉石矿泥，然后进行反浮选。捕收剂可用阴离子型，也可用阳离子型。分散剂用氢氧化钠、水玻璃和六偏磷酸钠等。絮凝剂常用聚丙烯酰胺、木薯淀粉、玉米淀粉和腐殖酸钠等。淀粉不仅是絮凝剂，同时也是赤铁矿的有效抑制剂。

经过选择性絮凝后，铁粗精矿往往达不到质量要求，还需要进行反浮选。用阴离子捕收剂进行反浮选时，要加石英等矿物的活化剂，用氢氧化钠调控 pH 到 11 左右。经过反浮选，槽中产物是铁精矿，泡沫产品是尾矿。

④浮选脱硫法。我国金山店铁矿属高硫低磷原生磁铁矿。磁选铁精矿中因存在少量的单体黄铁矿和黄铁矿—磁铁矿连生体，粒度一般为 0.005~0.1 mm，这是铁精矿含硫较高的原因。通过对该铁精矿进行反浮选脱硫试验，用丁黄药与 2# 油组合的简单药剂制度，经一次反浮选脱硫，就可使铁精矿的硫含量从 0.22% 降至 0.04%，铁精矿脱硫效果十分明显。

## 4.8.2 锰矿石浮选

（1）锰矿物可浮性

菱锰矿（$MnCO_3$），含 Mn 47.8%，是锰矿中较易浮选的一种矿物。捕收剂常用脂肪酸,其中用油酸效果最好,适宜的 pH 为 8~9。介质调整剂常用碳酸钠、水玻璃抑制石英类脉石,但碱性过高或水玻璃用量过大,对菱锰矿都有抑制作用。

软锰矿($MnO_2$),含 Mn 63.2%,比菱锰矿难浮。浮选时捕收剂用脂肪酸,pH 调整剂用碳酸钠,脉石抑制剂用水玻璃。糊精和柠檬酸也是氧化锰矿的抑制剂。草酸对其浮选有活化作用。试验证明,用油酸浮选氧化锰矿,在 pH 为 6.5 时,水锰矿和褐锰矿较易浮,而软锰矿及硬锰矿最难浮。只有使用草酸和水玻璃分散矿泥,才能得到较满意的结果。有矿泥存在时,浮选效果较差。将原矿脱除-10 μm 的矿泥,可以改善浮选指标。

(2)锰矿石浮选技术方案

油酸、妥尔油和氧化石蜡皂等是锰矿浮选常用的捕收剂。也可用烃油类(如重油、煤油)加乳化剂(如烃基硫酸酯等)进行浮选。但烃类油用量很大,每吨矿石需几千克到十几千克,药剂加入矿浆后需要长时间的强烈搅拌,先使药剂发生乳化,极性捕收剂在矿物表面固着,然后又被覆上一层油膜,这时锰矿才絮凝成集合体,与大量微细气泡一起上浮,这就是"乳化浮选"。

锰矿适宜的浮选 pH 为 7~9。为调整矿浆、分散矿泥和抑制脉石,常加少量的碳酸钠、水玻璃、单宁及磷酸盐,但不能过量,过量对锰矿物有抑制作用。$SO_2$ 及其他的还原剂对锰矿物有活化作用。此外,水质的影响也十分显著。

如果锰矿中的脉石是碳酸盐(如方解石),则用糊精先在碱性介质中抑制锰矿,浮选方解石,然后在酸性矿浆中,用妥尔油作捕收剂,浮选锰矿;如果脉石是石英等,就可以直接在酸性矿浆中用妥尔油浮选锰矿。若锰矿石中含硫化矿,则应先浮选硫化矿,再浮选锰矿。

# 4.9 非金属矿浮选

## 4.9.1 磷矿石浮选

(1)磷矿石可浮性

①磷灰石[$Ca_5(PO_4)_3(F, Cl, OH)$],含 $P_2O_5$ 42.06%,结晶较粗而完整,属于易浮矿物。捕收剂常用油酸类,抑制剂常用水玻璃。

②磷块岩[$Ca_{10}F_2(PO_4)_6$],是世界磷矿资源中最主要的磷矿,储量约占 74%,可浮性较好,要求入选粒度较细,工艺流程较复杂。常用油酸作捕收剂,效果较好的是粗硫酸盐皂,抑制剂用水玻璃,调整剂用碳酸钠,浮选适宜的矿浆 pH 为 9~10。

③磷灰岩,是经变质作用形成的磷矿,世界储量中仅占 4%,含 $P_2O_5$ 变化较大,为 3%~20%。我国江苏、黑龙江、安徽、湖北等地均有赋存,锦屏磷矿属此类型,矿石可浮性较好。

（2）磷矿石浮选技术方案

磷矿石浮选的主要难题是含磷矿物与含钙的碳酸盐（如方解石、白云石等）的分离。用捕收剂浮选时，它们的可浮性相似。磷矿物与碳酸盐脉石矿物分离的方法主要有 3 种：

①用水玻璃和淀粉等抑制碳酸盐等脉石矿物，用脂肪酸作捕收剂浮出磷矿物；

②加六偏磷酸钠抑制磷矿物，用脂肪酸反浮选浮出碳酸盐脉石矿物；

③用有选择性的烃基硫酸酯作捕收剂，先浮出碳酸盐矿物，再用油酸浮出磷矿物。

## 4.9.2 萤石浮选

（1）萤石可浮性

萤石（$CaF_2$），含 F 和 Ca 分别为 48.9% 和 51.1%。萤石精矿可用于化工行业制取氢氟酸，品位要求 $w(CaF_2)>98\%$、$w(SiO_2)<1\%$，故常进行 5~7 次精选。

用油酸作捕收剂时，萤石的可浮性很好。矿浆的 pH 对萤石的浮选也有很大影响，矿浆 pH 为 8~11 时，其可浮性较好，同时对水的质量也有较高的要求，用水需要预先软化。另外，增加矿浆温度，也可提高浮选的指标。

此外，烃基硫酸酯、烷基磺化琥珀胺、油酸胺基磺酸钠及其他磺酸盐，以及胺类都可作萤石的捕收剂。调整剂可用水玻璃、偏磷酸钠、木质素磺酸盐和糊精等。

（2）萤石浮选技术方案

萤石浮选的主要问题是与石英、方解石和重晶石等脉石矿物间的分离。主要有以下方面：

①含硫化矿的萤石矿。一般先用黄药类捕收剂将硫化矿浮出，再加脂肪酸浮选萤石。有时在萤石浮选作业中，可加少量的氰化物抑制残余的硫化矿，以保证萤石精矿质量。

②萤石与重晶石、方解石的分离。一般先用油酸作捕收剂，浮出萤石。萤石浮选时加少量铝盐活化萤石，加糊精抑制重晶石和方解石。研究表明，对含有较多方解石、石灰石、白云石等比较复杂的萤石矿，抑制脉石矿物用坚木栲胶、木质素磺酸盐效果很好。

③萤石与石英的分选。用碳酸钠调整矿浆 pH 为 8~9，用脂肪酸作捕收剂浮出萤石，用水玻璃作石英的抑制剂。水玻璃的用量要控制好，少量时对萤石有活化作用，过量时则会抑制萤石。为了少用水玻璃，又能增强对石英类脉石的抑制，常常添加多价金属阳离子（$Al^{3+}$、$Fe^{2+}$），如明矾和硫酸铝等。此外，加入 $Cr^{3+}$ 和 $Zn^{2+}$ 离子也有效，这些离子不仅对石英，而且对方解石也有抑制作用。

④萤石和重晶石的分选。一般先将萤石和重晶石混合浮选，然后进行分离。混合浮选时用油酸作捕收剂，水玻璃作抑制剂。混合精矿的分离，可以采用下列两种方法：用糊精或单宁及铁盐抑制重晶石，用油酸浮出萤石；用烃基硫酸酯浮选重晶石，将萤石留在槽内。

### 4.9.3　石英浮选

（1）石英可浮性

一般表面纯净的石英，用阴离子捕收剂不能进行浮选。但许多金属离子，如钙、钡、铜、铅、铝和铁等都能活化石英。如在磨机中磨细后的石英，由于受到铁离子的活化，用很少量的油酸就能上浮。

石英的可浮性与介质的 pH 有关，在油酸用量相等的情况下，石英的可浮性随 pH 的增加而降低。有些阳离子（如钙、镁）仅在强碱性介质中才能活化石英，而另一些阳离子（如铁、铝）仅在中性介质中才能活化石英。

用钙、镁离子活化的石英，当捕收剂过量时，其浮选会停止，而用铁、铝离子活化的石英，只有在捕收剂过剩时，才有较好的可浮性。石英表面吸附的金属离子会与油酸起作用生成相应的金属皂（如铝皂、铁皂），在中性介质中使石英表面疏水。钙皂仅在强碱性介质中使石英表面疏水。pH 为 9 时，铁离子不再活化石英。

用脂肪酸作捕收剂时，降低矿浆 pH（即提高氢离子浓度）是防止多价金属阳离子活化石英的有效措施。用氢氧化钠只能抑制非钙、镁离子活化的石英。

水玻璃可以强烈地抑制 $Fe^{2+}$ 和 $Al^{3+}$ 所活化的石英。但在 pH 为 6 时，大剂量的水玻璃也难以抑制 $Fe^{3+}$ 所活化的石英。pH 为 11 时，水玻璃不能抑制 $Ca^{2+}$、$Mg^{2+}$ 所活化的石英。硫化钠能抑制用 $Fe^{2+}$、$Fe^{3+}$、$Al^{3+}$ 活化的石英，但完全不抑制 $Ca^{2+}$、$Mg^{2+}$ 所活化的石英，所以用硫化钠抑制石英时，浮选用水必须软化。

（2）石英的浮选技术方案

石英砂浮选前，一般需要采用擦洗、脱泥、摇床、磁选等方法除去含铁矿物，然后再进行浮选。浮选前应先在浓矿浆中（有时达到 400 g/L）强力搅拌，以擦去石英表面的氧化铁薄膜，然后用脂肪酸类捕收剂浮出含铁矿物，槽内产品便是石英精矿。

石英矿石的组成比较复杂，除含铁矿物外，常有云母、长石及黏土矿物等。根据矿物组成不同，石英砂浮选流程有以下 8 种类型：

①先浮云母再浮含铁矿物，最后浮长石。先用硫酸调整矿浆 pH 到 3~4，用胺类捕收剂浮选云母，然后用盐酸调整 pH 到 4~5，用磺化石油作捕收剂浮选含铁矿物。最后用氢氟酸调整 pH 到 2~3，用胺作捕收剂，浮选长石。石英以尾矿形式产出。

②按浮含铁矿物、浮云母、浮长石的顺序进行。不同的是流程①中使用的捕收剂是胺—磺化石油—胺，此流程中使用的则是磺化石油—胺—胺。

③先浮含铁矿物，后浮长石，尾矿为石英精矿。它适用于云母含量少的石英砂。

④仅浮含铁矿物，所得尾矿为石英精矿。用妥尔油作捕收剂，用碳酸钠调整 pH 到 8~9，浮选含铁矿物后，尾矿就是石英。在原矿中没有云母及长石的情况下，或原矿含长石少，没有必要分离时，用这种简单的流程是有好处的。

⑤石英砂中含长石较多时，将矿浆的 pH 调整到 7~8，用脂肪酸作捕收剂，浮选含铁矿物后，加氢氟酸和胺浮选长石，最后在矿浆 pH 为 7~8 时，用胺作捕收剂浮选石英。

⑥将矿浆的 pH 调整到 7~8，用磺化石油进行铁矿物的浮选，然后在矿浆 pH 为 7~8 时，用胺浮选石英。此方案适用于原料中没有长石，或其含量很少，没有必要分离的情况。

⑦用胺作捕收剂，混合浮选石英和长石，混合精矿分离时加氢氟酸和胺浮选长石，尾矿便是石英精矿。

⑧浮铁矿物后再进行长石和石英混合浮选。它适用于含铁高的石英砂。

## 4.9.4 长石浮选

(1) 长石的可浮性

长石是钾、钙、钡等碱金属或碱土金属的铝硅酸盐矿物，是主要的造岩矿物之一，主要有 4 种类型，即钾长石 $K_2O \cdot Al_2O_3 \cdot 6SiO_2$、钠长石 $Na_2O \cdot Al_2O_3 \cdot 6SiO_2$、钙长石和钡长石。长石一般与云母、石英，以及含铁矿物共生。

长石可用脂肪酸类捕收剂浮选，如油酸等。铝盐在酸性介质中会抑制长石的浮选，而在弱碱性介质中则会活化长石的浮选。胺类阳离子表面活性剂也是长石的有效捕收剂，其选别效果良好，但要重视矿浆 pH 的调整和矿泥的脱除。

(2) 长石的浮选技术方案

长石的浮选一般会涉及到长石与石英和云母等矿物的分离。其中：

①长石与石英的分选。一般在酸性矿浆中(用氢氟酸调 pH 为 2.1 左右)用阳离子捕收剂优先浮选长石。氢氟酸的作用是清洗矿物表面的多价金属离子，并活化长石。在酸性(pH=4 左右)矿浆中，氟化钠也可以代替氢氟酸作长石活化剂，但其活化效果相对较差。

由于氟化物存在环境污染的问题，因此，在无氟或少氟工艺方面开展了大量的研究工作。据资料报道，主要有酸性浮长石法和碱性浮石英法。

酸性浮长石法：在强酸性(一般用 $H_2SO_4$)pH=2~3 的条件下，用阴阳离子混合捕收剂优先浮选长石。如内蒙古角干工业区石英砂矿用 $H_2SO_4$ 为调整剂，高级脂肪胺和石油磺酸盐为捕收剂进行脱除长石等杂质的反浮选，获得 $SiO_2$ 品位为 97.83% 的最终产品。山东省荣成市港西镇的旭口硅砂矿在 pH 为 3 的条件下，采用 N-烷基丙撑二胺与石油磺酸钠混合捕收剂优先浮选长石获得了 $SiO_2$ 品位为 96.94% 的最终石英产品。

碱性浮石英法：在高碱性介质条件下（pH = 11 ~ 12）以碱土金属离子为活化剂，以烷基磺酸盐为捕收剂，可优先浮选石英，实现石英与长石的分离。同时加入非离子表面活性剂，如 1-十二烷醇，可使石英回收率急剧上升，而对长石影响不大，从而有利于两者分离。

②云母和长石的分选。一般用硫酸作调整剂，加混合胺和柴油作为云母的捕收剂。云母和长石浮选时，常采用高浓度调浆，低浓度浮选的方法。这样既可减少药剂用量，又能减少机械设备的腐蚀。

# 5

# 磁选与电选

## 5.1　磁选基本原理

### 5.1.1　磁选过程

磁选是根据矿石中不同矿物间的磁性差异，在不同类型磁选机所产生的非均匀磁场中，因受磁力大小的不同而实现彼此分离的技术。

当矿石被送入磁选机产生的非均匀磁场中，矿物颗粒同时受到磁力和机械力(惯性力、重力和摩擦力等)的作用。磁性较强的矿物颗粒，所受到的磁力大于机械力，成为磁性产品；磁性较弱或非磁性的矿物颗粒，其受到的磁力小于机械力，则成为中间产品或非磁性产品(见图5-1)。同时，由于连生体的存在，以及矿物颗粒间存在的相互作用(如静电作用等)，会造成非磁性或弱磁性矿物颗粒与磁性矿物颗粒间的机械夹杂，这也是磁选工艺中不可忽视的一个问题。

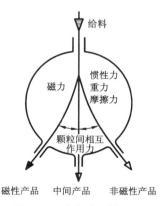

图 5-1　磁选过程模拟图

矿物颗粒受到的磁力和机械力大小，取决于所用的磁选设备的分选性能、待分选矿物的磁性和其他物理性质(如颗粒大小、形状等)等。

不同矿物颗粒之间磁性差别越大，就越容易实现磁选分离。若不同矿物间的磁性差别小，对磁选来说则属于难选矿石。因此，要实现难选矿石的磁力分选，必须调整好矿物所受磁力与其他机械合力之间的差异，才能实现有效分离。由此可见，磁选分离应满足以下3个基本要素。

①矿石中不同矿物间存在一定的磁性差异。

②需要一个磁场强度和梯度合适的非均匀磁场,为磁性矿粒提供磁力。

③对分选的目的矿粒受力要求是磁力大于机械合力,对非目的矿粒的要求则相反。

根据磁性矿粒在磁场中的运动方式的不同,磁性与非(弱)磁性矿粒在磁选机中的分离方式主要有以下两种。

①吸住法。矿石被送入靠近磁极的区域,磁性较强矿物颗粒受磁极的吸引力超过其所受的机械合力,从而被吸在磁极上或紧靠磁极的圆筒上或聚磁介质上,使之进入磁性产品中。非(弱)磁性矿物颗粒则在机械力的作用下,随料浆流入或给料输送带进入非磁性产物中(见图5-2)。

②吸引法。矿石进入磁选机中,磁性较强的矿物颗粒受磁极的吸引力不足以克服其所受的机械合力的作用时,就不能附着在磁极上,而是朝向磁极运动,形成磁性产品。

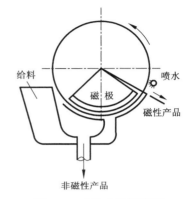

图 5-2　磁选方法原理图

磁性较弱的矿物颗粒因受机械力较大,背离磁极方向运动,形成非磁性产品。生产实践中,吸引法分离的常见例子有磁流体分选和磁力脱水槽等。

## 5.1.2　矿物的磁性

### 5.1.2.1　矿物磁性与分类

矿物按其磁性类别可分为逆磁体、顺磁体、铁磁体、反铁磁体和亚铁磁体。比磁化系数(率)是表征矿物磁性大小的重要参数,即物质磁化时,单位质量和单位磁场强度的磁矩,又称为质量磁性($m^3/kg$)。在磁选中,通常按照矿物比磁化系数(率)的大小,将矿物划分为强磁性矿物、弱磁性矿物和非磁性矿物3大类,常见矿物的比磁化系数(率)见表5-1。

表 5-1　常见矿物的密度、比磁化率和电导率

| 矿物 | | 化学式 | 密度 /($kg \cdot m^{-3}$) | 比磁化率 $\chi$ /($10^{-7} m^3 \cdot kg^{-1}$) | 电导率 /($S \cdot cm^{-1}$) |
|---|---|---|---|---|---|
| 强磁性矿物 | 磁铁矿 | $Fe_3O_4$ | 4900~5200 | 6300~12000 | $10^6 \sim 10^{-5}$ |
| | 磁赤铁矿 | $\gamma\text{-}Fe_2O_3$ | 4800~5300 | 5000~6000 | |

续表 5-1

| 矿物 | | 化学式 | 密度 /(kg·m⁻³) | 比磁化率χ /(10⁻⁷ m³·kg⁻¹) | 电导率 /(S·cm⁻¹) |
|---|---|---|---|---|---|
| 强磁性矿物 | 钛磁铁矿 | $Fe(Fe^{3+}, Ti)_2O_4$ | | 3000~4000 | |
| | 磁黄铁矿 | $Fe_{1-x}S(x=0~0.2)$ | 4650~4850 | 63~670 | $10^2~10^6$ |
| 弱磁性矿物 | 假象赤铁矿 | $Fe_2O_3$ | | 70~90 | |
| | 赤铁矿 | $Fe_2O_3$ | 4800~5300 | 20~30 | $10^{-1}~10^{-7}$ |
| | 褐铁矿 | $Fe_2O_3 \cdot nH_2O$ | 3400~4400 | 2~3 | |
| | 菱铁矿 | $FeCO_3$ | 3800~3900 | 6~7 | $10^1~10^{-5}$ |
| | 黄铜矿 | $CuFeS_2$ | 4100~4300 | 17 | |
| | 钛铁矿 | $(Mg, Fe)TiO_2$ | 4500~5500 | 14~34 | $10^4~10^2$ |
| | 水锰矿 | $MnO_2 \cdot Mn(OH)_2$ | 4200~4400 | 6.3 | |
| | 软锰矿 | $MnO_2$ | 4700~4800 | 4 | $10^4~10^{-2}$ |
| | 黑钨矿 | $(FeMn)WO_4$ | 7100~7500 | 8~12 | $10^{-2}$ |
| | 白云石 | $CaMg(CO_3)_2$ | 2800~2900 | 3.4 | $10^{-5}~10^{-10}$ |
| | 斑铜矿 | $Cu_5FeS_4$ | 4900~5400 | 18 | $10^3~1$ |
| 非磁性矿物 | 石英 | $SiO_2$ | 2650 | -0.025 | $10^{-13}~10^{-16}$ |
| | 长石 | $(Na, K, Ca)AlSiO_3O_8$ | 2700~2800 | 0.630 | $10^{-8}~10^{-14}$ |
| | 金红石 | $TiO_2$ | 4100~5200 | 0.250 | $10^4~10^1$ |
| | 磷灰石 | $Ca_5(PO_4)_3(F, OH, Cl)$ | 3200 | 0.126 | $10^{-12}~10^{-14}$ |
| | 黄铁矿 | $FeS_2$ | 4950~5100 | 0.126 | $10^4~10^{-1}$ |
| | 闪锌矿 | $ZnS$ | 3500~4200 | 0.126 | |
| | 辉钼矿 | $MoS_2$ | 4700~5000 | 0.126 | $10^{-1}~10^{-5}$ |
| | 方铅矿 | $PbS$ | 3900~4100 | 0.022 | $10^4~1$ |
| | 锡石 | $SnO_2$ | 6800~7100 | | $10^2~10^{-8}$ |
| | 毒砂 | $FeAsS$ | 5900~6200 | 0.082 | $10~1$ |
| | 萤石 | $CaF_2$ | 3000~3250 | 0.060 | $10^{-13}~10^{-17}$ |
| | 滑石 | $H_2Mg_3(SiO_3)_4$ | 2500~2800 | 0.082 | |
| | 正长石 | $KAlSi_3O_8$ | 2500~2600 | 0.027 | |

①强磁性矿物。这类矿物的物质比磁化率χ>3.8×10⁻⁵ m³/kg(或 CGSM 制中 χ>3×10⁻³ cm³/g),大都属于亚铁磁性物质。在磁场强度 $H_0$ 达 120 kA/m(约 1500 Oe)或更低的弱磁场磁选机中可以实现回收。常见的强磁性矿物主要有磁铁

矿、磁赤铁矿($\gamma-Fe_2O_3$)、钛磁铁矿、磁黄铁矿和锌铁尖晶石等。

②弱磁性矿物。矿物的物质比磁化率$\chi<7.5\times10^{-6}$ $m^3/kg$(或 CGSM 制中$\chi=6\times10^{-4}\sim10\times10^{-6}$ $cm^3/g$),大都属于顺磁性物质,也有属于反铁磁性物质(如赤铁矿和针铁矿等)。在磁场强度$H_0=800\sim1600$ kA/m(10000~20000 Oe)的强磁场磁选机中可以实现回收。弱磁性矿物种类较多,如铁锰矿物——赤铁矿、镜铁矿、褐铁矿、菱铁矿、水锰矿、硬锰矿和软锰矿等;含钛、铬和钨矿物——钛铁矿、金红石、铬铁矿和黑钨矿等;部分造岩矿物——黑云母、角闪石、绿泥石、绿帘石、蛇纹石、橄榄石、石榴石、电气石和辉石等。

③非磁性矿物。矿物的物质比磁化率$\chi<1.26\times10^{-7}$ $m^3/kg$(或 CGSM 制中$\chi<10\times10^{-6}$ $cm^3/g$),这类矿物有些属于顺磁性物质,也有些属于逆磁性物质(如方铅矿、金、辉锑矿和自然硫等)。非磁性矿物在目前的技术条件下,不能用磁选法回收。非磁性矿物的种类也很多,如部分金属矿物——方铅矿、闪锌矿、辉铜矿、辉锑矿、红砷镍矿、白钨矿、锡石和金等;大部分非金属矿物——自然硫、石墨、金刚石、石膏、萤石、刚玉、高岭土和煤等;大部分造岩矿物——石英、长石和方解石等。

不同产地或不同矿床的矿物的磁性不同。对各类磁性矿物和非磁性矿物的物质比磁化率范围的划分,特别是弱磁性和非磁性矿物间的界限划分,不是固定不变的。随着磁选技术、磁选机的发展,其划分界线将会发生改变。矿物的磁性大小应通过磁性测定来确定,表 5-1 中数据仅供参考。

### 5.1.2.2 改变矿物磁性的方法

矿物之间天然磁性差异较小时,会使磁选的分选效率降低。若能进行矿物磁性差异的调节,扩大被分离矿物间的磁性差异,则磁选的效率将大大提高。一般改变矿物磁性的方法有容积磁性改变和表面磁性改变两类。

(1)改变矿物的容积磁性

①磁化焙烧。磁化焙烧是改变弱磁性氧化铁锰矿物(赤铁矿、褐铁矿、菱铁矿、铁锰矿)容积磁性的有效方法。磁化焙烧是将矿石加热到一定温度后,在相应的气氛中进行物理化学反应的过程。经磁化焙烧后的铁矿物的磁性会显著增强,锰矿物的磁性则变化不大,脉石矿物的磁性基本不会改变。因而,弱磁性铁矿石或铁锰矿石,在经磁化焙烧后,便可进行有效的磁选分离。常用磁化焙烧法有还原焙烧、中性焙烧、氧化焙烧、氧化还原焙烧和还原氧化焙烧 5 种。

a.还原焙烧。赤铁矿、褐铁矿和铁锰矿矿石加热到一定温度(570 ℃左右)后,与适量的还原剂相互作用,就可使弱磁性的赤铁矿$Fe_2O_3$转变成强磁性的磁铁矿$Fe_3O_4$。常用还原剂有 CO、$H_2$和 C 等。工业上常用煤气、天然气、重油和煤。褐铁矿($Fe_2O_3\cdot nH_2O$)在 300~400 ℃时开始脱水,脱水后变成赤铁矿,然后再按上述反应被还原成磁铁矿。矿石还原焙烧程度以还原度($R$)表示。

$$R = \frac{w(\text{FeO})}{w(\text{Fe})} \times 100\% \qquad (5-1)$$

式中：$w(\text{FeO})$ 和 $w(\text{Fe})$ 分别为还原焙烧矿中 FeO 和全铁的含量。赤铁矿的理想还原度为 $R=42.8\%$，因此，一般 $R=38\%\sim52\%$ 时被认为还原较好。

b. 中性焙烧。菱铁矿（$FeCO_3$）、菱镁铁矿、菱铁镁矿和镁菱铁矿等碳酸铁矿石，在不通空气或通入少量空气的情况下，加热到一定温度（$300\sim400$ ℃）后，可进行分解，生成磁铁矿。同时，由于碳酸铁矿物分解出 CO，也可将矿石中赋存的赤铁矿或褐铁矿还原成磁铁矿。

c. 氧化焙烧。黄铁矿（$FeS_2$）在氧化气氛中短时间焙烧时被氧化成磁黄铁矿，当焙烧时间长时，磁黄铁矿会进一步氧化成磁铁矿。其中，生成磁黄铁矿的条件除与温度、气氛有关外，还与硫化铁的组成有很大关系。

d. 氧化还原焙烧。含有菱铁矿、赤铁矿或褐铁矿的铁矿石，在菱铁矿与赤铁矿的比值小于 1 时，在氧化气氛中加热到一定程度，菱铁矿可氧化成赤铁矿，然后再在还原气氛中将其与矿石中原有的赤铁矿一并还原成磁铁矿。

e. 还原氧化焙烧。各种铁矿石经磁化焙烧生成的磁铁矿，在无氧气氛中冷却到 400 ℃ 以下时，再与空气接触，可氧化成强磁性的磁赤铁矿（$\gamma\text{-}Fe_2O_3$）。

②热磁法。无论是铁磁性物质还是反铁磁性物质，它们的磁性和温度关系密切。把铁磁性转变为顺磁性的温度称为居里温度，反铁磁性转变为顺磁性的温度称为奈耳温度。居里温度和奈尔温度的差异可用来作为特殊的磁选方法——热磁分选法的依据。两种具有相同比磁化率的矿物，其居里点和奈耳点各不相同。因而，在某一温度时，一种物质虽然磁性有所减弱，但仍为强磁性；而另一种物质的磁性则急剧降低，变成了顺磁性，这就达到了有效的磁选分离。

（2）改变颗粒表面磁性

①碱浸磁化。如 $FeCO_3$ 的碱浸磁化，实质是破坏原来矿物的化学组成，使 $FeCO_3$ 分解，形成 $Fe(OH)_2$，并进一步转化为强磁性的 $\gamma\text{-}Fe_2O_3$ 和 $Fe_3O_4$。包括两个连续的阶段：用 NaOH 水溶液将 $FeCO_3$ 浸出，在矿粒表面形成 $Fe(OH)_2$ 阶段；浸出化合物 $Fe(OH)_2$ 氧化为 $\gamma\text{-}Fe_2O_3$ 和 $Fe_3O_4$ 阶段。菱铁矿表面层因覆盖强磁性氧化铁成分，故磁化率增加。

研究表明，在低氧化速度和适量氧化铁时，可获得很高的比磁化率。氧化缓慢时主要生成了强磁性的 $\gamma\text{-}Fe_2O_3$ 和 $Fe_3O_4$，否则，$\alpha\text{-}Fe_2O_3$ 增多。

②疏水磁化。很多逆磁性和顺磁性矿物，包括稀有金属、有色金属和非金属矿物（如绿柱石、锂辉石、白钨矿、方铅矿和闪锌矿等），用表面活性物质处理后，矿物表面疏水化，再经受磁场作用，矿物比磁化率会增加，称该法为疏水-磁化法。其实质是碱浸使矿物表面局部溶解，脂肪酸皂（表面活性物质）与矿物表面残存的铁或矿浆中的含铁成分形成疏水性的脂酸铁薄膜，覆盖在矿物表面，该薄膜在磁场作用下产生定向，比磁化率增高。主要过程包括原矿→碱浸（NaOH

2.5 kg/t)→洗涤→碱浸(NaOH 1.0 kg/t)→表面活性剂处理(中性油 0.4 kg/t，$C_{17}H_{33}COONa$ 2.0 kg/t)→磁选。磁性部分的比磁化率与未做疏水磁化处理的原矿相比提高了 3~6 倍，在 1.4~1.6 T 场强下，磁性产品产率达 70%~80%。

采用疏水磁化的方法对很多非磁性和弱磁性矿物有可能用磁选法有效分选，为改变物料颗粒表面磁性提供了一条新的途径。

③磁种磁化。磁种是能选择性吸附到某种目的矿物表面上，提高其磁性的细粒强磁性物质。磁性增强后的目的物料就可用磁选机分选。

最常见的磁种是粒度为 -5 μm 的细磨磁铁矿。调浆时应加入电解质或表面活性剂(脂肪酸和煤油)或高分子絮凝剂，以增加磁种的选择性吸附作用。如脂肪酸在目的物料和磁种表面产生化学吸附，并使表面疏水化。煤油则会强化疏水作用，借助料浆流的剪切作用，使磁种与目的矿物团聚。

由于作用原理不同，就有疏水团聚作用的磁种磁化、凝聚作用的磁种磁化和高分子絮凝剂作用的磁种磁化 3 种。

疏水团聚作用磁种磁化，主要使用表面活性物质(如脂肪酸类)在磁种和物料表面生成疏水膜，并进一步形成疏水聚团。

凝聚作用的磁种磁化，是通过添加电解质和调整矿浆 pH 来控制微细粒磁种和目的物料在水中的凝聚和分散状态。当料浆体系总能量最低即双电层受到最大压缩时，磁种便与目的物料发生凝聚。例如：磁种、方解石和磷灰石，在 pH = 11 时的动电位分别为 -40~-50 mV、0~-10 mV 和 -20~-25 mV，则磁种会优先吸附在方解石上而使其被磁化。

高分子絮凝剂作用的磁种磁化，即高分子物质的官能团通过"桥连"作用使磁种与目的物料絮凝。由于絮凝剂"桥连"作用的力程超过了长程力的力程，所以絮凝体容易形成。如三水铝石 $Al_2O_3 \cdot 3H_2O$ 和石英，在 pH 为 9.7 时，因石英的动电位负值太大，聚丙烯酰胺选择性地絮凝磁种和三水铝石而使其被磁化。

④磁化剂磁化。磁化剂的一端能吸附强磁性的磁铁矿或含铁成分，另一端则选择性地和目的物料吸附，这样就使目的物料的磁性增强，如图 5-3 所示。磁化剂的亲固基要有很好的选择性，且对各种不同的目的物料，应有特殊的亲固基。

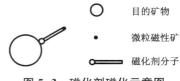

○　目的矿物

·　微粒磁性矿

—　磁化剂分子

图 5-3　磁化剂磁化示意图

### 5.1.3　磁化过程与磁力

(1)磁化过程

磁性矿粒只有在磁选设备产生的非均匀磁场中受到磁化后才能产生磁力，因而磁化过程对磁选具有重要意义。物质的磁化可以定义为物质中原子磁矩沿外磁场方向的取向行为。当在外磁场的作用下,原子磁矩均取向于外磁场方向,总磁矩不为零,对外显现磁性,这一现象就称为磁化。

一般,外磁场强度越强,物质中原子磁矩沿外磁场方向取向的程度就越高。当外磁场强度足够使物质中所有原子磁矩均取向外磁场方向时,就达到了饱和磁化。

在磁场的作用下,铁磁质的磁化包括如图5-4所示的磁畴壁的移动和磁畴的转动两个过程。未磁化前,不显示磁性[图5-4(a)]。磁畴磁矩一致转动时,磁矩在外磁场作用下,整体逐渐转向外磁场方向[图5-4(b)]。畴壁位移使磁矩方向同磁场方向比较接近的磁畴逐渐扩大,磁矩方向与磁场方向相差较远的磁畴逐渐缩小,从而产生磁畴壁移动[图5-4(c)]。由于磁畴壁移动所需的能量较小,磁畴磁矩一致转动所需的能量较大,因此,强磁场中磁化以磁畴转动为主,弱磁场中则以磁畴壁移动为主。

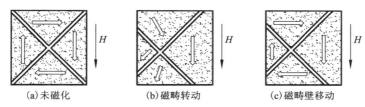

(a)未磁化　　　　　　(b)磁畴转动　　　　　　(c)磁畴壁移动

图5-4　铁磁质的磁化过程

(2)磁力

磁性颗粒进入磁场中即被磁化成为一个磁偶极子。磁偶极子在磁场中的受力行为与电偶极子在电场中的受力行为是一样的。磁偶极子在非均匀磁场中,由于两端受到的磁力不等,才会受到一个净磁力作用(见图5-5)。其磁力的方向与磁场梯度方向一致,即指向磁场强度

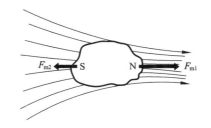

图5-5　磁性矿粒在非均匀磁场中的受力

增大的方向。因此,矿粒受到磁力的大小等于矿粒磁矩与矿粒所在位置的磁场梯度的乘积,即:

$$F_m = m \text{grad} B \qquad (5-2)$$

式中:$F_m$为磁性矿粒所受磁力,N;$m$为矿粒磁矩,$A \cdot m^2$;$m = KVH$,$K$为物质体积磁化率(量纲为一);$V$为物质的体积,$m^3$;$H$为磁场强度,A/m;$\text{grad} B$为矿粒所在位置的磁场梯度;$B$为磁感应强度,$B = \mu_0 H$,$\mu_0$为真空的磁导率,$\mu_0 = 4\pi \times 10^{-7}$ $N/A^2$。式(5-2)还可写成:

$$F_{\mathrm{m}} = \mu_0 KVH \mathrm{grad} H \qquad (5-3)$$

在磁选实践中,通常采用比磁力 $f_{\mathrm{m}}(\mathrm{N/kg})$,即单位质量磁性颗粒所受的磁力来表示颗粒所受磁力的大小。

$$f_{\mathrm{m}} = \frac{F_{\mathrm{m}}}{m} = \frac{\mu_0 KVH \mathrm{grad} H}{V\delta} = \mu_0 \chi_p H \mathrm{grad} H \qquad (5-4)$$

式中:$m$ 为颗粒的质量,kg;$\delta$ 为颗粒的密度,$\mathrm{kg/m^3}$;$\chi_p$ 为物质比磁化率。

由此可见,矿粒在非均匀磁场中所受的比磁力大小决定于物料本身的磁性 $\chi_p$(内因)、磁场特性 $H$ 和 $\mathrm{grad} H$(外因)。当磁场强度一定时,矿粒的比磁化率 $\chi_p$ 愈大,矿粒在磁场中所受的比磁力 $f_{\mathrm{m}}$ 愈大。$H$、$B$、$\mathrm{grad} H$ 和 $\mathrm{grad} B$ 均可用来表示磁场特性,其中,$H\mathrm{grad} H$(或 $B\mathrm{grad} B$)是反映磁选机磁场特性的主要指标。对于不均匀磁场,仅用磁场强度来表示其特性是不够的,还必须考虑磁场梯度。

待分选物料的磁性和粒度不同,所需磁力也会不同。强磁性的磁铁矿和磁黄铁矿等,可用弱磁场磁选机(0.1~0.3 T)分选;弱磁性的赤铁矿和黑钨矿等,可用强磁场磁选机(1.2~1.8 T)分选。物料粒度愈细,则所要求的磁场力就愈大,一般通过提高磁场梯度来实现。

## 5.1.4 磁场特性

磁场特性是指磁场的大小及在空间的分布规律。磁选机的磁场类型大致可分为开放磁系磁场、闭合磁系磁场和磁介质磁场 3 类。

(1)开放磁系磁场

大多数弱磁场磁选设备采用开放磁系。开放磁系按磁极的组合形式主要可分为平面排列型和圆柱面排列型两种,如图 5-6 所示。前者多用于带式磁选机和试验设备,后者用于弱磁圆筒磁选机。

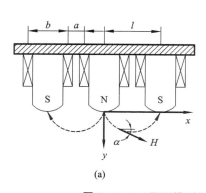

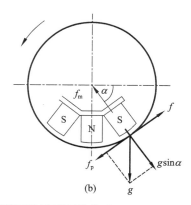

(a)

(b)

图 5-6 (a)平面排列型和(b)圆柱面排列型开放磁系

开放磁系的磁场可以由电磁铁或永磁块产生，磁系以永磁居多。共同特点是磁极极性交替同侧排列；磁系极距（两相邻磁极面中点之间的直线距离）较大；磁通经过的空气隙较大；磁场强度较低。显然，这类磁系只能用于回收强磁性物料。

（2）闭合磁系磁场

大多数强磁场磁选设备采用闭合磁系。特点是异性磁极面对面排列，极距小，即空气隙小，则磁阻小，因而极间磁场强度高。为了产生磁场梯度，常将闭合磁系的感应磁极做成不同形状的齿形极，与相对的平面磁极或凹槽磁极构成不同型式的磁极对，并用于不同类型的强磁选机。

（3）磁介质磁场

开放和闭合磁系型磁场共同的缺点是选别空间小，捕获磁性颗粒的捕收点少，处理能力较低，且一般只能分选粒度较粗的物料。处理细粒弱磁性物料的湿式强磁选机，主要是在较大的磁场空间内充填一定形状的铁磁性磁介质。磁介质磁化后在其表面附近产生极不均匀的磁场，即大的磁场梯度。磁介质的形状主要有齿板、钢棒、钢珠、钢板网和钢毛等。

①齿板介质。齿板介质强磁选机是国内外湿式磁选中等粒度弱磁性物料的主要强磁选设备（如琼斯型）。齿板介质的形状和组装方式如图 5-7 所示，中间齿板为双面齿板，边缘齿板为单面齿板，齿尖对齿尖排列。标准型设备的间隙（最小极距）为入选物料最大粒度的 2~3 倍，通常为 3 mm 左右，齿板高度为 190~220 mm。

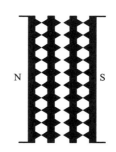

图 5-7　齿板介质在磁极间的安放图

实践表明，用磁场强度为 1.6 T 的齿板介质强磁选机分选褐铁矿时，回收粒度下限可达 30 μm。齿板介质的主要缺点是齿谷间隙中的磁场力很弱，料浆下降速度快，在一定程度上影响磁性物质的回收率。

②钢棒介质。目前工业实践中广泛使用的 SLon 立环强磁选机就采用了钢棒介质。

③铁球介质。球介质平环湿式强磁选机在我国鞍钢齐大山铁矿得到推广应用，为改善粗颗粒或渣屑堵塞的问题，研制了电磁双立环磁选机和永磁笼形磁选机。

④丝介质。采用铁磁性丝状或网状介质的磁选机称为高梯度磁选机。典型铁磁性不锈钢毛的规格为 $\phi 40~50$ μm，在极端条件下可小到 $\phi 4$ μm。直径 4 μm 的钢毛磁化到饱和时可产生 1.5 T 磁场强度，梯度可达 $3.75 \times 10^5$ T/m。$10^5$ T/m 数量级磁场梯度是磁选机中最高数量级的磁场梯度。由于细丝介质的磁力范围小，

约为 0.1 mm，因而适用于从微细物料中回收弱磁性成分。

介质的线径越小，磁化时产生的梯度就越高。通常，钢毛作为周期式高梯度磁选机的分选介质，用于高岭土和废水的磁滤，除去微粒顺磁性固体颗粒。钢板网则作为连续式高梯度磁选机的分选介质，用于细粒弱磁性矿石的磁选，煤的脱硫，以及玻璃砂等非金属原料的除铁等。

## 5.2 电选基本原理

### 5.2.1 电选过程

电选是根据被分离物料的电性质差别，颗粒在电选机电场中所受电场力和机械力(重力、离心力等)的不同，产生不同的运动轨迹，从而使不同电性质的物料得到分离的技术。

电选过程与电选机的类型有关。应用较多的是高压电晕鼓筒式电选机，结构如图 5-8 所示。电极由接地圆筒和高压电晕极构成，电晕极为尖形极或细丝极。电压提高到一定值后产生电晕放电而使颗粒带电。导体颗粒 C 与圆筒接触，迅速传走电荷，在滚筒离心力作用下，被抛落到导体产品接料斗中。非导体颗粒 NC 也接触滚筒，因只传走部分电荷而继续吸于筒面，运转至后方被抛落或用毛刷刷入非导体产品接料斗中。中间导电性颗粒 MC 落入中间产品斗中。图 5-9 为静电电选机分选示意图。若将电晕和静电电极结合，负极为尖形极(电晕极)+圆柱电极(静电极)，则静电极可扩大导体颗粒的偏移轨迹，提高分选效果，这样的电选机又称为复合电场电选机。

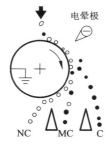

图 5-8  高压电晕鼓筒式电选机分选示意图        图 5-9  静电电选机分选示意图

### 5.2.2 矿物的电性质

根据电导率的不同可把矿物分为导体、半导体和非导体(绝缘体)。根据介电常数的差异又可分为高介电常数、低介电常数和中间介电常数矿物。按整流性还可分为正整流性、负整流性和全整流性矿物。

电选中所指的导体矿物是指矿粒在电场中吸附电子后，电子能在矿粒表面自由移动，或在高压静电场中受到电极感应后，矿粒表面能产生正负电荷，这种正负电荷也能自由移动。非导体则相反，在电晕场中吸附电荷后，电荷不能在其表面自由移动或传导。非导体在高压静电场中只能极化，正负电荷中心只发生偏离，并不能移走。脱离电场后又恢复原状，而不表现出正负电性。导电性中等的矿物，则是介于导体与非导体之间的这类矿物，在电选实践中，通常是指连生体。

矿物的电性质包括电导率、电阻、介电常数、比导电度以及整流性等，是判断能否采用电选分离的依据。电选所涉及的矿物电性质，主要是指矿物在电场中获得表面电荷的能力，以及表面电荷的传导能力。

(1)电导率

电导率是指长度为 1 cm，截面积为 1 cm$^2$ 的圆柱形物体沿轴线方向的导电能力。电导率是电阻率的倒数，是表示物体传导电流能力大小的物理量。根据矿物电导率值不同，可分为导体(电导率为 $10^4 \sim 10^5$ S/cm，如自然铜)、半导体(电导率为 $10^2 \sim 10^{-10}$ S/cm，如硫化矿物和金属氧化矿物)和非导体(电导率为 $10^{-12} \sim 10^{-5}$ S/cm，如硅酸盐矿物和碳酸盐矿物)。

(2)电阻

矿物的电阻是指矿物的粒度 $d = 1$ mm 时所测定出的欧姆数值。可分为导体(电阻小于 $10^6$ Ω)、非导体(大于 $10^7$ Ω)和中等导体(大于 $10^6$ Ω 小于 $10^7$ Ω)矿物。电阻小于 $10^6$ Ω 时，电子很容易流动；电阻大于 $10^7$ Ω 时，电子不能在表面自由运动。用电选分选导体和非导体时，两者电阻值差别愈大，就愈容易分选。

(3)介电常数

介电常数是指带有介电质的电容与不带介电质(指真空或空气)的电容之比，用 $\varepsilon$ 表示。介电常数值的大小是目前衡量和判定矿物能否采用电选分离的重要判据。介电常数越大，表示其导电性越好，反之则表示其导电性差。一般情况下，介电常数 $\varepsilon$ 大于 12 者，用常规电选可作为导体分出；低于 12 者，若两种矿物的介电常数仍然有较大差别，则可采用摩擦电选而使之分开。否则，难以用常规电选方法分选。

大多数矿物属于半导体，其介电常数可以用平板电容法及介电液体法测定。前者为干法，适应于大块结晶纯矿物；后者为湿法，可用来测细颗粒的介电常数。

(4)比导电度

石墨是良导体，所需电压差最低，仅为 2800 V，国际上习惯以它作为标准，将各种矿物所需最低电压差与它相比较，此比值即定义为比导电度。显然，矿物的比导电度是矿物的相对导电电压，如钛铁矿所需最低电压为 7800 V，则其比导电度为 7800/2800 ≈ 2.79。须说明，这些测出和标定的电压乃最低电压，而不是最佳分选电压，实际分选电压常比最低电压要高得多。矿物的比导电度越高，其导电性就越差。

（5）整流性

在测定矿物的比导电度时会发现，有些矿物只有当高压电极带负电时才作为导体分出，如方解石。而另一些矿物则只有高压电极带正电时才作为导体分出，如石英。还有一些如磁铁矿、钛铁矿等，无论高压电极的正负，均能作为导体分出。矿物表现出的这种与高压电极极性相关的电性质称作整流性。

①只获得正电的矿物叫正整流性矿物，如方解石等，此时电极带负电。

②只获得负电的矿物叫负整流性矿物，如石英等，此时电极带正电。

③不论电极正负，均能获得电荷的矿物叫全整流矿物，如磁铁矿等。

综上所述，根据矿物介电常数和电阻的大小，可以大致确定矿物用电选分离的可能性。根据矿物比导电度，可大致确定其分选电压，当然此电压乃是最低电压。根据矿物的整流性，可确定电极的极性。实际上往往采用负电进行分选，正电很少采用，因为采用正电时对高压电源的绝缘程度要求较高，且不能带来更好的效果。

## 5.2.3 电选机电场

电选机使用的电场主要有静电场、电晕电场和复合电场。复合电场即为前两种电场的结合，是目前电场分选中应用最广泛的一种电场。电选机的电场都是由直流电产生的电场。

（1）静电场

静电场是指带电体相对于介质和观察者，其电荷不运动，电荷量也不变化，即不随时间变化的电场。图5-9就是静电选矿机静电场的一种形式。如果将圆筒展开成平板电极，圆柱电极（叫高压静电极或静电极）置于平板电极的上方，也是静电选矿机静电场的一种形式。

（2）电晕电场

电晕电场是电选机广泛使用的一种不均匀电场（如图5-8）。在电场中有两个电极，相隔一定的距离，其中的一个电极为直径很小的丝状电极（或称电晕电极），接高压直流电负极或正极；另一个电极为平面或较大直径的鼓筒（接地极）。在常压下，当两电极间的电位差达到某一数值时，电极以自持局部的形式放电，即电晕放电。电晕放电时，在强电场作用下，从丝极上发出的电子在电场中运动的速度很高，它撞击空气又进一步使空气电离而产生正负电荷，还有原来空气中的少量负电荷，此时正电荷迅速飞向高压负极，负电荷又迅速飞向接地正极，如此连续不断地进行，从而使整个分选空间都带电荷，即体电荷，这就是电选中所希望的电晕电场。

电晕电选机的电晕电极与接地电极的配合形式如图 5-10 所示。图中标出了电晕电极与接地电极的配合形式及电力线的分布状态。电晕电场与静电场不同之处就是有电子流。如在电晕电极上加上负高压直流电，则正离子将向电晕电极运动并给出其电荷。电子和负离子则向接地电极运动，充满了电晕外区，形成所需的电晕电场。

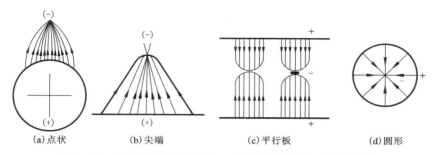

(a)点状　　　　(b)尖端　　　　(c)平行板　　　　(d)圆形

**图 5-10　电晕电极与各种接地电极配合形式及电力线分布图**

（3）复合电场

复合电场为静电场与电晕电场的叠加电场。既有电晕放电又有静电场，扩大了导体颗粒与非导体颗粒所受电场力的差别，即导体颗粒受到背离鼓筒的电场力，以及非导体颗粒吸附于筒面的电场力，都比前两种电场单独使用时要大，从而提高了分选效果。典型的有电晕极与静电极并列、电晕极正对着静电极下面的形式。

## 5.2.4　矿粒带电方式

矿粒带电方式主要有以下四种。

（1）传导带电

静电场中，传导带电如图 5-11 所示［其中，(a)为带电前，(b)为带电中，(c)为带电后，图 5-11~图 5-14 中(a)(b)(c)意义均同］。颗粒与电极接触后，导体颗粒 C 能通过传导迅速获得与接触电极同号的电荷，继而受到接触电极的排斥和上方异号电极的吸引，脱离接触电极向上运动。非导体颗粒 N 由于电阻很大，不能产生传导带电，仅受到一定程度的极化作用，被接触电极吸引，从而达到分离的目的。但只靠极化产生的吸附作用较弱，这正是静电选矿机效率不高的原因。

（2）感应带电

静电场中，感应带电和传导带电原理相同，都是导体中的自由电子向高电位方向的移动。唯一的区别是，感应带电时，导体颗粒不与电极接触，而在静电场空间获得电荷,如图 5-12 所示。导体颗粒 C 面向带电负极的一面感生正电,而面向正电极的一面感生负电,带电后的颗粒朝异性电极方向运动,且感应带电可以传走。非导体颗粒中无自由电子,既不能传导带电,也不能感应带电。

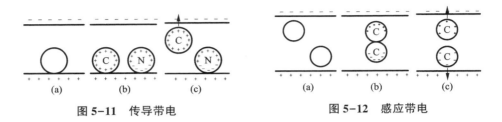

图 5-11 传导带电                图 5-12 感应带电

(3)电晕带电

电晕带电是高压电选中最有效的带电方法,可使入选颗粒最大限度地带电。电晕带电又称为离子碰撞带电。颗粒在电晕场中的带电过程如图 5-13 所示。

颗粒进入电晕电场后,无论导体颗粒或非导体颗粒都能通过电晕放电获得电荷。导体颗粒 C 由于其介电常数大,能够获得比非导体颗粒更多的电荷。但是由于导体颗粒的导电性好,能在极短时间(1/1000 ~ 1/40 s)内,将所获得的电荷经接地极传走。离开电晕电场后,甚至会带上与接地极同符号的电荷,受接地极排斥。非导体颗粒 N 由于导电性差或不导电,只能传走一部分电荷或不传走电荷,离开电晕电场后,保留大量剩余电荷。剩余电荷使非导体颗粒吸附于接触电极表面,有利于分选。

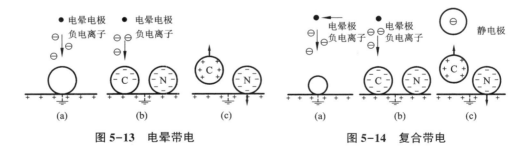

图 5-13 电晕带电                图 5-14 复合带电

(4)复合带电

颗粒在由电晕场和静电场的叠加电场中带电,或是颗粒依次经过电晕场和静电场的带电,如图 5-14 所示。颗粒进入以电晕场为主的复合电场中,导体颗粒和非导体颗粒都能通过电晕放电获得电荷。当进入静电场区域时,导体颗粒 C 迅速将在电晕场中获得的电荷经接地极传走,并由传导感应带上与接触电极同符号的电荷,脱离接地极,飞向上方的静电极。非导体颗粒 N 一般只传走少量电荷,保留大部分剩余电荷，受接地极吸引和静电负极排斥，比较牢固地吸于接地极的表面。

## 5.3　磁选设备

磁选机分类的主要依据是磁场类型、磁场强度、磁场梯度、分选介质和分选机的结构等。根据磁场强弱可分为弱磁场磁选机（磁极表面的磁感应强度为 $0.1 \sim 0.2$ T）、中磁场磁选机（$0.2 \sim 0.5$ T）和强磁场磁选机（$0.5 \sim 2$ T）；根据分选介质不同可分为干式磁选机（介质为空气）和湿式磁选机（介质为水）；根据分选机的结构不同可分为圆筒式、带式、辊式、盘式和环式等；根据磁体产生磁场的方式可分为永磁、带轭铁的电磁、螺线管和超导体磁选机；根据磁场类型可分为恒定磁场、旋转磁场、交变磁场和脉动磁场磁选机。

### 5.3.1　弱磁场磁选设备

通常将产生背景磁场强度在 $H = 72 \sim 160$ kA/m（$900 \sim 2000$ Oe）之间的磁选设备称为弱磁场磁选设备或弱磁选机。弱磁选机的磁系均为开放磁系，磁源有电磁和永磁两种。永磁具有结构简单、工作可靠和节省电能等众多优点而得到广泛应用。根据弱磁选机分选介质的不同，又有干式和湿式弱磁选机两大类。

（1）磁力滚筒

磁力滚筒是干式磁选设备，其磁极结构主要有两种，一种磁极是沿物料运动方向同极性排列（即极性沿轴向 NS 交替排列），这种同极性排列的磁力滚筒适用于处理粗中等粒度矿石；另一种磁极是沿物料运动方向异极性排列（即极性沿圆周方向 NS 交替排列），这种异极性排列的磁力滚筒则适用于处理小于 10 mm 的物料。由于沿圆周方向极性交替排列，减少了两端的漏磁，提高了筒体表面的磁场强度，因而后者被广泛采用。

典型的 CT 型永磁磁力滚筒结构如图 5–15 所示。主要部分是一个回转的锶铁氧体多极磁系，以及套在磁系外面用非导磁材料制成的圆筒。磁系包角为 360°，磁系和圆筒均固定在同一个轴上，作为皮带的首轮使用，故又称为"磁滑轮"。

磁力滚筒（磁极轴向 NS 交替排列）多用于大块（$10 \sim 120$ mm）强磁性矿石的预选，能分选出混入矿石中的围岩，提高入选原矿品位。一般可分离出产率占原矿 $15\% \sim 30\%$ 的废弃尾矿及需再处理的中间产品。磁力滚筒多安装在粗碎作业之后。一些选矿厂在细碎和磨矿之间，用磁力滚筒分选出部分废弃尾矿，既降低了入磨的矿石量，又提高了入选矿石品位；有些焙烧磁选矿厂还用磁力滚筒来控制焙烧矿的质量，将磁性弱的焙烧矿，再次返回焙烧炉中进行磁化焙烧，返回再焙烧的矿量占焙烧矿的 $6\% \sim 8\%$。

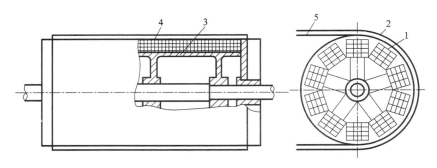

1—磁系；2—滚筒；3—磁轭；4—铝环；5—皮带。

**图 5-15　CT 型永磁磁力滚筒的结构**

（2）干式永磁筒式磁选机

干式永磁筒式磁选机有单筒和双筒两种，其中，CTG600 mm×900 mm 干式永磁双筒磁选机的结构如图 5-16 所示。主要由给矿装置（电振给矿机）、辊筒、磁系、分选箱、调节装置（可调挡板）、感应卸矿辊及传动装置（无级调速器和电动机）组成。

辊筒是由 2 mm 厚的玻璃钢制成，为了提高辊筒的耐磨强度，可在筒皮上粘一层耐磨橡胶。由于干式永磁筒式磁选机是在空气介质中进行分选，空气的冷却效果较差，加之辊筒的转速高，涡流作用使辊筒发热和电功率损耗，所以用玻璃钢代替不锈钢做辊筒，这一点与湿式永磁筒式磁选机有所不同。

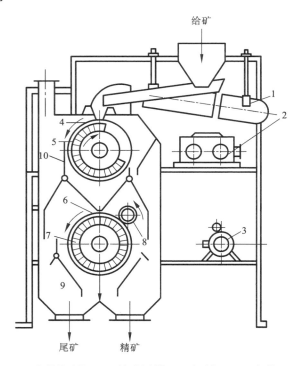

1—电振给矿机；2—无级调速器；3—电动机；4—上辊筒；
5—圆缺磁系；6—下辊筒；7—同心圆磁系；8—感应卸矿辊；
9—分选箱；10—可调挡板。

**图 5-16　CTG600 mm×900 mm**
**干式永磁双筒磁选机的结构**

上、下辊筒均由电动机经无级调速器、三角皮带带动旋转。

磁系 5 和 7 都是由锶铁氧体永磁块组成。采用的磁系结构有三种,即同心圆缺磁系、同心旋转磁系和偏心旋转磁系(如图 5-17)。

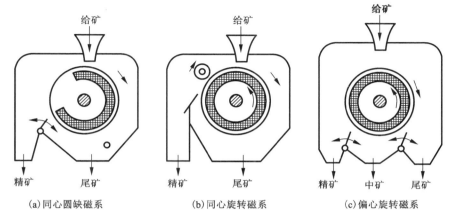

| (a)同心圆缺磁系 | (b)同心旋转磁系 | (c)偏心旋转磁系 |

**图 5-17　磁系的三种典型结构**

同心圆缺磁系的磁包角小于 360°,装在辊筒内固定不动,磁极沿圆周局部排列,其选别带较短,适于分选粒度粗且易选的强磁性矿石。同心旋转磁系的磁极沿整个圆周排列,筒皮与磁系以相反方向旋转,用感应辊卸矿,选别带较长,磁系可以正转也可以反转,磁场频率可以在较宽的范围内调整,适于分选粒度细且难选的强磁性矿石。偏心旋转磁系的磁极沿整个圆周排列,但与辊筒不同心,有一较小的偏心距,辊筒表面的磁场强度或磁场力是逐渐变化的,因此辊筒周边的不同动部位可排出质量不同的产品,但选别带较短,适于分选粒度粗且易选的强磁性矿石。

CTG600 mm×900 mm 干式永磁双筒磁选机的磁系采用同心圆缺磁系,极距有30 mm、50 mm、90 mm 三种,所对应的筒面磁场强度分别为 0.105 T、0.115 T、0.125 T,以便分别处理 5~0 mm、1.5~0 mm、0.5~0 mm 粒级的物料。

干矿石经分级后,由电磁振动给料器均匀分散地给到上面的辊筒上,由于辊筒高速旋转,非磁性颗粒在离心力作用下被抛到尾矿漏斗中。磁性颗粒所受的磁力大于离心力和重力,被吸到辊筒上,随辊筒运转并经受强烈的磁翻滚作用,不断排出被夹杂的脉石颗粒和连生体成为中矿。当磁性颗粒被带到无磁区时,被抛入精矿漏斗中。上辊筒分出的中矿给到下辊筒再选,分出精矿和尾矿两种产品,分别与上辊筒的精矿和尾矿合并。必要时,通过调节分选箱中的分矿板(即可调挡板 10),下辊筒可对上辊筒的精矿、中矿或尾矿进行再选。

CTG 型干式磁选机主要用于细粒级强磁性矿石的分选,适于干旱缺水和寒冷地区使用，也适用于从粉状物料中，剔除强磁性杂质和提纯磁性材料等。

（3）预磁器和脱磁器

在磁铁矿磁选矿厂，为了提高磁力脱水槽的分选效果，在进入磁力脱水槽之前，通常使矿浆流经预磁器（时间不少于 0.2 s），细粒磁铁矿经磁化后彼此间形成磁聚团。离开磁场后，由于矿粒具有剩磁和较大的矫顽力，磁聚团仍会保存下来。进入磁力脱水槽后，磁聚团受到的磁力和重力比单个矿粒大得多，这有利于提高磁力脱水槽的分选效果。

不同矿石的预磁效果不同，未经氧化的磁铁矿石，因其剩磁较小，预磁效果不明显，故处理该类矿石的磁选矿厂一般不用预磁器。焙烧磁铁矿和局部氧化的磁铁矿，剩磁和矫顽力都比未氧化的磁铁矿要大，预磁效果较好。因此，在磁力脱水槽前应设置预磁器，以减少金属流失。

预磁器有电磁和永磁两种（见图 5-18）。电磁预磁器是将套在铜管上的圆柱形多层线圈通入直流电，使铜管内产生磁场，磁场强度一般为 32 kA/m 左右。磁场方向（铜管内磁力线方向）平行于矿浆流动方向。矿浆从铜管中流过时，磁性矿粒被磁化。永磁预磁器由磁铁（铁氧体磁块）、磁导板和工作管道（硬塑管或橡胶管）组成，管内平均磁场强度为 40 kA/m。

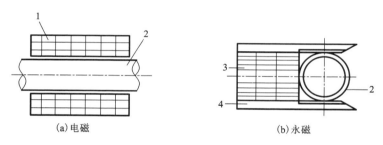

(a)电磁　　　　　　　　　　　　(b)永磁

1—线圈；2—工作管；3—磁块；4—磁导板。

**图 5-18　电磁( a)和永磁( b)预磁器**

脱磁则是在脱磁器中进行的，脱磁器由套在非磁性材料管上的塔形线圈构成，并通有交流电，如图 5-19 所示。

脱磁的基本原理是，根据在不同外加磁场作用下，强磁性物料的磁感应强度 $B$ 和外磁场强度 $H$，形成形状相似，但面积不等的磁滞回线而进行脱磁。当脱磁器通入交流电，在线圈中心产生方向不断变化，强度逐渐减弱的磁场，如图 5-20 所示。当矿浆通过绕有线圈的管道时，其中磁性颗粒受到反复脱磁，最后消除剩磁。

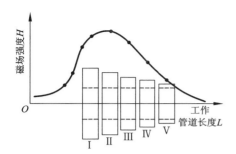

图 5-19　脱磁器及磁场分布

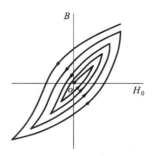

图 5-20　脱磁器磁滞回钱

对阶段磨矿阶段分选流程，一段磁选精矿进入二段精选之前，一般需要进行二段细磨。粗精矿中存在的磁聚团会给二段分级带来困难。因此，二段分级前需对粗精矿进行脱磁。采用细粒筛分流程时，对细筛入料也应进行预先脱磁，否则会影响细筛的筛分效率。采用强磁性矿物作加重质时，在回收重新使用前，也应进行脱磁。

（4）磁力脱水槽

磁力脱水槽也叫磁力脱泥槽或磁选槽，是我国磁选矿厂普遍使用的一种磁重复合力场的分选设备，有电磁和永磁脱水槽两种。图 5-21 是永磁磁力脱水槽的结构。

磁力脱水槽包括槽体、拢矿筒、磁系、给水管和排料装置等部分。磁系由锶铁氧体永磁块组成，排成圆柱台阶形（塔形磁系）放置在槽内下部，用以产生磁场。也有将塔形磁系倒放在槽体上部横梁上的（称为上部磁系脱水槽）。上升水管装在槽子底部，水管口设有迎水帽，以便使上升水能沿槽体的水平截面均匀地分散开。

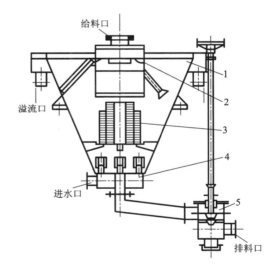

1—槽体；2—拢矿筒；3—塔形磁系；
4—上升给水管；5—排料装置。

图 5-21　永磁磁力脱水槽的结构

磁力脱水槽中，沿轴向的磁场强度是上部弱下部强，沿径向的磁场强度是外部弱中间强，等磁力线大致和塔形磁系表面相平行。

重力的作用使矿粒下沉，磁力作用是加速磁性矿粒向下沉降并吸引到磁系表面周围。上升水流的作用是阻止非磁性细粒脉石和矿泥的沉降，并使它们随上升水流进入溢流中，从而与磁性矿粒分开。同时上升水流作用也可使磁性矿粒呈松散状态，将夹杂在其中的脉石颗粒冲洗出来，从而提高精矿品位。

分选过程中，矿浆由上部进矿筒给入，均匀地散布在塔形磁系上方。磁性矿粒在重力和磁力作用下，克服上升水流的向上作用力，沉降到槽体底部并从排矿口（沉砂口）排出。非磁性细粒脉石和矿泥在上升水流的作用下，克服重力等作用而顺着上升水流进到溢流中。

磁力脱水槽的安装要求槽体放正，给矿管居中放平，不然给料容易产生偏析，导致翻花，溢流金属流失增大。

（5）湿式圆筒磁选机

湿式圆筒磁选机（drum separator）主要用于分选磁铁矿，有电磁磁系和永磁磁系两种，后者应用最为广泛。根据分选箱结构形式的不同（即磁性产品与被选物料流的相对运动方向的不同），分为顺流型、逆流型和半逆流型三种，如图 5-22 所示。

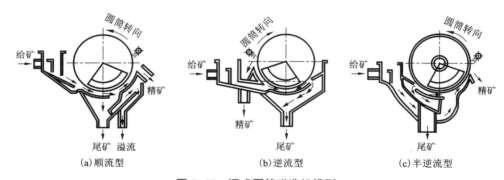

（a）顺流型          （b）逆流型          （c）半逆流型

**图 5-22　湿式圆筒磁选机槽型**

三种形式的湿式圆筒磁选机基本特点是顺流型获得的精矿品位较高，逆流型获得的回收率较高，而半逆流型兼有顺流型和逆流型两者的特点，获得的精矿品位和回收率都较高，因此半逆流型的应用最为广泛。

CTB 半逆流型永磁圆筒式磁选机的构造如图 5-23 所示，由分选圆筒、磁系和分选箱等主要部分组成。

分选圆筒由非导磁材料（如不锈钢、铜等）做成。筒面覆盖有一层约 2 mm 厚的耐磨材料（橡胶、沥青或绕一层细铜线），目的是保护筒面，并使筒面具有一定的粗糙度，使磁性矿粒不至于在筒面上滑动。圆筒旋转的线速度一般为 1.0～1.7 m/s。

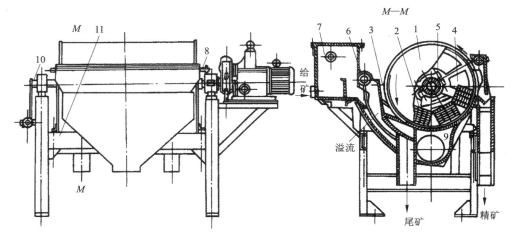

1—圆筒；2—磁系；3—槽体；4—磁导板；5—支架；6—喷水管；
7—给矿箱；8—卸矿管；9—底板；10—磁偏角调整装置；11—支架。

**图 5-23  CTB 半逆流型永磁圆筒式磁选机结构**

磁系通常由几个磁极组成(取决于圆筒直径的大小)，每个磁极由永磁块和磁导板组成，永磁块一般为锶铁氧体。磁系固定在圆筒轴上，工作时不旋转。磁极极性沿圆周方向交变，沿轴向不变。磁系包角(圆弧中心点与磁系两侧最外缘顶点连线的夹角 $\beta$) 为 106°~135°。磁系的磁极数目和圆筒直径有关，$D \leqslant 600$ mm 时为 3 极，$D \geqslant 750$ mm 时为 4~7 极。整个磁系偏向精矿排出端，磁系偏角(磁系中线与垂直线所夹的锐角 $\alpha$) 为 15°~20°，可以通过扳动装在轴上的转向装置来调节。

分选箱用普通钢板或用硬质塑料板制成，但靠近磁系的部位应采用非导磁材料。分选箱下部为给矿区，其中插有吹散水管，用以调节矿浆浓度，同时把矿浆吹散成松散悬浮状态，以利于提高分选指标。分选箱下部还设有底板，底板上开有矩形孔，用以排出尾料。底板和圆筒之间的间隙为 30~40 mm，并可以调节。

矿浆由给矿箱下部给到旋转的分选圆筒的下方。在吹散水管喷出的吹散水的作用下，矿浆呈松散悬浮状态。磁性矿粒受到向上的磁力，被吸在圆筒表面随圆筒一起旋转。在旋转过程中，由于磁极的极性交变，产生磁搅动或磁翻滚作用，使夹杂在磁聚团或磁链中的脉石被清洗出来，从而提高了精矿品位。磁性矿粒随圆筒旋转至磁系外区时，由于磁场强度减小，在精矿冲洗水管喷出的冲洗水作用下掉入精矿槽中。非磁性矿粒从分选箱底板上的尾矿孔流入尾矿管中。由于矿浆给到磁系下方的中部，精矿流的运动方向与给入的矿浆流运动方向相同(即顺流)，尾矿流的运动方向与给入的矿浆流运动方向相反(即逆流)，故称之为半逆流或半顺流型。

（6）磁选柱

磁选柱由上部给矿装置和溢流槽、中部分选柱和电磁磁系、下部上升给水管和精矿排出管，以及激磁电源控制系统等组成，如图5-24所示。

磁选柱的磁系由多个短直线圈叠加组成。在特殊的直流电控柜装置控制下，采用间断的直流脉冲供电方式，使线圈磁场时有时无。磁选柱的上中下线圈依次通电，产生连续向下移动的磁场力。在这种磁场的作用下，强磁性矿物颗粒磁化形成磁链，在交替发生的磁聚合与分散过程中，借助上升水流可将含于其中的单体脉石，以及中等和贫磁铁矿连生体从磁选柱上端排出，成为尾矿（若尾矿品位较高时可返回磨矿机再磨）。单体磁铁矿及富连生体在磁场力及重力的作用下，由磁选柱下部排出，成为高品位磁铁矿精矿。

磁选柱属于电磁式弱磁场磁重复合力场分选设备，常用于铁矿磁选矿厂的精选作业。影响磁选柱分选的主要因素有磁场强度、磁场变换周期、上升水速和处理量等。工业试验指标表明，由圆筒弱磁选机获得的品位在60%左右的磁铁矿精矿，经磁选柱一次精选就可得到品位≥65%的高品位磁铁矿精矿。

（7）磁场筛选机

磁场筛选机由给矿装置、分选装置和储排矿装置三大部分组成，如图5-25所示。其中，给矿装置由分矿筒、给矿器等部件组成；分选装置由磁系、分选筛片及辅助部件组成；储排矿装置由螺旋输送机、（尾矿和精矿）矿仓及阀门组成。

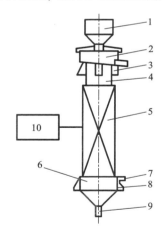

1—给矿斗和给矿管；2—溢流槽；
3—上支脚；4—分选柱；
5—电磁磁系；6—底鼓；
7—给水管；8—下支脚；
9—精矿排矿管和阀门；10—电源系统。

图5-24　磁选柱的结构

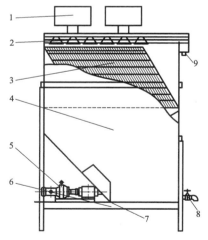

1—给矿筒；2—给矿头及给矿头连接横梁；
3—专用筛片；4—设备槽体；5—螺旋输送机；
6—设备外支撑框架；7—尾矿闸门；
8—精矿出口；9—溢流口。

图5-25　磁场筛选机的结构

磁场筛选机的分选过程包括给矿、分选、分离及排矿。物料由给矿箱分配给设备上部的给矿筒后,经给矿筒二次分配到安装在筛子上端的给矿器中,将物料均匀地给入筛面。每片筛面单独分选得到精矿和中矿两种产品,精矿和中矿分离后集中进入到设备下部特设的精矿和中矿区,再自行排出箱体。

与传统磁选机最大的区别是磁场筛选机不是靠磁场直接吸引磁性矿物,而是在低于磁选机数十倍的弱的均匀磁场中,利用单体铁矿物与脉石及连生体矿物之间的磁性差异,使磁铁矿单体矿物实现有效磁团聚后,增大了与脉石及连生体之间的尺寸和比重差,再利用安装在磁场中的专用筛子(筛孔比最大给矿颗粒尺寸大许多倍),使磁铁矿在筛上形成链状磁聚体,沿筛面滚下进入精矿箱,而脉石和连生体矿粒由于磁性弱,以分散状态存在,透过筛孔进入中矿排出,因此磁场筛选机比磁选机更能有效地分离开脉石和连生体,使精矿品位进一步提高。

## 5.3.2 强磁场磁选设备

强磁选机均采用闭合磁系,多为电磁体,也有永磁体。工业中应用的强磁选机类型很多,早期以圆盘磁选机和感应辊式磁选机为主。自 20 世纪 60 年代末以来,为解决细粒和微细粒弱磁性物料的分选或杂质脱除等问题,出现了多种类型的湿式强磁选机。

(1)圆盘强磁选机

圆盘强磁选机有单盘、双盘和三盘 3 种,它们的构造和分选原理都基本相同。双盘强磁选机的结构如图 5-26 所示,主要由给料圆筒、偏心振动输矿槽、电磁铁

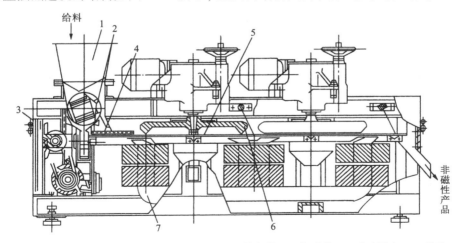

1—给料斗;2—弱磁筒;3—强磁产品接料斗;4—筛料槽;5—振动槽;6—分选圆盘;7—磁系。

图 5-26 双盘强磁选机的结构

和分选圆盘等构成。给料圆筒由钢板卷成，内装永磁铁，用以预先除去给料中的磁铁矿和机械磨损铁，并将物料按整个分选宽度均匀布料。

磁系则由"山"形铁芯和双盘构成，磁路结构为复合矩形磁回路，形成四个分选点。四个分选点的极距从给料端至尾矿卸料端依次递减，而磁场强度依次递增，以便加强后续分选点的扫选作用。分选圆盘用工程纯铁制成，盘下部成齿形，可以是单齿、二齿或三齿，齿尖与振动输矿槽的距离可调。

入选物料经弱磁筒除去强磁性成分后，经过隔渣筛均匀分布在振动输矿槽上，在振动输矿槽面上松散而弹跳着前进的矿粒通过旋转圆盘下面的分选区时，弱磁性矿粒被吸到圆盘的齿极上，并被圆盘带到振动槽外面，脱离磁场后在重力和离心力的作用下，或经刷子刷入精矿漏斗中。非磁性矿粒则经振动槽尾部卸入非磁性产品漏斗中。

可根据入选物料的性质调节矿层厚度、磁场强度、工作间隙、振动槽的振幅和振次。适宜的操作参数应由试验确定。给料粒度范围为 0~2 mm，对细粒级的给矿，厚度可达给料最大粒度的 10 倍，而粗粒级的给矿厚度可小到给料最大粒度的 1.5 倍。磁性物料的含量较少或磁性较强时，给矿层可厚一些。

盘式强磁选机主要用于从干燥的重选粗精矿中分离较粗的弱磁性矿粒，如黑钨矿和锡石的分离、独居石和锆英石的分离、钛铁矿或石榴石和金红石的分离，以及钽铌铁矿与长石和石英的分离等。

（2）三辊强磁选机

三辊强磁选机的结构如图 5-27 所示，磁系包括电磁铁 1、固定磁极头 2、可动磁极头 3。为了排矿方便，可动磁极头制成 50°~105° 的倾角，在两磁极间装有一个可旋转的感应辊 4，感应辊的表面制成齿槽形或用铜环和铁环交替嵌布。磁选机磁场强度为 960~1120 kA/m（12000~14000 Oe），感应辊直径为 100~150 mm，长度为 500~1500 mm。适用于处理 3~6 mm 粒级的弱磁性干矿石。

（3）感应辊式强磁选机

主要有 CS-Ⅰ型电磁感应辊式强磁选机和双排六辊强磁选机等。图 5-28 是 CS-Ⅰ型电磁感应辊式强磁选机

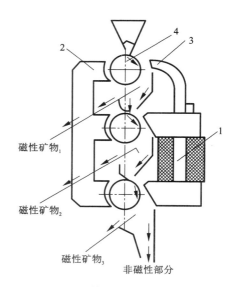

1—电磁铁；2—固定磁极头；
3—可动磁极头；4—感应辊。

**图 5-27 三辊强磁选机的结构**

的构造，主要由给矿箱、电磁铁芯、磁极头、分选辊、精矿及尾矿箱等构成，是我国于 20 世纪 70 年代末研制的第一台大型双辊湿式强磁选机。

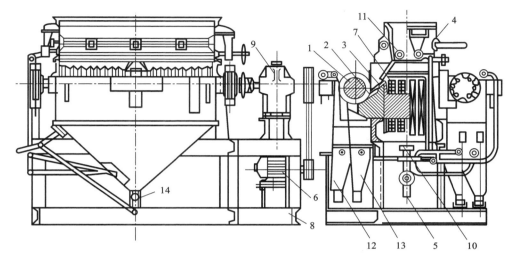

1—辊子；2—座板(磁极头)；3—铁心；4—给矿箱；5—水管；6—电动机；7—线圈；
8—机架；9—减速箱；10—风机；11—给矿辊；12—精矿箱；13—尾矿箱；14—球形阀。

**图 5-28　CS-I 型电磁感应辊式强磁选机的结构**

磁系由电磁铁芯、磁极头和感应辊组成。两个电磁铁芯和两个感应辊对称平行配置，四个磁极头连接在两个铁芯的端部，组成一个矩形闭合磁回路。四个磁极头与两个感应辊之间构成的四道空气隙即为四个分选带，这种磁路的特点是不存在非分选间隙，磁能利用率较高，激磁功率为 5.5 kW，采用风冷散热。

感应辊即为分选辊，由纯铁制成，沿辊长分为三段，中段为一个较短的非分选带，两近端段为齿形分选带，每个分选带有 15 个辊齿，辊径和有效长度分别为 375 mm 和 1452 mm。

磁极头由工程纯铁制成，磁极头与分选辊之间的环形区为分选区。磁极头端部与辊齿相应的位置有与齿数相等的过浆槽，以便让非磁性颗粒随尾矿流从过浆槽进入尾矿箱，而磁性颗粒能随辊继续前进，卸入精矿箱。环形分选区两端与分选辊圆心连线所成的夹角称为磁包角。磁包角大小对磁场强度和分选指标有影响，原则上磁包角范围内磁极头的弧形面积应小于铁芯的横截面积。当分选间隙为 14 mm 和激磁电流为 110 A 时，感应辊齿端磁感应强度可达 1.87 T，磁场梯度约为 80 T/m，沿磁极法线方向磁场强度的变化规律符合多齿-凹弧磁极对的磁场特性。

CS-I 型电磁感应辊式强磁选机成功应用于-5 mm 锰矿石的生产，对处理低品位弱磁性锰矿石获得了较好的指标。对于其他中粒级的弱磁性赤铁矿、褐铁矿、镜铁矿、菱铁矿以及钨锡分离也有着广泛的应用前景。

（4）琼斯强磁选机

琼斯强磁选机是最早应用多层聚磁介质，在工业上得到有效推广的湿式强磁选机。琼斯强磁选机综合利用了高磁感应强度和弗朗茨（Frantz）聚磁介质的思想，使得磁选机的磁力比干式强磁选机增大了几个数量级。由于聚磁介质作用合理，工作间隙加宽，其中充填的聚磁介质，既能聚磁，又能增加磁性物吸附面积，解决了第一代强磁选机磁感应强度和处理能力不能兼顾的矛盾，从而很快在世界各地得到推广。之后的高梯度磁选机也是在利用聚磁介质的基础上发展起来的。

DP-317 型琼斯湿式双盘强磁选机的结构如图 5-29 所示。琼斯强磁选机安装在一个钢制框架内，由两个"U"型磁轭和两个转盘构成矩形闭合磁回路，磁包角为 90°，磁轭焊接在结构钢框架上，在磁轭的上下两端放置用铝扁线绕制的激磁线圈，线圈密封在风筒中，用 8 台风机冷却。转盘的边缘设置 27 个分选箱，每个分选箱内装有齿角为 110°，齿尖对齿尖排列的齿板介质，形成 21 道分选间隙，磁场梯度约为 $2.5 \times 10^3$ T/m。8R 型齿板（每英寸宽有 8 个齿槽），齿板间隙为 3 mm，用于处理 1.5~0.3 mm 的物料；4R 型齿板，齿板间隙为 6 mm，用于处理 −4 mm 物料；12R 型齿板，齿板间隙为 0.7 mm，用于处理 −0.1 mm 物料。齿板用耐磨导磁不锈钢制成。每台有两个转环，整机共有四个分选区。

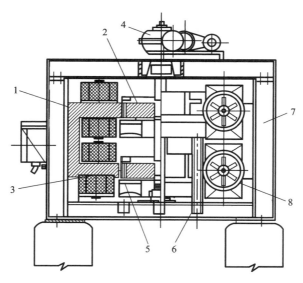

1—口型磁系；2—分选转盘；3—铁磁性齿板；4—传动装置；
5—产品接收槽；6—水管；7—机架；8—风机。

**图 5-29　DP-317 型琼斯湿式双盘强磁选机的结构**

电机通过传动机构使转环在磁轭之间慢速旋转，矿浆经过筛子隔除渣屑和粗粒后进入齿板分选箱。非磁性颗粒随矿浆流迅速穿过分选间隙，流入尾矿槽中。磁性颗粒被吸引在齿板的尖端上，在给矿点后 60°位置用 $5 \times 10^3$ Pa 压力水清洗出中矿，再转 60°角，即到了磁中性点时，用 $(5 \sim 8) \times 10^3$ Pa 高压水冲洗出精矿。

琼斯强磁选机新的改进是增加分选转环和磁极头，由原来的两个转环和四个极头，增加到四个转环和八个极头(即八个分选区)。这样整机的处理能力增大一倍，单位处理能力的机器重量显著减小。

琼斯型湿式强磁选机主要用于选别细粒嵌布的赤铁矿、假象赤铁矿、褐铁矿和菱铁矿等矿石，也可用于处理稀有金属和非金属矿石的提纯，但对小于 0.03 mm 的微细粒级弱磁性矿石的回收率较差。

(5)SHP 型强磁选机

与琼斯强磁选机相似，于 20 世纪 70 年代末由长沙矿冶院研制成功。主要由框架、磁系系统、分选系统、传动系统和冷却系统等部分组成，如图 5-30 所示。与 Jones 磁选机相比，在结构上做了几项重要改进：线圈导线由铝带改成铜带；线圈冷却由风冷改成油冷；齿板缝隙磁感强度提高到 1.5 T。同时采用了"多层感应磁极"，双向冲洗方式及压力气水联合方式，有效防止堵塞现象。激磁系统经优化设计，具有工作磁通密度和梯度高、吨矿能耗和运行成本低、生产效率高的特点。

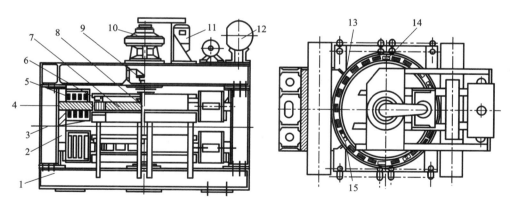

1—框架；2—磁系；3—接矿槽；4—分选箱；5—激磁线圈；6—拢矿圈；7—转盘；8—主轴；9—联轴器；
10—减速机；11—电动机；12—冷却系统；13—中矿冲洗水；14—精矿冲洗水；15—给矿嘴。

图 5-30 SHP 型强磁选机的结构

在转盘旋转过程中，分选箱进入磁场区，齿板被磁化。当给矿嘴将矿浆送入分选箱时，弱磁性矿物被吸附在齿板上部的齿尖上，非磁性尾矿逐渐通过齿板间隙排入分选箱下部尾矿槽；当分选箱转至中矿冲洗嘴下方时，冲洗水将吸附在齿板上部的矿物冲至齿板下部，并将夹杂的脉石连生体和少量脉石矿物一起排入中矿槽，再排出机外；当转到与磁极中心线相垂直的位置时，分选箱处于磁中性区，由精矿冲洗嘴喷入高压水，将精矿冲入接矿槽，再排出机外而完成分选过程。

SHP 型强磁选机由四个独立的分选过程构成，一般是平行作业，也可以串联起来完成流程中不同的作业。设备工作场强高，比能耗低，运转平稳，单机处理能力大，分选效果好，运行成本低，适应性强，易于操作。可有效分选粒度为 1～0.01 mm 粒级的弱磁性矿物，适用于分选赤铁矿、镜铁矿、褐铁矿、菱铁矿、钛铁矿、锰铁矿、铬铁矿、黑钨矿、镍矿、铌钽铁矿以及稀土矿等。

（6）SLon 立环强磁选机

SLon 立环强磁选机由赣州金环磁电高技术有限责任公司生产。主要特点是能使分选室内矿浆产生上下脉动和采用有序排列的 φ2～3 mm 的圆棒介质，有效地克服了介质盒被堵塞的问题。由于其独特新颖的结构，具有富集比大、回收率高、分选粒度宽、不易堵塞、适应性强、工作稳定和便于操作与维护等优点。已在马钢姑山铁矿、上钢梅山铁矿、鞍钢弓长岭选矿厂和攀钢选钛厂等多家选矿厂成功应用，并出口南非等国。

SLon 立环强磁选机的结构如图 5-31 所示，其中脉动机构、激磁线圈、铁轭和转环是关键部件。脉动机构由碗形橡皮膜、中心传动杆、冲程箱和电机组成，脉动冲程和冲次可任意调节。激磁线圈采用空心铜管绕制，工作时以水内冷方式冷却线圈，磁包角为 120°。转环采用非导磁不锈钢制造，沿转环周边具有若干个矩形分选室，每个室内放置有序排列的导磁不锈钢棒聚磁介质。对每个分选室的磁介质而言，给矿矿浆流方向与冲洗磁性精矿的水流方向相反，粗颗粒不必穿过磁介质便可冲洗出来。工作过程中，立式转环沿顺时针方向旋转，矿浆从给矿斗给入后，沿上铁轭的穿孔通道流经转环，经过分选区时，矿浆中的磁性颗粒即被磁介质所吸附，并随转环带至上部无磁场区，被冲洗水冲入精矿斗。非磁性颗粒则沿下铁轭穿孔通道进入尾矿斗。脉动作用可以使矿粒始终保持良好的松散状态，有利于大幅度提高磁性精矿的质量。反冲精矿可防止磁介质堵塞，这些措施保证了设备的有效回收下限为 0.010 mm 左右，分选粒度上限提高到 2 mm，从而扩大了分选粒度范围。

## 5.3.3 高梯度磁选设备

高梯度磁选技术是从 20 世纪 60 年代末发展起来的，主要特点是铁铠螺线管内磁场均匀，且能获得高达 2 T 的磁场强度。将铁磁性细丝置于均匀磁场中磁化到饱和时，可产生 $10^5$ T/m 数量级的高磁场梯度，比琼斯强磁选机高出 1～2 个数量级（琼斯强磁选机的磁场梯度为 $2.5×10^3$ T/m），但磁力作用范围小，因而，高梯度磁选机适用于捕集微细顺磁性颗粒。

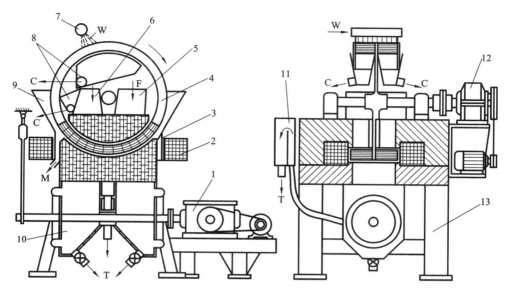

1—脉动机构；2—激磁线圈；3—铁箱；4—转环；5—给矿斗；6—漂洗水斗；7—精矿冲洗水装置；
8—精矿水；9—中矿水；10—尾矿斗；11—液面斗；12—转环驱动机构；13—机架；
W—清水；C—精矿；M—中矿；T—尾矿。

**图 5-31　SLon 立环强磁选机的结构**

琼斯强磁选机的介质充填率一般为 50%~70%，而高梯度磁选机的介质充填率仅为 5%~14%，分选区利用率大为增加。高梯度磁选已成为微细粒磁分离最有效的技术之一，主要应用范围包括①精选高纯玻璃和陶瓷工业原料（如高岭土和玻璃砂）；②净化工业垃圾、城市垃圾、热电厂和核电厂的冷却水；③从化学合成过程、电站液流和蒸气中回收固体颗粒；④富集超细粒矿物（如铁、钼、钨或稀土金属），或回收金属废渣；⑤处理催化剂；⑥在生物化学、生物、食品工业领域的应用。

高梯度磁选机按间断或连续给料方式可分为周期式和连续式高梯度磁选机。

（1）周期式高梯度磁选机

自从美国麻省理工学院（MIT）和前磁力工程联合公司（MEA）合作，于 1968 年研制第一台周期式高梯度磁选机以来，各国相继生产的周期式高梯度磁选机种类繁多，但基本构造和分选过程是相同的。周期式高梯度磁选机主机的结构如图 5-32 所示。铁磁性介质主要是金属压延网或不锈钢毛，常用的几种分选介质见表 5-2。

表 5-2　常用的几种分选介质

| 介质型号 | 代号 | 尺寸/μm | 充填率/% |
|---|---|---|---|
| 粗拉板网 | EM1 | 700(600~800) * | 12.3 |
| 中拉板网 | EM2 | 400(250~480) | 9.7 |
| 细拉板网 | EM3 | 250(100~330) | 15.9 |
| 粗钢毛 | SW1 | 100~300 | 4.8 |
| 中钢毛 | SW2 | 50~150 | 4.9 |
| 细钢毛 | SW3 | 25~75 | 6.6 |
| 极细钢毛 | SW4 | 8.2 | 1.9 |

注：* 为测定值。

周期式高梯度磁选机主要由铁铠装螺线管、充填有铁磁性介质的分选罐，以及出口、入口和阀门等部分组成。铁铠和磁极头用纯铁制成，其作用是与螺线管构成闭合磁回路，磁力线完全封闭在方框铁壳内，提高管内腔的场强。螺线管由空心扁铜线绕成，空心导线通水冷却，外部设备有激磁电源，加压冷却水泵及分选过程全自动控制系统。

周期式高梯度磁选机工作时分给矿、漂洗和冲洗三个阶段。矿浆浓度一般为30%左右。接通激磁电流后，经过充分分散的料浆从下部进入分选区，非磁性颗粒随流体从上部出浆管排出，成为非磁性产品。磁性颗粒吸附在钢毛表面上，至饱和吸附时停止给料，从下部给入清洗水，清洗出磁性物中夹杂的非磁性物，然后切断直流电，从上部给

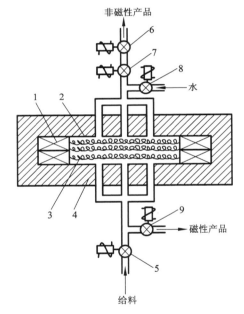

1—螺线管；2—分选箱；3—钢毛；4—铠装铁壳；
5—给料阀；6—排料阀；7—流速控制阀；8、9—冲洗阀。

图 5-32　周期式高梯度磁选机的主机结构

入高压冲洗水，反向冲洗出磁性物，完成一个工作周期。因此，激磁→给料→清洗→断磁→反向冲洗的全过程即称为一个工作周期。

（2）连续式高梯度磁选机

处理弱磁性矿物含量高且要求生产能力大时，周期式高梯度磁选机就不适

用，这时应采用连续式高梯度磁选机。设计连续式高梯度磁选机的主要目的在于提高磁体的负载周期率，适应大规模工业应用的要求。

萨拉型连续式高梯度磁选机的结构如图 5-33 所示。主要由分选环、马鞍形螺线管线圈(见图 5-34)、铠装螺线管铁壳，以及装有铁磁性介质的分选箱等部分组成。

分选环安装在一个中心轴上，由电动机经减速机驱动，根据选别需要确定其转速大小。环体由非磁性材料制成，分选环分成若干个分选室，分选室内装有耐蚀软磁聚磁介质(金属压延网或不锈钢毛)。分选环的直径、宽度和高度应根据选别需要设计出不同的规格。

磁体由两个分开的马鞍形螺线管线圈组成(如图 5-34 所示)，以便使装有磁介质的环体能通过线圈而转动。马鞍形螺线管线圈一般可采用空心方形软紫铜管绕成，通以低电压大电流并通水内冷。铁铠回路框架包围螺线管电磁体并作为磁极，磁场方向与矿浆流方向平行，分选介质的轴向与磁场方向垂直，因而磁介质上下表面的磁力最大，流体阻力最小，容易将磁性颗粒捕收在磁介质的上下表面。

充填分选介质的圆环连续通过磁场区域时，矿浆从上部给入，通过槽孔进入分选区，非磁性矿粒随矿浆流穿过磁介质的缝隙，从非磁性产品槽中排出，捕集在磁介质上的磁性矿粒随分选环运转到清洗区域，清洗出被夹杂的非磁性矿粒，然后离开磁化区域，到达磁场基本为零的冲洗区域被冲洗下来成为精矿。

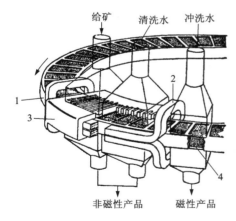

1—旋转分选环；2—马鞍形螺线管线圈；
3—铠装螺线管铁壳；4—分选室。

**图 5-33 Sala—HGMS 连续式
高梯度磁选机的结构**

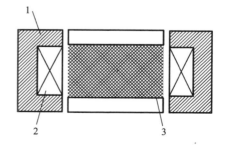

1—铁铠回路框架；2—磁体螺线管线圈；3—磁介质。

**图 5-34 马鞍形螺线管电磁体示意图**

### 5.3.4 超导磁选机

与常导磁选机相比，超导磁选机具有以下突出优点：高场强，用 NbTi 超导材料做的磁体其磁场强度可达到 5 T 或更高（常规磁体不超过 2 T）；体积小且重量轻，超导材料的电流密度比铜导线高二个数量级，因此使磁体体积和重量大大减小；能耗低，比常导磁体节能 90%；高磁场带来的高磁力使磁选机能处理微细粒顺磁颗粒甚至顺磁性胶体颗粒。其主要缺点是制冷装置结构复杂，操作的可靠性不及常导磁选机。

根据超导磁选机是否装有磁介质，可分为超导高梯度磁选机（有磁介质）和超导开梯度磁选机（无磁介质）。

(1)圆筒式超导磁选机

圆筒式超导磁选机原名为 DESCOS，即筒式电磁超导开梯度分选机，由德国 KHD 洪堡-韦达格公司于 1987 年制成。DESCOS 的主体结构如图 5-35 所示，由超导磁系、制冷容器和分选圆筒组成。

超导磁系由 5 个梭形线圈沿轴向按极性交替排列而成，磁系包角 120°，线圈用 NbTi 线绕制，可配铁轭，也可不配铁轭。磁系可以绕轴旋转，因而可调节磁偏角。

主要磁性能参数为：额定电流为 1800 A，无铁轭和有铁轭时，筒面最高磁场分别为 4.25 T 和 5.23 T；筒面最低磁场分别为 3.45 T 和 4.2 T；磁场磁力分别为 69.5 $T^2/m$ 和 125.6 $T^2/m$。

超导线圈被放置在液氦容器中冷却到 4.2 K。液氦容器外面有辐射屏和真空层。筒外制冷系统将液氦经输氦管给入磁体容器的底部，挥发的氦气从容器上部排出，循环再用。分选圆筒用增塑碳纤维制成，其外直径为 1216 mm，长度为 1500 mm，筒面场强为 3.2 T，转速可在 2 至 30 r/min 之间调节。处理含磁性物不高的物料时，处理量可达 100 t/h。

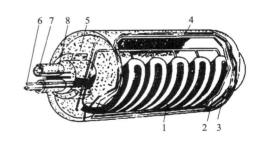

1—超导线圈；2—辐射屏：3—真空容器；4—分选圆筒；
5—普通轴承；6—He 源；7—真空管道；8—供电引线。

**图 5-35 圆筒式超导磁选机的主体结构**

(2)往复式低温超导磁选机

往复串罐式超导磁选机又称低温磁滤器(filter)，由英国瓷土公司首先构思并申请专利。我国首台工业级超导磁选机是由潍坊新力超导磁电科技有限公司等多家企业联合研发的 5.5 T/300 型低温超导磁选机，中心场强可达 5.5 T，磁场强度可调范围为 0~5.5 T。主要由超导磁体、分选腔系统和往复运动系统三部分组成，如图 5-36 所示。

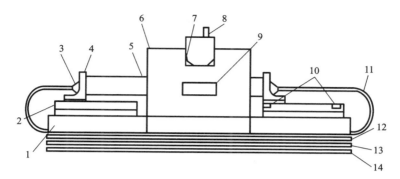

1—底座；2—轨道；3—角形管组；4—托架；5—分选腔；6—铁屏；7—磁体；
8—冷头；9—放能二极管；10—限位开关；11—软管；12—精矿管；13—尾矿管；14—水管。

**图 5-36　往复式超导磁选机的总体结构**

　　利用低温下超导线圈电阻为零的特性，采用大电流通过浸泡在液氦中的超导线圈，由一个外部直流电源激励，使超导磁选机达到 5.5 T 以上的背景场强，分选腔内导磁不锈钢介质表面产生巨大的高梯度磁场，可有效分离弱磁性物质。

　　超导磁体(见图 5-37)是低温超导磁选机的核心部件。磁体主要由超导线圈、液氦部分、磁低温箱、屏蔽罩、冷却器及铁轭等部分构成。超导线圈由铌-钛(NbTi)合金材料绕制而成，这种材料在 4.2 K 低温下能够呈现超导状态。液氦以及磁低温箱为超导线圈提供 4.2 K 的低温环境，冷却器为液氦起到制冷作用，使线圈持续处在 4.2 K 温度下，屏蔽罩以及铁轭起到屏蔽超高磁场的作用。

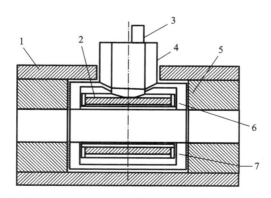

1—铁屏；2—超导线圈；3—冷头；4—服务塔；5—300 K 外筒；6—冷屏；7—4 K 外筒。

**图 5-37　超导磁体的结构**

超导磁体由一个小型专用电源励磁,励磁之后超导线圈将工作在永久状态,不再需要电源提供电流。永久状态是磁体内终端之间的超导开关可以闭合时的工作状态。当需要励磁磁体时,超导开关被加热,从而使电源可以励磁磁体。在获得所需磁场后,超导开关的加热器断电,超导开关进入超导状态,使电流在磁体内的闭环内流动,每年衰减不到1%。根据使用要求,磁场强度可以在0~5.5 T的范围内自由设定。

分选腔系统由3个无效分选腔和2个有效分选腔组成,保持分选腔组的磁平衡,如图5-38所示。两侧的无效分选腔主要是将有效分选腔送至超导磁体中心,确保受到最高的磁场力。中间的无效分选腔主要起到磁力平衡作用,可使分选腔组能够在不需要较大外力的情况下在磁场内移动。分选腔组在电机和皮带系统的驱动下以设定时间间隔水平往复移动,处于超导磁体内部的有效腔进行矿浆分选,处于超导磁体外部的进行尾矿冲洗,交替往复运行,极大地提高了选矿效率。

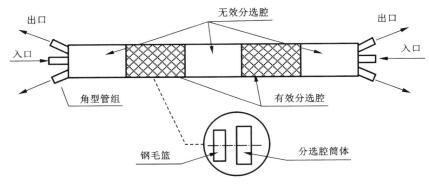

图5-38 分选腔结构示意图

工作时使矿浆通过处于强磁场内填充有钢毛的分选腔,当一个有效分选腔处于磁场内部时,矿物进行分选,磁性颗粒吸附于分选腔内的钢毛介质上,非磁性矿物从排矿口排到精矿池中,此时另一个分选腔处于磁场外部,用高压水冲洗吸附在钢毛上的弱磁性矿物,由管道排放到尾矿池中,实现弱磁性矿物与非磁性矿物的分离。

### 5.3.5 常见磁选设备的生产操作

磁选工艺的操作主要是对磁选设备的操作和控制,不同种类的磁选设备其操作控制也不尽相同,这里就生产中最常见的几种磁选设备的生产操作作简要介绍。

(1)磁力脱水(泥)槽

磁力脱水槽的安装要求槽体放正,给矿管居中放平,不然给料容易产生偏析，导致翻花，溢流中金属流失增大。

生产中，永磁磁力脱水槽的主要调节因素包括上升水量和排矿口大小。在排矿口大小一定时，当上升水量太大时，细粒磁性产物容易进入溢流，出现溢流跑浑或翻花现象；当上升水量太小时，细粒非磁性脉石矿粒混入磁性精矿中，从而降低精矿品位。在上升水流量一定时，当排矿口太大，排矿浓度偏低，精矿中混入的非磁性脉石矿粒增多，精矿品位降低；当排矿口太小时，上升水流速度迅速增大，细粒磁性产品进入溢流，导致尾矿品位偏高。

在操作过程中，一定要做到不堵、不放、不翻花。最适宜的上升水量和排矿口大小，应根据所处理的矿石性质、给矿量和选别作业指标要求来确定，并应注意水压变化和排矿口胶砣的偏正、磨损情况对分选指标的影响。

生产中常见事故有掉排矿砣，此时的现象是不排矿、槽面会翻花；迎水帽磨掉或脱落，现象是槽面局部不稳定或翻花跑黑。出现这些情况时应停车进行检修。

（2）永磁筒式磁选机

永磁筒式磁选机的安装要满足以下基本要求。

①底板和筒皮的距离要适宜。若二者之间的距离过大，底板附近的磁场力就越小，精矿品位高，但尾矿品位也会偏高（颜色偏黑），导致回收率下降。若二者之间的距离小，底板附近的磁场力较大，尾矿品位降低，回收率提高，精矿品位降低，此时的现象是筒皮带水。若二者之间的距离过小，矿浆在磁场分选区间的流速增大，磁性颗粒被矿浆流带至尾矿中，导致尾矿跑高，严重时会出现因尾矿排放不及时而产生"溢槽"现象。底板至筒皮间的适宜距离应根据生产的具体情况确定。

②磁系偏角大小要适宜。磁系偏后，尾矿品位偏低。磁系太偏后，排出精矿困难，反而会使尾矿品位升高，一般磁系太偏后会使精矿带不上来。磁系偏前，尾矿品位偏高，精矿品位变化不明显，出现尾矿跑黑，回收率下降。生产中发现磁系偏前或偏后时，应及时调整到正常的位置。

永磁筒式磁选机主要是调节吹散水和卸矿冲洗水。吹散水太大，矿浆在磁选机磁场工作区间的流速增大，尾矿品位跑高。吹散水太小，矿浆中的矿粒又不易松散，分选效果差。适宜的吹散水量应根据矿石性质、给矿量和作业指标要求来确定。

筒式磁选机生产过程中的常见故障如下。

①磁选机内进入杂物，严重时圆筒不能转动，磁选机转动的声音发生变化，槽体发生颤动，筒皮有被划的痕迹，此时，应立即停车检查并取出杂物。

②磁系磁块脱落，严重时会把筒皮划破，圆筒内有咔哒的响声，此时也应立即停车检修。

③传动装置螺丝松动和错位。此时应立即进行处理，以防设备的严重损坏。

（3）琼斯及 SHP 型强磁选机

主要操作因素包括磁场强度、冲洗水压、转速、给矿浓度和给矿速度。

①磁场强度可根据矿物磁性进行调节，若矿物磁性较强，则可适当减弱磁场强度；若矿物磁性较弱，则应提高磁场强度。

②中矿清洗水压的高低可以控制精矿质量和中矿量，当水压较高时，中矿量增多，精矿质量提高；当水压较低时，中矿量减少，精矿品位降低。当精矿冲洗水压高时，有利于将黏附在齿板上的磁性矿粒，尤其是强磁性矿粒和较难排除的杂质，迅速冲洗干净。琼斯磁选机由于冲洗水压高，故用橡皮框住喷嘴，以免水滴向外飞溅。

③合适的给矿质量浓度为 50%~55%，一般也不应低于 10%~20%。

④给矿粒度上限必须严格控制，因为过大颗粒容易堵塞分选间隙，因此，隔粗必须设置筛。给矿粒度上限与齿板间隙的关系可用经验公式确定：

$$d_{max} = (1/3 \sim 1/2)\Delta$$

式中：$d_{max}$ 为给矿粒度上限；$\Delta$ 为分选齿板齿尖之间的间隙。

SHP 型（仿琼斯型）强磁选机是目前生产实践中应用较多的一种强磁选机，其开停机注意事项如下。

①开机前首先要对设备进行全面检查，弄清楚上次停机的原因，如因故障停机，则必须排除故障后才能考虑开机。

②经检查确认设备整体无误后，先运转设备（如泵和主机）进行盘车，确认转动正常、无松动和卡住现象才能转入下一项工作。

③开主机前要将各水管阀门打开，检查水嘴是否有堵塞，检查水压表及水压是否达到规定要求。

④启动油泵前，须先开冷却水管，将油路各部分的阀门打开，确认无误后启动油泵。启动后注意检查油压表是否正常，油路是否有漏油等。

⑤启动主机，待运转正常后，加激磁电流，注意不要一次加到额定值，应由小到大逐步加到规定电流。严禁先运转主机后开水，严禁先激磁后运转主机，严禁主机带负荷启动。

⑥主机运转及激磁正常后即可给矿，注意给矿前必须进行隔渣，防止木屑和过大矿粒进入。

综上所述，SHP 型强磁选机的开机顺序是：全面检查→给水→启动润滑油泵→启动线圈冷却油泵→开动主机→激磁→给矿。停机顺序与开机顺序相反，但应注意要将磁选机的负荷处理干净。

SHP 型强磁选机的维护要求如下。

①介质板要求不串不堵，保持 20~30 天清洗一次，定期更换介质板（根据齿

板磨损情况半年或一年更换一次），齿板压盖螺丝要拧紧。

②运转中注意润滑油和冷却油的温升，发现过高时要采取措施或停机检修，定期更换润滑油。

③减速机的温升超限时，要立即停车检修。

④注意观察各油压表、水压表、电压表、电流表的指针是否灵活，读数是否正确，发现问题要及时处理。

SHP 型强磁选机的操作要点如下。

①入选矿浆要经筛子除渣并用弱磁选机或中等磁场磁选机去除给料中的强磁性矿物，防止堵塞齿板间隙。

②给矿最大粒度与齿板极距要匹配，一般极距为最大给料粒度的 2~3 倍。

③磁场强度可根据入选矿石性质进行调整。

④中矿清洗水根据需要设置，不出中矿时可补加中矿清洗水，需要中矿时清洗水压和水量都不宜过大，通常水压为 $(2~3)\times10^5$ Pa。精矿冲洗水压要高些，不仅冲洗得干净，而且可消除堵塞，一般水压为 $(4~5)\times10^5$ Pa。

⑤齿板齿尖磨损后，极距增大，磁场强度下降，回收率降低，此时应更换齿板。

（4）SLon 湿式高梯度磁选机

SLon 湿式高梯度磁选机的操作规程如下。

①开机前的准备。检查磁介质是否松动，压杆销是否断失；棒介质应检查压紧螺栓是否松动，如有问题应先处理好；检查磁选机运转部件附近是否有零星铁块或其他杂物，如有应清除。

②操作参数。包括激磁电流（A）、脉动冲程（mm）、脉动冲次（次/min）、矿浆流量（m³/h）、漂洗水量（m³/h），这些参数调节范围要根据相应选矿要求来确定。

③操作顺序。开机顺序是开水阀→电源→转环→脉动→激磁→圆筒筛→给矿。停机顺序为：停给矿→圆筒筛→断磁（2 min 后）→脉动→转环→电源→水阀。紧急停机顺序为：关电源→停给矿→停其他。

值得注意的是，停机断磁后必须空转 2 min 以上，将磁选机内积累的强磁性物质冲洗出来后才允许关水关机。

SLon 湿式高梯度磁选机的操作过程中，影响分选指标的主要因素如下。

①如果液位太低，脉动不起作用，会导致精矿品位大幅度下降和尾矿品位升高。提高液位的方法有关小尾矿阀、增大给矿量和增大漂洗水量。

②增大脉动冲程或冲次，在一定的范围内精矿品位提高，回收率基本不变，但冲程或冲次太高会使尾矿品位升高。

③磁场强度越高，尾矿品位越低，但精矿品位略有下降。

④如果磁介质堵塞或不清洁，会严重降低选矿指标，应及时清洗。

SLon 立环脉动高梯度磁选机的操作注意事项如下。

①带矿停转环易造成磁介质堵塞，一般情况下，不准带矿停转环；紧急情况下，先关电源，马上关给矿。任何情况下停机都必须先停给矿。

②每个班必须检查一次磁介质是否松动，压杆销是否断失，棒介质应检查压紧螺栓是否松动，如有问题应立即停机处理，以免磁介质损耗过快或转环卡死。

③勤检查液位高度是否与液位斗溢流面同样高。

④勤检查供水压力是否正常，整流器冷却水压应控制在 0.03~0.15 MPa 的范围。

⑤勤检查冷却水出水量和温度是否正常，出水温度不得超过 70 ℃。

⑥勤检查脉动部分和转环是否运转正常，激磁电压和电流是否在要求的范围内。

⑦如冷却水压过低或激磁电路短路，整流器保护装置自动切断激磁电源，警铃自动发声报警。操作时如遇警铃报警，应检查水压是否过低或激磁电路是否短路，排除故障后，按复位键，再重新激磁。若一时无法处理，应停机。

## 5.4　磁选工艺与实践

### 5.4.1　磁选工艺的影响参数

磁选工艺主要包括弱磁选、强磁选和联合工艺。主要工艺参数包括设备参数、操作参数和矿石性质 3 个重要方面。其中，设备参数包括磁场和磁介质，操作参数包括矿浆流速、给矿速度、矿浆浓度、冲洗水等，矿石性质参数包括颗粒粒度、磁性、预处理和表面作用等。这里着重介绍操作参数和矿石性质参数的影响。

（1）给矿速度和矿浆流速

①给矿速度。一般指设备单位处理时间内通过的矿量，用 t/h 表示。给矿速度越高，设备的处理能力就越大，因而处理单位重量矿石的投资和成本就越低。

当给矿速度低或中等时，磁介质允许的负荷未超过，介质层未充满，矿浆还未连续流出，矿浆在介质孔隙间的速度高。磁性精矿回收率降低而品位增高。

当给矿速度高时，介质间隙已被充满，孔隙间的速度由于介质层的阻力而降低。磁性精矿回收率随给矿速度增加而提高。但因过程的选择性下降和磁性产物中脉石量增多，使精矿品位降低。对弱磁场筒式磁选机，随给矿速度增大，尾矿中磁铁矿的损失明显增大，顺流型槽体更为敏感。

②矿浆流速。指矿浆流过介质层的速度，用 m/s 表示。要获得高的回收率，

需要采用低的矿浆流速，反之，可采用高的矿浆流速以获得高品位精矿。随矿浆流速增加，回收率的下降速度和品位升高的速度与下列因素有关，即有用矿物和脉石磁化率的比值、背景磁场高低、矿石的粒度分布等。

若有用矿物和脉石的比磁化率相差较小，矿浆流速的增加将使回收率急剧降低，且品位的改善也有限。若比磁化率相差较大，矿浆流速的增加，磁性弱的脉石矿物将随介质清洗出来，分选过程的选择性提高，精矿品位提高较快。

当磁选机给矿中含泥量大时，随矿浆流速的增加，回收率下降幅度大，而精矿品位提高不多。原矿经有效脱泥后，矿浆流速增加，回收率降低，磁性精矿的品位也随之提高。

当高梯度磁选作为除杂作业时，矿浆流速越低，从混合物料中脱除磁性颗粒就越多。如从高岭土中脱除磁性杂质时，应采用低矿浆流速。但是应注意在决定矿浆流速时应综合考虑产品的质量、回收率和磁选机的处理能力。

（2）矿浆浓度

矿浆浓度大，颗粒间的距离就小，矿浆黏度就大，介质的负荷也大，选择性分离效率下降，非选择性的磁团聚现象加剧。

研究结果表明，不产生团聚的矿浆浓度应使矿浆中颗粒的平均距离 $l \approx (2 \sim 2.5)dc$，其中，$dc$ 为连生体的平均直径，此时矿浆的固液比约为 $1:8$。在磁场作用下，随磁场强度的增大，若磁场方向与矿浆流向垂直时，矿浆的黏度增高。若磁场方向与矿浆流向平行时，矿浆的黏度随磁场增加而降低。

由于矿浆浓度在一定范围内对磁选机操作的敏感性不大，因此在允许的介质负荷和给矿速度条件下，矿浆浓度应尽量提高，以提高设备的处理能力。通常，矿浆浓度为 20%~55%，而细粒黏土矿浆的上限浓度约为 30%。

（3）漂洗和清洗水

漂洗水用于洗出机械夹杂的非磁性颗粒和捕集力较弱的连生体颗粒。一般在磁极头的末端加入，不采用高压水。

清洗水用于排除从磁场中移出（或断磁）后介质所捕集的磁性颗粒。对连续作业磁选机，一般在磁体外部加入。对周期式，则在断磁后加入，一般采用高压水。

漂洗水量和速度对分选效率影响明显，通常，漂洗水量增加，磁性产品的产率和回收率降低，品位则显著提高。漂洗水最佳用量与颗粒分布特性、有用矿物和脉石矿物的磁化率、单体解离度等众多因素有关。

（4）颗粒的粒度

影响磁选分离效率的物料特性主要包括粒度和磁性。在磁场中颗粒所受的磁力、重力、惯性力和黏滞阻力中，没有任何一种力不与粒度相关。由于磁选机磁场的不均匀性，相同磁性而不同粒度的矿粒在同一位置所受的磁力不同，而不同磁性和不同粒度颗粒的受力差别更大。因此，为减小粒度组成对磁选的影响，扩大磁化率在磁选中的主导作用，应尽量缩小入选原料的粒级范围。常见强磁选机适应的近似粒度范围见图 5-39。

（5）颗粒的磁性

颗粒磁性是实现磁选分离的基础，也是决定磁选机磁感应强度和分选效率的重要参数。实践证明，磁性矿物与非磁性脉石矿物间的分选容易实现，磁性矿物与脉石矿物连生体之间的分离则难实现，解决方法主要有：①适当细磨，降低连生体含量；②缩小入选粒度差别，即窄级别入选；③选用磁场力分布较均匀的磁选机。

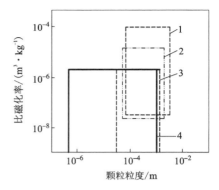

1—开梯度（开放磁系）；2—感应辊式；
3—干式高梯度；4—湿式高梯度。

图 5-39　常见强磁选机适宜的粒度范围

选别强磁性矿石时，除颗粒磁化率外，从磁场中移出后仍保留的剩磁和矫顽力对分选过程也有影响。由于存在剩磁和矫顽力，使细粒和微细粒颗粒形成磁团聚。磁团聚如果有选择性，磁选前会得到预先富集，磁选时仅需将磁团聚体与脉石矿物分开，分选效率得到提高。然而，磁团聚不可避免会夹杂一些非磁性颗粒，降低磁选分离效率。此外，磁团聚对中间产品的磨矿、分级和再选等作业均有不利的影响。

（6）矿浆预处理

磁选之前对矿浆进行预处理，在一定程度上可以提高分选效率。通常包括磁化焙烧、脱泥、分散、脱磁、聚团和矿浆 pH 等。

①脱泥。磁选工艺中的细泥通常是指小于 $5 \sim 10 \mu m$ 的颗粒。由于矿泥的存在，大大恶化了磁选机的分选性能。增加磁场强度、降低矿浆浓度或矿浆流速，虽然可在一定程度上改善细泥的回收，但这种改善有限，且在连续式磁选机上难以实现。

脱泥能排除某些对磁选效率影响较大的粒级，从而提高磁选过程的选择性，提高选别指标，但有价金属会损失在矿泥中，同时也会增加工艺流程的复杂性。因此，是否应采用脱泥，也需要进行试验，综合考虑技术经济指标后再确定。

②分散。磁性颗粒与脉石颗粒以及连生体颗粒之间的非选择性聚团是影响磁选分离效率的重要因素之一。为了使矿粒有效分散，须添加一些分散剂，但同时也要注意避免产生超稳定分散作用，这对下一步的磁选和聚团会有不利的影响。通常采用的分散剂包括聚磷酸盐、聚硅酸盐、单宁和羧甲基纤维素 CMC 等。

③聚团。分散是为选择性聚团和磁选作准备的，聚团则可采用化学絮凝剂如

高分子絮凝剂、表面活性剂如脂肪酸或其皂类,以及采用磁团聚等。

常用的高分子有机絮凝剂有聚丙烯酰胺和淀粉。表面活性剂则(如油酸等)可使铁矿物表面疏水,在强烈搅拌作用下形成疏水团聚。磁团聚时通过外加磁场作用,增大颗粒的表观粒度,使磁性颗粒互相聚集产生团聚。由于聚团作用,大大改善细粒磁性矿物的分选性。

④矿浆 pH。弱磁性铁矿石磁选试验结果表明,pH 对磁性产品回收率和品位有一定影响。矿浆 pH 应与矿物表面动电位相适应,磁性颗粒捕获的概率增大。

## 5.4.2 磁选工艺实践

### 5.4.2.1 黑色金属矿的磁选

(1)强磁性铁矿石

强磁性铁矿石主要指磁铁矿,又称"黑矿"或"青矿",化学式为 $Fe_3O_4$,也可写为 $FeO \cdot Fe_2O_3$,理论含铁量为 72.4%。具有强磁性,比磁化率 $\chi$ 为 $6300 \times 10^{-7}$ ~ $12000 \times 10^{-7}$ $m^3/kg$,采用弱磁选方法极易分选富集。

鞍山钢铁公司大孤山铁矿的矿石为鞍山式贫磁铁矿,原矿含铁量为 30% ~ 40%,$SiO_2$ 含量为 42% ~ 46%。矿石中主要金属矿物为磁铁矿及少量赤铁矿和褐铁矿,有用矿物呈细粒浸染,大部分颗粒粒度小于 0.1 mm。工艺流程见图 5-40。

采用阶段磨矿阶段选别流程,选别设备是永磁式磁力脱泥槽和永磁筒式磁选机。二段磨矿分级溢流细度为 0.074 mm 占 85%,二段磁选产品用细筛提高磁性精矿质量,筛上产物送三段再磨再选。选别指标是原矿品位为 30% ~ 32%,精矿品位为 65% ~ 66%,回收率为 77% ~ 81%。

首都钢铁公司大石河铁矿选矿厂位于河北省迁安市迁西县境内。大石河铁矿石属鞍山式贫磁铁矿。开采过程中混入 15% 左右的废石,矿石贫化严重,铁的地质品位为 30.18%,入选矿石品位只有 25% 左右。

金属矿物主要为磁铁矿,其次为少量假象赤铁矿和赤铁矿。脉石矿物以石英为主,其次为辉石和角闪石等。磁铁矿与脉石共生形态简单,容易解离。磁铁矿嵌布粒度较粗且均匀。结晶粒度为 0.062 ~ 0.5 mm 的晶粒占 60% ~ 70%,0.5 ~ 2 mm 占 10% ~ 20%,0.062 mm 以下占 10% 左右。赤铁矿粒度较细。脉石矿物结晶粒度亦较粗,为 0.18 ~ 0.35 mm。矿石磨至 75% ~ 80% 的 -0.074 mm 时,有用矿物与脉石基本达到单体解离。流程采用阶段磨矿-弱磁选流程,如图 5-41 所示。

首先用磁滑轮对球磨机入料进行预选,在磨矿之前可丢弃产率为 8%、品位为 9% 左右的废石,使入磨物料品位提高 2%,磁性铁回收率为 99%。对第一段磁选精矿进行二次分级、二次磨矿,二次磁选精矿经细筛后筛上物返回二段球磨机,由于三段磁选的入选粒度得到了严格控制,提高了矿物的单体解离度,可使精矿最终品位由 64% ~ 65% 提高到 67% ~ 68.5%,磁选设备采用筒式弱磁选机。

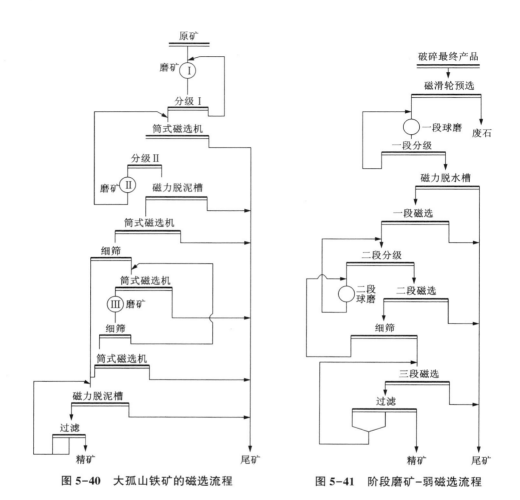

图 5-40 大孤山铁矿的磁选流程

图 5-41 阶段磨矿-弱磁选流程

（2）弱磁性铁矿石磁选

弱磁性铁矿物主要包括赤铁矿（又称"红矿"）、镜铁矿、褐铁矿及菱铁矿等。赤铁矿和镜铁矿的化学式为 $Fe_2O_3$，理论含铁量为 70%，比磁化率 $\chi$ 为 $20\times10^{-7}\sim30\times10^{-7}$ $m^3/kg$，两者结晶构造形态不同。褐铁矿化学式为 $Fe_2O_3\cdot nH_2O$，理论含铁量为 57.1% 左右，比磁化率 $\chi$ 为 $2\times10^{-7}\sim3\times10^{-7}$ $m^3/kg$。菱铁矿化学式为 $Fe_2CO_3$，理论含铁量为 48.2% 左右，比磁化率 $\chi$ 为 $6\times10^{-7}\sim7\times10^{-7}$ $m^3/kg$。

马鞍山钢铁公司姑山铁矿选矿厂原矿处理量为 100 万 t/a。矿床成因属中温热液矿床，主要有用矿物为赤铁矿，矿石硬度大、嵌布粒度细且不均匀，属国内典型的细粒难选铁矿石。选矿厂于 1978 年建成，原则流程为以跳汰、螺旋溜槽和离心机为主的全重选流程。生产指标较低，精矿品位和回收率分别为 55% 和 60%

左右。为提高选矿指标,1989—1992 年,对原流程进行全面改造,改为阶段磨矿强磁-高梯度全磁流程,采用了两台 SLon-1600 高梯度磁选机作为 SQC 湿式强磁选机精选尾矿的扫选设备,原则流程见图 5-42。

全磁流程投产后,工艺技术指标有了大幅度提高,综合选矿指标是给矿品位为 32.48%,精矿品位为 58.19%,尾矿品位为 13.76%,铁回收率为 75.49%。SLon 高梯度磁选机对 -0.04+0.01 mm 细粒级的回收率高达 80.92%。

赤铁矿、镜铁矿和菱铁矿($FeCO_3$),可以采用磁化焙烧选矿技术进行回收利用。由于磁化焙烧的生产成本相对较高,较少采用。目前仅有辽宁鞍山钢铁公司东鞍山铁矿、齐大山铁矿的贫细赤铁矿,以及甘肃酒泉钢铁公司镜铁山铁矿的镜铁矿采用了还原磁化焙烧-弱磁选的生产流程。

酒泉钢铁公司选矿厂处理的铁矿石中,主要的铁矿物为镜铁矿、褐铁矿和菱铁矿。主要脉石矿物有重晶石、石英、碧玉和铁白云石等。矿石具有条带状和块状两种构造,以条带状为主。铁矿物之间的嵌布粒度细小,呈粒状或鳞片状,同时存在硬度不大的矿物如重晶石、菱铁矿等,酒泉钢铁公司选矿厂生产流程见图 5-43。焙烧矿弱磁选流程与一般的弱磁选流程基本相同。流程中,有时也会配合有螺旋溜槽、旋流器等重选工艺。

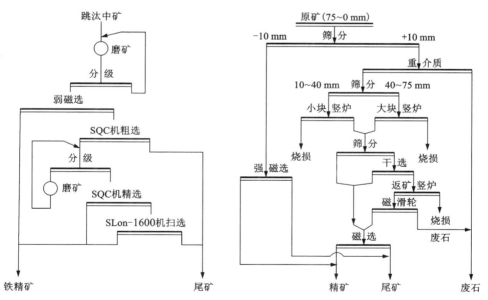

图 5-42  姑山铁矿选厂的磁选流程　　　　图 5-43  酒泉钢铁公司选矿厂的生产流程

攀枝花冶金矿山公司处理的钒钛磁铁矿中,主要金属矿物有钛磁铁矿和钛铁矿，另有少量磁赤铁矿、褐铁矿、针铁矿、硫钴矿、硫镍钴矿、黄铜矿及黑铜矿等。脉石矿物主要以含钛普通辉石、斜长石为主，其次为橄榄石、钛闪石，还有少量的绿泥石、蛇纹石等。

采用一段闭路磨矿和二段磁选一段扫选的工艺流程分选磁性矿，见图 5-44，同时联合采用其他工艺回收钛矿物和钒钴镍矿物。磁选生产指标为：原矿铁品位 30.85%，精矿品位 51.59%，尾矿铁品位 14.17%，铁回收率 74.5%。

（3）锰矿石强磁选

氧化锰矿石多数属于风化淋滤矿床的次生矿石，质地松软，含有较多的黏土矿物，在采矿和搬运过程中极易泥化，含泥量通常在 20%~70%，为了提高矿石中锰的品位，改善破碎、筛分、选矿及运输条件，一般须进行洗矿。粗粒（5 mm

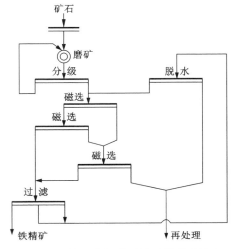

图 5-44　攀枝花钒钛磁铁矿的磁选流程

以上）用跳汰等重选方法分选，细粒（5 mm 以下）可以用强磁分选方法进行分离。

福建连城锰矿庙前矿区为风化壳型氧化锰矿床，分淋滤型、坡积型和淋滤与坡积混合型，以淋滤型为主。矿石中主要金属矿物有硬锰矿、软锰矿、锰土和褐铁矿等，脉石矿物以石英为主，其次为绢云母、蛋白石、重晶石，其他杂质主要是黄土、黏土等。矿石流程为洗矿—跳汰—强磁选工艺流程。破碎到 70 mm 以下后，先洗矿、筛分分级，+30 mm 进行手选，4.5~30 mm 矿石用 AM-30 型跳汰机重选，4.5 mm 以下颗粒用 QC-200 型感应辊式强磁场磁选机分选。强磁入选品位为 35.68%，精矿品位含 Mn 41.23%，锰回收率为 93.60%。

用马鞍山矿山研究院研制的 CS-Ⅰ 型感应辊式强磁选机，处理广西八一锰矿多年来堆存的低品位洗矿尾矿，对粒度为 5~0 mm，含锰为 22%~24% 的贫氧化锰矿，经一次选别，可获得含锰为 27%~29% 的锰精矿，处理量为 8~10 t/h。

碳酸锰矿床，属于海相沉积型锰矿床，储量和规模较大，是生产商品锰矿石的重要资源。湖南省桃江锰矿强磁选矿厂处理的是菱锰矿和锰方解石。矿石经细碎、磨矿和分级后，0.5~4 mm 粒级矿石进入 CGDE-210 强磁选机分选，0~0.5 mm 进入 SHP 强磁选机分选，所得精矿合并后进行烧结，流程如图 5-45 所示。

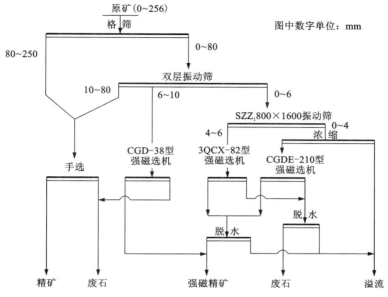

图 5-45　桃江锰矿的强磁选流程

## 5.4.2.2　有色及稀有金属矿磁选

（1）黑钨矿精选

黑钨矿属于弱磁性矿物，而锡石和白钨矿则是非磁性矿物，因此，利用磁选法可以实现分离。我国某钨矿精炼厂在对钨粗精矿进行磁选前，将物料用对辊机破碎到 -3 mm，筛分为 0.83~3 mm、0.2~0.83 mm 和 -0.2 mm 共 3 个粒级，分别进行磁选得到黑钨精矿。

（2）含钽铌-独居石粗精矿的分选

具有工业价值的钽和铌矿物主要有钽铁矿、铌铁矿、黄绿石、褐钇铌矿、黑稀金矿、钛铌钙铈矿等。钽铌矿石类型大概分为钽铁矿-铌铁矿矿石、黄绿石矿石和其他含钽铌矿石。

钽铌矿粗选主要是重选法，粗精矿除含有钽铌矿物、锆石外，还含有磁铁矿、钛铁矿、独居石、石英、云母、石榴石、电气石和褐铁矿等多种矿物，组成复杂，分选困难，需要采用磁选、重选、浮游重选、浮选、电选、化学处理等方法的组合。

钽铁矿的比磁化率为 $2.4×10^{-8}$ m³/kg，铌铁矿为 $2.5×10^{-8}$ m³/kg，褐钇铌矿为 $5.8×10^{-8}$ m³/kg。鉴于铁含量的大小对磁选效果有很大影响，因此，在磁选前，一般先用酸做短时间（5~10 min）处理，清除矿物表面铁质，提高磁选的选择性。

广西里松褐钇铌矿粗精矿的精选采用磁选—重选—浮游重选组合流程。粗精矿先经过烘干，然后给入到单盘磁选机选出铁屑，其他进入 3 盘磁选机，利用各种矿物磁性的差异，严格控制操作参数，将矿物分成钛铁矿-褐钇铌矿组、褐钇铌矿-独居石组、独居石-褐钇铌矿组和锆石组。前 3 组物料先经酸洗，然后采用摇床—磁选或磁选，选出的磁性物料用油酸、碳酸钠、硅酸钠浮出独居石，槽内产品即为褐钇铌矿。后一组采用摇床—磁选—摇床分选出褐钇铌矿和锆石精矿。精选指标是褐钇铌矿精矿($Nb_2O_3$)品位为 35.72%，精矿回收率为 87.62%；独居石精矿($TR_2O_3+ThO_2$)品位为 65.23%；锆石精矿($ZrO_2$)品位为 60.48%，同时还回收了钛铁矿。

（3）海滨砂矿重选精矿磁选

海滨砂矿主要回收的矿物为钛铁矿、独居石、金红石和锆石等。钛铁矿磁性最强，独居石次之，金红石和锆石都是非磁性矿物，而金红石的电导率比锆石高得多。因此，处理这种矿石时，一般采用磁选—电选联合流程。

乌场钛矿精选矿厂位于海南省，是我国海滨砂矿主要的生产厂矿之一。该厂精选工艺流程采用摇床预先重选丢尾，磁选回收钛铁矿，然后电选分组，再用强磁选、电选、浮选及重选等联合工艺进行分离及提纯，综合回收锆石、独居石、金红石、锡石及残存的钛铁矿。

### 5.4.2.3 非金属矿和煤的强磁选

（1）高岭土磁选脱铁和钛

高岭土的主要成分是高岭石矿物($Al_2O_3 \cdot SiO_2 \cdot 2H_2O$)，无论应用于纸张或是陶瓷，白度是评价高岭土质量的重要参数。影响白度的主要物质是原料中少量的铁钛矿物，如氧化铁、锐钛矿、金红石、菱铁矿、黄铁矿、云母和电气石等，其总量为 0.5%~3%。

为了脱除影响白度的含铁成分，可采用化学和物理方法来实现。化学漂白通常可排除高岭土中的铁含量不到 50%。浮选除铁的效果比化学漂白还要差。这些污染物一般磁性很弱，粒度很细（如科尔艳沃尔瓷土 -2 μm 占 80%），用高梯度磁选法能有效排除，但要求磁感应强度足够高，矿浆流速应当低。在美国乔治亚州和英国科尔艳沃尔等地的高岭土的高梯度磁选已投入工业生产。处理高岭土常用周期式高梯度磁选机，它能产生高达 2 T 的背景磁感应强度。分选罐直径为 2.1 m，高度为 0.5 m。磁选机本身重 340 t，工作电流为 3500 A，功率为 400 kW，分选结果如表 5-3 所示。

（2）煤磁选脱硫

煤可以用高梯度磁选、开梯度磁选等方法脱硫降灰，但现在还没有大规模应用到实际生产中。用萨拉连续式高梯度磁选机降低煤的灰分和含硫量也是成功的。萨拉磁力公司对磨到 0.83~0.074 mm 的煤进行试验，去掉了大部分灰分（>52%）和硫量（>72%），BTV（英国热单位）的回收率超过 90%。

表 5-3　高岭土高梯度磁选机分选结果

| 名称 | 产率/% | $Fe_2O_3$质量分数/% | $Fe_2O_3$去除率/% | 1180 ℃锻烧白度/% |
|---|---|---|---|---|
| 磁性物 | 12.0 | 2.72 | | |
| 非磁性物 | 88.0 | 0.55 | 40 | 89.1 |
| 给料 | 100 | 0.81 | | 83.3 |

# 5.5　电选设备

电选机按电场特性或带电方法可分为静电电选机、高压电选机(包括电晕电选机和复合电场电选机)、摩擦电选机和介电电选机等。按结构特点可分为鼓筒型电选机、室式电选机、板式或筛网式电选机、摇床式电选机和涡流型电选机等。按介质可分为干式(空气介质)电选机、有机介电液体电选机和高梯度电选机。研究最多且应用最广的是复合电场鼓筒型电选机。

## 5.5.1　鼓筒型高压电选机电极结构

鼓筒型高压电选机有单筒、双筒及三筒,最多有 10 个筒。筒径为 120~350 mm。在空气中进行分选,采用的电源均为高压直流电源,通常鼓筒为接地极,静电极和电晕丝极为高压负极。

常见的电极结构形式如图 5-46 所示,图中同时示出了颗粒在不同电极结构中的运动轨迹。由于电极结构不同,不同电性颗粒运动的轨迹亦不同。

图 5-46(a)所示的这种电极结构只有 1 根静电极,导体颗粒靠静电感应传导带电而被吸向电极,略偏于正常的离心力所产生的轨迹;非导体颗粒则按正常轨迹落下。这种电极结构的分选效果差,生产上已少用。

图 5-46(b)所示的这种电极则产生电子流,使颗粒获得负电荷。导体颗粒导电性好,很快将电荷通过鼓筒传走,在离心力和重力的作用下被抛离筒面落下;非导体颗粒不能立即传走所获得的电荷,并与鼓筒感应产生镜像电荷而吸在鼓面上。由于只有 1 根电晕极,吸附的电子也很有限,所以此种电极突出的缺点是非导体颗粒易混杂于导体颗粒中。

图 5-46(c)所示的电极结构优于上述两种,导体颗粒偏离的轨迹大,非导体颗粒也不易混杂到导体产品中,由于增加了静电极,导体颗粒受到静电极的吸引有利于抛离筒面。

图 5-46(d)所示的电极结构则是采用单一的电晕电场,这是原苏联学者的观点,其优点是非导体和导体颗粒均有足够的机会获得电荷,电场作用区域大,非导体颗粒很难有机会落入导体颗粒中,但导体颗粒则由于吸附过多的电荷,不能

全部传走而被带到中间产品和非导体颗粒中，表现为导体精矿品位高，回收率低；非导体颗粒回收率高，品位低。

图 5-46(e)所示的电极结构克服了图 5-46(d)那种结构的弱点，增加了静电极，提高了导体的回收率。由于电晕电极只有 2 根，电场作用区域不够，非导体颗粒易于混杂于导体颗粒中，导体产品的品位不高，中间产品量大，美国 Carpco 电选机先用 1 根电极时中间产品量达到 50%~80%，改为 2 根后已降至 40%。

图 5-46(f)所示的电极结构则是在总结上述 5 种情况的基础上而设计的，既有静电场，又增加了电晕电场，它的分选效果优于上述 5 种，中间产品量少(通常只有 10%~20%)、分选指标高。从目前来看，电极结构的设计趋势是扩大电晕电场的作用区域和加强静电作用。

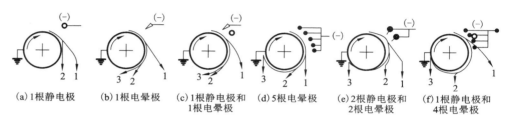

(a)1根静电极　(b)1根电晕极　(c)1根静电极和　(d)5根电晕极　(e)2根静电极和　(f)1根静电极和
　　　　　　　　　　　　　　1根电晕极　　　　　　　　　　2根电晕极　　　4根电晕极

1—导体矿；2—中间产品；3—非导体矿。

**图 5-46　不同电极结构时，颗粒运动轨迹示意图**

## 5.5.2　DXJ φ320 mm×900 mm 高压电选机

生产实践表明，电选机的电压太低，以及鼓筒直径太小，均不利于分选。我国于 1971 年研制成功筒径为 320 mm，电压高达 60 kV 的高压电选机。随后在矿山用于钽铌矿的精选和金红石与石榴子石的分选，一次分选就能获得高质量的精矿。

该电选机的构造如图 5-47 所示，由分选鼓筒、电晕极、静电极、分矿板、给料装置和接料装置等构成。本机为单筒电选机，鼓筒规格为 φ320 mm×900 mm，用无缝钢管加工而成，筒面经抛光后镀以硬铬。筒内装有电加热元件，并可自动控制加热温度至 50~80 ℃。鼓筒转速可在 0~300 r/min 内调节，并可自动显示。电极组合形式为电晕极(6 根)和单根静电极对接的鼓筒正极。电晕丝和静电极的直径分别为 φ0.2 mm 和 φ45 mm，并组装在同一弧形支架上，极距和入选角可在运行时调节。挡板用于调节三种产品的产率。毛刷用木棍和棕毛按螺纹状排列。为了便于使辊刷与筒面接触或离开，辊刷可在 0~20 mm 内平移，停车时，应使辊刷脱离筒面，以免烧坏。辊刷的转速约为鼓筒转速的 1.25 倍。给料装置包括给料斗、给料辊和给料板。给料斗和给料板都有加热器并分别配有电磁振动器和机

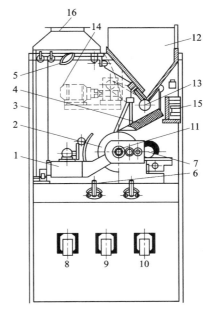

械振动器,以便顺利而均匀给入热干料。接料装置包括导体产品斗、中间产品斗和非导体产品斗,其特点是接料斗可产生机械振动,自行将电选产品卸到机壳外面。

该机采用1个静电极与多根(最多为6根)电晕极,其电场为复合电场。具有许多优点:①电压最高能达60 kV,既增加了电场力,也提高了分选效果,扩大了应用范围。②采用了多根电晕极与静电极相结合的复合电场,增大了电晕放电的区域,增加了颗粒通过电场荷电的机会,从而可提高分选效果。此外,极距和入选的角度有调节装置,有利于多种矿物的分选。③采用转筒内加温,使鼓筒表面温度保持在50~80 ℃,能保持物料的干燥,可提高分选效果。④鼓筒转速

1—电极支撑及调节装置;2—转鼓;3—机架;
4—给矿槽;5—照明灯;6—分隔板;7—毛刷;
8—导体矿排出口;9—中矿排出口;
10—非导体矿排出口;11—电极调节手轮;
12—矿斗;13—给矿辊;14—给矿转动马达;
15—平衡锤;16—抽尘口。

图 5-47   DXJ φ320 mm×900 mm 高压电选机的结构

采用直流马达无级变速,调节灵活方便。⑤为了适应各种矿物的分选需要,电晕极可以采用1根或多根。如对非导体矿物要求很纯,则可采用较少根数电晕极;反之,如要求导体中尽可能少的含非导体矿,应采用多根电晕极。⑥毛刷采用螺纹形式,比固定压板刷优越。缺点是只有一个转筒,多次分选时需要返回中间产品不便。

## 5.5.3   YD 型高压电选机

YD 型高压电选机由长沙矿冶研究院研制,有 YD-3A 型和 YD-4 型两种。YD-3A 型为三筒上下排列(见图 5-48),YD-4 型则为两筒左右排列,相当于两台单筒电选机。

YD 型与前述电选机的主要不同之处是电极结构。电晕极不是采用普通的镍铬丝,而是采用刀形电晕极,其尖削边缘的厚度可在 0.1 mm 或更小,这样的刀片电极比较容易产生电晕放电,也不致因火花放电烧坏电晕极。但也因较容易过渡

到火花放电，对在很高电压下才能成为导体的物料的分选是个缺点。7 片刀片电晕极成弧形排列，弧半径和弧长分别是 231 mm 和 390 mm，包角约为 97°。由此可知电晕放电范围很宽，可使入选物料充分带电；但只有 1 根 φ45 mm 的静电极，而且位置偏前。这样虽然使得该设备的电晕放电能力强、范围宽，但是偏转电极的作用相对较弱；虽然有利于提高导体产品的品位和非导体产品的回收率，但是可能导致导体颗粒的回收率偏低。

YD-3A 型采用三筒连选，既能加强精选或扫选，又有利于提高处理能力（是国内目前最大的工业型电选机）。当需要加强精选时，下筒可用于分选上筒的导体产品或中间产品，这可通过调节分矿挡板的位置实现。由设备的构造可知，欲将下筒分选上筒的中间产品时，分矿板应使上筒产出导体、中间产品和非导体三种产品，并将中间产品给入下筒再选。若欲使下筒分选上筒的导体产品，则分矿板只能使上筒产出导体

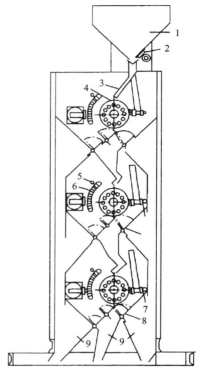

1—给料斗；2—给料闸门；3—给料溜槽；4—接地鼓筒；5—偏转电极；6—刀形电极；7—毛刷；8—分料板；9—接料斗。

图 5-48  YD-3A 型高压电选机的结构

和非导体两种产品，并将导体产品引入下筒再选。当加强扫选时，分矿板也只能使上筒产出导体和非导体两种产品，并将非导体产品引入下筒再选。

## 5.5.4  电选机的安全操作

电选机的运转过程须严格遵守工艺条件，要仔细观察和保证设备各部分运转正常，严格按照操作规程来操作和维护高压设备，以确保电选机在安全条件下进行生产。

电选机的所有接电设备和金属结构件都必须采取接地处理（接地电阻不大于 60 Ω）。高压装置均应采用电器闭锁系统和信号系统以达到防护高压电的目的。高压电断开时，高压电极上尚有残余电荷，必须用接地放电器将其放掉，然后才可与其接触。此外，需要经常检查高压静电发生器是否正常。在高压静电发生器前面和主机部分前后地板上可铺 5 mm 左右厚度的橡胶板，增加操作人员的绝缘效果。

电选机必须安装在比较干燥、通风良好的地方，这是因为高压电器在运转过程中会产生对操作人员和设备均有害的气态氮氧化物。

电选机主机和高压静电发生器的配置距离应该尽量靠近，以便缩短高压供电线路的距离，从而减少故障，保证安全。

## 5.6 电选工艺与实践

### 5.6.1 电选工艺影响参数

电选过程是一个较为敏感和复杂的工艺过程，影响电选工艺的因素较多，主要包括电选机调节参数、物料性质参数和操作参数3大类。

（1）电选机调节参数

电选机的调节参数主要包括电压大小、电极位置、滚筒转数和分离隔板位置等。

①电压大小。一般要提高导体产品的质量，电压可稍高一些，如果要提高非导体产品的质量，则电压可稍低一些。决定电压大小，还与物料粒度有关，一般粒度较大时，为了使矿粒能够吸附在辊筒上，须提高电场的电压；粒度较小时，电压可低一些。

②电极位置。电极的位置包括电晕电极、偏向电极和辊筒三者之间的角度和距离。一般电晕电极随着离辊筒距离的减小，电晕电流值增大。一般电晕电极离辊筒表面的距离为 20~45 mm，与辊筒的角度为 15°~25°。

偏向电极离辊筒的距离和角度的变化，可改变静电场的电场强度和电场梯度，偏向电极的距离越小，静电场强度越大，对矿粒的作用力也就越强。偏向电极距离的变化与改变电压的作用不同，电压改变时，电晕电场和静电场同时发生变化，而前者变化时只对静电场起作用，从而改变矿粒在静电场中所受的电力。但当偏向电极距离太小时会产生火花短路，因此，偏向电极的距离选择应以不引起电极间短路为原则。偏向电极离滚筒表面的距离一般为 20~45 mm，其角度为 30°~90°。

电晕电极和偏向电极之间距离的变化，会使电场的位置也随着发生相应变化。随两电极间距离减小，电场强度减弱，电场位置向上推移；相反，随两电极间距离增加，电场强度增大，电场位置向下推移，使偏向电极的作用推迟。

③滚筒转数。矿粒在带电过程中获得的电荷量，决定了矿粒在滚筒表面上的吸力大小。作用在矿粒上的机械力除重力外，主要是离心力。改变滚筒转数就会改变矿粒受到的离心力大小，从而改变矿粒受到的合力大小。

一般粒度较大时，滚筒转数应小些；粒度较小时，滚筒转数应大些。当给料中大部分为非导体矿粒时,为了提高非导体的质量,滚筒转数可稍大一些;当给料中大部分为导体矿粒时,为了提高导体的质量,滚筒转数可稍低一些。

由此可见,电选机调节参数对分选指标影响较大,必须通过实验来确定适宜的电选机调节参数。

④分离隔板的位置。为了调整电选过程中矿粒的运动路径,保证分选指标,在实践操作中应选择好前后分离隔板的位置。要注意的是前分离隔板的位置要从产品的质量、回收率和产率的分配等方面综合考虑。处理的物料性质不同,前分离隔板的位置也不一样。后分离隔板的位置影响不大,因为矿粒的分离是在电场区域进行的,非导体产品在辊筒表面上吸附得比较牢固,要靠毛刷的作用才能离开筒面,因此,实践中需要根据经验确定一个合适的位置,以保证分选过程的一致性。

(2)物料性质参数

这些参数主要包括矿物的表面性质、矿石的粒度和粒度组成、给料的方式和处理量等。

①矿物的表面性质。矿石的表面水分不但能改变矿物的表面电阻,降低矿物间的导电性差异,而且会使非导体矿物与导体矿物产生黏附,改变表面性质,恶化分选效果。因而电选前一般应对物料进行加热干燥,去除表面水分。加热的温度与矿石性质和粒度相关,一般要求物料的水分小于1%,细粒物料的干燥程度要求应比粗粒物料高。当要求得到导体精矿产品时,物料加热温度应高些;当要求得到非导体精矿产品时,则物料加热温度可低一些。需要注意的是,加热温度必须与矿石性质相适应,温度过高,会破坏矿物的晶格结构,改变导电性,从而影响分选性。

总之,物料合适的加热温度需要由实验进行确定。此外,空气湿度对矿物表面水分也有一定影响。

矿物表面性质可通过采用化学或物理清洗的方式来改变。当采用化学药剂改变表面性质时,应注意药剂的选择性,使药剂有选择性地吸附在目的矿物表面。改变矿物表面性质一般在水介质中进行,处理完后必须将物料烘干。也可采用干式处理,即将物料和药剂混合加热,使药剂蒸发后吸附在颗粒表面。

②矿石粒度和粒度组成。矿粒的粒度越大,为使其吸附在筒体上,需要受到的电场力就越大,而增加电场力主要是改变电晕电极的位置和升高电压,在特定电选机上,这两个参数的调节均有一定的限度。

物料中存在的微细矿粒会黏附在粗粒表面而影响分选效果,因此,入选前应除去颗粒表面黏附的矿泥,以改善分选效果。当物料间的电性差别较小时,适当分级有利于提高分选效果。电选的粒度下限均为0.05 mm,上限一般为3 mm,最佳分选粒度范围为0.30~0.15 mm。

（3）操作参数

操作参数主要包括给矿量和给矿方式。生产实践中，一般要求均匀给矿，并使每个矿粒均有接触筒面的机会，否则未接触滚筒面的导体矿粒就不能将表面的电荷去掉，从而进入非导体产品中。一般随着给矿量的增大，接地滚筒表面分布的物料层厚度增加，矿粒间的干扰和夹杂严重，降低分选效果。若给矿量太小，又会降低设备的处理能力，因此，要根据生产和产品质量要求确定合适的给矿量。

## 5.6.2 电选工艺实践

电选主要用于精选作业，进一步降低脉石矿物和其他杂质的含量，得到合格精矿，或者将共生在一起的各种有用矿物分开，得到各自独立精矿。目前也有一些矿物直接采用电选，近些年来还发展到其他行业中，用电选分选非矿物的其他物料。

### 5.6.2.1 金属矿石的电选

（1）白钨与锡石的电选

电选实践最典型的是白钨与锡石的分选。原矿经重选获得以黑钨为主的混合精矿，先用干式强磁分选出黑钨精矿，非磁性产物即为白钨锡石混合粗精矿。由于白钨与锡石的密度很相近（前者为 $5.9 \sim 6.2 \ g/cm^3$，后者为 $6.8 \sim 7.1 \ g/cm^3$），两者均无磁性，且可浮性也很相近，因此用重选、磁选、浮选都不能使两者分开。但由于两者的电性明显不同，锡石的介电常数大，为 $24 \sim 27$；白钨的介电常数小，仅为 $5 \sim 6$。锡石为导体矿物，白钨为非导体矿物，故电选是使两者分开的最有效方法，不但经济合理，而且流程简单，又不像浮选时要用药剂，没有污染问题。

（2）砂矿重选粗精矿中钛铁矿、金红石的电选

钛铁矿和金红石这两种矿的粗精矿，绝大多数来自海滨砂矿及陆地砂矿。砂矿最突出的特点就是矿物已经单体解离，从而省去了一系列破碎、磨矿及分级这些耗能高且效率低的作业。砂矿中一般含重矿物大于 $2 \sim 3 \ kg/t$，且小于 0.1 mm 的量很少。采用简单的重选设备如圆锥选矿机、螺旋选矿机等预先富集，得出重砂粗精矿，重砂中主要含有磁铁矿、钛铁矿、金红石、独居石、锆英石等。钛铁矿常为砂矿的主要产品，次之为金红石，而锆英石和独居石则因产地不同而各有差异。显然这些重矿物必须是经磁选及电选，或再与重选配合，才能有效地分选。

美国南部佛罗里达州也以盛产钛铁矿而著称，年产钛精矿在 40 万 t 以上，根据卡普科公司资料介绍，该厂使用电选机后，其工艺流程简单，效果好。给矿为重选粗精矿，含重矿物为 $80\% \sim 95\%$，粒度为 $1 \sim 0.038$ mm，采用卡普科电选机，矿石预先加热到 93 ℃。每台设备的处理能力达 14 t/h，最大为 50 t/h。最终钛精矿按含钛矿物计算达到 99%，回收率为 98%。

澳大利亚是海滨砂矿最大出口国,除在其他方面的精选与别国相似外,为了解决锆英石中含少量导体矿物的问题,研制出了溜板式及筛板式电选机,其效果较好。此外非洲的塞拉利昂、埃及以及印度等国都在开发和利用海滨砂矿,精选也大都采用电选。

(3)钛铁矿的精选

四川攀枝花钒钛磁铁矿是我国的特大型铁矿和攀钢的主要原料基地。攀枝花钛选矿厂所处理的原料为矿山公司选矿厂选铁车间的磁选尾矿,其工艺流程如图 5-49 所示。

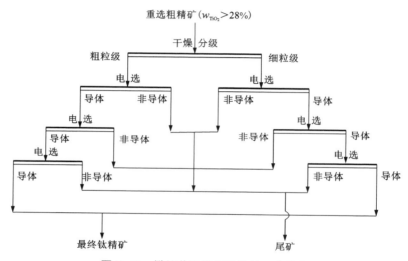

图 5-49 攀枝花钛选厂的选钛工艺流程

电选前先采用螺旋溜槽富集,丢弃大量尾矿,再从中用浮选及磁选分出硫钴精矿,并得出部分次铁精矿,剩下者为电选的原料。电选物料采用热风干燥,旋风分级,所用设备为 YD-3 型 $\phi 300$ mm×2000 mm 三鼓筒电选机,最终获得含 $TiO_2$ 为 47% 的钛精矿,电选作业回收率为 80% ~ 85%,尾矿含 $TiO_2$ 可降至 9.5% ~ 10%。

(4)钽铌矿的精选

含钽铌的矿物中并非所有的矿物都能电选,只有钽铁矿、钽铌铁矿、锰钽铁矿、钛铌钽矿、钛铌钙铈矿和铌铁矿的导电性较好,能采用电选。而烧绿石、细晶石等则属不良导体,常规电选方法不能分选。

国内钽铌矿由于原矿品位都比较低,只有 0.02% ~ 0.03%。经破碎、棒磨、摇床多次富集,得到粗精矿,此时钽铌矿的品位为 2% ~ 5%,然后采用电选或电-

磁精选,以得出最终钽铌精矿,含 (Ta,Nb)$_2$O$_5$ 高于 40%~45%,钽铌矿的电选精选流程见图 5-50。

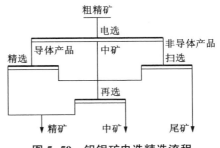

图 5-50 钽铌矿电选精选流程

粗精矿中除少量钽铌矿外,大量为石榴石,并含有电气石、黄铁矿、泡铋矿、石英、长石和云母。有些矿山还有锂辉石、锂云母。较多矿山过去采用强磁分选出钽铌矿,实践已经证明,效果很差。主要是含量很大的石榴石和钽铌矿一样,均属于弱磁性矿物,且两者比磁化系数很相近,故不可能有效地磁选分离。

如果采用电选分离,则情况大不相同,石榴石属于非导体,石英、长石、电气石、云母等均属于非导体,只有钽铌矿属于导体矿物,这样有利于钽铌精矿品位和回收率的提高。

钽铌选矿中普遍存在的问题是受铁质污染而造成分选困难。这是由于破碎、磨矿、砂泵及管道输送等而混入了相当量的铁质,在重选过程中,这些铁质均与钽铌矿、石榴石富集在一起而成为粗精矿,加之又易于氧化而黏附于非导体石榴石表面,增加了石榴石导电性。电选时与钽铌矿成为导体而一起分出。为此应尽早地在磨矿后立即除去这些铁屑,否则待全部富集在粗精矿中后,不仅增加了石榴石的导电性,且常造成粗精矿结块,以致很难碎散。

(5)铁矿的电选

目前电选仅限于铁矿的精选作业。国内尚无精选铁矿的实例,而国外则在大型选矿厂中应用已久。其给矿仍为重选所得铁精矿,然后采用电选精选,得出超纯精矿。这主要是由于电选能非常有效地除去铁精矿中所含硅酸盐类脉石矿物和磷矿物等杂质,而这些效果都是其他选矿方法难以达到的。

加拿大瓦布什(Waush)选矿厂,该厂处理的铁矿石是赤铁矿,先破碎和磨矿,然后重选。重选所得铁精矿其粒度小于 0.6 mm,将其干燥,然后采用电选。电选流程为粗选,中矿再选,再选的中矿返回粗选,粗选和再选的尾矿进行扫选,三次电选的精矿合并。所得铁精矿含杂质很低,称之为超纯铁精矿。所用设备为美国卡普科型高压电选机,共计 58 台。处理量为 850 t/h,这是目前世界上最大规模电选矿厂,铁精矿品位虽然只由 65% 提高至 67.5%(含 Fe),其突出的效果是将精矿中二氧化硅的含量由 5% 降低到 2.25%,这是非常具有经济意义的。

### 5.6.2.2 非金属矿物及其他物料的电选

非金属矿物种类繁多,这里主要指钾盐、磷灰石、金刚石、煤、石墨、石棉、石英和长石等。其他物料则指发电厂(包括其他工厂)的粉煤灰和废料等。

（1）钾盐的电选

图 5-51 为美国一钾矿采用摩擦电选的工艺流程及设备简图。在容器中使矿石互相摩擦，钾盐获得电荷而带负电荷，脉石矿物带正电荷，然后将物料给入自由落下式电选机，钾矿吸向正极，脉石矿物吸向负极，从而使之分开。原料中含氧化钾为 8%，二氧化硅为 74%，经分选后所得的精矿，含氧化钾为 10.4% ~ 10.6%，中矿含氧化钾为 6.1%，尾矿氧化钾降为 2.9% ~ 3.2%，$SiO_2$ 为 84%，精矿产率达 72% ~ 78%，氧化钾回收率为 93% ~ 95%。

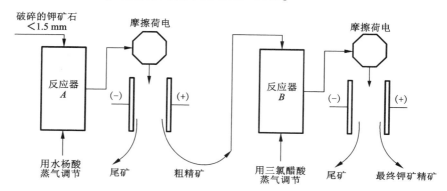

图 5-51　钾盐摩擦电选流程

（2）磷灰石的电选

磷灰石的电选原理与钾盐很相似，使磷灰石及脉石矿物与给矿槽互相碰撞摩擦及矿粒间互相摩擦而带电，然后进入到自由落下式电选机中进行分选。此处所指的磷灰石和脉石矿物主要是石英，由于磷灰石的介电常数大，而石英的介电常数小，因而磷灰石失去电子而带正电荷，石英获得电子而带负电荷，并且由于两者均属非导体，摩擦所产生之电荷又能保持，一旦进入电场后，磷灰石吸向负极，石英则吸向正极，使两者分开。分选前矿粒表面须清洗干净，然后干燥加温到 100 ℃，再行分选。所用电选机与上述钾盐相同，回收率为 97%，效果显著。

（3）煤及粉煤灰的电选

粉煤电选的目的是除去无机硫和降低灰分，提高含碳量。电厂等的煤灰则是从中回收未燃烧的煤（碳量常为 20% 以上）。因此可从中回收相当一部分未燃烧的煤，将煤灰的含碳量降低到 4% 以下，不仅回收了煤，而此种煤灰又成了优质的水泥掺和料。经研究在煤灰中还含有相当一部分在高温燃烧时所形成的小球（铝硅酸盐直径为 5 ~ 100 μm），分选出的小球可作为塑料或环氧树脂的掺和料，既绝缘又具有很高的抗压强度。

如采用普通的高压鼓筒式电选机分选煤灰（电厂灰），回收的精煤含碳量为 70% ~ 80%，灰分为 20% ~ 30%，煤的回收率为 75% ~ 89%，灰渣中含煤炭为 3% ~ 9%。

# 6

# 重 选

## 6.1 重选的基本原理

### 6.1.1 矿石的重力分选性

重力选矿是利用不同矿石颗粒间的密度差异进行分离的工艺。重选过程可在水、重介质和空气介质中完成，水是最常用的分选介质。在干旱缺水地区或处理特殊原料时用空气做介质，即风力分选。在密度大于水和轻矿物的重介质（重液、重介质悬浮液）中分选时，即为重介质分选。

利用重选方法对矿石进行分选的难易程度，可简易地用待分离矿石中目的矿物与非目的矿物的密度差来判定，即：

$$E = \frac{\delta_2 - \rho}{\delta_1 - \rho} \tag{6-1}$$

式中：$E$ 为重选的可选性，$\delta_1$、$\delta_2$ 和 $\rho$ 分别为轻矿物、重矿物和介质的密度。通常按比值 $E$ 不同可将矿物重选的可选性划分为 5 个等级，如表 6-1 所示。

表 6-1 物料按密度分选的难易程度

| $E$ | >2.5 | 2.5~1.75 | 1.75~1.5 | 1.5~1.25 | <1.25 |
|---|---|---|---|---|---|
| 重选难易程度 | 极易选 | 易选 | 可选 | 难选 | 极难选 |

应当注意的是，重选的难易程度还与矿石颗粒间的粒度差别密切相关，因此，式(6-1)的前提条件应该是轻、重矿物的颗粒尺寸大小接近。

### 6.1.2 重选过程

（1）分选过程

由于重选过程所采用的工艺设备不同，分选介质的流态也不相同，导致其分选过程也有所不同，但根据分选过程中矿物颗粒实现分离前后的运动状态，可将重选过程概括为：矿石颗粒松散→沉降或振动析离分层→分离的 3 个基本步骤。

重选必须在运动的介质中进行，其中，介质的运动形式主要有连续上升、间断上升、间断下降、上下交变、倾斜流和旋转流共 6 种。在不同流态的介质中，性质不同的矿粒在运动状态上的差异也不同。在连续上升介质流中，粒度大且密度高的矿粒将会沉降，而粒度小且密度低的颗粒，将被上升的介质流冲走。在间断上升介质流中，由于颗粒群被冲击而获得松散、性质不同的矿粒，借助松散过程按粒度和密度分层。在间断下降介质流中，颗粒群在下降介质流的带动下，大小和轻重不同的颗粒向下的运动速度不同而实现颗粒的分层。在上下交变介质流中，矿粒随介质不断上下交替运动，在每次上升或下降过程中，密度和粒度不同的矿粒，产生的上下移动距离也不相同，导致密度高且粒度大的矿粒集中在下层，密度低且粒度小的矿粒则集中于上层，从而实现颗粒的分层和分离（如跳汰机的分选）。在倾斜介质流中，不同密度和粒度的矿粒在斜面上的运动轨迹不同，形成不同的分选区域而得到分离（如摇床的分选）。在旋转介质流中，物料颗粒被施加离心力，密度高粒度大的颗粒受到较大的离心力作用，强化重力分离过程，这种介质流比较适合于分选细粒及微细粒物料（如螺旋溜槽和离心选矿机等）。

（2）重选过程的作用力

重选过程中作用于物料颗粒上的力主要有重力、浮力、流体作用力、颗粒间的相互作用力，以及颗粒与设备界面间的作用力等，分述如下：

①重力：$F_g = mg = \delta Vg$。其中，$F_g$——颗粒所受重力，N；$m$——颗粒质量，kg；$g$——重力加速度，$g = 9.80$ m/s$^2$。

②浮力：$F_f = \rho Vg$。其中，$F_f$——颗粒所受浮力，N；$\rho$——介质密度，kg/m$^3$；$V$——颗粒体积，m$^3$。

③惯性力：$F_{in} = -ma^2$。其中，$F_{in}$——颗粒所受惯性力，N；$a$——颗粒与介质之间相对运动加速度，m/s$^2$；"$-$"号表示 $F_{in}$ 方向与 $a$ 的方向相反。

④离心力：$F_c = m\omega^2 r = mu_t^2/r$。其中，$F_c$——颗粒所受离心力，N；$\omega$——颗粒运动的角速度，rad/s；$r$——颗粒运动的曲率半径，m；$u_t$——回转半径上的线速度，m/s。

⑤介质阻力：$F_R = \psi \rho v^2 d^2$。其中，$F_R$——介质阻力，N；$\psi$——与雷诺数有关的阻力系数；$\rho$——介质密度，kg/m$^3$；$v$——颗粒与介质的相对运动速度，m/s；$d$——颗粒直径，m。

⑥颗粒间摩擦阻力( $F_m$ )：指颗粒受周围颗粒群正面阻挡及侧面摩擦所产生的阻力。

⑦颗粒间剪切悬浮力( $p$ )：指粒群中，颗粒受周围颗粒连续剪切作用时，在垂直于剪切方向存在的斥力。

重选理论主要研究不同物理性质的颗粒(不同密度、粒度和形状)在上述各种力作用下的运动特征。在分选过程中，对分选起有益作用的力，如重力、离心力和惯性振动力等统称为分选力。对分选不起作用或起破坏作用的力，如各种阻力等统称为耗散力。实现颗粒重力分选的 3 个基本条件是：

①分选力之和>耗散力之和。

②在被分选物料的粒度范围( $d_{g, max} \sim d_{c, min}$ )内，应保证最细的有用物料(粒度为 $d_{c, min}$ )的分选速度大于最粗的废弃尾料(粒度为 $d_{g, max}$ )的分选速度。

③应保证颗粒在分选区停留时间 $t_2$ 大于颗粒与脉石的最小分离时间 $t_1$ 。

## 6.1.3 重选的基本理论

重选过程的实质，概括起来就是松散→分层→分离。因此，重选理论重点探讨松散与分层的关系。

(1)沉降理论

①颗粒在介质中的浮沉。矿粒在介质中的有效重力 $G_0$ 为所受重力 $F_g$ 与所受浮力 $F_f$ 的差值，即 $G_0 = F_g - F_f = (\delta - \rho) V_g$ 。

若颗粒密度 $\delta$ 大于介质密度 $\rho$ ，则 $G_0 > 0$ ，颗粒将下沉，反之颗粒将上浮。若有密度分别为 $\delta_1$ 和 $\delta_2$ 的两种颗粒，则可选取密度为 $\rho$ 的重介质，并使 $\delta_1 < \rho < \delta_2$ ，此时密度为 $\delta_1$ 的颗粒将上浮，密度为 $\delta_2$ 的颗粒将下沉。

②等降现象与等降比。密度、粒度和形状等不完全相同的颗粒以相同的沉降速度沉降，这种现象就是等降现象。具有相同沉降速度的颗粒称为等降颗粒。密度小的颗粒的粒度与密度大的颗粒的粒度之比称为等降比 $e_0 = d_{v1} / d_{v2}$ 。

等降现象的重要意义在于：当对颗粒群进行水力分级时，每一粒级中的轻密度物料的粒度总要比重密度物料的粒度大，若知道其中一种物料的粒度，则另一种物料粒度可由等降比算出。另一方面，若一颗粒群中最大颗粒与最小颗粒的粒度不超过等降比，则可借沉降速度差异将轻、重物料分离开来。

③自由沉降。当颗粒距器壁和其他颗粒间的距离较大，在沉降过程中，颗粒的形状和尺寸不发生变化，颗粒间也不会发生碰撞，颗粒仅受到自身在介质中的重力和介质流阻力和浮力的作用，颗粒间各自独立完成的沉降过程就称为自由沉降。颗粒借重力作用，最初为加速运动，当介质流摩擦阻力等于颗粒自身重力时，以某一固定速度沉降，这个速度就称沉降末速度。在静止介质中，球形颗粒的沉降末速度可用下式计算：

$$v = \sqrt{\frac{\pi d_v (\delta - \rho) g}{6 \psi \rho}} \tag{6-2}$$

式中：$v$ 为颗粒沉降末速度，m/s；$d_v$ 为颗粒当量直径，m；$\delta$ 为颗粒密度，kg/m³；$\rho$ 为介质密度，kg/m³；$\psi$ 为沉降阻力系数，与雷诺数相关；$g$ 为重力加速度，9.80 m/s²。

从式（6-2）中可看出，密度或粒度大的颗粒，其沉降末速度 $v$ 就越大。当颗粒密度和粒度一定时，介质密度大（黏度高），颗粒的沉降末速度 $v$ 相对要变小。

然而重选过程是在运动的介质中进行的。典型的介质运动包括垂直等速上升流和下降流，如图 6-1 所示。

垂直上升流中，颗粒运动末速度 $v' = v - u_a$。当 $u_a > v$ 时，颗粒将被上升流冲起而向上运动；当 $u_a < v$ 时，颗粒将向下运动；当 $u_a = v$ 时，颗粒将在介质中悬浮不动。垂直下降流介质中，颗粒的运动末速度 $v' = v - u_b$。

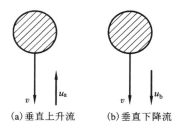

(a) 垂直上升流　　(b) 垂直下降流

**图 6-1　颗粒在垂直等速介质流中运动示意图**

④干涉沉降。矿粒除受到自身重力、介质浮力和阻力的作用外，还受到其他矿粒及容器壁的摩擦和碰撞作用，从而改变该矿粒的沉降速度和运动轨迹，这一沉降过程就称为干涉沉降。颗粒的干涉沉降末速度按下式计算：

$$v_g = \sqrt{\frac{d_v (\delta - \rho) g}{6 \psi_g \rho}} \tag{6-3}$$

式（6-3）与式（6-2）的区别在于：干涉沉降阻力系数与自由沉降阻力系数不同。$\psi_g$ 与颗粒性质和沉降时的雷诺数有关，是颗粒沉降时悬浮液浓度的函数。

（2）垂直流中按密度分层的理论

跳汰分选是在垂直交变介质流中，物料按其密度差异进行的分选作业，其分层过程见图 6-2。

将待分选的物料给入跳汰室筛板上，构成床层 [如图 6-2（a）]。水流上升时，推动床层松散，密度大的颗粒滞后于密度小的颗粒，相对留在下面 [如图 6-2（b）和图 6-2（c）]。接着水流下降，床层趋于紧密，重物料颗粒又首先进入底层 [如图 6-2（d）]。此过程反复进行，最后达到物料按密度分层。将分层后物料分别排出得到精矿和尾矿。

物料在垂直交变介质流中按密度分层原理（跳汰分层原理）归纳起来有两种基本观点。

①静力学体系学说（按密度分层的位能学说）。认为床层的分层过程是一个

(a)分层前颗粒混杂堆积

(b)上升水流将床层松散

(c)颗粒沉降分层

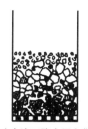
(d)水流下降床层密集，
重颗粒进入底层

图6-2 物料在跳汰分选时的分层过程

位能降低的过程。当床层适当松散时，大密度颗粒下降，小密度颗粒上升。床层在分层前后的理想位能变化如图6-3所示。

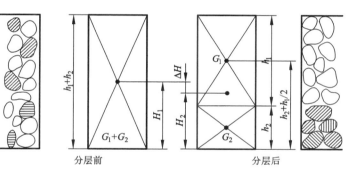

图6-3 床层在分层前后的理想位能变化

分层位能学说完全不考虑流体动力因素的影响，只就分层前后床层内部能量的变化说明分层的趋势，属于静力学体系学说。由于重选过程离不开流体的松散，流体动力学对颗粒运动的影响不可忽视，因此，位能学说是一种理想情况。

②动力学体系学说(按沉降速度差分层)。认为颗粒在垂直交变流介质中将会受到重力、介质阻力、介质本身做加速度运动的附加推力、介质被带动做加速度运动的附加惯性阻力及床层中其他颗粒对运动颗粒的摩擦碰撞-机械阻力等。

(3)斜面流中的分选理论

借助沿斜面流动的水流进行重力分选就称为斜面流分选。水沿斜面流动是在自身重力沿斜面分力的作用下发生的，属于无压流动。

①粗粒溜槽中物料的选别。主要依据密度不同的颗粒在斜面水流中的运动差异实现分选。颗粒沿槽底运动时的受力如图6-4所示。主要包括颗粒在水中的

有效重力 $G_0$，水流作用力 $R_x$，水流因脉动引起的上升推力 $R_{im}$ 和颗粒与底面的摩擦力 $F$。此外，还有水流绕颗粒流动产生的法向举力 $P_1$ 及流体黏性力等。当颗粒粒度较大时，这后两种力可不予考虑。同时，当颗粒粒度较大时，$R_{im}$ 较小，也可略去不计。

粒度相同的颗粒，密度愈大沿斜面的运动速度较小（注意：沉降时，密度越大的颗粒，沉降速度越大）；密度大的颗粒与密度小的颗粒沿槽底的速差是随两者粒度的增大而增大，说明粒度大的颗粒比粒度小的颗粒易于在斜槽中获得分选。

②细颗粒群在薄层弱紊流斜面流中的松散分层。弱紊流斜面流膜被用于处理相对较细粒级的矿石（3 mm 以下），常出现在摇床、尖缩溜槽、圆锥选矿机及螺旋分选机的分选过程。流膜厚度一般为数毫米，局部区域可达十几毫米。流速较大，且上下层间的浓度差也较大。分层后的轻、重物料根据运动速度不同或展开的分带，采用切割法截取分离。所回收物料的粒度下限为 30~40 μm。

依据流膜内的松散作用和浓度差异，可将弱紊流料浆流分为 3 层，如图 6-5 所示。最上一层紊动度不高，固体浓度很低，称为表流层。中间较厚的层内，小尺度旋涡发育，在紊动扩散作用下，悬浮着大量轻物料向前流动，可称为悬移层。在下部流态发生了变化，若在清水中即属层流变层，在这里颗粒大体表现为沿层运动，故可称为流变层。在重力场中弱紊流料浆流膜是很少有沉积层的。

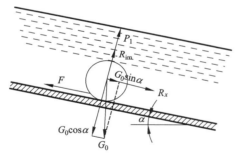 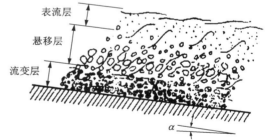

图 6-4　颗粒在紊流斜面槽底受力分析　　　　图 6-5　弱紊流料浆流膜的结构

悬移层借紊动脉动速度维持粒群悬浮，结果如同上升水流中悬浮不均匀粒群那样，粗且密度高的颗粒将较多地分布在下层。同时，大尺度的回转旋涡还不断地将大密度颗粒转移到底层，在该层底部聚集后，小密度颗粒又被排挤到上层，初步按密度分层。流变层中粒群主要借层间斥力松散，接着发生分层转移，是按密度分层的最有效区域。

析离分层是剪切作用下的一种静力分层形式，常发生在粒度范围较宽而最大粒度大于 2~3 mm 的情况下。若颗粒群位于剪切运动的槽面上，则颗粒间紧密接触，颗粒自身重力与床层的机械阻力为此时实现分层的对立作用力。密度大的颗粒在最初床层处于混杂状态时，较早地进入到小密度物料的下面。与此同时，密度大的细颗粒在向下运动中遇到的机械阻力较小，透过粗颗粒间隙分布到同一密度层的下面，形成了图6-6所示的分层结果。

③细颗粒在层流斜面流中的松散分层。颗粒在近似层流流动的流膜内，不能借助紊流扩散作用维持悬浮。拜格诺(Bagnold，1954)的研究表明：当悬浮液中固体颗粒受到连续剪切作用时，在垂直于剪切方向存在分散压力(斥力)作用，使粒群具有向两侧膨胀的倾向。分散压力的大小随切向速度梯度的增大而增加，当剪切速度梯度足够大时，分散压力与颗粒在介质中的重力达到平衡，颗粒即呈悬浮状态，如图6-7所示。这一学说被称为层间斥力学说或拜格诺学说。

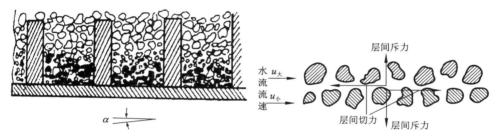

图6-6　析离分层床层颗粒分布　　　图6-7　拜格诺的层间剪切力和层间斥力示意图

在层流流动的料浆中，颗粒完全靠剪切所产生的分散压力松散悬浮，任一层面上的分散压力 $p$ 必等于该层面上颗粒在介质中的重力的垂直分力。

层流料浆流膜用于处理微细粒级物料(-0.074 mm)。在固定的细泥溜槽、皮带溜槽、摇动翻床、横流皮带溜槽等设备上流动的料浆近似呈这种流态。流膜的流动层厚度多数在1 mm左右，回收粒度下限为10~20 μm。分层后的大密度物料沉积在槽底，除槽底为移动带式溜槽外，几乎所有矿泥溜槽均是间断地排出大密度物料。

(4)颗粒群在回转流中的分选理论

在重力场中，由于重力加速度为定值，就限制了颗粒所受重力和沉降速度，设备处理能力和粒度下限就难以提高。离心力场的使用可强化重选过程，颗粒在回转流中产生的惯性离心加速度与同步运动流体的向心加速度数值相等、方向相反。离心加速度与重力加速度的比值称作离心力强度，写成 $i=\omega^2 r/g$，其中 $i$ 为离心力强度，$\omega$ 为角速度，$r$ 为半径，$g$ 为重力加速度。

在回转流分选设备中，离心力强度在数十倍至百余倍之间变化，重力的作用相对很小，常可忽略不计。实践中使料浆做回转运动的方法有三种：第一种是料浆在压力作用下沿切线方向给入圆形容器中，迫使其做回转运动，这样的回转流厚度常较大，如水力旋流器（见图6-8）。第二种是借转筒的回转带动料浆做回转运动，料浆呈流膜状同时相对筒壁流动，如离心选矿机（见图6-9）。第三种是以中心搅拌叶轮带动介质回转，这种方法常在风力分级设备中应用。此外也有的回转流是料浆沿螺旋槽运动产生的，如螺旋选矿机，此时离心力和重力约在同一数量级内。

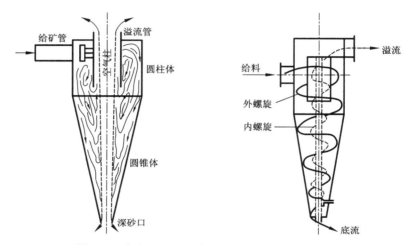

**图 6-8　水力旋流器构造及矿浆颗粒在其中的运动**

①颗粒在厚层回转流中的径向运动，如图6-8所示。固体颗粒与水流一起进入旋流器后，随水流做旋转运动，颗粒粒度越细，其密度与液体密度相差就越小，运动轨迹与液体的流线也就越接近。尤其是极细颗粒在旋流器内几乎与液流质点运动相同。

颗粒在水力旋流器内的受力很复杂，不仅有离心力、重力及液体与颗粒的作用力，还存在颗粒之间的相互作用力等。因而，在研究颗粒的运动时，将所有作用力均考虑在内是不可能的，一般只考虑颗粒的惯性离心力和径向液体阻力。当离心沉降速度与液体向心速度相等时，该颗粒保持在某一固定半径处回转，这个回转半径用 $r_H$ 表示。粒度不同的颗粒，其回转半径不同，粒度越细，离心沉降速度越小，因而回转半径越小。

在水力旋流器等厚层回转流中，料浆的切向流速很大，粒群在紊动扩散作用下悬浮，大致按干涉沉降规律分层，故厚层回转流主要用于分级。在给入重悬浮液时，亦可借增大向心浮力达到按密度分层。

②薄层回转流的流动特性及颗粒的分选。离心分选机内流体介质产生的回转

流即为薄层回转流,如图6-9所示。在旋转的截锥形转筒中,料浆由小直径端沿切线方向给到筒壁上,在离心力作用下,随即附在筒壁上形成流膜,同时,沿着筒壁的轴向坡度,向着大直径端流动。在流动的摩擦力与坡降损失达到平衡时,流速不再增加,成为等速流。生产中应用的转筒长度均不大,因而,未达到速度平衡时,料浆已排出筒外。

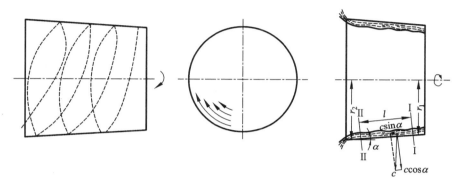

图6-9 离心分选机原理及薄层回转流沿轴向的流动

流膜在离心机内既随鼓壁做旋转运动,又沿鼓壁倾斜做轴向运动。从给料端到排料端,料浆相对于鼓壁的切向流速分布见图6-10(a)。流膜沿厚度方向(径向)相对于鼓壁的流速分布见图6-10(b)。料浆沿轴向的运动主要是在惯性离心力作用下发生。轴向流速沿厚度的分布与一般斜面流相同。

离心机内液流运动的合速度和方向即是上述切向速度与轴向速度的向量和,相对地面而言,料浆质点的运动迹线表现为一空间螺旋线。由于流膜沿轴向上下层运动速度的不同,上层与下层螺旋运动的螺距并不相同。上层液流螺距将大于下层。因此分层后位于上层的轻物料可以很快被带到转鼓外,而位于底层的重物料则滞留在转鼓内。

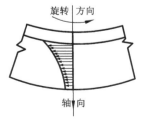

(a)流膜切向流速沿轴向的变化规律

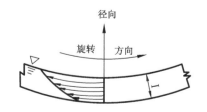

(b)流膜切向流速沿径向的变化规律

图6-10 离心分选机内流膜切向流速的变化

在离心力作用下，颗粒的沉降速度增加幅度要比料浆的轴向流速增加幅度更大，所以大密度颗粒可以经过很短的距离便进入底层被回收。同时，紊流脉动速度的增长幅度比颗粒的离心沉降速度增长幅度小，使得离心机的回收粒度下限更低。

③螺旋回转斜面流分选原理。由垂直轴线的螺旋形槽体构成的流膜重选设备称为螺旋分选机或螺旋溜槽。螺旋分选机的螺旋圈数一般为3~6圈，料浆自上端给入后，在沿槽流动过程中发生分层。进入底层的大密度颗粒趋向于向槽内缘运动，小密度颗粒在回转运动中被甩向外缘。

流体在螺旋槽内有两种流动，一种是沿螺旋槽纵向的回转运动；另一种是溜槽横断面上的循环运动，又称为"二次环流"，如图6-11所示。"二次环流"的产生是由于在离心力作用下，表面液流回转速度高，离心力作用较大，被甩向槽边缘，而

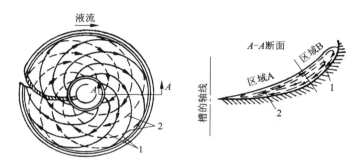

实线1—上层水流运动轨迹；虚线2—下层水流运动轨迹。

图6-11 螺旋内的液流流动特性

底层液回转流速小，离心力作用小，受重力影响较大，倾向于内缘运动。

在槽面的不同半径处，水层厚度和平均流速不同。愈向外缘水层愈厚，流动速度愈快。给入水量增大，四周会向外扩展。随着流速的变化，液流在螺旋槽内表现为两种流态，靠近内缘近于层流，外缘为紊流。

料浆中不同密度颗粒在螺旋槽的运动过程中，由于作用力的大小和方向不同，产生纵向和横向的相对运动，从而实现分选。颗粒在螺旋槽内的松散分层过程与一般弱紊流斜面层中的作用一样，粒群在沿槽底运动过程中，大密度颗粒逐渐进入底层，小密度颗粒进入上层，大约在第一圈之后即可完成。

分层后，便形成了以重物料为主的下部流动层和以轻物料为主的上部流动层。在同一径向位置上，下层颗粒密集度大，又与槽表面接触，受上面的压力最大，因此运动阻力也大。处于上部流层的颗粒则相反，所受运动阻力较小。这样便增大了上下流层间的速度差，小密度颗粒位于纵向流速高的上层液流内，因而具有较大的惯性离心力，同时横向环流又给予它们方向向外的流体动力作用，这二者的合力超过颗粒的重力分力和摩擦力，这样小密度颗粒便向槽的外缘移动。大密度颗粒处于纵向流速较低的下层液流内，因此具有较小的惯性离心力，而颗粒的重力分力和横向环流则给予它们方向向内的流体动力作用，后两项力将超过

颗粒的惯性离心力和摩擦力,于是便推动大密度颗粒向槽的内侧移动并富集于内缘区域。中等密度的连生体颗粒则占据着槽的中间带,这种分带运动大约持续到第3~4圈即可基本完成。

(5)重介质分选过程原理

重力分选过程是在一定的介质中进行的,若所使用的分选介质密度大于水的密度(1000 kg/m³),则称为重介质。物料在这种介质中进行选择性选别即重介质分选(heavy medium separation,or HMS)。重介质有重液和重悬浮液两类,通常所选用的重介质密度介于矿石中轻矿物与重矿物密度之间,即 $\delta_1 < \rho < \delta_2$。因而在这样的介质中,轻矿物上浮,重矿物下沉,实现选别的目的。

工业上应用的重介质都是重悬浮液,是由细粉碎的高密度固体颗粒与水构成的悬浮体。高密度固体颗粒起着增加介质密度的作用,称为加重质。悬浮液是一种两相体系,其密度与均质液体有所不同。悬浮液的密度等于加重质(固体颗粒)和分散相(液体)密度的加权平均值,即

$$\rho_{su} = \lambda\delta + (1-\lambda)\rho \qquad (6-4)$$

式中:$\rho_{su}$ 为悬浮液密度,kg/m³;$\lambda$ 为悬浮液固体容积浓度,%(以小数表示);$\delta$,$\rho$ 分别为固体和液体的密度,kg/m³。

若分散相为水(密度为 1000 kg/m³),则悬浮液密度为

$$\rho_{su} = \lambda(\delta - 1000) + 1000 \qquad (6-5)$$

工业上所用的加重质根据要求配制的重悬浮液比重不同而不同,常用的有以下几种。

①硅铁。Si 质量分数为 13% ~ 18%,密度为 6800 kg/m³,可配制成密度为 3200 ~ 3500 kg/m³ 的重悬浮液。硅铁具有耐氧化、硬度大、带强磁性等特点,使用后经筛分和磁选可以回收再用。根据制造方法的不同,硅铁又分为磨碎硅铁、喷雾硅铁和电炉刚玉废料(属含杂硅铁)等。其中,喷雾硅铁外表呈球形,在同样浓度下配制的悬浮液黏度小,便于使用。

②磁铁矿。纯磁铁矿密度为 5000 kg/m³ 左右,用含 Fe 60% 以上的铁精矿配制的悬浮密度最大可达 2500 kg/m³。磁铁矿在水中不易氧化,可用弱磁选法回收。

此外,还可用选矿厂的副产品,如砷黄铁矿和黄铁矿等作加重质。

# 6.2 重选设备

目前,生产实践中使用的重力分选设备种类较多。根据作用力场的不同大致可分为垂直重力场、斜面重力场和离心力场重选设备,如表6-2所示。

表 6-2　按作用力场划分的典型重选设备

| 作用力场 | 设备类型 | 处理粒度范围/mm | | | 应用特性 |
|---|---|---|---|---|---|
| | | 最大 | 最小 | 最佳 | |
| 垂直重力场 | 旁动隔膜跳汰机 | 18 | 0.074 | 12~0.1 | 处理量大、富集比高、可用于粗选和精选 |
| | 侧动隔膜跳汰机 | 18 | 0.074 | 12~0.1 | |
| | 下动隔膜跳汰机 | 20 | 0.074 | 6~0.1 | |
| | 锯齿波跳汰机 | 25 | 0.074 | 8~0.074 | |
| | 梯形跳汰机 | 10 | 0.037 | 5~0.074 | |
| 斜面重力场 | 摇床 | 3 | 0.02 | 2~0.037 | 处理量小、富集比高、可得多种产品、多用于精选 |
| | 螺旋溜槽 | 1.5 | 0.037 | 0.6~0.05 | 结构简单、富集比低、用于粗选 |
| | 螺旋选矿机 | 3 | 0.074 | 2~0.1 | 处理量较摇床大、富集比低、用于粗选 |
| 离心力场 | 离心选矿机 | — | — | 0.074~0.01 | 处理量大、富集比低、用于脱泥及微细粒矿物粗选 |
| | 重介质旋流器 | 30 | 0.1 | 20~2 | 处理量大、分选效率高、可分选密度差较小的矿物 |
| | 水力旋流器 | — | — | 0~0.074 | 处理量大、多用于分级和脱泥 |

## 6.2.1　垂直及水平流场重选设备

### 6.2.1.1　水力分级设备

水力分级是根据颗粒在水介质中沉降速度不同,将宽级别物料细分成两个或多个窄级别物料的作业。水力分级和筛分作业的作用相同,但筛分是按筛孔几何尺寸来分级,水力分级则是按颗粒的沉降速度差实现粗细分级。

对于细粒和微细粒的分级,因筛分作业效率不高,通常采用水力分级来实现。实践中,水力分级主要用于:①在摇床、溜槽等重选作业之前,将入选原料分成窄粒级,以便于选择适宜的操作条件,且得到的分级产物的粒度特性也有助于进行析离分层;②与磨矿作业组成闭路,及时将磨矿产物中合格粒级分出,减少过磨现象,有关这部分分级设备见第 3 章;③对原料或选矿产品进行脱泥或脱水;④测定微细物料( -0.074 mm)的粒度组成,即进行水力分析。

（1）云锡式分级箱

云锡式分级箱多用于重选矿厂，将原料分成多个粒级，以便实行窄级别入选，其结构如图6-12所示。外观呈倒立的角锥形，底部的一侧接有压力水管，另一侧设沉砂排出管。分级箱一般是4~8个串联工作，中间用溜槽连接，箱体上端尺寸（$B \times L$）有 200 mm×800 mm、300 mm×800 mm、400 mm×800 mm、600 mm×800 mm、800 mm×800 mm 等规格。主体箱高约为 1000 mm，安装时通常由小到大依次排列。

为减小矿浆进入分级箱内引起的扰动，使箱内上升流均匀分布，在箱体上部垂直于流动方向装有阻砂条，阻砂条缝隙宽约 10 mm。矿浆中沉降的矿粒经过阻砂条的缝隙时，受到上升水流的冲洗，细颗粒被带到下一个分级箱中，粗颗粒在分级箱内按干涉沉降分层，最后由沉砂口排出。沉砂的排出量用手轮调节。给水压力应稳定在 300 kPa 左右，并用阀门控制给水量，自首箱至末箱的给水量依次减小。

云锡式分级箱通常一对一地配置在摇床上方，同时担负着分配矿量的任务。通过调节沉砂量，达到在矿量、浓度和粒度上均适应摇床分选的要求。其优点是结构简单、便于操作、不耗动力，可与摇床配置在同一台阶上；缺点是耗水量较大（5~6 m³/t 矿），矿浆在箱内易受扰动，分级效率较低，粒度不宜大于 1 mm。

（2）分泥斗

分泥斗是一种简单的分级、脱泥及浓缩设备，又称圆锥分级机。外形为一倒立的圆锥，如图6-13所示。在圆锥上部中心设给矿圆筒，圆筒底缘没入液面以下。矿浆沿切线方向给入中心圆筒，经缓冲后由圆筒底缘流出，然后向周边溢流堰方向流动。沉降速度大于流体上升速度的粗颗粒沉降到槽内，经底部沉砂口排出。携带细颗粒的矿浆流至溢流槽内排出。

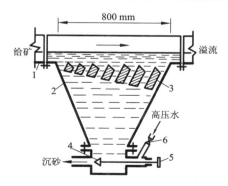

1—矿泥溜槽；2—分级箱；3—阻砂条；
4—砂芯塞；5—手轮；6—阀门。

**图6-12　云锡式分级箱的结构**

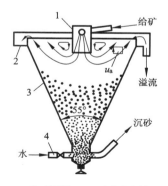

1—给矿圆筒；2—环形溢流槽；
3—锥体；4—备用高压水管。

**图6-13　分泥斗的结构**

分泥斗的锥角一般为 55°~60°，有 $D = 1000 \sim 3000$ mm 的 5 种规格。由于分泥斗具有结构简单、易于制造且不消耗动力，在流程中还有缓冲矿量的作用，在选矿厂应用广泛。主要用在水力分级前对原矿进行脱泥，亦可用在水力分级后，从溢流中再回收部分粗砂送摇床选别，其给矿粒度一般小于 2 mm，分级粒度则为 74 μm 或更细。此外，分泥斗还常常安装在中矿再磨设备前对矿浆进行浓缩脱水，以提高再磨作业给矿浓度。在各种矿泥分选设备前也可采用分泥斗来控制给矿浓度和矿量。分泥斗的缺点则是分级效率较低、安装高差大和设备配置不方便。

（3）机械搅拌式水力分级机

机械搅拌式水力分级机的结构如图 6-14 所示。由四个角锥形分级室组成，各室由给矿端向排矿端依次增大，并在高度上呈阶梯状排列。在分级室下面有圆筒部分 1、带玻璃观察孔的分级管 2 和压力水管 3。压力水沿分级管的径向或切线方向给入。在其下方有缓冲箱 9，用以暂时存储沉砂产物。由分级室排入缓冲箱的沉砂量通过连杆 5 下端的锥形塞 4 控制。连杆 5 在空心轴 6 的内部穿过，轴的上端有一个圆盘，由蜗轮 8 带动旋转。圆盘上有 1~4 个凸缘。圆盘转动时凸缘顶起连杆 5 上端的横梁，从而将锥形塞 4 打开，使沉砂进入缓冲箱 9 中。空心轴 6 的下端装有若干个搅拌叶片 11，用以使颗粒群悬浮分散，避免结团。空心轴 6 与蜗轮 8 连接在一起，由传动轴 12 带动旋转。

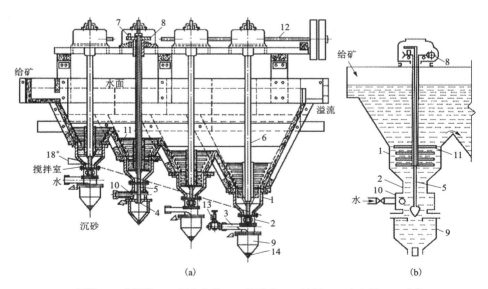

1—圆筒；2—分级管；3—压力水管；4—锥形塞；5—连杆；6—空心轴；7—凸轮；
8—蜗轮；9—缓冲箱；10—涡流箱；11—搅拌叶片；12—传动轴；13—活瓣；14—沉砂排出孔。

图 6-14　机械搅拌式水力分级机的结构

矿浆由分级机的窄端给入,微细颗粒随表层水流向溢流端流走。较粗颗粒则依据沉降速度的不同分别落入各分级室中。分级室的断面自上而下地减小,水流速度则相应地增大,因而可形成按粒度分层。下部粗颗粒在沉降过程中受到分级管中上升水流的冲洗,再度实现分级。最后当锥形阀提起时将粗颗粒排出。悬浮层中的细颗粒随上升水流进入下一个分级室中,各分级室上升水流速度逐渐减小,沉砂粒度也逐渐变细。

在分级机的下部设有分级管,并采用间断式排矿,从而增强了上升水流的冲洗作用,对减少沉砂含泥量,降低后续摇床分选时的金属损失有利。间断排矿提高了沉砂的浓度(固体含量可达 40%~50%),节约用水(<3 m³/t 矿石),但缺点是沉砂口易于堵塞,一般要求给水压力不低于 0.15~0.25 MPa。

机械搅拌式水力分级机主要用于大型钨矿选矿厂的准备作业。给矿适宜粒度上限为 3 mm,小于 0.074 mm 部分的分级效果很差,处理能力范围是 15~25 t/h。设备高差较大,且须和摇床配置在不同的台阶上,使操作联系不太方便。

#### 6.2.1.2 跳汰机

(1)跳汰机的分类

跳汰分选是在垂直交变水流中使轻重物料分层和分选的方法。常见跳汰机的结构形式如图 6-15 所示。

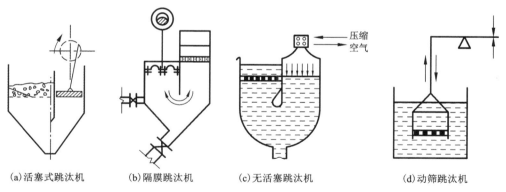

(a)活塞式跳汰机　　(b)隔膜跳汰机　　(c)无活塞跳汰机　　(d)动筛跳汰机

**图 6-15　常见跳汰机的结构形式**

最早的跳汰机为活塞式跳汰机,采用偏心连杆机构带动活塞运动,但由于活塞四周容易漏水,后来采用橡胶隔膜代替。隔膜跳汰机在 20 世纪 30 年代得到了大量推广,是处理金属矿石的主要机型。1892 年制成了用风力推动水流运动的跳汰机,取消了原有的活塞,故称为无活塞跳汰机(鲍姆跳汰机),在选煤厂大量使用。水力鼓动跳汰机则是通过阀门间歇地鼓入上升水流进行选别,目前应用已不多见。动筛跳汰机与上述筛板固定的跳汰机不同,其水体不动,而筛框做上下振动。

选矿厂所用隔膜跳汰机因隔膜安装位置的不同，有旁动式、下动式和侧动式隔膜跳汰机3种。按跳汰室筛板形状不同，分为矩形、梯形和圆形跳汰机等。依跳汰室并列数目不同又有单列、双列和三列之分。

（2）跳汰周期曲线

跳汰机的工作是周期性进行的，在一个跳汰周期内垂直交变水流速度随时间变化的曲线称为跳汰周期曲线。常见跳汰周期曲线有以下4种。

①正弦跳汰周期曲线。具有相同的上升和下降水速度及作用时间。在这种周期内常使床层过早紧密，缩短了有效分层时间。由于水流被隔膜推动强制运动，与颗粒间形成较大的相对速度及过分强烈的吸入作用，因而降低了分选精度。处理能力也因有效松散期短而减小，故正弦周期并不是很好的跳汰周期曲线。

②上升水速大、作用时间长的不对称跳汰周期。在正弦周期的跳汰机内由筛下连续补加等速上升水流，即变成了这种周期形式。特点是上升水速大、作用时间长，下降水速小、作用时间短。因此介质与矿粒间的相对速度大，床层较松散，设备处理能力大，下降水流的吸入作用减弱，不适于处理含细粒级多的物料，而适合处理粗中粒的窄级别物料。

③上升水速大于下降水速，而作用时间相等的不对称跳汰周期。在正弦周期的水流下降阶段，利用分水阀间断地补加筛下水，即可得到这种跳汰周期。与正弦周期相比，上升水速的作用力未变，但下降水流的速度降低且变化缓慢，吸入作用不强，故适于处理的细粒级物料。

④上升水速大、作用时间短，下降水速小、作用时间长的不对称跳汰周期。在每一周期开始，急加速上升水流将床层鼓起必要的高度。接着是一段长而缓的下降水流，在此期间床层得到充分松散，而矿粒与介质间又具有较小的相对速度，故有利于按密度分层。当床层落到筛面以后又有适当的吸入作用，使重矿物细颗粒能较好地进入底层。实践证明，具有这种周期曲线的跳汰机可以选别宽级别物料，对细粒级也有较高的回收率，选别砂矿的圆形跳汰机和选煤的无活塞跳汰机即采用这种类型的周期曲线。

跳汰周期曲线形式是影响跳汰选别效果的重要因素之一。合理的跳汰周期曲线应与待分选物料性质相适应，使床层呈适宜的松散状态，颗粒主要借重力加速度差产生相对运动，这是选择跳汰周期曲线的基本原则。

（3）跳汰机产品排料方式

跳汰分层后，轻产品随上部水流越过末端堰板排出，重产品则有多种不同的排出方式。主要包括透筛排料法、中心管排料法和一端排料法3种。

①透筛排料法。重矿物透过筛孔排入底箱，如图6-16所示。为了控制排料速度，须在筛面上铺置一层由接近或略大于重矿物的矿块组成的床石，有时也采用金属球，粒度为筛孔尺寸的1.2~2倍，称作人工床层。人工床层也随水流的升

降而做起伏运动，重矿物穿过床层的曲折
通道下落。改变床层的粒度、密度或厚
度，即可调节重产品排出的数量和质量。
根据排入底箱的重产品数量的多少，可以
连续地或间断地通过阀门放出。该排料
法原来用于处理粒度为数毫米以下的矿
石，但近年来在处理粒度达十几毫米的铁
矿石和煤矿时也有采用。

②中心管排料法。主要用于小型跳
汰机，可排放粗粒精矿，如图6-17所示。
在跳汰室中心线靠近尾矿端设置排料管。

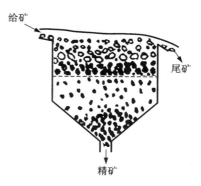

图6-16 透筛排料法

排料管的上口高出筛面一定距离，外面装有套管。套管底缘距筛面有一定的高度
并可调节。聚集在管外的重矿物借助床层压力进入套管内，然后转入中心管排到
机箱外面。调节套管下缘距筛面高度，即可改变产品的排放数量和质量。该法只
适用于精矿产率不大的情况。

③一端(闸门)排料法。即跳汰室末端筛面上或端壁上沿横向开口以排出重
产品的方法。为了控制排出速度，常在开口设置各种排料装置，如图6-18所示
简单的垂直闸门。图中外闸门的作用是防止轻矿物进入到重产品中，内闸门则用
以控制排料速度，两者均可调节。闸门上方的盖板开孔，以便内部压力与大气相
通，便于精矿流动。其优点是重产物可顺着矿流方向沿整个筛面排出，适合大型
跳汰机或重产物数量大时采用。

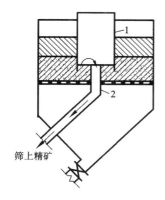

1—外套筒；2—内套管。

图6-17 中心管排料法

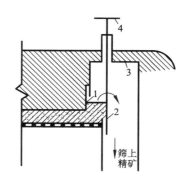

1—外闸门；2—内闸门；3—套板；4—手轮。

图6-18 一端排料法

(4)常用跳汰机

实践中常用跳汰机主要有旁动型隔膜跳汰机、矩形侧动式隔膜跳汰机、梯形侧动式隔膜跳汰机和圆形跳汰机等。

①旁动型隔膜跳汰机。

旁动型隔膜跳汰机又称丹佛(Denver)型跳汰机,结构如图6-19所示,其结构小巧而简单,由机架、传动机构、跳汰室及底箱4部分组成。

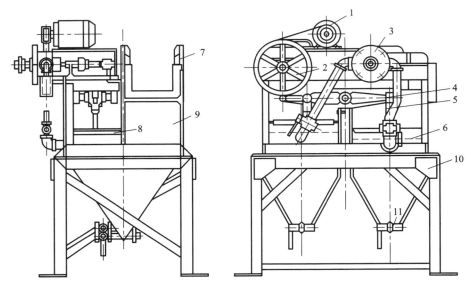

1—电动机;2—传动装置;3—分水器;4—摇臂;5—连杆;6—橡胶隔膜;
7—筛网压板;8—隔膜;9—跳汰室;10—机架;11—排矿活栓。

图6-19 双室旁动型隔膜跳汰机的结构

筛板面积 $B \times L = 300$ mm×450 mm,共有两室串联工作。为方便配置,有左、右式之分。从给矿端看,传动机构在跳汰室左侧的为左式,反之为右式。上部电动机带动偏心轴转动,通过摇臂杠杆和连杆推动两个隔膜交替上下运动。隔膜呈椭圆形,四周与机箱做密封连接。在隔膜室下方设补加水管。偏心轴采用双偏心套结构,在内偏心轴外面套一个偏心环,两者的偏心距均为9 mm。转动偏心环,可使摇臂杠杆端点的冲程在0~36 mm变化。经过摇臂杠杆长度折算,设备的机械冲程可调范围是0~25 mm。冲次改变则需更换皮带轮,设计值为320次/min和420次/min(冲程、冲次调节方法也适宜于其他型式跳汰机)。

旁动型隔膜跳汰机在我国中、小型钨、锡选矿厂应用较多。最大给矿粒度为12~18 mm,最小回收粒度可达0.2 mm,水流运动接近正弦曲线。给矿在入选前应适当地按粒度分级。主要缺点是耗水量较大,在3~4 m³/(t矿)以上。给水压力应达 0.15~0.2 MPa。处理能力范围在 2~5 t/(台·h)。

②下动型隔膜跳汰机。

下动型隔膜跳汰机结构如图 6-20 所示,由机架、传动机构(包括隔膜)、跳汰室及锥形底箱等部件组成。传动装置安装在跳汰室下方。隔膜为圆锥状,用环形橡皮膜与跳汰室连接。电动机及皮带轮设在机械一端,通过偏心连杆机构推动隔膜上下往复运动。

下动型隔膜跳汰机不设单独的隔膜室,占地面积小。下部圆锥隔膜的运动直接指向跳汰室,水速分布较均匀,但隔膜承受着整个设备内的水和筛下精矿的重量,负荷较大。因受隔膜形状限制,机械冲程只能调到 20~22 mm。隔膜断面积也小,冲程系数只有 0.47 左右。跳汰室内脉动水速较弱,对粗粒床层松散较困难。故这种跳汰机不适于处理粗粒原料,一般只用于分选 -6 mm 的中、细粒级矿石。由于传动机构设置在机械下部,容易遭受水砂浸蚀,也是这种设备的一个重要缺点。

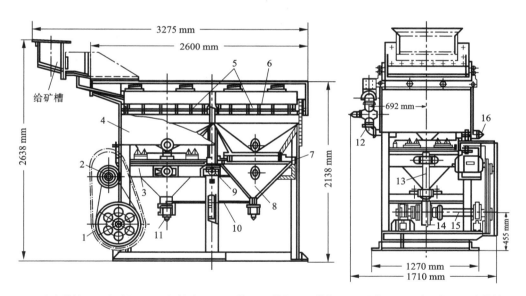

1—大皮带轮;2—电动机;3—活动机架;4—机体;5—筛格;6—筛板;7—隔膜;8—可动锥底;9—支撑轴;
10—弹簧板;11—排矿阀门;12—进水阀门;13—弹簧板;14—偏心头部分;15—偏心轴;16—木塞。

**图 6-20　100 mm×1000 mm 双室下动型隔膜跳汰机的结构**

下动型隔膜跳汰机的优点为设备结构紧凑,单位有效筛面的占地面积较小。上升水流在整个筛面的分布更加均匀。因为重产品排料口设在下部锥底,使其排料较为顺利。

③侧动式隔膜跳汰机。

侧动式隔膜跳汰机有梯形侧动式和矩形侧动式两种类型。其中，梯形侧动式隔膜跳汰机的基本结构如图6-21所示，全机共有8个跳汰室，分作两列，用螺栓在侧壁上连接起来形成一个整体。每两个对应大小的跳汰室为一组，由一个传动箱中伸出通长的轴带动一组跳汰室两侧垂直的外隔膜运动。全机共两台电机，每台驱动两个传动箱。传动箱内装有偏心连杆机构。补加水由两列跳汰室中间的水管给入到各室中。在水流的进口处设有弹性的盖板。当隔膜推进时，借助水的压力使盖板遮住进水口，水不再能充分进入。当隔膜后退时盖板打开，水流进入筛下，从而减弱了下降水流的吸入作用。

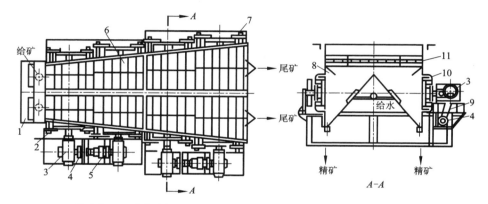

1—给矿箱；2—前鼓动箱；3—传动箱；4—三角皮带；5—电动机；6— 后鼓动箱；
7—后鼓动盘；8—跳汰室；9—三角皮带；10—鼓动隔膜；11—筛板。

**图6-21 900 mm×(600~1000) mm 梯形侧动式隔膜跳汰机的结构**

梯形侧动式隔膜跳汰机的规格用单个室的纵长×(单列上端宽~下端宽)表示。各跳汰室的冲程、冲次可两两地进行调节，筛下水量则可单独变化。为使水流沿整个筛面均匀分布，在筛板下方设有倾斜导水板。

梯形侧动式隔膜跳汰机和其他具有梯形筛面的跳汰机一样，可使矿浆的流速由给矿端向排矿端逐渐变缓，同时，由于矿层逐渐减薄而有利于细粒重矿物的回收。设备的处理能力比较大，一台900 mm×(600~1000)mm 的梯形侧动式隔膜跳汰机的处理能力可达15~30 t/h。常用于选别-5 mm 的矿石，适合于处理钨、锡、金、铁和锰矿石。

矩形侧动式隔膜跳汰机的结构如图6-22所示。有单列和双列两种，也称为吉山-Ⅱ型，给矿方式有右式和左式两种。在传动方式上与梯形侧动式隔膜跳汰机有相同之处，不同之处是其筛面为矩形，粗粒精矿由筛板的一端排出，且吉山-Ⅱ型跳汰机的冲程系数较大,既可以处理粗粒级,也可以处理细粒级矿石。因此,与梯形侧动式隔膜跳汰机相比,矩形侧动式隔膜跳汰机的制造简单,维修容易,配置灵活,处理的粒度上限较粗,单位面积处理能力较大,运行平稳可靠。

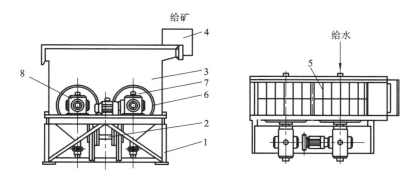

1—支架;2—中间轴;3—槽体;4—给矿槽;5—筛板;6—鼓动隔膜;7—鼓动盘;8—传动箱。

**图 6-22　LTC69/2 型矩形侧动式隔膜跳汰机的结构**

④圆形跳汰机。

圆形跳汰机可认为是由多个梯形跳汰机组合而成。近代的圆形跳汰机由荷兰 MTE 公司首先研制成功,于 1970 年推出了带旋转耙的液压圆形跳汰机。我国于 20 世纪 80 年代初研制成 DYTA-7750 型跳汰机,外形如图 6-23 所示。

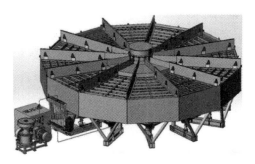

**图 6-23　DYTA-7750 型径向(圆形)跳汰机的外形**

该机共有 12 个梯形跳汰室,直径(按最大边棱对角线计)为 7750 mm,每室筛板面积为 3.3 m²、整机共 39.6 m²。矿浆由中心给入,然后向四周做辐射状流动,重产品采用透筛排料法排出。圆形跳汰机隔膜的位移曲线通常设计成锯齿波形,相应的速度周期曲线则是矩形波形。这样的运动足以将床层迅速抬起,尔后缓慢下落,床层的松散时间长,水流与矿粒间的相对速度小,故能达到有效地按密度分层。

圆形跳汰机的优点是单位筛面处理能力大，可达 7~9 t/(m² · h)，回收粒度下限低且能以宽级别入选，筛下补加水量也比其他跳汰机大幅度减少。目前，这种跳汰机在我国采金船上应用较多。

（5）跳汰选矿工艺的影响因素

跳汰选矿工艺的影响因素主要包括冲程、冲次、筛下补加水量、人工床层组成及给矿量等生产中的可调因素。此外，给矿的密度和粒度组成、床层厚度、跳汰周期曲线形式等亦有重要影响，但操作过程中这些因素的可调余地很小。

①冲程、冲次的影响。冲次和冲程直接关系到床层的松散度和松散方式，对分层有重要影响。床层最佳松散方式应该是：在上升水流开始时将床层迅速抬起，在上层矿粒保持向上运动的同时，下层矿粒逐层向下剥落，出现了松散波向上推进运动；随后整个床层向下塌落，水流也应转向下，以最小的相对速度流动，整个床层表现为两端松散，中间较紧密。这种松散方式对按密度分层是最有利的。如果冲次太大，床层将来不及松散扩展，而变得比较紧密；冲次太小又会造成松散迟缓，两者均会使松散度降低。

冲程的影响与冲次相似，应与床层密度和粒度相适应，并与冲次配合调整，通常在试车时进行。生产中操作人员要随时用探杆或手检查床层的松散度，通过改变筛下水量做适当调整。随着床层厚度的增大或给矿粒度变粗（滞后于水流速度增大），冲程应加大，与此同时，冲次则要减小，以适应分层的时间要求。

②筛下补加水量和给矿水的影响。依矿石性质和设备不同，跳汰的总水耗为 3~8m³/t 矿。给矿水用来预先润湿矿石并便于均匀地给矿。给矿浓度一般不超过 25%~30%。筛下补加水是生产中调节床层松散度的主要方法，要随时注意控制。筛下水应有稳定的供水压力，一般为 100~200 kPa。

③床层厚度和人工床层的影响。床层厚度（包括人工床层）用筛面至尾矿堰板的高度计算。用隔膜跳汰机处理中等粒度及细粒度矿石时，床层总厚度不应小于给矿最大颗粒的 5~10 倍，一般为 120~300 mm。处理粗粒矿石时床层厚度可达到 500 mm。

人工床层是控制筛下排料的主要手段。所用床石要能经常保持在床层的底层。生产中常用原矿中的重矿物粗颗粒，有时也用铸铁球、磁铁矿或高密度的卵石等材料作床石。床层的粒度应为入选矿石最大粒度的 3~6 倍以上，并比筛孔大 1.5~2 倍。床层的铺置厚度直接影响筛下精矿的数量和质量。我国钨、锡选矿厂处理细粒级跳汰机的人工床层厚为 10~50 mm，选别铁矿石时为最大给矿粒度的 4~6 倍。

④给矿性质、给矿量和跳汰周期曲线的影响。给矿的粒度范围是影响分选精

确性的重要因素,但同时也与周期曲线特征和待分选矿石密度有关。用正弦跳汰周期曲线处理钨、锰、铁及有色金属硫化矿时,常须以窄级别入选,而以矩形跳汰周期曲线分选金矿石和煤炭时则可以宽级别或不分级的原料入选。

## 6.2.2 斜面流重选设备

生产实践中,斜面流重选设备的种类较多,主要包括摇床、圆锥选矿机、螺旋选矿机、螺旋溜槽和皮带溜槽等。

### 6.2.2.1 摇床

摇床是分选细粒物料最常用的一种重选方法,属于流膜分选。摇床具有两个特征:一是沿床面的纵向设置了床条(或刻槽),二是床面做往复不对称运动。摇床主要由床面、机架和传动结构3部分组成,外形结构如图6-24所示。床面近似呈矩形或菱形,横向有明显倾斜,在倾斜的上边缘布置给矿槽和给水槽,床面上沿纵向布置有床条。

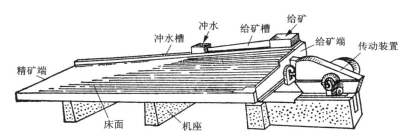

图 6-24 摇床的外形结构

(1)分选过程

物料由给矿槽流到床面上,在水流和床面振动作用下发生松散和分层。分层后,上层轻矿物受更大的横向水流推动,沿横向倾斜向下运动,成为尾矿。位于下层的重矿物受床面不对称往复运动的推动,纵向移动到传动端的对面,成为精矿。矿粒的密度和粒度不同,其运动方向不同,矿粒群在床面上呈扇形分带

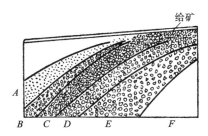

图 6-25 矿粒群在床面的扇形分带

(见图6-25)。主要分选过程包括以下几个方面:

①颗粒群在床面床条沟中的松散分层。床层松散是在横向水流和床面纵向摇动共同作用下发生的。横向水流沿斜面流动越过床条时,激起比较强烈的旋涡,在各床条间形成上升流,推动矿粒松散,但其作用深度有限。在床层的大部分厚

度内是借床面的摇动来实现松散矿粒及析离分层,如图 6-26 所示。

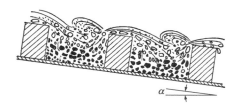

**图 6-26 粒群在床条沟内分层示意图**

颗粒在床面上的受力如图 6-27 所示。紧贴床面的矿粒受摩擦力作用,产生较小的相对运动。上层矿粒则因惯性力滞后于下层,层间出现了剪切速度差。矿粒在床面的差动中发生翻滚,并向四周挤压,增大了床层的松散度。松散作用力相当于拜格诺层间惯性剪切斥力。在剪切松散层中,分层表现为明显的析离分层。重矿物因压强较大,始终有转入底层的趋势,而细粒重矿物因转移中受机械阻力较小,进入了最底层。同样地,细粒轻矿物则分布到粗粒轻矿物的下面。

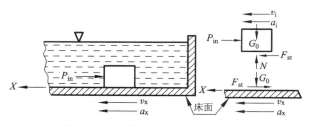

**图 6-27 颗粒在床面上的受力分析**

②矿粒在床面上的移动与分离。矿粒在床面上松散分层的同时还在移动。横向水流的作用使矿粒沿床面横向运动,床面的往复运动造成矿粒沿床面纵向移动,矿粒的最终移动方向与矿粒本身的性质有关。

矿粒沿床面横向的运动遵循颗粒在斜面流中的运动规律,即密度相同的颗粒,粒度大者移动速度大。粒度相同颗粒,密度大者移动速度小。矿粒在床条沟中的分层结果,增大了它们在横向运动的速度差。位于上层的轻矿物粗颗粒在较强的横向水流作用下,获得较高的横向运动速度,首先被冲走。底层的重矿物细颗粒则受横向水流作用小,横向运动速度较低。

③矿粒在纵向的运动。矿粒在床面上沿纵向移动是由床面做不对称往复运动造成的,如图 6-28 所示。床面从传动端开始以较低的正向加速度向前运动,到了冲程的终点附近,速度达到最大,而加速度降为零。接着负向加速度急剧增

大，使床面产生急回运动，再返回到终点。接着改变加速度方向，以较低的正向加速度使床面折回，如此进行不对称往复运动。不对称往复运动的特点是慢进急回，即前进期的时间长，加速度小；后退期的时间短，加速度大。

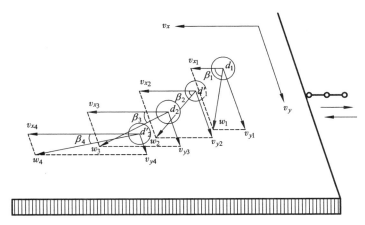

$d_1$、$d'_1$—轻矿物的粗颗粒和细颗粒；$d_2$、$d'_2$—重矿物的粗颗粒和细颗粒；
$v_x$、$v_y$—各颗粒的纵向、横向速度方向；$w$—各颗粒的合速度方向。

**图 6-28  不同密度和粒度颗粒在摇床面上运动的偏离角**

床面的不对称往复运动，造成颗粒在一个方向与床面一起运动（在该方向床面加速度小），而在相反方向与床面产生相对滑动（在该方向床面加速度大），从而实现矿粒在纵向的搬运。由于不同矿粒受水流作用的不同，导致不同性质矿粒在纵向搬动的距离也不同。

在床面运动过程中，靠近下层的重矿物颗粒，受到较大的水流阻力作用，与床面相对滑动速度小，随床面一起运动的距离长。上层轻矿物颗粒则受水流阻力作用小，与床面相对滑动速度大，随床面一起运动的距离短。因此实现了一个方向上不同性质矿粒的搬动和分离。一般在床面的前进期被搬运的重矿粒，在床面后退期由于较高的床面加速度，使这些重矿粒与床面发生滑动而实现搬运。上层轻矿粒在纵向的移动距离很小，从而扩大了轻重矿粒沿纵向移动的速度差。

矿粒在床面上的最终运动方向为纵向速度与横向速度的向量和。矿粒实际运动方向与床面纵轴的夹角称为偏离角 $\beta$。轻矿物的粗颗粒具有最大的偏离角，而重矿物的细颗粒则具有最小的偏离角，其他矿物颗粒偏离角介于两者之间，在床面上构成扇形分带（如图 4-25 所示），分别接出即得不同性质的产品。

（2）摇床的构造

①床面。床面有矩形、梯形和菱形 3 种。矩形床面存在无矿带，床面利用率较低。切去无矿带则形成菱形床面，菱形床面的利用率和分选效率提高，菱形床

面在国外应用较广。我国普遍采用的是介于矩形和菱形之间的梯形床面。

床条形状由分选物料性质确定，有如图 6-29 所示的 5 种。矩形床条适用于处理粗砂，三角形床条适用于处理细砂和矿泥，这两种床条钉在或粘贴在床面上。另一类是刻槽床条，即在床面上刻槽，这种床条适于处理矿泥。还有一类为楔形刻槽和梯形凸条结合起来的床条，称为云锡式床条，适于处理粗、中粒矿物。床条的高度均由传动端到精矿逐渐降低，直到尖灭。重矿物颗粒沿纵向运动到精矿的无床条平面上精选。床面上床条数量一般为 44~50 根，床条用塑料或橡胶制造。刻槽床面的刻槽一般粗砂有 46~60 槽、中砂有 88~110 槽、细砂和矿泥则有 120~150 槽。

②摇动机构。摇动机构又称床头，是带动床面做往复运动的机构。常见的摇动机构有偏心连杆式（如 6S 摇床）、凸轮杠杆式（云锡式摇床）、惯性弹簧式（弹簧摇床）等。

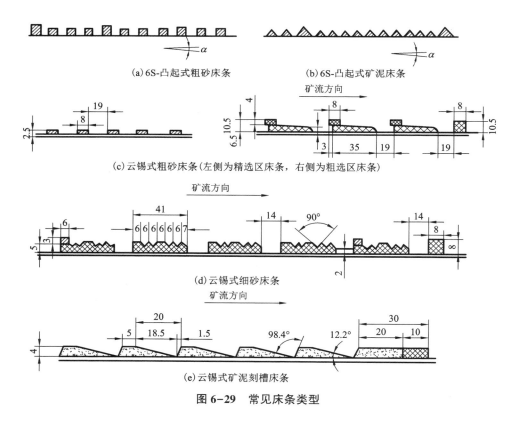

(a)6S-凸起式粗砂床条　　　　(b)6S-凸起式矿泥床条

(c)云锡式粗砂床条(左侧为精选区床条，右侧为粗选区床条)

(d)云锡式细砂床条

(e)云锡式矿泥刻槽床条

图 6-29　常见床条类型

偏心连杆式床头结构如图 6-30 所示。电动机经大皮带轮 14 带动偏心轴 7 旋转，摇动杆 5 随之上下运动。由于肘板座 4（即调节滑块）是固定的，当摇动杆 5 向下运动时，肘板 6 的端点向后推动，后轴 11 和往复杆 2 随之向后移动，弹簧 9 被压缩，通过连动座 1 和往复杆 2 带动整个床面向后移动。当摇动杆 5 向上移动时，肘板 6 间的夹角减小，受弹簧 9 的伸张力推动，床面随之向前运动。床面向前运动期间，肘板 6 间的夹角由大向小变化。肘板 6 端点的水平移动速度则由小向大变化，故床面的前进运动由慢而快。反之在床面后退时，床面则由快而慢，这样便造成了床面的差动运动。调节丝杆 3 与手轮相连，转动手轮，上下移动调节滑块 4 即可调节冲程。转动调节螺栓 13 可以改变弹簧 9 的压紧程度。床面的冲次则须借改变大皮带轮 14 的直径调节。

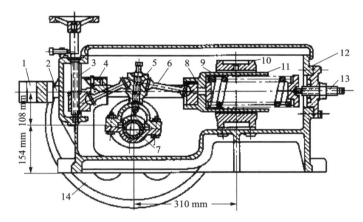

1—连动座；2—往复杆；3—调节丝杆；4—调节滑块；5—摇动杆；6—肘板；7—偏心轴；
8—肘板座；9—弹簧；10—轴承座；11—后轴；12—箱体；13—调节螺栓；14—大皮带轮。

**图 6-30　偏心连杆式床头的结构**

偏心连杆式床头的优点是冲程调节范围大，调节方便，选别粗砂时较其他床头好；缺点则是床头构造较复杂，易断肘板，易磨损零件较多。

凸轮杠杆式床头结构主要是由传动偏心轮、台板、卡子和摇臂 4 个零件组成，如图 6-31 所示。当传动偏心轴 8 转动时，滚轮 7 同样也做自由旋转并紧压台板 10，台板 10 绕台板偏心轴 9 做上下运动，由卡子 11 将台板 10 的运动传递给绕固定轴做左右摆动的摇臂 1，摇臂 1 的上臂通过丁字头 6、连接叉 4 和拉杆 3 与床面连接。当传动偏心轴 8 向下运动时，床面后退，床面下边的弹簧被压紧；当传动偏心轴 8 向上运动时，床面下边被压紧的弹簧松开，床面前进。通过调节台板偏心轴 9 位置可以改变运动特性。台板偏心轴 9 向前不对称性增大。冲程调节螺杆 5 可以使丁字头 6 上下移动，改变床面冲程的大小。其优点是运动不对称性大，且可以调整；适于不同粒级的给矿要求，运转可靠；缺点是弹簧装在床面下部，调节冲程不便。

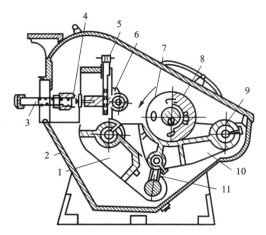

1—摇臂；2—床头箱；3—拉杆；4—连接叉；5—冲程调节螺杆；6—丁字头；
7—滚轮；8—传动偏心轴；9—台板偏心轴；10—台板；11—卡子。

**图 6-31　凸轮杠杆式床头的结构**

惯性弹簧式床头结构如图6-32所示，由惯性振动器以及带弹性碰击的差动机构两部分组成。惯性振动器主要由偏心轮6、弹簧片2和悬挂弹簧5等组成，它的作用是使床面产生往复运动。差动机构主要由软弹簧3、硬弹簧7、弹簧座8和打击板4等组成，它的作用是使床面产生差速运动。

当偏心轮6转动时，悬挂弹簧5轻微地上下运动，使皮带轮与皮带保持紧张状态。弹簧片2则做前后运动，并带动床面做往复运动。当床面后退时，打击板4与弹簧座8之间产生了一个距离（即冲程长度），同时，软弹簧3被压缩。在床面前进行程的

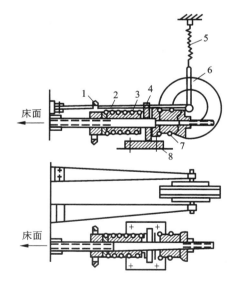

1—冲程调节螺丝；2—弹簧片；3—软弹簧；4—打击板；
5—悬挂弹簧；6—偏心轮；7—硬弹簧；8—弹簧座。

**图 6-32　惯性弹簧式床头的结构**

末期,打击板 4 与弹簧座 8 强烈碰击,使床面上的矿粒受到一个很大的惯性力,于是矿粒向前移动。打击板 4 与弹簧座 8 碰击后,床面便立即反弹回来,使床面后退行程的初期得到了一个很大的加速度,因而矿粒继续向前运动。

冲程可在 5~25 mm 之间调节。调节冲程的方法有:调节较大的冲程,通过调节偏心轮 6 的偏心距来实现。偏心距大,则冲程大;偏心距小,则冲程小。调节较小的冲程,通过调节软弹簧 3 的松紧程度来实现,即在一定范围内,软弹簧 3 上紧,则冲程大;软弹簧 3 回松,则冲程小。其优点是不对称性大,处理矿泥效率高,结构简单,容易制造,维修方便,冲程调节方便,动力消耗少;缺点是运转过程中噪声大,影响冲程的因素较多。

(3)常见摇床设备

①6S 摇床。6S 摇床的结构如图 6-33 所示。床头为偏心连杆式,床面铺有橡胶板或玻璃钢板,以及木刻槽生漆面。根据床面型式可分为矿砂和矿泥摇床两种。矿砂床面嵌有矩形、梯形、三角形或锯齿形来复条。矿泥床面则为三角形或刻槽来复条。目前这种矿泥摇床的使用逐渐被云锡刻槽摇床和弹簧摇床所取代。矿砂摇床又分为粗砂和细砂摇床。

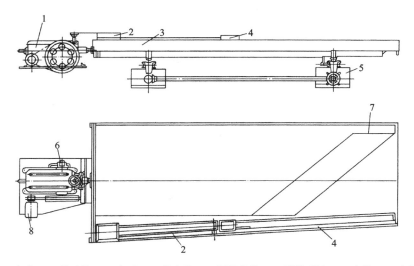

1—床头;2—给矿槽;3—床面;4—给水槽;5—调坡机构;6—润滑系统;7—床条;8—电机。

**图 6-33 6S 摇床的结构**

6S 摇床的优点是横向坡度调节范围较大(0°~10°),冲程容易调节,在改变横向坡度和冲程时,也可以保持床面的平稳运行,弹簧放置在床头机箱内,结构紧凑;缺点是要求的安装精度高,床头结构复杂,易磨损件多,在操作不当时易发生拉杆折断的事故。

②云锡摇床。在原苏式 CC-2 型摇床基础上改进而成，结构如图 6-34 所示。采用凸轮杠杆式床头，也有采用简化的凸轮摇臂式床头。床面采用滑动支撑方式，尺寸大小与 6S 摇床基本相同，不同的是床面在纵向连续有几个坡度。床面采用生漆、漆灰（生漆与煅石膏的混合物）、玻璃钢或聚氨酯作耐磨层。床面有粗砂、细砂和矿泥 3 种，一般粗砂床面采用梯形来复条，细砂床面采用锯齿形来复条，矿泥床面则采用三角形沟槽。

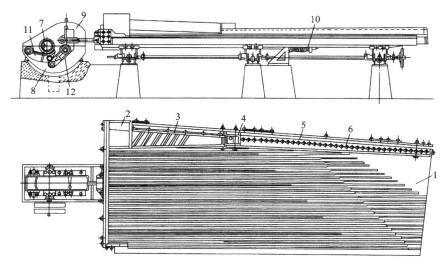

1—床面；2—给矿斗；3—给矿槽；4—给水斗；5—给水槽；6—菱形活瓣；7—滚轮；
8—机座；9—机罩；10—弹簧；11—摇动支臂；12—曲拐杠杆。

**图 6-34　云锡摇床的结构**

云锡摇床的优点是床面平整，抗磨蚀性好，坚固耐用，不易变形，便于局部修补；床头运动的不对称性较大，且有较宽的差动性调节范围，可适应不同的给料粒度和选别要求；床头机构运行可靠，易磨损件少，不易漏油。其缺点是弹簧安装在床面底下，检修和调节冲程均不方便（调冲程时需先放松弹簧），床面横向坡度调节范围较小（0°～5°），当横向坡度及冲程调节过大时，因床头拉杆的轴线与床面重心的轴线过分分离而会引起床面的振动。

③弹簧摇床。弹簧摇床的结构如图 6-35 所示，采用惯性弹簧式床头。主要特点是采用软、硬弹簧作为差动机构，所产生的差速运动引起很大的正负加速度差值，因此适合于处理矿泥。床面采用刻槽床条，并有生漆涂层。床面采用滑动支撑，用楔形块调节坡度，可调节范围为 4°～10°。

弹簧摇床的优点是床头结构简单，容易制造，质量轻，造价低，电耗小，选别

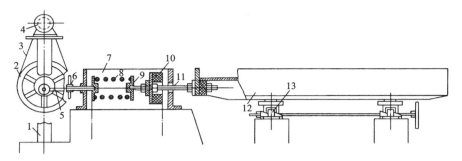

1—电机支架；2—偏心轮；3—三角带；4—电动机；5—摇杆；6—手轮；7—弹簧箱；8—软弹簧；
9—软弹簧帽；10—橡胶硬弹簧；11—拉杆；12—床面；13—支撑调坡装置。

**图 6-35　弹簧摇床的结构**

矿泥的指标略优于 6S 摇床；缺点是设备安装精度要求高，较难调整，噪声大。

（4）摇床分选的影响因素

摇床分选的影响因素较多，主要包括床面运动特性、工作参数和矿石性质 3 个方面。

①床面运动特性。床面运动的不对称程度是影响床层松散分层和纵向搬运的主要因素。床面的不对称程度以不对称系数 $E$ 表示，为床面前进行程时间与后退行程时间之比值，$E$ 值愈大，不对称程度愈高。一般来说，床面的不对称程度愈大，愈有利于矿粒纵向移动。选别矿泥时，微细颗粒与床面间黏结力大，不易相对移动，应选用不对称程度较大的摇床。选别粗粒矿石时，可采用不对称程度稍低的摇床，此时矿粒分层快，重矿物颗粒可迅速搬运。床面不对称性可通过床头调整机构做适当改变。

②冲程和冲次。冲程和冲次的大小综合地决定了床面运动的加速度、矿粒在床面上的运动速度、床层的松散度和析离分层的强度。床面应有足够的运动速度和适当的正负加速度。合适的冲程和冲次主要与入选物料的粒度有关。一般在处理粗粒物料时，应采用较大的冲程和较低的冲次，若冲程不足，物料易产生堆积且松散不好。处理细砂和矿泥时，摇床条件正好相反，一般要求用较大的冲次和较小的冲程，如果冲次不足，细泥容易黏附在床面上，影响分层。一般来说，最佳的冲程和冲次应根据试验加以确定。我国常用摇床的适宜冲程、冲次范围见表 6-3。

表 6-3　我国常用摇床的适宜冲程和冲次范围

| 摇床类型 | 给料种类或粒级/mm | 冲程/mm | 冲次/(次·min⁻¹) | 传动轮偏心距/mm |
|---|---|---|---|---|
| 弹簧摇床 | 0.5~0.2 | 13~17 | 300 | 32 |
| | 0.2~0.074 | 11~15 | 315 | 29 |
| | 0.074~0.037 | 10~14 | 330 | 26 |
| | <0.037 | 8~13 | 360 | 22 |
| 6S 摇床 | 矿砂 | 18~24 | 250~300 | — |
| | 矿泥 | 8~16 | 300~340 | — |
| 云锡式摇床 | 粗砂 | 16~20 | 270~290 | — |
| | 细砂 | 11~16 | 290~320 | — |
| | 矿泥(刻槽床面) | 8~11 | 320~360 | — |

注：无范围用"—"表示。

③冲洗水和床面横向坡度。冲洗水和床面的横向坡度均是生产中随时调节的因素，它们影响床面横向水流速度。冲洗水由给矿水和洗涤水两部分组成。增大横向坡度，矿粒的下滑作用力增大，可减少冲洗水的水量，但扇形分带将变窄；反之增大水量，调小坡度，也可使矿粒具有同样的横向运动速度，但分带变宽。生产中为节约水耗常在粗选时采用"大坡小水"，在精选中采用"小坡大水"的操作制度。

粗砂摇床所用的横向坡度较大，细砂及矿泥摇床所用的横向坡度较小。云锡公司各选矿厂的摇床实际应用的横向坡度范围是：粗砂摇床为 2.5°~4.5°、细砂摇床为 1.5°~3.5°、矿泥摇床为 1°~2°。与其他选矿方法相比，摇床的水耗较大，单位水耗可达 3~10 m³/t。给矿粒度愈小，单位给矿量的水耗愈大。

④入选前物料分级和给矿性质影响。摇床选别中，析离分层占主导地位。给矿最佳粒度组成是所有密度大的矿粒粒度均小于密度小的矿粒粒度，故物料入选前常进行预先分级。

摇床的给矿量在一定范围内变化对生产指标影响不大。过大或过小的给矿量将降低分选效果，但总的来说，摇床的处理能力是很低的。适宜的给矿量与物料的可选性和给矿粒度组成有关，单层粗砂摇床为 2~3 t/(台·h)，单层矿泥摇床仅为 0.3~0.5 t/(台·h)。

#### 6.2.2.2　溜槽

在斜槽中借助于斜面水流进行矿石分选的方法称为溜槽选矿。溜槽选矿可以处理各种不同粒度的矿石，给矿最大粒度可达百余毫米，最小小于 0.1 mm。选别大于 2~3 mm 粒级的溜槽称为粗粒溜槽;处理 2~0.074 mm 的溜槽为矿砂溜槽;给矿粒度小于 0.074 mm 的溜槽称为矿泥溜槽。此外还有叠加了离心力作用的螺旋溜槽和离心溜槽。溜槽选矿法广泛用于处理金、铂、钨、锡以及某些稀有金属矿石,在铁、锰矿石选矿中亦有应用。

(1)粗粒溜槽

一般为用木板或钢板制成的直线形长槽。槽底设置挡板或铺面物,用以造成涡流并阻留重矿物,如图 6-36 所示。

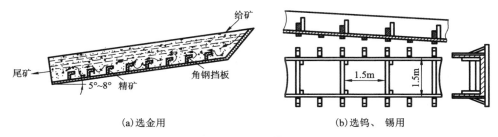

(a)选金用       (b)选钨、锡用

图 6-36 粗粒溜槽的结构

矿浆由槽的一端给入,矿物颗粒在斜面水流的扰动下松散,接着按密度分层。金粒和其他高密度矿粒进入最底层,聚集在木板的凹陷处,大量的轻矿物则随水流排出槽外,经过一段时间,重矿物聚集较多时,即停止给矿,进行人工清洗。清洗时先放水冲走上层轻矿物,然后降低水量,提起挡板,用耙子自槽末端向上耙动沉积物,除去混杂的轻矿物,最后得到混合的重砂精矿。有的采金船则采用吊车将槽面整体侧向翻转,卸下重产品,然后再对重产品进行精选处理。选金溜槽的清洗周期随矿石含金量及其他重矿物含量不同而不同。陆地上的溜槽可间隔 4~5 天清洗一次;采金船上的横向溜槽每天清洗一次,纵向溜槽 5 天左右清洗一次。

槽内设置的挡板型式有很多种,按排列方式有直条挡板、横条挡板和网络状挡板等。直条挡板是沿水流方向平行排列,横条挡板垂直于水流方向放置,可用木条或角钢制作。为了避免重矿物细颗粒被水流带走而损失掉,还常在挡板下面铺设一层粗糙铺面物,常见有苇席、毛毡和长毛绒等。

(2)尖缩溜槽

尖缩溜槽的结构如图 6-37 所示。槽底为光滑的平面,槽子宽度从给矿端向排矿端呈直线收缩,槽体倾斜放置,倾角为 10°~20°。给入的高浓度矿浆(为 55%~65%)在沿槽流动过程中发生分层,重矿物逐渐聚集在下层,以较低速度沿槽底流动,轻矿物以较高速度在上层流动。随着槽面的收缩,矿流厚度不断增大，矿流流速随之增大。当流到端部窄口排出时，上层矿浆冲出较远，而下层近于垂直落下，矿浆呈扇形面展开。借助截取器即可在不同位置得到重矿物、轻矿物及中间产物。因这种溜槽以扇形面排矿为特征，所以又称为扇形溜槽。

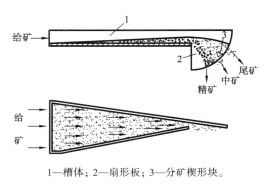

1—槽体；2—扇形板；3—分矿楔形块。

**图 6-37　尖缩溜槽的结构**

影响扇形溜槽分选的结构因素主要有尖缩比（排口端宽度与给矿端宽度之比）、溜槽长度和底面粗糙度等。适宜的给矿端宽度应保证矿浆在较长的区段内成层流流动，而排矿口的宽度则应使排出的矿浆形成清晰的扇形分带。一般给矿端宽度为 125~400 mm，排矿端宽度为 10~25 mm，尖缩比介于 1/20 至 1/10 之间。溜槽的长度影响矿粒在槽中的分层时间，通常为 1000~1200 mm。槽底铺面材料应具有合适的粗糙度和耐磨性，主要有木材、玻璃钢、铝合金、聚乙烯塑料等。

影响尖缩溜槽分选的操作因素包括给矿浓度、溜槽坡度和给矿量等。给矿浓度是最重要的因素。浓度较低时，矿浆流动的紊动度大，回收率下降；浓度过大时，分层速度降低，将引起回收率和精矿品位同时下降，适宜的给矿浓度介于 50%~65%。给矿量可在较大范围内波动而对选别指影响不太大。

尖缩溜槽具有较大的坡度，一般为 16°~20°。高浓度给矿保证了矿浆不发生沉积，较大坡度则可降低矿浆的紊动度，保持较大程度的层流流动。尖缩溜槽单位处理能力为 4~6 t/m²，有效处理粒度为 2.5~0.038 mm，主要用于选别含泥少的海滨或湖滨砂矿。尖缩溜槽具有结构简单，不需动力和处理量较大等优点，适合作为粗选设备使用。

（3）圆锥选矿机

圆锥选矿机是从尖缩溜槽演变而成，20 世纪 60 年代在澳大利亚用于工业生产。将圆形配置的尖缩溜槽的侧壁去掉，形成一个倒置的锥面，便构成了圆锥选矿机的工作面。由于消除了尖缩溜槽侧壁对矿浆流动的阻碍效应，因而改善了分选效果并提高了单位槽面处理能力。

单层或双层圆锥选矿机的结构和工作原理见图 6-38。分选锥的直径约为 2 m，分选带长 750~850 mm，锥角 146°，锥面坡度 17°。在分选锥面的上方设置一正锥体，用于向下面的分选锥分配矿浆，称为分配锥。高浓度的矿浆从分配锥均匀流下，通过分配锥与分选锥之间的周边间隙进入分选锥。矿浆在分选锥面的分层过程与尖缩溜槽相同。进入底层的重矿物由环形孔缓缓流入精矿管中，上层

含轻矿物的较高速度的矿浆流则越过
精矿孔口进入中心尾矿管。借助转动
手轮调节中心管截料喇叭口的高度，
即可改变轻、重产品的数量与质量。

目前应用的圆锥选矿机多为垂直
多层配置，在一台设备上实现连续的
粗、精、扫选作业。粗选和扫选圆锥为
双层，精选圆锥为单层。由精选圆锥
得到重产品，再在尖缩溜槽上进行精
选。这样由一个双层锥、一个单层锥
和一组尖缩溜槽组成的组合体就称作
一个分选段。

圆锥选矿机处理能力大且生产成
本低，适合于处理数量大的低品位矿
石，甚至用于再选堆存的老尾矿仍然

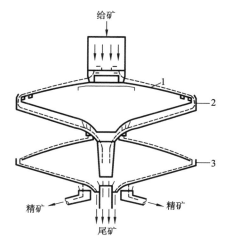

1—分配锥；2—双层分选锥；3—单层分选锥。

**图 6-38　圆锥选矿机的结构及工作原理**

有利可图。广州有色金属研究院研制出三段七锥圆锥选矿机。澳大利亚研制出直
径为 3 m 圆锥选矿机，其处理能力达到 200~300 t/(台·h)。

(4)螺旋选矿机

将一个窄的长槽绕垂直轴线弯曲成螺旋状，便构成螺旋选矿机或螺旋溜槽。
螺旋选矿机和螺旋溜槽的主要区别在于溜槽断面形状不同。螺旋选矿机适用于处
理-2 mm 矿石，而螺旋溜槽则适用于处理-0.2 mm 的更细粒级，二者其他结构参
数亦有所不同。

螺旋选矿机(spiral concentrator)的主体工作部件是一螺旋形槽体，外形如
图 6-39 所示。对于易选矿石螺旋圈数有 3~4 圈即可，对难选矿石则需有 5~
6 圈。螺旋溜槽的断面轮廓线为二次抛物线或椭圆的 1/4 部分，如图 6-40(a)。
槽底除沿纵向(矿流方向)有坡度外，沿横向(径向)亦有相当的向内倾斜。矿浆
自上部给入后，在沿溜槽流动过程中颗粒群发生分层。进入底层的重矿物颗粒沿
槽底的横向坡度向内缘移动，位于上层的轻矿物则随回转流动的矿浆沿着槽的外
侧向下运动，最后由槽的末端排出即为尾矿。沿槽内侧移动的重矿物颗粒速度较
低，通过槽面上的一系列排料孔排出。在排料孔上安装有刮板式截料器。由上而
下从第 1 和第 2 个排料孔得到的重产品可作为最终精矿，后续各排料孔的产品质
量逐步降低，可作为中矿返回处理。从槽的内缘给入冲洗水，可进一步提高重产
品的质量。

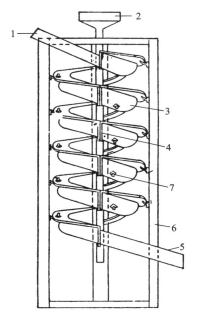

1—给矿槽；2—冲洗水导槽；3—螺旋槽；4—法兰盘；
5—轻矿物槽；6—机架；7—重矿物排出管。

图 6-39　螺旋选矿机的外形

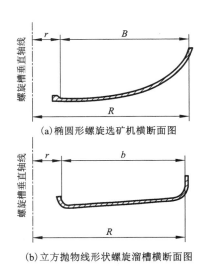

(a)椭圆形螺旋选矿机横断面图

(b)立方抛物线形状螺旋溜槽横断面图

图 6-40　螺旋溜槽和选矿机横断面形状

　　影响螺旋选矿机分选性能的因素主要包括结构因素和操作因素。主要结构因素有螺旋直径、断面形状和螺距等。螺旋直径 $D$ 为其规格参数，与处理能力相关。处理-2 mm 粗粒级时，常用椭圆形断面。处理-0.2 mm 细粒级时常用二次抛物线形断面。螺距 $h/D$ 决定了螺旋槽的纵向坡度，常称为距径比，以 0.4~0.8 为宜，相应的螺旋槽外缘的倾角为 7°~15°。对大螺距者，可将双层螺旋嵌镶叠装，制成双层螺旋选矿机。给矿浓度和给矿体积是最重要的操作参数。浓度过低或过高均将引起回收率下降，适宜浓度值一般为 15%~35%。给矿体积则影响矿浆层的厚度和流速，但在较宽范围内对分选指标影响也不大。

　　螺旋选矿机的最大给矿粒度为 12 mm，但其中重矿物颗粒则不宜超过 2 mm，有效回收粒度范围是 7~0.074 mm，最低为 0.04 mm。螺旋选矿机在加拿大、美国和新西兰曾大量用于选别砂铁矿石。在原苏联则用于处理低品位的有色和稀有金属矿石。我国多用于选别砂锡矿石、红铁矿和稀有金属砂矿等。

　　(5)螺旋溜槽

　　螺旋溜槽的外形如图 6-41 所示，其断面呈立方抛物线形状，槽的底面更为平缓，如图 6-40(b)。在分选过程中不加冲洗水，在槽的末端分段截取精、中和尾矿产品。

矿浆在槽面上的流动特性和分选原理与螺旋选矿机基本相同，差别只在于螺旋溜槽有更大的平缓槽面宽度，矿浆呈层流流动，因此更适合于处理微细粒级的矿石，回收粒度下限为 0.020 ~ 0.030 mm。螺旋圈数为 4 ~ 6 圈（常用 5 圈）。生产中常将 3 ~ 4 个螺旋溜槽组装在一起，成为多头螺旋溜槽。距径比可在 0.4 至 0.8 之间变化，给料粒度细时取小值。随着螺旋直径的增大，回收粒度下限略有升高，但处理能力则急剧增大。

螺旋溜槽在我国较多地用于处理弱磁性铁矿石，在有色和稀有金属选矿厂亦有应用。处理铁矿石时粗选的给矿浓度为 30% ~ 40%，精选时为 40% ~ 60%。鞍钢弓长岭铁矿选矿厂用于处理大于 0.040 mm 的水力旋流器沉砂。大厂锡矿车河选矿厂应用 $\phi$2 m 螺旋溜槽作为圆锥选矿机粗精矿的精选和尾矿扫选。

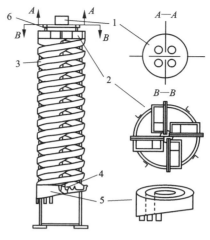

1—分矿斗；2—给矿槽；3—螺旋槽；
4—产品截取槽；5—接矿槽；6—槽钢支架。

图 6-41　螺旋溜槽的外形

## 6.2.3　离心重选设备

离心溜槽也称为离心选矿机，是借离心力作用进行流膜选矿的设备，其离心力强度（离心加速度与重力加速度之比）为 40 ~ 60。矿浆松散分层原理与螺旋溜槽基本一样，但矿粒所受离心力作用得到强化。工业中应用的离心选矿机主要包括卧式离心选矿机和立式离心选矿机 2 种。

（1）卧式离心选矿机

标准型的 $\phi$800 mm×600 mm 卧式离心选矿机的结构，如图 6-42 所示。分选过程在截锥形的转鼓 4 中进行。给矿端直径为 800 mm，向排矿端直线增大，坡度（半锥角）为 3°~5°，转鼓 4 垂长为 600 mm。借锥形底盘 5 将其固定在中心轴上，由电动机 12 带动旋转。上给矿嘴 3 和下给矿嘴 13 伸入到转鼓 4 的不同深度处。矿浆顺着转鼓转动的方向喷出，随即附着在鼓壁上，在随着转鼓 4 做回转运动的同时，并沿鼓壁的轴向坡度流动，在空间形成螺旋形运动轨迹。分层是在矿浆相对于鼓面流动过程中发生的，重矿物沉积到底层，轻矿物在上层随矿浆流通过转鼓 4 与底盘 5 间的间隙（约 14 mm）排出。当重矿物沉积到一定厚度时停止给矿，由冲矿嘴 2 喷射出高压水，将沉积物冲洗下来，即得到精矿。

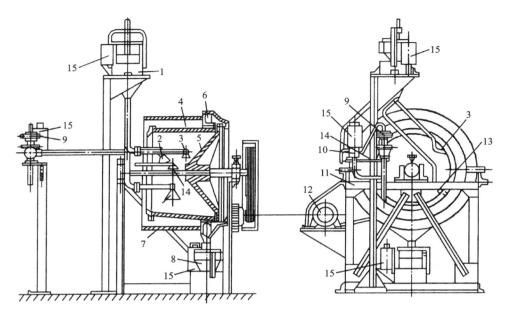

1—给矿斗；2—冲矿嘴；3—上给矿嘴；4—转鼓；5—底盘；6—接矿槽；7—防护罩；8—分矿器；
9—皮膜阀；10—三通阀；11—机架；12—电动机；13—下给矿嘴；14—洗涤水嘴；15—电磁铁。

**图 6-42  φ800 mm×600 mm 卧式离心选矿机的结构**

离心选矿机通常间断工作，断矿、冲矿和精（尾）矿排放均由指挥和执行机构自动进行。指挥机构为一时间继电器，按规定时间向执行机构通入或切断电流。执行机构包括给矿斗 1 中的断矿管、控制冲矿水的三通阀 10 和皮膜阀 9，以及分别排放精矿和尾矿的分矿器 8，它们分别由电磁铁带动动作。当达到规定的选别时间时，断矿管摆动到回流管的一侧，矿浆不再进入转鼓 4 内。与此同时三通阀10 将低压水路切断，皮膜阀 9 上部的封闭水压被撤除，于是高压水即通过皮膜阀9 进入转鼓 4 内。此时下部的分矿器 8 也摆动到精矿管一侧，将冲洗下来的精矿导入精矿管道内。待冲洗完后（2~3 s），各执行机构分别恢复原位，继续进行下一次给矿和选别。

与重力矿泥溜槽相比，卧式离心选矿机处理能力和工艺指标均有大幅度的提高，目前已成为我国钨、锡矿泥粗选的主体设备，也可用于处理微细粒级的弱磁性铁矿石。在处理锡矿泥时，标准型的离心选矿机给矿粒度一般小于 0.074 mm，粗选生产能力为 1.2~1.5 t/h，精选生产能力为 0.6~0.8 t/h，回收粒度下限可降低到 0.010 mm（按石英计）。

（2）立式离心选矿机

尼尔森（Knelson）离心选矿机是典型的立式离心选矿机，自 1978 年投入工业应用，至今已在加拿大、澳大利亚、南非、俄罗斯和中国等 70 多个国家被广泛采用，是一种新型高效重选设备。图 6-43 是尼尔森选矿机的结构简图，主要由内分选锥、给矿管、排矿管、驱动装置、供水装置和自动控制系统等部件组成。

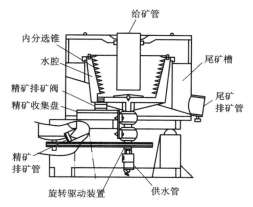

图 6-43 尼尔森选矿机的结构简图

常规的尼尔森离心选矿机的分选器按 60 g 制度（即产生 60 倍重力加速度的速度）运转，工作原理如图 6-44 所示。矿浆由给矿管从上向下流到下部的分配盘上，离心力把它抛向分选锥的壁上，并由下而上迅速填满环沟，这样富集床就形成了。与此同时，冲洗水通过空心的旋转轴由下部进入水腔，在压力作用下沿着切线以逆时针方向进入分选锥内的环沟。当重矿物颗粒受到离心力大于向内的冲洗水压力时，该颗粒就沉积在环沟里。反之，轻矿物在冲洗水的冲力和新进入矿浆的挤压下，由分选锥上部进入尾矿管后排出。在持续松散的床层里，重矿物颗粒源源不断地沉积在环沟里，而轻矿物则不断从床层中清洗除去。当环沟里填满重矿物后，半连续尼尔森选矿机需停止给矿数分钟，把精矿从沟里冲出。此外，还有一种连续可变排矿类型的尼尔森离心选矿机（CVD），可以随时调节精矿产率的大小，连续排出精矿。

尼尔森选矿机具有处理量大、富集比高、体积小、重量轻、耗电少、耐磨性好和生产成本低等优点。半连续排矿型（BKC）一般用于目的矿物含量很低的贵金属（如 Au、Ag、Pt 等）矿石，如岩金、砂金及有色金属矿石中伴生金的回收，浮选铜精矿中可见金的回收，铜镍硫化矿中铂族元素的回收等。连续可变排矿型（CVD）用于处理目的矿物含量相对较高的金属矿石（如黑钨矿、锡石、钽铁矿、铬铁矿、钛铁矿、金红石等），以及从尾矿中回收含金的硫化物，从炉渣中回收铁合金，重矿砂的预选和脱泥等。

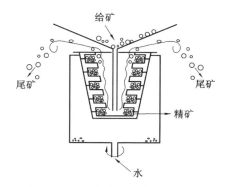

图 6-44 尼尔森选矿机工作原理

### 6.2.4　重介质分选设备

重介质分选设备主要包括圆锥型重介质分选机、圆筒型(鼓型)重介质分选机、重介质振动溜槽、重介质旋流器、斜轮重介质分选机等。

(1)圆锥型重介质分选机

圆锥型重介质选矿机分内部提升式和外部提升式2种,其结构如图6-45所示。机体为一倒置的圆锥形槽体2,在它的中心装有空心的回转轴1,由电动机5带动旋转。空心轴同时又作为排出重产物的空气提升管。回转中空轴1外面有一个穿孔的套管3,上面固定有两扇三角形刮板4,以每分钟4~5转的速度转动,借以保持上下层悬浮液密度均匀,并防止矿石沉积。

入选原料由上方给入,轻矿物浮在悬浮液表层经四周溢流堰排出,重矿物沉向底部。与此同时压缩空气由回转中空轴1的底部给入。在回转中空轴1内重矿物、重悬浮液和空气组成气-固-液三相混合物。当其综合密度低于外部重悬浮液的密度时,在静压强作用下即沿管向上流动,从而将矿物提升到高处排出,重悬浮液是经过套管3给入,穿过孔眼流入分选圆锥内。

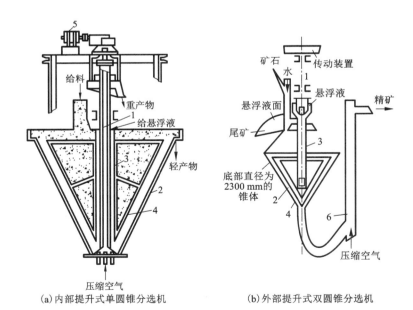

(a)内部提升式单圆锥分选机　　(b)外部提升式双圆锥分选机

1—回转中空轴;2—圆锥槽;3—套管;4—刮板;5—电动机;6—外部空气提升管。

**图6-45　圆锥型重悬浮液选矿机的结构**

这种重介质分选机的槽体较深,分选面积大,工作稳定。适于处理轻产物排出量大的原料，且分选精确度较高。主要缺点是要求使用细粒加重质。重介质的循环量大，增加了重介质制备和回收的工作量，需要配备专门的压气装置。设备规格按圆锥直径为 2~6 m，锥角为 50°，给矿粒度范围一般为 50~5 mm。

（2）重介质旋流器

重介质旋流器是目前应用最为广泛的重介质分选设备，其中两产品重介质旋流器结构与普通水力旋转流器基本相同，重介质旋流器及配套设施如图 6-46 所示。

矿石与重介质悬浮液一起以一定的压力给入到旋流器内。在回转运动中，矿物颗粒依自身密度不同分布在重悬浮液相应的密度层内。与水力旋流器中的流速分布一样，在重介质旋流器内也存在一个轴向零速包络面。包络面内的悬浮液密度小，在向上流动中将轻矿物溢流中带出获得轻产物。重矿物分布在包络面外部，在向下回转运动中从沉砂口排出。但在整个包络面上，悬浮液的密度分布并不一致，而是由上往下增大，位于上部包络面外的矿粒在向下运动过程中受悬浮液密度逐渐增长的影响，又不断地得到分选。其中密度较低的颗粒又被推入包络面内层，从上部溢流口排出。因此分离密度基本上决定于轴向包络面下端的悬浮液密度，其大小可通过改变旋流器的结构参数和操作条件进行调整。

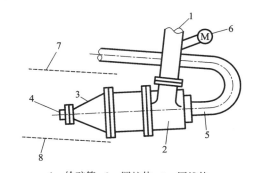

1—给矿管；2—圆柱体；3—圆锥体；
4—沉砂口；5—溢流口；6—压力表；
7—轻产物脱介筛面；8—重产物脱介筛面。

图 6-46　重介质旋流器及配套设施示意图

将两产品重介质旋流器串联起来使用，可形成三产品重介质旋流器。根据给矿方式不同，分为有压给料（如图 6-47）和无压给料（如图 6-48）。三产品重介质旋流器的第一段均采用圆筒形重介质旋流器，第二段则采用锥形旋流器。

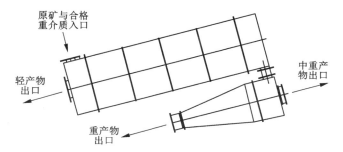

图 6-47　有压给料三产品重介质旋流器示意图

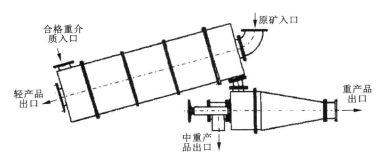

图 6-48　无压给料三产品重介质旋流器示意图

有压给料三产品重介质旋流器是依据阿基米德原理，在离心力场中不同物料按密度差异进行分选。重悬浮液和原矿混合均匀后以一定的工作压力（0.1 MPa以上）进入第一段旋流器，在离心力作用下重物料向旋流器壁移动，并在外螺旋流的作用力下沿切线方向进入第二段旋流器。轻物料进入空气柱，随中心内螺旋流由位于下部的溢流管排出。经过浓缩的粒度较粗且密度较高的重悬浮液随同一段旋流器重物料进入第二段旋流器，为第二段旋流器中重物料按高密度分选创造了条件。重产物从位于第二段旋流器下部的底流口排出，中重产物从位于旋流器上部的溢流口排出。

无压给料重介质旋流器中，合格重介质悬浮液以一定的工作压力沿切线方向进入第一段旋流器，原矿则从顶端沿轴向以自重方式给入。在重介质的离心力作用下，重物料向旋流器壁移动，在外螺旋流的轴向速度作用下由上部出口排出并进入第二段旋流器。轻物料则移向空气柱，随中心内螺旋流从位于中心底部的溢流管排出。随同第一段重物料进入第二段旋流器的是经过浓缩的较浓和较粗的重悬浮液，经分选后重产物从第二段旋流器底流口排出，中重产物从旋流器溢流口排出。

通常有压给料三产品重介质旋流器的分选精度或效率均略低于无压给料三产品重介质旋流器。对分选粒度较粗的原矿，选择无压给料三产品重介质旋流器可有效减少设备磨损，降低能耗。此外，无压三产品重介质旋流器具有分选精度高，分选上限可达 100 mm，有效分选下限可达 0.3 mm，实现不分级和不脱泥入选。

## 6.2.5　重选（工艺）设备的操作

重选工艺的操作控制主要体现在对各种重选工艺设备的操作控制上，为此，这里重点介绍主要重选工艺设备的操作。

（1）跳汰机的操作要点

①筛下补加水。根据所处理的矿石粒度大小和产品质量要求，依靠水流对矿砂的松散和吸入作用，加强精选能力。

处理粗粒且粒级范围窄时，因粒级窄的产品在筛网上堆积所形成床层的间隙小于重矿物颗粒的直径，此时，吸入作用对重矿物颗粒的选别无效，相反会使分选时间延长，此时，应多加补加水，提高床层的松散程度。

处理粗粒或细粒的未筛分物料时，因粗粒或细粒形成床层的间隙均会大于重矿物颗粒的直径，此时，可利用强、弱吸入形成分层，不加或少加补加水。

处理已分级的产品时，如果重矿物颗粒直径小于床层间隙，则需要吸入作用，不加或少加补加水。

处理粗中粒的产品时，应该保证供给足够的补加水量和水压，以抵消向下的水流作用。补加水量也应适当，补加水量不足会使精矿的产率增大，品位就会下降。反之，补加水量过大会造成金属流失，降低回收率。正常操作时，补加水量不应超过隔膜上升时从跳汰区吸出的水量。

检查补加水量是否适当，可用手插入矿层或用一块木条插入一半来观察跳动情况，或从尾矿量观察，积累经验后就能快速判断出水量和水压是否合适。

②给矿水。给矿水与给矿浓度有关。一般要求尽量少用水，只要能均匀地将矿石送入跳汰机就可以。过大的给矿水不但使耗水量增加，而且会使矿石借水流作用而快速通过跳汰机，就缩短了跳汰机的分选时间，影响分选指标。

③精矿层厚度。与矿物颗粒大小和密度有关。若有用矿物与脉石矿物的密度差较大，精矿层厚度可以薄一些，相反则精矿层应厚一些，否则会影响精矿品位。一般处理粗粒时的精矿层要比细粒时的精矿层厚度大些。

调节精矿层厚度主要是通过控制给矿速度（量）来实现。对产品质量要求高时，精矿层要厚些，但不宜过厚，以免损失回收率。如精矿层过薄，虽可得到较高的回收率，但会降低精矿品位和设备处理能力，为此，精矿层厚度应根据产品质量和回收率的要求确定。

实践表明，在钨矿的跳汰中，为回收大部分高品位的连生体，避免这些易碎的连生体进入再磨而造成泥化，应选择较薄的精矿层。

跳汰机内整个矿石层的厚度称为"矿层厚度"，矿层厚度薄时，回收率降低；过厚时，则会影响整个矿层的松散。

④床层。床层的厚度及密度与矿石性质相关，床层的密度最好与精矿相同。若床层太重，必须加强上升水推力，结果会使上层矿砂产生"沸腾"现象；若床层太轻，易被水流冲乱或冲走，失去床层的作用。

床层颗粒的大小决定了床层间隙的大小，影响水流作用和吸入强弱。一般其粒径大小为筛孔的 1.5~2 倍或给矿中最大颗粒的 3~6 倍。粗而均匀的床层颗粒一般用于最后槽室的筛子上，以减少尾矿中金属的损失。常用的床层可由铁球、铅球、黄铁矿及所选出的精矿等组成。

床层对筛下排矿尤其重要，如果是难选的矿砂(轻重矿物密度差小)或产品品位要求很高时，床层要厚些，同时应选用混合大小的床层颗粒。床层越厚，其有效密度就越大，矿粒通过就越困难，因而就能获得较好的分选效果和较高的精矿品位。反之，对易选矿砂(轻重矿物密度差大)或产品品位要求低时，应采用薄床层。

用精矿作床层时称为"自然床层"或"精矿层"。这虽能满足密度相同的要求，但由于某些精矿产品易磨损而不适合作为床层，因此，采用耐磨的"人工床层"还是有必要的。

处理细粒物料时，由于矿物颗粒小于筛孔尺寸，因此必须设置"人工床层"才能实现跳汰过程。细粒精矿穿过"人工床层"的缝隙再透过筛孔而排出就称为"透筛排料"。

⑤冲程和冲次。冲程长度必须具备冲起整个矿层的能力，同时冲次也要充足，否则不仅会失去跳汰作用，还会降低生产率。生产过程中，二者应该具备适当的组合。一般在处理量大、床层厚、粒度粗和密度大的矿石时，冲程要长，冲次要少。处理细粒、薄床层时，冲程要短，冲次要多。

⑥筛板落差。是指两槽室间尾板的高度。为了使矿石向机尾流动，每个槽的筛子高度是顺次降低的，而矿流速度大小完全是由落差来决定的。落差越大，矿粒移动的速度就越快，停留在筛面上受分选的时间就越短。因而，易选矿石的落差宜大些，难选矿石的落差宜小些，一般为 25~75 mm。

⑦给矿。给矿量尽量保持均匀(指给矿量、给矿品位及进入跳汰机的时间分布)，给矿槽的坡度不宜太大，以免物料进入跳汰机时产生过大的冲击力而影响分选效果。

⑧排矿。从筛上排出精矿时，可采用间断或连续式排矿。连续式排矿要求一定的均匀性，即给矿速度、给矿品位、给矿粒度等要均匀。当采用"中心管排矿法"排出筛上重产物时，内外筒直径比例要适当，外套筒底缘与筛板的间隙也要适当，才能保证均匀连续地排矿。

(2)摇床的操作要点

摇床的安装要求平整，运转时不应有不正常的跳动，纵向一般为水平的。当处理粗粒矿石时，精矿端应提高 0.5°，以提高精选效果；当处理细泥时，精矿端应降低 0.5°，以便于细粒精矿的纵向前移。

①适宜的冲程和冲次。主要与入选的矿石粒度有关，其次与摇床负荷和矿石密度有关。当处理粒度大、床层厚的物料时，应采用大冲程和小冲次；当处理细砂和矿泥时，则应采用小冲程和大冲次。当床面的负荷量增大，或者对较大密度

的物料进行精选时，可采用较大的冲程和冲次。适当的冲程和冲次值，应在生产实践中针对不同入选物料逐步总结分析得出。

②适宜的床面横向坡度。增大横向坡度，矿粒下滑的作用增强，尾矿排出速度增大，导致精选区的分带变窄。一般处理粗粒物料时，横向坡度应增大些；处理细粒物料时，横向坡度应小些。粗砂、细砂和矿泥摇床的横向坡度的调节范围分别为 2.5°~4.5°、1.5°~3.5° 和 1°~2°，此外，摇床横向坡度还要与横向水流大小相适应，才能得到好的选别指标。

③冲洗水大小要适当。冲洗水包括给矿水和洗涤水两部分。冲洗水在床面上要均匀分布，大小适当。冲洗水大时，得到的精矿品位就越高，但回收率降低。一般处理粗粒物料或精选作业，采用的冲洗水要大些。

④给矿量要适当且均匀。给矿量的大小与入选物料粒度有关。粒度越粗，给矿量就应适当增大。对某一特定入选物料，给矿量的控制应保持床面利用率大、分带明显、尾矿品位在允许范围内。给矿量过大，回收率会显著降低。此外，给矿量一旦确定，就必须保持给矿的持续和均匀，否则会导致分带不稳定，引起选别指标的波动。

⑤给矿浓度适宜。一般给矿浓度范围为 15%~30%，选别粗粒物料时，浓度可低一些，而选别细粒物料时则要求浓度高一些。给矿中的水大部分沿尾矿带横向流走，细泥容易被冲走，造成细粒级别的金属流失。

⑥物料入选前的准备。摇床入选粒度上限为 3 mm，下限为 0.038 mm。因粒度对选别指标的影响很大，所以入选前应对物料进行必要的分级。若物料中含有大量的微细级别，不仅难于回收，而且会导致矿浆黏度增大，降低重矿物的沉降速度，造成重矿物的损失，此时，应预先脱泥。

⑦分带和产品的截取。在摇床操作稳定和正常的时候，床面上的分带是非常明显的。分带是按照粒度的粗细和矿物组成来形成的，一般细粒较纯的重矿物富集在最前的分带，其后是粗粒的重矿物带，再后是密度较小的矿物富集带、中矿带、尾矿带和溢流带等。

摇床产品是按照床面的分带和要求的选别指标来截取的。一般可截取 2~4 种产品。分选矿物组成较简单的物料(如锡石、钨矿与石英的分选)时，可截取精矿、中矿和尾矿 3 个产品。处理高硫化矿的钨锡矿石，至少应截取富精矿、高硫精矿、中矿和尾矿 4 种产品，中矿产品一般还需要进行再选。

当操作条件发生变化后，分带的情况也会随之变化，此时截取的位置也应随之调整，才能保证指标的稳定，这就要求操作人员严守岗位，密切观察分带的变化，随时做出调整。

(3)螺旋选矿机操作要点

螺旋选矿机的给料不需进行严格的预先分级，给矿量和给矿浓度在一定范围内的波动对选别指标的影响也不会太大。因而，螺旋选矿机多用于处理粗细粒级砂矿的粗选或扫选作业。

①给矿粒度。给矿的最大粒度不能超过 6 mm，若给矿中存在过大矿块时，会对矿流产生扰动作用，还会堵塞精矿排出管，片状的大块脉石矿物对选别过程也会不利，因此，给矿前应采用格筛隔除过大块矿和杂物。

给矿中的细粒级矿泥含量多时，也会影响螺旋选矿机的分选效果，因此，对矿泥含量高的给矿应采取预先脱泥。

②给矿浓度。当给矿浓度在一定范围内（12% ~ 30%）波动时，对选别指标的影响不会太大。

③给矿量。对处理含泥多且精矿粒度细的矿石，给矿量应适当减小；对处理精矿粒度粗且含泥量少时，给矿量可适当增大。

④洗涤水。洗涤水应该从内圈分散供给，以免冲乱矿流。当洗涤水量大时，精矿产品品位提高，但精矿产率下降，回收率降低；当洗涤水量小时，对提高回收率有利。洗涤水量由上至下应逐步增大，具体水量应结合选别指标来确定。

⑤精矿截取。精矿的截取量是通过转动截取器的活动刮板来控制的。精矿截取的原则是，当精矿量增加，而回收率增加很少时，就不应该继续增大精矿截取量。适当的精矿截取量和截取器活动刮板的位置应该通过取样分析来确定。

（4）离心选矿机操作要点

①给矿粒度。离心选矿机合适的给矿粒度范围是 0.074 ~ 0.010 mm，大于 0.074 mm 的粗粒和小于 0.010 mm 的细粒矿泥太多时，均会影响选别指标，因此，入选的物料应该采取预先分级，去除粗粒及细粒矿泥。

②给矿。离心选矿机的给矿矿浆体积要保持适当，给矿矿浆体积决定了矿浆流速和流膜的厚度。一般给矿矿浆体积大，设备处理能力大，精矿品位上升，但精矿产率和回收率会降低，当给矿矿浆体积过大时，还会出现无精矿的现象。适宜的给矿矿浆体积和流膜厚度，应该在生产实践中针对特定的物料进行反复的调整、取样分析得出。

③矿浆浓度。矿浆浓度越高，矿浆黏度越大，流动性就变差，此时，尾矿量减少，精矿量增加，精矿品位下降。矿浆浓度过大，会导致离心机内无法产生分层，失去分选作用。合适的给矿浓度与转鼓的长度和坡度有关，一般应从实践中总结得到。

④经常检查离心选矿机的控制机构是否灵活，分矿、断矿、冲水、排矿等是否准确，特别是要防止给矿管和冲矿管的堵塞，发现问题应及时停车处理。

（5）重介质工艺操作要点

①入选前要把矿石破碎到重介质选别所要求的粒度范围。由于重介质对细粒级的选别效果很差，同时矿泥对重介质分选干扰大，因而，入选前应该筛除细粒

级并脱除矿泥。

②加重质应磨到所要求的细度，并按照要求的悬浮液密度加水配制成重悬浮液。

③用重介质选矿机进行分选时，应该保持给矿量的稳定和悬浮液密度的稳定，尤其是悬浮液的密度波动范围不应超过±0.02 g/cm³。因此，需要经常取样检测悬浮液密度，并采取自动控制装置调节悬浮液密度。

④加重质的回收和再生是重介质工艺的关键作业。由分选设备排出的轻重产物均带有大量的重悬浮液，最简单的方法是采用振动筛分离重介质，一般采用两段筛分，第一段筛分得到的重介质与原重介质性质相近，可直接返回使用；第二段筛须采用冲洗水才能清洗干净矿粒黏附的加重质，此时重介质的密度会改变，且会受到污染，根据加重质的性质，可采用磁选、浮选、重选等方法进行提纯，然后采用水力旋流器、倾斜板浓缩箱等设备进行脱水，再重新配置重悬浮液返回流程中使用。

## 6.3 重选工艺实践

### 6.3.1 重选作业

重选流程是由一系列连续的作业组成。按作业性质不同可分为准备作业、选别作业和产品处理作业 3 个部分。

（1）准备作业

同其他选矿工艺一样，重选工艺的准备作业包括：①为使有用矿物单体解离而进行的破碎与磨矿；②对胶质或含黏土多的矿石进行洗矿和脱泥；③采用筛分或水力分级对入选矿石按粒度分级后分别入选，有利于选择操作条件，提高分选效率。

（2）选别作业

重选流程有简有繁，简单的只由单元作业组成，如重介质分选。处理砂矿的流程也比较简单，常设有破碎和磨矿作业，只由几种重选作业组成。处理不均匀嵌布的矿石则常需要采用阶段选别流程，内部结构也比较复杂，这是由于：①处理不同粒度的矿石应采用不同的工艺设备；②应用同一类型重选设备，若矿石粒度范围较宽还应分级入选；③多数重选设备的富集比或降尾能力不高，须经多次精选或扫选才能获得合格产品。

重选流程的选别段数和内部结构与矿石的产出条件、矿物嵌布粒度、有用成分价值、含量等因素有关。处理贫的砂矿流程在粗选阶段应尽量简单，以抛弃尽可能多的尾矿为目的。处理铁、锰矿石的流程也不宜太复杂。对于那些含有价值高的有色和稀有金属的矿石，为了避免一次磨矿造成过粉碎而损失，一般要采用阶段选别流程。选别段数的确定还要考虑到生产规模，以使收益和消耗相适应。

重选设备经常会产出多种质量不同的产品（如混合精矿、次精矿、富中矿、贫中矿等），需要进入下一选别段或返回处理。产品的合并地点以质量相近为原则。生产中常是将那些处理能力大而分选精确性不高的设备安装在粗、扫选作业，而将处理量小，富集比高的设备安置在精选作业。

（3）产品处理作业

重选精矿基本不含矿泥，脱水作业容易进行。粗、中粒精矿只要在矿槽或坡地上用池滤的方法即可将表面水脱除。只有细粒和微细粒级才需要进行过滤。如果产品要装袋外运，还应进行干燥处理。粗、中粒尾矿可以直接装车外运，细的和微细粒级则用砂泵排送到尾矿坝堆存。

在重选生产的流程连接、产品处理输送等过程中，为避免矿浆中的坚硬粗颗粒物料对明槽、管道的磨损，常在明槽内表面衬砌耐磨的铸石板。管道、砂泵内壁可衬砌一层耐磨的铸石粉。对磨损严重的弯管可选用橡胶管件。

### 6.3.2　锡矿的重选

我国锡矿资源主要分布在云南和广西两省，其次为湖南、江西和广东。锡矿可分为砂锡矿和脉锡矿两类，其中，脉锡矿储量约占 65%，脉锡矿有锡石-氧化矿、锡钨-石英脉矿和锡石硫化矿 3 种类型。

云南锡业公司新冠选矿厂处理的矿石类型主要是残坡积砂锡矿、氧化脉锡矿、锡石多金属硫化矿，还有堆存尾矿。残坡积砂锡矿和氧化脉锡矿是云南锡业多年来处理的主要锡矿石。它们的矿物组成相近，且具有锡石粒度细、含泥多等特点，锡、铁矿物结合致密，伴生的铅、锌、铜、钨、铟、铋、镉等均为难选矿物，不易选矿回收。两者相比，脉锡矿锡品位较高、块矿较多、锡石粒度稍粗及含泥量相对较少。故氧化矿选矿厂选矿工艺流程基本相同，由原矿制备、矿砂选别、矿泥选别三大系统组成。原矿制备系统包括水力洗矿破碎泥团和隔除废石、贮矿池缓冲调节（砂矿），两段破碎，洗矿（脉矿）振筛筛分，旋流器分级脱泥等作业。矿砂选别系统（+0.037 mm）包括三段磨矿、三段选别、次精矿集中预先复洗、中矿再磨再选、溢流单独处理的全摇床选别流程。矿泥系统（-0.037 mm）包括离心选矿机粗选、皮带溜槽精选、刻槽矿泥摇床或六层悬面式矿泥摇床扫选等作业，详见图 6-49。

华锡集团长坡选矿厂所处理的矿石为细脉带高温热液锡石多金属硫化矿石。主要金属矿物为黄铁矿、铁闪锌矿、脆硫锑铅矿、锡石和磁黄铁矿等，脉石矿物主要为石英和方解石。金属矿物的嵌布不均匀，大部分金属矿物多呈集合体浸染在脉石或围岩中。锡石呈粗细不均匀条带状分布，主要与各种硫化物呈溶蚀交替或包裹交替。锡石粒度为 1~5 mm，当磨矿粒度小于 0.2 mm 时，锡石基本可与硫

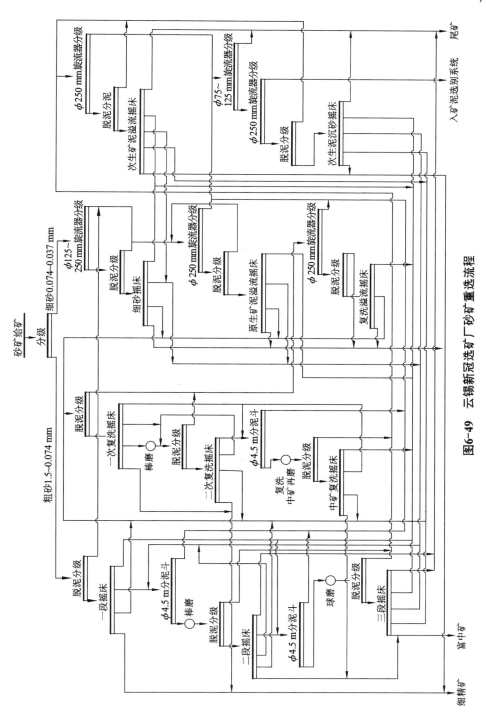

图6-49 云锡新冠选矿厂砂矿重选流程

化物集合体解离。采用重介质预选丢尾，重介质处理4~20 mm粒级矿石，分选介质密度为2.3~2.6 t/m³，丢尾率可达25%~40%。重介质得到的粗精矿，再采用如图6-50所示的"重-浮-重"联合流程处理。

### 6.3.3 钨矿的重选

具有工业价值的钨矿物是黑钨矿[(Fe、Mn)WO₄，密度为7200~7500 kg/m³]和白钨矿(CaWO₄，密度为5900~6200 kg/m³)。黑钨矿主要用重选法回收，白钨矿则以浮选或浮—重联合流程为主。

我国处理黑钨矿石的中、小型选矿厂多采用两段重选流程，如图6-51所示。

原矿经预选处理后，用对辊机破碎，产品分粗、中、细三个粒级，分别用跳汰和摇床处理。前两级跳汰尾矿合并用棒磨机磨碎后，再经一次跳汰选别，尾矿返回第一段循环处理，故又称该流程为"大闭路"流程。它既可回收部分块钨，又可避免流程过分复杂化。重选流程中产生的次生矿泥和矿石预选脱出的原生矿泥合并送矿泥工段处理。

矿泥中的有用矿物几乎均已单体解离，故多采用重选单循环流程处理，有时尚辅以磁选和浮选作业。重选矿泥流程在中、小型选矿厂常用的有离心机-摇床-皮带溜槽联合流程，摇床-振摆溜槽联合流程，以及摇床-铺布溜槽、水力淘汰盘组成的流程等。

江西钨业公司大吉山钨矿于1952年建成我国第一座机械化钨选矿厂。在近50年的生产实践中，江西钨矿山积累了丰富的经验，选矿工艺日臻完善。根据钨矿石性质，各钨选矿厂均采用了以重选为核心预先富集、手选抛尾、三级跳汰、多级摇床、阶段磨矿、摇床丢尾、细泥归队、集中处理等多种工艺精选、矿物综合回收的选矿流程，原则工艺流程见图6-52。

黑钨矿的重选以跳汰作业为主，合格碎矿产品筛分分成三个级别进入跳汰，粗、中粒跳汰尾矿再磨再分级入跳汰，细粒跳汰尾矿入摇床分选，摇床作业丢尾。重选段获得含WO₃为30%~35%的钨粗精矿时的作业回收率一般为88%~92%，最高达96%。"钨细泥"金属含量占了入选矿石的14%以上，常用单一重选、重-浮联合流程、重-磁-浮联合流程、选-冶联合流程处理回收。精选是将钨粗精矿加工成$w_{WO_3}$>65%(优质品>72%)的商品黑钨精矿，常采用重选进一步剔除脉石、抬浮、粒浮或泡沫浮选分离硫化矿，强磁选分离锡石、白钨，电选、酸浸除磷等工艺，同时综合回收其他有价金属。

### 6.3.4 铁(钛)锰矿的重选

强磁性铁矿石采用简单有效的弱磁场磁选设备即可分选。弱磁性铁矿石则采用强磁、浮选、重选等联合方法分选。

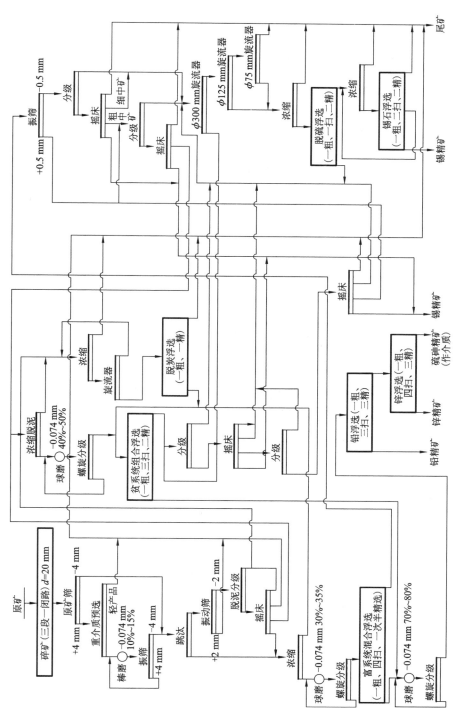

图 6 - 50　华锡长坡选矿厂生产流程

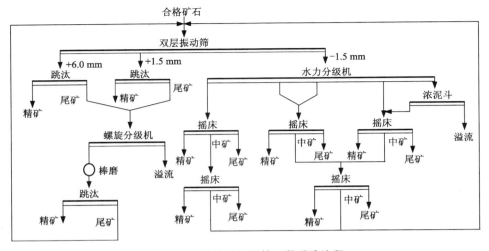

图 6-51 黑钨矿通用的两段重选流程

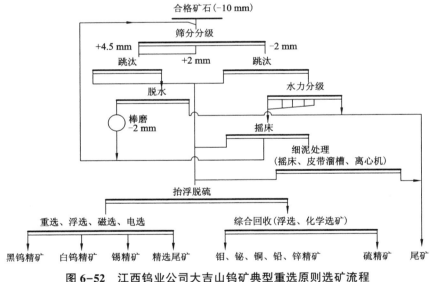

图 6-52 江西钨业公司大吉山钨矿典型重选原则选矿流程

弓长岭二选矿厂处理假象赤铁矿石，原矿中含有较多磁铁矿，但含量波动较大。为此，原矿在磨碎到 -0.074 mm 占 75%~80% 后，先用弱磁选机选出磁铁矿精矿（后经技术改造在磨矿+磁选车间采用了类似齐大山二选矿厂的阶段选别流程），磁选尾矿送浓缩机缓冲，然后经水力旋流器分级，沉砂送螺旋溜槽，溢流给离心选矿机，流程见图 6-53。磁选+重选综合最终精矿品位为含 Fe 65%，回收率为 70%。工艺指标虽不如焙烧+磁选流程高，但可避免修建焙烧炉和煤气管道的大量投资。

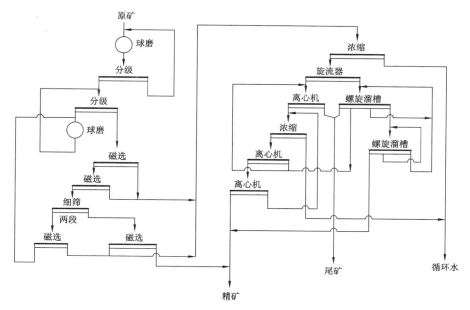

图 6-53 弓长岭二选矿厂磁重联合流程

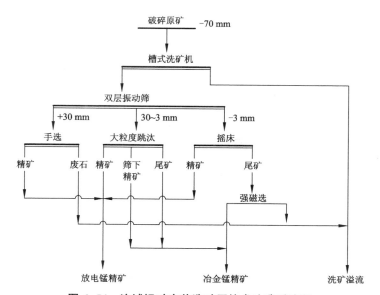

图 6-54 连城锰矿庙前选矿厂技术改造后流程

福建连城贫氧化锰矿原矿含 Mn 17.65%。选矿厂原来只以洗矿、手选方式生产，选出含 Mn 33%~35% 的冶金用锰精矿，经济效益低。后经技术改造，先后采用了 AM-30 型大粒度跳汰机、6-S 型摇床和 CC-200 型强磁选机，组成重磁选+

手选的联合流程(见图 6-54),除了继续生产冶金用锰精矿外,还获得了含 Mn 45%以上的放电锰精矿,经济效益大幅度提高。

靖西锰矿湖润矿区属于沉积型碳酸锰矿床,靠近地表的矿石因受氧化而成为氧化锰矿石。开采的氧化矿石中以软锰矿和硬锰矿为主,其他金属矿物有褐铁矿、赤铁矿和针铁矿。脉石矿物有石英、高岭土和水云母等。矿石一般呈深灰色和黑褐色,具有微粒隐晶质和泥质结构。选矿厂改造前仅采用跳汰机选别,得到二级和三级放电锰,锰回收率仅为 53.15%,而尾矿含二氧化锰高达 45.23%。经试验研究,将生产流程改为重选-强磁选-重选的联合工艺,见图 6-55。流程改造后,当原矿二氧化锰品位为 38.5%时,可得到品位为 48.33%,回收率为 40.85%的二级放电锰;品位为 41.80%,回收率为 28.51%的三级放电锰;以及品位为 28.54%,回收率为 16.875%的冶金锰 3 个产品,尾矿中二氧化锰品位降低至 18.77%,经济效益大大提高。

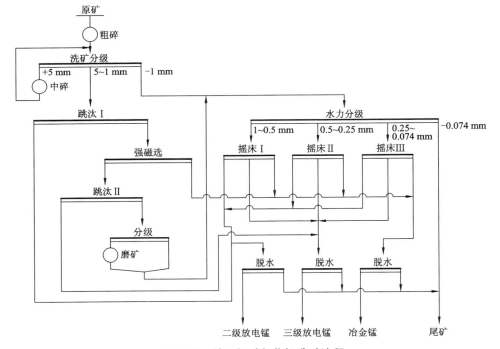

**图 6-55 靖西锰矿氧化锰选矿流程**

攀枝花钒钛磁铁矿是世界最大的伴生钛矿,TiO$_2$ 储量达 5 亿多吨。该矿于 1970 年投产,选矿厂用磁选法选出铁精矿供攀钢冶炼。1979 年建成选钛厂,从磁选铁尾矿中分选钛铁矿,生产流程为螺旋溜槽重选—浮选脱硫—磁选除铁—干燥分级—电选,如图 6-56 所示。生产中可获得含 TiO$_2$ 质量分数大于 47%的钛铁矿精矿,选钛总回收率约为 20%。

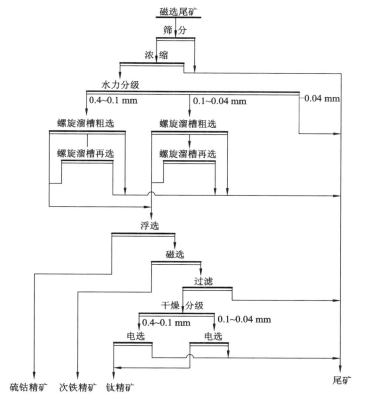

图 6-56 攀枝花磁选尾矿选钛工艺流程

## 6.3.5 稀贵金属矿的重选

（1）稀土矿重选

广东南山海稀土矿矿石产自北部湾的海成砂矿床。矿砂中所含金属矿物主要有独居石、磷钇矿、锆英石、金红石、白钛矿、钛铁矿及锡石等，脉石矿物有石英、长石、云母、电气石等。原矿中大于 0.15 mm 的颗粒占 78%，但稀土金属矿物则主要分布在小于 0.15 mm 粒级中。除磷钇矿粒度稍粗外，大部分有用矿物赋存于 0.125~0.06 mm 粒度范围内。它们的赋存状态分散，除较多部分形成结晶颗粒外，还有不少的 REO（稀土氧化物）、$ZrO_2$、$TiO_2$ 是以细小包裹体或类质同象、离子吸附等形式分散于脉石矿物中。

原矿筛分后，用螺旋溜槽粗选，得到粗精矿，提前抛尾。中矿采用螺旋溜槽再选，再获得粗精矿、尾矿和中矿（中矿返回本作业）。采用可移动式组合螺旋溜槽流程，目的在于节能和便于搬迁，重选粗精矿中含独居石、磷钇矿、锆英石、金红石和钛铁矿，将其送往精选车间。精选工艺包括重选、磁选、电选、浮选等方法，可分出独立的精矿，粗精矿精选工艺流程见图 6-57。

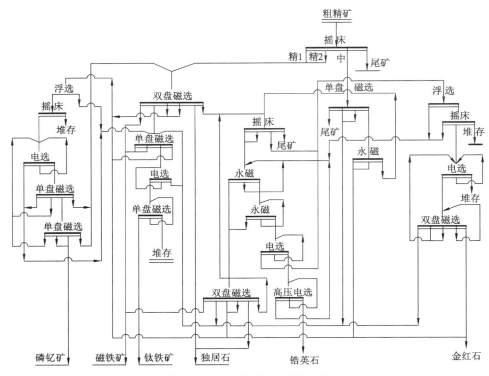

**图 6-57　南山海稀土精选流程**

（2）钽（铌）矿重选

可可托海稀有金属矿位于新疆阿勒泰地区富蕴县，其 3 号脉曾是世界上最大的花岗伟晶岩矿床。矿石含（Ta，Nb）$_2$O$_5$ 0.02%，BeO 0.093%，Li$_2$O 1.29%。钽铌矿物主要是锰铌矿、钽铌锰矿和细晶石，铍矿物主要是绿柱石，锂矿物主要是锂辉石。脉石矿物主要是石英和长石。钽铌矿物结晶粒度最大为 1~2 mm，一般为 0.3~0.08 mm，绿柱石一般为 0.2 mm 以上，锂辉石一般为 0.2 mm。

可可托海选矿厂于 1976 年投产，规模为 750 t/d，分为 3 个系统，其中 1 号系统为 400 t/d，处理铍矿石。2 号系统为 250 t/d，处理锂辉石。3 号系统为 100 t/d，处理钽铌矿石，其流程为两段磨矿-重选-磁选-浮选联合流程，见图 6-58。钽铌精矿品位为含（Ta，Nb）$_2$O$_5$ 50%~60%，回收率为 62%。

（3）金矿重选

我国著名金矿有黑龙江黑河金矿、山东招远金矿、河南秦岭金矿、新疆哈图金矿等。砂金选矿以重选为主，其中冲积砂金以采金船为主，陆地砂金以溜槽

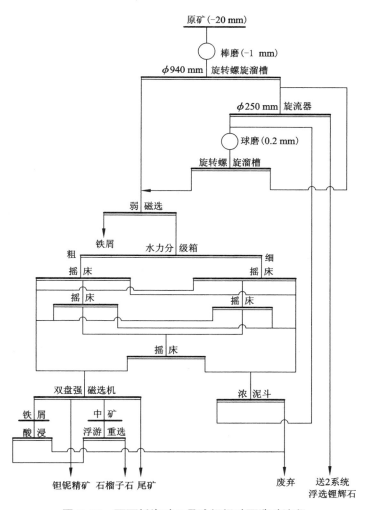

图 6-58 可可托海矿 3 号脉钽铌矿石选矿流程

和洗选机组为主。岩脉金选矿常用浮选-精矿氰化法、全泥氰化法、堆浸氰化法等。在泥质含金氧化矿中常用氰化炭浆法。

在砂金矿床中，金多呈粒状、鳞片状以游离状态存在。粒径通常为 0.5~2 mm，极少数情况也可遇到重达数十克的，并也有极微细的肉眼难以辨认的金粒。金的密度比一般脉石矿物的密度大得多，故砂金的粗选均采用重选法。砂金矿中金的含量均很低，一般达到 0.2~0.3 g/m³ 即可开采。图 6-59 为砂金矿常见的重选流程。

采金船是处理冲积砂金的主要设备，链斗式采金船的规格以一个挖斗的容积来表示，一般为 50~600 L。其中，小于 100 L 的为小型采金船，100~250 L 的为

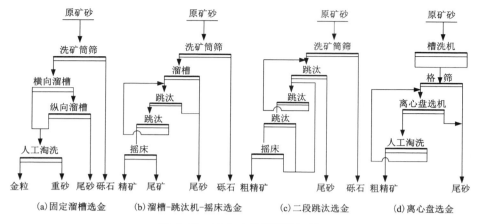

图 6-59　砂金矿常见重选流程

中型采金船,大于 250 L 的为大型采金船。船上主要的选矿设备是重选和筛分机械,常用者有圆筒筛、矿浆分配器、粗粒溜槽、跳汰机、摇床等。在少数船上还配备有铺面溜槽和混汞桶。选矿流程的选择与采金船的生产能力和矿砂性质有关。

图 6-60 是 250 L 采金船上的重选流程。采出的矿砂先用圆筒筛筛除砾石,然后送到横向溜槽回收粗、中粒金。溜槽尾矿用粗选跳汰机再选,以补充回收微细粒金。溜槽选出的粗精矿用精选跳汰机和摇床再选。金总回收率为 75%~80%,其中横向溜槽回收率为 52%~55%,粗选跳汰机为 23%~25%。

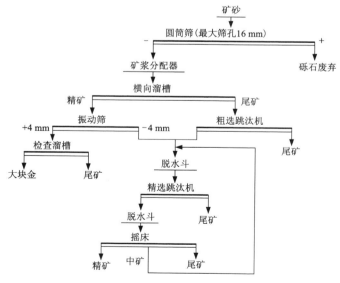

图 6-60　250 L 采金船选金重选流程

# 7

# 产品脱水

## 7.1 脱水概述

### 7.1.1 产品脱水的意义

  精矿含水量是衡量精矿质量的标准之一。各种湿式选矿工艺所得到的精矿产品都含有大量的水分。一般来说，水的含量为精矿干量的几倍，如摇床精矿为 5~9 倍，跳汰精矿为 2~7 倍，湿式磁选精矿为 2~5 倍，浮选精矿为 4~5 倍。为了方便精矿产品装运，降低精矿产品的运输成本和金属流失，满足后续冶炼加工的需要（降低冶炼成本），必须把精矿的水分降低到某一规定的标准（见表 7-1）。此外，进行选矿产品脱水，将回水再用于生产过程也是提高水资源利用率，减少环境污染的重要途径之一。因此，产品脱水在选矿工艺过程中具有非常重要的意义。

表 7-1 常见精矿水分规定

| 精矿品种 | 限制水分的标准 |
|---|---|
| 铜、铅、锌、镍 | 平时≤12%，冬季≤8% |
| 各种铁精矿 | 平时≤12%，冬季≤7% |
| 炼焦用的精煤 | 平时≤8%，冬季≤5% |
| 磷精矿、硫精矿（硫化铁） | 平时≤12%，冬季≤8% |
| 钒精矿 | ≤10% |
| 锑精矿（硫化锑） | ≤5.5% |
| 钼精矿 | ≤4% |
| 铋精矿 | ≤2% |
| 钨精矿（包括合成白钨） | ≤0.5% |
| 萤石精矿 | ≤0.5% |

## 7.1.2 选矿产品中水分的性质

选矿产品中所含水分主要包括重力水分、毛细水分、薄膜水分和吸湿水分 4 大类，如图 7-1 所示。

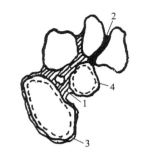

①重力水分。固体颗粒之间空隙中的那部分在重力作用下可以自由流动的水分，就叫作重力水分，是物料中最容易脱除的水分。

②毛细水分。固体颗粒之间形成比较细小的孔隙，能够产生毛细管作用。受毛细管作用而保持在这些细小孔隙中的水分就叫作毛细水分。

③薄膜水分。由于水分子的偶极作用，在固体颗粒表面形成一层水化薄膜，这部分水分就叫

1—重力水分；2—毛细水分；
3—薄膜水分；4—吸湿水分。

**图 7-1 物料含水种类示意图**

作薄膜水分。这是较难脱除的水，即使采用强大的离心力也很难将其脱除。

④吸湿水分。由于固体颗粒表面的吸附作用，把水分子吸附在它的表面上，并通过渗透作用而到达固体颗粒内部。附着在颗粒表面的水分叫作吸附水分，渗透到颗粒内部的水分叫作吸收水分，两者合称为吸湿水分。即使用热力干燥的方法也难将其全部脱除。

## 7.1.3 脱水方法和脱水流程

(1)脱水方法

由于物料中同时存在着几种上述性质不同的水分，因此，往往需要各种脱水方法互相配合完成物料的脱水。脱水的顺序是先易后难，由表及里。对重力水分可采用沉淀浓缩、自然泄水或自过滤的方法，也就是利用固体颗粒或水分本身的重力来实现脱水。对毛细水分应采用强迫过滤的方法，即利用压力差或离心力使水分从固体颗粒中分离出来。至于薄膜水分和吸湿水分则只能采用热力干燥的方法来脱除。

(2)脱水流程

根据物料所含水分的性质不同，选矿厂常用两段和三段脱水流程，而一段脱水流程的应用较少。若对精矿产品水分限制不严，或者精矿的脱水性能较好，采用浓缩和过滤的两段脱水流程是比较简单经济的。若对精矿水分限制较严格，则须采用浓缩、过滤和干燥的三段脱水流程。由于干燥脱水作业的费用较高，且精矿的损失也较大，北方的一些选矿厂在夏季时采用两段脱水，到冬季(结冰期)才采用三段脱水。

一般来说，浓缩产品的浓度为 40%~60%，过滤后滤饼的水分为 15%~20%，

少数容易过滤的物料,其水分可低于10%,干燥产品的水分则在10%以下。

## 7.2 浓缩

### 7.2.1 沉降浓缩的基本原理

沉降浓缩的主要目的是脱除物料中易于脱除的重力水。矿浆中的固体颗粒,在重力作用下向容器底部沉降,清水则被挤向上方,使较稀的矿浆分出澄清液和浓矿浆的过程,称为沉降浓缩。矿浆在浓缩池中的沉降过程如图7-2所示。

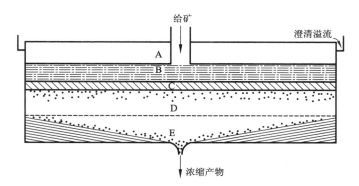

**图7-2 矿浆在浓缩池中的沉降过程示意图**

需要浓缩的矿浆首先进入自由沉降区(B区),矿浆中的颗粒靠自重迅速下沉。当沉降至压缩区(D区)时,矿浆中的颗粒聚集成团。继续下沉到浓浆区(E区),由于刮板的运转,使E区形成一种锥形表面。矿浆受刮板的作用,使沉淀物从卸料口排出。

矿浆由B区沉降至D区时,中间还需经过干涉沉降的C区,一部分矿粒因自重而下沉,一部分矿粒则受密集矿粒的阻碍而难于自由下沉,就形成了介于B、D两区之间的过渡区,即C区。根据矿浆性质的不同,C区有时很薄,有时却较厚。很明显,这5个区域中,A区(澄清区)和E区(浓浆区)是浓缩的结果,B、C和D区则是浓缩过程。在A区得到澄清水,从溢流槽流出。在E区得到浓缩的物料。

在连续作业的浓缩机中,矿浆不断给入和排出,上述5个区总是存在的。矿浆浓缩的效率主要与矿粒的沉降末速有关。浓缩产品的最终浓度,由矿浆在压缩区停留的时间决定。压缩过程往往占用整个浓缩过程的绝大部分时间。当浓缩机的给料和排料速度一定时,浓缩机压缩区高度就决定了其底流浓度大小。实践表明,压缩区的高度增加会使底流浓度提高。但由于压缩区矿浆呈变速沉降,沉降速度小,故一般不用增加压缩区的高度来提高底流浓度。因此,实际生产中,浓缩机澄清区(A 区)和沉降区(B、C 区)总高度一般为 0.8~1.0 m。压缩区(D 区)的高度则须根据试验和计算来确定。

## 7.2.2 沉降浓缩的影响因素

影响浓缩过程的因素众多,主要包括矿粒的性质(如密度、粒度和形状等)、液体介质的性质(如密度、黏度、电解质和有机物含量等)、设备性能和操作参数等。

(1)物料性质

①密度。对于相同质量的颗粒,密度大的颗粒,其单位质量的比表面积也较小(多孔性物料除外),所吸附的水分也相对较少,因此,一般非金属精矿产品的水分通常比金属精矿产品的水分要高。

②粒度和粒度组成。一般粒度粗的颗粒比粒度细的颗粒的沉降速度大,因而,粗粒产品的脱水较细粒产品容易。物料粒度组成中的细粒越多,其比表面积越大,吸附的水分多且不易脱除。物料的粒度组成均匀时,颗粒间空隙较大,容纳的水分虽多但容易脱除;若粒度组成不均匀,细颗粒充填在粗粒的孔隙中而使颗粒间的孔隙微小,毛细管作用增强,其水分就难于脱除。

③润湿性。表面润湿性差的矿物,具有良好的疏水性,所含水分少且易脱除。表面润湿性好的矿物,有良好的亲水性,则含水分较多且脱水较困难。

④细泥含量。泥质矿物的亲水性均较好,不仅会充填于颗粒间隙,使毛细管作用增强,而且会附着在矿粒表面,使物料水分增高,这两种水分均不容易脱除。

⑤球形或近似球形的颗粒的沉降速度比同样体积的非球形颗粒(如片状、针状或尖锐棱角的颗粒)要快得多。

(2)介质的性质

对于一定的固体颗粒,介质的密度和黏度对其沉降速度有显著的影响,介质与颗粒的密度差越大,介质的黏度越小,颗粒的沉降速度就越大。介质的黏度会随着温度的上升而下降。因此,可通过调节温度来改变沉降速度。

此外,液体介质中电解质离子,以及有机物的种类和含量(如浮选药剂)对沉降过程也有显著影响。

(3)设备结构性能

沉降槽中,上清液的高度随矿浆在沉降槽内的停留时间的增加而提高。但是停留时间的延长又意味着设备处理能力的降低。另外,沉降槽的处理能力与其沉降面积成正比。通过缩短颗粒的沉降距离,可以在不延长停留时间或加大沉降面积的情况下提高处理能力及浓缩效率。由于缩短沉降距离意味着在不改变沉降面积的前提下减小所需的沉降空间,这样就出现了斜板浓缩机,这也是所谓的浅池沉降原理。

（4）操作因素

浓缩设备的效率除与入料浓度、粒度等有关外，还与操作因素有关。浓缩机操作过程中应做到以下几点。

①降低入料流速和冲击力，让矿浆进入浓缩设备后，能保持澄清区的平稳，提高沉降面积的利用率。

②稳定底流排料量，均衡排料。浓密机底流的流态和浓度比较稳定，则溢流量也就随之稳定。

③由于浮选产品含有残存的药剂，进入浓缩机后会产生泡沫，其表面会带有矿粒，被溢流水带走，会污染澄清水，同时导致金属流失。因此，一般在浓缩机上应设消泡装置消泡，使泡沫携带的矿粒沉淀，或者在浓缩机周围设挡泡板，防止带矿泡沫进入溢流水。

④浓缩机的溢流堰应保持同一水平，及时清理溢流堰的淤泥，有效利用设备的沉淀面积。

（5）改善浓缩效果的措施

改善浓缩效果的措施主要有：

①适当降低给矿浓度，可以强化矿石颗粒的自由沉降过程，改善沉降效果。降低给矿速度，可以延长物料的沉降时间（但设备处理能力会降低）。

②加入消泡药剂，可以降低泡沫黏度，减少金属流失，提高溢流水质量，但溢流水回用时应慎重。

③加入高效絮凝剂，可以促使颗粒的团聚，加快沉降速度，但溢流水回用时，应考虑絮凝剂对工艺的影响。

④选用高效浓缩机，如采用斜板浓密机来增加沉降面积、采用深锥浓密机来增加沉降时间等。

## 7.2.3  浓缩设备

按卸料方式不同，可分为间歇式和连续式两大类。前者为周期性排卸浓缩产物，后者是连续排卸浓缩产物。间歇式浓缩设备有沉淀池和浓缩锥等。连续式浓缩设备有锥形浓缩器、耙式浓缩机和离心浓缩机等。连续卸料的浓缩设备分为自动卸料和机械卸料两种形式。

（1）耙式浓缩机

选矿厂广泛使用的是连续作业的机械卸料式浓缩机，即耙式浓缩机。有中心传动、周边传动及多层浓缩机3种类型。周边传动则有齿条传动和辊轮传动2种。

耙式浓缩机的构造大致相同，都由池体、耙架、传动装置、给料和排料装置、安全信号、耙架提升装置等组成。其中，浓缩池体是用钢板或钢筋混凝土建造的平底或圆锥形底（底部为6°~12°的倾角）的圆形池子。根据用途不同，有带中央支柱和不带中央支柱的两种。浓缩池体中心的底部开一个或两个以上的卸料孔，浓缩池体上部的周边设有环形溢流槽。

耙架为钢制桁架，在桁架的下面固定着许多刮板，刮板与浓缩池半径方向成一定角度。当耙架旋转时，刮板就将沉淀在浓缩池底部的物料从池子的边缘（外围）迅速刮向中心卸料孔处。刮板的形状以对数螺旋线形为最好。耙架的旋转速度很慢，以避免破坏矿粒的沉降过程，通常最外围刮板的线速度每分钟不超过 7~8 m，此速度决定于浓缩物料的性质，若浓缩物料粒度较粗和容易沉降，刮板的转速为 6 m/min 左右，浓缩极细矿泥和细粒精矿时，刮板的线速度应在 4 m/min 以下。

给料装置的给料方式有上部给料和下部给料 2 种。上部给料口位于浓缩池中央，下部给料口在浓缩池底的中心。上部给料被广泛应用。下部给料虽然可以节省给料槽托架，但是动力消耗较大，同时给料口结构复杂，并且容易堵塞，维修也不方便，实际上除流程特殊需要外，极少采用下部给料方式。

①中心传动式浓缩机。中心传动式有小型（直径为 1.8~20 m）与大型（直径可达 53 m）2 种。φ12 m 中心传动式浓缩机的结构如图 7-3 所示。在浓缩池中央

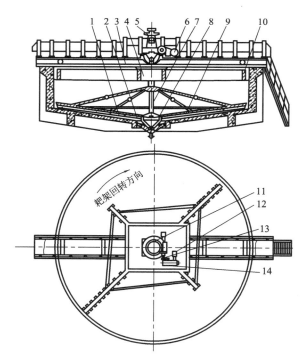

1—耙架；2—刮板；3—桁架；4—受料筒；5—提升装置；6—传动装置；7—回转轴；8—卸料筒；
9—浓缩池；10—溢流槽；11—蜗轮减速机；12—电动机；13—中介传动；14—圆柱齿轮减速机。

**图 7-3  φ12 m 中心传动式浓缩机的结构**

装有一根悬挂在桁架上的回转轴，轴的下端固定着两对放射状的耙架，其中一对的长度稍小于浓缩池的半径，另一对的长度等于浓缩池半径的 2/3。回转轴由固定在桁架上的电动机经蜗杆减速机带动旋转。当回转轴旋转时，耙架下面的刮板将沉淀物刮至池中心卸料筒排出。为避免浓缩机底流过浓引起卸料口淤塞和耙架扭弯及其他设备事故，设有提升和信号安全装置。

$\phi$53 m 桥式中心传动式浓缩机的结构如图 7-4 所示。耙架的横截面为一直角三角形，三角形斜边的两端点有铰链与中心转架连接，在遇到过大的阻力时，耙架可以向后向上升起，阻力消除后，耙架因自重可恢复原位。耙架由立式电动机经行星减速机及三对减速齿轮所驱动。这种浓缩机由于耙架是一悬臂梁结构，从受力情况看，不如周边传动式的耙架采用筒支梁结构好。

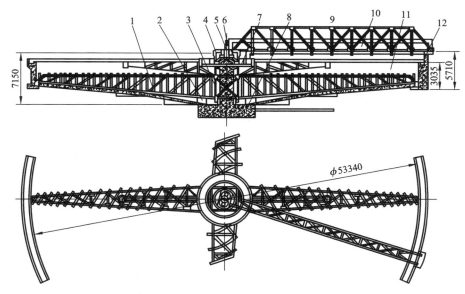

1—耙架；2—刮板；3—中心转架；4—中心传动装置；5—行星减速机；6—立式电动机；
7—受料筒；8—卸料口；9—托架；10—给料槽；11—浓缩池；12—溢流槽。

**图 7-4　$\phi$53 m 桥式中心传动式浓缩机的结构**

②周边传动式浓缩机。$\phi$30 m 周边齿条传动式浓缩机的结构如图 7-5 所示。其耙架的一端借助于特殊的轴承置于浓缩池中央支柱上，在浓缩池壁周边上与轨道并列着固定齿条。耙架的另一端与传动小车相连接，小车上的减速机上的齿轮与固定齿条啮合，推动耙架前进，带动耙架回转以刮集沉淀物。周边齿条传动式浓缩机常用热继电器保护电动机。当周边传动式浓缩机不带齿条 1 和齿轮 13 时，即为周边辊轮传动式浓缩机。依靠辊轮和轨道之间的摩擦力传动，所以不要特殊

的安全装置。当刮板阻力超过一定限度时，或者冬季轨道上结冰时，会导致辊轮打滑，耙架停转。所以，周边辊轮传动式浓缩机不适合处理量较大，或在浓缩产物浓度过高的情况下使用。

③多层浓缩机。多层浓缩机有两层至五层的。其构造与一般小型中心传动式浓缩机相同，只是将两个或更多个浓缩池叠起来。因此，可节省厂房占地面积。

图 7-6 为双层浓缩机，有如图 7-7 所示的 4 种不同结构形式。

a. 密闭式。为两个完全独立的浓缩机，只是转动耙架在同一个中心垂直轴上。该形式的中间隔底较复杂，故应用不多。

b. 开放式。特点是仅在上层的浓缩机进料，而浓缩产物于下层卸出，溢流则从上层和下层的溢流槽溢出。此种浓缩机适用于稀释度极大的矿浆的沉淀浓缩。

c. 连通式。需要进行浓缩的矿浆与开放式的相似，仅于上层浓缩机中送入，但溢流及浓缩产物却是各层独立排出。这种形式在操作时须注意矿浆排卸的调节。

d. 平衡式。这种形式的特点是需要浓缩的矿浆同时在上、下两层送入，溢流自各层分别溢出，而浓缩产物仅于下层排卸。这种形式效率较高，双层浓缩机多用此种形式。

双层浓缩机的处理量为单层浓缩机的 1.8~2 倍。多层浓缩机的尺寸很大时，构造复杂，制造费用较高。

④倾斜板式浓缩机。倾斜板式浓缩机的基本构造如图 7-8 所示，其池体、耙子、传动装置和提升装置与普通中心传动浓缩机基本相同，不同的是在其池内偏上部（在澄清区和沉降区之间），沿圆周方向装有很多倾斜板。倾斜板向浓缩机中央倾斜安装，水平夹角约为 60°，依靠桁架支撑固定。

倾斜板式浓缩机是一种高效率的浓缩设备，其生产能力是相同规格普通浓缩机的 3 倍以上，而且其溢流的固体含量有所降低。倾斜板式浓缩机的浓缩效率提高的原因在于斜板增加了浓缩机的有效沉降面积。矿粒的沉降分两步进行，第一步是矿粒按普通的沉降规律沉降，经过较短距离沉降后堆积在倾斜板上；第二步是堆积在倾斜板上的物料沿倾斜板陡坡比较快地下滑，同时清液则上升。

影响其工作效率的重要因素是倾斜板的几何参数，包括板的长度、倾斜角度和板的间距，一般由试验确定。其缺点是倾斜板易脱落，检修和清洗困难等。

⑤耙式浓缩机的操作与维护。耙式浓缩机工作稳定，操作管理也较简单，但其工作情况的好坏，会直接影响选矿厂的正常生产，生产过程中耙式浓缩机可能出现的不正常现象有：

a. 小车在轨道上运行不平稳、速度变慢或打滑。可能原因是浓缩机负荷过大（给矿量过大）；轨道不平或接头不好。应及时调整给矿负荷，如减小给矿量和增大排料量、修整轨道等。

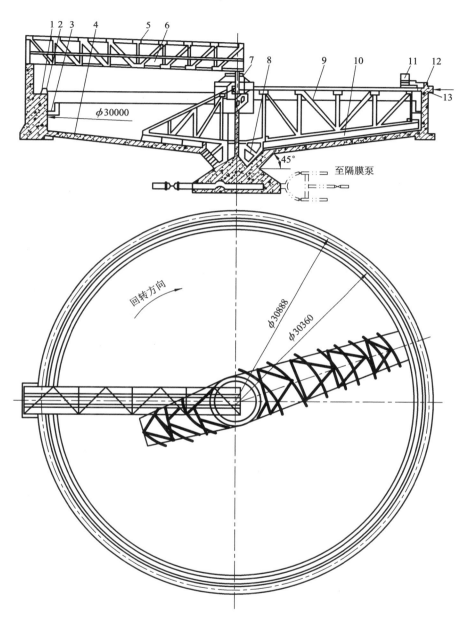

1—齿条；2—轨道；3—溢流槽；4—浓缩池；5—托架；6—给料槽；7—继电装置；
8—卸料口；9—耙架；10—刮板；11—传动小车；12—辊轮；13—齿轮。

**图 7-5  φ30 m 周边齿条传动式浓缩机的结构**

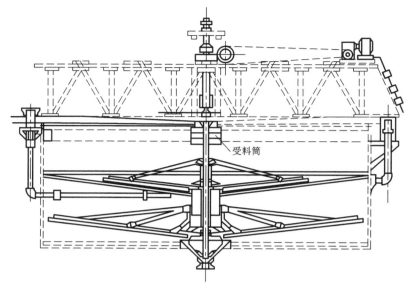

图 7-6　双层浓缩机

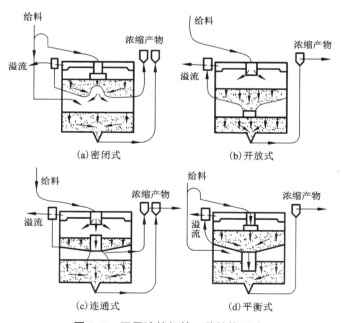

(a)密闭式　　　　　　　　(b)开放式

(c)连通式　　　　　　　　(d)平衡式

图 7-7　双层浓缩机的 4 种结构形式

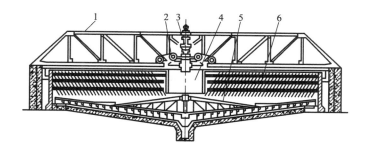

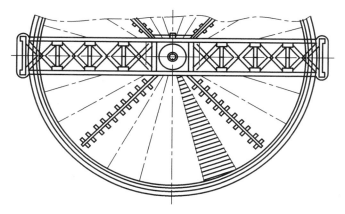

1—桁架；2—传动装置；3—提升装置；4—给矿筒；5—耙架；6—倾斜板。

**图 7-8　倾斜板式浓缩机的结构**

b. 压耙。所谓压耙就是耙子被沉积的矿泥所埋住。可能的原因有给矿粒度过大(一般是磨机跑粗所造成)；沉积矿泥量突然增大；给矿量太大，尤其是浓缩机停车后仍在给料；排矿管堵塞或排矿阀门开启度过小。此时，不论是什么原因造成压耙，都应该将耙子提起，并加大底流排矿量。

c. 中心盘发出响声。可能的原因是滑动滑环缺油或损坏，或者排矿口处有杂物卡住小耙。此时应及时加油或检修。

d. 排矿管堵塞。可能的原因是排矿浓度过高或黏度过大；排矿管道坡度不够；矿浆中有杂物(如木屑或破布等)堵塞排矿口。此时应停车检查并处理。

⑥保证浓缩机的正常运转，其操作应该注意以下几个方面。

a. 新安装或大修后的浓缩机(空池)，在给矿前应该先向池内注入浓缩池 1/2~1/3 体积的清水。

b. 浓缩机在给矿前应先开动电动机，停止给料后运行一定时间方可停车。停车后应及时将耙架提起,防止刮板被埋入浓缩好的矿浆中造成压耙。重新开车时,应先开电动机,然后慢慢放下耙架(不可太快放下耙架,以免负荷过大),直至设备运转正常。

c.操作人员应经常检查给矿量、给矿浓度、底流浓度和溢流浓度,保持排料的连续和均匀。当给矿量过大或给矿浓度过高时,应及时调整排矿量,防止溢流跑浑或压耙。

d.对浮选精矿的浓缩,由于浮选泡沫的影响,造成操作管理的困难,应预先采取消泡或在浓缩机溢流槽处增设泡沫挡板。

(2)高效浓缩机

高效浓缩机是一种新型的浓缩设备,其结构与耙式浓缩机相似。突出的特点为:①在待浓缩的物料中添加一定量的絮凝剂,使矿浆中的固体颗粒形成絮团或凝聚体,以加快其沉降速度、提高浓缩效率;②给料筒向下延伸,将絮凝料浆送至澄清和沉降区界面以下;③设有自动控制系统控制药剂用量和底流浓度等。

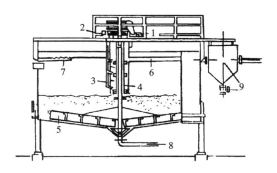

1—耙架传动装置;2—混合器传动装置;3—絮凝剂给料管;
4—给料筒;5—耙臂;6—给料管;
7—溢流槽;8—排料管;9—排气系统。

图7-9 艾姆科型高效浓缩机的结构

高效浓缩机的种类很多,主要区别在于给料-混凝装置和自控方式的不同。图7-9为艾姆科型高效浓缩机,给料筒4内设有搅拌器,搅拌器由专门的调速电动机带动旋转,搅拌叶分为三段,叶径逐渐减小,使搅拌强度逐渐降低。料浆先给入排气系统9,排出空气后经进料槽进入给料筒4,絮凝剂则由絮凝剂给料管3分段给入筒内和料浆混合,混合后的料浆由下部呈放射状的给料筒4直接进入形成的沉淀层,料浆絮团迅速沉降。在沉淀层的底部安装了普通机械耙臂5机构将浓缩的沉淀刮向圆锥中心,而澄清的清液则经浓缩-沉淀层过滤出来并向上流动,形成溢流排出。

(3)深锥浓缩机

深锥浓缩机的结构特点是其池深尺寸大于池的直径尺寸,如图7-10和图7-11所示。整机呈立式圆锥形,深锥浓缩机工作时,一般要添加絮凝剂。

悬浮液和絮凝剂的混合是深锥浓缩机工作的关键工序。为了使絮凝剂与矿浆均匀混合,理想的加药方式是连续多点加药。

近来,随着铝土矿选矿工业的发展,对沉降性能较差的铝土矿精矿和尾矿的浓缩,也广泛采用深锥高效浓缩机,这种深锥浓缩机具有更大的圆柱高度和下部锥度，无搅拌器或耙架，也不会出现压死的问题，底流浓度可达 65%~70%。

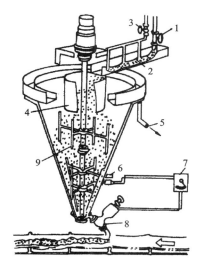

1—给料调节器；2—给料槽；3—药剂调节阀；
4—稳流管；5—溢流管；6—测压元件；
7—排料调节器；8—排料阀；9—搅拌器。

**图 7-10 深锥浓缩机的结构**

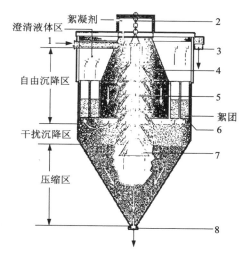

1—进料口；2—悬挂件；3—溢流口；
4—给料混合筒；5—脱水管；
6—澄清筒；7—脱水锥；8—排料口。

**图 7-11 艾姆科型深锥浓缩机的结构**

（4）多层倾斜板浓缩箱

根据水流在倾斜板内的流动方向与颗粒沉降和滑动方向的关系，可将倾斜板浓缩箱分为图 7-12 所示的 3 种形式。①反向流形式。水流方向与颗粒沉降和滑动方向相反。②同向流形式。水流方向与颗粒沉降和滑动方向相同。③横向流（侧向流）形式。水流方向与颗粒沉降和滑动方向相垂直。

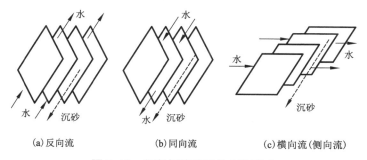

（a）反向流　　　　（b）同向流　　　（c）横向流（侧向流）

**图 7-12 倾斜板浓缩机的 3 种形式**

尽管同向流形式的倾斜板浓缩机在理论上具有最高的效率，但是，水与沉淀物流向相同时，两相的分离较困难，所以目前普遍采用的是反向流形式。

图 7-13 为多层倾斜板浓缩箱的结构示意图。外形为一斜方形箱体，下部为一角锥形漏斗。斜方形箱内安装有一定间隔的平行倾斜板，分为上下两层排列。料浆沿整个箱体宽度给入到两层倾斜板之间，然后向上流过上层倾斜板的间隙。在料浆流动过程中，固体颗粒在板间沉降，故上层倾斜板被称为浓缩板。沉降到板面的固体颗粒在重力作用下下滑到下层板的空隙继续浓缩。下层倾斜板的用途主要是减少旋涡的搅动，使沉降过程得以稳定进行，所以也称下层板为稳定板。底流沉淀的固体颗粒从锥形漏斗的底口排放，溢流清液则从上部溢流槽排出。倾斜板浓缩机溢流临界粒度通常为 5~10 μm。

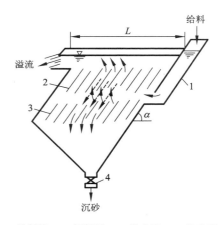

1—给料槽；2—倾斜板；3—稳定板；4—排砂嘴。

**图 7-13 多层倾斜板浓缩箱结构示意图**

板间距离小，可以增加同一设备的处理能力，但过小的间距容易堵塞，通常板间距离必须大于 10 mm。处理煤泥时常用 50 mm，也有采用 80 mm 的。减小倾角，有利于分离，但倾角过小不仅排料困难，而且也不利于颗粒在板上的沉积，通常倾角在 45°~55° 范围内选择。

多层倾斜板浓缩机的关键部件是倾斜板，对其材质的主要要求是强度大、不变形、质轻、表面光滑、疏水、不黏结物料。常用的材料有玻璃板、钢化玻璃板、硬质塑料板、涂面钢板等，其中聚四氟乙烯板有良好的应用前景。

多层倾斜板浓缩机的优点是结构简单、制造容易、能耗很低、单位面积的生产能力或浓缩效率高等，不足之处是不宜大型化、单台处理量小。

# 7.3 过滤

与浓缩的目的相同，过滤也是使含水物料中的固体颗粒与水分离的过程。在大多数选矿厂中，过滤是产品脱水的第 2 个阶段，进一步脱除浓缩产物中的水分。

## 7.3.1 过滤的基本原理

（1）过滤过程

过滤是利用一种具有许多孔隙的材料作为介质，使含水物料中的水通过孔隙，而将固体颗粒截流在介质的另一面，从而达到固液分离的目的。图7-14是过滤过程的示意图。

用于过滤的介质称为过滤介质。过滤介质的小孔称为滤孔。过滤前的含水物料称为滤浆。经过滤后，从滤浆中分离出来的水称为滤液。被过滤介质截留下来的固体部分称为滤饼或滤渣。由于过滤一般处理浓缩后的产品，需要脱除的水分绝大部分是存留在固体颗粒之间的表面水分（毛细水），若仅依靠水的自身重力，要通过

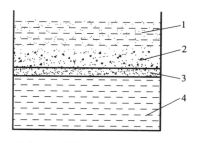

1—矿浆；2—滤饼；3—过滤介质；4—滤液。

图7-14 过滤过程示意图

过滤介质是十分困难和缓慢的；要使过滤能够有效地进行，除必须的过滤介质外，还须借助附加外力，即过滤的推动力，以克服过滤介质和滤饼的阻力。过滤的不同方法，就是根据是否有推动力以及推动力的不同类型来加以区分的。

为便于滤液的通过，过滤介质应当选用多孔性物质。显而易见，滤孔的大小关系到滤液通过过滤介质的快慢。为减少过滤介质的阻力，滤孔无疑是大一些的好。在过滤中过程，固体颗粒在滤孔上面会形成一种如图7-15那样的拱状结构，使滤孔的入口变小，因此能截住小于滤孔的颗粒。但滤孔过大时，拱状结构就无法形

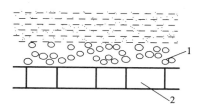

1—固体颗粒；2—过滤介质（滤孔）。

图7-15 滤孔上拱状结构

成，固体颗粒就会大量进入滤液中。选矿厂一般用纤维织成的滤布，以及不上釉的多孔陶瓷板，其他工业部门用金属丝织成的滤网及其他多孔物质作为过滤介质。

进行过滤时，开始的瞬间，拱状结构尚未形成，一些小于滤孔的固体颗粒将穿过过滤介质，滤液会浑浊。一旦形成了拱状结构，并随之形成滤饼后，小于滤孔的颗粒便再也不能通过过滤介质，滤液就变得比较洁净，甚至是澄清的了。

当滤饼形成后，滤浆中的水分要相继通过滤饼和过滤介质才能被滤去，滤饼也就起了过滤介质的作用。因此，通常过滤介质和滤饼一并叫作过滤层。过滤阻力由过滤层中的过滤介质和滤饼两部分组成，过滤介质的阻力可以认为是恒定的，且相对于滤饼的阻力一般都小得多。滤饼的阻力则随滤饼厚度的增加而变大。为了减小滤饼阻力，就需要不断把滤饼从过滤介质上清除掉。在连续作业的过滤设备上，滤饼被周期性地卸掉。

除推动力和介质阻力外，固体颗粒的大小、密度、形状、均匀程度、表面性质、滤浆的浓度、黏度和温度等都将对过滤产生影响，它们通常也是选择不同类型过滤设备的重要参考依据。

（2）过滤方式

根据过滤过程的机理，可分为滤饼过滤与深层过滤 2 种方式。

①滤饼过滤。一般用织物、多孔固体或孔膜等作为过滤介质，这些介质的孔径一般小于颗粒，过滤时流体可以通过介质的小孔，颗粒的尺寸大，不能进入小孔而被过滤介质截留形成滤饼。因此，颗粒的截留主要依靠"筛分"作用（见图 7-16）。

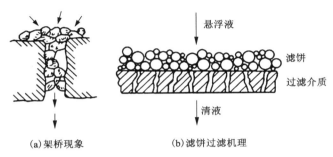

(a)架桥现象　　　　(b)滤饼过滤机理

图 7-16　滤饼过滤过程

实际上，过滤介质的孔径不一定都小于颗粒的直径，过滤开始时，部分颗粒可以进入介质的小孔，有的颗粒可能会透过介质使滤液浑浊。随着过滤的进行，许多颗粒一齐涌向孔口，在孔中或孔口上形成架桥（即拱状结构）现象，如图 7-16(a)所示。固体颗粒浓度较高时，架桥很容易生成。此时介质的实际孔径减小，细小颗粒也不能通过而被截留，从而形成滤饼。滤饼在随后的过滤中起到真正过滤介质的作用，由于滤饼的空隙小，很细小的颗粒亦被截留，使滤液变清，此后过滤才能真正有效地进行，如图 7-16(b)所示。

②深层过滤。一般应用砂子等堆积介质作为过滤介质，如图 7-17 所示。介质层一般较厚，在介质层内部构成长而曲折的通道，通道的尺寸大于颗粒粒径，当颗粒随流体进入介质的孔道时，在重力、扩散和惯性等作用下，颗粒在运动过程中趋于孔道壁面，并在表面力和静电作用下附着在壁面上而与流体分开。

深层过滤特点是过滤在过滤介质内

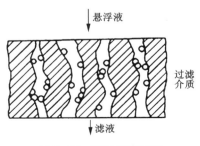

图 7-17　深层过滤机理

部进行，过滤介质表面无固体颗粒层形成，由于过滤介质孔道细小，过滤阻力较大，一般只用于生产能力大，流体中颗粒小，且体积分数在 0.1% 以下的场合，如水的净化、烟气除尘等。

（3）过滤介质

过滤介质是滤饼的支撑物，过滤介质首先应满足对流体的阻力要小，消耗较少的能量就可完成固液分离，其次细孔不容易被分离颗粒堵塞或者即使堵塞了也能简单地清除，最后介质上形成的滤饼要求能够容易剥离。

一般情况下，过滤介质应具备下列条件：①多孔性，提供合适的孔径，即使液体通过，又对流体的阻力小，还能截住要分离的颗粒；②化学稳定性，如耐腐蚀性、耐热性等；③足够的机械强度，使用寿命长，因为过滤要承受一定的压力，且操作中拆装和更换频繁。

工业上常用的过滤介质主要有：

①织物介质，又称滤布，应用最为广泛。包括由棉、毛、丝、麻等制成的织物，以及由玻璃丝、金属丝等织成的网。这类介质能截留的颗粒粒径范围为 5~65 μm。

②堆积介质。由细砂、木炭、石棉、硅藻土等细小坚硬的颗粒状物质或非编织纤维等堆积而成，层较厚，多用于深层过滤中。

③多孔固体介质。是具有很多微细孔道的固体材料，如多孔陶瓷、多孔塑料及多孔金属制成的管或板。此类介质较厚、耐腐蚀、孔道细、阻力较大，适用于处理含少量细小颗粒的腐蚀性悬浮液及其他特殊场合，能拦截 1~3 μm 以上的微细颗粒。

④多孔膜。由高分子材料制成，膜很薄，孔很细，可以分离 0.005 μm 的颗粒，应用多孔膜的过滤有超滤和微滤。

过滤介质是所有过滤系统的重要部件，应根据悬浮液中颗粒含量性质、粒度分布和分离要求的不同选择最合适的过滤介质。

## 7.3.2 影响过滤的因素及改善措施

（1）影响过滤的因素

选矿厂生产中通常采用过滤机来获得水分尽量低的滤饼。影响过滤效果的主要因素有：

①筒体（或圆盘）的转速。真空过滤机的筒体或圆盘的转速对生产率和滤饼水分影响很大。对于确定的过滤机，转速的高低决定了一个过滤周期的长短，过滤时间的长短对滤饼的形成、增厚、滤饼水分的变化都有直接的影响。合适的转速一般需要根据被过滤物料的性质和矿浆浓度的变化，通过试验确定。为适应处理各种不同物料的要求，真空过滤机的转速都有一个可以调节的范围。生产实践

中，通过传动系统的变速装置改变转速($n$)，从而达到改变过滤时间或过滤周期的目的。实践表明：过滤浮选精矿时，可取 $n=0.5\sim0.6$ r/min；过滤磁选精矿时，可取 $n=0.5\sim2.0$ r/min。易过滤的精矿选用较高转速，难过滤的精矿选用较低转速。

转速一定时，改变筒体(或圆盘)浸入矿浆的深度，还可以改变一个过滤周期中，过滤区、脱水区、卸料区以及滤布清洗区的时间分配。通常，浸入深度大时，生产率较大而滤饼水分也较高；浸入深度小时，生产率较小但滤饼水分比较低。

②矿浆性质。包括矿浆浓度、矿浆温度、矿浆黏度、矿物粒度组成及矿浆所含浮选药剂。在一定范围内，矿浆浓度高、温度高、矿粒粗和含药少，均有利于提高过滤效率。

③真空度。真空度大小决定过滤推动力的大小。一般提高真空度有利于增加滤饼厚度，降低滤饼水分。

④滤布的寿命与透水性。其直接关系到介质的过滤阻力的大小。对滤布的一般要求是：透水性好，过滤阻力小；滤液清净，固体颗粒损失少；有足够的机械强度，要经久耐用；滤孔既不易堵塞，又要便于清洗疏通；滤饼既要固着牢靠，又要方便卸料；容易安装更换，成本低廉。

⑤滤饼的性质。主要指滤饼孔隙度和滤饼厚度。滤饼孔隙度越大，滤液越易透过，水分也就越低，但应以滤饼不产生龟裂为前提。滤饼厚度与过滤机生产率成正比，也正比于滤饼阻力，滤饼阻力必须小于一定真空度下所具有的抽吸力，因此滤饼厚度必须适宜。

（2）改善措施

针对影响过滤过程的主要因素，可从以下几个方面来提高过滤机工作效率。

①改变被过滤矿浆性质。影响过滤矿浆性质的因素主要是固体的粒度和矿浆黏度。当被过滤物料粒度细时，易于在过滤介质表面形成致密的滤饼层而堵塞过滤介质，此时可加入一定量的絮凝剂，如3号絮凝剂和硫酸铝等，使细粒物料形成絮团，进而在过滤介质表面形成较疏松的滤饼层，改善滤饼的透气性。提高矿浆浓度也可以提高过滤效率。对矿浆进行加温，可有效降低矿浆黏度，从而提高过滤效率。在矿浆中添加助滤剂，包括添加粗颗粒物料，改善滤饼的结构，以及添加表面活性剂助滤剂，改变矿浆的流变性，减小滤液在颗粒间流动的阻力，提高过滤效率。

②选择合适的过滤介质。过滤介质的选用应根据被过滤矿浆性质和要求的滤饼水分，通过过滤试验来确定。对过滤介质的基本要求是透气(水)性好、不易堵塞、滤饼易脱落、机械强度大、耐磨蚀、使用寿命长等。

③合理操作。在操作上，对过滤区和脱水区采用不同的真空度，通过试验确定合适的压差，如在过滤区采用低压力，保证滤饼有较大孔隙率，较高过滤速度，在脱水区采用较高压力，可增大对滤饼的压缩力，以便更多地挤出剩余水分。

④加强过滤机维护。真空过滤机是靠真空的抽吸作用作为脱水的动力而实现过滤的。保持过滤室的密闭性，使其具有较高的真空度是获得较高过滤效率的关键。

## 7.3.3 过滤设备

选矿厂生产过程中采用的过滤机种类繁多，最常见的过滤设备及分类见表7-2。主要包括真空过滤机、磁性过滤机、离心过滤机和压滤机4大类。

表7-2 常见过滤机分类表

| 分类及名称 | 按形状分类 | 按过滤方式分类 | 卸料方式 | 给料 | 应用范围 |
|---|---|---|---|---|---|
| 真空过滤机 | 筒形真空过滤机 | 筒形内滤式过滤机<br>筒形外滤式过滤机<br>折带式过滤机<br>绳索式过滤机 | 吹风卸料<br>刮刀卸料<br>自重卸料<br>自重卸料 | 连续 | 用于冶金、化工及煤炭工业部门 |
| | | 无格式过滤机 | 自重卸料 | | 用于煤泥和制糖厂 |
| | 平面真空过滤机 | 转盘翻斗过滤机<br>平面盘式过滤机<br>水平带式过滤机 | 吹风卸料<br>吹风卸料<br>刮刀卸料 | 连续 | 用于冶金、煤炭、陶瓷、环保等部门 |
| | 立盘式真空过滤机 | | 吹风卸料 | | |
| 磁性过滤机 | 圆筒形 | 内滤式<br>外滤式<br>磁选过滤 | 吹风卸料<br>刮刀卸料<br>吹风卸料 | 连续 | 用于含磁性物料的过滤 |
| 离心过滤机 | 立式离心过滤机<br>卧式离心过滤机<br>沉降式离心过滤机 | | 惯性卸料<br>机械卸料<br>振动卸料 | 连续 | 用于煤炭、陶瓷、化工、医药等部门 |
| 压滤机 | 带式压滤机<br>板框压滤机<br>板框自动压滤机<br>厢式自动压滤机<br>旋转压滤机<br>加压过滤机（筒式、带式等） | 机械压滤<br>机械或液体加压<br>液压<br>液压<br>机械加压<br>压缩空气压滤 | 吹风卸料<br>自重卸料<br>自重卸料<br>排料阀排料<br>阀控或压力排料 | 连续 | 用于煤炭、冶金、化工建材等部门 |

### 7.3.3.1 真空过滤机

（1）筒形外滤式真空过滤机

图7-18是筒形外滤式真空过滤机的构造示意图。包括滤筒1，滤筒的外面覆盖以滤布，滤筒的下部浸入矿浆槽5中，并通过蜗轮3的传动，使滤筒绕水平

轴做顺时针方向旋转。在容槽底部有搅拌器，使矿浆保持悬浮状态。在滤筒的一端有错气盘 2 与滤筒 1 的滤室相连通。滤筒 1 用木板制成，如图 7-19 所示，在木壳 1 的面上每隔一定距离钉有滤室木隔条 4，滤布 5 依靠这些滤室木隔条 4 来支撑。在滤布 5 和木壳 1 之间形成一些空间，称为滤室，矿浆中的水即通过滤布 5 而进入滤室，并经滤液管 2 流至过滤机的错气盘。

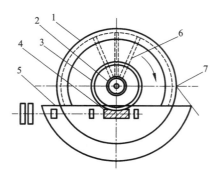

1—滤筒；2—错气盘；3—蜗轮；4—蜗杆；
5—矿浆槽；6—滤液管；7—卸料刮板。

**图 7-18　筒形外滤式真空过滤机的结构**

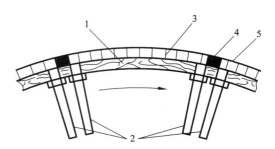

1—木壳；2—滤液管；3—隔条；
4—滤室木隔条；5—滤布。

**图 7-19　滤筒的结构**

错气盘是过滤机的重要部件，通过它排出滤液，并在适当阶段使抽真空改变为压气，以便刮取滤饼。通过错气盘的控制，滤筒可以分为以下几个区域，如图 7-20 所示。

①过滤区Ⅰ。滤筒在此区内浸入在矿浆中，借助于真空作用产生的压力差，滤液透过滤布被吸入滤室，然后经错气盘从管路中排出，而滤渣则沉积在滤布上。

②脱水区Ⅱ。在此区内，将剩余液体进一步吸尽，降低滤饼的水分。

③卸料区Ⅳ。在此区内，压缩空气通过滤室吹入并将滤饼吹松，便于卸掉滤饼。

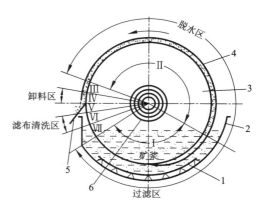

1—搅拌器；2—矿浆槽；3—筒体；
4—滤饼；5—刮板；6—分配头。

**图 7-20　筒形外滤式过滤机
工作原理及分配头分区示意图**

④滤布清洗区Ⅵ。鼓风机向过滤室鼓风(或同时喷水),清洗滤布,恢复其透气性,清洗完毕的这个过滤室又继续旋转,再进入过滤区,开始下一个循环的工作。

其中,Ⅲ、Ⅴ、Ⅶ区为不工作区,它们使几个工作区域之间隔离开,不致在转换时互相串通。

以上不同区域间的分配和交替变换,需要通过错气盘来完成。错气盘的构造由3部分组成,如图7-21所示。图7-21(a)是错气盘的固定部分,由滤液排出孔1、2与真空泵管道连接,气孔6~8则与压气管道连接。图7-21(a)的反面如图7-21(b)所示,有环形槽3,并由隔板将其分为几部分,目的是将各个操作区分开。

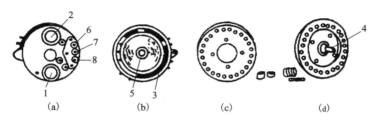

1,2—滤液排出孔;3—环形槽;4—螺栓;5—中心孔;6,7,8—通入压缩空气孔。

**图7-21　错气盘的构造**

图7-21(c)和图7-21(d)为错气盘的可动部分,它们随滤筒一起转动,滤布与木壳间的过滤室通过管道与这些板的孔相连。图7-21(d)的螺栓4穿入图7-21(a)的中心孔5中,借弹簧使两板压紧。当图7-21(c)和图7-21(d)随滤筒同转动时,图7-21(c)和图7-21(d)上的部分孔可以与图7-21(a)的环形槽3吻合,则管路和该部分过滤室处于抽取真空状态,滤液通过环形槽3抽出。而另一部分孔与图7-21(a)上的压气管孔相吻合,则该部分过滤室处于压入空气吹松滤饼状态。于是在滤筒旋转过程中各滤室就通过错气盘的作用交替进行过滤、吸干、吹松和卸料等作业。

(2)筒形内滤式真空过滤机

外滤式真空过滤机中,被过滤的矿浆位于滤筒外面,矿浆中粗而重的颗粒就容易沉在槽底,这样最先沉积在滤布上的物料则是最细的颗粒,因而易于堵塞滤布,增加过滤的阻力。内滤式真空过滤机则相反,将矿浆装在滤筒内部,依靠滤筒内壁的过滤室抽取滤液,此时在滤布上首先沉积的是粗而重的颗粒,这样就克服了外滤式真空过滤机的上述缺点。

内滤式真空过滤机适用于密度大和易于产生磁性团聚的物料,其结构如图7-22和图7-23所示。矿浆承载于空心圆筒内,筒内表面分为许多区段。通过筒的外表面与管道和错气盘相通，筒内表面盖以带孔的箅子板，上面覆以滤布，滤布用压条固定在箅子板上，这样即形成过滤室。矿浆通过给矿溜槽或管道给入筒内，在下部过滤区过滤形成滤饼。随着圆筒的转动，滤饼经过吸干和吹松，在圆筒的上部通过刮刀卸在胶带运输机或溜槽上排出。

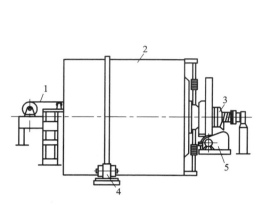

1—胶带；2—筒体；3—分配头；
4—托辊；5—传动装置。

**图7-22 筒形内滤式真空过滤机的结构**
（中心胶带卸料）

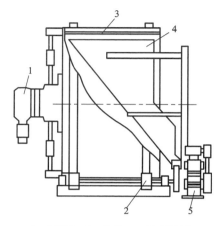

1—分配头；2—托辊；3—卸料装置；
4—筒体；5—传动装置。

**图7-23 筒形内滤式真空过滤机的结构**
（溜槽卸料）

工作原理同外滤式真空过滤机一样，如图7-24所示。内滤式真空过滤机的

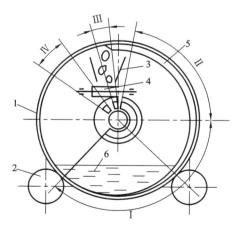

Ⅰ—过滤区；Ⅱ—脱水区；Ⅲ—卸料区；Ⅳ—滤布清洗区；
1—筒体；2—托辊；3—漏斗；4—皮带运输机；5—滤饼；6—矿浆。

**图7-24 筒形内滤式真空过滤机工作原理**

内滤面分为许多滤室，通过真空管对这些滤室进行抽吸滤液和吹气。真空管与分配头相连，分配头的工作原理与外滤式真空过滤机相同。筒体旋转一周，同样可完成过滤、脱水、吹风、卸料、清洗滤布的循环过程。筒形内滤式真空过滤机的缺点是体积庞大，滤布更换困难。

（3）折带式真空过滤机

折带式真空过滤机是在筒形真空过滤机的基础上发展起来的。组成部件除了有筒体、料浆槽、搅拌器外，还有清洗槽、分展辊、张紧辊、导向辊和清洗水管等。

折带过滤机的滤布不固定在筒体上，而是通过若干个辊子将其从筒体上引出来绕过卸料辊之后再经过张紧辊和导向辊返回到筒体面上，形成一条环形的带子。在工作过程中，滤布与筒体的相接触的区段一起转动，可以延长滤布的使用寿命。其结构如图 7-25 所示。

矿浆注入料浆槽内，固体物料被吸附在滤布上，随筒体一同转动。滤布离开料浆槽的矿浆面之后，已被吸附的滤饼继续被抽吸脱水。当滤布运行至分离（分展）辊时，由于托辊

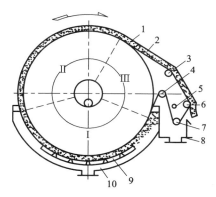

Ⅰ—过滤区；Ⅱ—脱水区；Ⅲ—死区；
1—筒体；2—滤布；3—分展辊；4—导向辊；5—清洗水管；
6—卸料辊；7—张紧辊；8—清洗槽；9—搅拌器；10—料浆槽。

**图 7-25　折带式真空过滤机的结构及工作原理示意图**

半径很小，滤布改变运行方向，造成滤饼块折裂，继续运行至卸料辊处，由于重力作用滤饼自行脱落到排矿溜槽内。滤布在返回到筒体面上以前，受到清水冲洗。清洗液从清洗槽引走，返回到浓缩机内。滤布从导向辊上面绕行后即返回到筒体面上，开始下一个工作循环。

折带过滤机的工作性能良好，适用于细且黏、不易沉降物料的脱水。工作面积大，滤布再生条件好，自重卸料，无须鼓风设施，无残存滤液吹入滤饼现象，并提高了滤布使用寿命。但要求给矿浓度较高，最好保持在 60%~70%，否则脱水效率会相对降低。

该设备的缺点是工作时滤布易跑偏打褶，安装和操作时应予以防止，结构较复杂，清洗滤布时耗水量较大。

（4）圆盘真空过滤机

盘式真空过滤机的过滤面与筒形真空过滤机不同，但其操作原理则是相同

的。圆盘过滤机的过滤部件由多个圆形盘组成，每一个盘由许多扇形片组成。其构造如图7-26所示，由槽体、主轴、过滤盘、分配头和瞬时吹风装置等组成。

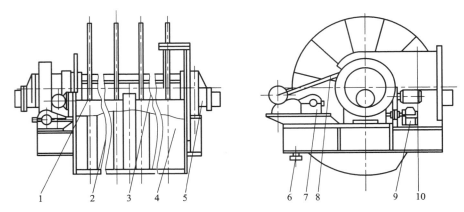

1—滤液管；2—料浆槽；3—主轴；4—刮板；5—分配头；
6—吹风管口；7—搅拌器传动；8—搅拌器；9—主传动；10—过滤盘。

**图7-26　圆盘真空过滤机的结构**

槽体由钢板焊制而成，具有储存矿浆和支撑过滤机零件的作用。槽体下面有轮叶式搅拌，防止矿浆在槽体内沉淀。主轴由数段空心轴组成，轴的断面上有8~16个滤液孔，一般采用10个。主轴安装在槽体中间，上面装有过滤圆盘。主轴转动时过滤圆盘也随之转动。两个端面分别与分配头相连。过滤圆盘由若干个扇形过滤板组成。过滤板的数目与空心主轴上的滤液孔数一致，一般采用10块者居多，如图7-27所示。过滤圆盘用螺栓、压条和压板固定在主轴上。每块过滤板都是一独立的过滤单元。其本身是由较轻金属或塑料制成的空心结构，滤板内腔圆管与主轴的滤液孔相通。分配头装在主轴两端固定不动，它把过滤过程分成过滤、干燥和吹落三个区。在不同的区中，过滤扇分别与真空泵和鼓风机轮换相通。分配头与主轴之间接触面的光洁度要求较高。瞬时吹风系统由蜗轮减速器控制阀和风阀组成。当过滤盘转入吹落区时，

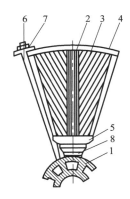

1—空心轴；2—直沟槽；3—斜沟槽；4—扇板外缘；
5—空心套；6—螺栓辐条；7—夹板；8—孔道。

**图7-27　扇形滤板的结构**

风阀开启,压缩空气由风阀给入分配头,通过分配头与其对应的滤液孔进入扇形滤块,借压缩空气突然鼓入的冲力将滤饼吹落。扇形滤块转过吹落区时,风阀关闭,压缩空气停止给入。过滤扇每转一周,风阀开启的次数与扇形滤块的块数相一致。

圆盘真空过滤机的工作原理,如图7-28所示,当过滤圆盘顺时针转动时,依次经过过滤区(Ⅰ区)、脱水区(Ⅱ区)和滤饼吹落区(Ⅳ区),使每个扇形块与不同的区域连接。当过滤扇位于过滤区时,与真空泵相连,在真空泵的抽气作用下过滤扇内腔具有负压,料浆被吸向滤布,固体颗粒附着在滤布上形成滤饼;滤液通过滤布进入过滤扇的内腔,并经主轴的滤液孔排出,从而实现过滤。

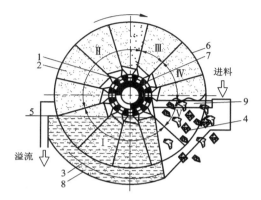

1—滤液孔道;2—滤板;3—搅拌器;4—滤饼;5—液面;
6—滤盘;7—水平轴;8—滤浆槽;9—刮板。

图7-28 圆盘真空过滤机的工作原理

当过滤扇位于脱水区时,仍与真空泵相连,但此时过滤扇已离开料浆液面,因此真空泵的抽气作用只是让空气通过滤饼并将空隙中的水分带走而使滤饼的水分进一步降低。当过滤扇进入滤饼吹落区(Ⅳ区)时,则与鼓风机相连,利用鼓风机的吹气作用将滤饼吹落。

在三个工作区间均有过渡区(Ⅲ、Ⅴ区)相隔。过渡区是个死区,作用是防止过滤块从一个工作区进入另一个工作区时互相串气,影响工作效果。过渡区应有适当的大小,过渡区过小时会出现串气,降低过滤效果,过大时又会减少工作区范围。

圆盘过滤机扇形板的修理和更换很容易,甚至在过滤机运转过程中即可更换。圆盘过滤机的应用很广泛,结构紧凑,生产能力高,维修看管方便。但其滤饼水分比筒形真空过滤机高1%~2%。

(5)陶瓷过滤机

陶瓷过滤机是芬兰瓦迈特公司于1979年研制成功并用于造纸工业。1985年首次用于矿山工业的精矿脱水,其能耗仅为普通真空过滤机的10%~20%。

我国于20世纪90年代首先在凡口铅锌矿引进试用。20世纪90年代末,我国江苏省陶瓷研究所和江苏宜兴市非金属化工机械厂实现了陶瓷过滤机核心技术——陶瓷滤片的国产化,进入21世纪后,已在我国获得了广泛的应用。

①过滤原理。陶瓷过滤机利用了毛细管的两个作用,一是把水吸入管内,二是保持管内的水,阻止空气通过毛细管。以氧化铝为基本成分的陶瓷片(见

图 7-29) 中布满了直径小于
几微米的小孔, 每一个小孔即
相当于一根毛细管, 这种过滤
介质与真空系统连接后, 当水
浇注到陶瓷片表面时, 液体将
从微孔中通过, 直到所有的游
离水消失为止, 此后就不再有
液体通过介质, 而微孔中的水

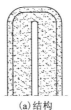

(a) 结构          (b) 外观

图 7-29    陶瓷过滤片的结构与外观

阻止了气体的通过, 从而形成了无空气消耗的过滤过程。这也就是陶瓷过滤机可
以比其他过滤机节省能源的原因所在。

当陶瓷片插入矿浆中, 情况与在水中相同, 滤饼所含水分经由陶瓷片中的毛
细管, 通过一台小型真空泵抽出, 最后达到平衡状态, 此时也就是滤饼的最低含
水量。在过滤过程中, 真空度可为 95% 以上, 从而保持了最佳的过滤状态。

②设备结构。陶瓷过滤机的结构如图 7-30 所示。由矿箱、搅拌器、筒体、管
道及 PLC 可编程控制器构成。陶瓷过滤机结构紧凑, 所有相关设备, 包括真空泵
均安装在过滤机上, 仅有一个滤液泵单独安装, 因此, 仅需要一个非常有限的安
装空间。

③工作方式。陶瓷过滤机的工作方式与普通圆盘过滤机相似, 见图 7-31。
工作周期由矿浆给入、滤饼形成、滤饼脱水、滤饼卸料和反冲洗等 5 部分组成。

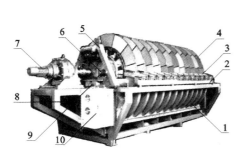

1—矿箱; 2—筒体; 3—陶瓷刮刀; 4—陶瓷过滤片;
5—搅拌器; 6—分配阀; 7—驱动电机; 8—真空泵;
9—超声波清洗器; 10—PLC 可编程控制器。

图 7-30    陶瓷过滤机的结构

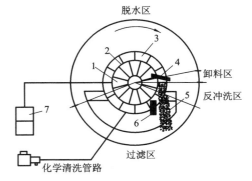

1—转子; 2—滤室; 3—滤板; 4—滤饼;
5—料浆槽; 6—超声波清洗; 7—真空系统。

图 7-31    陶瓷过滤机的工作方式

工作开始时, 浸没在料浆槽的滤板在真空的作用下, 在滤板表面形成一层较
厚的颗粒堆积层, 滤液通过滤板过滤至分配头到达真空桶。在脱水区, 滤饼在真

空作用下继续脱水，直至达到生产要求。滤饼干燥后，在卸料区被刮刀刮下，直接自溜至精矿池或通过胶带机输送到所需的地方。卸料后的滤板进入反冲洗区，由过滤后的滤液水通过分配头进入滤板，反清洗滤板，堵塞在微孔上的颗粒被反冲洗下来，至此完成一个过滤的周期。

过滤介质经过一定的工作时间，一般为 8～12 h，这时为保证滤板微孔通畅，停机并采用超声波和化学清洗，一般清洗时间为 45～60 min，使一些未能被反冲洗掉的颗粒完全脱离过滤介质，保证后续过滤的高效率。

与传统真空过滤机相比较，陶瓷过滤机具有以下特点：真空度高，滤饼水分低；滤液清澈，几乎不含固体物质，可直接返回使用或排入外部水体；能耗仅为传统过滤机的 10%～20%；自动连续运转，维护费用低，设备利用率高达 95%；能保证滤饼均匀洗涤；生产无污染，环境安全；陶瓷片使用寿命长，更换容易，工人劳动强度低；精矿脱水费用仅为传统过滤机的 18.8%～40.1%。

④陶瓷过滤机产能影响因素。这主要与矿浆浓度、温度、pH、粒径和粒度分布、选矿药剂、主轴转速、搅拌转速、真空度、陶瓷板孔径及性能、刮刀间隙、清洗、料位的高低等众多因素相关。其中：

矿浆温度越高，黏度越小，有利于提高过滤速度，降低滤饼含水量，也能适当提高处理量。

对细颗粒矿浆，低浓度料浆滤饼阻力大于高浓度料浆的滤饼阻力，提高浓度可以改善过滤性能。精矿浓度高，一般处理量也高。

矿浆 pH 会影响颗粒的表面电性，从而影响其流体性质。根据料浆性质改变 pH 可有效提高陶瓷过滤机产能。

固体颗粒化学成分也是不可忽视的因素。当其化学成分与陶瓷板相近时，陶瓷板堵塞后用硝酸难于清洗（因其不溶于硝酸），过滤机产能将显著下降。当固体颗粒为黄铜矿等金属矿物时，由于它们溶于硝酸，陶瓷板则易于清洗，过滤机产能较高。

槽体内的料位增高，在真空区内的吸浆时间将延长，吸浆厚度会增大，因而产能会增加。但此时，脱水时间相对缩短，精矿水分会适当增大。

主轴转速变慢，在真空区滤饼形成时间延长，产能在某个范围内增大。但此时的吸浆厚度增加，影响滤饼水分。主轴转速加快，虽然在真空区滤饼形成时间缩短，吸浆厚度减薄，但单位时间产出量增大，产能提高。

一般矿浆黏度大、颗粒不易沉降或颗粒较细时，搅拌转速可降低。对黏度低、易沉降、粒度较粗的矿浆，一般搅拌转速应增大。

由于陶瓷过滤机采用非接触式卸料，刮刀间隙与陶瓷过滤板间隙越小，单位时间内刮下的滤饼多，产能就高。但却可能缩短陶瓷板的使用寿命。

颗粒粒径及分布应与陶瓷板的微孔尺寸相匹配，孔径大，虽易吸浆，但易引起陶瓷板堵塞。

由于矿浆中的颗粒有可能堵塞陶瓷板表面的微孔，或有少部分细颗粒进入陶瓷板内部微孔，从而引起陶瓷板的堵塞，影响产能，因此应做好清洗工作。

#### 7.3.3.2 压滤机

(1)卧式板框式自动压滤机

板框式自动压滤机可分为卧式和立式两大类。按照滤室的构造和滤布的安装、行走和卸料方式差异，又可细分为若干类型。我国生产的板框式自动压滤机以卧式为主。国产 BAJZ 型板框式自动压滤机的结构如图 7-32 所示。

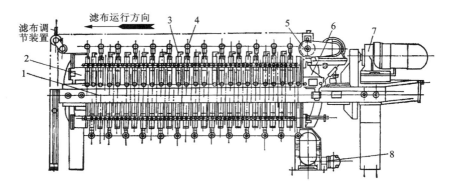

1—支架；2—固定压板；3—滤板；4—滤框；5—滤布驱动机构；6—活动压板；7—压紧机构；8—洗刷箱。

**图 7-32　BAJZ 型板框式自动压滤机的结构**

该设备属于水平板框式自动压滤机。每台压滤机由 6~44 副垂直的板框构成 6~44 个压滤室。滤板内侧有孔供排出滤液和吹气，滤室衬着滤布。滤布在过滤时处于高位，卸饼时处于低位，起落由一些液压柱构成机械手操作。每个压滤周期分为五个阶段：①闭锁阶段，液压柱使滤布提起，过滤板密封；②给矿过滤阶段，由滤室上部的给矿总管将矿浆分送到各滤室，直到滤室被充满；③压缩阶段，向滤室通入压缩空气，进一步排除滤饼中的残留水分；④卸饼阶段，液压柱拉开所有的过滤室和底部的卸料门，同时滤布下放，排出滤饼；⑤冲洗滤布阶段，用水冲洗滤布时，液压柱使滤布复位，滤板闭合，卸料门也关闭。压滤机的给矿浓度为 25%~70%。必要时甚至可以将未经浓缩，浓度只有 30% 左右的浮选精矿直接供给过滤机，得到含水分 8% 的精矿，但此时的压滤周期相应延长。

给料方式有三种：①单段泵给料。常选用流量较大的泵，该给料方式适用于过滤性能较好，在较低压力下即可形成滤饼的物料。②两段泵给料方式。在压滤初期用低扬程、大流量的低压泵给料，经一定阶段后再换泵，因此，其操作较为麻烦。③泵与压缩空气机联合方式给料。该系统中需要增加一台压缩空气机和储料罐，因此，流程较复杂。

（2）厢式压滤机

厢式压滤机的滤室由凹形滤板和装有挤压隔膜的压榨滤板交替排列而成，具有双面过滤、效率高、中间进料性能好、滤布更换方便、规格大、滤板防腐和适用行业广等优点，在国内比板框压滤机应用更广泛。

除滤室结构和进料方式与板框式压滤机不同外，厢式压滤机的外形和结构与板框式压滤机差别不大。厢式压滤机也有卧式和立式两种，卧式的滤板垂直放置，冲洗滤饼不便。立式的滤板水平放置，便于冲洗滤饼，靠自重卸饼完全，占地面较小，但机架较高，过滤面积小。因此，目前我国主要生产卧式厢式自动压滤机，其结构如图7-33所示。

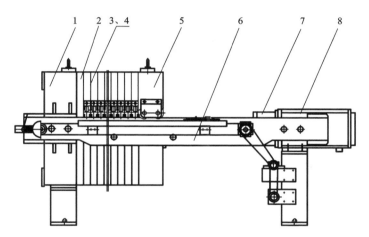

1—止推板；2—头板；3—滤框；4—滤布；5—尾板；6—横梁；7—活塞杆；8—液压缸。

**图7-33 自动厢式压滤机的结构**

厢式压滤机主要有滤板顶紧、加压过滤、移动头板和卸饼4个工作过程，均实现了程序控制和自动操作。厢式自动压滤机的优点是单位过滤面积占地少，过滤压力高，滤饼含水较低，回水利用率高，过滤能力大，结构简单，易操作且故障少。

（3）高压隔膜压滤机

高压隔膜压滤机是厢式压滤机的升级产品，是在厢式压滤机两块滤板和滤布之间夹有一块弹性隔膜滤板。进料结束后，向隔膜滤板内注入高压流体或气体介质，导致隔膜滤板会向两侧鼓起而挤压滤饼，实现对滤饼的二次压榨作用，达到对滤饼的深度脱水。高压隔膜压滤机主要由电控系统、液压系统、油缸组、传动装置、压紧板、滤板组、止推板、滤布洗涤装置、接水翻板装置及管路系统等组成，如图7-34所示。

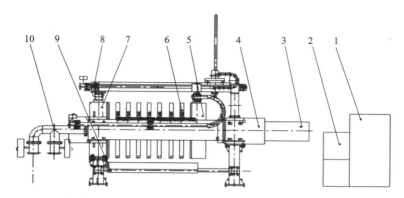

1—电控系统；2—液压系统；3—油缸组；4—传动装置；5—压紧板；6—滤板组；
7—止推板；8—滤布洗涤装置；9—接水翻板装置；10—管路系统。

**图 7-34　高压隔膜压滤机的结构**

工作过程由滤板组合拢并压紧、低压入料过滤、高压隔膜Ⅰ次压榨脱水、滤饼洗涤、高压隔膜Ⅱ次压榨脱水、压缩空气吹风干燥、滤板组打开并拉板卸料、滤布清洗等工序组成，具体过程如下：

①滤板组合拢并压紧：通过液压系统，借助油压推动活塞和压紧板，将全部滤板压紧至密封压力，使滤板间形成若干个滤室。

②低压入料过滤：入料泵将矿浆通过管路系统分别输送到各滤室内，待料浆充满所有滤室后，并立即开始低压入料过滤，固体颗粒被过滤介质截留在滤室内，滤液则透过滤布进入滤液腔并经过滤液管排出机体外，滤饼初步形成，随着时间的延长，滤室中的固体颗粒愈积愈多，当滤室中有足够的固体成饼后，停止入料，入料过程结束。

③高压隔膜Ⅰ次压榨脱水：在入料过滤成饼后，物料颗粒之间相互形成拱架结构，有残留汽水在拱架空隙之中，由压榨水泵向隔膜滤板主板与隔膜之间注入高压水，隔膜膨胀将滤饼向滤布方向挤压，将残留在滤饼中的部分滤液挤压出来并经过滤液管排出机体外，进一步降低水分。

④滤饼洗涤：当滤饼需要洗涤时，洗涤液由与料浆进入滤板相同的路径进入滤板过滤腔，穿过滤饼，将滤饼中的物质置换出。同时也具有顶起隔膜、挤出高压水的功能。

⑤高压隔膜Ⅱ次压榨脱水：再次由压榨水泵向隔膜滤板主板与隔膜之间注入高压水，隔膜膨胀将滤饼向滤布方向挤压，进一步降低洗涤后留在滤板过滤腔中滤饼中洗涤液的残留量。

⑥压缩空气吹风干燥：压缩空气从吹风管路吹入，透过滤饼，将滤饼中的水

分带出，进一步降低滤饼中的水分。

⑦滤板组打开并拉板卸料：当隔膜压榨及压缩空气吹风干燥完成之后，松开压紧板和滤板，拉钩盒往复运动，拉开滤板，滤饼依靠自重卸落，当物料黏度高不易脱落时需要人工辅助卸料，清理滤板边框内残留滤饼。

⑧滤布清洗：滤布采用定期清洗方式，以保证滤布的透水性，延长其使用寿命。滤布清洗后，再次转为滤板组合拢并压紧，至此，完成一个工作循环，进入下一个工作循环。

（4）带式压滤机

带式压滤机是一种结构简单，操作方便，性能优良的连续压滤机。主要由一系列按顺序排列且直径大小不同的辊轮和两条缠在这些辊轮上的过滤带，以及给料装置、滤布清洗装置、高速调偏装置、张紧装置等部分组成，如图7-35所示。

带式压滤机的工作包括四个基本过程：絮凝和给料、重力脱水、挤压脱水、卸料和清洗滤带。目前，带式压滤机被广泛地应用于过滤各种污泥、选煤产品、湿法冶金的残渣、湿法生产的水泥、管道输送的物料等，但在选矿产品脱水中的应用较少。

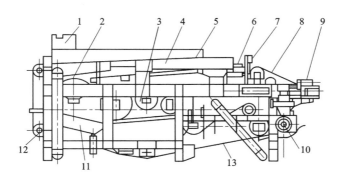

1—布料装置；2—上接液盘；3—压榨辊系；4—张紧装置；5—中接液盘；6—洗涤装置；
7—调偏装置；8—下滤带；9—刮料装置；10—驱动装置；11—下接液盘；12—机架；13—上滤带。

图7-35 带式压滤机的结构

（5）影响压滤机工作的因素

①给料压力。给料压力越高，压滤推动力越大，可降低压滤所需时间，降低滤饼水分，并可提高压滤机的处理量。但给料压力过大会使动力消耗增大和设备磨损严重。

②给料矿浆浓度。提高给料矿浆浓度，可以缩短压滤循环时间，提高压滤机处理量，但对水分影响却不大。一般入料浓度越高，压滤效果越好，但浓缩底流的浓度越高越容易发生浓缩机压耙事故。

③入料粒度组成。随着-0.074 mm级别含量增大，压滤机的处理能力降低且

滤饼水分增高。给料粒度较粗时的脱水效果较好，可得到较高的处理量，并可得到水分较低的滤饼。

### 7.3.3.3 离心脱水机

离心脱水机依靠离心力实现物料的脱水，多用于处理极难脱水的物料，主要有卧式和立式两大类。

（1）卧式离心脱水机

图7-36是LWZ型卧式离心脱水机的构造示意图。其转鼓由圆柱—圆锥—圆柱体3段组成，其大端为溢流端，端面上开有溢流口，并设有调节溢流口高度的挡板，小端为脱水产物排出口。

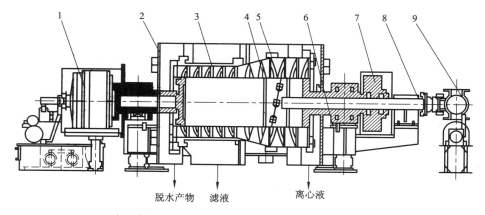

1—行星齿轮差速器；2—机壳；3—转鼓；4—螺旋；5—出料口；
6—机架；7—V形胶带轮；8—入料管；9—三通蝶阀。

**图7-36 LWZ型卧式离心脱水机的结构**

电动机通过V形胶带轮带动转鼓旋转时，借助行星齿轮差速器带动转鼓内的螺旋旋转，转鼓与螺旋旋转方向相同，螺旋转速比转鼓慢2.1%。矿浆经三通蝶阀通过入料管进入螺旋体内，再经螺旋体的出料口进入转鼓内腔，在比重力大上百倍的离心力作用下，矿浆形成环状沉降区，固体颗粒迅速沉淀在转鼓内壁上，水携带微细颗粒从转鼓大端溢流口排出，即为离心液。利用螺旋与转鼓的差速运动，沉淀在转鼓内壁上的颗粒被输送到过滤段，水与少量微细粒经筛缝排出成为滤液。物料再次脱水后由转鼓小端排料口排出成为脱水产物。

（2）立式离心脱水机

图7-37是LL1200×650B型立式螺旋卸料离心脱水机结构示意图，由工作部分、传动部分、润滑系统和保护系统4大部分组成，其中：

①工作部分。主要由筛篮、螺旋卸料转子、钟形罩和布料盘组成。锥形筛篮

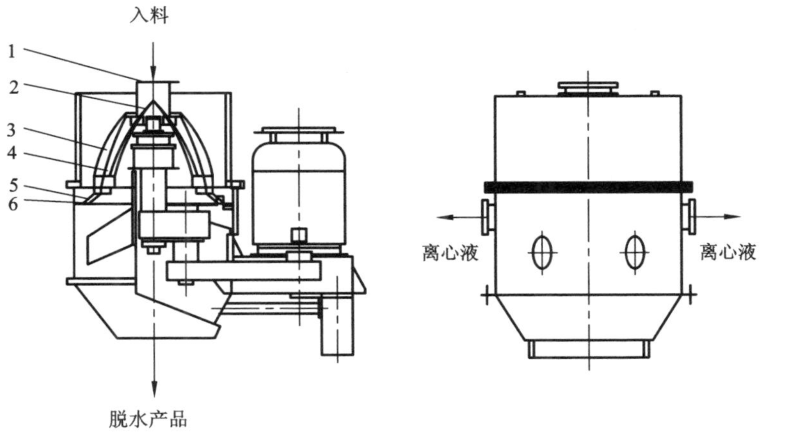

1—入料口；2—布料盘；3—筛篮；4—螺旋卸料转子；5—出口保护环；6—钟形罩。

**图 7-37　LL1200×650B 型立式螺旋卸料离心脱水机的结构**

装在钟形罩上，钟形罩则用螺栓固定在外轴上。布料盘装在螺旋卸料转子上，螺旋卸料转子用螺栓和键固定在差速器芯轴上，其转速略低于筛篮的转速。钟形罩和螺旋卸料转子的结构可保证矿粒不致落入轴承内，而且便于脱水后矿粒的移动。

②传动部分。传动系统由三角带传动和两对斜齿圆柱齿轮传动组成。立式电动机通过三角带带动中间轴转动，中间轴上装有两个齿数相差为 1 的齿轮，它们分别与装在外轴上的齿轮和装在心轴上的齿轮(这两个齿轮的齿数相同)相啮合，从而使筛篮和螺旋卸料转子保持同向旋转，并有适当的转速差。

③润滑系统。该离心机采用稀油集中润滑系统。润滑油从油箱经滤油器进入齿轮油泵，然后经主压油管进入多支油管(分油器)，再经 4 个分支油管进入各润滑点，即心轴上部轴承和外轴上、下轴承，两对斜齿轮，中间轴上部和下部轴承。上述各润滑点的全部润滑油进入差速器底部，经回油管返回油箱。在多支油管上装有压力表，正常情况下的工作油压为 0.05~0.50 MPa。在每个分支油管上均装有流量指示器，便于对流量情况进行直接观察。

④保护系统。一是过电流保护。由于进料过大等原因使电机电流持续过大，超过允许值时，保护系统将切断主电机电源，从而达到保护电机和主机的目的。二是润滑保护。主电机与油泵电机连锁，使主电机在油泵电机开动前无法启动，在润滑系统中采用电接点压力表，当油压过低(<0.04 MPa)或过高(>0.50 MPa)时，发出警报信号，提醒操作工停机检查。

## 7.4 干燥

### 7.4.1 干燥的基本原理

干燥是利用热能蒸发固体物料中的水分实现脱水的作业。干燥能除去残留在物料中的薄膜水分及部分吸湿水分，是一种最彻底的脱水方法。

实现干燥过程的条件是水分在物料表面的蒸气压必须超过干燥介质（如高温烟气）的蒸气压，物料表面水分才能汽化。由于表面水分的不断气化，物料内部的水分方能继续向表面移动。水的汽化需要热量，因此，干燥需要进行热量的传递。传热的基本方式有对流、传导、辐射和高频4种。

①对流是流体各部分质点发生相对位移而引起的热量传递过程。在精矿干燥过程中，当高温烟气流过被干燥物料时，热能由气流传到湿的物料表面，使被干燥物料温度升高。

②传导是热量从物体中温度较高的部分传递到温度较低的部分或者传递到与之接触的温度较低的另一物体的过程。精矿颗粒受高温烟气包围，热量从颗粒表面逐渐传递到颗粒内部，使整个颗粒温度升高。

③辐射是物体因各种原因发出辐射能，其中因热而发出辐射能的过程称为热辐射。热辐射常以电磁波的形式发射并向空间传播。当遇到另一物体时，一部分被反射，一部分被吸收，而另一部分则穿透物体。被吸收的部分重新又转变为热能。

④高频是当电解质物料放在高频（约 10 MHz）振荡电场中时，电能在潮湿的电介质中转变为热能的过程。由于介电加热发生在整个物料的内部，干燥的物料相当均匀。但高频设备中产生的能量较为昂贵，该方法很少用于实际生产。

在选矿厂的三段脱水流程中，干燥作业消耗大量燃料和动力，费用最高。所以，一般只有在过滤后的精矿水分达不到规定标准，或用户对产品水分有特殊要求时，才采用干燥作业。

干燥时，物料的加热方法有直接加热法和间接加热法。直接加热是加热的气体既作载热体又作干燥介质。加热气体与干燥物料直接接触时，既向物料传热，又带走从物料中蒸发出来的蒸气。间接加热是作为载热体的热气不与物料直接接触。其热量是利用器壁的热传导传给物料，而物料中蒸发出来的蒸气，则借助另外的气体作介质而带走。由于直接加热法的效率高，故工业上应用较多。间接加热法效率低，装置复杂，仅在处理特别稀贵的精矿时才采用。

## 7.4.2　干燥的影响因素

影响干燥过程的因素主要包括待干燥物料的组成及粒度大小、给料量、热风温度和相对湿度、热风速度等。

(1)待干燥物料的组成及粒度

一般多孔性和组织松散的物料容易干燥,物料粒度越小,受蒸发的面积越大,其干燥速度就越快。

(2)给料量

给料量小时,干燥的时间长,达到干燥总的时间短,干燥程度也均匀,但处理量会小。给料量大时则情况相反。

(3)热风温度和相对湿度

热风的温度越高,相对湿度越小,则干燥的速度就越快,反之则干燥速度慢。但是如果热风温度过高,超过某一特定温度后,物料的物理化学性质就会发生变化,反而影响干燥速度。

(4)热风速度

一般通过物料周围的热风速度越大,就越能迅速传热并带走水分,提高干燥速度。但是如果热风流速过大,热传递时间短,不仅不增加干燥强度,而且会增大能耗。

(5)物料水分

一般给料水分越低,或者要求的干燥产品水分越高,干燥速度就越快,反之则干燥速度慢。

## 7.4.3　干燥设备

目前,在选矿厂生产实践中所使用的干燥设备种类很多,主要有圆筒干燥机、沸腾干燥机、气流干燥机、带式干燥机及简单的干燥炕等,其中,应用最多的为圆筒干燥机。

(1)圆筒干燥机

圆筒干燥机适于干燥金属和非金属矿的磁、重、浮精矿,以及黏土和煤泥等。特点是生产率高,操作方便。

根据干燥介质与湿物料之间的传热方式不同,有直接传热圆筒干燥机和间接传热圆筒干燥机 2 种。间接传热圆筒干燥机的传热效率低且结构复杂,很少选用。

直接传热圆筒干燥机中,干燥介质与湿物料直接接触实现热量传递,按干燥介质与物料流动方向,又分为顺流与逆流两种,其结构如图 7-38 所示。

主体部分为一个与水平线略呈倾斜的旋转圆筒。圆筒由齿轮传动,转速一般

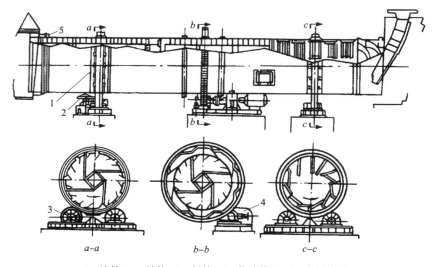

1—滚筒；2—挡轮；3—托轮；4—传动装置；5—密封装置。

图 7-38　圆筒干燥机的结构

为 2~6 r/min，圆筒的倾斜度与其长度有关，通常介于 1°至 5°之间。物料从转筒较高的一端送入，与热空气接触，随着圆筒的旋转，物料在重力作用下流向较低的一端被干燥后排出。由于干燥机处于负压条件下工作，进料及排料端均采用密封装置以免漏风。

为加速物料均匀地分布在转筒截面上的各个部分，并与干燥介质良好地接触，在筒体内装置有扬板。扬板的形式很多，常用的几种如图 7-39 所示。

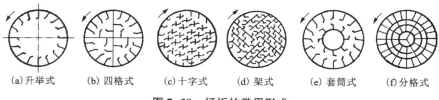

(a) 升举式　(b) 四格式　(c) 十字式　(d) 架式　(e) 套筒式　(f) 分格式

图 7-39　扬板的常用形式

①升举式扬板，适用于大块物料或易黏结在筒壁上的物料。

②四格式扬板，适用于密度大、不脆的或不易分散的物料。该扬板将圆筒分成了四个格，呈互不相通的扇形状作业室，物料与热气体的接触面比升举式扬板大，并且又能增加物料的充填率及降低物料的降落高度而减少粉尘量损失等优点。

③十字式或架式扬板，适用于较脆及易分散的小块物料，使其物料能均匀地分散在筒体的整个截面上。

④套筒式扬板为复式传热圆筒干燥机的扬板。

⑤分格式扬板，适宜于颗粒很细而易引起粉末飞扬的物料。物料给入后就堆积在格板上，当筒体回转时，物料被翻动并不断与热气体接触，同时又因物料降落高度的降低，减少了干燥物料被气体带走的可能性。

上述各种型式的扬板可以分布在整个筒体内。为使物料能够迅速而均匀地送到扬板上，亦可在给料端 1~5 m 处安装螺旋形导料板，以避免湿物料在筒壁上黏结而堆积。因干燥后的物料很容易被扬起而被废气带走，在排料端 1~2 m 处不装扬板。

直接传热回转干燥机的干燥介质通常为烟道气。顺流式直接传热回转干燥机的结构见图 7-40，它的燃烧室与湿物料进料在同一端，热气流与料流的运动方向是一致的，湿物料从进料端向排料端移动，热空气亦从进料端在鼓风机与引风机的作用下经排料端流出，湿物料在此流动过程中受热空气加热而干燥。

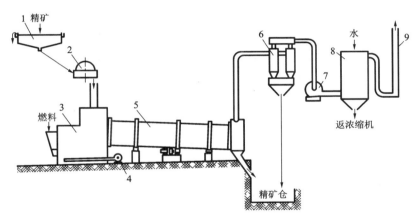

1—浓缩机；2—过滤机；3—燃烧室；4—鼓风机；5—圆筒干燥机；
6—多管旋风收尘器；7—抽风机；8—水吸除尘器；9—烟囱。

**图 7-40　顺流式直接传热回转干燥机的结构**

逆流式直接传热回转干燥机的结构见图 7-41，湿物料从进料端给入干燥机，燃烧室设在排料端，物料与干燥介质(热空气)做反方向运动，物料在此运动过程中受热而干燥。

顺流式干燥，由于给入的湿物料进入干燥机就与温度较高的干燥介质接触，初期干燥推动力较大，以后随物料温度的升高，干燥介质的温度降低。排出的干物料温度较低，便于运输。适宜于对最终含水量要求不高的物料进行干燥。但从

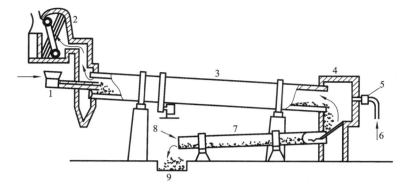

1—湿料加料器；2—余热锅炉及收尘装置；3—回转窑；4—燃烧室；
5—燃烧器；6—燃料；7—冷却器；8—空气；9—干料仓。

**图 7-41 逆流式直接传热回转干燥机的结构**

产生粉尘来看，细物料易被气流带走，粉尘量较大。逆流式干燥在干燥过程中，干燥推动力较均匀，适宜于被干燥物料要求较严的干燥。干燥介质所带粉尘经过湿料区而被过滤，气流中含尘量较少。

（2）沸腾床层式干燥机

沸腾床层式干燥机是一种新型干燥设备，适用于选矿精矿的干燥。其特点是热效率高，小时汽化水量大，单台处理能力大，设备布置紧凑，占地面积小，操作人员少；缺点是以精煤和油作燃料，资源浪费严重，干燥机结构复杂。

图 7-42 是麦克纳利沸腾床层式干燥机的构造示意图。燃烧室为一圆筒形结构，其外围用 9 mm 不锈钢板围焊而成，内衬耐火砖砌成的耐火墙，钢板和耐火墙之间填有耐火泥。燃烧室底部铺有耐火砖和隔热耐火衬，底座为钢制底盘。燃烧室下部侧面有清理孔，中间有连接鼓风机的风圈，其上分布有进风孔，使风均匀地进入燃烧室以促进燃料充分燃烧和调节炉膛温度。

干燥室是沸腾床层式干燥机的主要组成部分，干燥室的床层为一矩形平面，与燃烧室的分界处为篦子，篦条直径为 22 mm，缝隙在 2 mm 与 2.5 mm 之间，开孔率为 7%。篦条入料端比出料端略高，其角度为 2.5°。干燥室上部设有洒水装置，其作用是降温灭火。在干燥过程中，如果参数失调，床层温度突然升高，甚至引起火灾，或燃烧室温度超过 530 ℃时，自控装置即刻动作，停车洒水降温灭火。

在干燥机的一侧设置了旁路烟囱，其顶部装有盖板，用气缸控制开闭。旁路烟囱的作用是：干燥过程中床层着火或燃烧室温度超过 530 ℃时，烟囱顶部盖板通过自控打开，放空烟气降温冷却；正常停车时，烟囱盖板亦打开，使烟气短路散热冷却；开车前，也要打开烟囱盖板，并开动引风机造成负压，净化干燥系统；正常开车时，烟囱盖板是关闭的，保持干燥系统完全密封。

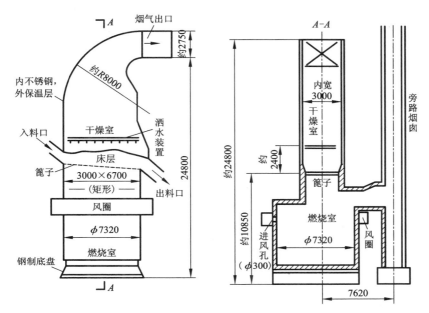

图 7-42　麦克纳利沸腾床层式干燥机的构造

（3）流化床干燥器

流化床干燥器用来处理散粒物料或均匀小块物料干燥。图 7-43 是一种振动流化床干燥器的结构示意图。物料从入料口被送入干燥室，落在热风分布板上。热风分布板是用多孔或筛网构成，加热空气从下部的热风分配室穿过小孔向上流动，再穿过物料层。由于板孔处的空气流速超过物料颗粒的悬浮速度，致使物料在流化床面上形成沸腾状态。但热空气在全截面上的流速又小于颗粒的悬浮速

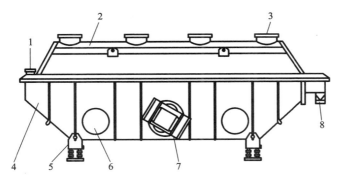

1—入料口；2—上盖；3—空气出口；4—机体；5—隔振弹簧；
6—空气入口；7—振动电机；8—干燥产品出口。

图 7-43　振动流化床干燥器的结构

度,因此物料又不会被气流所带走。这种状态就称为流态化,这时热空气的干燥作用就是流化干燥。

在流化状态下,床层(物料层)体积膨胀,颗粒之间脱离接触,形成剧烈的混合和搅拌。物料与流化介质(空气)共同形成的多相床层具有像流体一样的特性。在连续加料的条件下,物料向出口旋转阀门流动,形成连续操作状态。流化床干燥器的特点是物料与热空气的接触面积达到最大,全部颗粒总表面积就是干燥面积。流化床内温度分布均匀。很容易控制物料在流化床上的停留时间。因此,干燥效率高,也容易控制干燥制品的水分含量。

当流化床干燥器在干燥颗粒较大、较重的物料,同时又只需要较小的热空气流量时,空气的流速不足以形成物料的流化状态,则可以用机械振动的办法,使流化床面产生高频率的振动,也能使物料产生流化的效果,称为振动流化床(如图7-44)。振动流化床的好处是可以用机械振动的参数,严格控制物料在流化床面上的向前运动速度和停留时间,以达到均匀干燥的目的。

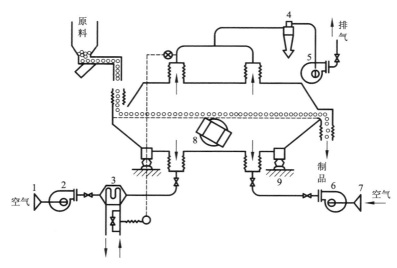

1—过滤器;2—送风机;3—换热器;4—旋风分离器;5—排风机;
6—给风机;7—过滤器;8—振动电机;9—隔振弹簧。

**图7-44 振动流化床干燥器配套系统**

只要是不太黏结和不易结块的物料都能使用流化床干燥。一般处理物料的粒度范围为 0.03~6 mm。对粒度小于 20~40 μm 的粉末,在流化时易形成沟流现象,流化状态不稳定,且粉末易被气流带走。过大粒度的物料,需要较高的气流速度,动力消耗和物料磨损都很大。

# 8

# 选矿过程自动控制

## 8.1　计算机自动控制概述

自动控制是在没有人直接参与的情况下，通过控制器使生产过程自动地按照预定的程序运行。自动控制在工程和科学技术领域担负着重要角色，自动控制理论和技术地不断发展，为人们提供了获得动态系统最佳性能的方法，在提高生产率的同时，使人们从繁重的体力劳动和大量重复性的手工操作中解放出来。

典型工业生产过程可分为连续过程（continuous process）、离散过程（discrete process）和批量过程（batch process）。连续过程称为流程工业，其产品一般是流体，如液体、气体等。离散过程也称为制造业，其产品是"固态"、按件计量的，过程的输入输出变量为时间离散和幅度离散的量，如产品的数量、开关的状态等。批量过程是指间歇性多品种生产过程，其特点是连续过程和离散过程交替进行，配方的切换和生产工艺的改变是离散过程，而在确定了配方和生产工艺后的生产过程又是一个连续过程。

### 8.1.1　计算机控制系统的组成

计算机控制系统是指利用计算机（通常称为工业控制计算机，简称工业控制机）来实现生产过程自动控制的系统。近年来，计算机已成为自动控制技术不可分割的重要组成部分，并为自动控制技术的发展和应用开辟了广阔的新天地。

在计算机控制系统中，由于工业控制机的输入和输出是数字信号，因此需要有 A/D 和 D/A 转换器。从本质上看，计算机控制系统的工作原理可归纳为以下 3 个步骤。

（1）实时数据采集：对来自测量变送装置的被控量的瞬时值进行检测和输入。

（2）实时控制决策：对采集到的被控量进行分析和处理，并按已确定的控制规律，决定将要采取的控制行为。

（3）实时控制输出：根据控制决策，适时地对执行机构发出控制信号，完成控制任务。

上述过程不断重复，使整个系统按照一定的品质指标进行工作，并对被控量和设备本身的异常现象及时做出处理。在计算机控制系统中，生产过程和计算机直接连接，并受计算机控制的方式称为在线方式或联机方式；生产过程不和计算机相连，且不受计算机控制，而是靠人进行联系并做相应操作的方式称为离线方式或脱机方式。

计算机控制系统由计算机（工业控制机）和生产过程两大部分组成，如图8-1所示。工业控制机是指按生产过程控制的特点和要求而设计的计算机，它包括硬件和软件两个组成部分。

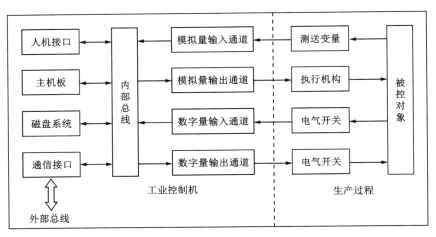

图8-1 计算机控制系统组成框图

生产过程包括被控对象和测量变送装置、执行机构、电气开关等，这些装置都有各种类型的标准产品，在设计计算机控制系统时，根据需要合理选型即可。

## 8.1.2 计算机控制系统的典型形式

计算机控制系统所采用的形式，与生产过程的复杂程度密切相关，不同的被控对象和不同的要求，应有不同的控制方案。计算机控制系统大致可分为以下几种典型形式。

（1）操作指导控制系统

操作指导控制系统属于开环控制结构，如图8-2所示，该系统不仅具有数据采集和处理的功能，而且能够为操作人员提供反映生产过程工况的各种数据，并相应地给出操作指导信息供操作人员参考。

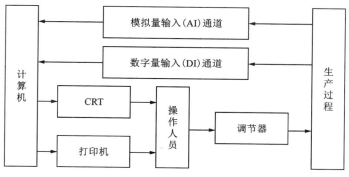

图 8-2　操作指导控制系统

　　计算机根据一定的控制算法（数学模型），依赖测量元件测得的信号数据，计算出供操作人员选择的最优操作条件及操作方案。操作人员根据计算机的输出信息，如 CRT 显示图形或数据、打印机输出等去改变调节器的给定值或直接操作执行机构。操作指导控制系统的优点是结构简单，控制灵活和安全；缺点是要由人工操作，速度受到限制，不能控制多个对象。

　　（2）直接数字控制系统

　　直接数字控制（direct digital control，DDC）系统的构成如图 8-3 所示。计算机首先通过模拟量输入通道（AI）和开关量输入通道（DI）实时采集数据，然后按照一定的控制规律进行计算，最后发出控制信息，并通过模拟量输出通道（AO）和开关量输出通道（DO）直接控制生产过程。DDC 系统属于计算机闭环控制系统，是计算机在工业生产过程中最普遍的一种应用方式。

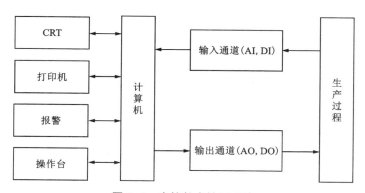

图 8-3　直接数字控制系统

由于 DDC 系统中的计算机直接承担控制任务，所以要求实时性好、可靠性高、适应性强。为了充分发挥计算机的利用率，一台计算机通常要控制几个或几十个回路，那就要合理地设计应用软件，使之不失时机地完成所有功能。

（3）监督控制系统

监督控制（supervisory computer control，SCC）系统中，计算机根据原始工艺信息和其他参数，按照描述生产过程的数学模型或其他方法，自动地改变模拟调节器或以直接数字控制方式工作的微型机中的给定值，从而使生产过程始终处于最优工况（如保持高质量高效率、低消耗、低成本等）。从这个角度上说，它的作用是改变给定值，所以又称设定值控制（set point control，SPC）。监督控制系统有2 种不同的结构形式，如图 8-4 所示。

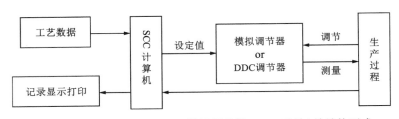

图 8-4　监督控制系统（SCC+模拟调节器/DDC 系统）的结构形式

SCC+模拟调节器的控制系统是由微型机系统对各物理量进行巡回检测，并按一定的数学模型对生产工况进行分析，计算后得出控制对象各参数最优给定值送给调节器，使工况保持在最优状态。当 SCC 微型机出现故障时，可由模拟调节器独立完成操作。

SCC+DDC 的分级控制系统是一个二级控制系统，SCC 可采用高档微型机，它与 DDC 之间通过接口进行信息联系。SCC 微型机可完成工段、车间高一级的最优化分析和计算，并给出最优给定值，送给 DDC 级执行过程控制。当 DDC 级微型机出现故障时，可由 SCC 微型机完成 DDC 的控制功能，这种系统提高了可靠性。

（4）集散控制系统

集散控制系统（distributed control system，DCS），也称为分布式控制系统，采用分散控制、集中操作、分级管理、分而自治和综合协调的方法，把系统从上到下分为现场设备级、分散控制级、集中监控级、综合管理级，形成分级分布式控制，其结构如图 8-5 所示。DCS 的结构模式为"操作站—控制站—现场仪表"三层结构，系统成本较高，而且各厂商的 DCS 有各自的标准，不能直接互连。

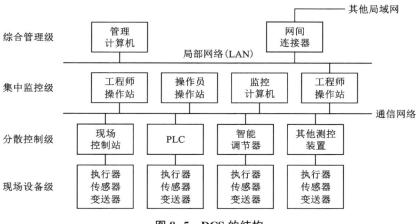

图 8-5　DCS 的结构

（5）现场总线控制系统

现场总线控制系统（field bus control system，FCS）是新一代分布式控制系统，如 8-6 所示。FCS 与 DCS 不同，其结构模式为"工作站—现场总线智能仪表"二层结构。FCS 用二层结构完成了 DCS 中的三层结构功能，降低了成本，提高了可靠性，可实现真正的开放式互连系统结构。

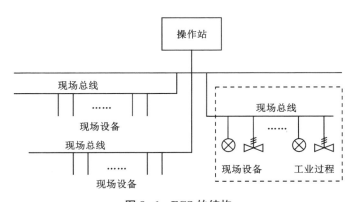

图 8-6　FCS 的结构

（6）综合自动化系统

在现代工业生产中，综合自动化系统不仅包括各种简单和复杂的自动调节系统、顺序逻辑控制系统、自动批处理控制系统、连锁保护系统等，也包括各生产装置先进控制、企业实时生产数据集成、生产过程流程模拟与优化、生产设备故障诊断和维护、根据市场和生产设备状态进行生产计划和排产调度系统、以产品质量和成本为中心的生产管理系统、营销管理系统和财务管理系统等，涉及产品物流增值链和产品生命周期的所有过程，为企业提供全面的解决方案。

目前，由企业资源计划（enterprise resource planning，ERP）、生产执行系统（manufacturing execution system，MES）和生产过程控制系统（process control system，PCS）构成的三层结构，已成为

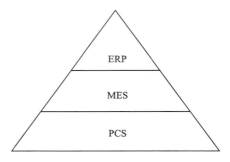

图 8-7　综合自动化系统三层结构

综合自动化系统的整体解决方案，如图 8-7 所示。综合自动化系统主要包括制造业的计算机集成制造系统和流程工业的计算机集成过程系统。

## 8.1.3　生产过程自动控制的基本要求与任务

过程控制是针对在以连续性物流为主要特征的生产过程中，流量、压力、温度、物位、成分等参数的自动检测和控制。通过在生产设备、装置或管道上配置自动化装置，部分或全部地替代现场工作人员的手动操作，使生产过程在不同程度上自动地进行。全自动的、无人参与的生产过程是过程控制的终极目标。目前，生产过程对控制的要求可以归结为以下 3 个方面。

（1）安全性

指在整个生产运行过程中，能够及时预测、监视、控制和防止事故，以确保生产设备和操作人员的安全。安全性是对控制最重要和最基本的要求，需要采取自动检测、故障诊断、报警、联锁保护、容错等技术和措施。

（2）稳定性

指在工业生产环境发生变化或受到随机因素的干扰时，生产过程仍能不间断地、平稳地运行，并保证产品的质量符合要求。稳定性是对控制的主要要求，需要针对过程特征和干扰特点，设计不同的控制算法（也称控制规律）。

（3）经济性

指在保证生产安全和产品质量的前提下，以最小的投资，最低的能耗和成本，使生产装置在高效率运行中获得最大的经济收益。随着市场竞争的日益加剧，经济性成为对过程控制的必然要求。

过程控制的任务就是在了解、掌握工艺流程和生产过程各种特性的基础上，根据工艺提出的要求，应用控制理论对过程控制系统进行分析和设计，并采用相应的自动化装置和适宜的控制策略来实现对生产过程的控制，最终达到优质、高产和低耗的控制目标。

过程控制意义在于，保证生产的安全和稳定、降低生产成本和能耗、提高产

品的质量和产量、改善劳动条件、提高设备的使用效率、提高经济效益等多个方面。同时，对促进文明生产与科技进步，对提高企业的市场竞争力也具有十分重要的意义。目前，自动化装置已经成为大型生产设备和装置不可分割的组成部分，没有自动控制系统，大型生产过程就无法正常运行。生产过程自动化的程度已经成为衡量企业现代化水平的一个重要标志。

## 8.2 选矿过程自动控制概述

由于矿石品位低、工艺流程复杂、生产环境恶劣，自动控制在选矿生产过程中发挥着越来越重要的作用。选矿过程自动控制系统的总体目标是在保证安全操作、遵守环境法规、服从设备限制和产品规范等一系列约束条件的同时，实现经济利润最大化。

### 8.2.1 选矿过程分层控制系统

选矿过程的复杂性表现为多变量、强耦合、大时滞、非线性以及不可测扰动，使得优化整个选矿厂操作的问题变得复杂和烦琐，且生产工艺技术指标波动大。当前选矿过程自动控制逐渐形成了以仪器仪表层、单回路稳定控制层、先进控制层、优化层和资源规划层为架构的选矿生产过程分层控制系统，如图 8-8 所示。这种控制系统结构的目标是将全局问题分解为更简单的、结构化的子任务，由专用的控制层按照分而治之策略处理。每个控制层在不同的时间尺度上执行特定的任务，实现控制功能和控制时间的分解。

(1)仪器仪表层

仪器仪表层是通过使用传感器和变送器等设备向上层控制层提供有关过程状态的信息。同时，这一层通过控制阀和泵等最终控制元件(执行器)提供对过程的直接操作。

(2)单回路稳定控制层

单回路稳定控制层在控制硬件中实现，如 DCS、PLC 或现场工程师站等。在该控制层中，实现了多个单输入单输出(SISO)控制循环，在压力和流量变化等快速干扰的影响下，将速度、流量或液位等变量保持在其目标值。为了达到期望的调节性能，控制器以较高的速率执行算法。

(3)先进控制层

选矿是一个复杂的非线性系统过程，单回路稳定控制层只能实现单个操作变量(如给矿量、给水量、矿浆流量等)的"定量"自动控制。根据生产工艺要求和工况变化实现各操作变量的联动，确保生产稳定则需要更先进的控制策略。先进控制层负责保持与流程性能相关的变量(如磨矿浓度、返砂比、浮选浓度等)处于最

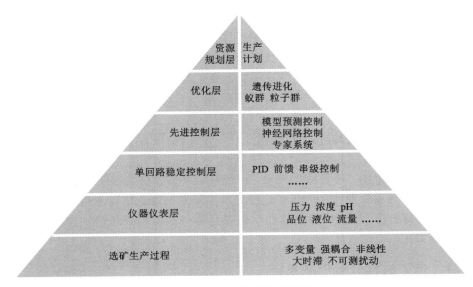

图 8-8　分级多层控制系统

佳状态，同时以动态方式处理交互和约束。选矿过程中常用的先进控制方法包括模型预测控制、模糊控制、专家系统、神经网络控制等。

（4）优化层

优化层的目标是确保在满足一组约束条件的同时，使选矿厂工艺参数运行在经济利润最大化的点上。这可以表述为一个优化问题，其中目标函数为某一种性能指标，如利润、功耗、品位、回收率。采用智能优化算法，通过最大化或者最小化目标函数，从而确定使目标函数最优的最佳工艺操作参数。常用的智能优化算法包括遗传算法、模拟退火算法、禁忌搜索算法、粒子群优化算法和蚁群算法等。这些智能优化算法具有全局优化性能、通用性强、适合并行处理的特点，均有严格的理论基础，而不是单纯依靠专家经验。理论上可以在一定时间内找到更优解或近似更优解。

（5）资源规划层

企业资源计划，即 ERP（enterprise resource planning）是制造业系统和资源计划软件。除了包括生产资源计划、制造、财务、销售、采购等功能外，还包括质量管理，实验室管理，业务流程管理，产品数据管理，存货、分销与运输管理，人力资源管理和定期报告系统。在我国 ERP 所代表的含义已经被扩大，用于企业的各类软件，已被统一纳入 ERP 的范畴，超出了传统企业边界，从供应链范围去优化企业的资源，是基于网络经济时代的新一代信息系统。它主要用于改善企业业务流程以提高企业核心竞争力。

## 8.2.2 选矿过程控制系统组成

对于工业过程,其过程控制系统主要包括如图8-9所示的组成部分。

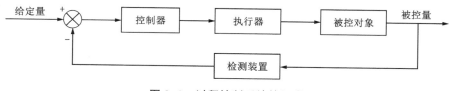

**图8-9 过程控制系统的组成**

(1)被控对象

被控对象是指需要控制和调节的设备/装置或生产过程,可简称为对象。当需要控制的工艺参数只有一个时,生产设备与被控对象是对应的;当一个设备或过程中需要控制的参数不止一个时,被控对象就不再与整个生产设备相对应,而是设备的某一组成部分,甚至可以是一段输送物料的管道。

(2)检测装置

检测装置是指测量被控对象中参数(如浮选柱的泡沫高度)的大小,并将其转换成相应的输出信号的装置。因为许多工业参数测量时,待测参数经传感器得到的量不是电量,为了便于与控制器连接和信号传输,往往要把这个非电量转换成电信号(或其他统一的标准信号),所以检测装置中往往会包含变送环节,此时,检测装置又被称为测量和变送装置。

(3)控制器

控制器是指把检测装置得到的检测量与给定量之间的偏差信号变换成相应的控制信号的装置。控制器的任务是输出与偏差信号(大小、方向、变化情况)呈某种关系(这种关系称为控制规律或调节规律)的调节信号,以控制执行器完成相应的动作。实际的控制器有多种形式,可以是单元仪表,也可以是专用的或通用的计算机。

(4)执行器

执行器是指具体完成控制任务的装置,如浮选柱的尾矿阀门,通过改变阀门开度调整流量进而改变浮选柱液位。

(5)给定装置与比较环节

给定装置的作用是用来提供一个与被控量要求值(称为给定值或设定值)相对应的电信号(或其他标准信号)。控制系统的给定可以分为内部给定和外部给定两种。内部给定是由控制器内部产生相应的电信号,外部给定则是手动给定信号或由上级控制装置传送来的信号。比较环节的作用是将给定值与检测装置检测的被控量进行比较，并将两者的偏差送入控制器，以便利用偏差值来调节被控量。

需要指出，当使用计算机或单元仪表作为控制器时，可以不需要给定装置和比较环节，在控制器中直接设定给定值，并且由控制器完成比较运算，此时过程控制系统由被控对象、检测装置、控制器和执行器 4 个相互作用的环节组成。

### 8.2.3 选矿过程被控对象特性与建模

选矿过程的被控对象包括各类贮槽/仓、泵、压缩机等辅助设备，以及浮选机、重选机、电选机、破碎机和磨矿机等各类工艺设备。这些被控对象的特性各异，控制要求有时会差别很大，控制难度也有易有难，但从控制观点上看，它们在本质上有许多相似之处，具体表现为：

①被控对象所完成的过程(如磨矿机磨矿)几乎都离不开物质或能量的流动。当把被控对象视为相对独立的一个隔离体时，从外部流入对象内部的物质或能量流量称为流入量，从对象内部流出的物质或能量流量称为流出量。只有当流入量与流出量保持平衡时，对象才会处于稳态。稳态一旦遭到破坏，物质或能量的变化就体现在某个物理量/工艺参数的变化上。例如，液位变化反映物质平衡遭到破坏，温度变化反映能量平衡遭到破坏。控制的目的就是在过程遭到破坏后通过调节某物理量，使生产过程达到新的平衡。

②选矿过程的被控对象大多属于慢过程。被控对象往往有一定的存储容积，且内部的物理和化学过程都需要时间，而单位时间内的流入量和流出量又只能是有限值。

③选矿属于连续生产过程，被控对象还具有传输延迟特点。即物质或能量要到达下一设备，需要的运送时间，称为传输延迟(又称纯延迟、时滞)。

建立被控对象数据模型的依据就是流入量与流出量之间的各种平衡方程。即将被控对象作为隔离体，列出由工艺参数和物理量表示的物质或能量平衡方程，求解方程得出具体过程对象输出量与输入量之间的规律，即被控对象模型。被控对象数学模型采用数学方程表示，称为参量模型。如果被控对象很复杂，无合适数学模型表示时，可采用黑箱法。即把被控对象隔离，施加输入量并记录相应的输出量，然后绘制数据表格或曲线，用以描述被控对象输入与输出之间的规律，此时称为非参量模型。

数学模型的建立简称建模，一般有机理建模、实验建模、混合建模 3 种方法，其中：

①机理建模，是指根据对象或过程的内部机理，列出有关的物质和能量平衡方程，以及一些物性方程、设备特征方程、物理/化学定律等，进而推导出对象或过程的数学模型的方法。这样建立的模型称为机理模型。机理模型的优点在于模型参数具有非常明确的物理意义，一旦建立，即可适用于具有相同机理的其他对

象或过程。但是,选矿过程中许多对象或工序由于机理复杂,局限于现阶段的认识,不能用这种方法建模,或者为简化问题,经过许多假设建立了机理模型,但由于模型精度不高而无法在实际生产中应用。

②实验建模,是指用黑箱法建立的数据表格或曲线模型,或者根据收集的生产记录数据建立的数据表格或曲线模型。当然,可以对数据或曲线采用数理分析方法,进一步建立表达式形式的数学模型。在过程控制中,把这种通过在对象上施加输入、测取输出,再据以确定对象模型的结构和参数的过程,称为系统辨识。由实验建模得到的模型称为经验模型,其优点是对数据来源的对象来讲,模型具有良好的适配性,但对于其他的同类对象,很可能不具有适配性。

③混合建模,是指由机理分析确定模型的结构形式,再通过实验确定模型中参数的建模方法。混合建模结合了机理建模与实验建模方法,有些情况下,能降低建模难度。其中,把在已知模型结构基础上,通过实验数据确定模型中某些参数的过程,称为参数估计。

## 8.3 选矿过程典型自动控制技术

选矿过程复杂变化,很难用精确的数学模型描述,在一定程度上限制了模型预测控制技术的应用,选矿过程典型自动控制技术有以下几种。

### 8.3.1 PID 控制技术

目前应用最广泛的控制算法是 PID 控制器(比例-积分-微分),按偏差的比例(P)、积分(I)和微分(D)进行控制器设计。PID 控制器可以作为 DCS 和 PLC 系统的标准功能模块。PID 算法的控制规律为:

$$\mu(t) = K_p e(t) + K_i \int_0^t e(t)\,\mathrm{d}t + K_d \frac{\mathrm{d}e(t)}{\mathrm{d}t} \qquad (8-1)$$

式中: $\mu(t)$ 为控制器输出; $K_p$ 为比例增益; $K_i$ 为积分增益; $K_d$ 为微分增益; $e(t)$ 为设定值与测量值的误差。比例控制能迅速反应误差,从而减小误差,但比例控制不能消除稳态误差, $K_p$ 的加大,会引起系统的不稳定;积分控制的作用是只要系统存在误差,积分控制作用就不断地积累,输出控制量以消除误差,因而,只要有足够的时间,积分控制将能完全消除误差;积分作用太强会使系统超调加大,甚至使系统出现振荡;微分控制可以减小超调量,克服振荡,使系统的稳定性提高,同时加快系统的动态响应速度,减少调整时间,从而改善系统的动态性能。

选择 PID 控制器参数 $K_p$、$K_i$、$K_d$ 的过程称为 PID 参数整定,主要包括简易工程法、扩充响应曲线法、优选法、凑试法等。

## 8.3.2　串级控制技术

串级控制是在单回路 PID 控制的基础上发展起来的一种控制技术。当 PID 控制应用于单回路控制一个被控量时，其控制结构简单，控制参数易于整定。但是，当系统中同时有几个因素影响同一个被控量时，如果只控制其中一个因素，将难以满足系统的控制性能。串级控制针对上述情况，在原控制回路中增加一个或几个控制内回路，用以控制可能引起被控量变化的其他因素，从而有效地抑制了被控对象的时滞特性，提高系统动态响应性能。

串级控制系统中，副回路给系统带来了一系列的优点，即串级控制较单回路控制系统有更强的抑制扰动的能力。通常副回路抑制扰动的能力比单回路控制高出十几倍乃至上百倍，因此设计此类系统时应把主要的扰动包含在副回路中；对象的纯滞后比较大时，若用单回路控制，则过渡过程时间长，超调量大，参数恢复较慢，控制质量较差，采用串级控制可以克服对象纯滞后的影响，改善系统的控制性能。

对于具有非线性的对象，采用单回路控制，在负荷变化时，不相应地改变控制器参数，系统的性能很难满足要求，若采用串级控制，把非线性对象包含在副回路中，由于副控回路是随动系统能够适应操作条件和负荷的变化，自动改变副控调节器的给定值，因而控制系统仍有良好的控制性能。

在串级控制系统中主、副控制器的选型非常重要。对于主控制器，为了减少稳态误差，提高控制精度，应具有积分控制；为了使系统反应灵敏，动作迅速，应加入微分控制，因此主控制器应具有 PID 控制规律。对于副控制器，通常可以选用比例控制，当副控制器的比例系数不能太大时，则应加入积分控制，即采用 PID 控制规律，副回路较少采用 PID 控制规律。

## 8.3.3　前馈-反馈控制技术

按偏差的反馈控制能够产生作用的前提是，被控量必须偏离设定值。就是说，在干扰作用下，生产过程的被控量，必然是先偏离设定值，然后通过对偏差进行控制，以抵消干扰的影响。如果干扰不断增加，则系统总是跟在干扰作用之后波动，特别是系统滞后严重时波动就更为严重。前馈控制则是按扰动量进行控制的，当系统出现扰动时，前馈控制就按扰动量直接产生校正作用，以抵消扰动的影响。前馈是一种开环控制形式，在控制算法和参数选择合适的情况下，可以达到很高的精度。

采用前馈与反馈控制相结合的控制结构，既能发挥前馈控制对扰动的补偿作用，又能保留反馈控制对偏差的控制作用。

前馈-串级控制能及时克服进入前馈回路和串级副回路的干扰对被控量的影响，因前馈控制的输出不是直接作用于执行机构，而是补充到串级控制副回路的给定值中,这样就降低了对执行机构动态响应性能的要求,这也是前馈–反馈控制结构广泛被采用的原因。

### 8.3.4 模糊控制技术

在日常生活中,人们往往用"较少""较多""小一些""很少"等模糊语言来进行控制。例如,当我们拧开水阀向水桶放水时,有这样的经验:桶里没有水或水较少时,应开大水阀门;桶里的水比较多时,水阀门应拧小一些;水桶快满时应把阀门拧很小;水桶里的水满时,应迅速关掉水阀门。

"模糊"是人类感知万物、获取知识、思维推理决策实施的重要特征。"模糊"比"清晰"所拥有的信息容量更大,内涵更丰富,更符合客观世界。模糊控制理论是以模糊数学为基础,由模糊推理进行决策的一种高级控制策略,发展至今已成为人工智能领域中的一个重要分支。

模糊控制的数学基础包括模糊集合、模糊集合的运算、模糊关系、模糊逻辑和模糊推理。模糊控制系统通常由模糊控制器、输入输出接口、执行机构、测量装置和被控对象等 5 部分组成,如图 8-10 所示。

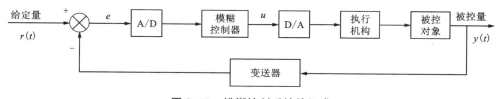

图 8-10 模糊控制系统的组成

模糊控制系统与通常的计算机控制系统的主要区别是采用了模糊控制器。模糊控制器是模糊控制系统的核心,一个模糊系统的性能优劣,主要取决于模糊控制器的结构,所采用的模糊规则、推理算法以及模糊决策方法等因素。模糊控制器主要包括模糊化接口、知识库、推理机、清晰化接口 4 部分,如图 8-11 所示。

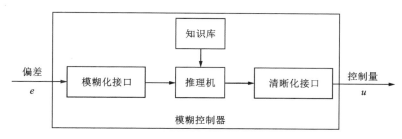

图 8-11 模糊控制器的组成

①模糊化接口。模糊控制器的确定量输入必须经过模糊化接口模糊化后，转换成一个模糊矢量才能用于模糊控制，具体可按模糊化等级进行模糊化。

②知识库。知识库由数据库和规则库两部分组成。数据库所存放的是所有输入输出变量的全部模糊子集的隶属度矢量值，若论域为连续域，则为隶属度函数。在规则推理的模糊关系方程求解过程中，向推理机提供数据。但要说明的是，输入变量和输出变量的测量数据集不属于数据库存放范畴。

规则库就是用来存放全部模糊控制规则的，在推理时为"推理机"提供控制规则。模糊控制器的规则是基于专家知识或手动操作经验来建立的，它是按人的直觉推理的一种语言表示形式。模糊规则通常由一系列的关系词连接而成，如 if-then、else、also、and、or 等。关系词必须经过"翻译"，才能将模糊规则数值化。

③推理机。推理机是模糊控制器中根据输入模糊量和知识库(数据库规则库)完成模糊推理，并求解模糊关系方程，从而获得模糊控制量的功能部分。模糊控制规则也就是模糊决策，它是人们在控制生产过程中的经验总结。

④清晰化接口。通过模糊决策所得到的输出是模糊量，要进行控制必须经过清晰化接口将其转换成精确量。通常采用选择隶属度大的原则、加权平均原则、中位数判决 3 种方法来进行清晰化。

## 8.4 选矿过程参数检测与变送仪器仪表

要实现选矿生产过程中的自动控制，首先要解决的问题是实现对有关工艺参数的自动检测和调控执行。对选矿过程而言，需要测量的参数很多，如流量、料位、质量、液位、温度、压力、矿浆浓度等，这就需要用到各种类型的检测仪表及执行机构。

### 8.4.1 流量检测仪表

流体流动的量称为流量，根据时间可以把流量分为瞬时流量和累积流量。单位时间内流过工艺管道或明渠有效截面的流体的量称为瞬时流量；一定时间间隔内流过该有效截面的流体总量称为累积流量。测量瞬时流量的仪表称为流量计；测量累积流量的仪表称为计量表。常用流量检测仪表有以下几种。

(1)节流式流量计。又称为差压式流量计或变压降式流量计。利用流体流动过程中一定条件下动能和静压能可以相互转换的原理进行流量测量。由节流装置及差压测量装置两部分组成。节流装置安装在被测流体的管道中，流体流经节流装置时产生节流现象，动能与静压能相互转换，节流装置前后产生与流量(流速)成比例的差压信号；差压测量装置接收节流装置产生的差压信号，将其转换为相应的流量进行显示。具有结构简单、安装方便、工作可靠、成本低、设计加工已经标准化等优点，在工业领域应用最为广泛，特别适合大流量测量。缺点是压损较大、精度不高、对被测介质特性比较敏感，逐渐被先进的、高精度的、便利的其他流量仪表所取代。

（2）容积式流量计。又称为定排量流量计，用来测量各种液体和气体的体积流量。利用机械测量元件将流体连续不断地分割成单个已知的体积部分，根据计量室逐次、重复地充满和排放该体积部分流体的次数来测量流体体积总量。受被测流体黏度影响小，不要求前后直管段等，但要求被测流体干净，不含有固体颗粒，否则应在流量计前加过滤器。容积式流量计一般不具有时间基准，为得到瞬时流量值，需要另外附加测量时间的装置。优点是测量精度高，在流量仪表中是精度较高的一类仪表。

（3）电磁流量计。基于电磁感应原理测量流量，能测量具有一定电导率的液体的体积流量。由于它的测量精度不受被测液体的黏度、密度及温度等因素变化的影响，且测量管道中没有任何阻碍液体流动的部件，所以几乎没有压力损失。适当选用测量管中绝缘内衬和测量电极的材料，就可以测量各种腐蚀性(酸、碱、盐)溶液流量，尤其在测量含有固体颗粒的液体，如泥浆、纸浆、矿浆等的流量时，更显示出其优越性。

（4）涡轮流量计。以动量守恒原理为基础，在管道中安装一个可以绕轴旋转的叶轮或涡轮，当流体冲击叶轮或涡轮时产生动力，相对于轴心形成动扭矩。旋转角速度随着动扭矩的变化而变化，即流量随着动扭矩的变化而变化。涡轮流量计是典型的速度式流量计，具有准确度高、量程比大、适应性强、反应迅速等优点，并且能够输出数字信号。因此广泛用于工矿、石油、化工、冶金、造纸等行业。

（5）转子流量计。当流体自下而上地流经一个上宽下窄的锥形管时，垂直放置的转子(浮子)因受到自下而上的流体的作用力而移动。当此作用力与浮子的重力相平衡时，浮子即静止在某个高度。浮子静止的高度可反映流量的大小。由于流体的流通截面积随浮子高度不同而异，而浮子稳定不动时上下部分的压力差相等，因此转子流量计又称为变面积式流量计或等压降式流量计。具有低压损、量程比大的优点，主要用于小口径、微(小)流量、小雷诺数情况下的流量测量。缺点是精度较低。

（6）超声波流量计。一种非接触式检测仪表，由超声波换能器、电子线路及流量显示和累积系统三部分组成。超声波换能器用来发射和接收超声波；超声波流量计的电子线路包括发射、接收、信号处理和显示电路；测得的瞬时流量和累积流量值用数字表或模拟表显示。超声波在流体中的传播速度受被测流体流速的影响，超声波流量计就是根据这一点进行流量测量的。

超声测量仪表的流量测量准确度几乎不受被测流体温度、压力、黏度、密度等参数的影响，适合测量强腐蚀性、非导电性、放射性及易燃易爆介质的流量。在具有高频振动噪声的场合，超声波流量计有时不能正常工作。

### 8.4.2 物位检测仪表

所谓物位是指存储容器或生产设备里液体、固体、气体高度或位置。液体液面的高度或位置称为液位；固体粉末或颗粒状固体的堆积高度或表面位置称为料位；气-气、液-液、液-固等分界面称为界位。液位、料位和界位统称为物位。物位测量在选矿厂自动化中占显著位置，如料仓的料位高度检测、泵池水位检测、浮选泡沫高度检测等。

(1)浮力式液位计。根据浮力原理，即通过测量漂浮于被测液面上的浮子(也称浮标)随液面变化而产生的位移来检测液位，或利用沉浸在被测液体中的浮筒(也称沉筒)所受的浮力与液面位置的关系来检测液位。浮力式液位计结构简单、读数直观、可靠性高、价格较低，适于各种储罐的测量。

(2)差压式液位计。通过测量容器两个不同点处的压力差来计算容器内物体液位(差压)。常规的差压变送器通过测量容器中的液位压力来进行液位的测量。

(3)电容式物位计。通过测量电容的变化来测量物位，由测量电极前置放大器及指示仪表组成。测量敏感元件是两个导体电极(通常把容器壁作为一个极)。当被测物位在容器内上下移动时，会改变极间介电常数或极板长度，进而改变了圆筒电容器的电容，通过测量电容变化量可以反映物位变化。与电动单元组合仪表配套使用，可实现液位或料位的自动记录、控制和调节。由于它的传感器结构简单，没有可动部分，因此应用范围较广。

(4)超声波物位计。一种非接触式的物位计，利用超声波在气体、液体或固体中衰减、穿透能力和声阻抗不同的性质来测量两种介质的界面。分体式的超声波发射和接收为两个器件，而一体式超声波的发射和接收为同一个器件。

(5)雷达式液位计。以光速传播的超高频电磁波经天线向被探测容器的液面发射，当电磁波碰到液面后反射回来，雷达式液位计是通过测量发射波及反射波之间的延时来确定天线与反射面之间的高度。由于超声波液位计声波传送的局限性，雷达式液位计的性能大大优于超声波物位计。

雷达式液位计是采用了非接触测量的方式，没有活动部件，可靠性高，不污染环境，安装方便。适用于高黏度、易结晶、强腐蚀及易爆易燃介质，特别适用于大型立罐和球罐等液位的测量。

### 8.4.3 重量检测仪器

目前工业上的重量检测，应用电子检测手段和控制理论，实现了自动称量。

(1)电子皮带秤。用在连续测量皮带运输机上传送固体物料的瞬时量和总量的测量装置。它被广泛地用于自动称料、装料、配料或提供自动控制信号。电子皮带秤由胶带、驱动轮、托辊、秤架、测力传感器、测速传感器及信号处理系统组成。

（2）料斗秤和液罐秤。在生产过程中，测量料斗中粉状料或块状料的重量、液罐内液体的重量，分别需采用料斗秤和液罐秤。料斗秤通常由 3 个或 4 个荷重传感器支撑进行重量检测。传感器可采用电阻应变式或压磁式荷重传感器。传感器总的输出值就代表了料斗的总重量。为了防止机械振动或加料的冲击对测量的影响，安装时要采取适当的防振措施。液罐秤同料斗秤一样，秤重传感器支撑液罐并实现重量测量。

（3）电子轨道衡。通常安装在铁路轨道上，用以计量铁路运输车辆的自重和运载物料的重量。按称量方式不同可分为静态和动态两种。二者均采用应变测量原理。整个测量系统由秤台和二次测量仪表组成。

## 8.4.4　浓度检测仪表

在选矿工艺中，矿浆浓度是衡量产品质量的一个很重要的测量指标。目前，国内矿浆浓度检测普遍采用的方法主要有光学法、同位素法、压差法等。

（1）γ 射线式浓度计。γ 射线穿过矿浆后其强度按指数形式衰减，通过一定的设计和配置检测出 γ 射线的强弱程度的改变，以计算矿浆浓度的改变。测量精确度高，是一种非接触式在线测量仪器，但测量管中的矿浆要充满且没有空隙，无气泡，不能有结垢，检测人员要增强对射线的防备和保护。

（2）放射性同位素浓度计。放射性同位素的辐射透过厚度一定介质时，介质对辐射吸收的强弱与介质浓度有关。放射性同位素浓度计是非接触测量，可适用于高压、高温、高腐蚀性、高黏度等情况，可用于气体、液体、固体介质的浓度测量。目前常用的就是核子浓度计，精度高，但有放射性。

（3）压差法浓度计。在一定高度的矿浆中其静压力和密度成正比例，通过测定静压力就可得知矿浆密度。在满浆的管道上，取压管上安装两个相距 $H$ 的取压室，取压室内装有橡皮隔膜，隔膜既能把矿浆的静压力通过管路的清水给压差传感器，又防止矿浆流入传感器中，将流动的清水和矿浆隔开。压力差通过压差变送器测出，再根据公式：$\Delta P = \rho g H$ 计算出浓度。差压浓度计的优点是构造不复杂，费用不高；缺点是外观庞大，精度不高。仅适用于介质和溶剂密度差较大的情况。

（4）差动浸没浮子式浓度计。基于阿基米德定律，当浮子浸没于液体中达到平衡时，它所排开的液体质量等于本身的质量。在天平的两端悬挂体积质量不同的浮子，浸入矿浆中，在某一标准浓度时，使天平处于平衡状态。当矿浆浓度改变时，由于两个浮子所受到的浮力不一样导致天平两端打破均衡状态而倾向于受到浮力大的一边，倾向于一边的程度取决于浓度的变化范围。用差动变换器将倾斜大小转变成电流信号或电压信号来指示不同的矿浆浓度。此浓度计的优点是结构简单、使用方便，缺点是精准度很低。

（5）电磁感应式浓度计。根据电磁感应原理，将磁信号转化成为电信号输出，用于检测含有磁性物质悬浮液的密度。装置主要包括检测管道、电磁感应线圈及转换显示电路模块。一旦固液两相混合体中含磁性的物质浓度有改变，那么就会造成磁感应线圈中电流的相应改变，对电流进行换算得出固液混合体中固相含量的变化。它的优点是大功率输出、动态范围小、构造不复杂，缺点是传感器尺寸大、较重。

（6）超声波浓度计。基于超声波传播过程中未穿过浆料时和穿过浆料后声速的改变、声衰减系数的变化或者是声阻抗的变化都与浆料中悬浮颗粒有关而制成，是一种不用直接接触的在线检测方法。在检测浓度时要尽量保证浆料中没有气泡。

### 8.4.5　压力检测仪表

工程上所说的"压力"实质是物理学上"压强"的概念，即垂直而均匀地作用在单位面积上的力。根据参考点的选择不同，工业上涉及的压力分绝对压力、相对压力（即表压力）和大气压力。常见的压力检测仪表包括液柱式压力表、弹性式压力表、物性式压力表等。

（1）液柱式压力表。以流体静力学原理为基础，利用一定高度的液柱产生的压力平衡检测压力，用相应的液柱高度反映被测压力的大小。压力表的优点是结构简单、显示直观、使用方便、价格便宜，缺点是体积大、读数不变、玻璃管易碎、精度较低。适合就地测量精度要求不高且环境不复杂的条件。受液柱高度的限制，其测量上限较低，只限于测量低压、微压或压差。液柱式压力表有很多，包括U形管压力计、单管压力计、多管压力计、斜管压力计、补偿式微压力计、差动式微压力计等。

（2）弹性式压力表。基于弹性元件受压产生的弹性变形（即机械位移）与所受压力成正比的原理，具有结构简单、读数清晰、牢固可靠、价格低廉、测量范围宽、有足够的精度等优点。若增加附加装置，如记录机构、电气变换装置、控制元件等，则可以实现压力的记录、远传、信号报警、自动控制等。弹性式压力表可以用来测量几百帕到数千兆帕范围内的压力，因此在工业上是应用最为广泛的一种测压仪表。

（3）物性式压力表。利用某些元件的物理特性随压力变化而变化的原理，如压电式、压磁式、压阻式等。这类压力仪表由于内部没有运动部分，因此仪表可靠性高。物性式压力表因结构简单，耐腐蚀，精度高，抗干扰能力强，响应快，测量范围宽，利于信号远传、控制等特点成为压力检测仪表的重要组成部分，广泛用于工业生产自动化、航空工业等领域。

### 8.4.6　温度检测仪表

温度是表征物体冷热程度的物理量,是物体内部分子无规则运动剧烈程度的标志,与自然界中的各种物理和化学过程相联系,温度的测量是以热平衡为基础的。

(1)膨胀式温度计。将温度转换为测温敏感元件的尺寸或体积变化,表现为位移,用于液体、气体或固体热胀冷缩的性质测温,有液体膨胀式(乙醇温度计、水银温度计)和固体膨胀式(热敏双金属温度计)两种。

(2)热电偶温度计。由热电偶、显示仪表及连接二者的中间环节组成,其中热电偶是整个热电偶温度计的核心元件,能将温度信号直接转换成直流电势信号,便于温度信号的传递、处理、自动记录和集中控制。热电偶温度计具有结构简单、使用方便、动态响应快、测温范围广、测量精度高等特点。一般情况下,热电偶温度计被用来测量$-200 \sim 1600\ ℃$的温度,某些特殊热电偶温度计可以测量高达$2800\ ℃$的高温或低至$-269.15\ ℃$的低温,是工业生产自动化领域应用最广泛的一种测温仪表。

(3)电阻式温度计。测量温度较低时,热电偶产生的热电势较小,测量精度较低。因此,中低温区常采用热电阻(简称 RTD)温度计测量温度。热电阻温度计由热电阻、显示仪表及连接两者的中间环节组成,其中热电阻是整个温度计的核心元件,能将温度信号转换成电阻的变化。热电阻温度计具有性能稳定、测量准确度高等特点,被广泛应用于$-200 \sim 650\ ℃$温度测量,其中标准铂电阻被定为$-259.3467 \sim 961.78\ ℃$的温度量值传递的基本仪器。

(4)辐射式温度计。利用物体的辐射能随温度变化的原理,是一种非接触式测温方法,即只要将传感器与被测对象对准即可测量其温度的变化。可测量运动物体的温度,且可进行遥测。可测量腐蚀性、有毒物体及带电体的温度,测温范围广,理论上无测温上限的限制。检测时传感器不必和被测对象进行热量交换,所以测量速度快,响应时间短,适于快速测温,但测量精度不高,测温误差大。

### 8.4.7　粒度检测仪表

粒度是选矿过程中质量控制的关键指标。选矿厂生产过程中粒度离线检测通常需要经过水析、筛分和烘干等操作过程,时效性差,无法实时为生产操作提供指导。在线粒度检测仪属于连续在线检测设备,不仅能够针对多个粒级进行测量,还能够确定粒级的浓度。目前有代表性的矿浆在线粒度分析仪有 PSM-400 超声波粒度分析仪、PSI-200 粒度分析仪、BPSM 型粒度分析仪、ПИК-074П(PKI-074P)筒式在线粒度分析仪以及 CLY-2000 在线粒度分析仪。

(1)PSM-400 超声波粒度分析仪是美国丹佛自动化公司生产,利用超声波通过矿浆时产生的衰减来检测矿浆粒度,通常由空气消除器、电子装置、取样装置、传感器、记录仪 5 部分组成。测量时矿浆要首先进入空气消除器除去气泡，然后再进入传感器进行检测。通过电子处理装置，检测到的频率衰减信号被转换为代表浓度和粒度的 4~20 mA 直流标准信号送至记录仪、现场指示器及过程控制中心。

（2）PSI 系列粒度分析仪由芬兰奥托昆普公司生产，典型产品包括 PSI-200、PSI-300 和 PSI-500。前两种是基于线性检测原理，后一种则应用了激光衍射测量原理。PSI-200 主要由稳流装置、标定取样器、粒度探头装置以及控制装置等部分组成。测量时，矿浆经取样器取出有代表性的样品，进入稳流装置分割后，小部分稳定样品从稳流装置进入粒度测量部分，测量结果输到控制装置中。PSI-200 测量的粒度范围为 25~600 μm，测量误差为 1%~2%，一般每秒钟测量 2 次。与利用超声波原理的在线粒度分析仪相比，PSI-200 有很多优势，如维护量少，不受矿浆浓度和温度影响，也不需要空气消除器，处理磁性矿物时不需要去磁等。其缺点是需要采集的数据多、范围广；数据过少时，测量结果不具备代表性。PSI-500 是利用激光衍射进行粒度测量的，不需要标定，能够给出全部的粒度分布，精度高、测量速度快，一般单流道 1 min 即可得到结果。PSI-500 测量的粒度分析范围为 1~500 μm。

（3）北京矿冶科技集团研制的 BPSM 在线粒度分析仪的测量原理与 PSI-200 相似，都是基于线性传感原理直接测量粒度分布。BPSM-I 型在线粒度分析仪主要由稳流箱、控制箱、电子触摸屏、标定取样器、空气净化装置、测量头等组成，与

BPSM-I 相比，BPSM-II 增加了多流道切换箱和浓度测量箱，可以同时实现矿浆浓度和粒度的测量。BPSM-III 则在主要控制系统上做了改变，运用了北京矿冶科技集团自主研发的嵌入式控制器，具有成本低、保密性强、供货周期短的优点。BPSM 型在线粒度分析仪可以直接测量矿浆粒度、结果精确、实时性高、易操作、易清扫、自动化程度高、维护量少，但其所测量数据的代表性依赖于取样的代表性及矿浆进出管路设计的合理性。BPSM 粒度仪的结构如图 8-12 所示。

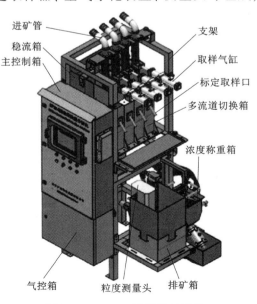

图 8-12　BPSM 粒度仪的结构

PKI-074P 与 PSI-200、BPSM 测量原理相同，都是基于线性传感器原理，而 CLY-2000 与 PSM-400 相似，基于超声波原理。

### 8.4.8 品位检测仪表

选矿厂采用传统的方法化验矿石品位通常需要经过取样-缩分-烘干-制样-化学分析，分析周期长。在线品位分析仪可以实时测出矿浆中目的元素品位，从而及时为生产调控提供指导。典型的在线品位分析仪主要有芬兰奥托昆普公司的 Courier 系列、马鞍山矿山研究院的 WDPF 型在线品位分析仪等。

（1）Courier 系列品位分析仪主要是利用 X 射线荧光分析原理，在 X 射线照射下，被测样品会发出 X 荧光射线，而每一种元素都对应一种特征波长，因此可以分辨出各种元素。荧光射线的强度则与元素的含量成正比，最后通过转换、分析计算则可得到所含元素品位。从 1967 年奥托昆普公司推出 Courier 300 开始，经过几十年的发展，Courier 系列已经有数种型号：Courier 300、Courier 30、Courier 30AP、Courier 30XP、Courier 3SL 和 Courier 6SL。最初的 Courier 300 采用大功率 X 射线为激发源，而 Courier 30 则采用了低功率 X 射线管，并且增加了矿浆多路转换器。在 Courier 30 基础上，Courier 30AP 将测量流道扩充到 12 个，Courier 6SL 则增加了可控的取样多路器，可同时检测 24 个样品，并且提高了 X 射线荧光的激发强度，Courier 3SL 则在结构上比较紧凑，占地面积小。Courier 3SL 主要由一次取样设备、二次取样设备、样品缩分组件、分析仪探头、标定取样器、探头控制装置以及分析仪管理站等部分组成，其工作原理如图 8-13 所示。

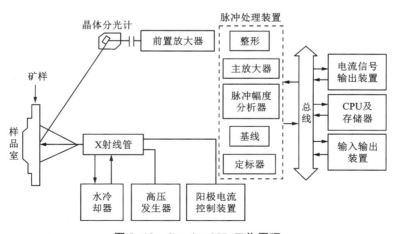

**图 8-13　Courier 3SL 工作原理**

（2）中钢集团马鞍山矿山研究院研制的 WDPF 型在线品位分析仪，主要采用了能量色散分析技术，同时使用了正比计数管、放射性同位素、多道能谱分析技术以及标准样品的自校正装置，是新一代能量色散型 X 荧光在线品位分析仪。主要由自吸式取样装置、嵌入式智能多道检测探头、主控计算机以及显示屏等部分组成。WDPF 型品位分析仪可分析铁、铜、铅、锌、钙、钼、锰等元素，一机最大可以有 16 个检测点，可以实现多元素的在线检测，各测点可实时连续测量分析。每个测点的探头相互独立，各有一套标准样品自校正装置，可根据各测点的差异任意设定校正周期和采样时间。近年来，WDPF 系列品位分析仪的性能也在不断提高，WDPF-Ⅲ应用的自创双探头加滤光片技术以及剥谱软件，可以克服相邻元素的干扰，提高仪器的整体性能和检测精度。

此外，还有西北矿冶院的 BYF100-Ⅲ型载流 X 射线荧光分析仪、丹东东方测控的 DF-5713 型品位在线检测仪、四川先达公司的 CIT-2000M 型分析仪等。

### 8.4.9 智能检测仪表

智能检测仪表采用微处理器和先进传感器技术，具有比模拟仪表更可靠的性能，且结构更紧凑，接线更灵活，维护更方便。其特点是可输出模拟和数字信号，与上位计算机连接，满足集散控制系统要求。智能仪表主体由微处理器和存储器构成。其中微处理器作为控制单元，是仪表的核心，用于控制数据采集、处理及显示等过程，如图 8-14 所示。

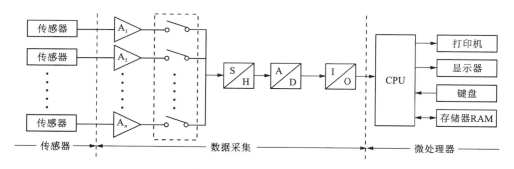

图 8-14　智能仪表组成

以智能流量计算仪为例（如图 8-15 所示），对来自流量传感器的脉冲信号或模拟信号进行处理，得到瞬时流量值和累积流量值。主要组成部件包括单片机、操作键、显示器、通信接口等。能够实现小信号切除、断电保护、定时抄表、实时时钟、自诊断、密码设置、面板清零有效性选择、累积速率设置、仿真、远程通信等功能。

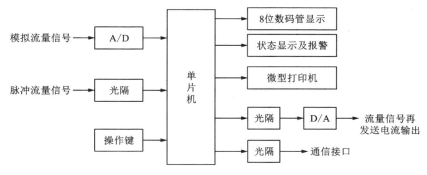

**图 8-15  智能流量计算仪的基本结构**

## 8.4.10  执行器

执行器接收来自控制器的控制信号，执行机构将其转换成相应的角位移或直线位移，去改变调节机构的流通面积，从而调节流入或流出被控过程的物料或能量，实现对温度、压力、流量等过程被控参数的自动控制，如图 8-16 所示。

**图 8-16  执行器工作原理**

执行器按使用能源分为电动型、气动型和液动型，按输出位移形式分为转角型和直线型，按动作规律分为开关型、积分型和比例型。

(1)电动执行机构。接收来自控制器的 DC 0~10 mA 或 DC 4~20 mA 电流信号，并将其转换为相应的角位移(输出力矩)或直线位移(输出力)，去操纵阀门、挡板等调节机构。电动执行机构可实现自动调节，还可实现系统的自动调节和手动调节的相互切换。操作器的切换开关置于手动操作位置时，由正、反操作按钮直接控制电机的电源，以实现执行机构输出轴的正转或反转。电动执行机构的组成包括执行机构和伺服放大器，如图 8-17 所示。

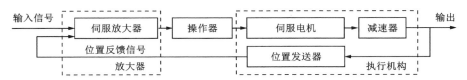

**图 8-17  电动执行器工作原理**

伺服放大器组成包括前置放大器、触发器、交流晶闸管开关、校正网络和电源等。执行机构接受伺服放大器或操作器的输出信号，控制伺服电动机的正、反转，再经过减速器减速后，转换成输出力矩去推动调节机构动作。

（2）气动执行机构。根据控制器或阀门定位器的输出气压信号大小，推动调节机构的阀芯动作，分为薄膜式和活塞式两种。其中薄膜式使用弹性膜片将输入气压转变为推力，具有结构简单、价格低廉、运行可靠、维护方便的特点。活塞式以气缸内的活塞输出推力，具有输出推力大、行程长、价格高的特点，只用于特殊需求场合。

（3）液动执行机构。以液压传递为动力，其显著特点是推动力大，但体型笨重，只适用于需要大推动力的特定场合，如三峡的船闸。液动执行器的传动更为平稳可靠，有缓冲无撞击现象，适用于对传动要求较高的工作环境。液动执行器是使用液压油驱动，液体本身有不可压缩的特性，因此液压执行器能轻易获得较好的抗偏离能力。

（4）调节机构。也称为调节阀或控制阀，是执行器的调节部分。其工作原理是在执行机构输出力（力矩）作用下，阀芯在阀体内移动，改变阀芯与阀座之间的流通面积，即改变了调节机构的阻力系数，从而使被控介质的流量发生相应变化，达到改变工艺变量的目的。调节阀的结构一般包含上阀盖、下阀盖、阀座、阀芯和阀杆等零部件。

# 8.5 典型选矿过程自动控制

## 8.5.1 破碎筛分过程自动控制

目前破碎筛分工段主要控制内容包括安全联锁、破碎机自动给料、破碎系统负荷平衡等。通过电子皮带秤测量给矿量大小、矿仓料位计检测料位，反馈调节给料机频率、皮带机输送频率，平衡破碎系统负荷。

（1）破碎给料量控制

破碎给料量控制主要通过调节矿仓的下料口宽度和皮带的速度（皮带电机频率）来实现，通过皮带秤实时检测矿量反馈到控制器形成闭环。破碎过程给矿量控制逻辑如图8-18所示。

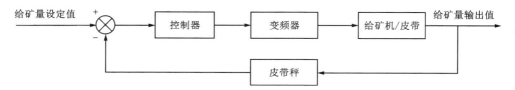

**图 8-18　破碎过程给矿量控制逻辑**

（2）破碎机状态监测系统

如须对粗碎破碎机的运行情况实现在线监测和闭环控制，可通过在碎破碎机进料口安装机器视觉系统或料位计，实时监/检测破碎腔料位，判断破碎机负荷，根据破碎腔内矿量调整给矿量或破碎机下料口宽度，防止给料量过大出现破碎机胀肚或矿石跑冒情况。破碎机状态监测系统如图 8-19 所示。

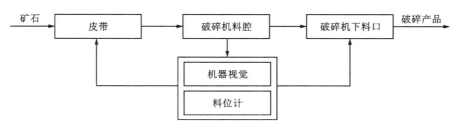

图 8-19　破碎机状态监测系统

（3）缓冲料仓料位控制

以中碎和细碎之间的缓冲料仓控制为例。假设中碎产品经过皮带运至缓冲料仓，然后经过另一条皮带进入细碎破碎机。缓冲料仓料位控制主要是防止中碎处理能力过大时造成冒矿现象发生。因此缓冲料仓的料位控制主要通过调节皮带的速度来实现闭环控制，即通过料位的高低来判断料仓的料量，进而调整皮带的电机频率。料仓料位控制系统如图 8-20 所示。

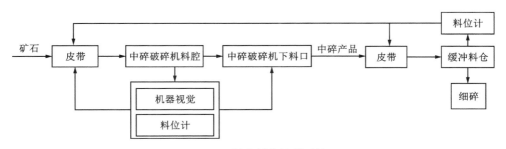

图 8-20　料仓料位控制系统

若缓冲料仓有多个，需要安装布料小车才能实现多个料仓的均匀布置。通常是采用定位仪对布料小车进行定位。当布料小车根据定位仪运行至某一料仓上方时，系统控制其停止，然后开始往料仓布料。将料仓料位计和定位仪连用，当料位达到某一位置时，重新启动布料小车使其运行至下一个料仓上方，系统再次控制其停止，然后开始往另一个料仓布料。如此往复，实现各个料仓的均匀布料。

## 8.5.2　磨矿分级过程自动控制

磨矿分级过程的控制目标主要包括：①在磨矿产品粒度目标值的较小波动范围内保持恒定的给矿速度；②在最大处理量下保持磨矿产品粒度在目标范围内；③结合下游分选流程(如浮选)效果，最大限度地提高产能。

影响磨矿分级过程控制的主要变量有给矿量和循环负荷、给矿粒度分布和硬度，以及磨机补加水、介质添加量等。为了稳定控制，给矿量、磨矿浓度和循环负荷可以保持在生产所需的最佳值(通常是通过试验研究或者生产经验确定)。给矿粒度和硬度的波动可能是扰乱磨矿回路平衡的最重要因素。以带预先分级-球磨流程为例，磨矿分级过程控制参数如图 8-21 所示。

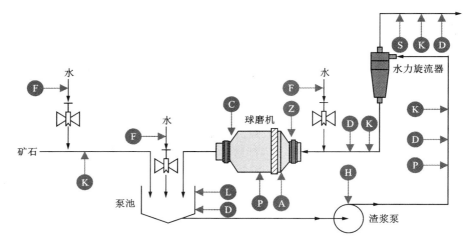

F—水流量；K—矿浆流量；L—泵池液位；P—磨机功率；A—磨机电流；Z—磨机转速；
D—矿浆浓度；H—渣浆泵频率；P—压力；S—矿浆粒度；C—磨机负荷。

**图 8-21　磨矿分级过程控制参数**

（1）恒定给矿控制

设定球磨机给矿量，根据皮带秤检测的瞬时矿量，自动调节给矿机的频率，实现给矿量的稳定控制；考虑给矿皮带长度对给矿量控制带来的不稳定因素，综合下料口的位置、变频器频率升降速度等影响给料的参数，尽量稳定球磨机的给矿量。磨机恒定给矿控制回路如图 8-22 所示。

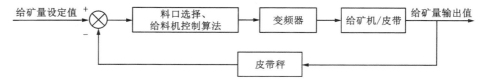

**图 8-22　磨机恒定给矿控制回路**

（2）比例给水控制

矿浆浓度主要由浓度计来测量，流速则由流量计测量。根据磨矿浓度的计算公式（8-2），矿浆浓度的控制主要通过调整给矿量和给水量来实现。

$$C = \frac{Q + CL \times c\%}{Q + V + CL} \times 100\% \tag{8-2}$$

式中：$C$ 为磨矿浓度；$Q$ 为给矿石给矿量（忽略矿石含水量）；$CL$ 为返砂量；$c\%$ 为返砂浓度；$V$ 为磨机给水量。

在确定磨矿产品的矿浆浓度要求后，可以计算出每吨矿石需要添加的水量；考虑到矿石所含的水分以及其他原因进入到流程的水量，对给水量进行补偿；根据球磨机的实际给矿量，可以计算出整个磨矿过程需要添加的总水量；将总水量在球磨机入口给水、泵池补加水等各个给水控制中进行分配，从而实现对磨矿过程的加水进行控制。磨机补加水控制回路如图 8-23 所示。

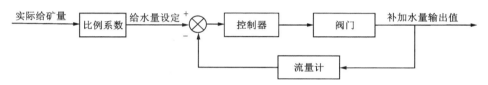

图 8-23　磨机补加水控制回路

（3）渣浆泵液位控制

磨机排矿和冲洗水进入泵池后，经渣浆泵打入旋流器分级。稳定泵池液位在一定的区间，不仅可防止其发生跑溢流或抽空的危险；在给矿量稳定的前提下，还可以通过控制泵池液位的高度稳定分级浓度。因此，泵池作为一个既有矿浆和补加水流进，又有矿浆流出的缓冲容器，理论上其液位的稳定控制既需要考虑泵池补加水流量，也需要考虑渣浆泵流量。渣浆泵液位控制回路如图 8-24 所示。

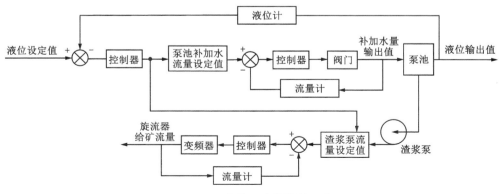

图 8-24　渣浆泵液位控制回路

渣浆泵池液位控制由两个基本控制回路构成。一个是泵池补加水控制回路，另一个是渣浆泵频率控制回路。泵池补加水回路用于控制泵池内矿浆浓度和总矿浆量，渣浆泵频率回路用于控制旋流器的给矿流量。因此，液位作为一个中间状态参数，需要两个回路的协同才能稳定。实际生产过程中，因为协同控制需要更高级的控制算法，选矿厂很少将两个回路协同，液位控制只与其中某一个回路关联。当液位过低时，往泵池补加水；当液位过高时，补加水减小。或者当液位过低时，渣浆泵频率降低，减少分级给矿量；当液位过高时，渣浆泵频率升高，增大分级给矿量。

（4）旋流器压力控制

旋流器的压力由矿浆流产生，矿浆流量的大小决定了旋流器的分级压力。通过调整渣浆泵的频率来调整旋流器给矿量大小，从而实现分级压力的调整。旋流器压力控制回路如图8-25所示。

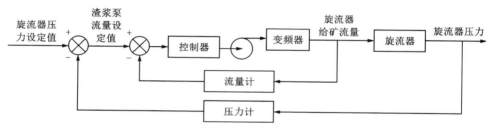

图8-25 旋流器压力控制回路

（5）溢流浓度控制

目前采用的简单的方法是通过控制分级溢流矿浆浓度，在一定范围内间接地控制溢流粒度。使用浓度计检测矿浆浓度并组成反馈闭环调节系统调节分级设备的补加水（即排矿水）将矿浆浓度控制在要求值，如图8-26所示。

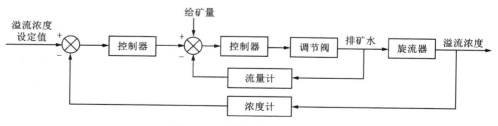

图8-26 溢流浓度控制系统

根据在假设给矿条件稳定的前提下，分级溢流矿浆的粒度与浓度之间存在着强非线性关系，通过控制溢流浓度达到间接控制溢流粒度的目的。然而，在没有建立准确函数关系的情况下单纯调节浓度，必然造成间接粒度控制的不稳定和精度差。

（6）磨矿过程优化控制

将磨矿生产与各个磨矿设备作为紧密联系的整体，采用分层反馈控制结构，在保证系统稳定与安全运行的前提下，不仅要使局部单元的各磨矿装置尽可能好地跟踪期望设定值，而且要控制整个生产过程运行。通过上层运行控制系统根据运行工况自动调整底层基础控制回路设定值，使表征磨矿整体运行性能的磨矿粒度、磨矿生产率以及能耗等运行指标控制在目标范围内，并尽可能提高产品质量与生产效率，降低磨矿能耗，最终提高磨矿生产整体运行效率。

早在 20 世纪 80 年代，Massacci、Patrizi 及 Herbst、Alba 等人就较早地研究和讨论了基于模型的磨矿过程最优控制和随机控制问题。基于模型的控制与决策依赖于好的在线模型及基于准确测量与适宜分布控制的精确参数估计。图 8-27 提出了一种磨矿过程综合优化控制结构，由磨矿生产率模型、能耗模型和优化求解模型 3 部分组成。由于过程动态机理模型难以得到，因而采用回归试验建模技术建立了磨矿生产率 $E$ 与磨矿浓度、介质填充率、料球比之间的回归分析模型。由于磨矿能耗可用磨机驱动功率（包括有用功率和机械损耗功率）来表示，建立了磨机驱动功率 $P$ 与磨机内部参数之间的近似数学模型，这些参数包括磨矿浓度、介质填充率、料球比以及磨机转速、磨机驱动转矩、物料密度、介质密度、物料间空隙、介质间空隙等。综合优化控制通过求解式(8-3)所示的优化问题来对决策变量即磨矿浓度、介质填充率、料球比三个基础控制回路的设定值进行求解。

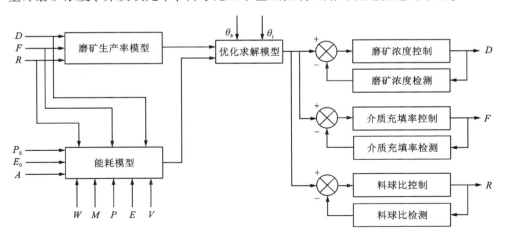

$D$—磨矿浓度；$F$—介质充填率；$R$—料球比；$P_\mathrm{s}$—介质密度；$E_0$—物料间空隙率；$A$—比例系数；
$W$—磨机转速；$M$—磨机总驱动转矩；$P$—物料密度；$E$—磨矿介质间空隙率；$V$—磨机内容积。

**图 8-27 磨矿过程综合优化控制结构**

$$\min J = \frac{1}{\theta_b E - \theta_i P + \gamma} \tag{8-3}$$

$$\text{s. t.} \begin{cases} E_{\min} \leq E \leq E_{\max} \\ 0 \leq \theta_b E - \theta_i P \leq P \\ 0 \leq P \\ \cdots \end{cases}$$

式中：$J$ 表示单位时间磨矿生产利润的倒数（原材料和设备其他损耗在此作为常量，故在优化问题中没有考虑）；$\theta_b$ 为磨矿生产率产值系数；$\theta_i$ 为单位时间能耗成本系数；$\gamma$ 为任意小正数，避免性能指标的被除数为零。由于上述优化目标函数 $J$ 为多变量、光滑非线性函数，因此选择 SQP（sequential quadratic programming）方法进行优化计算。并且还指出在实际操作中可以通过调整利润和成本因子 $\theta_b$、$\theta_i$ 来使磨矿优化根据市场需求的变化而变化。

应用模糊逻辑推理技术来解决磨矿过程运行控制问题是另一个应用广泛的方法。这很大程度得益于模糊逻辑自身所具有的技术优势。模糊逻辑推理可以用于模拟人在信息不清晰、不完备的情况下的判断推理能力，即将人的语言中所具有的多义、不确定信息定量地表示出来，以此来模拟人脑的思维、推理和判断。另外，模糊控制系统输入变量的模糊化钝化了系统噪声等干扰的影响，因而系统鲁棒性强，这尤其适用于磨矿过程这类时变、大滞后系统的控制。早在 1987 年，Harris 和 Meech 就指出模糊逻辑是选矿过程一种潜在的控制技术。

在实际工程应用中，模糊逻辑通常与专家系统进行集成，构成模糊专家系统或者模糊推理系统。图 8-28 为某公司半自磨机多变量模糊监督控制系统的输入输出结构图。可以看出，模糊监督控制系统的输出是磨机给矿速度、磨矿浓度（给矿水）等基础控制回路的设定值。

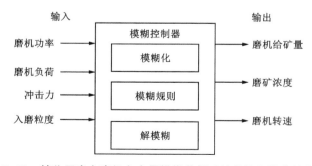

**图 8-28　某公司半自磨机多变量模糊监督系统的输入输出结构图**

图 8-29 和图 8-30 对于球磨机与旋流器构成的闭路磨矿过程提出了以球磨

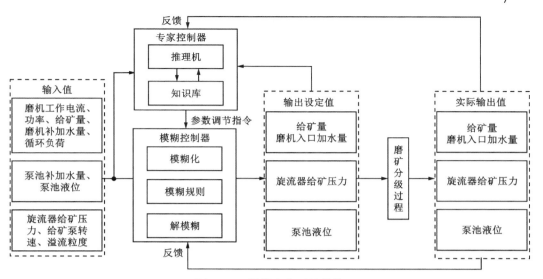

图 8-29 模糊专家系统结构

机工作电流和功率、球磨机给矿量、球磨机入口加水量、循环负荷量、泵池补加水量、泵池液位、旋流器给矿压力、旋流器给矿泵转速、旋流器溢流粒度为输入，以球磨机入口加水量设定值、球磨机给矿量设定值、旋流器给矿压力设定值、矿浆池液位设定值为输出，采用模糊控制与专家系统相结合的控制方法，通过调整回路设定值来达到实现磨矿过程的稳定控制。该方法在国内某大型钢铁集团下属的选矿厂进行了实验研究，可以在提高磨机系统平均处理量的同时，实现了选矿厂对旋流器溢流粒度的要求，并实现泵池液位、旋流器浓度与给矿压力的稳定控制。

## 8.5.3 浮选过程自动控制

传统泡沫浮选控制往往是现场操作人员根据以往生产经验，肉眼观察浮

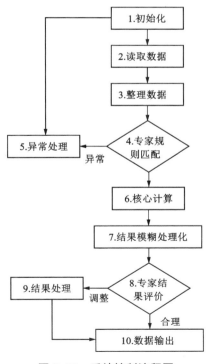

图 8-30 系统控制流程图

选泡沫来主观感知泡沫颜色、大小、形状、流速、纹理等表面视觉特征，调节加药量、气量、液位等参数来实现。这种通过主观判断的控制方式，随意性强、误差大、效率低，加之现场工作环境恶劣、强度大，无法实现浮选泡沫状态的客观评价与认知，导致产品质量差，稳定性不佳，造成浮选生产指标波动频繁、矿物原料流失严重、药剂消耗量大、资源回收率低等情况发生。

浮选过程是一个复杂的多相、多输入输出，且从矿石给入到浮选分离存在较大滞后性的过程。影响浮选生产的技术经济指标的干扰因素很多，但是浮选过程中的可调变量通常只有给矿流量、浮选补加水、空气流速、药剂添加量、泡沫冲洗水、搅拌速度。同时，由于浮选的工艺流程比较长，需要控制的参数多，并且参数之间耦合性较强。浮选过程的基础控制层主要通过传统单变量 PID 控制来实现，如矿浆液位、充气速度、药剂添加速度等。先进控制则包括抑制过程输入扰动带来的影响，同时维持浮选过程指标参数(品位和回收率)稳定。

(1)浮选槽液位控制

传统的液位控制通常采用 PID 控制使矿浆液位维持在一个期望的设定值，通过液位计检测当前液位值，与设定值进行比较，根据差值大小，调整浮选槽出口阀门实现液位控制。浮选槽液位控制回路如图 8-31 所示。

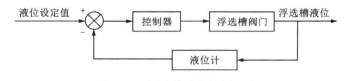

图 8-31　浮选槽液位控制回路

(2)浮选机充气量控制

通常浮选机充气量控制是通过气体流量计检测风管内气量的大小，与设定值进行比较，根据差值大小，控制器输出相应信号给执行机构，控制气动调节阀的开度，实现进风量的自动控制。浮选机充气量控制回路如图 8-32 所示。

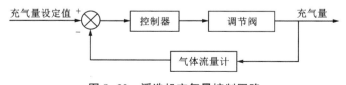

图 8-32　浮选机充气量控制回路

(3)浮选柱泡沫层高度的控制

浮选柱泡沫层高度的控制是通过调整尾矿输送管道上阀门开度来调节泡沫层高

度,以消除诸如给矿和充气速率变化等干扰的影响。为此,通过液位传感器(LT)感知泡沫高度,并传输与泡沫深度成比例的电信号(例如,4~20 mA)。本地液位控制器(LC)将期望的泡沫高度(设定值,SP)与实际测量的液位高度(AP)进行比较,并产生一个电信号(控制输出,CO)来驱动阀门,这种调控机制即为反馈或闭环控制,如图 8-33 所示。

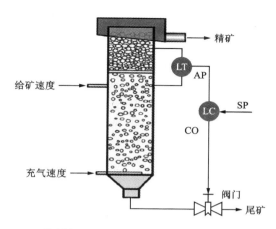

CO—控制输出;LC—控制器;LT—泡沫高度传感器;
AP—泡沫高度实测值;SP—泡沫高度设定值。

**图 8-33 浮选柱泡沫高度反馈控制回路**

(4)浮选矿浆 $pH/E_h$ 控制

$E_h$(电化学电位)和 pH 的测试能够为颗粒的表面化学性质提供信息,也是唯一的非侵入式方法确定浮选槽中发生的化学变化。通常采用离子选择性电极来检测。电极容易被矿浆中的活性物质污染,因此需要经常清洗电极。

pH 的控制通过改变酸或碱的添加量保持矿浆 pH 在一个期望的设定值。采用矿浆 pH 计检测入选搅拌桶内矿浆 pH 值,根据设定值和检测值的偏差调整酸或碱的添加量。磨矿矿浆 pH、$E_h$ 控制回路如图 8-34 所示。

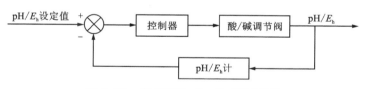

**图 8-34 磨矿矿浆 pH、$E_h$ 控制回路**

(5)浮选药剂添加控制

浮选药剂添加量直接影响浮选工艺指标,浮选药剂添加量与浮选给矿量、给矿粒度和品位等因素有关。给药量通常根据浮选矿石的品位和干矿量来控制。

入浮的干矿量可根据检测的入浮矿浆的体积流量和浓度间接推算。在控制回路中设定吨干矿量的捕收剂、调整剂和起泡剂用量,再根据系统中加入的干矿量计算出需要添加的药量。控制器将实际加药量与所需要加药量进行比较,利用 PID 调节,控制给药机,调节给药量。由于这种控制方式是根据检测数据间接计算出加药量,误差比较大。目前有些选矿厂,浮选给药量根据入浮给矿量和用在线品位仪测定的入浮品位进行控制（如图 8-35 所示），可找到用药量与入浮量、入浮品位的数学关系而得到不同情况下给药量的给定值。

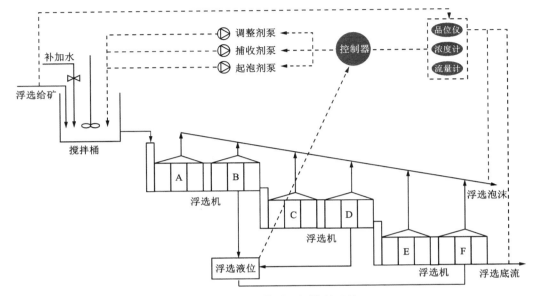

图 8-35　浮选药剂添加控制系统

自动添加浮选药剂，给药机是一个重要的执行机构。浮选自动控制采用的给药机有电磁阀、齿轮泵和柱塞泵等。电磁阀结构简单，价格较低，特别适用于给药点多的系统，但它只能控制加药量，不能向控制器反馈检测所加的药量，在使用时需要用测量药量的流量计，如小型电磁流量计和差压式微流量计等。齿轮泵既能用以给药，又能利用它的转数间接控制给药量，属价廉而简单的给药机。柱塞泵测量精确，工作可靠，但结构复杂，价格较高。

（6）浮选泡沫图像识别

机器视觉是指利用安装在浮选槽上方的摄像机记录浮选泡沫表面的数字图像，从图像中提取出一些泡沫特征，通过分析泡沫特征与浮选工艺参数间的关系来估计浮选的工艺指标，为浮选控制提供指导。

在浮选工业现场，操作工人根据对泡沫表面的视觉查验来调整和控制浮选过程是很常见的。对浮选泡沫状态的全面了解对全面认识浮选系统行为非常重要。泡沫的结构对品位和回收率有非常重要的影响。因此，机器视觉的发展和应用能够基于泡沫外观改变自动控制浮选过程。目前已有很多商业化的机器视觉系统，使得在线测量泡沫速度、形状、颜色等成为可能，这在智能控制和优化过程中是非常实用的。随着机器视觉的动态响应速度越来越快，更有可能采用机器视觉建立更好的智能控制和优化预测模型。

（7）浮选过程智能控制

浮选过程智能控制的目的是抑制输入扰动（比如，说矿石类型的变化）使浮选过程尽可能地保持稳定。通过将诸如液位、气流、药剂添加速度、pH 等控制在设定点，从而控制产率、循环负荷、品位/回收率在设定值，实现过程的稳定控制。只有浮选基础控制层具有良好的鲁棒性、高效性，智能控制才有可能。浮选过程智能控制通常就是指以维持品位和回收率稳定为目的的策略，一个稳定的浮选控制系统首先是使生产操作稳定，然后必须使品位和回收率维持在期望的设定值。

图 8-36 是某选矿厂铜粗选过程控制，通过图像处理、在线分析和串联预测模型控制浮选槽充气速度、浮选液和浮选泡沫速度，通过在线检测浮选给矿、精矿和尾矿中元素含量，建立浮选泡沫速度和品位之间的模型，通过控制浮选泡沫速度进而控制品位和回收率。

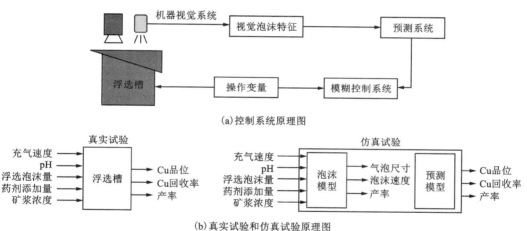

图 8-36  某选矿厂铜粗选过程控制

图 8-37 是某锑矿浮选过程控制，采用了一种数据驱动的自适应模糊神经网络控制策略。该控制策略由模糊神经网络控制器、数据驱动模型和在线自适应算法组成。模糊神经网络的构造是为了获得浮选药剂添加量的控制规则，模糊神经网络控制器的参数调整采用梯度下降算法。为了获得实时错误反馈信息，建立了一个数据驱动模型，该模型结合了长短期记忆神经网络和径向基函数神经网络，长短期记忆神经网络作为主要模型，径向基函数神经网络作为误差补偿模型，为应对生产过程频繁波动带来的挑战，采用在线自适应算法调整模糊神经网络控制器参数。

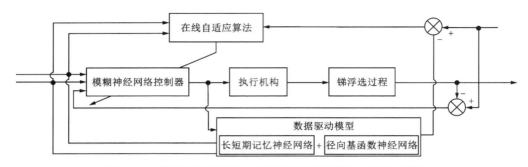

图 8-37　基于数据驱动的自适应模糊神经网络控制策略框图

### 8.5.4　其他工艺过程自动控制

（1）重介质过程的自动控制

影响重介质选煤系统分选效果的主要参数有悬浮液密度、悬浮液黏度、合介桶液位以及旋流器的入口压力等。

①悬浮液密度控制。须精准控制密度给定值并根据密度给定值对介质泵出口处悬浮液密度进行控制。以精煤灰分为密度测定的依据，基于模糊 PID 控制算法和密度给定值对清水阀进行控制，实现通过测定精煤中的灰分判定悬浮液密度是否符合生产规程。悬浮液密度控制流程如图 8-38 所示。

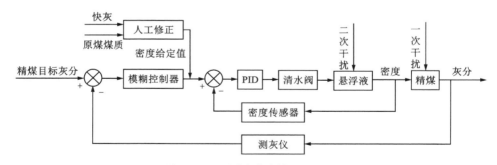

图 8-38　悬浮液密度控制流程图

②合介桶液位控制。实际选煤生产过程中，合介桶液位的动态变化常常会影响旋流器入口压力的稳定性，继而影响悬浮液的稳定性。影响合介桶液位的因素为进料量和出料量，且其干扰量单一，采用 PID 控制方法即可得到对合介桶液位的理想控制效果，其直接控制对象为气动阀，液位检测设备采用超声波液位计。合介桶液位控制流程如图 8-39 所示。

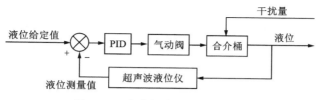

图 8-39 合介桶液位控制流程图

③智能控制系统。重介质分选智能控制系统控制策略如图 8-40 所示,由液位模糊控制回路、密度模糊控制回路组成。安装于重介质分选系统中的液位计实时测量液位高度,将实时测量值与设置值 $h$ 进行比较;将液位的偏差以及偏差变化率作为液位模糊控制器的输入变量,经模糊控制后输出控制液位量 $\Delta Q_1$,计算分流箱以及清水阀的开度,实时调节重介质分选系统的液位。安装于重介质分选系统中的密度计实时检测液位的密度,将实时测量值与设置值 $\rho$ 进行比较;将密度的偏差以及偏差变化率作为密度模糊控制器的输入变量,经模糊控制后输出控制密度量 $\Delta Q_2$,通过计算出的补水阀开度,实时调节重介质分选系统密度。经模糊控制系统实时、动态调节,最终重介质悬浮液液位和密度达到动态平衡,保证重介质分选系统连续、稳定工作,精煤质量达到要求。

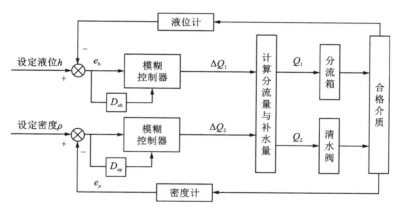

图 8-40 选煤厂重介质分选智能控制系统控制策略框图

(2)磁选柱自动控制

图 8-41 为磁选柱自动控制的典型案例。利用 PLC 作为控制器,采用自适应模糊 PID 控制对磁选柱溢流液面进行自动调节。首先,通过液位传感器检测当前溢流液面高度与目标值的差距,并将此信号通过输入模块传送至控制器 PLC,经过控制算法计算,PLC 通过输出模块将指令传送到两个定位器,两个定位器再对底流阀和补加水阀进行联动控制,使气动智能角阀做出相应动作,如此循环,直至溢流液面高度反馈值接近目标值,保证设备的稳定运行。

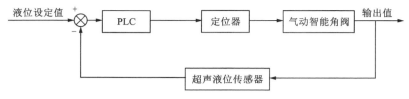

图 8-41 溢流液面控制原理图

（3）选矿巡检机器人

机器人是人工智能技术的重要应用领域，目前在金属矿山领域出现了选矿过程智能巡检机器人替代人工巡检的技术。通过选矿车间定位导航技术、机器人机械结构与测控技术、多传感器信息融合的智能分析决策技术，形成具备智能行走、智能感知、智能决策、云端监控等功能的智能巡检机器人，实现对选矿车间全天候、全方位、全自主智能巡检和监控，有效降低劳动强度和运维成本，提高巡检效率和管理智能化水平。

定位导航技术是选矿巡检机器人实现自主化和智能化的核心，矿冶科技集团有限公司基于双目视觉传感器和深度传感器融合的 VSLAM（visual simultaneous localization and mapping）导航技术，通过研究点云地图的构建与路径规划方法，形成选矿巡检机器人视觉导航技术及控制软件产品，解决机器人在选矿复杂工业环境内定位不准的难题。

VSLAM 是指巡检机器人在位置环境中通过视觉传感器信息确定自身空间位置，并建立所处空间的环境模型。通过传感器数据预处理方法、前端视觉里程计算方法、回环检测和点云建图定位和规划路径方法，形成三维地图构建和导航技术。主要的技术框架如图 8-42 所示。

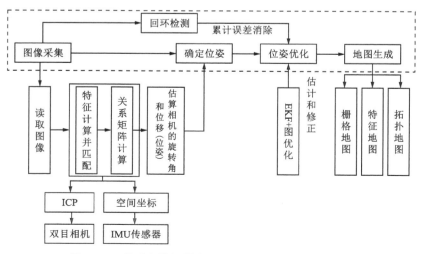

图 8-42 选矿巡检机器人 VSLAM 的巡检系统方案图

# 9

# 辅助设备及设施

选矿厂常用的辅助设备包括给矿机械、带式运输机、砂泵和起重检修设备等,辅助设施则主要包括各种类型的矿仓。

## 9.1　给矿设备

### 9.1.1　给矿设备的用途和分类

为按一定的溜放速度和溜放断面将矿石给入到连续工作的运输机、破碎机或磨矿机中,就应该采用给矿机。有些给矿机不但能保证均匀地给矿,而且在停止工作时,还能起到闸门的作用,将矿仓的卸矿口封闭。在矿仓和给矿机这两部分中,任何一部分的设计不当,都将使整个系统的功能受到影响。在设计矿仓时,首先必须考虑矿仓卸矿口的正确尺寸,以避免仓内矿石结拱。矿仓卸矿口尺寸应当满足最大生产率的要求,并与所选择的给矿机的规格相适应。

选矿厂所用给矿机械根据其工作机构的运动特性可分为以下 3 类:①连续动作的板式、带式和链式给矿机等;②往复动作的槽式、摆式和振动式给矿机;③回转动作的圆盘式和滚筒式给矿机等。

### 9.1.2　板式给矿机

板式给矿机分为重型(ZBG 型)、中型(HBG 型)、轻型(QBG 型)。板式给矿机为系列产品,每种规格均分左、右两种传动方式。传动装置在钢板带运行方向的左侧者为左传动,反之为右传动。板式给矿机的规格用链板宽度 B 和两链轮中心距 A 来表示。

(1)重型板式给矿机

重型板式给矿机在给矿量和给矿粒度大的情况下采用,其结构如图 9-1 所示。主要由机架、拉紧装置、钢板带、托辊和传动装置等部分组成。钢板带是承受载荷的部件,是由固定在铰链上的许多带侧壁的钢板构成,钢板之间用铰链彼此连接,并与钢板固定在牵引链上一起绕链轮运转。在运转时,工作链带由上托辊支撑,回程链带由下托辊支撑,并由拉紧装置来调节钢板带的松紧。

重型板式给矿机的最大给矿块度可达 1500 mm,生产率为 240~480 t/h,最大可达 1000 t/h。给矿机的生产率取决于钢板带的速度、物料堆密度、料层厚度和给矿机本身的宽度,可用改变钢板带的速度来调节。

重型板式给矿机的特点是能够适应高强度给矿能力的要求,并能强制性卸料以及保证均匀的矿流。同时具有抗冲击的能力。它可以水平或倾斜安装,其倾角的大小随地点具体而定,最大倾角可达 15°。缺点是给矿机所占的空间大,运动部件多,维护工作量较大。

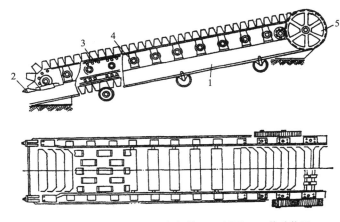

1—机架;2—拉紧装置;3—钢板带;4—托辊;5—传动装置。

**图 9-1  重型板式给矿机的结构**

(2)中型板式给矿机

中型板式给矿机与重型板式给矿机的不同点在于其钢板带下面没有铰链。链带由标准型号的套筒滚子链和波浪形链板组成。工作段的牵引链可以在托辊上移动,也可以在轨道上移动。

中型板式给矿机传动的方式是由电动机经减速器带动偏心机构旋转,再由偏心盘、连杆、传动棘轮带动链带做均匀的间歇式移动。给矿粒度最大可达350~400 mm。偏心盘的偏心距可在 24 至 140 mm 之间调整,调整偏心距可变更给料速度,以便调节生产率。

（3）轻型板式给矿机

轻型板式给矿机用于粒度在 160 mm 以下矿石的给矿。它的构造和工作原理与中型板式给矿机基本相同，工作段也是由牵引链沿轨道移动。

它可以水平或倾斜安装，最大倾角不超过 20°。在倾斜安装时，传动装置应水平安装，以防止因倾斜而妨碍润滑。给矿机以每增加一个链节 200 mm 为一长度等级，故可做成用户要求的各种长度。

## 9.1.3  槽式给矿机

槽式给矿机的结构如图 9-2 所示。主要包括一个水平的或微倾斜的钢槽和矿仓漏斗与固定的槽身相连。槽身与槽底为不连接的两个部件，槽底依靠托辊支持，由偏心连杆带动，使其在托辊上做往复运动。当槽底向前运动时，即将由漏斗中落下的物料带向前方。槽底向后运动时，由于内部上层物料的阻挡，使物料无法跟着槽底向后移动，而被推入安装在它下面的破碎设备中。

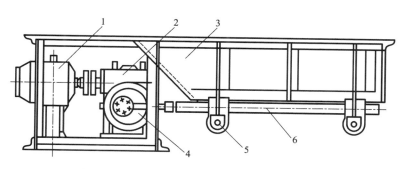

1—电动机；2—减速机；3—槽体；4—偏心轮；5—托辊；6—连杆。

**图 9-2  槽式给矿机的结构**

槽式给矿机一般用于细粒和中粒物料的给矿，最大粒度可达 450 mm。给矿均匀，不易堵塞，对含水分较高的物料也能适应。但不适宜输送粉末状的物料，因为粉末很容易飞扬。槽式给矿机的选择，是按给矿粒度及要求的给矿量确定，首先根据物料粒度按设备表规定选择槽宽，然后由槽宽验算生产能力。槽式给矿机的生产率可用开闭闸门或改变行程的方法加以控制。

## 9.1.4  电磁振动给矿机

电磁振动给矿机具有结构简单、体积小、重量轻、给料均匀、给料粒度范围大（为 0.6~500 mm）、维护方便、给矿量容易调节、便于实现生产的自动控制等优点。其缺点是第一次安装时调整困难，在输送黏性物料时，容易堵塞矿仓口。由于振动频率高，噪音很大，故地下式矿仓中如采用电振给矿机时，工作条件较差。

电磁振动给矿机有上振式和下振式两种，选矿厂多用下振式，其结构如图 9-3 所示，主要由减振弹簧、给料槽、电磁振动器等部件组成。电磁振动器则由连接叉、衔铁、铁芯、线圈、板弹簧、振动器壳体及板弹簧压紧螺栓等零部件组成，其结构如图 9-4 所示。

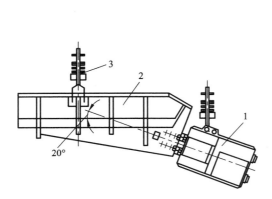

1—电磁激振器；2—槽体；3—减振弹簧。

**图 9-3　电磁振动给矿机的结构**

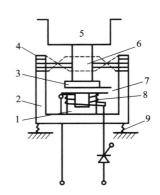

1—铁芯；2—壳体；3—衔铁；
4—板弹簧；5—槽体；6—连接叉；
7—气隙；8—线圈；9—减振弹簧。

**图 9-4　电磁振动器的结构**

当电磁振动给矿机的供电控制箱接入交流电源后，经过半波整流输出给振动器线圈，在线圈中通过 3000 次/min 的单向脉动电流，衔铁和铁芯之间便产生 3000 次/min 的吸力，使槽体和振动器壳体产生 3000 次/min 的振动，振动方向与槽底成 20° 的角。由于槽体的定向振动，当振动加速度达到一定数值时，槽体中的物料便被连续向前抛掷。因为每次振动使物料向前移动的距离和抛起的高度均较小，但频率很高，所以，当槽体内充有很多物料时，就可见所有松散物料在向槽体的前方流动。

### 9.1.5　圆盘给矿机

根据圆盘是否封闭，圆盘给矿机分为敞开式和封闭式。圆盘给矿机示意图如图 9-5 所示，其工作机构是一个可旋转的圆盘，圆盘装在垂直轴上，由电动机经齿轮或蜗轮传动装置带动旋转，用固定的犁板将物料从圆盘卸下。

给矿机装在矿仓的下面，矿仓下面装有套筒，在套筒的下面和盘面之间留有一定的间隙，此间隙大小用套筒上下来调整。

圆盘给矿机的生产率决定于圆盘与套筒间隙的高度，以及卸料犁板的位置。通过改变圆盘与套筒间隙和犁板偏角，就可以调节其生产率。

圆盘给矿机用于输送 50 mm 以下的干物料，如细粒矿石、精矿粉和石灰等物料。在选矿厂多用于磨矿矿仓向磨矿机的给矿。当所给物料中细粒含量高时，应用封闭式，一般情况则用敞开式。圆盘给矿机的规格以圆盘的直径来表示。

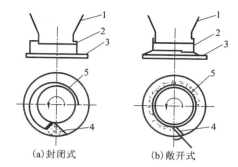

(a)封闭式　　(b)敞开式

1—矿仓；2—套筒；3—圆盘；4—犁板；5—螺旋颈圈。

**图 9-5　圆盘给矿机示意图**

## 9.1.6　摆式给矿机

摆式给矿机广泛用于磨矿矿仓向磨矿机的给矿，给矿粒度范围为 0~50 mm。摆式给矿机的结构如图 9-6 所示，在矿仓排矿口装一扇形闸门，闸门由电动机经蜗杆蜗轮减速，通过偏心轴及拉杆带动做弧线的摆动。扇形闸门向前时，排矿口封闭；闸门向后时，排矿口打开进行给矿。因此，给矿机能间歇而均匀地进行给矿。

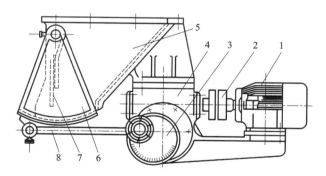

1—电动机；2—联轴节；3—偏心轮；4—减速器；5—机体；6—颚板；7—闸门；8—连杆。

**图 9-6　摆式给矿机的结构**

摆式给矿机的生产率可用改变偏心距的方法来进行调节，同时也可以通过移动闸门内的挡板，变更矿石层的厚度来进行调节。摆式给矿机的特点是构造简单、价格便宜、管理方便。但工作准确性较差，给矿不连续，计量较困难。

### 9.1.7　主要给矿设备的操作与维护

（1）重型板式给矿机

板式给矿机的操作与维护内容大致相同，这里以重型板式给矿机加以介绍，对该设备的合理使用应做到以下几点：①供料最大粒度应小于后续破碎设备入料口的15%~20%。②链带不允许受物料或矿石的直接冲击。一般情况下，受料处链带上应保持有一定厚度的物料或矿石。③链带的运行速度可根据物料或矿石量的大小随时进行调整。

重型板式给矿机的操作分为联锁开车和单独开车两类。

联锁开车的基本程序如下。

①运转前必须按开车前检查内容逐项检查。包括：各润滑部分是否有油；减速箱内润滑油是否达到油标线；机体各部紧固螺钉是否有松动现象；铁板小轴及托滚是否窜动；各部销及链环是否有松动现象；下部运输带上是否带入大块物料或矿石；安全装置如齿轮罩等是否牢固；电流表的指针是否在零位上；各部接线是否有松动现象；各部按钮开关是否完好；电机调速手柄是否灵活，并在最低速度位置上。

②听到开车信号后，做好开车准备。

③将电机的调整手柄转到最低速度位置。

④待开车后，根据矿量大小需要，随时将调速手柄调到适当位置。

单独开车的程序如下。

①用信号通知控制室将开关搬到单独开车位置。

②将电机调速手柄转到最低速度位置。

③合上开关。

④按下板式给矿机电动机按钮，使电机启动。

重型板式给矿机的停车操作程序是按下板式给矿机的停止按钮；拉开开关；将调速手柄转到最低速度位置。当运行过程中出现紧急情况时的操作程序是拉开开关；将调速手柄转到最低速度位置。

（2）槽式给矿机

给矿机开车运行之前，应对设备进行必要的检查和维护，其主要内容包括：检查各部加油（脂）点是否缺油；减速箱的润滑油是否达到油标线；各部紧固螺栓是否有松动现象；滑板与托辊是否有窜动或歪斜；各部销子是否有松动现象；三角皮带是否有损坏现象；槽体是否有磨漏或其他损坏现象；安全装置如皮带罩等是否牢固；电流表指针是否在零位上；各部开关、按钮是否完好。

经检查确认无异常情况后，即可开车运行。开车基本程序是运转前必须按开车前检查内容逐项检查；听到开车信号后做好开车准备；合上开关，起动操作按钮。

槽式给矿机的停车程序为：矿仓的矿石必须给完，方可停车；按下给矿机操作停止按钮；断开电源开关；当无通知停电或紧急停车时，必须立即拉下开关。

（3）电磁振动给矿机

不同规格型号的电磁振动给矿机在操作和维护上有一定的差异，但主要内容大致相同。允许工作的条件为：允许倾斜安装但最大不超过下斜20°；在额定电压下带负荷直接启动与停车；料仓或漏斗可通过调节放料闸门的大小，得到合适的布料层。

运转前应进行的检查包括：所有螺栓紧固情况，特别是板弹簧的压紧螺栓，螺旋弹簧的固定螺栓不得松动；电磁铁气隙在规定值以内；电压在规定值以内。

操作程序为：电磁振动给矿机供料给矿皮带机应先启动，再启动电振给矿机，停车时相反。启动时按下列顺序操作：合上电源开关；接通转换开关；调节调压器或电位器，使振幅达到额定值；调节给矿闸门。

在设备运转过程中应对设备运转情况进行监视，内容包括：①随时监视电压、电流有无异常；②随时注意振动有无突变，如有突变应首先检查电控部分有无变化，还应检查主弹簧有无断裂；③每 2 h 检查一次线圈温升，线圈温升不得超过 60 ℃；④电流波动较大时，应检查板弹簧（螺旋弹簧）固定螺栓有无松动，气隙大小有无变化；⑤注意给矿量有无过载现象，电流是否稳定，磁铁有无撞击声；⑥悬吊部分是否紧固，有无偏摆。

# 9.2 带式输送机

## 9.2.1 概述

带式输送机是选矿厂应用最多的物料运输设备，尤其是在破碎车间更为常见。根据结构的不同，带式输送机有固定式和移动式，它们的工作部分都是一样的，只是机架部分结构不同，选矿厂主要采用固定式带式输送机。

带式输送机是具有牵引件的连续运输设备，其结构如图 9-7 所示。由输送带、传动滚筒、尾部滚筒、托辊和机架等部分所组成。

工作原理：输送带绕过机头的传动滚筒和机尾的改向滚筒后，组成一条封闭的环形带。由电动机经过减速器带动传动滚筒转动，依靠传动滚筒与输送带间的摩擦力带动输送带运转。为避免输送带在传动滚筒上打滑，需用拉紧装置将输送带拉紧，给以必需的张力。输送的物料由装在输送带一端的装载装置（如给矿机）给到输送带上的导料槽内，输送带在运转时将物料输送到另一端或其他规定的部位。在输送带的全长上，有许多组托辊将输送带托住，避免输送带下垂。

带式输送机的输送带既是牵引机构又是承载机构。输送带承受矿石的部分称

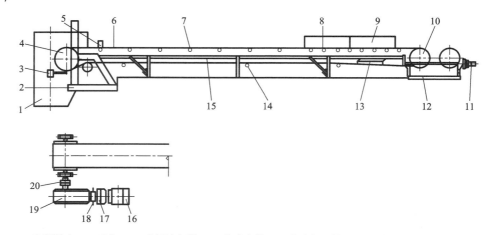

1—头部漏斗；2—头架；3—头部清扫器；4—传动滚筒；5—安全保护装置；6—输送带；7—承载托辊；
8—缓冲托辊；9—导料槽；10—改向滚筒；11—螺旋拉紧装置；12—尾架；13—空段清扫器；
14—回程托辊；15—中间架；16—电动机；17—液力耦合器；18—制动器；19—减速器；20—联轴节。

**图 9-7 带式输送机的典型结构**

为工作段或重段，不承受矿石部分称为空段。

带式输送机可以水平运输，也可以向上或向下倾斜运输，还可以由倾斜运输转为水平，或由水平运输转为倾斜。图 9-8 是带式输送机的 5 种基本布置形式。

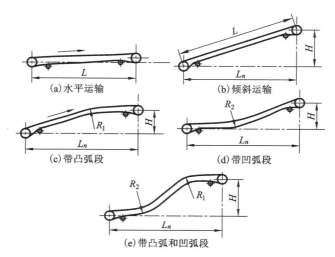

**图 9-8 带式输送机的 5 种基本布置形式**

普通的带式输送机倾斜向上输送矿石时，由于矿石受重力作用有向下滚动的趋势，为了防止矿块向下滚动，倾角不能过大。倾角的大小取决于被运输矿石的性质,而其中主要的是矿石的粒度和湿度。不同物料所允许的最大倾角 $\beta$ 见表 9-1。

表 9-1 倾斜向上输送不同性质物料所允许的最大倾角 $\beta$

| 物料名称 | 最大倾角 $\beta/(°)$ | 物料名称 | 最大倾角 $\beta/(°)$ |
|---|---|---|---|
| 0~350 mm 矿石 | 14~16 | 块煤 | 18 |
| 0~170 mm 矿石 | 16~18 | 粉煤 | 20~21 |
| 0~70 mm 矿石 | 18~20 | 原煤 | 20 |
| 0~10 mm 矿石 | 20~21 | 混有砾石的沙及干土 | 18~20 |
| 10~75 mm 矿石 | 16 | 干砂 | 15 |
| 水洗矿石(含水 10%~15%) | 12 | 湿砂及湿土 | 23 |
| 干精矿粉 | 18 | 20~40 mm 页岩 | 20 |
| 湿精矿粉(含水 12%) | 20~22 | 0~20 mm 页岩 | 22 |
| 烧结混合料 | 20~21 | 水泥 | 20 |
| 0~25 mm 焦炭 | 18 | 石灰 | 20~22 |
| 0~3 mm 焦炭 | 20 | 盐 | 20 |
| 筛分后的块状焦炭 | 17 | | |

运送黏性较大的物料时,倾角还可大一些。倾斜向下运输时,其倾角一般不得超过 15°。带式输送机布置如带有曲线段,在曲线段内,不允许设置给料和卸料装置。给料点最好设在水平段内,也可以设在倾斜段。实践表明,当倾角大时,给料点设在倾斜段内容易掉料,因此在设计大倾角输送机时,推荐将给料区段尽量设计成水平,或将该区段的倾角适当减小。各种卸料装置一般宜设于水平段。

带式输送机的优点是具有良好的持续工作特性,工作安全可靠,没有嘈杂的声音,运输能力高,耗电量低。带式输送机的运输距离很长,在运送途中对物料的破碎性小。其缺点是高度较大,允许的安装倾斜角度有限,安装工作要求的精确程度高。为了保证带式输送机具有较长的使用期限,还要求有较好的工作条件,对于物料的块度和形状也同样有限制。同时轴承和运转部件数目多,维护工作量大。

## 9.2.2 带式输送机的零件和部件

(1)输送带

输送带既是牵引机构又是承载机构,不仅应有足够的强度,还应有适当的挠性。我国现行使用的通用带式输送机主要为 DTII 型,输送带包括具有橡胶或塑料(尼龙或聚酯)覆盖层的织物芯和钢丝绳芯两大类。选矿厂最常见的是橡胶输送带,这里以橡胶输送带为例进行介绍。

橡胶输送带是用若干层帆布做芯，用橡胶黏在一起后，外表面包以橡胶保护层。帆布层承受载重并传递牵引力，橡胶保护层只是防止外力对帆布层的损伤及潮湿的侵蚀。目前国产橡胶带的帆布层数为 3~12 层，为了使橡胶带在横向具有一定程度的韧性，橡胶带的宽度愈宽，层数也就愈多。

由于运输条件的限制，目前生产的每段橡胶带的长度一般不超过 120 m，因此在长运输机上的橡胶带，都是将若干段橡胶带连接在一起的。橡胶带的连接好坏是直接影响其使用寿命的关键问题之一。橡胶带的连接方法有硫化胶和机械连接两大类，塑料芯带则采用塑化连接。

①硫化胶接法。在国内广泛采用的是热硫化胶接法。将橡胶带割剥成阶梯形（每层帆布为一阶梯），阶梯宽

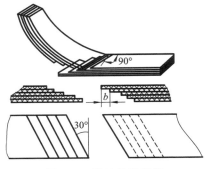

**图 9-9　胶接前的准备**

度 b 一般等于 150 mm，斜角接头的角度 α 采用 45°和 60°的较多，如图 9-9 所示。割剥面要平整，不得损坏帆布层。然后锉毛表面并涂生胶浆进行搭接，在上、下覆盖胶的对缝处贴上生胶片。用两块电热板紧紧夹住（即硫化器，见图 9-10），加热加压进行硫化。压力为 5~10 kg/cm²，温度为 140 ℃（若用蒸气加热，气压

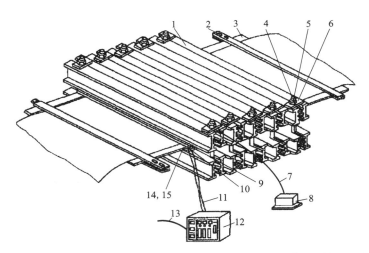

1—机架；2—夹紧机构；3—垫铁；4—螺杆；5—螺母；6—垫圈；7—高压软管；8—试压泵；
9—隔热板；10—上加热板；11—二次电缆；12—电控箱；13—一次电缆；14—下加热板；15—水平压板。

**图 9-10　硫化胶接器**

为 4~4.5 kg/cm²），升温应缓慢，并保持硫化平板各点温度均匀。保温时间从达到 140 ℃ 时算起，按下式计算保温时间：$t = 16 + (T-3) \times 2 (\text{min})$，式中 $T$ 为帆布层数，达到保温时间后停止加热，让其自然冷却到常温后卸压取出。采用硫化胶接法，其接头强度可达橡胶本身强度的 85%~90%，可以大大延长胶带的使用寿命。因此在有条件的地方，特别是对固定式带式输送机和高负荷带式输送机，尽可能采用硫化胶接，但硫化胶接需要的时间长。

②塑化法。对塑料输送带，搭接长度在带宽为 650 mm 及 800 mm 时，取 500 mm。塑化前将塑料带一端的上覆盖面和另一端的下覆盖面剥去，再在两端间垫放 1 mm 厚的聚氯乙烯塑料片。加压加热进行塑化。升温也应缓慢，在 30 min 左右由室温升至 170 ℃ 左右。再次加压力，然后冷却至常温卸压取出。对多层塑料输送带，可参照多层橡胶带的尺寸割剥成阶梯形，进行塑化。

应该注意温度、压力、时间是硫化和塑化的三要素。它们随着胶料的配方、气温、通风等条件而不同，并且三者之间相互牵连。以上给出的数值只能供参考，使用单位在正式接头前一定要实验几次取得经验，修正参数后才能正式接头。

③机械连接法。常见的有钩卡连接和合页式卡子连接。钩卡连接橡胶带时，所用的连接卡子如图 9-11（b）所示。这种卡子是用具有弹性的不锈钢制成的。连接橡胶带之前，将钩卡置于一个做成梳格状的硬纸槽中，然后在进行橡胶带连接时，将事先已切平整的胶带端部嵌入硬纸槽内，用钳子将钩卡压入橡胶带，直至不高出

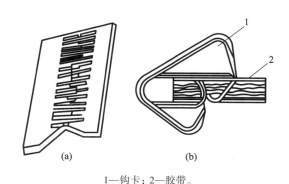

1—钩卡；2—胶带。

**图 9-11 钩卡胶带连接方法**

橡胶带面为止。这样钩卡在橡胶带两端形成一串眼孔。最后将橡胶带两个连接端对合起来，穿以挠性钢丝绳（或小钢棒），便完成了橡胶带的连接，如图 9-11（a）所示。

机械连接法能很快地将橡胶带连接好，整个连接工作一般只需 20 min 就可完成。但这种方法会使橡胶带接头处强度大大降低，影响橡胶带使用寿命。因此，只在需要经常拆卸的运输机，以及检修时间要求短的情况下才使用机械连接法，除此以外，应优先选用硫化胶接法。

（2）机架和托辊

①机架。带式输送机的机架是由头部机架、中部机架和尾部机架组成。机架的作用是用来支承传动滚筒、改向滚筒及上下托辊等。机架多用槽钢或角钢做成

单节架子，然后将每一节之间用螺栓或焊接连接而成。

机架的宽度 $B_0$ 要比输送带宽度 $B$ 大 300~400 mm，如图 9-12 所示，即 $B_0 = B + b_1$ (mm)。当 $B = 500 ~ 650$ mm 时，$b_1 = 300$ mm；$B = 800 ~ 1000$ mm 时，$b_1 = 350$ mm；$B = 1200 ~ 1400$ mm 时，$b_1 = 400$ mm。

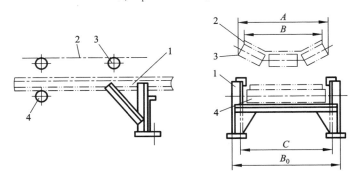

1—机架；2—输送带；3—上托辊；4—下托辊。

**图 9-12 带式输送机机架**

带式输送机的机架高度一般为 0.55~0.65 m，相当于使输送带高出地面或操作台 0.75~0.85 m。

为了防止被运送的矿石散落到运输机的空段输送带上，导致输送带的磨损或划破，在装矿和卸矿处的机架上要安装隔板或导料槽。

②托辊。带式输送机的托辊用于支承输送带和输送带上的物料。托辊分为上托辊和下托辊。上托辊用以支承重段输送带，可分为槽形和平形两种，如图 9-13 中(a)和(b)所示。输送粒状和散状物料一般采用槽形托辊，其槽角为 20°~45°。

同样宽度的输送带，采用槽形托辊的承载量要比平形托辊时大一倍。但用于手选及输送成件物品的带式输送机必须采用平形托辊。槽形托辊可分为两节式和三节式，常用的是三节式。只有特别小的运输机才用两节式，若输送带宽度特别大的情况下，还有五节式的槽形托辊。

平形托辊均为单节，下托辊均为平形托辊，用以支承空段输送带，如图 9-13(d)。

托辊是用标准钢管制造的，为减小运转中的阻力及减轻胶带的磨损，在托辊内装有轴承，托辊多用滚珠轴承，也可采用含油轴承。但是后者的阻力系数较大，只有在短距离或向下输送的带式输送机（$v < 2$ m/s、$\delta < 1.6$ t/m³）时，才选用含油轴承。

在输送带的给料处，应选用由橡胶垫圈所组成并具有一定弹性的缓冲托辊，如图 9-13(c)所示。缓冲托辊可以减少物料对输送带的冲击，输送特大块度的物料时，还应选用重型缓冲托辊。

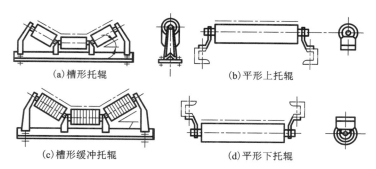

(a)槽形托辊　　　　　(b)平形上托辊

(c)槽形缓冲托辊　　　(d)平形下托辊

图 9-13　带式输送机托辊

　　带式输送机在运转中，输送带的运行往往会偏离中心线，这种现象称为"跑偏"。引起跑偏的原因有很多，托辊的轴线与输送带运行方向不垂直是一个重要原因。槽形托辊更容易引起输送带跑偏，只要两侧辊的倾角不相等时，输送带就将跑偏。

　　为了防止输送带跑偏，需要选用一部分具有调心作用的托辊。当输送带跑偏时，这些具有调心作用的支撑托辊就能使输送带的运行方向纠正过来，或从根本上防止输送带跑偏。支承托辊的调心作用可用两种方法实现：一种方法是将槽形托辊两侧的辊柱，在安装时向前倾斜 2°~3°，使两侧的辊柱对输送带产生一个向中心的力，如图 9-14(a)所示，这样可防止输送带跑偏。另一种方法是采用回转式槽形调心托辊，如图 9-14(b)。这种托辊上有一个活动托架，通过竖轴装入滚动的止推轴承中，使活动托架能绕竖轴旋转，当输送带跑偏而碰到立辊时，由于阻力增加而造成力矩，使整个托辊旋转，从而使输送带重新返回正中心运动方

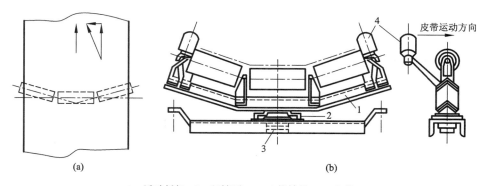

(a)　　　　　　　　　　　　　(b)

1—活动托架；2—竖轴颈；3—止推轴承；4—立辊。

图 9-14　槽形调心托辊

向。这时活动托架也复原了。在使用普通托辊架的运输机上每隔 10 组槽形托辊设置一组回转式的调心托辊就够了。除槽形调心托辊外，在空段也用平形调心托辊。

（3）传动装置

传动装置将电动机的转矩传给传动滚筒，并借助传动滚筒与输送带接触面间的摩擦力将动力传给输送带，从而使输送带连续运转。传动装置的结构如图 9-15 所示，由电动机、减速器及传动滚筒等组成。

传动装置一般只有一个传动滚筒。传动滚筒为焊接或者铸造而成的圆柱形装置，为使输送带更好地对正中心，传动滚筒边缘最好做成凸形的。在工作环境潮湿、功率又大、容易打滑的情况下，为增加滚筒与输送带之间的摩擦力，滚筒表面一般包上胶带或橡胶。

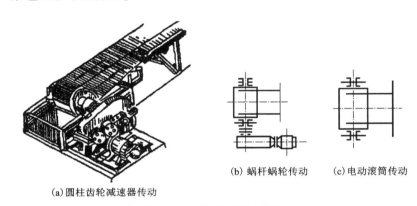

(a)圆柱齿轮减速器传动　　(b)蜗杆蜗轮传动　　(c)电动滚筒传动

图 9-15　传动装置的结构

（4）制动装置

当带式输送机倾斜输送物料时，重载停止运转后，在物料重力作用下，输送带将自动地产生反向运动（倒转），结果将会使输送带上的物料卸在装矿端的地面上。为防止这种事故发生，传动端安装有各种类型的制动装置，使传动滚筒只能向一个方向旋转（顺转）。制动装置有滚柱逆止器、带式逆止器和电磁闸瓦式制动器 3 种。

①滚柱逆止器。按减速器型号

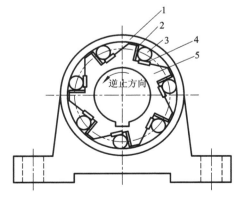

1—固定外套；2—压簧装置；3—滚柱；
4—镶块；5—星轮。

图 9-16　滚柱逆止器结构简图

进行选配，最大制动力矩达 4850 kg·m，结构简图见图 9-16。制动较为平稳可靠，在向上输送的带式输送机中采用。由于滚柱变形和碎裂、滚柱及固定外套磨损、弹簧的断裂与脱落、镶块松动脱落、星轮沿着键槽处断裂等，滚柱逆止器会出现制动失灵而产生打滑和制动后卡死皮带的现象。

②带式逆止器。工作原理是：逆止器的带条的一端固定在运输机框架上［如图 9-17(a)］，自由端则放在传动滚筒下面的空段输送带内，尽可能靠近滚筒，在运输机正常工作时，滚筒按逆时针方向转动，带条保持离滚筒有一定的距离。如果运输机发生反转，滚筒按顺时针方向转动，带条的自由端立即随空段输送带进入滚筒和输送带之间，而传动滚筒则被制止反转［如图 9-17(b)］。

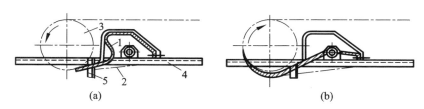

（a）　　　　　　　　　　　　　　　（b）

1—带条；2—空段输送带；3—传动滚筒；4—支架；5—限位板。

**图 9-17　带式逆止器工作原理**

带式逆止器结构简单，造价便宜，在运输机倾角小于（或等于）18°的情况下制动可靠；缺点是制动时输送带要先下滑一段距离后才能制动，因而引起矿石在尾部的堆积。因为传动滚筒直径越大，输送带下滑的距离就越长，所以对功率较大的带式输送机不宜采用带式逆止器。这种制动装置也不适用于向下运输的带式输送机上，因这时运行方向也是向下的，带式逆止器不能起作用，必须采用电磁闸瓦式制动器。

③电磁闸瓦式制动器。图 9-18 是电磁闸瓦制动器的结构示意图，其主要工作部分是电磁铁和闸瓦制动器。电磁铁由电磁线圈、静铁芯、衔铁组成。闸瓦制动器由闸瓦、闸轮、弹簧和杠杆等组成。闸轮与电动机轴相连，闸瓦对闸轮制动力矩的大小可通过调整弹簧弹力来改变。

这种制动器对向上、水平或向下运输的带式输送机均可采用；其动作迅速；多用于大功率、长距离的输送机上；安装在紧靠驱动电机的高速轴上，作为因断电停机和紧急刹车之用，适用于对停机时间有要求的场合。

（5）拉紧装置

拉紧装置的作用有：①保证输送带有必要的拉紧力，使输送带和传动滚筒间产生所需的摩擦力，防止输送带在传动滚筒上打滑；②避免输送带满载时在两组托辊间下垂太大。

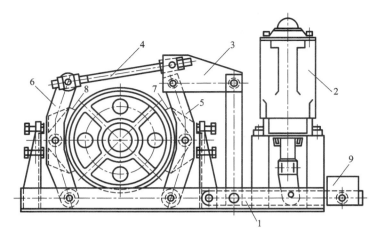

1—杠杆；2—电磁铁；3—刚性角形杠杆；4—拉杆；
5、6—制动臂；7、8—制动闸瓦；9—重锤。

**图 9-18　电磁闸瓦制动器的结构示意图**

　　输送带拉紧时，拉紧滚筒移动的两极限位置间的距离，叫作拉紧行程 $s$，拉紧行程一般为机长的 1%～1.5%。拉紧装置有螺旋式、车式和垂直式 3 种，每种拉紧装置适合于不同的工作条件。

　　①螺旋式拉紧装置。如图 9-19 所示，利用两根螺杆的转动来移动尾部滚筒，从而达到拉紧输送带的目的。尾部滚筒轴支撑在滑块 1 上，滑块 1 可在导架 2 上滑动，螺杆 3 穿过滑块 1 上的螺母。当螺杆 3 旋转时，滑块 1 带着滚筒轴一起沿纵向移动，从而使输送带拉紧。

　　螺旋式拉紧装置的优点是结构简单紧凑，不增加输送带的弯曲；缺点是需要经常调节才能起拉紧作用，而且拉紧行程小，只有 $s = 500$ mm 和 $s = 800$ mm 两种。因此它只适用于长度较短(小于 80 m)且功率较小的带式输送机。

　　②车式拉紧装置。如图 9-20 所示，运输机的尾部滚筒安装在一个小车上，拉紧装置上的重块用钢丝绳悬挂着，通过滑轮给滚筒小车以水平拉力，小车的轮子可在运输机的机架上移动，从而将输送带拉紧。

　　车式拉紧装置适用于运输机较长、功率较大的情况。其优点是结构简单可靠；缺点是占地面积较大，只适于固定式带式输送机。

　　③垂直式拉紧装置。如图 9-21 所示，重块的位置是在运输机的空段输送带上。其优点是利用了运输机走廊的空间位置，便于布置；缺点是改向滚筒多(两个改向滚筒，一个拉紧滚筒)，使输送带产生双向弯曲，降低输送带的使用寿命，而且物料容易掉入拉紧滚筒与输送带之间，损坏输送带，特别是运输潮湿或黏性较大的物料时，由于清扫不易彻底，这种现象就更为严重。适用于带式输送机较

长，不便于采用车式拉紧装置的场合。

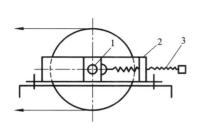

1—滑块；2—导架；3—螺杆。

**图 9-19　螺旋式拉紧装置示意图**

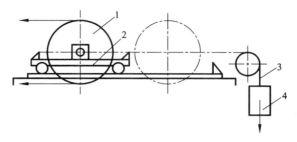

1—尾部滚筒；2—小车；3—钢丝绳；4—重块。

**图 9-20　车式拉紧装置示意图**

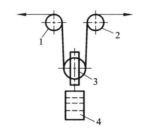

1、2—改向滚筒；3—拉紧滚筒；4—重块。

**图 9-21　垂直式拉紧装置示意图**

（6）清扫装置

清扫装置的用途是清扫卸料后仍附着在输送带上的物料，防止它进入输送带与改向滚筒或空段托辊之间而影响其传动，甚至将输送带损坏。清扫器有弹簧清扫器和旋转刷等。

一般采用弹簧清扫器较多，如图 9-22（a）所示。利用弹簧的力量使橡胶板始终贴附在滚筒部分的输送带上，刮板将输送带上的物料刮下，起到清扫作用。弹簧刮板清扫器对黏性大的物料清扫效果不好。因此，运输黏性大的物料时，可采用旋转刷清扫器，如图 9-22（b）所示。旋转的动力由传动滚筒传送，刷子沿着与输送带运动相反的方向旋转，清扫效果很好。

为了防止掉落在空段输送带上的矿粒进入尾部滚筒和输送带之间而磨损输送带，在进入尾部滚筒前的空段输送带上，装设 V 字形刮板，将矿粒清扫出去，此类刮板称为空段清扫器。

随着高分子材料的出现，带式输送机的清扫器采用高分子材料制作，具有弹性强、韧性高、耐磨度好、摩擦系数低等特点，在清扫黏附在胶带表面物料的同时能对胶带起到很好的保护作用。

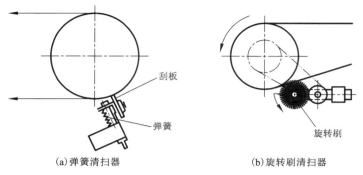

(a)弹簧清扫器　　　　　　　(b)旋转刷清扫器

图 9-22　清扫装置示意图

（7）装料及卸料装置

①装料装置。装料装置的形式决定于被运送物料的性质和装料的方式。选矿厂的带式输送机多用于运输粒状松散物料，一般采用图 9-23 所示的漏斗来装料。

漏斗倾角的大小与物料粒度和湿度的大小有关。对粒度小而湿度大的物料，漏斗倾角应大些，通常采用的倾角为 45°~55°。漏斗出口截面的宽度 $B_1$ 应小于输送带宽度 $B$，即 $B_1 = (0.6~0.7)B$。

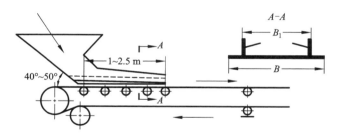

图 9-23　装料装置示意图

为防止矿石漏出输送带两侧，在装料漏斗的下面安装垂直的挡板，称为导料挡板（也称为导料槽）。挡板长度决定于运输带的运动速度和宽度。带速较高时，则应装设较长的挡板，一般挡板长度为 1~2.5 m。

②卸料装置。带式输送机的卸料，分为末端卸料和中间地点卸料。末端卸料的方法最简单，可利用端点经过滚筒卸料，而不需要其他装置。当运输机在中间地点卸料时，需要利用专门的卸料设备，如犁式卸料器和电动卸料车等。

犁式卸料器结构如图 9-24 所示。它是一根弯曲成楔形的钢条，被安装在带式输送机的工作面上，并离输送带有一定的空隙。钢条弯曲的夹角 $\alpha$ 为 30°~45°。为了防止输送带受犁板的磨损，在犁板下面应装上橡皮条。

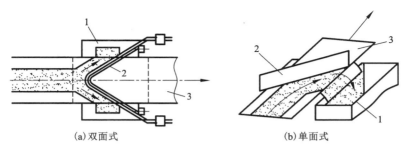

(a)双面式　　　　　　　　(b)单面式

1—卸料仓；2—挡板；3—输送带。

**图 9-24　犁式卸料器的结构**

使用犁式卸料器时，在卸料段的输送带不能为槽形，必须是平形的。犁式卸料器可以是固定的，也可以是移动的。卸料挡板可为双面的，如图 9-24(a) 所示。它向两侧同时卸料，也可为单面的(左侧或右侧卸料)，如图 9-24(b) 所示。单面卸料挡板用得少，因它容易使输送带发生跑偏现象。

犁式卸料器的主要优点是构造简单、外形尺寸小、消耗功率相当小；缺点是对输送带的磨损比较严重。对较长的运输机，特别是输送粒度大、磨损性大的物料时不宜采用。选用犁式卸料器时，输送带应采用硫化(塑化)接头且带速≤1.6 m/s。

电动卸料车的结构如图 9-25 所示，输送带绕过上下两个改向滚筒 2，滚筒装在卸料车上，车架上装有四个行走轮 6，卸料车由电动机 7 通过离合器链轮等传动，使行走轮 6 沿着车架 3 两侧的轨道上往复行走。当输送带 1 绕过上面滚筒时，将矿石卸到固定在车架 3 上的双面卸料槽 4 中而进入矿仓。由于卸料车可沿轨道在运输机长度方向移动，因此可以在整个移动范围内卸料。在卸料地点不断改变的情况下常使用电动卸料车(如在大中型选矿厂中，将破碎车间的矿石运送到磨选车间的各个磨矿矿仓)。

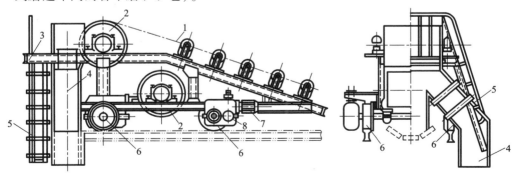

1—输送带；2—改向滚筒；3—车架；4—双面卸料槽；5—梯子；6—行走轮；7—电动机；8—减速器。

**图 9-25　电动卸料车的结构**

（8）电子皮带秤

选矿厂生产过程中，对某些带式输送机的输送矿量要进行计量，尤其是磨矿机前的带式输送机。简单的人工刮皮带计量的方法误差大，劳动强度大，而且影响正常生产。目前，选矿厂主要采用电子皮带秤进行计量。电子皮带秤的种类较多，但结构大致相似，图9-26是电子皮带秤的结构及实物示意图。电子皮带秤一般由称重桥架、测速传感器及称重仪表等部分组成。

电子皮带秤是根据杠杆原理，在连续运行的输送带下面安装杠杆装置，杠杆的承载面是几个托辊，用来满足输送带在上面走过时减小皮带与承载面的摩擦而造成的计量误差，采用应变电阻制造的称重传感器来进行计量。

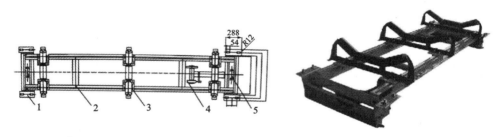

1—称重架；2—称重桥；3—托辊架及托辊；4—测速机构及测速传感器；5—称重传感器。

**图9-26　电子皮带秤的结构及实物示意图**

输送带上面的物料通过杠杆装置的承载面时，会对承载面产生一定的压力，通过杠杆装置将该压力传送到称重传感器，控制装置将称重传感器感应的重量压力信号进行放大处理后，以数字的方式进行显示。同时可以对显示的数字信号进行外部人为控制，使计量皮带秤按人们实际要求的给料量自动改变输送带的速度，即对给矿量进行调整，形成输送带上料多时，速度变慢；料少时，速度变快的控制特性。

选择电子皮带秤时，一般应考虑准确度、称量范围、秤体型式、功能等要求。首先根据需要选择合乎要求的准确度。根据最新国家标准GB/T 7721—2017标准规定，按相对误差把电子皮带秤分为0.2、0.5、1.0、2.0四个等级，根据现场条件选择合适的秤体（包括皮带宽度和皮带槽形角）。电子皮带秤的基本功能应包括流量、本次、班、日、月、年累计量显示，自动标定量程、超载报警、停电保护等。电子皮带秤架安装及位置的选择，对其称量准确度影响很大。为了保证电子皮带秤的准确可靠，应做到以下几点。

①秤架和仪表的安装应特别注意选择适宜的环境条件，如周围振动小，相对湿度小，能防风雨侵蚀及日晒，特别应尽量远离强磁场和大热源，环境卫生较好。

秤架距主动滚筒和落料点不得太近，要符合规定要求。

②固定电子皮带秤的输送机架，必须有足够的刚度。安装倾角不宜太大，以避免物料在输送带上产生滚动造成较大的误差。输送带有倾斜和水平段时，应尽量选在水平段安装秤架。

③输送机应设拉紧装置，尽量保证张力稳定。还应设防止跑偏的装置，且跑偏不能超过 10 mm。

④为保证输送带对称重托辊的压力变化最小，应精心调整称量段托辊，使托辊相互平行，并在一个平面上。

⑤对槽形托辊组，必须使输送带与托辊均匀接触，输送带与底面托辊之间不能有间隙。

⑥为减少输送带张力的变化，带式输送机应设固定装料点，且应使输送带上的物料均匀，输送流量均匀，提高电子皮带秤的准确度。

标定是保证电子皮带秤系统动态测量准确度的关键。其目的是使仪表的累积显示值与实际值之间最大限度相吻合，误差不能超过规定的指标。标定的方法有多种，如动态挂码法、砝码小车法、链码标定法和实物标定法。实践证明，标定误差最小、操作最容易的方法是实物标定，实物标定是一种对被输送的物料进行实际称重，使用校验装置来标定电子皮带秤的计量精度的方法。标定周期一般为 1~2 个月。在标定之前必须注意下列各种情况，以确保标定的精度。

①输送带是否有跑偏、断裂现象，托辊是否沾有物料，传感器是否有位移和被积料埋没等情况。

②仪表开关是否在正常位置上，仪表显示是否正常。

如果上述情况均正常，计数器应以正常速度跳字。如果各开关位置正常，但发生了异常情况时，应立即停机进行故障检修。

要保证电子皮带秤的准确度，还应做好维护保养工作，应做到以下几点。

①经常清除控制显示器的积尘，防止静电损坏元器件；及时清扫秤框，防止秤架受潮，灰尘、潮湿和锈蚀会引起托辊摩擦力增加而影响输送带的张力，造成计量准确度发生变化。

②严防人体或过重物体压在称量段上，以防止传感器过载造成损坏。装有测速传感器的，要防止测速摩擦轮打滑或沾灰加厚，以防止所测速度与实际带速不一致所带来的计量误差。

③输送带接头处不能用金属卡子，一定要胶接并保证平整和光滑。发现输送带有损坏或老化，应及时修补和更换新的输送带。

④皮带输送机的输送量要低于电子皮带秤的额定量。

⑤操作管理人员应掌握电子皮带秤的标准和规范，建立和严格执行操作制度，及时分析和排除有关故障。

### 9.2.3　带式输送机的操作、维护与检修

（1）操作

带式输送机安全操作规程包括以下几点。

①输送带上禁止行人或乘人。

②应空载启动，等运转正常后方可入料，禁止先入料后开车。停车前必须先停止入料，等输送带上存料卸尽后方可停车。

③输送机的电动机必须绝缘良好。移动式输送机电缆不要乱拉和拖动。电动机要可靠接地。工作环境及被送物料温度不得高于 50 ℃ 和低于−10 ℃。

④输送机使用前须检查各运转部分、输送带搭扣和承载装置是否正常，防护设备是否齐全。输送带的张紧度须在启动前调整到合适的程度。

⑤输送带打滑时严禁用手去拉动皮带，以免发生事故。

⑥固定式输送机应按规定的安装方法安装在固定的基础上。移动式输送机正式运行前应将轮子用三角木楔住或用制动器刹住，以免工作中发生走动。有多台输送机平行作业时，机与机之间、机与墙之间应留有操作的通道。

⑦运行中出现输送带跑偏现象时，应停车调整，不得勉强使用，以免磨损边缘和增加负荷。

（2）维护

带式输送机的维护应做到以下几点。

①及时清除传动系统的粉尘和油污，清理散落矿石和漏斗内积矿。

②定期对减速器、各滚筒轴承等润滑点加油。

③定期检查清扫器、托辊和制动器，并及时更换。

④定期检查各紧固件。

（3）检修

带式输送机的检修包括以下几点。

①小修：检查焊补漏斗、挡板及滚筒，调整或更换清扫器、刮板、托辊，检查传动系统，对轴承、减速器等部位加油；调整制动器。

②中修：更换漏斗、部分滚筒、部分托辊和支架，修补或更换输送带。清洗减速器，检查齿轮啮合情况，更换润滑油。

③大修：机架整修，更换给、排料漏斗等。

（4）带式输送机常见故障及处理方法

带式输送机常见故障及处理方法见表9-2。

表 9-2　带式输送机常见故障及处理方法

| 序号 | 常见故障 | 故障原因分析 | 处理方法 |
|---|---|---|---|
| 1 | 电动机故障 | | |
| 1.1 | 电动机不能启动或启动后就立即慢下来 | 1. 线路故障<br>2. 保护电控系统闭锁<br>3. 速度(断带)保护安装调节不当<br>4. 电压下降<br>5. 接触器故障 | 1. 检查线路<br>2. 检查跑偏、限位、沿线停车等保护,事故处理完毕,使其复位<br>3. 检查测速装置<br>4. 检查电压<br>5. 检查过负荷继电器 |
| 1.2 | 电动机过热 | 1. 由于超载、超长度或输送带受卡阻,使运行超负荷运行<br>2. 由于传动系统润滑条件不良,致使电机功率增加<br>3. 在电机风扇进风口或径向散热片中堆积煤尘,使散热条件恶化<br>4. 双电机时,由于电机特性曲线不一或滚筒直径差异,使轴功率分配不匀<br>5. 频繁操作 | 1. 测量电动机功率,找出超负荷运行原因,对症处理<br>2. 各传动部位及时补充润滑<br>3. 清除煤尘<br>4. 采用等功率电动机。使特性曲线趋向一致,通过调整耦合器充油量,使两电机功率合理分配<br>5. 减少操作次数 |
| 2 | 液力偶合器故障 | | |
| 2.1 | 漏油:<br>1. 易熔塞或注油塞运转时漏油<br>2. 液力偶合器壳体结合面漏油<br>3. 停车时漏油 | 1. 易熔合金塞未拧紧<br>2. 注油塞未拧紧<br>3. "O"形密封圈损坏<br>4. 连接螺栓未拧紧,轴套端密封圈或垫圈损坏 | 1. 用扳手拧紧易熔塞或注油塞<br>2. 更换"O"形密封圈<br>3. 拧紧连接螺栓更换密封圈和垫圈 |
| 2.2 | 打滑 | 1. 液力偶合器内注油量不足<br>2. 输送机超载<br>3. 输送机被卡住 | 1. 用扳手拧开注油塞,按规定补充油量<br>2. 停止输送机运转,处理超载部<br>3. 停止输送机,处理被卡住故障 |
| 2.3 | 过热 | 通风散热不良 | 清理通风网眼,清除堆积压在外罩上的粉尘 |
| 2.4 | 电机转动联轴器不转 | 1. 液力联轴器内无油或油量过少<br>2. 易熔塞喷油<br>3. 电网电压降超过电压允许值的范围 | 1. 拧开注油塞,按规定加油或补充油量<br>2. 拧下易熔塞,重新加油或更换易熔合金塞。严禁用木塞等物质代替易熔塞<br>3. 改善供电质量 |
| 2.5 | 启动或停车有冲击声 | 液力联轴器上的弹性联轴器材料过度磨损 | 拆去连接螺栓,更换弹性材料 |
| 3 | 减速器故障 | | |
| 3.1 | 过热 | 1. 减速器中油量过多或过少<br>2. 油使用时间过长;润滑条件恶化,使轴承损坏<br>3. 冷却装置未使用 | 1. 按规定量注油<br>2. 清洗内部,及时换油修理或更换轴承,改善润滑条件<br>3. 接上水管,利用循环水降低油温 |

续表 9-2

| 序号 | 常见故障 | 故障原因分析 | 处理方法 |
|---|---|---|---|
| 3.2 | 漏油 | 1. 结合面螺丝松动<br>2. 密封件失效<br>3. 油量过多 | 1. 均匀紧螺丝<br>2. 更换密封件<br>3. 按规定量注油 |
| 3.3 | 轴断 | 1. 高速轴设计强度不够<br>2. 高速轴不同心<br>3. 在电机驱动情况下的断轴 | 1. 立即更换减速器或修改减速器设计<br>2. 仔细调整其位置,保证两轴的同心度<br>3. 液力偶合器的油量不可过多 |
| 4 | 输送带故障 | | |
| 4.1 | 跑偏 | 1. 输送带本身弯曲不直或接头不正<br>2. 托辊组轴线同输送带中心线不垂直<br>3. 滚筒不水平或表面黏结物料<br>4. 下料负荷不均匀 | 1. 调整输送带,重新处理接头<br>2. 调整承载托辊组<br>3. 调整驱动滚筒与改向滚筒位置,清理黏结物<br>4. 改变物料的下落方向和位置,或增加导料槽长度阻挡物料 |
| 4.2 | 老化、开裂、起毛边 | 1. 输送带与机架摩擦,带拉边拉毛、开裂<br>2. 输送带与固定硬物干涉产生撕裂<br>3. 保管不善张紧力过大;铺设过短产生挠曲次数超过限值,提前老化 | 1. 及时调整,避免输送带长期跑偏<br>2. 防止输送带挂到固定构件上或输送带中掉进金属构件<br>3. 按输送带保管要求贮存,尽量避免短距离铺设使用 |
| 4.3 | 胶带 | 1. 带体材质不适应,遇水、遇冷变硬脆<br>2. 输送带长期使用,强度变差<br>3. 输送带接头质量不佳,局部开裂未及时修复 | 1. 选用机械物理性能稳定的材质制作带芯<br>2. 及时更换破损或老化的输送带<br>3. 对接头经常观察,发现问题及时处理 |
| 4.4 | 打滑 | 1. 输送带张紧力不足,负载过大<br>2. 由于淋水使传动滚筒与输送带之间摩擦系数降低<br>3. 超出适用范围,倾斜向下运输 | 1. 重新调整张紧力或者减少运输量<br>2. 消除淋水,增大张紧力,采用花纹胶面滚筒<br>3. 订货时间向供货方说明使用条件,提出特殊要求 |
| 4.5 | 撒料 | 1. 严重过载,导料槽挡料橡胶裙板磨损,导料槽钢板过窄,橡胶裙板较长<br>2. 凹弧段曲率半径较小时,使输送带产生悬空,槽形变小<br>2. 跑偏时的撒料<br>3. 设计不合理造成的撒料 | 1. 控制输送能力,加强维护、保养<br>2. 设计时,尽可能采用较大的凹弧段曲率半径;长度不允许,可在凹弧段加装若干组压带轮<br>3. 通过调整输送带跑偏<br>4. 按其中堆积密度最小的物料来确定 |
| 5 | 托辊故障 | | |
| | 托辊不转 | 1. 托辊与输送带不接触<br>2. 托辊外壳被物料卡阻,或托辊端面与托辊支座干涉接触<br>3. 托辊密封不住,使粉尘进入轴承而引起卡阻<br>4. 托辊轴承润滑不良 | 1. 垫高托辊位置,使之与输送机接触<br>2. 清除物料,干涉部位加垫圈或校正托辊支座,使端面脱离接触<br>3. 拆开托辊,清洗或更换轴承,重新组装<br>4. 使用托辊专用润滑脂 |

续表 9-2

| 序号 | 常见故障 | 故障原因分析 | 处理方法 |
|---|---|---|---|
| 6 | 异常噪声 | | |
| 6.1 | 改向滚筒与传动滚筒的异常噪声 | 轴承磨坏 | 及时更换轴承 |
| 6.2 | 联轴器两轴不同心时的噪声 | | 及时调整电机和减速机轴的同心度 |
| 6.3 | 托辊严重偏心时的噪声 | 1. 制造托辊的无缝钢管壁厚不均匀，断面跳动过大 2. 加工时两端轴承孔中心与外圆圆心偏差较大 | |

## 9.3 砂泵

砂泵类型很多，但选矿厂常用的砂泵均为离心式砂泵，包括普通砂泵和沃曼（渣浆）泵等，其中，渣浆泵使用最为普遍。

### 9.3.1 普通砂泵

（1）PS 型砂泵

PS 型砂泵是一种卧式侧面进浆离心式砂泵，可用来输送选矿厂矿浆和重介质选矿的工作介质等。输送矿浆时最大浓度可达 60%~70%（重量计）。轴封采用低压填料形式，工作时须通入少量清水润滑冷却。一般应采用压入式给矿的配置。泵的传动可采用三角皮带或联轴器两种方式。

（2）PH 型砂泵

PH 型砂泵是卧式单级单吸悬臂式离心灰渣泵。可输送含有砂石（最大粒度不大于 25 mm）的混合液体，可允许微量直径为 50 mm 左右的砂石间断通过。其轴封采用一般填料密封，工作时应注入高于工作压力 98 kPa（1 kg/cm²）的轴封清水。

（3）PN 型砂泵

PN 型砂泵是卧式单级单吸悬臂式离心泥浆泵。可供选矿厂输送矿浆，输送矿浆最大浓度为 50%~60%（重量计）。其轴封采用一般填料密封，工作时需注入高于工作压力 98 kPa（1 kg/cm²）的轴封清水。

（4）PNL 型泥浆泵

PNL 型泥浆泵是立式单级单吸离心泥浆泵，可用于选矿厂输送矿浆，输送矿浆时最大浓度为 50%~60%（重量计）。

（5）PNJA、PNJFA 型胶泵

PNJA、PNJFA 型胶泵均是 PNJ 型单级单吸离心式衬胶泵，结构形式一样，只是选用材质不同。PNJFA 型胶泵专供输送含有腐蚀性矿浆之用，它们均具有副叶轮和填料两种轴封结构，可供输送各类矿浆，但不适于输送含有尖角固体颗粒的液体。输送矿浆时最大浓度不得超过 65%（重量计），温度不得超过 60 ℃，均采用压入式给矿方式。当采用副叶轮轴封结构时，进口灌注高度不得超过 5 m 水柱。选用副叶轮轴封时须注明，传动方式有直接和间接传动两种。

（6）PW 型污水泵

PW 型污水泵是卧式单级悬臂式离心污水泵，适用于输送 80 ℃ 以下带有纤维或其他悬浮物的液体和污水，但不适用于输送酸性、碱性及其他能引起金属腐蚀的化学混合物液体。该泵型需要清水水封。

（7）长轴立式离心泵（俗称长轴泵）

长轴立式离心泵是用于输送选矿厂矿浆、煤浆及各类浮选泡沫和中矿产品的专用泵，也可输送其他液体和污水。

（8）泡沫泵

泡沫泵属于立式离心泵，但与一般砂泵相比较，该泵具有消泡效果，消泡率一般在 75% 以上。它既可用作泡沫产品浓缩脱水前的消泡设施，减少浓缩溢流中金属损失，又可用于泡沫产品的输送，即使在矿浆量不足的情况下，也能正常工作。

普通砂泵的结构基本相同，主要由叶轮、轴、泵壳、吸入管和排出管组成。普通砂泵的型号表示方法相同，例如：

$$2\frac{1}{2}PS$$

- 砂
- 杂质泵
- 泵吐出口径为2.5 in（65 mm）

### 9.3.2　沃曼（渣浆）泵

沃曼泵主要有以下几种类型。

（1）重型渣浆泵

重型渣浆泵有 AH 型、M 型、HH 型、H 型和 AHP 型 5 种。AH 型泵是渣浆泵的主要系列产品，用于输送强磨蚀、高浓度的注浆，流量为 10~5400 m³/h，扬程为 6~118 m，可多级串联使用。当压力超过 AH 允许工作压力时，可采用多级串联加强型泵壳，即 AHP 型泵。M 型泵亦适用于输送强磨蚀、高浓度渣浆。HH 型泵适用于输送低磨蚀、低浓度、高扬程的渣浆，该型泵单级扬程较高，与 AH 型泵相比叶轮直径大，仅有金属内衬，泵壳强度高。H 型泵也是高扬程泵。

（2）轻型渣浆泵

轻型渣浆泵即为 L 型渣浆泵，适于输送低浓度、低磨蚀的渣浆（一般重量浓度不超过 30%）。

（3）液下渣浆泵

液下渣浆泵有 SP 型、SPR 型 2 种，均为立式浸入液下工作的离心渣浆泵。适用于粗颗粒、高浓度的渣浆，在吸入量不足的情况下也能正常工作。SP 型泵过流部件均采用耐磨金属，适用于腐蚀性渣浆。用于污水排放尤为适宜。SPR 型泵的过流部件均采用橡胶，适用于腐蚀性的渣浆。

（4）挖泥泵和砂砾泵

D 型为挖泥泵，C 型为砂砾泵，均为卧式单泵壳结构。适用于输送粗颗粒泥浆和砂砾以及 AH 型泵不能输送的浆体。

（5）ZGB（P）系列渣浆泵

ZGB（P）系列渣浆泵为卧式、单级、单吸、悬臂、双泵壳、离心式渣浆泵。相同口径的 ZGB 型和 ZGBP 型渣浆泵的过流部件可以互换，外形安装尺寸完全相同。ZGB（P）系列渣浆泵的传动部分采用水平中开式稀油润滑托架，并设有内外两组水冷却系统，必要时可加冷却水。

ZGB（P）系列渣浆泵的轴封型式有两种，即副叶轮加填料组合式密封和机械密封。凡串联渣浆泵（二级或二级以上）建议采用有高压轴封水的机械密封。单级或串联一级采用副叶轮加填料组合式密封。

适用于电力、冶金、矿山、煤炭、建材、化工等工业部门输送磨蚀性或腐蚀性渣浆，特别是电厂灰渣。

（6）ZJ（G）系列渣浆泵

ZJ（G）系列渣浆泵为单级、单吸、悬臂卧式离心浆泵。该系列采用了国际上先进的固液两相流理论，按最小损失原则设计，其过流部件的几何形状符合体质的流动状态，减少了涡流和撞击等局部与沿程水力损失，从而减轻了过流部件的磨损，提高了水力效率，降低了运行噪声和振动；该系列泵过流部件采用高硬合金铸铁，其材质具有高抗磨性、抗腐蚀性、抗冲击性能，从而使寿命提高。此外该系列泵采用动力降压，保证了浆体不易泄漏。

ZJ（G）系列渣浆泵可广泛适用于矿山、冶金、电力、煤炭、化工、建材等行业，输送含有固体颗粒的磨蚀性和腐蚀性浆体，其固液混合物最大重量浓度：灰浆为 45%、矿浆为 60%。该系列渣浆泵规格齐全，可采用直联、皮带、液力、变频调速等传动形式，亦可根据用户需要串联或关联运行。

渣浆泵的结构大致相同，AH 型、M 型、H 型泵等各种型式的卧式渣浆泵的结构都可分为泵头部分（包括泵体、泵盖、叶轮等）、轴封部分和传动部分（包括轴承组件及托架）。渣浆泵型号表示方法如下。

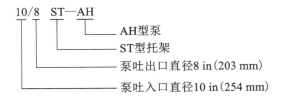

### 9.3.3　砂泵的布置与安全操作

砂泵的布置主要有如下 3 种方式。

①露天布置。一般将砂泵集中在管廊下方后侧面，也可以布置在被抽吸设备附近，主要优点是通风良好，管线损失小，操作和维修方便。若砂泵布置在管廊下方时，泵的出口中心线对齐，距管廊柱子中心线 0.6 m。

②半露天布置。半露天布置的砂泵适用于多雨地区，一般在管廊下方布置泵。在上方管线上部设顶棚，或将泵布置在框架的下层地面上，以框架平台作为顶棚。根据砂泵的布置要求，将泵布置成单排、双排或多排。

③室内布置。室内布置的砂泵适用于寒冷或多风沙地区，以及工艺有特殊要求的场合。

对砂泵的布置有如下基本要求。

①对于露天或半露天布置的砂泵，一般是将泵与电动机的轴线与管廊轴线垂直。

②砂泵布置在室内时，一般不考虑机动检查车辆的通行要求。泵端或泵侧与墙之间的净距不宜小于 1.2~1.5 m，两排泵布置之间的净距不应小于 2 m。

③渣浆泵的动力侧和泵侧应留有抽出活塞和拉杆的位置。

④立式泵布置在管廊下方或框架下方时，其上方应留出泵体安装和检修所需的空间。

⑤砂泵管线布置时，在砂泵的两侧至少要留出一侧作为维修用。

两台泵之间的净距不宜小于 700 mm，泵端前面操作通道宽度不应小于 1000 mm，对于多级泵泵端前面的检修通道宽度不应小于 1800 mm。一般泵泵端的前面的检修通道宽度不应小于 1250 mm，以便小盘叉车可通过。

砂泵的基础尺寸一般根据泵的底座尺寸确定。可按地脚螺栓中心到基础边 200~250 mm 估计，除特殊情况外，地脚螺栓一般采用预留孔的方式安装。砂泵的基础面一般比地面高 200 mm，大泵可高出 1000 mm，柱塞泵、小齿轮泵可高出地面 300~500 mm，使泵的周围高出地面 600 mm。

尽管砂泵类型繁多，但操作规程基本相似，这里仅以渣浆泵的安全操作规程为例，其他砂泵的操作可参照进行。渣浆泵在运行前应进行检查的内容是如下。

①检查电机的旋转方向与泵规定的旋转方向一致(请参照相应型号说明书)。

在试电机旋转方向时,应单独试电机,切不可与泵连接同试。

②检查联轴器中的弹性垫是否完整正确。

③检查电机轴和泵的旋转是否同心。

④用手盘车(包括电机)泵不应有紧涩和摩擦现象。

⑤检查轴承箱是否加入轴承油到油标指示位置。

⑥渣浆泵启动前要先开通轴封水(机械密封为冷却水),同时要打开泵进口阀,关闭泵出口阀。

⑦检查各阀门是否灵活可靠。

⑧检查地脚螺栓、法兰密封垫及螺栓。管路系统等是否安装正确,牢固可靠。

渣浆泵的启动运行及监控内容如下。

①渣浆泵在启运前应先打开泵进口阀,关闭泵出口阀,而后启动泵。泵启动后再慢慢开动泵出口阀,泵出口阀开的大小与快慢,应以泵不振动和电机不超额定电流来掌握。

②串联用泵的启动,亦遵循上述方法。只是在开启一级泵后,即可将末级泵的出口阀门打开一点(开的大小以一级泵电机电流为额定电流的 1/4 为宜),而后即可相继启动二级、三级直到末级泵,串联泵全部启动后,即可逐渐开大末级泵的出口阀门,阀门开的大小与快慢,应以泵不振动和任一级泵电机都不超额定电流来掌握。

③渣浆泵主要以输送流量为目的,因此在运行监控系统中最好装上流量表(计),以随时监控流量是否符合要求;在装有旋流器的管路系统、冲渣系统、压滤脱水系统中还要求管路出口处有一定的压力。所以,在这种系统中还应装上压力表以监控压力是否符合要求。

④泵在运行中除监控流量、压力外,还要监控电机不要超过电机的额定电流。随时监视油封、轴承等是否发生异常现象,泵是否发生抽空或溢池等事故,并随时处理。

渣浆泵的日常维护应做到以下几点。

①泵的吸入管路系统不允许有漏气现象,进泵池格栅应符合泵所能通过的颗粒要求,以免大颗粒物料或长纤维物料进入泵中造成堵塞。

②及时更换易磨损件,维修装配要正确,间隙调整合理,不得有紧涩和摩擦现象。

③轴承水压、水量要满足规定,随时调整(或更换)填料的松紧程度,切勿造成轴封漏浆。并及时更换轴套。

④更换轴承时,一定要保证轴承组件内无尘,润滑油清洁,泵运行时轴承温度一般以不超过 $60 \sim 65 \, ℃$ 为宜,最高不超过 $75 \, ℃$。

⑤保证电机与泵的同轴度，保证联轴器中弹性垫完好，损坏后应及时更换。

⑥保证泵组件和管路系统安装正确，牢固可靠。

对渣浆泵进行检修拆装时，应遵循以下几点。

①泵头部分的拆装。泵头部分的拆装及间隙调整应按装配图进行。

②轴封部分。填料轴封的拆装应按装配图进行，为了保证填料轴封的密封效果，填料开口处的形状应尽可能按装配图所示裁剪，装入填料箱时，相邻填料的开口应错开 108°装入。

# 9.4　起重机械

## 9.4.1　概述

(1)起重机械的作用及类型

起重机械是选矿厂生产中的重要辅助设备，不但用于机械设备的安装检修，而且还用于生产过程的工艺操作。选矿厂常用起重机械按结构特点和用途可分为以下 3 种。

①简单起重机械：包括千斤顶、滑车、电动葫芦等。

②通用起重机械：如手动桥式起重机、电动桥式起重机等。

③特种起重机械：如抓斗桥式起重机、电磁桥式起重机等。

(2)起重机械的基本参数

起重机械的基本参数是用来说明起重机械性能和规格的一些参数，也是提供起重机选型的主要依据，起重机械基本参数如下。

①额定起重量，即吊钩所能吊起的最大重量，单位为 t。

②起升高度，是指吊钩最低位置同吊钩最高位置之间的垂直距离，单位是 m。

③跨度，是指桥式起重机大车运行轨道中心线之间的距离，单位为 m。

④提升速度和运行速度，单位为 m/min。

⑤生产率，说明起重机装卸或吊运物品工作能力的综合指标，单位为 t/h。

⑥起重机械的自重及外形尺寸。

## 9.4.2　选矿厂常用起重机械

(1)简单起重机械

选矿厂使用的简单起重机械主要有以下几种。

①千斤顶。千斤顶是在拆卸、安装和检修设备时，用来将沉重的机器起升一个较小高度，如选矿厂的磨矿机在检修轴瓦时，常使用千斤顶顶起磨矿机，千斤顶外形如图 9-27(a)所示。千斤顶在起升重物时，无振动、无冲击，并能保证把

起升的重物准确地停放在一定高度,而且构造简单,操作方便,所以得到了广泛应用。

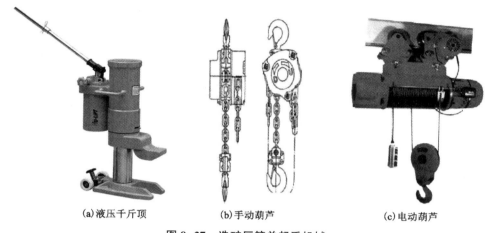

(a)液压千斤顶　　　　(b)手动葫芦　　　　(c)电动葫芦

图 9-27　选矿厂简单起重机械

②滑车。悬挂于高处,直接用来垂直提升物体的绞车称为滑车。其中用手传动的滑车亦称为手动葫芦,如图 9-27(b)所示。手动葫芦只有提升机构,体积小,起重量大。目前广泛使用的手动葫芦有蜗杆式(起重量为 0.5~10 t)和齿轮式(起重量为 0.1~2 t)两种。

③电动葫芦。电动葫芦是一种既可在直线、弯曲和循环的工字钢梁轨道上运行,又可垂直起升的起重机械,如图 9-27(c)所示。选矿厂中设备吨位不大的地方,如浮选、磁选车间等常用它检修和安装设备。矿山使用的电葫芦型号有 CD1 型、MD1 型、HE 型和 NH 型等,起重量可以达 0.25~20 t。

(2)通用起重机械

通用起重机械按其结构和驱动方式不同,有手动桥式起重机和电动桥式起重机两种,它们主要由大车(大车运行机构)和小车(小车运行机构和起升机构)两个主要部分组成。

①手动桥式起重机。手动桥式起重机是由人力驱动,它只适用于工作量小,起重量不大,装备水平较低的场所。如小型选矿厂单台设备的破碎车间常用其进行检修。手动桥式起重机分为单梁(起重量一般为 1~10 t,跨度一般为 5~14 m)和双梁(起重量一般为 5~20 t,跨度一般为 10~17 m),其结构如图 9-28 所示。

②电动桥式起重机。电动桥式起重机是由电力驱动的,它有起重量大,工作速度快,跨度大,自动化程度高等优点,广泛用于选矿厂的破碎、磨矿、浮选、过滤等车间。电动桥式起重机分为电动单梁和电动双梁两种,其结构如图 9-29 所示。

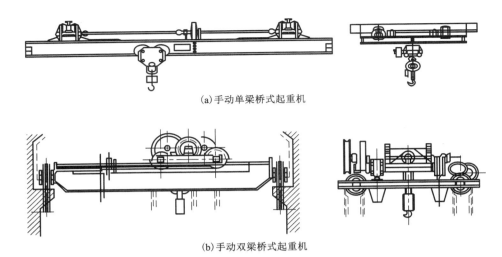

(a)手动单梁桥式起重机

(b)手动双梁桥式起重机

**图 9-28　手动桥式起重机的结构**

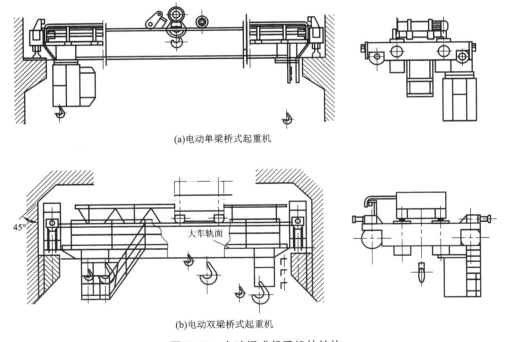

(a)电动单梁桥式起重机

(b)电动双梁桥式起重机

**图 9-29　电动桥式起重机的结构**

电动单梁桥式起重机是同电动葫芦配套使用的，其起重量主要取决于电动葫芦的规格，一般为 0.25~10 t，跨度一般为 5~17 m，工作类型都是中级，有地操和空操两种。

电动双梁桥式起重机的起重量一般为 5~500 t，其中起重量大于 10 t 时，均设主、副两套起重机构，副钩一般为主钩起重量的 15%~20%，便于充分发挥起重机效能。其跨度为 10.5~31.5 m，每 3 m 为一个规格。

（3）特种起重机械

选矿厂常用的特种起重机械有抓斗桥式起重机和电磁桥式起重机等。

①抓斗桥式起重机。专门用于装卸松散粒状物料。目前生产的 5~20 t 抓斗桥式起重机允许抓取物料块度为 250 mm 以下。大、中型选矿厂的精矿外运装车，磨矿车间前面的配矿等常用抓斗桥式起重机。按其抓斗的结构和工作原理不同，又可分为单绳和双绳两种，其结构见图 9-30(a)。

②电磁桥式起重机。专门用于吊运其有磁性金属材料，它的取物装置是电磁盘。根据不同用途，电磁盘有圆形和矩形两种。选矿厂的磨矿车间常用它吊运钢球和衬板等。目前生产的电磁桥式起重机的起重量为 5~15 t，结构见图 9-30(b)。

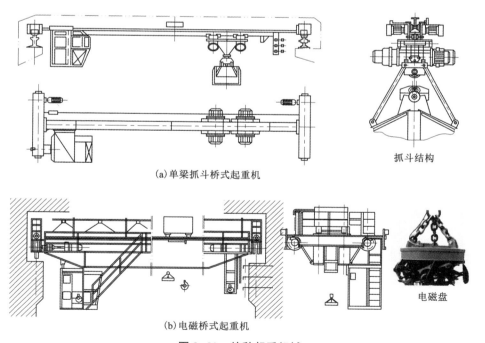

(a)单梁抓斗桥式起重机

抓斗结构

(b)电磁桥式起重机

电磁盘

图 9-30　特种起重机械

## 9.5 矿仓设施

### 9.5.1 矿仓的用途和分类

矿仓主要是用来调节选矿厂与采矿运输、产品运输以及选矿厂各段作业之间的生产，以保证选矿厂的生产均衡而连续地进行，并充分发挥设备能力。此外，由于采场来的原矿品位的变化，常导致选矿生产过程不稳定，为了使选矿生产过程获得性质稳定的原料，经常须利用矿仓对原矿实现混合配矿的目的。

矿仓形式及其贮矿容积的大小不仅影响土建费用，而且对选矿厂的生产也有很大的影响。为此，必须合理地确定各种矿仓的形式和贮矿容积。

选矿厂的矿仓按其作用以及在生产过程中所处的位置不同，可分为原矿受矿仓、中间贮备矿仓、缓冲及分配矿仓、磨矿矿仓和产品矿仓。

①原矿受矿仓。原矿受矿仓主要是储存矿山来料，在使用箕斗、索道、小型矿车运输的情况下，还须起到一定的贮矿缓冲作用，以调节采矿运输与选矿厂之间的生产。因此，选矿厂在粗碎之前，一般都设有原矿受矿仓。

②中间贮备矿仓。中间贮备矿仓的作用，主要是调节选矿厂破碎与主厂房之间的生产。中间贮备矿仓一般设置在细碎(或还原焙烧炉)之前。

③缓冲及分配矿仓。缓冲及分配矿仓的作用，主要是调节均衡上下作业的生产能力。在选矿厂中，当前后两段破碎作业工作制度不同时，常设置容积较小的贮矿仓，有时这种贮矿仓仅仅是为了向下一作业的设备分配给矿用。

④磨矿矿仓。磨矿矿仓既有分配矿石的作用，又有调节破碎与磨矿两段作业均衡生产、保证主厂房连续生产的作用。

⑤产品矿仓。产品矿仓是选矿产品贮备矿仓和产品装车矿仓的总称。贮存破碎筛分厂块(粉)矿的称为块(粉)矿产品矿仓。贮存选矿厂精矿粉的称为精矿产品矿仓。贮存废石则称为废石仓。产品矿仓主要是用来调节选矿厂或破碎筛分厂与产品运输之间的均衡生产。

### 9.5.2 矿仓的结构形式

(1)矿仓的结构形式

选矿厂常见的矿仓有如下几种形式。

①地下式矿仓。如图9-31所示，这种矿仓由于处于地下，结构较复杂，造价高，劳动条件差，因此，在一般情况下尽可能不选用。但在设计中常由于地形条件限制，运输设备的特殊要求等原因，而不得不采用。

②半地下式矿仓。如图9-32所示，这种矿仓不适宜贮存粒度大于350 mm 和

小于 10 mm 的矿石。当矿石中含有泥土而又比较潮湿时，就更不宜采用，因为矿仓易堵塞。由于易堵塞，又不易清理，所以逐渐已被地面式矿仓所代替，只有当地形条件合适，地基为坚硬岩石时，这种矿仓才可能是经济合理的。

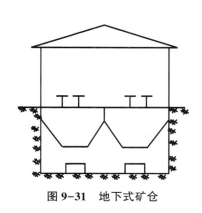

图 9-31　地下式矿仓

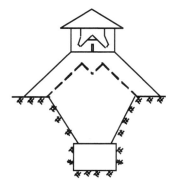

图 9-32　半地下式矿仓

　　③地面式矿仓。地面式矿仓也是通常所说的矿堆式矿仓，如图 9-33 所示，中间贮备矿仓常用这种形式。其优点是贮矿容积大，单位造价低。由于可使用推土机推矿，因此容易清理被矿石堵塞的排矿口。

　　当用闸门或给矿机放矿时，它不宜贮存粒度大于 350 mm 的矿石，但可以贮存粉矿。贮存 10 mm 以下的粉矿和含泥矿石时，为了防止雨水落到矿石中使操作条件恶化，以及防止大风吹散矿粉，应设置屋顶。

　　④高架式矿仓。高架式矿仓如图 9-34 所示，磨矿矿仓和产品矿仓常用这种形式。需要指出的是，随着选矿厂规模的不断扩大，为降低矿仓造价，大型选矿厂的磨矿矿仓逐步开始采用地面式矿仓(即矿堆)。高架式矿仓的造价比地面式和抓斗式矿仓都高，但它配置灵活，故应用较广泛。这种矿仓由于排矿口处所受压力较大，当贮存潮湿的粉矿和含泥较多的矿石时，容易堵塞。在生产中可用适当增大排矿口的方法，来减少排矿口的堵塞。

　　⑤抓斗式矿仓。抓斗式矿仓如图 9-35 所示。它的特点是贮量大、单位造价较低，非常适宜于贮存潮湿的粉矿及细粒精矿。在大、中型矿山的精矿运输采用火车和汽车，装车采用抓斗式矿仓。

　　⑥斜坡式矿仓。斜坡式矿仓如图 9-36 所示。它构造简单、造价低，在有适宜地形的情况下，建造这种矿仓是比较经济的。在中、小型选矿厂的原矿仓当中，用锁链给矿机给矿时，通常用斜坡式矿仓。

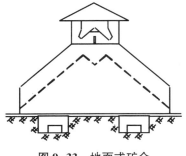

图9-33　地面式矿仓

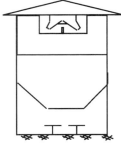

图9-34　高架式矿仓

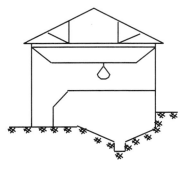

图9-35　抓斗式矿仓

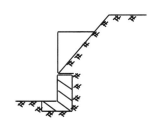

图9-36　斜坡式矿仓

（2）矿仓的结构特点

在地面式及高架式矿仓中，根据几何形状的不同，又可分为圆形、矩形（或方形）和槽形矿仓。对一般矿仓而言，在垂直面上，矿仓分仓身和仓底两部分，仓底部分的容积较小，仓身部分的容积较大，但是对容积不大的承受漏斗来说，仓身的容积往往是很小的，甚至没有仓身。矿仓仓身部分的仓壁一般都是垂直的。

带有卸矿装置的仓底是矿仓结构中比较复杂的部分，它有各式各样的形状，最简单的是平底，但多数是漏斗形的。因此，要充分表示出矿仓的整个形状，就必须指出仓身水平断面形状和仓底的形状。

①圆形矿仓。图9-37是圆形矿仓，它有圆形锥底和圆形平底两种。从建筑角度来看，圆形矿仓受力均匀，因而可以节省材料，它与槽形矿仓相比，在容

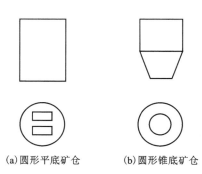

(a)圆形平底矿仓　　(b)圆形锥底矿仓

图9-37　圆形矿仓

积相等时，可以节省钢筋混凝土用量三分之一，目前磨矿矿仓多倾向于采用此种矿仓。

②矩形矿仓。矩形矿仓如图 9-38 所示。其中，仓底为三面倾斜的矩形矿仓多为原矿受矿，有底部排矿及侧面排矿两种。当用板式或槽式给矿机给矿时，应采用底部排矿矿仓。小型选矿厂的磨矿矿仓常采用仓底为四面倾斜底部排矿的矩形矿仓。

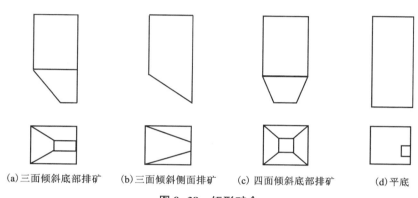

(a)三面倾斜底部排矿　(b)三面倾斜侧面排矿　(c)四面倾斜底部排矿　(d)平底

**图 9-38　矩形矿仓**

平底矿仓与仓底为锥形、漏斗形的矿仓相比，平底矿仓在容积一定时，具有高度较小，因而建造空间也较小的优点，但是平底矿仓在仓底会形成一个死角区，贮存的物料不能完全流出需要利用机械或人工卸矿。它只适于结构条件不允许建造高矿仓，或者设置漏斗仓底将大大增加费用的情况。

从断面形状比较，圆形矿仓不仅具有受力均匀、节省材料的优点，而且矿石流动性能较好。而矩形矿仓中的矿石在四角部分运动较慢，整体流动性较差，易产生离析现象。

③槽形矿仓。槽形矿仓如图 9-39 所示。它在选矿厂中运用很广泛，当需要分别贮存几种不同性质矿石时，可分成间隔，有效容积大，并可以设置若干个排矿口，这些排矿口可以同时打开，或者一个个依次打开。当贮存多种矿石时，可使矿石混合均匀，方法是以一定的顺序排出一定的物料。

矿仓按构筑材料分为钢筋混凝土结构、金属结构和木结构三种。其中以钢筋混凝土矿仓采用得最多，而近年来金属结构的矿仓在我国新建的一些选矿厂已被采用，木结构矿仓只适用于工作年限较短(不超过 8~10 年)的小型选矿厂。

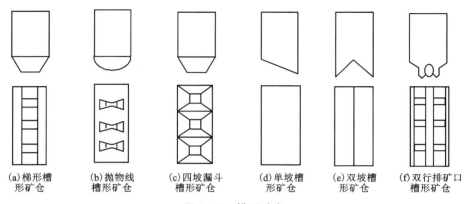

图 9-39　槽形矿仓

### 9.5.3　矿仓的选择

原矿矿仓应根据粗碎设备的型式、规格、运输及卸矿方式、地形条件等因素选定，一般多用矩形漏斗式矿仓。

中间矿仓多用地面或半下式结构，当总图布置允许时，采用地面式较为经济。缓冲及分配矿仓常与破碎、筛分厂房连接在一起，一般多用槽形矿仓。大块矿石用平底槽形仓；粒度小、粉矿多的矿石，多用三边或四边倾斜的漏斗式矿仓。

磨矿矿仓通常用高架式结构，多用圆形平底（多排矿口），槽形锥底，个别选矿厂也用悬挂式抛物线形槽形矿仓。自磨机前多用地面或半地下式矿堆。

产品仓多用高架式和抓斗式矿仓。某些精矿也可采用平地堆存方式，利用铲运机进行装运，但需要采用防止金属流失措施。

矿仓结构形式的选择应根据选矿厂的总图布置、选矿厂所在地区的工程地质、气候条件、矿石的物理性质（含泥量、含水量、粒度）；装车要求等因素进行综合的技术经济比较后确定。选型中还应注意下列问题。

①对气候条件恶劣地区（如冬季温度很低且持续时间较长，夏季多雨且雨量较大的地区），多采用保温、解冻、防雨和排水等措施。

②总图布置比较紧张时，尽量少用大型贮矿堆，应以占地面积小的矿仓为主。

③对含粉矿和水分多的矿石，尽量采用倾斜底型矿仓，斜底角度应为60°~70°。当采用大型矿堆时，应预先筛除粉矿后再贮存。

④对湿度大、药剂含量高、黏性强的各种精矿，多采用抓斗式矿仓，不宜采用高架式矿仓。

⑤对地下水位较高的地区，应避免采用耗资大、处理复杂的地下式或半地下式矿仓。

# 10

# 尾矿处理

## 10.1 概述

### 10.1.1 尾矿的定义与分类

（1）尾矿的定义

尾矿是指选矿厂在特定技术经济条件下，将矿石破碎和磨细，并从中分选出"有用组分"后剩余需要排放的固体废弃物。选矿厂尾矿一般以矿浆形式排放。由于当前选矿技术的局限性，尾矿中一般会含有一定数量的有用矿物，同时，尾矿也是一种含硅酸盐和碳酸盐等矿物的原料。尾矿具有粒度细、数量大、利用成本低、可利用性大等特点。

选矿尾矿通常作为固体废弃物排入矿山附近构筑的尾矿库中。尾矿也是矿业开发过程中造成环境污染的一个重要源头。同时，受选矿技术水平、生产设备等的制约，尾矿也是矿业开发过程中造成资源流失的体现。这说明尾矿具有二次资源与环境污染的双重特性。

（2）尾矿的分类

不同种类和结构构造的矿石，需要采用不同的选矿工艺进行处理，因此，不同选矿工艺所产生的尾矿，在工艺性质上，尤其在颗粒形态和颗粒级配上，往往存在一定的差异。按选矿工艺不同，尾矿可分为手选尾矿、重选尾矿、磁选尾矿、浮选尾矿、化学选矿尾矿、电选及光电选尾矿等。

①手选尾矿。因手选主要适合于结构致密、品位高、与脉石界限明显的金属或非金属矿石。根据对原矿加工程度的不同，可分为矿块状和碎石状尾矿。前者粒度差别较大，多在 100 至 500 mm 之间，后者多在 20 至 100 mm 之间。这类尾矿适合于作混凝土质材料的粗骨料使用。

②重选尾矿。根据矿物嵌布粒度的特性，重选一般会采用多段磨矿工艺，因

此尾矿的粒级范围比较宽。按分选原理和设备不同，还可细分为跳汰尾矿、重介质尾矿、摇床尾矿和溜槽尾矿等，其中，前两种尾矿粒级较粗，一般大于 2 mm；后两种尾矿粒级较细，一般小于 2 mm。这类尾矿在高温熔制时的透气性与压制成型时的排气性均较好，在建材中具有广阔的应用前景。

③磁选尾矿。磁选主要用于选别磁性较强的铁锰矿石，尾矿一般为含有一定数量铁质的造岩矿物，粒度范围也比较宽，从 0.05 mm 到 0.5 mm 不等。若弱磁性矿物采用磁化焙烧工艺，因尾矿在焙烧过程中获得了一定的反应活性，因此尤其适合于生产水化合成的硅酸盐建筑制品。

④浮选尾矿。浮选是最常用选矿方法，其尾矿的典型特点是粒级较细，通常在 0.5 至 0.05 mm 之间，且小于 0.074 mm 的极细颗粒占绝大部分。尾矿颗粒表面吸附有选矿药剂，对建材生产有一定影响，但经过一定存储期的尾矿，选矿药剂因分解，其影响将消失或减轻。这类尾矿由于已磨细，用于烧结类建材或生产加气混凝土材料时，将节省大量的磨细能耗。

⑤化学选矿尾矿。由于化学药液在浸出有用元素的同时，也对尾矿中其他矿物颗粒产生一定程度的腐蚀或改变其表面性质，一般能提高其反应活性，对于水化反应型建材的形成较为有利，但有时残余的化学药剂，也会对建材的耐久性产生不利影响，使用时应具体情况具体分析。

⑥电选及光电选尾矿。目前由于这类选矿工艺的应用较少，通常用于分选海滨砂矿床或尾矿中的贵重矿物，其尾矿粒度一般小于 1 mm。

根据选矿尾矿中主要组成矿物类型的不同，可将尾矿划分为以下 8 种不同的岩石化学类型。

①镁铁硅酸盐型尾矿。主要组成矿物为 $Mg_2[SiO_4]$-$Fe_2[SiO_4]$ 系列橄榄石和 $Mg_2[Si_2O_6]$-$Fe_2[Si_2O_6]$ 系列辉石，以及它们的含水蚀变矿物，如蛇纹石、硅镁石、滑石、镁铁闪石、绿泥石等。一般产于超基性和一些偏基性岩浆岩、火山岩、镁铁质变质岩、镁矽卡岩中的矿石，会形成这类尾矿。在外生矿床中，富镁矿物集中时，可形成蒙脱石、凹凸棒石、海泡石型尾矿。其化学组成特点为富镁、富铁、贫钙、贫铝，且一般镁大于铁，无石英。

②钙镁硅酸盐型尾矿。主要组成矿物为 $CaMg[Si_2O_6]$-$CaFe[Si_2O_6]$ 系列辉石、$Ca_2Mg_5[Si_4O_{11}](OH)_2$-$Ca_2Fe_5[Si_4O_{11}](OH)_2$ 系列闪石和中基性斜长石，以及它们的蚀变和变质矿物，如石榴子石、绿帘石、阳起石、绿泥石、绢云母等。中基性岩浆岩、火山岩、区域变质岩、钙矽卡岩型等矿石的选矿会产生这类尾矿。与镁铁硅酸盐型尾矿相比，其化学组成特点是钙、铝进入硅酸盐晶格，含量增高；铁、镁含量降低，石英含量较小。

③长英岩型尾矿。主要由钾长石、酸性斜长石、石英及其他们的蚀变矿物，如白云母、绢云母、绿泥石、高岭石、方解石等构成。产于花岗岩自变质型矿床，

花岗伟晶岩矿床，与酸性侵入岩和次火山岩有关的高、中、低温热液矿床，酸性火山岩和火山凝灰岩自蚀变型矿床，酸性岩和长石砂岩变质岩型矿床，风化残积型矿床，长英质砂岩及硅质页岩型沉积矿床的矿石，常形成此类尾矿。它们在化学组成上具有高硅、中铝、贫钙、富碱的特点。

④碱性硅酸盐型尾矿。在矿物成分上以碱性硅酸盐矿物，如碱性长石、似长石、碱性辉石、碱性角闪石、云母以及它们的蚀变、变质矿物，如绢云母、方钠石、方沸石等为主。产于碱性岩中的稀有、稀土元素矿床，可产生这类尾矿。根据尾矿中的 $SiO_2$ 含量，可分为碱性超基性岩型、碱性基性岩型、碱性酸性岩型 3 个亚类。其中，第三亚类分布较广，建材中多用此类矿石。在化学组成上，这类尾矿以富碱、贫硅、无石英为特征。

⑤高铝硅酸盐型尾矿。主要组成成分为云母类、黏土类、蜡石类等层状硅酸盐矿物，并常含有石英。常见于某些蚀变火山凝灰岩型、沉积页岩型以及它们的风化、变质型矿床的矿石中，煤系地层中的煤矸石亦多属此类。化学成分上，表现为富铝、富硅、贫钙、贫镁，有时钾、钠含量较高。

⑥高钙硅酸盐型尾矿。这类尾矿主要矿物成分为透辉石、透闪石、硅灰石、钙铝榴石、绿帘石、绿泥石、阳起石等无水或含水的硅酸钙岩。多分布于各种钙矽卡岩型矿床和一些区域变质矿床。化学成分上表现为高钙、低碱，$SiO_2$ 一般不饱和，铝含量一般较低的特点。

⑦硅质岩型尾矿。这类尾矿的主要矿物成分为石英及其二氧化硅变体。包括石英岩、脉石英、石英砂岩、硅质页岩、石英砂、硅藻土以及二氧化硅含量较高的其他矿物和岩石。自然界中，这类尾矿广泛分布于伟晶岩型，火山沉积变质岩型，各种高、中、低温热液型，层控砂（页）岩型以及砂矿床型的矿石中。$SiO_2$ 含量一般在 90% 以上，其他元素含量一般不足 10%。

⑧碳酸盐型尾矿。这类尾矿中，碳酸盐矿物占绝大多数，主要为方解石或白云石。常见于化学或生物化学沉积岩型矿石中。在一些充填于碳酸盐岩层位中的脉状矿体中，也常将碳酸盐质围岩与矿石一道采出，构成此类尾矿。根据碳酸盐矿物是以方解石，还是以白云石为主，又可进一步分为钙质碳酸盐型尾矿和镁质碳酸盐型尾矿两个亚类。

## 10.1.2 尾矿的基本性质

（1）物理及化学性质

尾矿的物理性质主要包括密度、硬度、粒度、粒度组成及颗粒形状等。由于矿山处理矿石和选矿工艺的不同，尾矿的物理性质也不相同。尾矿中一些常见矿物的物理性质列于表 10-1。

尾矿化学性质除指尾矿浆的 pH 和化学药剂成分外，还指尾矿可参与化学反应或在化学介质中抵抗腐蚀的能力。

表 10-1　尾矿中常见矿物的物理性质

| 物理性质 | 石英 | 玉髓 | 方解石 | 白云石 | 菱镁矿 | 橄榄石 | 绿帘石 | 透辉石 | 钙铁辉石 | 角闪石 |
|---|---|---|---|---|---|---|---|---|---|---|
| 密度 /(g·cm⁻³) | 2.65 | 2.60 | 2.72 | 2.87 | 2.96 | 3.2~3.5 | 3.25~3.4 | 3.25~3.3 | 3.5~3.6 | 3.1~3.3 |
| 莫氏硬度 | 7 | 6 | 3 | 3.5~4 | 4~4.5 | 6.5~7 | 6.5 | 6~7 | 5.5~6 | 5~6 |

| 物理性质 | 钠闪石 | 正长石 | 微斜长石 | 霞石 | 钠长石 | 钙长石 | 辉沸石 | 方沸石 | 堇青石 | 硅灰石 |
|---|---|---|---|---|---|---|---|---|---|---|
| 密度 /(g·cm⁻³) | 3.3~3.4 | 2.57 | 2.57 | 2.6 | 2.61 | 2.76 | 2.16 | 2.25 | 2.6~2.7 | 2.91 |
| 莫氏硬度 | 5.5~6 | 6 | 6 | 5.5~6 | 6~6.5 | 6~6.5 | 3.5~4 | 5.5 | 7~7.5 | 5~6 |

（2）工程性质

固体尾矿一般是用于后期尾矿坝构筑的工程材料。由于尾矿的特定加工过程和排放方法，又经受水力分级和沉淀作用，形成了各向异性的尾矿沉积层。尾矿坝的工作状态不仅取决于坝体本身的工程特性，更重要地取决于坝后沉积尾矿的工程特性。尾矿的工程性质主要包括以下几点。

①沉积特性。尾矿通常是以周边排放方式并经水力分级沉积，靠近尾矿坝形成尾矿砂沉积滩，在尾矿沉淀池中则以沉淀机理形成细粒尾矿泥带。分级程度取决于全尾矿的级配、排放尾矿浆浓度和排放方法等因素。

尾矿的沉积过程会产生高度不均匀的沉积滩。在垂直方向上，尾矿砂的沉积是分层的。水平方向上的变化往往也很大，尾矿浆在沉积滩上运移过程中，较粗颗粒首先从尾矿浆中沉淀下来，只有当尾矿达到沉淀池的静水中时，较细的悬浮颗粒和胶质颗粒才沉淀下来，形成尾矿泥带。

尾矿泥沉积过程是比较简单的垂直沉降过程。尾矿泥的沉降速率对尾矿澄清水所需面积及选矿循环水量影响较大，典型尾矿泥的沉降速率见表 10-2。

表 10-2　常见尾矿泥的沉降速率

| 尾矿泥类型 | 比重 | 塑性指数/% | 沉降速率/(cm·h⁻¹) |
|---|---|---|---|
| 铜尾矿泥 | 2.7 | 10 | 9.45 |
| 磷酸盐黏土 | 2.8 | 125 | 5.18 |
| 铜-锌尾矿泥 | 2.9 | 0 | 11.58 |

尾矿砂和尾矿泥的工程性质差异在于，前者与松散至中密的天然砂土相似，而后者则极为复杂，在某些情况下显示出天然砂土性质，在另一些情况下显示出天然黏土性质，或两种性质的结合。

②密度。尾矿原地密度的估计在尾矿库规划的早期阶段是特别重要的，因为特定选矿厂的尾矿所需库容积通常要根据尾矿的沉积密度来确定。原地密度可以用干密度或孔隙比来表示。

水力沉积尾矿砂的相对密度 $D_\gamma$ 对动力强度特性有重大影响。相对密度与尾矿可能达到的最致密和最松散状态有关，所以，必须对所研究的尾矿砂进行最小和最大密度的专门测定。表 10-3 是几种尾矿实测的原地密度和相对密度值。

表 10-3　几种尾矿实测原地密度和相对密度值

| 尾矿类型 | 比重 | 孔隙比 e | 干密度 $\gamma/(g\cdot cm^{-3})$ | 相对密度 $D_\gamma/\%$ |
|---|---|---|---|---|
| 焦油尾矿砂 | | 0.9 | 1.39 | 30~50 |
| 铜尾矿砂 | 2.6~2.8 | 0.6~0.8 | 1.49~1.76 | 37~60 |
| 尾矿泥 | 2.6~2.8 | 0.9~1.4 | 0.99~1.44 | |
| 铅-锌尾矿砂 | 2.9~3.0 | 0.6~1.0 | 1.49~1.81 | 17~43 |
| 尾矿泥 | 2.6~2.9 | 0.8~1.1 | 1.28~1.65 | |
| 钼尾矿砂 | 2.7~2.8 | 0.7~0.9 | 1.47~1.59 | 31~55 |
| 铁燧石尾矿砂 | 3.0 | 0.7 | 1.76 | |
| 尾矿泥 | 3.1 | 1.1 | 1.47 | |
| 磷酸盐尾矿泥 | 2.5~2.8 | 11 | 0.22 | |
| 铝矾土尾矿泥 | 2.8~3.3 | 8 | 0.32 | |

③渗透性。尾矿的渗透性是比其他任何工程性都难以概括的一个基本特性。渗透系数可以跨越5个以上数量级，从干净、粗粒尾矿砂的 $10^{-2}$ cm/s 到充分固结尾矿泥的 $10^{-7}$ cm/s。渗透性的变化是粒度、可塑性、沉积方式和沉积层内深度的函数，表 10-4 是尾矿渗透系数范围。

表 10-4　尾矿渗透系数范围

| 尾矿类型 | 平均渗透系数/$(cm\cdot s^{-1})$ |
|---|---|
| 干净、粗粒或旋流尾矿砂,细粒含量小于15% | $10^{-2}\sim10^{-3}$ |
| 周边排放的沉积滩尾矿砂,细粒含量大于30% | $10^{-3}\sim5\times10^{-4}$ |
| 无塑性或低塑性尾矿泥 | $10^{-5}\sim5\times10^{-7}$ |
| 高塑性尾矿泥 | $10^{-4}\sim10^{-8}$ |

④变形特性。尾矿在荷载作用下的压缩包括尾矿颗粒的压缩、孔隙中水的压

缩和孔隙的减小。在常见的工程压力 100 至 600 kPa 范围内，尾矿颗粒和水本身的压缩是可以忽略不计的，因此，尾矿沉积层的压缩变形主要是由于水和空气从孔隙中排出引起的。可以说，尾矿的压缩与孔隙中水的排出是同时发生的。尾矿粒度越粗，孔隙越大，透水性就越大，水的排出和尾矿沉积层的压缩越快，而颗粒很细的尾矿则需要很长的时间，这个过程叫作渗透固结过程。

尾矿沉积层在荷载作用下孔隙中自由水逐渐排出，孔隙体积逐渐减小，孔隙压力逐渐转移到尾矿骨架承担，这一过程称之为尾矿固结作用。固结使尾矿沉积层产生压缩变形，同时也使尾矿的强度逐渐增大，因此，固结既引起坝体（和基础）的沉降，又控制坝体（和基础）稳定性，是尾矿库工程中最重要工程性质之一。

⑤抗剪强度特性。普遍采用三轴剪切试验，在改变排水条件下测定材料的强度特性，分析坝体的稳定性。最基本试验方法有固结排水（CD）和固结不排水（CU）试验。开始时，两种方法都要把试样固结到固结应力 $\sigma_c$，相当于剪切之前坝体（或基础）中某一点的初始有效应力。固结之后，可按排水条件剪切试样，迫使剪切过程产生的全部孔隙压力充分消散；或者按不排水条件剪切试样，阻止剪切过程产生的孔隙压力消散。

### 10.1.3　尾矿对环境的影响

选矿尾矿对自然生态环境的影响具体表现在以下两个方面。

①尾矿由于粒度细、体重小、表面积较大等，堆存时易流动和塌漏，造成植被破坏和伤人事故，尤其在雨季极易引起塌陷和滑坡。在气候干旱、风大的季节和地区，尾矿粉尘会造成土壤污染和土地退化，甚至危害周围居民身体健康。

②尾矿成分及残留选矿药剂对生态环境的破坏严重，尤其是含重金属的尾矿，其中的硫化物产生酸性水进一步淋浸重金属，对整个生态环境造成危害。残留于尾矿中的氯化物、氰化物、硫化物、松油、絮凝剂、表面活性剂等有毒有害药剂，在尾矿长期堆存时会受空气、水分、阳光作用和自身相互作用，产生有害气体或酸性水，流入耕地后，破坏农作物生长或使农作物受污染。流入水系则又会使地面水体和地下水源受到污染，毒害水生生物。尾矿流入或排入溪河湖泊，不仅会毒害水生生物，而且还会造成其他灾害，有时甚至涉及相当长的河流沿线。

### 10.1.4　尾矿设施及其组成

尾矿设施一般是指尾矿输送系统和堆存系统的总称。处理选矿厂细粒含水尾矿的尾矿设施系统，主要由以下 4 部分组成（见图 10-1）。

①尾矿库。即存放尾矿的场所。由选矿厂排出的尾矿在尾矿库中沉淀，固体颗粒沉于池底积存起来，澄清的水流排入下游的水系中或回收到选矿厂中再用。

由于尾矿库的容积较大，尾矿水和空气的接触时间较长，使尾矿水受到天然的净化作用(悬浮物的沉降及有害成分的氧化等)，使回水的水质提高。

②尾矿输送系统。将尾矿由选矿厂输送到尾矿库的全套构筑物和设备，包括溜槽、管道和砂泵站等。

③回水输送系统。将尾矿库澄清水送回到选矿厂或其他用水单位的全套构筑物和设备，与一般供水系统基本相同。

④尾矿水净化系统。将尾矿库排出的澄清水中所含的有害成分进行化学净化的全套构筑物和设备，如调整其 pH，使重金属盐沉淀等。

一般情况下，尾矿水净化系统比较复杂。为减少净化费用，最好是将澄清水回收供选矿厂再用，一方面可减轻对河流的污染，另一方面还可节约有限的水资源。

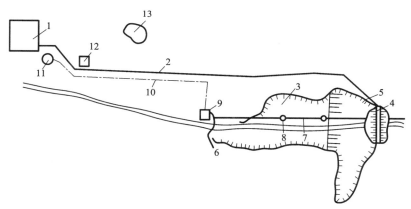

1—选矿厂；2—尾矿输送管；3—尾矿沉淀池(尾矿库)；4—初期坝；5—尾矿堆积坝；6—进水头部设施；
7—排出管；8—排水井；9—水泵房；10—回水管；11—回水池；12—中间砂泵；13—事故沉淀池。

**图 10-1 尾矿设施构筑物布置示意图**

## 10.1.5 尾矿设施的作用和重要性

尾矿设施是矿山生产中的重要设施，其作用包括以下几点。

①将选矿厂排出的"废渣"妥善储存起来，防止流失和污染。

②使尾矿中的水经过尾矿库的澄清和自然净化后，供选矿生产重复利用，起到节约水资源和平衡枯水季节水源不足的作用，一般回水利用率可达 70%~90%。

③尾矿残留的有价成分，暂存于尾矿库中，可待将来再进行回收利用。

④尾矿设施是保证选矿厂正常、持续生产的必要条件。尾矿设施的完善程度将决定着矿山企业生产能否正常、持续地进行。

尾矿设施的重要性体现在以下几个方面。

①尾矿设施是矿山生产不可缺少的设施，其设置符合国家对矿山企业环境保护和安全生产的要求。

②尾矿设施在矿山建设中具有重要的地位。其基建投资一般约占矿山建设总投资的10%以上，占选矿厂投资的20%左右，有的几乎与选矿厂投资一样多，甚至超过选矿厂。尾矿设施的运行成本也较高，有些矿山尾矿设施运行成本占选矿厂生产成本的30%以上。为了减少运行费，有些矿山的选矿厂厂址取决于尾矿库的位置。

③尾矿库是矿山生产最大的危险源。尾矿库是一个具有高势能的人造泥石流的危险源。在长达十多年甚至数十年的时间里，各种天然的和人为的不利因素影响着它的安全。事实表明，尾矿库一旦失事将会给工农业生产及下游人民生命财产造成巨大的灾害和损失。

# 10.2  尾矿库与尾矿坝

## 10.2.1  尾矿库设计应具备的基础资料

尾矿设施设计根据工程规模、设计阶段、项目组成和重要性等因素，应具有下列相应的基础资料：①选矿工艺资料；②尾矿量和尾矿的物理、化学性质资料；③尾矿浆的沉降和浓缩试验资料；④尾矿水水质分析和水处理试验资料；⑤尾矿水力输送试验或流变学试验资料；⑥尾矿土力学试验资料；⑦尾矿堆坝试验及渗流试验资料；⑧气象及水文资料；⑨尾矿库库区、坝址、排水构筑物沿线、筑坝材料场地和输送管槽线路等的测量、工程地质与水文地质勘查资料；⑩尾矿库上、下游居民区工农业经济调查资料。此外，还应具备尾矿库占用土地、房屋和其他设施的拆迁及管道穿越铁路、公路、通航河流等的协议文件，以及环保资料等。

## 10.2.2  尾矿库选址

为了容纳含有大量水分的尾矿，必须将堆积场地构筑成尾矿库。尾矿库通常是指尾矿坝、排水设施和库内尾矿组成的构筑体。其中的排水设施（包括库内设置的浮船泵站），除了能够排出澄清了的尾矿水外，还需要具备排泄雨水和进入尾矿库的溪流与山洪的能力，以确保尾矿库不至于溃坝，保证坝体稳固安全。尾矿库址应按照下述原则选择和确定。

①容量应满足选矿厂整个生产年限的需要，当一个库容不能满足要求时，应分选几个，每个库容年限不应低于5年。

②尽可能利用天然洼地和山谷，不占或少占耕地，不拆迁或少拆迁居民住

宅,尽可能靠近选矿厂,尽可能实现尾矿自流。

③库址应具有较好的工程地质条件,库址下部不压矿体,尾矿坝构筑工程尽可能小,坝基处理简单,两岸山坡稳定,避开溶洞、泉眼、淤泥、活断层、滑坡等不良地质构造。

④对附近居民点不致造成任何安全威胁或环境污染,库区最好位于主导风向的下风方向。

⑤汇雨面积应当较小,如若较大,在坝址附近或库岸应具有适宜开挖溢洪道的有利地形。

⑥尾矿址的选择还应考虑便于今后对尾矿的重新利用。

⑦尾矿水能够充分地澄清和易于返回利用。

⑧库址、尾矿输送和储存方式、设施等的确定,应进行方案比较。

## 10.2.3 尾矿库的组成、类型及容积

(1)尾矿库的组成

尾矿库是选择有利地形筑坝拦截谷口或围地形成的具有一定容积,用以贮存尾矿和澄清尾矿水的专用场地。尾矿库通常由尾矿坝、排水管、排水井、移动式回水泵站等建筑物组成。

①尾矿坝。包括初期坝和尾矿堆积坝,它的作用是在山谷、坡地或平地上围成所需面积和容积的沉淀地,使尾矿浆能在尾矿库中沉淀并脱水。

②排水管。用于排泄尾矿库内的雨水、溶雪水及尾矿沉淀后的澄清水至尾矿库外的管道。

③排水井。把尾矿库内的雨水、溶雪水及澄清水排到排水管的井形排水构筑物。

如某尾矿库的汇水面积很大,在短时间内尾矿库内可能积蓄大量的洪水时,为了能迅速排出大部分或一部分洪水,常在尾矿坝附近修筑一条排出洪水用的排洪沟。

尾矿库的库长是指由滩顶(对初期坝为坝轴线)起,沿垂直坝轴线方向到尾矿库周边水边线的最大距离。沉积滩则是指向尾矿库内排放尾矿形成的尾矿砂滩,常指露出水面的部分,也叫作沉积干滩。滩顶是尾矿沉积滩面与堆积坝外坡面的交线,是沉积滩的最高点。滩长则是自沉积滩滩顶到库内水边线的距离,也叫作干滩长度,是尾矿库安全度的一个重要指标。

(2)尾矿库的类型

①山谷型尾矿库。在山谷谷口处筑坝形成的尾矿库[如图10-2(a)所示]。其特点是初期坝不太长,堆坝比较容易,工作量较小,尾矿坝常可堆得较高;汇水面积通常不太大,排洪设施一般比较简单(汇水面积大时就比较复杂)。这种类

型的尾矿库是典型的，国内大量的尾矿库属于此型，管理维护相对比较简单，但当堆坝高度很高时，也会给设计和操作管理带来一定的难度。

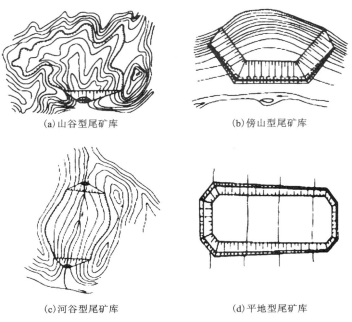

(a)山谷型尾矿库　　　　　　　　(b)傍山型尾矿库

(c)河谷型尾矿库　　　　　　　　(d)平地型尾矿库

图 10-2　常见尾矿库的类型

　　②傍山型尾矿库。在山坡脚下依傍山坡三面筑坝围成的尾矿库[如图 10-2(b)所示]。其特点是初期坝相对较长，堆坝工作量较大，堆坝高度不可能太高；汇水面积较小，排洪问题比较容易解决。但因库内水面面积一般不大，尾矿水的澄清条件较差。国内尾矿库属于这种类型的较少，管理维护相对比较复杂。

　　③河谷型尾矿库。截断河谷在上下游两面筑坝截成的尾矿库[如图 10-2(c)所示]。其特点是尾矿堆坝从上、下游两个方向向中间进行，堆坝高度受到限制；尾矿库库内的汇水面积不太大，但库外上游的汇水面积通常很大，库内和库上游都要设排洪系统，配置较复杂，规模较大。国内尾矿库属于这种类型的为数不多，如中条山铜矿峪十八河尾矿库、西华山钨矿老尾矿库等。相对于山谷型来说，此类型尾矿库的管理维护比较复杂。

　　④平地型尾矿库。在平地上四面筑坝围成的尾矿库[如图 10-2(d)所示]。其特点是没有山坡汇流，汇水面积小，排洪构筑物简单；尾矿坝的长度很长，堆坝工作量相当大，堆坝高度受到限制一般不高。国内有些尾矿库属于这种类型，如金川及山东一些金矿的尾矿库，管理维护相当复杂。

（3）尾矿库容积

尾矿库的库容有全库容、总库容和有效库容之分，如图 10-3 所示。

①空余库容（$V_1$）。是指水平面 $AA'$ 与 $BB'$ 之间的库容，它是为确保设计洪水位时坝体安全超高或安全滩长的空间容积，是不允许占用的，故又称为安全库容。

②调洪库容（$V_2$）。是指水平面 $BB'$ 和 $CC'$ 之间的库容，它是在暴雨期间用以调洪的库容。是设计确保最高洪水位不致超过 $BB'$ 水平面所需的库容，因此，这部分库容在非雨季一般不许占用，雨季绝对不许占用。

③蓄水库容（$V_3$）。是指水平面 $CC'$ 和 $DD'$ 之间的库容，供矿山生产水源紧张时使用，一般的尾矿库不具备蓄水条件时，此值为零，$CC'$ 和 $DD'$ 重合。

④澄清库容（$V_4$）。是指水平面 $DD'$ 和滩面 $DE$ 之间的库容，它是保证正常生产时水量平衡和溢流水水质得以澄清的最低水位所占用的库容，俗称死库容。

⑤有效库容（$V_5$）。是指滩面 $ABCDE$ 以下沉积尾矿以及悬浮状矿泥所占用的容积。它是尾矿库实际可容纳尾矿的库容，按式（10-1）计算：

$$V_5 = W/\delta \qquad (10-1)$$

式中：$V_5$ 为有效库容，$m^3$；$W$ 为设计根据选矿厂全部生产期限内产出的尾矿总量，t；$\delta$ 为尾矿平均堆积干密度，$t/m^3$。

⑥尾矿库的全库容（$V$）。是指某坝顶标高时的各种库容之和。

$$V = V_1 + V_2 + V_3 + V_4 + V_5 \qquad (10-2)$$

⑦尾矿库的总库容。是指尾矿堆至最终设计坝顶标高时的全库容。

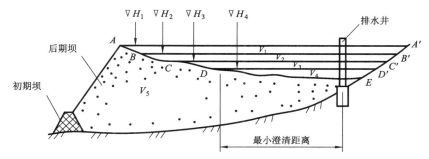

$\triangledown H_1$—某一坝顶标高，对应的水平面为 $AA'$；$\triangledown H_2$—洪水水位，对应的水平面为 $BB'$；

$\triangledown H_3$—蓄水水位，对应的水平面为 $CC'$；$\triangledown H_4$—正常生产的最低水位，亦可称之为死水位，对应的水平面为 $DD'$；该水位由最小澄清距离确定；$DE$—细颗粒尾矿沉积滩面及矿泥悬浮层面。

**图 10-3　尾矿库库容组成**

根据选矿厂服务年限，可按下式计算尾矿库所需要的容积：

$$V = \frac{QN}{\delta\varphi} \qquad (10-3)$$

式中：$V$ 为尾矿库所需总容积，$m^3$；$Q$ 为尾矿年排出量，$t/a$；$N$ 为选矿厂生产年限，$a$；$\delta$ 为尾矿松散密度，$t/m^3$；$\varphi$ 为尾矿库充满系数，$\varphi = 0.6 \sim 0.85$，也可从表 10-5 中选取。

表 10-5　尾矿库容积的充满系数 $\varphi$ 值

| 尾矿库的形状 | 充满系数 $\varphi$ |
| --- | --- |
| 狭长而曲折的河沟 | 0.6 |
| 坡地和较宽阔而曲折不平的河沟 | 0.7~0.8 |
| 平地和宽阔无曲折的山谷 | 0.85 |

## 10.2.4　尾矿坝的构筑

为了在尾矿库形成容纳尾矿的一定容积，必须构筑能拦住尾矿的坝埂，通常叫作尾矿坝。

（1）尾矿坝的组成

为形成一定的初期库容所堆筑的第一期坝叫基础坝（也叫初期坝）。初期坝是采用当地的土石材料堆筑而成的，由建设施工单位完成。初期坝形成后，尾矿库即可投入使用。尾矿库投入使用后，随着尾矿堆积面的升高，利用已沉积的尾矿在基础坝和沉积的尾矿上面加筑新的坝体就叫后期坝（或堆积坝）。随着尾矿库坝体的上升，后期坝的堆筑也就需要不断地进行。尾矿坝的堆筑，在尾矿库投用后，主要就是针对后期坝而言的。后期坝的堆筑，其材料多为尾矿本身，为获得粗粒尾矿筑坝，通常采用旋流器分级的沉砂来筑坝，若沉砂量不够时，也有采用附近的黄土和泥石混合物等为筑坝原料。后期坝通常是由生产单位在整个生产过程中逐年修筑的。

（2）堆积坝的形式与堆坝方法

堆积坝的形式与堆坝方法相关，主要有上游法堆坝的堆积坝、中游法堆坝的堆积坝和下游法堆坝的堆积坝 3 种形式。

①上游法堆坝的堆积坝。如图 10-4 所示，自初期坝坝顶开始以某种边坡比向上游逐渐推进加高，初期坝相当于堆积坝的排水棱体。该堆积坝的堆坝工艺简单，操作方便，基建投资少，经营费低，是我国目前广泛应用的堆积坝。但其支撑棱体底部由细尾矿堆积而成，力学性能差，对稳定不利，该堆积坝浸润线高，有待改进。

②中游法堆坝的堆积坝。如图 10-5 所示，是以初期坝轴线为堆积坝坝顶的轴线始终不变，以旋流器的底流沉砂加高并将堆积边坡不断向下游推移，待堆至最终堆积标高时形成最终堆积边坡。旋流器的溢流排入堆积坝顶线的上游。这种

堆积坝改善了尾矿库支撑棱体的基础条件，支撑棱体基本上由旋流器底流的粗尾矿堆积而成，浸润线也有所降低，对堆积坝的稳定有利，因此生产上希望采用这种堆积坝，但用旋流器筑坝又给生产带来很多麻烦，如旋流器的移动和管理，临时边坡的稳定及扬尘等问题，使其应用受到限制，加之基建投资高，目前实际应用还不多。

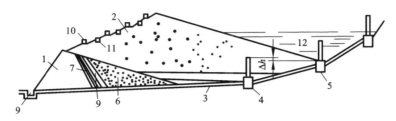

1—初期坝；2—堆积坝；3—排水管；4—第一个排水井；5—后续排水井；6—尾矿沉积滩；
7—反滤层；8—保护层；9—排水沟；10—观测设施；11—坝坡排水沟；12—尾矿池。

**图 10-4　上游法堆坝的堆积坝剖面示意图**

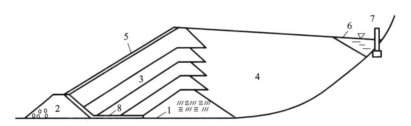

1—初期坝；2—滤水坝；3—堆积粗尾矿；4—细尾矿；5—护坡；6—尾矿池；7—排洪设施；8—排渗设施。

**图 10-5　中游法堆坝的堆积坝剖面示意图**

③下游法堆坝的堆积坝。如图 10-6 所示，自初期坝坝顶开始，用旋流器底流沉砂(溢流排入坝内)以某种坡比向下游逐渐加高推移，先逐渐形成上游边坡，直至堆到最终堆积标高时才形成最终下游边坡。这种堆积坝采用大量旋流器底流沉砂筑成堆积坝，彻底改善了支撑棱体的基础条件，降低了浸润线，稳定性和抗震性能均好。但旋流器堆坝工作量大，应考虑旋流器底流沉砂量与堆坝工程量的平衡。也存在中游法堆坝所存在的问题，因此目前应用较少。

## 10.2.5　尾矿浆的排放方式

尾矿排入尾矿库的方式，根据尾矿放出口的位置，大致可分为以下两种。

①尾矿输送到尾矿坝顶部，向尾矿库内部排入，这样可使较粗的级别在尾矿坝的内坡附近先行沉淀，较细的尾矿则输送到距尾矿坝内坡较远的地方沉淀，因

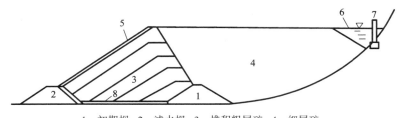

1—初期坝；2—滤水坝；3—堆积粗尾矿；4—细尾矿；
5—护坡；6—尾矿池；7—排洪设施；8—排渗设施。

**图 10-6　下游法堆坝的堆积坝剖面示意图**

而在尾矿坝内坡附近形成一坚实的人工地层，这样便可在它的上面修筑堆积坝，以增大尾矿库的容积。采用这种方式的优点是初期坝高度较低，可在生产过程中逐渐地用堆积坝来升高；缺点是排水管较长，必须定期地移动排放管及支架。这是目前选矿厂普遍采用的尾矿排入方式，如图 10-7 所示。

②尾矿输送到尾矿库内部，再向尾矿坝方向分散，使尾矿由尾矿库内部逐渐向尾矿坝的方向堆积。采用这种方式，可使排水管短些，但初期坝高度要高一些，同时在尾矿坝内坡附近沉淀大量细粒尾矿，对尾矿坝造成不良影响。

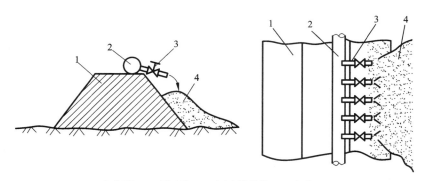

1—初期坝；2—尾矿管；3—尾矿排放管；4—粗粒尾矿。

**图 10-7　尾矿排放示意图**

## 10.3　尾矿输送系统

由于大多数选矿厂采用的是湿法选矿工艺，其尾矿自然是以尾矿浆的形式排放。然而也有少数矿山采用干法选矿工艺，得到干尾矿，两种形式的尾矿的输送方式也完全不同。

## 10.3.1 干式选矿厂尾矿

尾矿可采用箕斗或矿车、皮带运输机、架空索道或铁道列车等运输。

①利用箕斗或矿车沿斜坡轨道提升运输尾矿，然后倒卸在锥形尾矿堆上，这是一种常用的方法。根据尾矿输送量的大小可采用单轨或双轨运输。地形平坦，尾矿库距选矿厂较近时可采用此法输送。

②利用铁路自动翻车运输尾矿向尾矿场倾卸，此方案运输能力大，适用于尾矿库距选矿厂较远，且尾矿库是低于路面的斜坡场地。

③利用架空索道运输尾矿，适于起伏交错的山区，特别是业已采用架空索道输送原矿的条件，可沿索道回线输送废石，尾矿场在索道下方。

④利用移动胶带运输机输送尾矿，运至露天扇形底的尾矿堆场。适于气候暖和的地区，距选矿厂较近。

## 10.3.2 湿式选矿厂尾矿

除个别矿山外，我国有色金属矿山的尾矿输送及堆坝均为低浓度输送和堆坝。随着矿山提高经济效益的需要，要求节省尾矿输送能耗，提高尾矿浓度势在必行。

（1）尾矿浓缩

尾矿浓缩就是将选矿厂排出的尾矿浆先由浓缩机脱水，浓缩后的高浓度尾矿浆（质量分数为 40%~50%），再经过砂泵扬送到尾矿库堆存。

对尾矿浆进行厂前浓缩，有利于尾矿水的回用，减少新水用量，提高尾矿输送浓度，降低尾矿输送系统的基建费和经营费。

在尾矿浓缩中，多采用高效浓缩机，配合添加絮凝剂，缩短物料沉降时间，提高浓缩效率，减少占地面积，节省基建投资。

（2）输送方式

不论湿式尾矿是否经过浓缩，仍以矿浆形式排出，因此湿式尾矿的输送必须采用水力输送方式。常见的输送方式有自流输送、压力输送和联合输送 3 种。

①自流输送。利用选矿厂尾矿排出点和尾矿库之间的地形高差，使尾矿浆自流输送。当水流达到一定流速时，尾矿颗粒能全部被水带到尾矿库。这种输送方式最简单，只需溜槽和管道即可，不需要任何动力。

②压力输送。当地形高差不能满足自流输送要求，或者尾矿库的标高高于尾矿排出点的标高，就不能利用自流输送。须在尾矿排出点处或管道中间添加一段或几段砂泵，使尾矿利用砂泵所形成的压力沿着管道送到尾矿库，如图 10-8(a)所示。此时输送尾矿用的管道要用能承受一定压力的铁管。

③自流和压力联合输送。当地形条件不能全部满足自流输送要求，而有部分

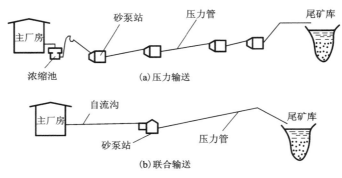

图 10-8　尾矿输送方式示意图

地段需用压力输送时，可以采用自流和压力联合输送的方式，如图 10-8(b) 所示。例如，尾矿由选矿厂排出后立即用砂泵扬送到邻近的高地，然后再自流输送尾矿到尾矿库。

### 10.3.3　尾矿压力输送

尾矿浆的压力输送系统一般包括输送管道的敷设、砂泵站的形式和连接方式等内容。

(1)尾矿输送管线布置原则

尾矿输送管道(或流槽)线路的布置，一般应综合考虑下列原则：尽量不占或少占农田；避免通过市区和居民区；结合砂泵站位置的选择，缩短压力管线；避免通过不良地质地段、矿区崩落和洪水淹没区；便于施工和维护。

(2)尾矿输送管的敷设方式

①明设。将尾矿输送管(或流槽)设置在路堤、路堑或栈桥上。主要优点是便于检查和维护，一般多采用此方式。但受气温影响较大，容易造成伸缩脱节而漏矿。

②暗设。将尾矿输送管(或流槽)设置在地沟或隧道内。一般在厂区交通繁华处或受地形限制时，才采用这种形式。

③埋设。将尾矿输送管(或封闭流槽)直接埋设在地表以下。其优点是地表农田仍可耕种，同时受气温影响较小，可少设甚至不设伸缩接头，因而漏矿事故较少；缺点是一旦发生漏矿，检修非常麻烦。一般在东北地区选矿厂，如东鞍山和通化等选矿厂的部分尾矿管道采用了这种敷设方式。

此外，还有半埋设形式，即管道半埋于地下或是沿地表敷设，其上用土简单覆盖。不仅可减少气温变化的影响，甚至可不设伸缩接头，如大冶金山店的尾矿管道即采用此法。

尾矿管道敷设时,尽可能成直线,弯头转角尽可能少而小,转角较大的弯头尽可能圆滑些。

(3)砂泵站的形式及连接方式

尾矿压力输送是借助于泵站设备运行得以实现的,因此,砂泵站在尾矿设施中占有很重要的地位。

①砂泵站的形式。砂泵站有地面式和地下式两种。最常见的是地面式砂泵站,具有建筑结构要求低,投资少,操作和检修方便等优点。因此,被国内矿山广泛采用。另一种是地下式砂泵站,这种泵站是在地形及给矿等条件受到限制的情况下所采用的。地面式砂泵站一般采用矩形厂房,而地下式砂泵站往往采用圆形厂房。

②砂泵站的连接方式。由于地形条件的限制,有些选矿厂的尾矿库往往在距选矿厂较远的地方建设,因此,一级泵站难以将尾矿一次性输送到尾矿库,必须采用多级泵站串联输送的方式,将尾矿输送到最终的目的地。串联方式有直接串联和间接串联两种,它们的优、缺点见表10-6。

表10-6  砂泵站串联方式特点

| 串联方式 | 优点 | 缺点 | 使用单位 |
|---|---|---|---|
| 直接串联 | 节省因建矿浆仓(池)的高差,充分利用砂泵扬程 | 目前矿浆输送系统的安全措施尚不完善,所以发生事故的可能性多;操作管理要求严格 | 大孤山、水厂、锦屏、凡口等 |
| 间接串联 | 管理简单;发生事故的可能性小,易发现问题,便于处理事故 | 因建矿浆仓(池)而损失高差,泵的扬程不能充分利用 | 较普遍 |

为保证尾矿输送不间断,泵站一般设有备用砂泵及对应的备用管道,并要求每台砂泵都能分别向备用管道输送尾矿浆。任一砂泵检修均不影响其他砂泵的正常工作,泵站中的多台砂泵(包括备用泵)规格、型号、技术性能应统一,以减少备件的类型和数量,方便操作和维修。

# 10.4  尾矿回水及净化

尾矿回水成分与原矿矿石的组成、品位及选别方法有关,其中可能超过国家工业"三废"排放标准的项目有pH、悬浮物、氰化物、氟化物、硫化物、化学耗氧量及重金属离子等。

### 10.4.1 尾矿回水的净化

尾矿回水净化方法的确定,取决于排放水中含有害物质的成分和数量、所排入水系的类别,以及对回水水质的要求。目前常用的净化方法有以下几种。

①自然沉淀法。充分利用尾矿库(或其他形式沉淀池)的面积优势,将尾矿浆中的固体颗粒沉淀下来。

②物理化学净化法。通过采用某些特殊的吸附材料,将尾矿水中一些有害物质吸附除去。

③化学净化法。针对尾矿浆的具体特点,加入适量化学药剂,促使有害物质转化为无害或低害的物质。

对尾矿中的固体颗粒及悬浮物,主要是利用尾矿水在尾矿库中进行沉淀,达到澄清的目的。如尾矿颗粒的粒径极细(如钨锡矿泥重选尾矿和某些浮选尾矿),尾矿水呈浑浊状,为使尾矿水尽快澄清,可加适当添加凝聚剂(如石灰和硫酸铝等)来加快固体颗粒的沉降。此外,添加有机絮凝剂,如聚丙烯酰胺等,也能加快尾矿水的澄清速度。

澄清的尾矿水中,往往会含有一些离子组分,如铜、铅、镍等金属离子等,可采用添加白云石、焙烧白云石、活性炭、石灰等吸附剂来达到去除的目的。铅锌矿石粉末具有吸附有机药剂的特性,因而常用来吸附尾矿水中的黄药、黑药、松节油、油酸等有机浮选药剂。尾矿水如含有单氰或复氰化合物时,一般可用漂白粉、硫酸亚铁和石灰作为净化剂,进行化学净化;也可采用铅锌矿石和活性炭作为吸附剂,进行吸附净化。

由此可见,尾矿水的净化方法应根据尾矿水中所含有害物质的种类,以及所要求的净化程度来选择。同时,应该优先考虑采用净化剂来源广、工艺简单、经济有效的方法。常用的尾矿水净化方法归纳如表 10-7。

**表 10-7 尾矿水净化常见方法**

| 净化方法 | 使用范围 | 净化方法 | 使用范围 |
|---|---|---|---|
| 石灰 | 清除铜、镍等离子 | 漂白粉 | 清除氰化物 |
| 未焙烧的白云石 | 清除铅离子 | 硫酸亚铁 | 清除氰化物 |
| 焙烧的白云石 | 清除铜、铅离子 | 活性炭 | 吸附重金属离子和氰化物 |
| 铅锌矿石粉 | 清除有机浮选药剂和氰化物 | | |

## 10.4.2　尾矿回水再用

尾矿水经过处理后应该循环再利用，并尽可能提高废水回用的比例，提高水资源的利用率，减少外排对环境的污染，这是当前国内外尾矿废水治理的重点所在。生产实践中，尾矿水回用一般有以下几种途径。

①浓缩机回水。选矿厂工艺过程排出的尾矿浓度一般都较低，直接输送至尾矿库不仅不经济，而且水资源的浪费也很大，为节省生产的新水消耗量，通在选矿厂内或选矿厂附近设置尾矿浓缩作业，采用高效浓缩机进行尾矿脱水，浓缩后的尾矿浆由砂泵扬送至尾矿库，可大大降低尾矿的输送费用。浓缩机溢流水送回至选矿厂的工艺流程中再用。浓缩机的回水效率一般可达40%～70%。

②尾矿库回水。尾矿浆排入到尾矿库后，其中的水分一部分留在沉积尾矿的空隙中，另一部分经坝体和库底等渗透到尾矿库外，还有一部分则从尾矿库中蒸发掉。尾矿库回水就是把残留在尾矿库中的澄清水回收再利用。

尾矿库回水系统大多利用尾矿库内排洪井(管)，将澄清水引入下游的回水泵站，再扬至厂前高位回水池。也有在尾矿库内水面边缘设置活动浮船水泵站直接抽取澄清水，扬至厂前的高位回水池(参见图10-1)。

# 10.5　尾矿库管理

尾矿库是尾矿设施中最重要的大型设施，稍有疏忽有可能造成重大事故，尤其是坝体安全至关重要，必须严格按设计要求和有关操作技术规程认真做好使用中的维护管理工作。

## 10.5.1　尾矿设施安全规程

(1)尾矿输送

①砂泵站(特别是高压砂泵站)应设必要的监测仪表，容积式的砂泵站应设超压保护装置。静水压力较高的泵站应在砂泵单向阀后设置安全阀或防水锤。

②事故尾矿池应定期清理，经常保持足够的贮存容积。事故尾矿溢流不得任意外排，确需临时外排时，应经有关部门批准。

③间接串联或远距离直接串联的尾矿输送系统上的逆止阀及其他安全防护装置应经常检查和维护，确保完好有效。

④矿浆仓来矿处设置的格栅和仓内设置的水位指示装置，应经常冲洗、清理与维护。

⑤尾矿输送管、槽、沟、渠、洞，应固定专人分班巡视检查和维护管理，防止发生淤积、堵塞、爆管、喷浆、渗漏、坍塌等事故；发现事故应及时处理，对排放

的矿浆应妥善处理。

⑥金属管道应定期检查壁厚，并进行维护，防止发生漏矿事故。

⑦寒冷地区应加强管、闸、阀的维护管理，采取防冻措施。

（2）尾矿库

①尾矿库的设计，应遵守《选矿厂尾矿库设施设计规范》的规定。

②对尾矿库及其附属设施的施工和验收，应遵照有关施工验收规范和设计要求进行。

③尾矿库的生产管理，应遵守《冶金矿山尾矿设施管理规程》的规定。

## 10.5.2　尾矿库的维护管理

尾矿库的维护管理过程既是生产管理过程，又是尾矿库加高的施工过程。尾矿库的管理部门既是生产组织机构，又是施工组织机构。因此，尾矿库的维护管理具有特殊重要的意义。

尾矿库维护管理的基本任务是根据尾矿库生产运行的客观规律和设计要求，组织好尾矿堆积坝的堆坝施工、尾矿的正常排放、尾矿澄清水的回收及尾矿设施的检查维修。

（1）尾矿排放及尾矿堆坝

尾矿排放过程就是尾矿堆积坝加高的施工过程，是相互联系和密切相关的。尾矿排放尾矿库的堆坝方法决定了尾矿的放矿方式及放矿位置。采用一次筑坝的尾矿库，放矿灵活，既可以分散放矿，也可集中放矿，放矿位置可以在尾矿水澄清区以外的任何位置。

上游法堆坝的尾矿库，一般采用坝前分散放矿，除冰冻期采用冰下集中放矿或溶岩地区尾矿库要求周边放矿外，不允许在任意位置放矿，也不能集中放矿。

中游法和下游法堆坝的尾矿库，一般采用旋流器分级放矿，旋流器沉砂用来堆坝，溢流放入坝内。为了保证堆坝所需的旋流器沉砂量，不能无故不经旋流器分级就直接往坝内放矿。

对高浓度堆坝及高浓度放矿，比中低浓度有明显的差别，如放矿口的大小、间距需要改变，沉积滩纵坡变陡，粗细粒尾矿的分布规律等均会发生变化，这些都须通过试验和生产实践不断积累经验，逐步解决放矿过程中出现的新问题。

尾矿排放应注意以下问题。

①保持均匀放矿，使尾矿沉积滩均匀上升。

②放矿过程中，不能出现沿子坝上游坡脚的集中矿浆流和旋流，以免形成冲刷。如出现这种情况，应移动放矿口矿浆的落点，或以尾矿堆消除此种水流，或以草袋护坡脚。

③冰冻季节宜采取库内冰下集中放矿。

④尾矿排放过程中,应避免在沉积滩面形成大面积的细尾矿及矿泥层。如生产过程中出现短时间含泥量大的细尾矿波动情况,应在尾矿池内放矿、放矿过程中最末两个放矿口尾矿粒度过细的条件下,此种放矿口的尾矿宜接至尾矿池内排放。

尾矿堆积坝是尾矿库生产管理中工作量较大的施工内容,其质量好坏关系到尾矿库的安全,因此原则上应按设计规定的堆坝方法和有关的操作规程进行堆筑。

①应与设计部门密切配合,不断总结堆坝经验,不断探索和创造堆坝新工艺、新技术。

②堆坝过程中,应按设计边坡、平台宽度堆筑,不得任意改陡边坡,也不宜未经设计同意放缓边坡,可在坝坡上留宽平台。

③为保证堆坝质量良好,原则上应以粗颗粒尾矿堆坝,当原尾矿出现含泥量过大的波动时,应暂时停止堆坝,并将此时的尾矿送入尾矿池排放,待尾矿粒度正常后继续堆坝。冰冻季节不宜堆坝。若未采用水力沉积堆坝,必须分层碾压密实。

④应保持堆积坝顶均匀上升,每次堆坝结束,不应出现缺口或低标高地段。

⑤沉积滩范围内(包括两侧的天然冲沟)如出现独立的积水区时,应及时放矿充填。

⑥当尾矿堆坝改为废石堆坝或需要采用废石压坡时,要求废石部分有足够的基础宽度,不允许以堆积边坡为基础,基础宽度应通过稳定计算确定。堆废石时,应由初期坝坡脚开始自下而上地逐渐堆高,不允许在堆积坝顶或堆积边坡的戗道上自上而下地翻倒废石。

⑦堆积坝每堆成一段,应及时进行护坡,修好排水沟。

⑧尾矿库堆积到设计最终堆积标高以后,应进行善后处理设计,未取得设计部门的加高设计,不允许继续加高使用。

(2)水的控制

水是影响尾矿库稳定和安全的关键性因素之一,所以必须控制得当。这里所说的水包括地下水和地表水两部分。

尾矿库地表水的来源有3个方面:尾矿浆带来的尾矿水、周围地区渗入尾矿库的地下水和天然降水。尾矿库堆积边坡及两坝肩的地表水通过坝坡坝肩排水沟排出坝外,其余的水都汇集在尾矿池内形成积水区,其水位称为池水位(或库水位),控制尾矿池内的水位是尾矿库地表水控制的主要内容。

①首先应保证尾矿库的排洪、排水系统的畅通,为尾矿池的水位控制创造良好的条件。

②尾矿池的最低水位(控制水位)应满足尾矿水澄清的要求,在满足澄清距离

要求的条件下，尾矿池水位越低，既对尾矿库的稳定有利，也对尾矿库的防洪有利。

③尾矿池的水位至沉积滩坡顶标高之间的高差应满足回水蓄水水深、调洪水深和安全超高的要求，同时安全超高相应的沉积滩长度应满足最小沉积滩长度的要求。各个时期的调洪水深和安全超高（或最小沉积滩长度）是必须保证的，其他任何矛盾均应服从此要求。

④尾矿池的最高洪水位应满足堆积坝稳定的要求，也就是最小沉积滩长度要求，最高洪水位时的沉积滩长度应大于或等于最小沉积滩长度，否则应降低控制水位或增大泄洪能力。

汛期是尾矿库地表水控制的关键时期，如果这个时期尾矿池水位控制不当，洪水暴发时可能造成洪水漫顶，引起溃坝事故。因此每年汛期前应做好度汛准备和排洪验算。

度汛准备包括防洪抢险所需要的物资、材料、用具等的准备和防洪抢险组织准备、人员组织准备，一旦发现险情，有物资、用具随时取用，立即能有劳动大军投入，随时会有人组织，以免失去抢险战机。

汛期前的洪水验算也是度汛准备的重要部分，洪水验算可靠并得到实现，正常情况下就可能实现安全度汛或减少险情。汛期前洪水验算的主要内容是验算在已建成的泄水构筑物之泄水能力条件下的调洪库容、安全超高及沉积滩长度是否符合设计要求（详细内容请参阅尾矿库设计资料）。

通常情况下，尾矿库中的水会沿库底的裂隙渗透到地下水系，因此，对尾矿库的渗流水监管应做到以下几点：

①对中、小型尾矿库，堆积坝的浸润线，除按设计浸润线控制外，浸润线不宜在坝坡逸出，如有逸出，应观测其水量和水质，判断其渗流稳定性，一般水质清澈者为正常稳定渗流，如水质浑浊，说明已出现渗流破坏，此时宜降低尾矿池水位，并立即用反滤料或反滤布铺盖，再加适当的压重。如渗水量突变，应分析其原因和加强观察。比较彻底的办法是采取降水措施，使其不在坝坡上逸出。

②对大型尾矿库和地震区的尾矿库，为满足堆积坝稳定性的要求，要求浸润线有一定的埋深，这种尾矿库应定期进行浸润线观测，控制其低于设计提出的控制浸润线。如实测浸润线高于控制浸润线，应分析其原因，与设计部门联系，采取适当工程措施进行处理。

（3）尾矿库的监测

监测是了解尾矿库运行情况的重要手段，也是尾矿库安全的指示灯，所以尾矿库的监测工作是尾矿库管理的重要内容。

对设置有观测设施的尾矿库，应充分利用这些设施加强观测，首先应组织监测小组，并制定专门的监测制度和操作规程，进行定期观测。观测成果应及时整理、分析、归档，不断积累观测资料。未设置观测设施的尾矿库，应创造条件设置观测设施，或采取简易的办法加强观测。

对尾矿库进行巡回检查是及时发现尾矿库异常情况的重要途径，应纳入尾矿库管理人员的岗位责任制。检查的内容包括：尾矿库边坡有无变形和异常；排水构筑物是否畅通；排渗设施的水量、水质有无异常变化；尾矿排放是否正常、有无漏矿现象，矿浆流是否产生冲刷；回水的水质是否符合要求等。如发现异常，应及时处理，如不能处理，应立即上报，以便进一步采取措施。

（4）尾矿库的维修

进行尾矿库的维修是尾矿库管理的基本任务的一部分。每年洪水期和化冰期后，应进行一次全面检查和分析，列出维修项目和补充措施项目，安排维修计划，要求按时完成。如有地震预报，应组织设计与有关部门共同研究，提出尾矿库抗震方案，并抓紧实施。

平时巡回检查发现的问题，应及时处理，如填补塌坑和冲沟，修补排水设施，清除排水设施内的淤积物等。

（5）尾矿库的事故及其处理措施

尾矿库的生产运行过程中，难免会出现一些异常或事故，必要时应首先采取应急措施，然后分析其原因，确定处理措施，部分异常迹象的处理措施见表10-8。

表 10-8　尾矿库部分异常迹象及处理措施参考表

| 异常迹象 | 原因 | 处理措施 |
|---|---|---|
| 坡脚隆起 | 坡脚基础变形 | 先降库水位,再坡脚压重 |
| 坝坡渗水及沼泽化 | 浸润线过高 | 先降库水位,加长沉积滩,采取降低浸润线措施 |
| | 不透水初期坝导致浸润线高 | 在略高于初期坝顶部位设排渗设施 |
| | 矿泥夹层引起悬挂水的溢出 | 打砂井穿透矿泥夹层 |
| 坝坡或坝基冒砂 | 渗流失稳 | 先降库水位,铺反滤布,压上碎石或块石,设导流沟,必要时加排渗设施 |
| 坝坡隆起 | 边坡太陡 | 先降库水位,再放缓边坡或加固边坡 |
| | 矿泥集中,饱和强度太低 | 先降库水位,加排渗设施或加固边坡 |
| 坝坡向下游位移或沿坝轴向裂缝 | 基础强度不够 | 先降库水位,坝坡脚压重加固基础 |
| | 边坡剪切失稳 | 先降库水位,再降低浸润线或加固边坡 |

续表 10-8

| 异常迹象 | 原因 | 处理措施 |
|---|---|---|
| 堆积坝塌陷 | 排水管破坏或漏矿 | 先降库水位,加固或新建排水管,再填平塌坑 |
| | 排渗设施破坏 | 先降库水位,然后抛少量小块石,再抛碎石、砂,或开挖处理 |
| | 岩溶溶洞塌陷 | 先降库水位,抛树枝、块石、碎石、砂,再以黏土分层夯实填平 |
| 洪水位过高 | 调洪库容小或泄水能力小 | 先降低控制水位,改造排洪设施,增大泄水能力 |

# 10.6 尾矿处理的发展

随着科学技术的进步,选矿厂尾矿的处理方式也在发生变化,最新发展主要体现在尾矿资源的回收利用、尾矿作为矿山地下充填料,以及尾矿的干堆等方面。

## 10.6.1 尾矿的再选

尾矿再选是尾矿利用的主要内容之一,包括老尾矿和新生尾矿的再选,减少尾矿的堆存量;还包括改进现行生产技术,减少新尾矿的产出量。

尾矿是一种二次资源,尾矿的再选已在铁矿、铜矿、铅锌矿、锡矿、钨矿、钼矿、金矿、铌钽矿、铀矿等许多金属矿中取得了一些进展及效益,虽然其规模及数量有限,但取得的经济、环境及资源保护效益是明显的,前景也是良好的。尾矿再选的常见的方法和措施有以下几点。

①弱磁性铁矿物的回收,除少数可用重选方法实现外,主要采用强磁、浮选及重磁浮组成的联合流程,需要解决的关键问题是有效的选矿设备和药剂。

采用磁-浮联合流程回收弱磁性铁矿物,磁选的目的主要是进行有用矿物的预富集,以提高入选品位,减少进入浮选的矿量,并兼有脱除微细矿泥的作用。为了降低基建和生产成本,要求采用磁选设备最好具有处理量大且造价低的特点。

②对尾矿中的共(伴)生金属矿物的回收,主要采用浮选法回收。由于目的矿物含量低,为获得合格精矿和降低药剂消耗,除应采用预富集作业外,也要求药剂本身具有较强的捕收能力和较高的选择性。

③对于尾矿中非金属矿物的回收,多采用重浮或重磁浮联合流程,因此,研究具有低成本、大处理量、适应性强的选矿工艺、设备及药剂就更为重要。

## 10.6.2 尾矿材料

金属矿山选矿厂所排出的尾矿主要由各种类型硅酸盐或碳酸盐矿物组成，可应用于材料领域。目前，选矿厂尾矿主要用作水泥、制砖及其他建筑材料的原料。

（1）水泥

由于尾矿的粒径细小，与水泥生料的颗粒略同。因此，研究并利用以方解石、石英为主的尾矿作为水泥生料的配料，烧制水泥有着重要意义。

用全粒级尾矿或细粒级尾矿为原料，烧制井下胶结充填用的低标号水泥，其尾矿的矿物组分应以石英、方解石为主。化学组分应为 $w(CaO)/w(SiO_2)>0.5\%\sim0.7\%$，其中 $w(CaO)>18\%\sim25\%$、$w(Al_2O_3)>5\%$、$w(MgO)<3\%$、$w(S)<1.5\%\sim3\%$。

用于烧制（400号以上的）普通硅酸盐水泥的尾矿原料，按其原料的矿物组分划分，可分为以方解石为主和以石英为主这两类尾矿。用作硅酸盐水泥的尾矿原料，对于化学组分的要求为：

①尾矿的氧化钙含量越高，钙硅比越大，则石灰石的用量越小。

②氧化硅是水泥原料的主要成分，对于以石英为主的尾矿，由于 CaO 含量低，故 $SiO_2$ 质量分数应为 55%~60%。对于以方解石为主的尾矿，由于 CaO 含量增加，可按钙硅比进行水泥生料的配料计算。

③一般尾矿中氧化铝的含量不高，因而可在水泥生料配料时，用铝质校正原料来调节。

④增加水泥熟料中氧化铁的含量，能降低水泥熟料的烧成温度。当在水泥生料配料时，尾矿中氧化铁的含量不够，则可用铁质校正原料来调节。当尾矿中铁质含量过高时，则应采取选矿方法予以降低。

⑤氧化镁是水泥原料中的不良杂质，在煅烧过程中呈游离状态。含量多时，使水泥稳定性不良。故要求尾矿中 MgO 的质量分数应小于3%。

⑥尾矿中氧化钛质量分数要求不高于3%，含量高时，会引起水泥强度降低。

⑦尾矿中要求碱分 $w(K_2O+Na_2O)<4\%$，含量高时，会引起水泥不定期地凝结并发生风化。在水工混凝土中，如骨料里含有矽质页岩、蛋白石或其他各种无定形的硅酸时，碱分将和这些物质发生作用，在混凝土内引起膨胀，产生裂缝。

⑧尾矿中硫质量分数要求小于3%~5%，且含量愈低愈好（最佳在1%以下）。

（2）制砖

普通墙体砖是建筑业用量最大的建材产品之一，而国家为了保护农业生产，制定了一系列保护耕地的措施，因此制砖的黏土资源愈来愈显得紧张，利用尾矿制砖则不失为一条很好的途径。

根据尾矿种类的不同，选铁尾矿可制作免烧砖、墙（地）面装饰砖、机压灰砂砖、碳化尾矿砖、蛇纹石釉面砖(瓦)、玻化砖等;选铅锌尾矿可制作耐火砖与红砖、蒸压硅酸盐砖等;选铜尾矿可制作灰砂砖;选金尾矿可制作陶瓷墙地砖和蒸压标准砖等。

此外,根据尾矿成分的不同,还可以用于制造铸石、玻璃、耐火材料、陶粒和型砂等。

### 10.6.3 尾矿井下充填

尾矿可以作为地下开采采空区的充填料,生产中一般采用尾矿中的粗粒部分作为采空区的充填料。选矿厂尾矿送到尾矿制备工段进行分级,把粗砂部分送入井下,细粒部分送入尾矿库堆存。最理想的尾矿充填工艺还是全尾矿充填。

利用分级尾砂作为矿山充填料的胶结充填技术已经被国内外矿山广泛应用,但是选矿厂尾矿全部用作充填料在20世纪80年代才受到重视。

采用全尾充填采空区,一方面可以使尾砂废料得到合理利用,另一方面可以省去尾矿库、改善矿山环境,具有经济、环境和安全等多项效益。目前,我国采用全尾充填采空区的主要有全尾砂胶结充填和高水固结全尾砂充填两种方法。

①全尾砂胶结充填技术。传统的尾砂水力充填受采矿工艺、充填技术和设备的限制,其中多数矿山仅能利用脱除$-20~\mu m$或者$-37~\mu m$细泥后的粗粒尾砂,而且砂浆输送浓度较低,造成井下生产环境污染严重、充填体强度不均、充填成本较高等。

全尾砂胶结充填工艺包括高浓度尾矿制备的脱水系统、充填浆料搅拌系统、泵压输送或重力自流输送系统、检测系统等,其中脱水系统和搅拌系统是影响充填效果的关键。

②高水固结全尾砂充填技术。高水固结全尾砂充填的实质是在尾砂胶结充填工艺中,不使用水泥而使用高水材料作为胶凝材料,使用全尾砂作为充填骨料,按一定比例加水混合后形成高水固结充填浆料。高水速凝固化材料(高水材料)由甲、乙两种组分构成:甲料是以铝酸盐、硫铝酸盐或铁铝酸盐等为主要成分的特种水泥熟料,加入适量缓凝剂共同研磨制成的粉状物料;乙料是以硬石膏、生石灰与若干种促凝剂共同研磨制成的粉状物料。甲、乙料单独加水制浆在24 h内不沉淀、不凝固,但两者混合之后能在30 min内凝固,形成含水高的钙矾石、水化氧化铝凝胶体等。充填时,甲、乙料需要分别制浆,利用2套制浆系统、2套管路分别输送至井下充填工作面前数十米处进行混合后再流进采场,即会迅速水化、凝结、硬化。

全尾砂高水固化充填能够实现快速不脱水充填,早期强度高,有利于改善井下生产条件、缩短充填作业周期及提高生产效率,全尾砂高水固化充填基本不沉缩,为解决普通尾砂胶结充填难以接顶的问题提供了技术上的可能性。

### 10.6.4 尾矿干式堆存

膏体尾矿干式堆存是近年来发展起来的尾矿处理方法,其特点是尾矿经过脱水后干式堆存于地表,可节省建设常规尾矿库的投资。干式堆存实际上是半干法堆存,膏体尾矿经过脱水处理后产出一种不偏析、低含水的膏状尾矿。实现膏体尾矿干式堆存的关键在于,尾矿经过脱水后达到相当高的浓度,在堆积过程中不发生偏析、渗析水少,具有一定的支撑强度,能够自然堆积成一定高度的山脊形。该方法可以在峡谷、低洼、平地、缓坡等地形条件下堆存,不需要建尾矿坝,基建投资少、维护简单、综合成本低。

膏体尾矿制备可采用压滤、深锥浓缩等方法,一般需将尾矿浓缩至 75%~85% 的固体含量。对尾矿浓度的要求还要考虑输送方式,小型厂矿可用汽车将膏体运到排放地点;对于大型选矿厂,通常采用膏体泵输送。膏体尾矿可以采用逐层堆积的方式,只要让已堆积的膏体凝固就可以逐步堆积至设计的高度,这样可以减少占地面积。

# 11

# 选矿试验

## 11.1 概述

### 11.1.1 选矿试验目的与重要性

（1）选矿试验目的

选矿试验是针对特定的矿石，研究采用何种最经济适用的选矿方法回收矿石中的有用成分，并确定技术经济合理的工艺流程、参数和指标。尽管不同阶段的选矿试验的目的、意义和作用有所不同，但归纳起来，选矿试验目的为：

①是评估矿产资源是否有商业开采价值最重要的依据。在决定矿山投资建厂前必须进行选矿试验研究，最大限度地降低前期投资风险。

②全面了解和掌握原矿的矿石性质，为后期地质找矿工作提供更为有力的指导与帮助。

③为选矿厂的建厂设计提供依据，包括最佳工艺流程、工艺条件和指标。

④查明生产过程中的技术问题，指导生产过程并为生产改造提供科学依据。

不同产地的矿石，其性质差别很大，所采用的选矿工艺流程和工艺条件也存在很大差异。因此，开发利用某种矿石之前，必须进行选矿试验，而不能简单地套用其他选矿厂的工艺和条件。只有通过完善的选矿试验，才能确定适合拟开采矿石的最佳工艺流程、工艺条件和工艺指标，并选择合理的工艺设备。

（2）选矿试验的重要性

尽管选矿试验在不同的阶段有不同的目的和任务，但其重要性则是完全一致的。

①指导地质找矿与探矿。矿产资源是矿山企业的工业原料，是为矿山企业提供经济效益最重要的来源，也是矿山企业生存和发展的生命线。要使矿山企业具有好的经济效益，首先要有一个好的资源，这就要搞好地质探矿工作。为配合探

矿工作,必须借助选矿试验来分析查明矿石的矿物组成、矿石性质、可选性及工艺技术,从而评价矿产资源在选矿技术上的可行性及经济上的合理性。据以确定矿床边界品位和最低工业品位,编写最终地质储量报告。因此,选矿试验对地质找矿与探矿工作的顺利进行具有极其重要的指导作用。

②作为选矿厂设计的重要依据。矿山在建矿初期,设计质量的优劣,直接关系着建矿投资费用和投产后的生产成本,因此,搞好建厂设计是至关重要的。然而,搞好建厂设计的前提,还是要有可靠的选矿试验结果作为依据。选矿试验可为设计工作提供以下重要的原始资料:矿石性质(物质组成、物理化学性质等);为设计推荐最优的选矿工艺方案提供依据(选矿方法、流程和设备类型等);为设计提供最终选矿指标,以及与工艺流程计算相关的原始数据;为设计提供与设备选型和生产能力计算有关的数据,如可磨度、浮选时间等;为设计提供与水电、材料、消耗等指标计算的有关数据,包括矿浆浓度、补加水量、浮选药剂用量、燃料消耗等;为设计提供产品性能数据,包括精矿、尾矿的物质成分、粒度等,作为考虑下一步加工(如冶炼)方法和尾矿堆存等问题的依据。

由此可见,选矿试验是设计的基础和依据,没有选矿试验就无法进行建厂设计,盲目的设计就可能造成极大的浪费,并给今后的正常生产带来极大的麻烦,所以为了做到少投入多产出,降低生产成本,就必须做好选矿试验工作。

为设计提供依据的选矿试验,必须由具有资质的专门的试验研究单位承担。选矿试验报告应按有关规定审查批准后才能作为设计依据。在选矿试验进行之前,选矿工艺设计者应对矿床资源特征、矿石类型和品级、矿石特征、工艺性质以及可选性试验等资料充分了解,结合开采方案,向承担选矿试验的单位提出试验要求。

③选矿试验对生产过程和指标的稳定至关重要。不同的矿山,其矿石性质千差万别,选别方法有很大差异。特别是对于低品位的难选矿石,要获得最佳技术指标和经济效益,就必须通过选矿试验来确定最佳的工艺流程和操作条件。此外,在生产过程中,通过选矿试验不断解决生产难题,提高工艺指标和经济效益。

(3)如何做好选矿试验

既然选矿试验具有极其重要的作用,矿山企业就要委托有资质的技术部门来认真做好选矿试验工作。做好选矿试验工作的关键在于以下几点。

①矿山企业领导要充分认识到选矿试验的重要作用,要投入一定的资金和人力来做好这项工作,选矿试验是一项低投入高产出的技术工作。

②严格按照选矿试验对样品的要求进行采样。试样要有代表性,试样的性质应与生产的矿石基本一致。试样的重量要符合试验方案所确定的最小试样重量。

③制定的采样设计方案应符合矿山生产的实际情况,做到科学合理。

④要针对须解决的问题,提出明确的试验研究课题、试验任务和具体要求。

企业在做好以上相关工作后，由承担试验的技术部门根据要求做好详细的试验计划和方案，并按制定的试验计划，认真完成选矿试验的各项工作。

此外，要使选矿试验工作顺利进行，并取得满意的结果，企业和承担选矿试验的技术部门必须通力合作，以科学的态度，认真负责、高质量地做好选矿试验的各项工作。

## 11.1.2 选矿试验的规模与要求

按照选矿试验研究目的和规模的不同，可划分为可选性试验、试验室小型试验、试验室扩大连续试验、半工业试验、工业试验和选矿单项技术试验 6 种类型。

（1）可选性试验

一般由地质勘探部门的选矿试验室完成，也可委托有资质的选矿研究部门完成。在地质普查、初勘和详勘阶段，应根据地质勘探工作深度的不同，逐步提高和加深可选性试验的研究深度。

可选性试验应着重研究和探索各种类型及品级矿石的性质与可选性差别，可以采用的基本选矿工艺方法及可能达到的选矿指标，矿石中有害杂质脱除的难易程度，伴生有价成分综合回收的可能性等。

可选性试验研究的内容和深度，应达到能判断对勘探矿床矿石的利用，在技术上是否可行、经济上是否合理，能为制订工业指标和矿床评价提供依据。可选性试验是在试验室小型试验设备上完成的，其实验结果一般只作矿床评价用。

（2）试验室小型试验

试验室小型试验是在矿床地质勘探工作完成后，进行项目可行性研究或初步设计之前所开展的试验工作。此外，在选矿厂建成投产后，为解决生产中存在的技术问题，或进行流程改造等情况下，一般也是先进行试验室小型试验工作。

试验室小型试验着重对矿石矿物特征、选矿工艺特性、选矿方法、工艺流程结构、选矿指标、工艺条件及产品(包括某些中间产品)等进行试验和分析，并应进行两个以上技术方案的对比试验。其试验研究的内容和深度，一般应能满足设计工作中初步制定工艺流程、产品方案、选择主要工艺设备，以及进行设计方案制订的要求，或为选矿厂的技术改造提供依据。

由于试验室小型试验的规模小、试样量少(每次试验一般为 500~1000 g)、原矿样容易混匀(原矿样为 500~1000 kg)、分批试验的操作条件易于控制和调整、灵活性大、人力物力花费少，因此，试验室小型试验允许在较大范围内进行广泛的技术方案的探索，为后续大规模试验工作确定切实可行的技术路线，是各项选矿试验之前最基本的试验阶段。

由于是在试验室小型非连续(或局部连续)试验设备上进行的试验，其模拟程度和试验结果的可靠性虽优于可选性试验，但不及试验室扩大连续试验。

（3）试验室扩大连续试验

在试验室小型试验完成后，根据小型流程试验所确定的工艺流程和工艺参数，采用型号和规格更大的试验设备，模拟工业生产过程的磨矿作业、选别作业及脱水作业进行试验室扩大连续试验。

试验室扩大连续试验着重考察小型流程试验所确定工艺流程在动态平衡条件下（包括中矿返回）的工艺条件、工艺指标、稳定性和可靠性。

目前，鉴于所采用扩大连续试验的设备规格上的差异，扩大连续试验的处理能力一般在 40~200 kg/h 范围内。试验室扩大连续试验要求取得 72 h（即 9 个连续班）以上的连续试验指标及相关的工艺技术参数，因此，其试验过程比小型流程试验的模拟性更好，试验结果的可靠性也较小型流程试验高。

（4）半工业试验

半工业试验在专门建成的半工业试验厂或车间内进行，其试验工作既可以是全流程的连续试验，也可以是局部作业的连续试验，或者是某一单机的连续性试验。半工业试验的目的主要是验证试验室试验（含小型流程试验和扩大连续试验）的工艺流程方案，并取得接近于生产过程的技术经济指标，为选矿厂设计提供可靠的依据，或为下一步工业试验的进行奠定基础。半工业试验所采用的试验设备一般为小型工业设备，其试验规模一般为 1~5 t/h。

（5）工业试验

工业试验是在专门建成的工业试验厂或利用选矿厂生产的一个系统甚至是全厂来进行的局部或全流程的试验工作。由于工业试验的工艺设备、工艺流程和技术条件与实际生产或者拟设计的选矿厂基本相同，因此，工业试验获得的技术经济指标和技术参数比半工业试验更为可靠。

（6）选矿单项技术试验

选矿单项技术试验包括单项新技术试验和单项常规技术试验，其中单项新技术试验包括选矿新设备、新材质、新药剂、新工艺的试验等。凡采用尚无使用经验的新技术，必须坚持一切通过试验来评价的原则，以取得可靠的技术鉴定资料，并经认定可靠（可以是主管部门、建厂设计单位，或企业主管部门等）后，方可在设计或生产过程中采用。

## 11.1.3　选矿试验的基本内容

试验室小型试验是选矿工艺流程试验最基本的试验，如果该试验尚不能满足实际生产要求，则根据需要进行试验室扩大连续试验、半工业试验或工业试验。这些试验都是在前一规模试验内容的基础上，根据试验目的和具体要求，提出相应的验证、补充或增加的试验内容。选矿单项技术试验也应先从试验室小型试验开始，逐步扩大试验规模，各阶段试验内容也应根据试验目的来确定。对各类规模选矿试验内容的要求大致归纳如下。

### 11.1.3.1 试验室小型试验

（1）原矿矿石性质研究

①光谱分析。查明矿石中各种元素的大致含量及有无稀散元素和其他可供综合回收的元素等，光谱分析结果是定性分析（或半定量分析）。

②多元素分析或全分析。根据光谱分析结果，通过化学或仪器分析，针对性查明矿石中的主要组分、伴生有益和有害组分的含量。必要时还要进行矿浆性质的化学分析，如测定可溶性盐类等。

③试金分析。查明矿石中金、银和其他贵金属的种类及其含量（当光谱分析结果发现矿石含有金、银等贵金属时才进行此项分析）。

④显微镜鉴定。借助光学显微镜查明矿石类型、矿物组成及含量、矿石的结构构造、矿物粒度（解离度）、嵌布特征和共生关系等。

⑤物相分析。对矿石中主要有用组分及伴生有益及有害组分的赋存状态，即对它们的不同矿物产出形式进行测定。如对铜矿石，须测定自然铜、原生硫化物、次生硫化物、氧化物（还可细分为自由氧化铜和结合氧化铜）及铜的盐类等组分的相对含量。铁矿石则须测定磁铁矿、赤铁矿、菱铁矿、镜铁矿、褐铁矿、黄铁矿、磁黄铁矿、钛铁矿和硅酸铁等的相对含量。

⑥粒度分析。通过筛分和水析，测定原矿矿石粒度特性、原生矿泥、各粒级含量与金属分布率。必要时用不同密度的重液，测定各粒级按不同密度部分的产率及金属分布率，为重液分离提供依据。

⑦重液分离。在钨、锡、铅、锌、铁等矿石和稀有金属矿石中，如有可能使大部分脉石不经细磨即可分离出来时，应进行重液分离试验，为进行重介质预选试验提供依据。

⑧矿石物理机械性质测定。对矿石的密度、松散密度、安息角、内摩擦角、摩擦系数、硬度、黏度、水分、比磁化系数、导电性、含泥率等进行测定，为制订选别工艺方案和选矿厂设计提供依据。

（2）碎磨工艺（含洗矿和预选）流程试验研究

试验室一般应进行以下试验和测定工作。

①功指数测定。如按邦德公式进行破碎和磨矿设备计算时，应进行破碎和磨矿功指数的测定。测定的功指数有以下几种：粗、中、细破碎功指数；自磨功指数；棒磨功指数；球磨功指数；以及粗精矿或中矿再磨功指数等。

②可磨度测定。如用容积法计算磨矿设备时，应测定各段磨矿的矿石可磨度。在进行矿石可磨度试验时，须采取矿石性质相近的选矿厂的矿石用作对比试验的标准矿样。鉴于生产矿山开采的矿石性质常有变化，故在采取标准矿样的同时，应测定该矿山选矿厂处理这种矿石当时的磨矿机处理量、技术条件和有关的

技术参数。

③磨蚀指数试验。磨矿介质及磨矿机衬板的消耗是选矿厂一项主要消耗指标，因此应测定其耗量指标。但该指标一般在扩大连续规模以上的试验中测定，其结果也比较准确。

④自磨介质性能试验。拟采用自磨工艺时，应先进行自磨介质试验，依此决定是否需要进行自磨或半自磨的半工业试验或工业试验。

⑤在研究碎磨工艺流程时，应根据矿石含泥率和矿泥性质及其对破碎、磨矿、选别、脱水作业的影响程度，考虑是否有必要和有可能进行洗矿，如有必要洗矿，则须进行相应的洗矿和洗矿溢流处理的试验。

⑥矿石预选的试验研究。应根据开采矿石时的废石混入率或磨选作业对原矿品位富集的需要，考虑有无可能在原矿石入磨前进行矿石预选。如有可能，须进行矿石预选试验，并在磨选工艺流程试验方案中包括有预选矿石的磨选流程试验。

⑦磨矿方法和磨矿流程的试验研究。常用的磨矿方法，按磨矿介质不同可划分为球磨、棒磨、自磨、半自磨、砾磨等。应根据矿石性质和特征、上述有关试验测定资料、生产和试验类似经验及其他因素，分析研究各种磨矿方法的可能性和进行扩大试验的必要性，并选择和推荐1~2个为主的单一或联合的磨矿方法。在此基础上进行一段磨矿或多段磨矿、多段连续磨矿或阶段磨矿（含粗磨抛尾、中矿和粗精矿再磨）等磨矿流程和磨矿细度的多方案对比试验。

⑧磨矿产物分析。应对各段磨矿给料和产物（含中矿、粗精矿等）进行筛析和单体解离度的测定。

（3）选矿方法和流程试验研究

①选矿方法试验。由于选矿技术的发展，处理一种矿石，可以采用多种选矿方法，因此在试验中应根据矿石性质、用户对产品质量的要求和选矿厂建设条件等因素，有选择地进行选矿方法的多方案对比试验，并选定合理的选矿方法。

②选别条件试验。根据所采用的选别工艺种类的不同，选别条件试验的内容也有所不同。

对于浮选工艺，一般应进行磨矿细度、矿浆浓度、矿浆温度、矿浆酸碱度（pH）、药剂制度、搅拌与浮选时间等试验。有些情况下，还应做回水利用、水质、脱药、脱泥、风压及风量等试验。

对于磁选工艺，一般应进行磁感应强度、物料入选粒度、设备处理能力、物料分级和不分级对比试验等。对干式磁选，应进行矿石水分对磁选指标的影响试验，以及原矿洗矿和不洗矿的对比试验。对湿式磁选，应进行矿浆浓度、矿浆分散、冲洗水压和水量、齿形介质板间隙（或其他介质尺寸和充填率）、磁团聚影响试验等。

对磁化焙烧试验，应进行焙烧气氛、焙烧温度、焙烧时间和物料粒度，以及燃料种类、用量、挥发成分等条件试验和相关技术参数测定。

对重力选矿，应针对矿石性质，进行给矿量、给矿粒度、矿浆浓度、冲洗水压和水量、给料方式和产品截取位置内容等试验，此外，对不同重选设备还应进行相关的工艺参数试验。重介质选矿工艺，除应进行给矿量和给矿粒度试验外，还应进行重介质悬浮液的密度，以及加重剂种类、密度、粒度、加入量、回收措施及消耗量的试验。对不同重介质分选设备还应进行相应的设备工艺参数试验。

对电选工艺，除应进行选别段数、作业电压、极距、电极位置、转鼓速度、给矿量、物料粒度、温度和湿度试验外，还应进行转鼓速度与电压和物料粒度的关系试验、给料分级与不分级对比试验、分矿板位置调整对比试验等。

对拣选工艺，应进行洗矿分级试验，在单层矿粒条件下进行给矿粒度与处理量关系试验。

除上述试验内容外，根据具体要求，还应进行选矿药剂、燃料、介质等主要原材料选用的对比试验。主要是指结合不同选矿工艺方法和设备试验的同时，对其所采用的主要药剂、燃料、介质的种类、性能、规格、消耗量、选矿效果等进行对比试验，以确定指标好、价格便宜、来源充足、环境污染小（或容易治理）的品种。

③选别流程结构试验。主要包括确定选别段数试验，确定精选和扫选的合理次数试验，确定中矿处理方式及返回至流程中的合理地点试验，在最佳条件试验基础上进行全流程开路试验，在全流程开路试验的基础上进行全流程闭路试验。

在全流程开路和闭路试验中，应注意保持试验过程中工艺和操作条件的稳定，使实验结果具有良好的重现性和稳定性，对闭路试验，得到的全流程数质量指标应达到平衡。

值得说明的是，对选矿工艺方法、工艺条件和流程应进行多方案的试验，并选择最具可行性的1~2个方案进行全面的对比试验，最终推荐合理的工艺流程、工艺条件和工艺指标。

④选矿产品分析。对试验得到的精矿、中矿和尾矿产品进行多元素化学分析、粒度分析和物相分析，以及进行必要的物理性质（如密度、松散密度、安息角、水分等）测定。

为分析试验存在的问题，还需要对选矿的某些中间产品进行各种分析，以说明类似如精矿品位不高、回收率偏低、有害成分含量高、中矿难选等的原因，以及伴生组分的综合回收、新技术和新设备的趋势和方向。

（4）产品脱水试验研究

对试验得到的精矿和尾矿产品，进行沉降试验并绘制沉降曲线。如某些粗精矿、中矿或中间产品需要进行浓缩时，也应进行沉降试验。某些情况下，对精矿和尾矿产品还应进行过滤试验，包括过滤介质、真空度、过滤时间、矿浆浓度、滤饼水分和过滤产能等。

　　当浓缩和过滤中需要添加助滤剂时，还应进行药剂种类、用量、添加方式等的试验，并对回水水质进行分析和回用后对指标影响的试验等。

　　（5）环境保护试验研究

　　试验内容主要包括：

　　①对工艺流程排出的精矿水、尾矿水、生产污水、有害气体和废渣等进行相应指标的分析检验，如果超过国家相关排放规定的标准，必须进行必要的治理试验。

　　②对放射性矿物、有毒矿物和所使用的有毒药剂，应检测其放射性或毒性程度，以及对金属材料或其他材料的腐蚀性等，以便采取必要的防护性措施。

　　③选矿试验中应尽量不用或少用对人体和农林牧渔各行业有害的药剂，以及对环境有污染的药剂。尽量进行无毒无害的绿色选矿试验研究。

　　以上与选矿试验相关的环境保护试验工作，应该与选矿试验同时进行。

**11.1.3.2　试验室可选性试验**

　　可选性试验结果主要用于矿床评价，因此，与试验室小型试验相比，其试验的内容相对较为简单。主要应完成原矿矿石性质研究（具体内容同 11.1.3.1）和选矿方法、流程试验研究（具体内容参见 11.1.3.1，但内容应相应简化，侧重于矿石的性质与可选性差别、基本选矿方法、可能的选矿指标、有害杂质脱除的难易程度、伴生有价成分综合回收的可能性等方面）。

**11.1.3.3　试验室扩大连续试验**

　　试验室扩大连续试验的要求和内容与试验室小型试验基本相同，此外，还应满足以下基本要求。

　　①对试验室小型试验所推荐的工艺流程进行扩大连续试验，以便在同一规模和深度前提下进行工艺方案的比较。

　　②应保证足够的连续稳定运转时间，获得比试验室小型试验更可靠的工艺参数和指标。

　　③试验过程中应保持操作、流程和指标的稳定，试验数据准确完整，质量和矿浆流程指标应达到平衡。

**11.1.3.4　半工业试验**

　　开展半工业试验的前提是矿石性质复杂、生产实践不多、设计中采用了新技术、选矿厂规模大等。此时试验室试验无法提供足够可靠的工艺参数和指标。但半工业试验可在试验室试验结果基础上，针对最关心的问题开展试验研究，主要包括：

　　①试验矿样。半工业试验的矿样必须是根据采样设计所采取的矿样，应与已完成的试验室试验的矿样基本一致，最好是同一批采取的矿样。如果属于不同批次的矿样，则在半工业试验前，针对其样品进行试验室验证和补充实验。

　　②原矿的分析鉴定。一般不需要对原矿样进行全面的分析和鉴定，通常只须

对原矿样品多元素分析、物相分析和粒度分析，以及含泥量、密度、松散密度等物理参数的测定，并取少量矿块进行岩矿鉴定的验证。此外，根据半工业试验的要求对其他分析鉴定内容进行补充。

③流程结构。除验证试验室推荐的工艺方法和流程外，还应对工艺流程进行必要的调整和完善。如在碎磨流程试验中，有时要进行洗矿和洗矿矿泥的处理试验、分级试验、磨矿方法试验等；在选别流程试验中，进行阶段磨选、分级和不分级入选、精扫选次数、中矿返回试验等。由于试验项目和重点的不同，应根据具体试验情况来确定试验内容。

④流程和设备的工艺条件。在满足试验结果评价鉴定和设计依据的前提下，根据试验项目或目的的不同，进行流程和设备的工艺条件试验。如在自磨试验中，适当磨矿条件下的自磨机给矿、排矿和分级机返砂、溢流等产品的粒度特性及合理返砂比的试验或测定。单位容积处理量、给矿的分级与不分级，以及块矿和粉矿比例试验。对半自磨的不同加球量试验。对水力旋流器给矿浓度、给矿压力对产品和分级效率影响的试验。对强磁选的冲洗水量及水压试验或测定。对跳汰和摇床的冲程、冲次、水量、水压等的试验。对浮选各作业矿浆浓度、温度、pH、搅拌和浮选时间、药剂的种类、添加量、添加地点和添加方式的试验。对产品浓缩添加絮凝剂及过滤加助滤剂的试验等。

⑤设备性能和机械参数。对半工业试验中的部分设备性能和机械参数进行测定或试验。如自磨机提升衬板的形式、格子板的开孔尺寸；分级细筛筛孔尺寸和筛条的磨损；水力旋流器直径、锥角、给矿管、溢流管和沉砂嘴尺寸，溢流管插入深度，内衬和沉砂嘴的材质和磨损情况等；强磁选机的介质形状、间隙、充填率等；跳汰机的床石种类、粒度和床层厚度等；螺旋选矿机的直径、螺距、断面形状、螺旋圈数和表面材质等；浮选柱形状、断面尺寸、高度、给矿和排矿方式、气泡发生器形状及材质等；电选机的电压、电极形式等。

⑥生产操作与设计参数。某些生产操作和设计参数须在半工业试验中获得。如选择设备机型相关的参数，磨机充填率、磁选机磁感应强度、浮选机充气量、药剂性能及配制方法等。

⑦产品的检查与分析及消耗指标测定。半工业试验对得到的精矿和尾矿产品同样需要进行各种必要的检查分析，内容与小型流程试验相同。对试验过程中的主要消耗，如电耗、水耗、燃料消耗、药耗、衬板和钢球（棒）消耗等重要技术经济指标要测定。

⑧提供经连续稳定运转试验得到的工艺数质量流程图、矿浆流程图、设备形象联系图，以及所有试验设备的规格、型号和台数等资料。

⑨对试验的全过程及结果进行必要评述，对存在的问题提出解决的办法和途径。

#### 11.1.3.5 工业试验

工业试验是在半工业试验或试验室扩大试验基础上进行的，试验要求与半工业试验的要求基本相同，但也有一些要求与半工业试验不同。

①工艺流程的工业试验，用以验证试验室扩大试验或半工业试验推荐的选矿方法和工艺流程，并在试验中充分暴露矛盾，查明原因，调整和完善工艺流程，获得可靠的技术经济指标和技术参数。工业试验可以是全流程连续，也可以是局部作业连续。工业试验的地点可以是类似选矿厂，也可以是专门建立的工业生产线。

②选矿单项技术的工业试验，通常是在生产的流程中进行局部作业或单机试验。对某些工艺流程配套性要求较高的新技术和新设备，则要求进行全流程的工业试验。对某些特别重大的新技术和新设备，应在专门建立的车间进行工业试验。

③工业生产中所进行的技术革新，新工艺、新设备、新药剂或其他新技术的工业试验，主要是解决生产中的问题，一般应纳入生产系统中进行。

#### 11.1.3.6 单项技术试验

选矿单项技术试验，按其试验规模，也可划分为试验室试验、半工业试验和工业试验，因此，其试验内容和要求可参照前面所述相应规模的选矿试验进行。

### 11.1.4 试验方法

为顺利完成选矿试验任务，在试验工作中必须讲究科学方法。试验前应对准备进行的试验内容进行规划和安排，即确定试验方法。根据试验安排的特点，有以下3种不同的试验设计方法。

①同时试验法和序贯试验法。同时试验法是指在试验前，将所有可能的试验一次性安排好，再根据试验结果，找出其中最好的试验点。序贯试验法则是根据前面已完成试验结果的变化趋势，再确定下一个(批)试验条件的安排。序贯试验法的主要优点是，由于后续试验是有的放矢地安排的，总的试验工作量(试验单元数目)将较少；缺点是要等化验结果，有时可能反而会使进度拖慢。因而，当单元实验本身需要花费的时间不长，试点(实验单元)不多时，采用同时试验法；反之，采用序贯试验法较为有利。

②单因素试验法。试验中影响试验结果的变量称为试验因素，如入选品位、矿浆浓度和药剂用量等。单因素试验法即指一次只进行一个因素的试验，在进行每一个因素的试验时，其他因素均固定不变。

③多因素试验法。是指根据需要将影响试验结果的多个因素(非全部因素，一般为较重要因素)组合在一起进行试验。在一套试验中让多个不同因素同时变动，而不是对逐个因素依次地进行试验。

# 11.2 试样的采集与制备

试样是选矿试验直接进行各种测试分析，以及工艺方法、流程和参数试验研究的具体对象，选矿试验矿样是否具有代表性将直接影响选矿试验结果的可靠性和准确性。为此，必须加强对选矿试验样品的采集、加工和分析全过程的技术管理。

## 11.2.1 试验样品的分类

根据研究目的和任务的不同，试样可分为分析试样和工艺试样两大类。

### 11.2.1.1 分析试样

分析试样是供测定(分析)物料性质所使用的样品。按照分析测定内容不同，主要包括工艺矿物学试样和化学分析试样、粒度组成试样、水分试样、矿浆浓度试样、矿浆酸碱度试样等。

①工艺矿物学试样。工艺矿物学试样可以划分为定性和定量工艺矿物学试样两种。其中，定性工艺矿物学试样一般称为矿物标本。矿物标本应该反映有用矿物的定性组成、构造(矿物组分的空间分布)和结构(矿物包裹体的大小和形状)的特征。

选矿厂生产车间所采取的观察样，也属于定性试样。在生产过程中通常采取原矿、精矿、中矿和尾矿的瞬时样，通过肉眼或镜下观察，检查矿石性质、选矿产品的单体解离度及目的矿物大致含量等，用以粗略判断有关作业的选别效果，其特点是速度快，指导现场生产及时，但可靠性较差(与个人经验密切相关)。

定量工艺矿物学试样对研究、检查和控制原矿、选矿最终产品和中间产品是非常有用的，是按照采样有关规定所采集的正式样品。由岩矿鉴定人员对矿物的结构、组成、粒度等进行系统的研究，查明矿石中所含矿物种类、含量、有用矿物和脉石矿物的赋存状态、粒度大小及分布规律等。还有用来检查矿石和选矿产品的单体解离度、有害杂质(如铁矿石中的磷、砷和硫)的含量及混杂程度，有用(目的)矿物在选别过程中损失的原因。定量的工艺矿物学分析可以近似地测定有用组分的含量，从而可以确定有用组分在精矿中的回收率。

在测定试样和选矿产品的矿物组成时，通常采用的方法有薄片(在穿透光下分析研究)、抛光片(在反射光下分析研究)、局部光谱分析、X射线分析、热分析、电子显微镜检查、荧光分析、电子探针分析等。工艺矿物学试样可从矿床(或矿区)和选矿厂内(球磨给矿、最终精矿、尾矿和中矿等)采取。

②化学分析试样。化学分析试样是用于测定样品中有用组分及有害杂质含量，可以在矿床、矿堆、移动的松散物料和流动矿浆中采取。

在未开采的矿山采取化学分析试样的目的是根据试样的分析数据和地质考查

资料,确定有用矿物的储量及其开采利用的经济合理性,并确定该矿石可否直接冶炼等问题。在生产矿山,进行矿床取样可以确定进一步的采掘方向,研究矿石贫化率的变化规律,以及解决入选原矿的配矿等问题。

对静置物料,如原矿矿堆、精矿仓和尾矿库等的取样,主要目的是确定原矿、精矿或尾矿的品位及相关的参数测定。对移动松散物料,主要是指在运输车辆和带式输送机上进行采样,其目的是检查送往选矿厂的原矿和选矿厂出厂精矿的质量。

生产流程中,流动矿浆的取样也是很常见的,主要是用于检查生产工艺过程的各种质量指标,编制工艺和商品金属平衡表。

③粒度组成试样。粒度组成试样主要用于考查原矿和各种产品的粒度组成,用以评价工艺过程和设备工作的状况。一般从原矿、破碎和筛分产品、磨矿和分级产品,以及选矿流程中的产品等处采取。

④水分试样。测定原矿或选矿产品中的水分是用于编制金属平衡表,以便进行用户与销售者之间的结算,或者为了满足某些工艺过程的要求(通过水分的测定来控制其含水量)。水分试样可取自原矿、过滤机滤饼、干燥机产物、出厂精矿等。

⑤矿浆浓度试样。用于检查选矿各种产品(或作业)浓度,以便进行必要的工艺过程控制。取样点一般有磨矿机排矿、分级机或旋流器溢流、各选别作业及产品、浓缩机和过滤机的给矿与排矿等。

⑥矿浆酸碱度试样。用来检查浮选前后矿浆 pH 的变化,指导浮选操作控制。由于矿浆中的酸碱度一般比较均匀,因而采样也比较简单,取出矿浆后,可以直接用 pH 试纸、pH 酸度计测定,也可以将矿浆过滤(用分液漏斗),再测定滤液的 pH。

### 11.2.1.2 工艺试样

为进行矿床评价、矿石可选性试验、选矿厂设计、选矿生产流程改造、新工艺和新设备等综合性试验所采集的矿样,均称为工艺试样。工艺试样可划分为定性试样和定量工艺试样两种,供评价矿床用的工艺试样称为定性工艺试样。供矿石选矿工艺试验用的工艺试样称为定量工艺试样。工艺试样不但用矿样量较大,而且要求所取试样完全能代表所研究矿石的类型及其特征。

(1)定性工艺试样

用于研究矿石中有用矿物的组成和特征,通过可选性试验研究,了解其机械加工的可能性,主要说明为:矿床矿石中,需分别处理的矿石类型及其数量;各种类型矿石加工的可能性,可能获得的工艺指标及其效率;预测矿物原料综合利用程度;从矿床的各个矿区、各个中段、矿山开采"首采区"采掘的矿石混合处理的可能性及其选别工艺流程;勘探工作的方向。

(2)定量工艺试样

定量工艺试样反映矿物原料的物质和数量组成,用于进行矿石的详细、系统选矿试验研究,确定具体采用的选矿工艺(方法)、工艺流程、工艺条件和工艺指标。试验数据可以作为选矿厂设计的依据，提出对现行生产中存在问题的改进建议和措施，为工业生产提供最佳的选矿工艺流程和选矿工艺条件。

工艺试样一般由地质工作者负责采取。选矿技术人员应配合和参加，不仅可以熟悉矿石埋藏的地质条件和开采条件，便于提前考虑这些条件对选别过程的影响，而且便于从工艺角度，确定矿石的品级、试样种类及试样的重量等。

由于大多数金属矿都属于非均匀分布，在同一矿床中常会遇到各种不同类型的矿石，处理这些不同类型矿石有时需要采用不同的工艺流程或药剂制度。为此，对矿床中每一种主要类型的矿石，均应单独分别采取类型试样。划分矿石类型试样可从以下几个方面来考虑。

①矿石中主要化学成分的含量。通常富矿石和贫矿石应分别采样。有时亦单独采取表外非工业矿石(指金属含量低于工业要求者)的试样。

②矿石中有价金属元素的矿物组成。同一矿床中存在有硫化矿石、氧化矿石和混合矿石，或者强磁性矿石和弱磁性矿石，都应分别采取单独试样。

③围岩的组成。矿体的围岩成分不同，在处理这些矿石时需要采取不同的选矿方法和工艺条件，因此需要单独采样。

④伴生矿物的含量。伴生的有用矿物含量随矿床而异，且需要采取特殊的选矿方法来回收。

⑤有害杂质的含量。如铁矿石中的磷、砷、硫的含量等。

⑥试样的物理特性，尤其是粒度特性。如从受氧化而存在大量黏土和赭石等的平巷中采样时，也应从呈块状的硬矿石中单独采取试样。

⑦矿石的结构与构造。金属矿物及其集合体在矿石中的共生关系，矿物包裹体的粒度大小等。

参照上述各种因素，采出不同类型试样，进行单独的或综合的选矿试验研究，为必要时使用不同的选矿流程和工艺条件提供依据。

## 11.2.2 试样采集要求

选矿试验对矿样的要求，主要取决于选矿试验的目的、任务、规模和矿石性质的复杂程度等。尽管都要求采取具有代表性的矿样，但根据实际需要、采样条件、选矿试验深度与内容的不同，对采样的要求往往也会有所不同。

### 11.2.2.1 矿床开采可行性研究矿样

矿产普查勘探早期，对不同自然类型、不同品级的矿样进行选矿试验研究，一般是由地质部门组织进行的。为划分矿石自然类型和工业类型提供基本资料，是确定矿床是否具有工业利用价值和能否进入详勘的重要依据。试验研究结果既可作为矿床工业评价、制定工业指标和计算矿床储量的依据，也可作为矿石组成简单、易选的小型选矿厂的设计资料或矿石性质复杂、难选的中、小型选矿厂的初步可行性研究，并为试验室工艺流程试验的采样提供基础资料。

试验矿样要求能反映出主矿体、主要矿石自然类型、品级、主要组分含量、矿物物相、矿石结构、构造、嵌布特征，以及矿泥、氧化、可溶性盐类的含量等。

#### 11.2.2.2 矿石选矿试验矿样

选矿试验前一般先应进行工艺矿物学研究，着重研究矿石的主要物质组成、结构构造、元素赋存状态等，以指导选矿试验。对试样采集的一般性要求如下。

①对矿床内不同自然类型或品级的矿石采取类型样，它应代表该类型或该品级矿石的储量，或可按各类型矿石储量的比例，采取混合样。

②采取的矿样应能代表全矿床地质平均品位及其化学成分。伴生的有益和有害组分的含量也应与该类型矿石接近。

③矿样应反映矿石的组成矿物、结构构造、物理性质、化学性质等全部特征。

④围岩、夹石及其比例应与该矿床相近。

⑤当边界品位尚未确定时，应单独采取低品位矿样。

⑥矿床中原生矿与氧化矿的范围尚未划清时，应在不同地段和区间采样。

⑦深部矿石和浅部矿石性质差异较大时，应分别采样。

⑧其他特殊要求，如铁矿石含有大量的硅酸铁时，应按不同品级采样。

（1）试验室试验对采样的要求

试验室试验一般包括小型试验和扩大连续试验，对采样的基本要求如下。

①矿床的开采利用是逐渐进行的，因此，选矿试验矿样也应根据矿山开采顺序分段采取。当矿山生产的前期矿石和后期矿石在性质上相差很大时，选矿厂设计主要应根据前期生产的矿石性质，但又要预料到开采后期可能发生的变化。因而，为选矿厂设计所采取的矿石试样，也应主要安排在该矿床的首采区（即前期开采的地段）。对后期开采地段也应采取少量的矿样，作为选矿的探索、验证和对比试验的试样。

所谓首采区，对于黑色金属矿山而言，采取的矿样应能代表投产后 5~10 年内开采矿石的性质。对有色金属矿山，应能代表投产 3~5 年内开采矿石的性质。

②对不同类型和品级的矿石一般应实行分采分选。如果可行性试验已查明各类型或品级的矿石性质，并获得稳定可靠的选矿工艺流程和技术指标。由于不同类型、品级的矿石产状相互交错，甚至不能分采时，则不必按类型和品级分别进行小型试验。此时，可按其比例采取混合样，其中各类型、各品级矿石含量的比例要与所代表的开采范围内各种矿石所占的比例基本一致。

当不同类型和品级的矿石须分采时，则要按不同的分采范围，分别采取各自的代表性混合样，以供分别进行试验用。

③矿样应反映矿石的矿物组成、矿物共生关系、有用矿物、脉石矿物嵌布粒度特性以及矿石物理化学性质（密度、硬度、磁性、电导率、湿度、含泥量、可溶

性等)应与所代表的开采范围内的矿石基本一致。

④各类型、各品级矿样中主要有益组分与有害杂质的平均品位及其品位的变化特征,应与该类型和该品级矿石的平均品位和品位变化特征基本一致。如采区内品位的空间变化很大,在不同区段或沿深度上有差别,则应根据矿石品位变化特征,结合开采设计所划分的采区和中段,分别采取代表性矿样,分别考察选矿特征。

⑤参照实际开采条件,采取一定量的有代表性的围岩、夹石矿样,其数量应按开采设计的废石混入率而定,通常露天采矿为 5%~10%,坑内采矿为 16%~25%。为了保证混入围岩、夹石的种类、成分、比例与矿山开采生产时的一致性,应从与矿体接触的顶、底板围岩和矿体内的各种夹石中采取。

⑥当在矿体及围岩和夹石中发现伴生有稀散元素、贵金属时,则应在详细研究这些元素的赋存状态和空间分布的基础上,采取代表性矿样,进行综合回收试验。

⑦矿样通常在已定工业指标围定的矿床范围内采取。为充分利用国家资源,对矿体厚度大、与围岩界限不清的矿床,或矿段平均品位低于边界品位的矿石,或表外矿石,均应单独采取系统的低品位矿样,分别进行选矿回收试验,研究矿床的范围和扩大矿石储量的可能性。同时,根据试验结果确定合理边界品位和工业指标。

⑧在采区内或开采前期若干年内,各类型和各品级矿石,其量较大、且有分采的可能性时,应分别采样。

⑨根据试验室破碎设备的规格,矿样的块度和粒度要求一般为 0~150 mm 或 0~100 mm。

⑩工艺矿物学研究用的矿物标本应从采出的矿样中采取。按各种不同的矿石类型、工业品级、结构构造特点,以及各种不同岩性和各层位的顶底板、夹石分别采取具有充分代表性的岩矿鉴定标本、矿石标本、顶底板、围岩和夹石标本,供定性研究用。每种标本应取 2~3 块以上,规格约 100 mm×60 mm。

(2)工业试验对采样的要求

工业试验可分为半工业试验和工业试验,是为矿石组分复杂、难选或无生产实践资料依据的新型矿石和采用新工艺、新设备的大、中型选矿厂提供设计需要的技术数据。它可以解决在试验室条件下无法查明、难以确定的参数,并在"生产正常"状态下取得必要的资料,作为建厂设计和生产操作的依据。工业试验矿样是指代表开采区内或首采区内采出的矿石,其对采样的要求如下。

①矿样应力求与选矿工艺流程试验用矿样相同。矿样需要量大,一般为几百吨至上万吨,因此,很难真正达到矿样有关的标准,但应尽可能接近试样的要求。

②采样前应做好采样设计,且采样设计比小型试验的要更加完善、准确,在采样施工时,必须严格按采样设计进行。

③采样时要随时进行化学成分的分析检验,掌握矿石品位的变化。

### 11.2.3 试样重量要求

试样重量主要取决于选矿试验规模、目的、深度、矿石种类、性质、复杂程度、选矿方法、工艺流程、试验设备能力、试验连续时间以及采样工程施工运输条件等。

如果要求的矿样原始重量愈大，则采样、矿样加工过程就愈复杂、愈不经济。所以，矿样重量要求应适宜，避免浪费矿样。具体的矿样重量要求，应由试验单位提出。在确定矿样原始重量时，应考虑下列因素。

①矿石中有益组分平均品位的绝对百分率愈高，则在矿石中分布愈均匀，需要可靠的矿样原始重量就愈少。

②有用矿物中的有益组分的品位(即指纯矿物中金属含量)与矿石中该金属的平均品位的比值愈大，矿样的原始重量也就应该愈大。

③矿石品位愈低，化学分析允许绝对误差愈小，矿样原始重量也就应当愈大。

④矿石中有用矿物颗粒愈大，而颗粒数愈少，每次缩分产生误差的可能性愈大，则可靠的矿样原始重量就要愈大。

⑤矿样的块度或粒度愈大，例如采用大块度干式磁选预选、粗粒抛尾(废)等，矿样原始重量就要求愈大。

⑥有用矿物的密度愈大，在缩分的矿样中，有用矿物颗粒过多或不足，则对矿样品位变化的影响也就愈大。

选矿试验用矿样的原始重量应按 $Q = Kd^2$ 来计算。其中，$K$ 为矿石类型系数，参见表 11-1，$d$ 为试样最大粒度，mm；$Q$ 为计算的矿量，kg。

表 11-1  不同类型矿石的 $K$ 值

| 矿石类型 | $K$ 值 |
|---|---|
| 铁矿、锰矿 | 0.1~0.2 |
| 铜矿、钼矿、钨矿 | 0.1~0.5 |
| 钴矿 | 0.2~0.5 |
| 锡矿、铅锌矿 | 0.2 |
| 铬矿 | <0.2~0.3 |
| 锑矿、汞矿 | >0.1~0.2 |
| 硫化镍矿 | 0.2~0.5 |
| 硅酸镍矿 | 0.1~0.3 |
| 均一的铝土矿 | 0.1~0.3 |
| 非均一的黄铁矿化铝土矿、钙质铝土角砾岩 | 0.3~0.5 |
| 磷、硫、石英、高岭土、黏土矿 | 0.1~0.2 |
| 滑石、蛇纹石、萤石、石墨、盐类矿床 | 0.1~0.2 |

**续表 11-1**

| 矿石类型 | K 值 |
|---|---|
| 明矾石、砷矿、长石、石膏、硼 | 0.2 |
| 稀土、钽、铌、锆、铪、锂、铍、铯、铷、钪 | 0.1~0.5(一般取 0.2) |
| 菱镁矿 | 0.05~0.1 |
| 重晶石 | 0.1 |
| 自然硫 | 0.05~0.3 |
| 石灰岩、白云岩 | 0.05~0.1 |
| 石棉　平均品位<3% | 0.2 |
| 平均品位>3% | 0.1 |
| 黄金　颗粒<0.1 mm | 0.2 |
| 颗粒<0.6 mm | 0.4 |
| 颗粒>0.6 mm | 0.8~1.0 |

一般情况下，试验室试验所需原始矿样重量为最终计算矿样量的 2 倍。半工业或工业试验矿样的原始重量等于最终计算矿样重量的 1.2 倍。有时，在特殊情况下，选矿需要向后续冶炼工艺提供数量较大的精矿时，则应根据精矿数量和质量来计算所需增加的矿样重量。不同规模选矿试验的参考试样重量见表 11-2。

**表 11-2　选矿试验参考矿样重量**

| 试验类型 | 矿石类型 | 选矿方法 | 矿样重量/kg | 备注 |
|---|---|---|---|---|
| 矿石可选性试验 | 单一磁铁矿石 | 磁选 | 50~100 | |
| | 赤铁矿石、有色金属矿石 | 浮选、焙烧磁选 | 100~300 | |
| | | 重选 | 500 | |
| | 多金属矿石 | 浮选、联合工艺 | 300~500 | |
| | 稀有、贵金属矿石 | 浮选、联合工艺 | 按含量与试验单位商定 | |
| 试验室小型试验 | 单一磁铁矿石 | 磁选 | 200~500 | |
| | 赤铁矿石、有色金属矿石 | 浮选、焙烧磁选 | 500~1000 | |
| | | 重选 | 2000~3000 | |
| | 多金属矿石 | 浮选、联合工艺 | 1000~1500 | |
| | 稀有、贵金属矿石 | 浮选、联合工艺 | 与试验单位商定 | |
| | 氧化混合矿石 | 浮选、化学选矿 | >5000 | |
| | | 浮选、磁选、化学 | | |

续表 11-2

| 试验类型 | 矿石类型 | 选矿方法 | 矿样重量/kg | 备注 |
|---|---|---|---|---|
| 扩大连续试验 | 复杂难选硫化矿石、氧化矿石、铁锰矿石（大中型矿山） | 根据试验室小型试验结果 | 按设备能力和时间计，一般为 1~5 t/d | 重选连续试验一般大于 2 t/d |
| 半工业试验 | 复杂难选大中型矿山矿石 | 根据试验室小型或连续试验结果 | 按设备能力和时间计，一般为 5~20 t/d | |
| 工业试验 | 极复杂难选大型矿山矿石 | 根据试验室或半工业试验结果 | 按试验厂规模和时间计 | |

## 11.2.4　试样采集方法

采样地点的不同，则采样方法也有所不同。选矿试样的采集主要来源于矿床采样、矿堆采样、静置松散物料采样、移动物料采样 4 个主要方面。

(1) 矿床采样

矿床采样的主要方法包括刻槽采样法、剥层采样法、爆破采样法、方格采样法和岩芯劈取法 5 种。

①刻槽采样法。在矿体上开凿一定规格的槽子，槽中凿下的全部矿石作为样品。当刻槽断面较小时，完全用人工凿取。否则，可先采用浅眼爆破和崩矿，再用人工修整，以达到设计要求的规格形状。如在矿体呈脉状、层状等暴露面积较小的情况下，采样点的数目很多，常采用刻槽法。

刻槽应当布置在矿物组成变化最大的地方，即刻槽的方向应垂直于矿体的走向，并沿矿体的厚度方向上布置，尽可能使样槽通过矿体的全部厚度，各样槽间的距离要相等，各槽的断面积也要一致，常见刻槽取样位置如图 11-1 所示。

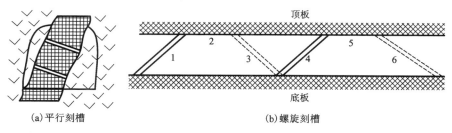

(a) 平行刻槽　　　　　　　　(b) 螺旋刻槽

图 11-1　刻槽取样位置示意图

刻槽形状一般为长方形、圆形、环形、螺旋形等。当矿化比较均匀、矿体比较规则时，多采用长方形直线横向刻槽和纵向刻槽。在水平巷道或垂直巷道里，当矿物组成沿长度的分布很不均匀时，则可采用螺旋形刻槽，矿物组成愈不均匀，则螺距应愈小。

若巷道太长，最好不用螺旋状或环形刻槽采样法，而采用环形或螺旋状布点采样法。点距和各采样点的容积必须保持相等。

在地表探槽中采样时，样槽可布置在槽底或壁上。在穿脉坑道中采样时，在坑道的一壁布置样槽，若矿体品位和特征变化很大，则须在两壁同时刻槽，合并两壁的相对应的样品成一个样品。在沿脉坑道中采样时，在坑道的两壁和顶板布置样槽，每隔一定距离布置拱形样槽，或沿螺旋线连续刻槽，一般均不取底板。若矿体较薄，且主要暴露在顶板，矿样也只能从顶板上采取。在浅井中采样，样槽布置在浅井的一壁或面对壁。

样槽断面尺寸主要取决于保证采样的准确性和所需矿样的重量和粒度，槽间距离取决于矿化程度。对于常见的金属矿床如铁、铜、铅、锌、钨、锡等矿床，一般当矿样重量不少于 100 kg 时，其矿块粒度应小于 25 mm，所以，对于粗粒均匀浸染矿石，其刻槽深度最好为 50~100 mm，不能小于 25 mm。对于细粒浸染矿石，刻槽深度应为 10~25 mm。刻槽宽度应大于深度，一般为 100 mm。

②剥层采样法或表面剥层采样法。该采样方法适用于矿层薄、矿脉细以及矿石品位分布不均匀矿床的采样。剥层采样法就是在工作面底盘上铺上帆布或薄铁板，然后对整个暴露的矿体全部剥下一层，收集在帆布或铁板上，作为试样。

剥层的深度取决于欲采矿样的重量和研究所需矿样的粒度。一般情况下，25 mm 左右的矿块即可满足试验要求，所以，剥层深度以 25~100 mm 为宜。

③爆破采样法。在坑道内穿脉的两壁、顶板（通常不用底板）上，按照预定的规格打眼放炮爆破，然后，将爆破下的矿石全部或从中缩分出一部分作为试样。

爆破采样法适用于要求矿样量很大，矿石品位分布非常不均匀的情况。采样规格视具体情况而定，通常长和宽为 1 m 左右，深度多为 0.5~1.0 m。

④方格采样法。用于采样面积较大而采样量又不多的情况下。其方法是在采样的面上画上格网，从格网交点采样。格网可以是菱形的、正方形的、长方形的。采样点个数视矿化的均匀程度及采样面积的大小而定。若矿化均匀，采样点可以少些，其交点距离可大于 2 m。若矿化不均匀或矿石成分复杂，则采样点就要多，其间的距离也要小些。圈定格网范围时，应当包括现有的采矿方法条件下可能采下来的、不符合工业品级要求的脉石部分。

⑤岩芯劈取法。在以钻探为主要勘探手段，客观上又不允许进行坑道采样时，试验样品可从钻探岩芯中劈取。在劈取岩芯时，必须沿岩芯中心线垂直劈取 1/2 或 1/4 作为样品，所取岩芯长度均应穿过矿体的厚度，并包括必须采取的围岩和夹石。

（2）矿堆采样

矿石堆或废石堆是在生产过程中逐渐堆积形成的，物料的性质在料堆的长、宽、深 3 个方向上都是变化的，再加上物料的粒度大，因而采样工作比较麻烦。常采用的方法有舀取法和探井法。

①舀取法。在待采样矿堆的整个表面上，画出一系列平行于锥底的相间 0.5 m 的横线（最底下一条线与矿堆底相隔 0.25 m），然后在线上相隔 0.5~2 m 处布设一个采样点。采样的方法是用铁铲垂直于矿堆表面，挖出深为 0.5 m 的小坑，在坑底采样。各点采取的样品重量（或采样铲数）应正比于各点坑至堆底的垂距，将所有各点采集的样品混合拌匀，即为该矿堆的样品。

影响采样精度的主要因素有：矿块粒度、矿块中有用成分的分布均匀性及其按粒度和密度的析离作用、物料组成沿料堆厚度方向分布的均匀程度；采样网的密度和采样点的个数；各点的采样量。

②探井法。随着矿石的堆积，从矿堆的堆顶到堆底，矿石的物质组成和粒度组成均有很大的变化。若只局限于从矿堆表面采样，其结果很难正确，因为矿堆底部的矿块和粉矿的比率与表面不同，其金属含量也不相同，所以，在矿石性质变化较大的矿堆上采样，应从矿堆上开凿采样井采样，这种采样井必须从矿堆表面垂直挖到堆底。探井数目及其排列应视矿石中金属含量的变化程度和采样目的等不同，按具体情况确定。

在挖井时，每进一层（1~2 m），必须将所挖出的矿石分别堆成几个小堆，再对每堆以舀取法采样。若矿块和粉矿中金属含量很不均匀，在舀取之前应事先筛出粉矿，求出其质量分数，然后再分别从块矿和粉矿中用舀取法采样，再将它们按一定的比例合并为一个样品。

探井法的主要优点是可沿着料堆的厚度方向采样。但由于工程量大，采样点的数目不可能很多，因而在沿长度方向和宽度方向的代表性不及舀取法。

（3）静置松散物料采样

一般采用探管法采样。先将矿堆或矿车中的细粉物料划出若干个采样点，然后在采样点上将探管由上而下插入底部，矿样即进入探管内，拔出探管后将样品倒出。探管在垂直插入矿堆采样时，应具有足够的长度，以便能达到所需的深度。探管采样要点是采样点分布要均匀，每点采样的数量基本相等，表层、底层都要能采到。

①精矿采样。精矿采样包括对精矿仓中堆存的精矿和装车待运的出厂销售精矿的采样。精矿是经过磨碎的物料，粒度细、均匀、级差小，因此，可以不考虑粒度引起的析离作用。通常用探管（又称为探针）采样，采样点均匀布置在精矿所占的面积内。

采样布点的数目与矿样的精确性有直接的关系，布点数目越多，精确性越高。但采样点过多势必造成矿样数量增大，增加工作量，耗费过多的人力、物力。采样点的数目要根据具体情况来定，但至少不得低于 4 个点。

②尾矿采样。尾矿采样通常是在尾矿池(库)中进行。常用的方法是钻孔采样。可以是机械钻,也可以是手钻,或者是用普通的钢管人工钻孔采样。

采样精度主要决定于采样网的密度,采样点之间的距离为 500~1000 mm。一般沿整个尾矿池(库)的表面均匀布点,然后全钻孔采样。由于尾矿池(库)的面积较大,采样点多,采出矿样的数量大,因此,需要根据不同的用途,混匀缩分,得出合适的所需重量作为试样。

(4)移动物料采样

移动物料是指运输过程中的物料,包括电机车运输的原矿、皮带运输机以及其他运输设备上的矿石,给矿机和溜槽中的物料,以及流动的矿浆等。

选矿厂常用的移动物料的采样方法是横向断流截取法。其要点是每间隔一定时间,垂直料流运动方向,截取少量物料作为试样,而后将一段时间内截取的各份样累积起来作为总样,混匀缩分出一定量的样品,供分析和选矿试验用。按照截取方式不同,截取法又可分为顺流截取法和断流截取法两种。

①顺流截取法。将料流顺着主流分为若干个连续的支流,然后将其中的一个或者几个相互交错的支流取为试样。此法仅能用于均匀物料,尤其是沿横断面要均匀。假如料流是由不同粒度或者不同密度的颗粒所组成,则沿着料流的厚度和宽度,因受到析离作用,其均匀性遭到破坏。

②断流截取法。经过一定的、相等的间隔时间,从料流中周期地截取相等数量的物料作为试样。采用断流截取法时,有用组分沿料流分布的不均匀性影响采样的精确度。为尽可能使有用组分沿料流的含量变化能全部地反映在试样中,应选择采样频率与有用组分含量的变化相适应。

选矿厂带式运输机上的固体松散物料多为原矿石,常采用断流截取法采样。采样地点一般设在磨机的给矿皮带上。操作方法一般是用人工采样,即利用一定长度的刮板,每隔一定时间,垂直料流的运动方向,沿料层的全宽和全厚均匀地刮取一部分物料作为试样,间隔时间一般为 15~30 min,取样总量视情况而定。

对选矿厂矿浆进行采样,应该在流动时采取,应避免产生粗、细粒分层现象。对选矿试验和生产过程中的流动矿浆,通常按断流截取法用人工采样工具采取。为保证沿料流的全宽和全厚截取试样,采样点应设在矿浆的转运处,如分级机的溢流堰口、管道口、溜槽口等,严禁直接在管道、溜槽或贮存容器中采样。采样时必须注意将采样勺口的长度方向顺着(垂直)料流,以保证料流中整个厚度内的物料都能截取到。然后将采样勺垂直于料流的运动方向匀速往复截取几次,使料流中整个宽度内的物料,均匀地都被截取到。采样的间隔时间越短,采样次数就越多,试样代表性相应就越强。人工采样间隔时间一般为 15~30 min,机械采样间隔时间为 2~10 min。每次采样的时间间隔要相等,采样量基本上保持一致。

## 11.2.5  采样设计

采样设计一般是针对矿床采样进行的，是选矿试验矿样采集前的一项重要工作。一般由负责编制采样设计单位、地质勘探部门、试验研究单位及设计部门共同协商采样的有关工作。采样设计重点应解决好以下几个方面的问题。

（1）采样点布置

采样点的正确布置，是保证矿样具有代表性的关键。采样设计人员应在综合研究矿床地质条件基础上，根据矿石性质复杂程度、不同矿石类型和工业品级矿石的空间分布，以及矿山开采和选矿试验对矿样代表性、个数、粒度和重量的具体要求，并考虑采样施工条件等，合理地确定采样点数量和位置。一般应注意以下几点。

①采样点应分布在矿体的各部位，不能过于集中。沿矿体走向的两端和中部，以及沿倾斜方向的浅部和深部，都应布置采样点，同时也应照顾到主要储量分布地段。在不影响矿样代表性时，采样点的布置，也可以矿床前期开采地段为重点。

②选择采样点时，应考虑能代表不同矿石类型和工业品级，并照顾到各类型、各工业品级矿石的物质组成和矿石性质等方面的一般特征，还应根据伴生组分的赋存分布特点，照顾到伴生组分含量及矿物种类。

③采样点的数量，应尽可能多些。对于品位变化复杂的矿床，有时还需要考虑一定数量的备用采样点。

④应充分利用已有的勘探工程和采矿工程，选择其中对矿石类型和工业品级揭露最完全的工程点作为采样工程点。地表采样点应尽量布置在天然露头及保存完好或恢复工作量小的探槽、浅井等勘探工程中，深部采样点尽量布置在保留有矿（岩）芯的勘探钻孔内。当矿石质量变化较大，在已有工程中布置采样点受到局限，而难以保证试样的代表性，或者勘探阶段未施工坑道，需要采取数量较多的扩大连续试验、半工业试验和工业试验矿样时，则应结合探矿或开采，布置专门的采样工程点。

⑤矿体顶、底板和围岩采样点应布置在与矿体接触处和开采时围岩崩落厚度的范围内。

⑥在选择采样点时，应考虑施工和运输条件。在不影响矿样代表性的前提下，选择施工及运输条件较好的地点作为采样点。

⑦地质勘探时，劈取化验样剩余的钻孔矿芯和岩芯是很宝贵的地质勘探成果，应充分和有效地利用。但在配样计算和采样时，不允许将保存的钻孔矿芯和岩芯样段全部取走，只能劈取一半作试验矿样。其余一半，应妥善保存，留作地质勘探、选矿试验、矿山生产时备查矿样。

（2）配样计算

配样计算也是采样设计工作中的重要内容之一，具体选定采样点和各采样点采样重量的分配，都是通过配样计算进行的。有反复增减计算和优化配样计算两种方法，常用反复增减计算方法，其一般程序如下。

①确定采取矿样的个数。根据选矿试验对试验矿样个数的要求来确定。

②确定矿样的重量（参见 11.2.3 节）。根据选矿试验要求的试验矿样重量，考虑装运损失量、加工化验消耗量、配样和缩分要求的富裕量，确定矿样的重量。矿样重量的下限一般为：对于试验室试验应不少于试验矿样重量的 2 倍；对于半工业试验和工业试验，应不少于试验矿样重量的 1.2 倍。

③确定采样需要控制的因素。根据同一矿样内各种矿石的工业品级、矿石类型、结构构造、嵌布粒度及特征、主要组分的平均品位及品位波动特性、伴生组分的含量及分布等不同特征，及其对选矿试验可能产生的影响，归纳出采取矿样时需要控制的因素。例如，可以按主要组分划定品位区间，拟定采取矿石样的控制因素表，以便确定从各类矿石中不同品位的区间选取采样点；或按与矿体接触关系密切的顶板、底板、夹石层的岩石性质，归纳出采取岩石样的控制因素，以便确定岩样的采取点。

④计算分配各采样点矿样的采取重量。按采样控制因素统计各类矿石不同品位区间所占的储量比例，计算分配各采样点应采取的矿样重量。

⑤调整矿样主要组分平均品位。根据不同品位区间初步选定的各采样点及分配的矿样重量，用重量加权法计算全部矿样主要组分的平均品位。如果此品位与采样要求差距较大时，可通过改变部分采样点位置或改变某些采样点的采取重量，重新计算调整。如此重复多次，直至使矿样主要组分的平均品位符合采样要求为止。

⑥调整矿样伴生组分平均品位。根据上述确定的采样点和各采样点的采取重量，再根据各采样点的伴生有益、有害组分的品位，用重量加权法计算全部矿样伴生组分的平均品位。如果此品位与采样要求的品位差距较大时，可适当地调整部分采样点的采取重量，以达到在保证矿样主要组分平均品位符合采样要求的前提下，尽量使重要的伴生组分的平均品位与采样范围内的伴生组分平均品位基本上相一致。

以上是采样设计反复增减配样计算方法的一般程序。还应注意以下几点。

①在采样施工过程中，若各采样点的采出矿样的实际品位与采样设计配样计算品位相差较大，且经适当调整采样重量仍不能使采出矿样品位达到目的值时，则应对品位相差大的采样点另行选点或补充少量采样点。

②在采样设计的配样计算和采样施工中，拟定或采出的矿样平均品位与其所代表的矿石的地质平均品位之间，允许有一定的波动范围。采样设计和采样施工系统允许的品位波动范围参见表 11-3。

表 11-3　矿样中主要组分和伴生组分品位允许波动范围

| 组分品位/% | 允许波动范围,± | 组分品位/% | 允许波动范围,± |
|---|---|---|---|
| >45 | 1.00 | 1~5 | 0.20 |
| 30~45 | 1.00 | 0.5~1 | 0.10 |
| 20~30 | 1.00 | 0.1~0.5 | 0.02~0.05 |
| 15~20 | 1.00 | 0.05~0.1 | 0.01 |
| 10~15 | 0.50 | 0.01~0.05 | 0.002~0.005 |
| 5~10 | 0.50 | <0.01 | 0.001 |

通常对主要有用组分,允许向下波动;对主要有害组分,允许向上波动;而对伴生组分,则视情况适当放宽波动范围。

(3)采样施工

在采样施工过程中,应注意以下事项。

①采样的实际位置应与采样设计布置的位置一致,各采样点的矿样采出重量应与采样设计重量基本符合。在采样施工和矿样加工过程中,应防止任何杂物混入矿样,各采样点采出的矿样应分别堆放,不允许混杂,更不允许随意损失矿样。

②为了使缩分出来的矿样能充分代表采出矿样,矿样加工应按程序(破碎、筛分、混匀、缩分)进行,缩分后的矿样重量必须大于(或等于)式 $Q=Kd^2$ 计算的重量。

③矿样品位的验证和调整。应检查采出矿样品位与采样设计的矿样品位是否符合,如果相差不大,则可按各采样点所要求的重量进行缩分称重;如果相差较大时,则须适当调整采样点的矿样采取重量,或在同一品位区间另行选点、或补充少量采样点,直至符合采样要求为止。

④矿样的包装和运输。试验室试验的矿样,应按不同采样点(或不同矿石类型、不同工业品级和不同品位)分别包装。矿样必须包装牢固,要防漏、防潮和便于搬运。每件矿样包装箱内、外的说明卡片和总的送样单必须填写清楚。矿样说明卡片的内容应包括矿样的种类、编号、采样地点及实际重量。箱外写上编号以便于识别。矿样包装后和起运前都应检查、核对,然后随同采样说明书和矿样托运单发送试验研究单位。采出的矿样,除运走的外,其余的矿样也须按采样点分别堆放,妥善保存,作为副样备用。

(4)采样说明书的主要内容

采样工作完成后,应由采样单位编写详细的采样说明书。采样说明书主要内容如下:编制单位;试验的目的和对矿样的要求;矿床地质特征及矿石性质简述;矿床开采技术条件简述;采样施工方法的确定和采样点布置的原则;矿样加工流程和加工质量;配样计算结果;矿样代表性的评价;矿样包装说明。除以上文字说明外,一般还应附比例为 1:1000 的采样点分布平、剖面图。

### 11. 2. 6 试样的制备与加工

试验样品采集完成后，必须根据选矿试验的要求进行必要的制备和加工。

(1)试验矿样的配制

从矿山采集的原始矿样由于其化学成分和物理性质(粒度、水分、所控组分含量的不均匀性等)是不均一的，要先经过检查和混样计算，才能进行加工制备，配成选矿试验要求的代表性矿样。

①矿样检查。承担试验研究的单位在收到矿样后，按采样说明书对样品的编号、矿石类型及品级等进行核对，清点所有样品，同时，从送来的样品中选取岩矿鉴定标本样品。对样品编号、矿石类型和品级等检查无误后，分别采出一部分样品作为化学分析验证。若化学分析结果与采样说明书上所列的相差较大时，应查找原因。

②混样。根据采样说明书和选矿试验要求，对预混矿样品位，按来样类型、品级和围岩的验证品位进行计算，如结果符合入选品位要求，则可采用采样说明书中重量比例混样。否则，应按各类型、各品级矿石和围岩特性对重量比例进行调整，直至符合入选品位要求。混样计算方法如下：

对预混矿样的平均品位：$a = a_1 r_1 + a_2 r_2 + \cdots + a_{n-1} r_{n-1} + a_n r_n$

式中：$a$ 为预混矿样的平均品位，%；$a_1$，$a_2$，$\cdots$，$a_{n-1}$，$a_n$ 为各类型矿样和围岩品位，%；$r_1$，$r_2$，$\cdots$，$r_{n-1}$，$r_n$ 为各类型矿样和围岩的重量比例，以小数计。

经反复调整计算，使混匀样平均品位达到要求后，用试验矿样的总重量分别乘以各类型矿石的重量比例，得出各类型矿石应混样的重量。再将各类型应混样重量分别与该类型矿石中各品级矿石重量比例相乘，得出各类型各品级矿石应混样的重量。围岩的混样重量计算方法类似。

③缩分比 $N$。原始矿样的重量 $Q_0$ 与缩分后得到的最终试样的重量 $Q_a$ 之比，称为缩分比。即：$N = Q_0 / Q_a$。对于块状物料来说，往往要经过多次的破碎和缩分，其缩分前后样品重量之比就是缩分比。

(2)样品加工

试验样品的加工过程包括破碎、筛分、混匀和缩分。

①筛分。试样破碎前的准备作业，以使细粒部分通过筛孔而不需破碎，仅破碎粗粒部分。为此，要准备一套不同筛孔尺寸的筛子，一般采用编织筛网，筛孔为 3 mm、6 mm、12 mm、25 mm、50 mm 和 75 mm 等。随着加工缩分的进行，逐步进行筛分。筛上物送往破碎至全部通过筛孔。所有筛下物按 $Q = Kd^2$ 公式缩分至可靠的最小重量。

②破碎。一般采用试验室小型颚式破碎机、对辊破碎机或盘磨机进行破碎。破碎机要有防尘罩、排矿口要严密封闭，防止矿样在破碎过程中产生粉尘而损失，并

引起混杂。在每个样品破碎前，要清扫设备的各个部位，以免别的样品残留混入，影响矿样的代表性。不同品位矿样必须分别破碎，且先破碎低品位矿石样。

③混匀。混匀是矿样缩分前必不可少的重要作业，为了获得均匀的样品，缩分前需要仔细混匀，混得越均匀，缩分后矿样的代表性才越强。常用的混匀方法有以下几种。

a. 堆锥法。适合于大量物料的混匀，主要用于粒度不大于 50~100 mm，100~500 kg 试料的混匀。堆锥法就是用铁铲将矿样在钢板或扫净的水泥地上堆成呈锥状的矿堆。以某点为中心，分别把待混矿样往中心点慢慢倒下，形成第一次圆锥形矿堆。进行混矿的两人，彼此互成 180° 站在圆锥两旁，从圆锥直径的两端用铲子由锥底将矿样依次铲取，放在距锥形堆一定距离的另一个中心点，两人以相同速度沿同一方向进行，将矿样又堆成新的圆锥形矿堆，如此反复 3~5 次，即可将矿样混匀。

b. 环堆法。将第一次混后的圆锥形矿堆从中心往外推移，形成一个大圆环，然后可自环外部将矿再铲往环中心点，并慢慢倒下，堆成新的圆锥形矿堆，如此反复 3~5 次，也可将矿样混匀，如图 11-2 所示。

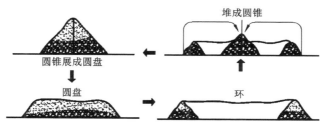

图 11-2 环堆混匀法示意图

c. 滚移法。对于选矿产品、细粒及量少的试样采用此法。将试样放在漆布、油布或胶布中间，然后提漆布的一角，让试样在漆布上滚到对角线后，再提起相对的另一角，依次四角轮流提过，则谓滚移一遍。如此重复多次，直到试料混均匀为止，一般一个试料要滚移 15~20 遍以上。

d. 二分器法。少量细粒(5 mm 以下)或砂矿试样，往往可以通过二分器反复进行二等分，也可达到混匀的目的。

④缩分。混匀的矿样通过缩分，才能达到要求的样品重量。常用缩分方法有以下几种。

a. 堆锥四分法。在采用堆锥或环锥法混匀矿样后，采用如图 11-3 所示堆锥四分法进行缩分。将混匀的矿样堆成锥形，然后用薄板切入矿堆一定深度后，旋转薄板将矿堆展呈平截头圆锥，继而压成圆盘状，再用十字板(或分样板)通过中心点，分为4份，取对角部分合并为需要的矿样。如果缩分出的试样还多，依法再进行缩分，直至符合所需要的重量为止。

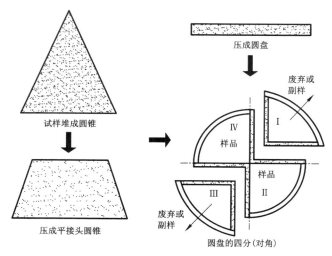

图 11-3　堆锥四分法示意图

b. 二分器法。适用于细粒物料缩分。二分器是用薄铁板制成，形状如图 11-4 所示。为使试料能顺利通过小槽，小槽宽度应大于试料中最大颗粒尺寸的 3~4 倍。使用时，先将两个容器置于二分器的下部，再将矿样沿二分器上端的整个长度徐徐倒入，或者沿长度往返徐徐倒入，使试料分成两份，取其一份为需要矿样。如量还大，再行缩分，直到满足要求为止。

c. 方格法。将混匀的试料薄薄地平铺在油布或胶布上，可以铺成圆形，如图 11-5 所示，也可以铺成正方形、长方形，然后划分成小方格，用小勺或平底小铲逐格采样。每小格采样多少，根据所需的重量而定。为了保证采样的准确性，必须注意：方格应画均匀；各小格的采样量要基本相等；每勺或每铲都要挖（铲）到底。

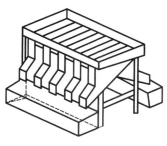

图 11-4　二分器外形示意图

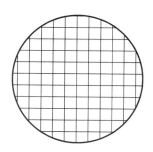

图 11-5　方格缩分法示意图

须说明的是，对实验室小型试验的原矿样品，按要求混匀后，通常是按环锥法形成一个大的圆环，且圆环高度尽可能小，以保证每次取样时能正好截断圆环。取样时用样铲截断圆环，根据需要采取 500~1000 g 矿样装袋供后续试验用。

## 11.4　矿石性质研究

试验矿样准备完毕后，首先应进行的是矿石的性质研究。只有充分地掌握了待试验矿石的性质，才能制定出行之有效的试验方案。主要内容包括矿石的工艺矿物学研究和矿石的物理、化学性质的测定等。

### 11.4.1　工艺矿物学研究

主要是查明矿石的矿物组成、化学组成、有用矿物的嵌布特性和嵌镶关系、有用矿物的嵌布粒度与解离度、有用矿物的物相分析、有益和有害元素的赋存状态等。

（1）矿物相对含量的测定

矿石中矿物相对含量的测定有人工和仪器测定两种途径，人工测定常用方法有面积法、线段法和点数法。矿石的光片（不透明矿物）采用反光显微镜，薄片（透明矿物）采用偏光显微镜测定。

①面积法。以矿石的体积比等于其截面上的面积比为理论基础。在具有代表性的矿石截面上累计待测矿物所占的面积数，与该测面总面积相比求出矿物在该测面上的面积含量比。根据面积含量比来确定矿石中各组成矿物的体积百分含量，如图 11-6 所示。

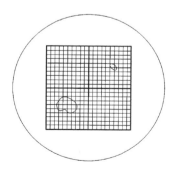

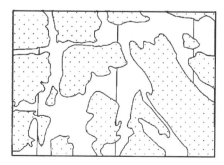

图 11-6　面积法测定矿物体积含量示意图　　图 11-7　线段法测定矿物体积含量示意图

②线段法。以物体的体积比等于截面上的线段比为理论基础。在具有代表性

矿石截面上，累计待测矿物在测线上的线段长度，与测线总长度相比，求出矿物在测线上的长度数量比。根据所求长度比来确定矿石各组成矿物的体积百分含量。线段法也可以借助积分台及电子颗粒计数器等进行测量，如图 11-7。

③点数法。以物体的体积比等于截面上测点数比为理论基础。在具有代表性的矿石截面上，累计待测矿物的点数，与测线的总点数相比求出在测线上的点数比。根据求出的点数比来确定矿石中各组成矿物的体积百分含量，如图 11-8 所示。

在矿相显微镜下，借助点数法电子颗粒计数器进行测定。依次分别累计出现各种不同矿物的测点数，用下式计算各种矿物在矿石中的体积百分含量：

$$待测矿物的体积含量(\%) = \frac{该矿物的测点数}{总测点数} \times 100\%$$

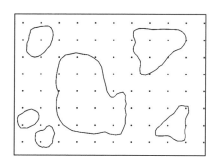

图 11-8　点数法测定矿物体积含量示意图

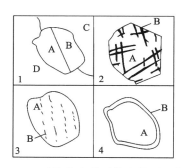

图 11-9　矿物共生关系基本类型示意图

（2）有用矿物嵌布特性

矿石中组成矿物的嵌布特性即指该矿物的嵌布粒度和嵌布均匀性。所谓"嵌布粒度"是指矿物颗粒的粒度范围及其大小颗粒的含量分布，而"嵌布均匀性"则是指矿物在矿石中的空间分布均匀性。

矿物的共生关系是指某有用矿物在矿石中与其他矿物之间的相对空间关系，包括该有用矿物与其他矿物之间的连接（接触）关系和物理性质（解理、硬度等）等。矿物的共生关系一般可以分为以下 4 类。

①毗连连接。几种不同矿物颗粒连生在一起，互相毗连连接，如图 11-9（1）所示。

②包裹连接。某种矿物成包裹物状连接在另一种矿物中，如图 11-9（2）所示。

③脉状或网脉状连接。B 矿物成脉状或网脉状穿插在 A 矿物中，如图 11-9（3）所示。

④皮壳状连接。皮壳状 B 矿物包围 A 矿物,如图 11-9(4)所示。

当有用矿物在矿石中呈细粒均匀分散时,需要将全部矿石磨细至有用矿物解离的粒度后,才能进行有效分选。当有用矿物在矿石中呈局部富集产出时,矿石中存在大量不含有用矿物的脉石,通过粗磨,即可使有用矿物解离。

选矿产品中通常有未解离的矿粒,一般是包含两种或更多种矿物的复合颗粒,这类颗粒统称为连生体。连生体的存在常常决定该产品是否需要再磨,因此,有用矿物在矿石中的嵌布特性及共生关系,对于选矿试验及生产具有很好的指导意义。

(3)有用矿物嵌布粒度与解离度

①有用矿物的嵌布粒度。矿物粒度有矿物晶粒粒度、单矿物和复矿物颗粒粒度 3 种。单矿物和复矿物颗粒粒度通常用于矿石工艺性质的分析。其中,单矿物颗粒粒度是按某一种矿物组成的颗粒(包括单晶颗粒及集合体颗粒)划分粒度单元,复矿物颗粒粒度则是按复合矿物所组成的颗粒划分粒度单元(复矿物颗粒是指两种或两种以上经常嵌镶在一起的矿物集合体的粒度,如自然金-黄铁矿、辉银矿-辉锑矿-方铅矿等)。有用矿物的嵌布粒度等级划分见表 11-4。

表 11-4　有用矿物嵌布粒度等级划分表

| 粒级名称 | 粒度范围/mm | 粒级名称 | 粒度范围/mm |
|---|---|---|---|
| 极粗粒 | +20 | 细粒 | -0.2~+0.02 |
| 粗粒 | -20~+2 | 微粒 | -0.02~+0.002 |
| 中粒 | -20~+0.2 | 极微粒 | -0.002 |

根据嵌布粒度分类,有用矿物的嵌布粒度可分为极粗粒嵌布、粗粒嵌布、中粒嵌布、中-细粒嵌布、细粒嵌布和微粒嵌布等基本类型。

②嵌布粒度测量方法。较常用的有过尺面测法、直线线测法和点测法 3 种。

a.过尺面测法。将目镜测微尺东西向横放在视域中,借助机械台把光片按一定间距的测线在南北向上移动,光片上同一纵行的各类颗粒都先后通过视域中的测微尺,每一颗粒通过时根据该颗粒的定向(东西向)最大截距刻度属于哪一粒级范围(如 2 格、2~4 格、4~8 格、8~16 格、16~32 格……)时,则认为是哪一级的颗粒,用分类计数器记录下来。过尺面测法的特点是只测量视域一定范围内的颗粒[如图 11-10(a)中 a-b 范围内]。对于跨在指定范围(a—b)边界上的颗粒可认定只测某一边的颗粒,如测右边的,则左边的都不测。这一条线测完后,再移到第二条测线,直到全光片测完。

b.直线线测法。其基本测量程序与过尺面测法一样,不同的是只测量计算在视域中南北向竖放之目镜测微尺测线上出现的颗粒。光片随机械台按一定间距的测线南北方向移动，利用测微尺度量通过尺上该矿物的截距长度。测量工作从测线的一端开始，顺次计算测微尺上各粒级颗粒的颗粒数。判断颗粒属于哪一粒级是按测微尺上随遇截距决定的。如图 11-10(b) 中已测过的那一颗粒的随遇截距为 17 小格，正好在尺上的那一个颗粒为 39 小格。这样前一个视域测微尺上的颗粒全部分级累计后，用机械台使光片移动视域中一个测微尺距离，使测线上的矿物颗粒在测微尺上首尾相接，直至整条测线测完。再使光片横移到另一条测线上继续读数，直至整个光片测完。最后由测线上出现的各粒级颗粒数与矿石立体内各粒级的颗粒数的理论关系，采用 $n''d\%$( $n''$ 为测线上出现的各粒级颗粒数，$d$ 为比粒径)计算各粒级的百分含量。

c. 点测法。借助点法电动求积台与目镜测微尺(东西向横放)配合进行粒度测量，首先指定分类累加器上的各个按钮代表的粒级，用以分别累计不同粒级的颗粒数。测量时观测者判断落在视线测点(目镜测微尺底线的中点，即视域中心点)是什么矿物，如为待测矿物，则用测微尺度量该颗粒属于哪一粒级，再按动相应粒级的按钮使矿石光片自动往前移动一既定间距并累加计数该粒级的一个颗粒数。接着又根据第二个测点上的矿物颗粒按动相应的按钮，如为他种伴生矿物则按动空白按钮来移动测点的位置[图 11-10(c)]。这样逐个测点测下去，直至整条测线、整个光片、全部应测光片测完为止。最后由截面(光片)测点上出现各粒级的颗粒数与矿石中各粒级的颗粒数之理论关系，点测法的粒级含量为 $n'''\%$( $n'''$ 为截面测点上出现各粒级的颗粒数)，即各粒级的点子数与总测点数之百分比就是各粒级的粒级含量百分比。

应当说明，点测法主要用于粒状矿物的粒度测量。此法优点为测算简便迅速，若有自动显微图像分析仪则可由电子计算机完成度量粒径和累计点数及运算工作，瞬间即可测完一片光片。

③有用矿物单体解离度。矿石经过破碎和磨矿后，有些矿物呈单矿物颗粒从矿石其他组成矿物中解离开来，这种单矿物颗粒称为某矿物单体(例如铁矿中的磁铁矿单体、赤铁矿单体)；未被解离为单矿物颗粒而呈两种或多种矿物连在一起的颗粒则称为矿物连生体(如磁铁矿-赤铁矿连生体、磁铁矿-脉石矿物连生体、赤铁矿-脉石矿物连生体等)。某种矿物解离为单体的程度称为该矿物的单体解离度，以该矿物解离为单体颗粒的重量百分含量或体积百分含量来表示。即：

$$某矿物的解离度 = \frac{矿物单体的含量}{矿物的总含量} \times 100\%$$

由于采用显微镜下人工测定矿物组成、嵌布粒度及单体解离度，工作量大且效率低。随着计算机图像分析及检测技术的飞速发展，目前广泛采用矿物自动分析仪(即 MLA)替代传统显微镜法来完成矿石工艺矿物的相关研究和分析。

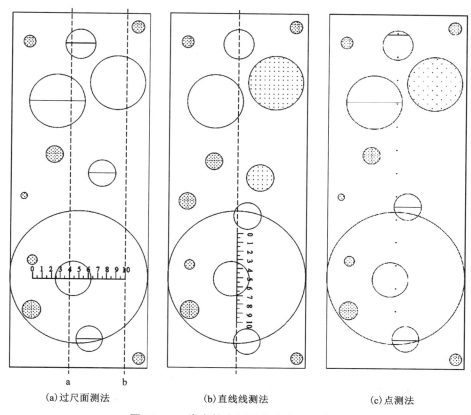

(a)过尺面测法　　　　　　(b)直线线测法　　　　　(c)点测法

图 11-10　嵌布粒度测量方法进程示意图

（4）元素在矿石中赋存状态

有用元素在矿石中可呈多种赋存状态。除以独立的单矿物形式出现外，还可以呈类质同象混入物、机械混入物、固溶体分解物和吸附状态存在。

从选矿角度考虑，金属元素在矿石中的赋存状态主要有集中和分散两大类。前者在矿石中集中于少数矿物内，或为矿物的主要成分元素，或为非主要成分的各种混合物；后者则分散存在于矿石的各组成矿物或绝大多数组成矿物中。为了充分综合利用矿产资源，必须查明各种有用元素的赋存状态，以便采用不同的选矿工艺回收利用。同时搞清有害元素的赋存状态，以便采取相应措施使其进入尾矿中。

对元素在矿石中赋存状态的考查，一般包括以下步骤。

①对原矿进行光谱分析，初步查明矿石中的元素种类与大致含量。

②进行化学定量分析，准确化验有益和有害元素的百分含量。

③将矿石进行简单分选，并对各分选产品进行化学分析，以查定该元素在各分选产品中分散或集中的情况。

④对该元素富集的分选产品进行详细研究，挑选出单矿物做化学定量分析。

⑤进行矿相显微镜、电子探针、扫描电镜等研究分析类质同象混入物或细粒包裹体机械混入物。

⑥由该元素在各矿物中的总含量与矿石品位对比，若低于矿石品位则说明还有一部分有益元素赋存于尚未发现的矿物中，还需进一步工作，直至查清为止。

考查元素在矿物中赋存状态的方法，除了常规的显微镜法、化学物相分析法（选择性溶解合理化学分析法）、X 射线研究法等方法以外，还可采用电子探针分析、激光显微光谱分析和电渗析等方法。

## 11.4.2 矿石的物理化学性质研究

矿石的物理化学性质研究主要是指分析原矿矿石的粒度组成、矿石的密度和堆密度、矿石的水分含量、矿石的堆积角、矿石中可溶性盐的含量等，为选矿厂设计和开展选矿试验提供原始数据和指导。

（1）粒度组成分析

粒度组成分析包括对试验原矿（破碎产品）、磨矿产品、精矿和尾矿产品等进行粒度分析。一般对粒度大于 3 mm 粒级的物料，采用干法筛分进行分级，对粒度介于 3~0.038 mm 粒级的物料采用湿式筛分进行分级，对小于 0.038 mm 粒级的物料采用水析方法进行分级。对得到的各粒级物料进行脱水、烘干和称重，然后计算各级别的重量和重量分布率。在此基础上，对各粒级物料进行缩分和制样，送化验分析目的元素品位，用以计算金属在各粒级中的分布率。

通过粒度分析，可以查明原矿矿石的矿泥含量、可磨性、金属的粒级回收等情况，用以指导磨矿和选别工艺参数的调整等。

（2）矿石密度测定

对大块物料，可以采用简单的称量法进行，即首先分别得到笼子和矿石+笼子在空气中的重量（$G_1$ 和 $G_2$），然后再得到浸入水中的笼子和矿石+笼子的重量（$G_3$ 和 $G_4$），最后按下式进行计算：

$$\delta = \frac{G_2 - G_1}{(G_2 - G_1) - (G_4 - G_3)} \cdot \Delta \tag{11-1}$$

式中：$\delta$ 为矿石密度，g/cm$^3$；$G_1$，$G_3$ 为笼子在空气和水中的重量，g；$G_2$，$G_4$ 为笼子和矿石在空气和水中的重量，g；$\Delta$ 为水的密度，g/cm$^3$。

此外，还可以采用密度天平进行测定。对粉状矿石，可根据精度要求采用量筒和比重瓶法测定。比重瓶法最常用，其步骤如下：

①称取 15 g 粉矿样，小心倒入洗净的比重瓶(50 mL)内，注意避免矿样的洒漏。

②将一定量蒸馏水倒入比重瓶中，摇动比重瓶使矿样分散，将比重瓶和蒸馏水同时放入真空气缸中抽真空，缸内残余压力不大于 20 mmHg 柱*，抽气时间不少于 1 h。

③将经抽真空的蒸馏水倒入比重瓶至满刻度后，将比重瓶放入恒温水槽，待瓶内矿浆温度稳定后，盖好瓶盖，使多余的水自瓶盖毛细管中溢出，擦干瓶外水分，称重得(瓶+水+矿)重量 $G_1$。

④将样品倒出，洗净比重瓶，再将经抽气的蒸馏水注入瓶内至满，盖好瓶盖，使多余的水自瓶盖毛细管中溢出，擦干瓶外水分，称重得(瓶+水)重量 $G_2$。

⑤按下式计算矿石密度：

$$\delta = \frac{G \cdot \Delta}{G_1 - G - G_2} \qquad (11-2)$$

式中：$\delta$ 为矿石密度，$g/cm^3$；$G$ 为试样干重，g；$G_1$ 为瓶+水+矿样重量，g；$G_2$ 为瓶+水的重量，g；$\Delta$ 为水的密度，$g/cm^3$。

(3)矿石堆密度测定

矿石堆密度的测定方法是取经校准的容器，其容积为 $V$，$dm^3$；重量为 $G_0$，kg；装满矿石后刮平，最后称重得重量 $G_1$，kg；然后根据下式计算堆密度：

$$\delta_D = \frac{G_1 - G_0}{V} \qquad (11-3)$$

测定堆密度时，所用的容器边长应至少是矿石中最大块度的 5 倍，并反复多次测定取平均值。

(4)矿石水分测定

一般取一定量的含水矿石样品，放在容器中称重，得湿矿重量 $G_1$。然后将盛矿的容器放入烘箱中，在 $100 \sim 110$ ℃下烘干 $4 \sim 8$ h，最后将矿样密闭冷却至室温，立即称重得干矿重量 $G_2$，按下式计算水分：

$$W = \frac{G_1 - G_2}{G_2} \times 100\% \qquad (11-4)$$

测定水分时，所取湿样应及时进行测定。对黏土含量高的矿样，测定水分时，烘干后必须密闭冷却，否则因黏土矿物重新吸收空气中的水分而使测定结果不准确。

(5)相对可磨度的测定

可磨度的测定有功耗法和相对可磨度法两种，其中，常用测定过程简单的相对可磨度法，其基本步骤如下。

---

\*    1 mmHg 柱 = 0.133 kPa。

①选取标准矿石作对照样，在相同磨矿条件下磨矿，得到标准矿石磨矿细度与磨矿时间曲线 1；

②在相同磨矿条件下，得到待测矿石磨矿细度与磨矿时间的曲线 2；

③按图 11-11 作出磨矿细度与磨矿时间关系图，从图中得到相同磨矿细度条件下两种矿石对应的磨矿时间 $T_0$ 和 $T$，按下式计算相对可磨度 $K$：

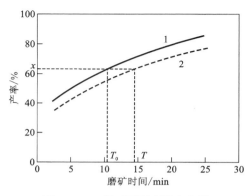

图 11-11　相对可磨度测定曲线

$$K = \frac{T_0}{T} \qquad (11-5)$$

# 11.5　选矿试验

## 11.5.1　试验室试验的基本步骤

不同规模的选矿试验，在试验步骤和要求上具有大致相同的内容。这里以试验室试验为例，其试验的基本步骤如下。

①拟定原则试验方案。根据对试验矿样的工艺矿物学研究结果，参考类似选矿厂生产实践，以及个人从事选矿试验研究的经验，在查阅相关领域研究成果的基础上，初步拟定可能的试验原则方案。

②试验前的准备。根据试验的目的和要求，在所拟定的原则试验方案基础上，首先应准备好试验矿样（具体内容前面已述及），然后准备好试验需使用的设备（包括设备检查和调整等）、需使用的选矿药剂、各种消耗材料等，以保证试验开始后能顺利进行。

③方案试验。根据所拟定的原则试验方案，进行各种可能的选矿方法试验，确定原则工艺流程、初步的工艺条件和指标，并根据这些试验结果，选择 1~2 个相对最好的试验方案，进行后续的详细试验工作。因此，方案试验阶段存在较多的经验因素，经验丰富的技术人员，往往在方案试验阶段就可以基本找准可行的技术路线。

④条件试验。对方案试验确定的技术路线，进行详细的工艺条件试验，主要内容包括工艺流程结构（包括粗选、精选和扫选次数，以及中矿返回方案）和各作业的工艺参数（包括磨矿细度、作业浓度、选别时间、设备参数、药剂种类和用量

等)的试验。对每个参数进行系统的试验，评价各参数的影响规律，确定最佳工艺流程和工艺条件。进行条件试验时，可以采取单因素法(此法简单易行，但会产生较大的偏差，所以要有较好的经验为基础)和正交试验(即按照正交表设计条件试验方案，此方法试验结果较准确，但过程较复杂，详细内容可参阅有关资料)。

⑤全流程开路试验。按照条件试验确定的最佳工艺流程和工艺条件，进行全流程的开路试验，以分析金属的走向和流程中各产物的指标，预测全流程闭路试验可能达到的指标，并据此对局部条件和参数进行小幅度的调整，以期达到相对最佳的工艺指标。

⑥全流程闭路试验。一般对于重选和磁选试验，由于实验所需矿量大，要实现人工构成全流程闭路是比较困难的，多在全流程开路试验结果基础上，通过对中矿产品的分析，模拟计算出全流程指标。但对于浮选工艺，必须在试验室完成闭路试验，得到可以模拟全流程平衡的试验指标。

⑦样品的加工与分析。对试验过程中得到的各种试验样品均需要进行加工处理，以满足化学分析、粒度分析、显微镜分析等的要求。

⑧试验报告的编写。完成全部试验工作和分析检验后，进行试验报告的编写。试验报告一般的内容见后面的试验数据处理部分。

## 11.5.2　磨矿功指数与自磨试验

### 11.5.2.1　磨矿功指数测定试验

(1)球磨 Bond 功指数的测定

球磨 Bond 功指数测定所用试验设备是 Bond 功指数球磨机，其规格为 $\phi 305\ mm \times 305\ mm$，转速为 70 r/min。磨机内装数量为 285 个、总重量为 20.125 kg 的钢球，钢球配比见表 11-5。测定矿样的粒度为 0~3.35 mm(6 目)，测定产品粒度 $P_1(\mu m)$ 即为生产要求的 80% 通过的产品粒度 $P_{80}$。如果该粒度不在标准筛孔尺寸上，可取与之较接近的筛孔尺寸。如果与标准筛孔尺寸差距较大，则需选取与之最接近的较粗的筛孔尺寸。

表 11-5　球磨机功指数钢球配比

| 钢球直径/mm | 钢球数量/个 | 钢球个数分配率/% |
|---|---|---|
| 38.10 | 25 | 8.77 |
| 31.75 | 39 | 13.68 |
| 25.40 | 60 | 21.05 |
| 22.23 | 68 | 23.86 |
| 19.05 | 93 | 32.64 |
| 合计 | 285 | 100 |

Bond 功指数测定的基本步骤如下。

①用颚式破碎机将待测定 30 kg 矿样破碎至粒度为 0~3.35 mm，混匀后缩分出 1000 g 代表性矿样，用标准套筛的振筛机进行粒度组成筛析，绘制筛下产物累计产率与筛孔尺寸的关系曲线，求出 80% 物料通过的筛孔尺寸 $F_{80}(\mu m)$ 和已达到产品粒度要求 $P_1$ 的物料重量 $A_0$ 和百分含量 $\gamma_0$。

②将待测定矿样放入 1000 mL 的量筒中，并用手摇振动至矿样密实为止，密实矿样占有体积为 700 mL，并称得矿样的重量 $W_0$。根据 $C=250\%$ 的循环负荷率和 $W_0$ 可按式(11-6)计算达到循环负荷的筛下产品重量 $W_1$。

$$\frac{磨矿给矿量(W_0)-筛下产品重量(W_1)}{筛下产品重量(W_1)} \times 100 = 循环负荷(\%) \qquad (11-6)$$

③将密实好的 700 mL 矿样($W_0$)加入到功指数球磨机中，一般第一次干式磨矿以 70 r/min 转速运转 $n=100$ r 后停机并将所有物料卸出。筛除钢球后再用筛孔尺寸为 $P_1$ 的筛子筛分，得到合格产品的矿量 $A_1$，然后，按照式(11-7)计算 Bond 球磨可磨性，即每转新生成的产品量 $G_{bp}(g/r)$。

$$G_{bp} = \frac{A_1 - A_0}{n} \qquad (11-7)$$

④将筛上物料放回球磨机，并用待测定的新矿样补足至 $W_0$(700 mL)矿量，根据上一次循环的 $G_{bp}$ 值和按 250% 循环负荷计的预期产品量 $W_1$，按式(11-8)估算磨机转数 $n_i$：

$$n_i = \frac{W_1 - A_{i-1}^* \gamma_0}{G_{bp(i-1)}} \qquad (11-8)$$

按照 $n_i$ 进行运转，并重复地进行上面的步骤，按式(11-9)计算 $G_{bp}(i)$：

$$G_{bp}(i) = \frac{A_i - A_{i-1}^* r_0}{n_i} \qquad (11-9)$$

直到最后 3 个磨矿循环达到平衡(筛下物重量接近 $W_1$ 或 $G_{bp}$ 值趋于稳定，最后 3 个连续 $G_{bp}$ 值中，最大值与最小值之差不超过这 3 个 $G_{bp}$ 平均值的 3%。)为止。

⑤对平衡后的产品进行筛析，绘制筛下产物累计产率与筛孔尺寸的关系曲线，求出 80% 物料通过的筛孔尺寸 $P_{80}(\mu m)$。取最后平衡的 3 个循环的 $G_{bp}$ 值计算算术平均值，即为最终 $G_{bp}$ 值。再按照式(11-10)计算球磨功指数 $W_{ib}(kW \cdot h/st)$(1 st $\approx$ 0.9072 mt)：

$$W_{ib} = \frac{44.5 \times 1.10}{P_1^{0.23} \times G_{bp}^{0.82} \times \left(\dfrac{10}{\sqrt{P_{80}}} - \dfrac{10}{\sqrt{F_{80}}}\right)} \qquad (11-10)$$

在 Bond 球磨功指数测定中，如果矿样中达到产品粒度的物料含量超过了预期产品量,则第一个测定循环的给料应先筛去细粒,用测定矿样补足筛去的部分,然后进行第一个循环的测定。另外,所有筛子的筛孔必须为方孔。

(2)棒磨 Bond 功指数的测定

棒磨 Bond 功指数的测定设备是 Bond 功指数棒磨机,规格为 $\phi305$ mm×610 mm,转速为 46 r/min,内装 6 根钢棒,总重量 33.38 kg。测定的矿样粒度为 0~12.7 mm,待测定产品粒度 $P_1$(μm)由生产工艺要求确定,一般为 10 目或 14 目。棒磨机功指数的测定可参考球磨机功指数测定进行,具体步骤如下。

①对测定矿样进行筛析,求出 80% 通过的筛孔尺寸 $F_{80}$(μm)和已达到产品粒度要求的物料含量。

②在功指数棒磨机中加入振实了的矿样 1250 mL,并称得矿样的重量,运转一定转数后将物料卸出,用筛孔尺寸为 $P_1$ 的筛子筛出产品,计算 Bond 棒磨可磨性即每转新生成的产品量 $G_{rp}$(g/r)。

③将筛上物料放回球磨机,并用待测定的矿样补足 1250 mL 时的矿量,再根据上一循环的 $G_{rp}$ 值和按 100% 循环负荷计的预期产品量来确定转数并运转,并重复进行上面步骤,直到最后 2~3 个循环达到平衡为止。

④对平衡后的产品进行筛析,求出 80% 通过的筛孔尺寸 $P_{80}$(μm),然后取最后 2~3 个循环的 $G_{rp}$ 值的平均值为最终 $G_{rp}$ 值。棒磨功指数 $W_{ir}$(kW·h/st)由式(11-11)计算。

$$W_{ir} = \frac{62}{P_1^{0.23} \times G_{rp}^{0.625} \times \left( \dfrac{10}{\sqrt{P_{80}}} - \dfrac{10}{\sqrt{F_{80}}} \right)} \tag{11-11}$$

#### 11.5.2.2 矿石的自磨试验

自磨试验一般分为两步进行:一是介质适应性试验,研究矿石本身作为磨矿介质的可能性;二是半工业试验,是确定是否采用自磨的主要依据。矿石的自磨试验基本内容如下。

(1)矿石自磨介质适应性试验

一般先测定矿石的自磨介质功指数,然后用自磨介质功指数的试验产品进行冲击破碎功指数、100 目球磨功指数和 10 目棒磨功指数的测定。

①自磨介质功指数试验。

选取有代表性矿样 50 块,分为 5 个粒度组别,每组 10 块,尺寸分别为 100~113 mm,113~125 mm,125~138 mm,138~150 mm,150~163 mm。将 50 块矿样装入 $\phi1800$ mm×400 mm 封闭型自磨介质试验机(筒体转速为 26 r/min),运行 500 转后倒出全部样品进行筛析,并记录下列数据:产品粒度;产品中 100 mm 以上矿块个数 $P_n$,并计算其累积质量 $P_p$;产品中最大 50 个矿块的质量分数 $P_{50}$。对入磨原矿和磨矿产品分别进行粒度组成筛分后做出粒度分布曲线图,并计算出

$F_{80}$ 和 $P_{80}$。

自磨介质的功指数按式（11-12）计算：

$$W_{im} = W / \left( \frac{10}{\sqrt{P_{80}}} - \frac{10}{\sqrt{F_{80}}} \right) \tag{11-12}$$

式中：$W_{im}$ 为自磨介质功指数，kW·h/st；$W$ 为介质试验机的功率，2.756 kW·h/st；$P_{80}$ 为磨矿产品中 80% 物料通过的筛孔尺寸，$\mu$m；$F_{80}$ 为给料中 80% 物料通过的筛孔尺寸，$\mu$m。

一般，自磨介质功指数 $W_{im}$ 大于 165 kW·h/st 时，能够形成足够的自磨介质，因为磨矿介质的功耗较高，故在磨机中不易被粉碎，能较长时间停留起到磨矿介质作用；当 $W_{im}$ 等于 154~165 kW·h/st 时，处于边缘状态，有可能形成足够的自磨介质；若 $W_{im}$ 值小于 154 kW·h/st 时，不能形成足够的自磨介质。

②冲击破碎功指数测定。

冲击破碎功指数测定是采用双摆锤式冲击试验机。选取有代表性矿样 20 块（尺寸为 75~50 mm），测定矿石的真密度和每块矿样被冲击的相对两侧面厚度及重量，记下矿样被粉碎时摆锤提升的角度，冲击破碎功指数可按式（11-13）计算：

$$W_{ip} = \frac{2.59 \times 144 \times \left( \frac{1 - \cos\beta}{2} \right)}{Sd} \tag{11-13}$$

式中：$W_{ip}$ 为 Bond 冲击破碎功指数，kW·h/st；$\beta$ 为摆锤提升角度，（°）；$d$ 为试样厚度，ft（1 in = 25.4 mm）；$S$ 为试样真密度，g/cm³。

③100 目球磨功指数测定。

试验用测定球磨功指数的磨机规格为 $\phi$305 mm×305 mm，矿样的粒度为 0~3.35 mm（6 目）。试验要求稳定循环负荷为（250±5）%，磨机每转新产生的 100 目以下物料质量在最后 3 个周期达到平衡为止，平衡后筛析磨机产品，具体步骤和计算参考球磨机功指数测定。

④10 目棒磨功指数测定。

试验用测定棒磨功指数的棒磨机规格为 $\phi$305 mm×610 mm，矿样粒度为 0~12.7 mm，磨机每次装料 1.25 L，每个周期运转完毕后用 10 目筛子筛出全部样品，并增添原试样将筛上产品补足至 1.25 L，装入磨机进行下一个周期的运转，磨机平衡条件是循环负荷为（100±2）%，试验至最后 3 次磨机每转新产生的 10 目以下物料质量平衡为止，平衡后筛析磨机产品，具体步骤和计算参考棒磨机功指数测定。

⑤邦德介质适应 NORM 模数计算。

大块个数模数　$N_1 = P_n / W_i$；

大块重量模数　$N_2 = P_p / 1.25 W_i$；

介质比率模数 $\quad N_3 = P_{50}/2.5W_i$;

磨矿比率模数 $\quad N_4 = P_{80}/6500W_i$;

功指数比率 $\quad R_w = W_{im}/W_i$(介质功指数与其他功指数比值,相当于自磨时介质与被磨物料大致的供给比)。

上述各式中,$W_i$ 为介质的冲击破碎、球磨和棒磨功指数(kW·h/st)。NORM 基准数是衡量矿石能否自磨的另一尺度。NORM 基准数大于 1 时作为介质是适应的;等于 1 时属于极限情况;若 NORM 基准数小于 1 时,说明矿石易碎,磨机内难以形成足够块度的介质,不适合于自磨。

(2)自磨半工业试验

试验所用自磨机的规格为 φ1830 mm×610 mm,用 900 mm×1800 mm 振动筛(筛孔为 2 mm)与自磨机构成闭路。自磨给矿粒度为 220~0 mm,一般以自然块粉比并采用人工给矿方式,按照选矿试验要求的磨矿细度进行以下试验:介质充填率、磨矿浓度、磨机转速和钢球添加比例(半自磨),确定的最佳磨矿工艺条件,并在磨矿条件调优的基础上,进行连续 48 h 的全自磨或半自磨全流程稳定试验。

对磨矿产品分别进行粒度组成分析,分析难磨粒子(75~25 mm)的情况。计算新生成指定级别的能力,并统计磨矿单位能耗等。同时可结合分选指标,综合进行自磨试验的分析和评价。

## 11.5.3 浮选试验

### 11.5.3.1 浮选试验方案拟定

不同于其他选矿方法的试验,浮选试验通常不考虑浮选机设备对浮选指标的影响,一般仅进行浮选工艺流程、浮选药剂制度和浮选工艺参数等的试验工作,因而,其试验方案的制定也主要包括上述 3 个主要内容。值得指出的是,浮选设备结构及操作参数对浮选指标的影响往往也是不可忽视的,影响较大时也应进行详细考察。

由于矿石类型和性质的差别,具体的浮选试验方案在内容上也有本质的不同,这里就浮选试验方案拟定的基本原则加以介绍,在制定具体矿石的试验方案时,请参阅第 4 章中相关矿石类型进行。

(1)拟定浮选原则流程

针对试验的矿石性质,参考类似矿石的生产实践和个人的经验,确定可行的浮选原则方案,包括:选别段数,采用一段浮选或多段浮选(粗精矿、中矿、尾矿再磨再选);选别顺序,采用混合浮选、优先浮选、等可浮等。拟定原则流程方案时应考虑以下几点。

①根据矿石性质分析,先浮选易浮(可浮性好)的矿物,再浮选难浮(可浮性

差)的矿物。例如,矿石中存在黄铜矿和黄铁矿时,应优先考虑浮选黄铜矿的方案。

②应优先考虑抑制可浮性相对较差(易被抑制)的矿物。如果先抑制可浮性好(难抑制)的矿物,则会导致难浮矿物的可浮性进一步降低,给后续分离增加难度。例如,矿石中有黄铜矿和镍黄铁矿时,由于黄铜矿可浮性好于镍黄铁矿,镍黄铁矿易被抑制,此时应优先考虑浮选黄铜矿而抑制镍黄铁矿的方案。再如,方铅矿和闪锌矿同时存在,方铅矿的可浮性比闪锌矿好,闪锌矿容易抑制,分选时可以采用抑锌浮铅的方案。

③当矿石中两种或以上的矿物具有相近的可浮性时,根据矿物含量(或金属品位)分析数据,一般应先考虑浮选含量较少的矿物,抑制含量较高的矿物,也就是通常所说的浮少抑多的原则,这样做容易获得比较好的分选指标。如对铜铅锌硫多金属矿石,主要有用矿物为黄铜矿、方铅矿、闪锌矿和黄铁矿,其中黄铜矿和方铅矿的可浮性都很好,所以应先进行铜铅混浮,然后再进行铜铅分离。分离时既可以抑铅浮铜,也可以抑铜浮铅。但由于铜铅锌硫多金属矿种,一般是铜的品位比铅的品位低,因此采用抑铅浮铜的方案是最常用的方案。但是,如果矿石有次生铜(如辉铜矿和铜蓝等)存在时,方铅矿易被次生铜所活化,导致方铅矿难以抑制,此时应考虑采用抑铜浮铅的方案。

浮少抑多的原则还体现在铁矿石的浮选中。若主要矿物为赤铁矿和石英,因赤铁矿的含量通常比石英少,可采用脂肪酸(或羟肟酸)类捕收剂浮选赤铁矿,采用淀粉等药剂抑制石英的工艺方案。相反,对于铁(粗)精矿中所含的少量二氧化硅(硅酸盐矿物),为了进一步提高铁精矿品位时,如果继续采用浮选铁矿物,抑制石英的方案,则很难将含硅杂质矿物脱除干净,但如果采用阳离子捕收剂浮选少量的石英或硅酸盐矿物,不仅能有效脱除石英等杂质,而且还可以大幅度降低选矿成本。

④当需要活化某些矿物的浮选时,应优先考虑活化含量较少的矿物,这样做有利于提高分离的选择性。比如在锂辉石和绿柱石混合精矿的分离中,尽管绿柱石的可浮性略好于锂辉石,但由于混合精矿中绿柱石的含量很少,此时多采用硫化钠等活化绿柱石的浮选,达到锂铍浮选分离的目的。

⑤根据矿石中有用金属的价值高低,一般应考虑浮选价值较高的矿物,抑制价值较低的矿物。例如,铅锌硫化铁矿或铜锌硫化铁矿石,在浮选完价值相对较高的铜或铅矿物后,尾矿中有用矿物主要是闪锌矿和黄铁矿。闪锌矿和黄铁矿的天然可浮性相差不大,在生产实践中,则总是采用先浮选闪锌矿,后浮选黄铁矿的技术路线,主要是因为经铜离子活化后的闪锌矿,其可浮性会明显提高。闪锌矿的含量一般比黄铁矿含量低。此外,闪锌矿的价值也比黄铁矿高得多。

⑥应考虑浮选精矿质量要求高的矿物,抑制精矿质量要求低的矿物。如对含钼的铜矿石,由于辉钼矿和黄铜矿都具有很好的天然可浮性,所以采取铜钼混合

浮选得到铜钼混合精矿的技术方案。对铜钼混合精矿进一步地浮选分离，大多数选矿厂采用了抑铜浮钼的方案。其原因除了钼具有更高的价值，且钼的品位一般比铜低之外，对钼精矿品级很高的要求也是一个重要原因。如果采用浮铜抑钼的技术方案，则铜钼混合精矿中所夹杂的脉石矿物，全部进入到钼精矿中，导致钼精矿很难达到高品级的要求。

⑦当有多种可行的技术方案可供选择时，应该遵循先易后难，先简单后复杂的原则，以保证试验方案的技术经济可行性。例如对铜镍硫化矿石的浮选，既可以考虑采用优先浮铜抑镍的方案，也可以采用铜镍混合浮选而后分离的方案。最终选择何种方案还需要通过试验来确定，但优先方案对受到抑制的镍黄铁矿的活化是比较困难的，所以生产实践中多采用铜镍混合浮选再分离的方案。

（2）拟定浮选药剂

在拟定试验方案阶段，不可能详细确定出浮选的药剂制度，只能是在所确定的原则工艺流程基础上，参考已有的实践经验，初步选择可能的浮选药剂种类和大致的用量范围，包括捕收剂、起泡剂和调整剂（抑制剂、活化剂、pH 调整剂、分散剂、絮凝剂等）。由于浮选药剂之间存在相互影响，因此，在选择浮选药剂时，应考虑以下几个方面的问题。

①捕收与抑制之间的关系。在同一浮选体系中，捕收剂与抑制剂的作用经常是互相影响的。具体表现在捕收剂与抑制剂用量的多少，以及捕收和抑制的强弱上。当抑制剂用量过多时，捕收剂的用量往往也应该增多；捕收剂的用量增大，抑制剂的用量也要相应增加，这就是所谓的"强压和强拉"。同样，当使用抑制能力较弱的抑制剂时，则应选用捕收能力较弱的捕收剂进行分离，否则将会导致分离的困难。

②活化与抑制之间的关系。在同一浮选体系中，活化剂与抑制剂也是互相影响的。活化剂的作用是活化某种矿物，但同时也会对其他矿物产生作用，当活化剂用量增加时，往往会同时活化多种矿物。抑制剂与活化剂相似，用量少时，可以只对某种矿物产生抑制作用，但用量增加后，可同时抑制多种矿物。由此可见，在使用活化剂和抑制剂时，一定要注意药剂种类及用量问题。

此外，还有些浮选药剂在不同用量时可以产生不同的作用。如硫化钠在用量较少时，可活化有色金属氧化矿的浮选（如氧化铅锌矿石的硫化胺法浮选等），但当其用量过大后，反而又会抑制氧化矿铅锌的浮选。因此，许多生产实践中既有采用硫化钠作活化剂，也有采用其作抑制剂。

③捕收与起泡之间的关系。由于捕收剂与起泡剂均是有机化合物，因此它们之间的相互作用往往是不可忽视的。有些捕收剂兼有捕收和起泡的双重作用，如黑药类捕收剂（如丁基铵黑药等）就具有较强的起泡能力，阳离子胺类药剂也同样具有较强的起泡能力，因此，在选择这些捕收剂时，就应该注意起泡剂的种类和用量。

捕收剂和起泡剂之间还存在较强的交互作用。例如在其他条件不变时，捕收剂的用量一定，增加起泡剂的用量，由于泡沫强度和泡沫量的变化，就可以导致浮选泡沫产物的产率增加，但此时泡沫产率的增加一般是没有选择性的（即泡沫产品的质量下降）。某些时候，当对某种矿物的抑制不十分强烈时，往往由于起泡剂用量的稍微增加，就可能导致其上浮，可见起泡剂的增大，一般会导致浮选选择性的降低。

由此可见，针对所选择的不同捕收剂，如何选择恰当的起泡剂和合理使用起泡剂是非常关键的。起泡剂的作用主要是调泡，即通过起泡剂的使用，使浮选泡沫的尺寸大小、泡沫的强度、泡沫的丰度等都达到最佳，以期达到最佳的浮选选择性。

一般来说，若捕收剂具有一定起泡性能时，应选择起泡能力稍差的起泡剂或减少起泡剂用量。当某些捕收剂具有消泡作用，如煤油和柴油等中性油类捕收剂，此时可考虑选择起泡能力较强或适当增大起泡剂用量。

④矿浆分散与团聚之间的关系。矿石经磨矿和浮选药剂处理后，不同组成矿物的表面性质会发生变化，使矿浆呈现分散或团聚的状态，对浮选过程产生显著的影响。当矿浆处于良好的分散状态时，有利于捕收剂选择性地作用于目的有用矿物上，分选性大大提高。相反，如果矿浆处于团聚状态，则易于使脉石矿物产生夹杂，导致选择性下降。然而，矿浆中矿物的分散与团聚也必须掌握适度，分散不足，会导致脉石夹带，影响精矿质量。过度分散又有可能降低有用矿物的可浮性。

⑤药剂之间的化学交互作用。浮选药剂之间存在化学交互作用，如铜铅锌硫多金属矿浮选过程中，采用硫酸铜活化闪锌矿、石灰抑制黄铁矿、丁基黄药浮选闪锌矿时，这三种药剂之间就存在显著的化学交互作用，例如，当硫酸铜过量，会反应消耗丁基黄药，从而削弱对闪锌矿的捕收作用；当石灰过量，会反应消耗硫酸铜，导致闪锌矿活化不足。浮选药剂之间这些化学交互作用，在浮选过程中会经常遇到，应控制好药剂的添加地点、添加顺序和添加量，尽量降低化学交互作用的不良影响。

总之，应根据矿石中矿物的可浮性差异和拟采用的工艺原则流程，合理选择捕收剂、调整剂和起泡剂，以保证浮选过程的合理进行，浮选效率最佳。

（3）拟定工艺参数

确定了试验拟采用的原则工艺流程和浮选药剂之后，就要初步确定试验要重点研究的工艺参数。对浮选试验，主要应进行试验的工艺参数包括磨矿细度、矿浆 pH、矿浆温度、矿浆浓度、药剂制度（包括药剂的用量、添加方式和地点等）、浮选流程结构（包括作业浮选时间、浮选循环个数、各循环的粗精扫作业数、中矿的处理方法等）。初步确定浮选试验工艺参数时，应考虑以下几个方面。

①根据原矿工艺矿物学研究的结果（有用矿物和脉石矿物的嵌布粒度等），参

考类似矿石的生产实践，初步确定磨矿细度可能的大致范围，必要时，还应考虑不同磨矿方法(如棒磨、球磨等)的选择。

②根据矿石的物理化学性质，以及拟采用的浮选药剂类型，确定是否应进行矿浆 pH 和温度的调整，以及需要调整的大致范围。

③根据原矿中有价金属的含量，参考类似矿山生产经验，确定浮选药剂的大致用量范围。一般原矿品位高时，捕收剂用量可适当大些，原矿品位低时，则可适当低些。

值得注意的是，初步拟定的浮选工艺参数的准确与否，是直接关系到试验能否尽快达到预期目标的关键。初步拟定的工艺参数不合适，会使试验偏离预期方向，造成时间、人力和物力上的浪费，因此，值得在试验开始前认真研究和分析。

### 11.5.3.2 浮选条件试验

在已拟定的浮选试验方案基础上，准备浮选试验和开展浮选的条件试验。浮选条件试验的内容较多，主要包括细度试验、药剂制度试验(如矿浆 pH、抑制剂用量、活化剂用量、起泡剂用量等)、浮选时间试验、浓度试验、矿浆温度试验等。这里重点介绍磨矿细度、浮选药剂用量和浮选时间试验的基本方法。

(1)磨矿细度试验

实现选矿分离的前提条件就是要使矿石中的有用矿物彼此之间及与脉石矿物之间单体解离。因此，磨矿细度试验是所有试验中都不可忽视的重要内容。磨矿试验工作的好坏应从磨矿细度和磨矿产物的粒度组成两个重要指标来衡量。磨矿试验的基本步骤如下。

①绘制磨矿时间曲线。一般是先确定好球磨机的钢球配比和装球量(必要时还应进行钢球配比试验，以获得良好的磨矿粒度组成)，以及合适的磨矿浓度。然后取 3~4 份矿样，分别对这 3~4 个矿样进行不同时间的磨矿试验，对不同磨矿时间下的产物，一般用 0.074 mm 套筛进行湿式筛分，按筛分要求达到筛分终点后，将筛上产物烘干称重，用式(11-14)计算磨矿产物中 -0.074 mm 粒级的含量。

$$W_{-0.074\ mm} = \left(1 - \frac{G}{G_0}\right) \times 100\% \qquad (11-14)$$

式中：$G$ 为筛上物的干量，g；$G_0$ 为入磨矿石总重量，g。据此计算出磨矿产品中 -0.074 mm 级别的含量，以磨矿时间(min)为横坐标，磨矿细度(-0.074 mm 级别含量，%)为纵坐标，绘制关系磨矿细度-时间曲线。后续试验中须改变磨矿细度时，在磨矿条件不变的前提下，可直接从曲线中查出对应的磨矿细度和磨矿时间。

②磨矿细度试验。一般是确定粗选作业的浮选条件不变(包括药剂种类、用量、浮选时间及操作条件等)，分别取 3~4 份矿样，在浮选适宜的粒度范围内(参

阅第 4 章）分别对 3~4 个不同磨矿细度的磨矿产品进行浮选试验，对得到的浮选试验结果进行比较和分析，确定相对最佳的磨矿细度。此外，也可以采用正交试验法，将磨矿细度作为一个变量进行试验。

值得提出的是，对于硫化矿浮选试验，由于氧化还原气氛对矿物的可浮性影响较大，因此，在进行磨矿细度试验时，应尽可能保证浮选试验矿样性质的稳定。也就是说，最好磨出一个矿样后就立即进行试验，待完成后再进行下一个条件的试验，这样才可能保证矿石性质的稳定。

（2）浮选药剂用量试验

确定捕收剂用量是浮选试验的重要工作。一般试验中采用以下几种试验方法来选择捕收剂用量。

①在确定磨矿细度和其他条件不变的前提下，单一改变该捕收剂的用量（如 30 g/t、50 g/t、70 g/t 等），分别进行浮选试验，然后比较分析浮选试验结果，从中找出合适的捕收剂用量。

②在确定磨矿细度和其他条件不变的前提下，将某捕收剂在相同浮选时间间隔内，分批多次添加，并分批进行浮选。例如，先加一定量捕收剂，浮选一定时间，并刮出第一份泡沫产品，待泡沫矿化程度变弱后，再第二次加入捕收剂，第二次添加的量，可根据具体情况等于或少于第一次的用量，再浮选一定时间，刮出第二份泡沫产品，按此法依次类推，直到浮选达到或接近终点。

对每次浮选得到的浮选产品分别进行制样、称重和化学分析，单独计算每次浮选的回收率，并逐一进行累计，当累积到回收率和品位达到预期的指标时，此时的累积次数下的捕收剂合计量就是所需要的捕收剂用量。

③采用正交试验方法进行捕收剂用量试验。即将捕收剂作为一个因素，并确定相应的用量水平，然后按正交试验表设计的试验进行，请参阅《矿石可选性研究》一书，最后得出捕收剂的用量。

④对于混合使用捕收剂的情形，也可以采用正交试验方法，将拟混用的捕收剂作为实验因素，按正交试验来确定各捕收剂的用量。也可以将拟混用的捕收剂先确定几个比例不同的组，然后再分别对每个比例组进行浮选试验，最终再比较分析实验数据，得到合适的混用比例和用量。

其他浮选药剂（包括起泡剂和各种调整剂）的用量试验可以参照捕收剂用量试验进行。

（3）浮选时间试验

在条件试验中，首先要确定合适的粗选作业时间。在固定粗选作业药剂和其他条件时，在浮选试验过程中，按不同时间分批次接取浮选泡沫产品，并分别进行制样和化学分析，根据试验结果来确定合适的浮选时间。也就是对分批接取的泡沫产品进行回收率和品位分析，并逐次累计，当累积到粗精矿品位和回收率均达到要求时，则所对应的累积浮选时间就是粗选的浮选时间。

对粗精矿品位和回收率，应注意的是累计所得到的粗精矿品位不能过高，如果粗精矿品位过高（回收率势必较低），精选虽然容易达到精矿质量，但一般难以保证精矿回收率。相反，若粗精矿品位太低（回收率势必较高），由于粗精矿中杂质矿物较多，使精选作业难度增大，对提高精矿品位不利。这也是常说的，粗选作业的主要任务是既要保证合适的粗精矿品位，也要保证合适的回收率。

### 11.5.3.3 全流程浮选试验

全流程浮选试验主要包括全流程开路试验和闭路试验。通过全流程试验最终可以确定合适的流程结构。

（1）开路试验

在条件试验基础上，对所得到的浮选粗精矿产品进行精选试验，对粗选尾矿进行扫选试验，以确定精选和扫选作业次数和它们的浮选条件。一般，精选作业的主要任务是提高精矿品位，而扫选作业的主要任务是提高回收率。

①精选试验。在初步确定的条件下（包括空白试验，以及初步确定的其他药剂条件），对粗精矿产品进行多次精选，对每次试验得到的浮选产品均分别制样并分析品位，分析进行到哪一次精选就可以使精矿品位达到预期指标，则可以确定所需要的精选次数。各次精选时间合计为总的精选时间。

对各精选作业的合适药剂用量，仍可按捕收剂用量试验的方法进行确定。此外，为了使闭路试验的精矿能达到预期指标，一般在开路时得到的精矿品位应略高于预期品位，具体差值视不同矿石性质而定，这是因为在闭路试验中，由于中矿的分配，一般会使精矿量有所增加，势必其品位也会有所降低。

如果精矿品位一直难以达到预期指标，还有可能要考虑对粗精矿进行再磨，然后再进行精选的试验方案。

②扫选试验。同精选试验一样，对粗选的尾矿进行扫选试验，主要是在初步确定的浮选药剂条件下，对尾矿进行多次分批浮选试验，当某一次扫选试验得到的尾矿产品的品位降低到预期指标时，则可确定所需要的扫选次数，所累积总的浮选时间为总扫选时间。

同样可以按条件试验的方法，对扫选作业的药剂条件等进行试验，以期获得最佳的回收率。对最终尾矿品位，在开路条件下也应留有一定余地，即开路试验得到的尾矿品位应略低于预期的指标，也是因为闭路试验时中矿的分配会导致尾矿品位的升高。

如果尾矿品位一直难以降至预期品位，则同样有可能要考虑对尾矿进行再磨，然后再进行扫选的试验方案。

（2）闭路试验

闭路试验是在开路试验基础上进行的，其主要目的是进一步考查中矿返回的影响。闭路试验是在不连续的挂槽浮选机上模拟连续的浮选过程，即将前一套开路试验得到的各中矿，分别返回到下一套开路试验中相应的地点，此过程连续进行几次，直到原、精、尾矿达到质和量的平衡为止。

近来，由于微型连续浮选装置的出现，用人工分批试验法进行试验室浮选闭路试验有逐步被微型连续浮选试验所取代的趋势，但目前的使用情况表明，微型连续浮选装置由于矿浆量小的原因，流程波动大，难以稳定控制。

①闭路试验的任务。找出中矿返回方式和地点对浮选指标的影响；调整由于中矿循环所引起药剂用量的变化；考察中矿矿浆带来的矿泥，或可溶性物质的累积对浮选的影响；检查和校核所拟定的浮选工艺流程，确定可能达到的浮选指标等。

②拟定闭路试验方案。闭路试验是按照开路试验确定的流程和条件，平行地重复地做多套开路试验。将每次开路试验所得到的中间产品（精选尾矿、扫选精矿）仿照现场连续生产过程，给到下一开路试验的相应作业中，直至试验的原、精、尾矿达到质和量的平衡为止。由此可见，闭路试验是一个复杂的试验过程，为使闭路试验顺利进行，试验前应拟订好闭路试验方案，这里以最简单的一粗、一精、一扫闭路流程为例加以介绍（见图 11-12）。

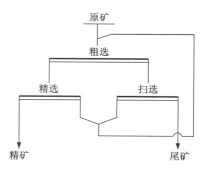

图 11-12　示例浮选闭路流程

对图 11-12 所示的浮选闭路流程，由于结构较为简单，中矿数量少，易于实现流程的平衡，因此，初步拟订连续进行 5 套开路试验（不同流程试验进行的试验套数不同）。除第 1 套试验外，其他试验均有中矿返回，势必会向流程中带入一定的药剂量，因此，从第 2 套试验开始应逐步适当减少各作业的药剂用量，减少的依据是中矿量的增加速度，如果中矿量增加速度快，则相应药剂减少幅度要大，反之，则减少幅度小。估计在第 4 套试验达到平衡，然后再平行进行第 5 套试验，因此，第 4 和第 5 套试验的药剂用量应十分接近或相同。这样得到的闭路试验方案如图 11-13 所示。

③进行闭路试验。闭路试验进行前，应准备好多份试验矿样，并根据开路试验确定的浮选条件，准备充足的浮选药剂。为保证试验速度，一般根据需要多准备几台浮选机，并多安排几个人分工完成相应作业（或循环）的试验。

一般情况下，闭路试验要连续进行多套开路试验，为了尽快大致判断试验过程是否达到平衡，可考虑将每次开路试验的最终精矿和尾矿产品过滤（最好是烘干），然后对滤饼进行称重，如果精矿加尾矿的重量接近原矿重量，则预示着试验

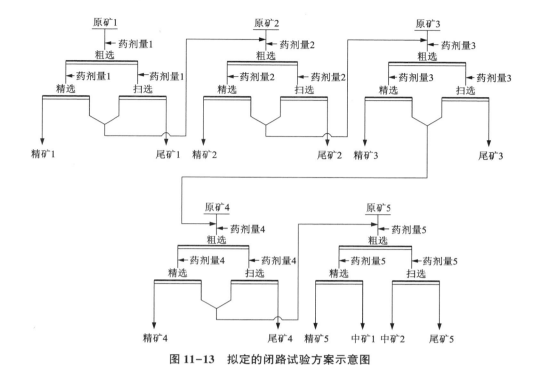

图 11-13　拟定的闭路试验方案示意图

可能达到平衡，当然，如果能进行产品的快速化验就更好。

判断闭路试验是否达到平衡，其标志是最后几套(一般取 2 套)试验的浮选产品的金属量和产率是否大致相等，并与原矿达到质和量的平衡。

④闭路试验应注意的问题。闭路试验过程，由于中矿的返回，会带来许多意料不到的问题，归纳起来有以下几个方面。

a. 如果试验过程中，中间产品的产率一直增加，达不到平衡，则表明中矿没有得到分选。有时中矿量没有明显增加，化学分析结果表明，随试验的依次往下进行，精矿品位不断下降，尾矿品位不断上升，一直稳定不下来，也说明中矿没有得到分选。此时应查明中矿没有得到分选的原因。一般可能是中矿连生体较多，就应考虑对中矿进行再磨，然后，对再磨产品单独进行浮选试验，判断中矿是否能返回原浮选循环，或者是单独处理。如果中矿分选不好是其他方面的原因，则要对中矿单独进行研究后才能确定相应的处理方法。

b. 随着中间产品的返回，某些药剂用量也要相应地减少，这些药剂可能包括烃类非极性捕收剂、黑药和脂肪酸类等兼有起泡性质的捕收剂及起泡剂。

c. 中间产品会带进大量的水，因而在试验过程中要特别注意控制冲洗水和补加水,避免发生浮选槽装不下的情况。实在不得已时,待矿浆沉淀后,抽出清水,并留作冲洗水或补加水用。

d. 闭路试验的复杂性和产品的长时间存放,都会对试验造成影响。因此,要求把试验停顿时间控制到最低限度。做好试验计划,规定操作程序,并严格遵照执行。试验过程中,为避免把浮选产品弄错,应画出整个试验流程,并标出每个产品的号码和标签,该工作在拟定闭路试验方案时完成。

e. 要将整个闭路试验在一个单元时间内连续做到底,避免中间停歇,使产品搁置太久。为有效掌握和控制中矿量,最好是采用容积较大的锥形量筒截取各产品,便于观察和估计中矿量。

f. 闭路试验一定要保证有两套以上平衡的试验结果,然后再计算加权平均指标,作为闭路试验的指标。所有中矿产品也应分别过滤、烘干、称重(如图 11-13 中的中矿 1 和中矿 2),并进行化学分析,其数据用于浮选数质量流程的计算。

### 11.5.3.4 浮选试验的操作要点

浮选试验一般由磨矿、加药、调浆、浮选(刮泡)和产品处理等操作工序组成,正确熟练地掌握这些工序的操作技术,才能使试验正常进行并保证试验结果的准确性。

①磨矿。先将磨矿机空转几分钟,并使磨机及钢球(棒)清洗干净。然后,盖好磨机前端盖,先加入所需磨矿用水的一部分,检查磨机是否漏水,若漏水则说明前端盖没有盖好,应重新处理至不漏水为止。之后,加入矿样和应在磨矿中加入的药剂,再把剩下的另一部分水全部加入,盖好后端盖。磨矿过程中,要注意磨矿机的转速和声音是否正常,以判断球或棒在磨机内是否正常运动,同时要准确控制磨矿时间。

倒出矿浆时,要在接矿容器上放好隔粗筛(一般不需要)。用细而急的水流冲洗磨机内壁和底部,将矿浆冲入接矿容器中,为了清洗干净,可在冲水过程中,间断地启动磨矿机,直至磨机内清洗干净为止。清洗磨机矿浆时,必须注意水量不能过多,以免导致浮选槽装不下,尤其是在磨矿中添加了浮选药剂的情况。如果实在水过量,可在澄清后用吸耳球或虹吸管抽出清水作为浮选时的补加水。磨矿结束后,将磨机内注满水,盖好端盖以备再用。

②浮选药剂配制与添加。浮选试验前,应配制好所有浮选药剂。配制时以药剂添加量计算的方便和药剂性质为依据确定药剂浓度,一般采用 g/mL 作为药剂的浓度单位,如 5% 的黄药,就表示 100 mL 中溶有 5 g 黄药。

水溶液药剂的添加可用移液管、量筒或量杯等。非水溶性药剂,如 2#油、油酸等,则采用注射器直接滴加,但要预先测定每滴药剂的实际重量。其方法是在一小烧杯(质量已知)内滴数十滴该药剂,称出其质量后再除以滴数得到每滴药剂的重量。

药剂的使用还要注意有效期，一般大部分无机盐类药剂的溶液使用时间可长些，但硫酸铜等药剂的溶液不宜长期使用，因其会吸收空气中的二氧化碳而影响效果。此外，黄药类药剂的水溶液只能当天配制当天使用。还有某些大分子药剂，一般应在试验前一天配制好，便于其长链的伸展，但因水解原因，也不宜长期使用。具体情况请依据药剂性质来决定。

③搅拌调浆。调浆是在加入浮选药剂之后，充气浮选之前进行的搅拌，其目的是使药剂均匀分散于矿浆中，并使矿物颗粒与浮选药剂产生有效作用，为浮选创造有利环境。

④浮选与刮泡。调浆完成后，向浮选机中充入适量的空气，在搅拌作用下产生适合浮选的气泡，使矿粒与气泡达到有效的接触，最终形成矿化泡沫层。

根据观察泡沫大小、颜色、虚实、韧脆等外观现象，通过调整起泡剂用量、充气量、矿浆液面高低和刮泡速度等，可控制泡沫的质量和刮出量。充气量靠控制阀开启的大小和浮选机转速高低进行调整。充气量一旦确定后，就应固定不变，以免影响试验的可比性。

实验室浮选机泡沫层厚度一般控制在 25~50 mm，矿浆不能自行从浮选槽溢出。由于泡沫的不断刮出，矿浆液面会下降，要保证泡沫的连续刮出，应向浮选槽中不断补加水。如矿浆 pH 对浮选影响不大，可以补加自来水。否则，应事先配成与矿浆 pH 相等的补加水。黏附在浮选槽壁上的泡沫，必须经常把它冲洗入槽内。浮选结束后，倒出槽内尾矿，并将浮选机清洗干净。

⑤产品处理。浮选试验的产品一般应进行过滤、烘干、称量、制样、取样和化学分析。过滤时，要注意不能漏矿，或因滤纸破裂而被抽走，从而影响试验结果的准确性。若产品很细或含泥多，可加适当凝聚剂(如明矾等)以加速沉降。在烘干硫化矿样品时，温度要控制在 100 ℃以下，防止因氧化使产品的品位发生变化。样品烘干时要严禁出现烧样情况的发生，样品的制备同前所述。

⑥试验记录。整个试验期间，对所有试验条件、现象、数据及分析结果等要求进行详细记录，以便进行试验分析和日后试验报告的编写。

## 11.5.4 磁选试验

### 11.5.4.1 磁选试验方案拟定

磁选工艺试验方案的拟定相对较简单，主要是依据矿石中有用矿物的比磁化系数的大小(参见第 5 章)及其嵌布粒度大小进行方案拟定。

一般来说，有用矿物的比磁化系数较大，表现出的磁性较强，可考虑采用弱磁场进行分选。当有用矿物的比磁化系数较小时，其磁性较弱，则应采用强磁场或高梯度磁场进行分选。当有用矿物的比磁化系数为中等时，则可采用中等磁场进行分选。在此基础上，如果有用矿物的嵌布粒度属粗粒，则可考虑采用干式磁选方法分选。若有用矿物嵌布粒度细，则须采用湿式磁选方法进行分选。如果矿石为粗细粒不均嵌布，则可能采用干、湿联合磁选流程。

此外，在磁选试验方案的拟订过程中，还应考虑脉石矿物的类型。如果矿石中黏土矿物含量高，则矿石易泥化，因而，拟订试验方案时，可考虑采用预选脱泥，或采用强化矿浆分散等工艺方法，以改善磁选分离的环境。

### 11.5.4.2 磁选条件试验

一般在拟订试验方案基础上，先选择试验应采用的磁选设备，然后再针对试验用磁选机，进行必要的条件试验。

所选磁选试验设备的不同，条件试验也略有差别，但主要包括给矿粒度、浓度、给矿速度、磁场强度、矿浆分散及与磁选机相关的工艺条件等。试验中，对这些条件顺序地进行试验，直到得出较满意的试验结果为止。具体进行条件试验的方法与浮选条件试验基本相似，只是内容有所不同，可参照进行。

### 11.5.4.3 全流程试验

磁选全流程试验目的也是确定合理的选别段数，各段的磨矿细度，精、扫选次数和各作业应采用的磁选设备等。磁选流程试验在条件试验基础上，对流程内部结构进行进一步的试验。

①传统的磁选流程大多是采用两段选别，因为矿石多为条带状构造，有用矿物嵌布粒度细，应该在粗磨条件下丢弃部分尾矿，减轻第2段磨矿的负荷。粗精矿再磨再选。随着对高炉要炼精料的要求，须增加选别段数，采用3段或多段选别，还可考虑增设磁选精矿反浮选作业。也可应用细筛和磨矿组成再磨系统，筛上产品送去再磨，筛下产品送去多段磁选。生产实践表明，细筛是降低精矿中含硅量，提高生产能力的有效方法之一。

②精选次数。对单一铁矿石而言，一般没有必要多次精选，因而不一定进行精选次数的对比试验。对于含有其他伴生有用成分的铁矿石，多次精选有可能改善精矿质量，但是会显著损失回收率。

③磁力脱水槽的应用。一般设在一段和两段磨矿后作为分选设备，排除部分细粒尾矿和矿泥；设在磁选机后起浓缩和提高精矿品位的作用，但均须通过试验才能确定。若分离伴生重矿物(如钛铁矿)，则不起作用。

④中矿处理。对于细粒和微粒嵌布磁铁矿和赤铁矿，以及伴生多种金属的混合型铁矿石的选别流程问题，一般采用多种方法(磁选、重选、浮选等)组合的联合流程处理。

⑤在试验中须进行多种流程方案对比(一般在选别前须增加脱泥作业，对于磁铁矿赤或赤磁铁矿混合矿石，必须事先用弱磁场磁选机选别)，选择较优方案为设计提供依据。

由此可见，磁选流程试验与磁选设备的选择密切相关，其他流程结构的试验则仍可参照浮选流程试验进行。

## 11.5.5　重选试验

### 11.5.5.1　重选试验方案拟定

重选试验最主要的任务就是选择和确定选别流程。重选试验流程,通常是根据矿石性质,并参照同类矿石的生产实践确定。但试验流程要比生产流程灵活,应考虑到对某些不确定因素进行考察的可能性。

(1)矿石的泥化程度和可洗性

含泥高而通过洗矿可以碎散的矿石,均应首先进行洗矿。根据对矿泥中金属分布率的研究即可初步确定洗出的矿泥是可以废弃还是应该送去选别。某些氧化锰矿、褐铁矿和铝土矿,有用成分富集在非泥质部分,通过洗矿就有可能得到较富的粗精矿甚至合格精矿。

一般泥质矿石通过洗矿脱泥可改善块矿的破碎、磨矿和选别条件,并避免有用矿物颗粒的过粉碎,减少泥矿中的金属流失率。因而"洗矿入磨"加"泥砂分选"是我国重选生产实践的基本经验之一。

矿石的可选性不仅与矿石中泥质部分的含量有关,而且在更大程度上取决于矿石中所含这些黏土物质的性质,包括塑性、膨胀性和渗透性。在拟定试验方案时就应仔细考虑这些问题。

(2)矿石的贫化率

为降低选矿成本,提高现场生产能力,对于开采贫化率高的矿石,通常应首先采用重介质选矿、光电选和手选等选矿方法进行预选(预先富集),以丢弃开采时混入的围岩和夹石。用重介质选矿法预选丢弃的废石量一般应不少于20%,废石品位应显著低于总尾矿的品位,否则经济上不一定合算。

(3)矿石的粒度组成及各粒级金属分布率

矿石的粒度组成和各粒级金属分布率对砂矿床具有重要的意义,因大部分砂矿中,有用矿物主要集中在各个中间粒度的级别中。粗粒和细泥,特别是大块砾石中有用成分的含量则很低,因而一般都可利用洗矿加筛分的方法隔除废石。

(4)有用矿物嵌布特性

有用矿物嵌布特性决定着选矿的流程结构,包括入选粒度、选别段数,以及中矿处理方法等一系列基本问题。

由于重选效率随物料粒度的变小而明显降低,因而对于粗细不等粒嵌布矿石,一般均应按照"能收早收""能丢早丢"的原则,采用阶段选别流程。在决定选别段数的时候还必须考虑经济原则。若有用矿物价值高,且易泥化,或选矿厂规模较大,即可采用较多的选别段数;对于贱金属或小厂,则应采用较简单的流程。

一般来说，第一段的选别粒度，即入选粒度，应保证该选别段回收的金属不少于20%，或丢弃的尾矿产率不少于20%。

(5)矿石中共生重矿物的性质、含量及其与主要有用矿物的嵌镶关系

有用矿物与脉石的密度差一般足够大时，用重选法比较容易分离。当含有共生重矿物时，共生重矿物间的密度差却往往很小，在重选过程中很难使它们彻底分离，而只能共同回收到重选粗精矿(毛精矿)中，下一步再采用磁、电、浮及化学处理等联合方法进行分离和回收。

共生重矿物间的相互嵌镶关系，则决定着中矿的处理方法。有时候由于重矿物相互致密共生，在选别过程中将不可避免地产出一部分主要由共生重矿物连生体组成的所谓"难选中矿"，无法用普通的物理选矿方法选别，只能直接送冶炼厂处理。

### 11.5.5.2 重选流程试验

不同矿石的重选流程试验均具有相似的过程和方法，这里以钨锡原生脉矿重选流程试验为例进行介绍。

通过原矿单体解离度测定得知，当矿石破碎至20 mm时，20~12 mm粒级中的单体解离度小于10%，12~6 mm粒级则可达10%~30%，0.5~0.3 mm粒级则可达90%以上。由此可初步确定入选粒度为12 mm，最终破碎粒度为0.5 mm。考虑到钨、锡矿物价值高，性脆易泥化，决定采用多段选别流程，第一段破碎到12 mm入选，第二段棒磨到2 mm，第三段球磨到0.5 mm。则可拟订出如图11-14所示的试验流程。

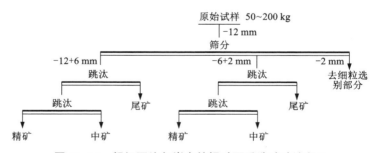

**图11-14　粗细不均匀嵌布钨锡矿石重选试验流程1**

接下来的试验中应进一步确定所选入选粒度是否合理，以及考查在什么粒度下可以开始实现丢尾矿。如果试验表明，从-12 mm起，各个粒级都可得到足够数量的精矿，则表明所选入选粒度基本上是正确的，必要时还可对更粗的试样进行试验，探索提高入选粒度的可能性。若试验证明入选粒度可以提高，则应更换试样进行下一步的试验。

若试验表明,从-6 mm 开始才能得出合格精矿,则应将-12+6 mm 粒级的精、中、尾矿合并,破碎到-6 mm 后再并入到原有的-6 mm 试样中,进行下一步试验。也可从原矿中另外缩取一份试样,破碎到-6 mm 后重新进行试验。

在已做过矿石嵌布特性研究和单体解离度测定的情况下,实际入选粒度与估计值不会相差很大。确定了什么粒度下可以得到精矿后,即应转入考查丢尾的粒度。

若试样未经过预选,而-12+6 mm 粒级的跳汰已可得出产率相当大的废弃尾矿,即应从原矿中另外缩取一份-25(50)mm 的试样,进行重介质选矿或跳汰试验,以考察该试样采用重介质选矿预选丢尾的可能性。在一般的情况下,粗粒级用重介质选矿丢尾的效果应比跳汰好。不论是哪一个粒级跳汰,若得不出废弃尾矿,中矿和尾矿即应合并作为"跳汰尾矿"送下一段选别。若可以丢出废弃尾矿,即可仅将中矿送下段选别。由此可以得到下一阶段的试验流程,如图 11-15 所示。

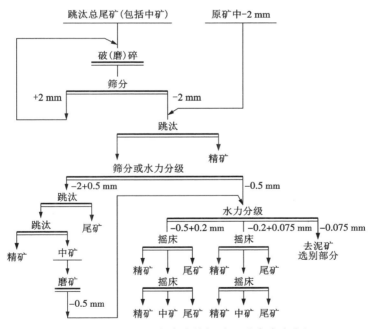

**图 11-15　粗细不均匀嵌布钨锡矿石重选试验流程 2**

此阶段试验的主要任务是:①若+2 mm 各粒级均未能丢出可废弃的尾矿,则此阶段试验应继续探索丢尾的起始粒度;②确定最终破碎磨碎粒度;③对于-2+0.5 mm 粒级的物料,有时还要对比用跳汰选和摇床选的效果,以确定该粒级究竟应采用什么设备进行选别。

为了检查-2+0.5 mm 粒级的尾矿能否废弃，可以采用以下几个办法：①与同类矿石的现场生产指标对比；②显微镜下检查尾矿中连生体的数量和性质；③从尾矿中缩分出 2~5 kg 试样，磨到小于 0.5 mm，然后用摇床检查，看还能否再回收一部分单体有用矿物，如果能够，即表明该尾矿不能废弃，而应再磨再选。试样量少时，可用重液分离代替摇床检查；④必要时可采用图 11-16 所示分支流程进行对比试验，即一半试样按-2 mm 丢尾流程，另一半试样按-2 mm 不丢尾的流程试验。

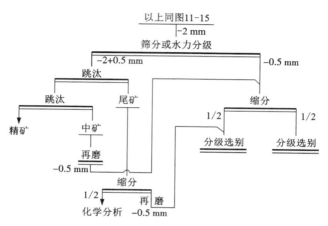

**图 11-16  分支试验流程( 考查丢尾粒度)**

若较粗的粒级已能丢尾，即不必对更细粒级的尾矿进行检查，否则即应依次检查下一个较细的粒级。

为了考查最终磨矿细度是否足够，需要对-0.5+0.2 mm 粒级的摇床中矿进行检查。可首先用显微镜检查其中连生体的含量和性质，若中矿中金属的分布率已不高，连生体也不多，则表明磨矿细度已足够；若中矿中金属分布率较高，直接再选不能回收更多的单体有用矿物，则应进行再磨再选试验( 即降低最终磨矿细度)；若再磨再选也不能回收更多的单体有用矿物，就应对中矿进行详细的物质组成研究，查明其原因。

为了判断-2+0.5 mm 粒级的物料究竟应采用跳汰选还是摇床选，也可采用分支流程，即将该级试样缩分为两份，分别用跳汰机和摇床选别，对比其结果。

入选粒度、最终磨矿粒度，以及中矿处理方法确定以后，流程的基本结构也就确定了。接下来的问题就是矿泥处理的问题。

-0.074 mm 的矿泥，可用旋流器分级；+0.038 mm 粒级的粗泥，可直接用刻槽摇床选别;-0.038 mm 粒级部分,一般采用离心选矿机粗选,皮带溜槽精选的流程。矿泥粒度分布偏重较粗级别时,也可(分级或不分级)采用自动溜槽或普通平面溜槽粗选、刻槽摇床精选的流程。

流程探索性试验结束后,应再取较多数量的试样,按所确定的流程进行正式试验,以取得正式的选别指标,并产出足够的供下一步试验用的重选粗精矿。

某钨锡石英脉矿石粗选试验流程,即为正式试验流程的一个实例。试样入选粒度为 12 mm,最终破碎粒度为 0.5 mm,开始丢尾粒度为 6 mm,分主段 12 mm、2 mm、0.5 mm)选别,另跳汰尾矿是单独处理的,没有同原矿中的细粒合并。即采用了典型的"阶段磨矿、分级处理、贫富分选"的流程。

需要说明的是,关于是否需要贫富分选的问题,目前尚有不同看法,至少对于小厂,可不采用贫富分选流程。

## 11.5.6 扩大连续试验

扩大连续试验应在试验室试验基础上,模拟工业连续生产过程,着重考查和验证试验室试验确定的工艺流程和工艺条件的正确性和稳定性。

由于连续试验中,各种中矿产品的返回,这些中矿将在流程的连续运行中,逐步分配到最终精矿和尾矿产品中。同时,中矿产品的分配是一个较长的过程,不可能在短时间内反映出对最终指标的影响。因此,试验室闭路试验不能代替扩大连续试验。扩大连续试验的过程连续,试验规模较大,试验结果也较接近工业生产指标,一般情况下两者的回收率仅相差 1%~2%。扩大连续试验一般包括以下基本程序。

①试样的采集与加工。扩大连续试验试样应具有很好的代表性,对有色金属矿山而言,至少应代表选矿厂最初 3~5 a 生产所处理的矿石。一般试验矿样量应达到 20~30 t,所采取的矿样最大粒度一般应控制在 200 mm 以内。试验前,从原矿中挑选出用于矿石性质和工艺矿物学研究的试样后,将其他矿样破碎至 3~5 mm,并充分混匀后装袋保存,供试验使用。

对扩大连续试验的样品的采集,一般应编制采样设计,并严格按照采样设计的要求进行采样施工和样品的加工。大多数情况下,扩大连续试验用的矿样与试验室试验的矿样同一批采取,避免矿样差异导致工艺流程和工艺条件变化,从而影响扩大试验的顺利进行。

②矿石性质研究。若扩大连续试验的矿样与试验室小型试验矿样相同,则不必重复小型试验中矿物工艺学研究的内容,只需要进行原矿光谱分析、化学分析和物相分析。但是,如果试验样品不同,则应按照要求全面进行矿石工艺矿物学的研究。

③拟订扩大连续试验计划。扩大连续试验的计划一般包括:试验样品概述;

小型试验简介；拟采用的扩大试验工艺流程、工艺参数和工艺指标；流程取样与加工；试验设备选择计算与配置；试验耗材、工具预算等。编制依据是试样的矿石性质、原有试验室小型试验提出的工艺流程、工艺参数和工艺指标。

如果矿样与原试验室小型试验不一致，在进行扩大连续试验之前，在参考原试验室小型试验的基础上，对拟试验矿样进行试验室小型验证试验，对原试验室小型试验提出的工艺流程和参数进行必要调整，并以此作为进行扩大连续试验的依据。

④准备试验设备等。根据原试验室小型试验结果和拟进行的扩大连续试验的规模，计算和选择所需要的工艺设备(包括设备规格和数量)。并对拟采用的工艺设备进行全面检修，同时，准备好各种试验所需耗材、工具、配件和药剂等。根据拟试验的工艺流程和所选择的工艺设备，进行试验流程配置。为便于对流程结构的考查，各作业之间的连接多采用砂泵来实现。图11-17是某铝土矿反浮选脱硅扩大连续试验设备联系图，图中虚线部分是考虑中矿返回的不同地点。

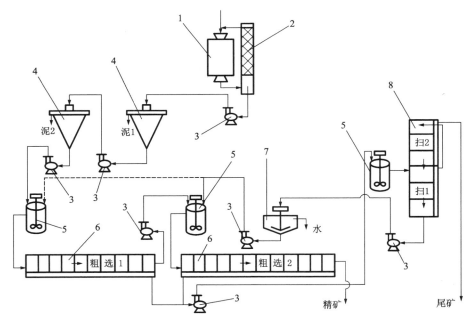

1—450 mm×450 mm 格子型球磨机；2—φ150 mm 螺旋分级机；
3—1/2 砂泵(7台)；4—φ1000 mm 脱泥斗(2)；5—30 L 搅拌槽(3)；
6—12 L 浮选槽(22)；7—φ900 mm 浓缩机；8—24 L 浮选槽(6)。

**图11-17 某铝土矿反浮选脱硅扩大连续试验设备联系图**

⑤调试试验。试验室扩大连续试验在进行设备连接时，必须使设备间的连接、操作和流程的内部结构都有调整的灵活性。扩大连续试验中，一般需要进行调整的内容包括磨矿的浓细度、药剂用量和添加地点、中矿返回地点和循环量大小、浮选时间，等等。

在完成设备连接后，可以进行调试试验，其目的主要是检查流程是否畅通，对须调整的各种参数进行调整。

一般在调试试验期间，会出现许多意料不到的问题，包括设备故障、流程不畅通、流程需要重新调整等。对这些问题应逐一加以解决和完善。待流程运转正常后，还应进行工艺参数的调整，并进行全流程的试运行，只有试验结果已接近或达到试验室小型试验指标后，才能进行正式的连续运转试验。

⑥连续运转试验。在调试试验阶段所确定的所有工艺条件基础上，进行正式连续运转试验，一般连续运转试验的时间应在 3 d 以上(通常取满 9~15 个生产班的试验指标)。连续运转试验期间，要求详细记录所有试验数据。

连续运转试验期间，确实由于停电、停水或设备故障，导致开车时间不足6 h 的生产班，可以不参加指标的累计，这是通常所说的异常班次。连续运转试验期间，应选择不同班次进行 1~2 次全流程考查，为计算数质量及矿浆流程提供可靠的数据。

连续运转试验期间须进行的检测内容包括：原矿量和粒度组成、各粒级品位、原矿水分；磨矿和分级机溢流的细度和浓度；矿浆 pH 和温度；各产品的浓度、品位及重要产品的粒度分析；精矿量、化学组成和粒度分析；精矿和尾矿矿浆样的沉降性能。

⑦取样和检测。扩大连续试验过程中，应严格制定检测和取样等的操作规程。试验取样分为当班检查样和流程考查试样。当班检查样，一般只取原、精、尾，每 15 min 或 30 min 取一次样，条件允许时，试样 2 h 可合并化验一次，做快速分析。一般取样时，接班 1 h 后开始取样，至下班前 1 h，共取样 6 h。交接班之间的取样间隔时间，一般是留给操作人员对流程进行微调的。

由于扩大连续试验矿量小，难于采用机械自动取样，因而，取样工作由指定人员完成。取样一般在固定时间间隔和固定的截取时间(一般 3~10 s)下截取。为避免取样对操作的影响，取样量不能太大，并应按从后往前的顺序取样。最好是统一指挥，多人分段同时取样。

## 11.5.7　半工业和工业试验

(1)半工业试验

半工业试验是在与工业设备规格相似的连续试验设备上进行的。其试验过程更接近于生产实践。一般只有在矿石性质特别复杂，选矿厂规模很大或采用了新的工艺方法和流程时，才要求进行半工业试验。

半工业试验一般是在专门设计建造的试验厂内进行的。试验流程和工艺参数均在试验室扩大连续试验结果基础上确定。验证扩大连续试验的流程方案和技术经济指标的稳定性和可靠性，进一步暴露各种技术问题，改进和完善工艺流程和工艺参数，为选矿厂设计提供可靠的资料。

半工业试验的要求和程序与扩大连续试验基本相同，所拟定的试验流程为适应试验研究的需要应是可变的，设备配置要具有一定的灵活性。试验同样包括调整试验阶段和连续运转试验阶段。调整试验阶段包括单机考查、局部作业或循环考查和全流程考查。调整试验阶段的目标后将全流程调整到扩大连续试验的指标，为进行连续运转试验奠定基础。一般连续运转的时间应达到 7 d 以上（通常取满 21~30 个连续生产班的试验指标）。

（2）工业试验

工业试验一般是在选矿厂中或选取选矿厂的某个系统中进行的试验。工业试验一般在下列情况进行：①进行大、中型规模选矿厂的设计；②所处理矿石性质特别复杂难选，又无类似大、中型选矿厂的生产经验做参考；③试验样品的采集、加工和运输方便；④现场用于试验的设备齐全，不需要大规模调整或更新；⑤在生产中的选矿厂，为解决生产过程中所产生的新技术问题，总结和推广各项先进经验、试验新药剂、新设备、新工艺等，以便不断地提高各项技术经济指标，也要进行工业试验。工业试验的内容主要包括以下几个方面。

①试验准备。工业试验准备阶段的主要任务是工业试验矿样的采集、试验流程及设备的调整和工业试验大纲的拟订。

为新建选矿厂进行工业试验，试样的采取地点必须根据未来生产的合理布局和已有的勘探、开采坑道而定。对有色金属矿山，试样应代表选矿厂最初 3~5 a 的生产矿石。工业试验所要的试样量大、粒度粗，要保证试样的代表性和均匀性，必须仔细配矿。所配矿样的主要成分必须符合采样设计要求。整个试验期间所用试样应尽量保持一致。

对生产中的选矿厂，进行各项革新的工业试验，其试样也应保持矿石性质的稳定，以保证试验数据的可比性。

根据工业试验大纲拟订的试验流程、试验条件和指标，按现场设备规格进行计算，确定设备数量。若现场缺乏部分所需要的设备，应进行添置或扩建安装。调整好各作业和设备之间的负荷，检修好按试验流程和条件所需要的设备和矿浆管道，应注意流程和设备配置的灵活性，以便根据试验情况及时调整。同时应为试验过程中的各种取样创造条件。

工业试验大纲一般应包括：试验目的的介绍；试验样品描述；试验流程介绍；工艺设备选择、核算与配置；试验药剂用量、配制、添加及加药管线布置；试验取样流程与制样规程；试验的具体内容(介绍各种拟进行的试验条件)；试验的考核目标与考核办法；试验工作的进度安排；试验的组织与管理等。

②正式试验。待试验流程和设备调整好以后，即可按试验条件进行正式试验，其试验方法和日常生产相同，按一定时间间隔进行取样，并记录过程中出现的各种现象和数据。根据取样进行化学分析，计算试验结果，最终检验和确定所选择的工艺流程和工艺条件。

通过工业试验还可掌握某些设备的工作特性、最适宜的工作条件和存在的问题；确定其他经济技术指标，如水、电、材料消耗等。

工业试验的时间不能太短，一般应进行 15~20 d，某些试验要求进行 30 d。

# 11.6 试验数据处理与报告编写

## 11.6.1 试验数据的处理

试验完成后，对所得到的原始试验数据，应进行必要的计算和处理，以获得对各种试验条件变化规律的正确分析，从而准确地找到试验的最佳条件。选矿试验的结果通常可以通过系列的指标计算、列表和作图等方法进行处理。

(1)试验结果精度的确定

在处理试验数据时，首先应该确定各种计算指标应达到的精度。单项测试结果的精确度，通常取决于测试仪表本身的精度。选矿试验结果的精确度是由试验的各部分误差的综合反映。从原矿样的采集、制备、缩分和称重，到试验产品的称量、制样和化验分析等每个环节都有误差存在，此外，试验操作因素的波动，也会影响试验结果的精度。因此，选矿工艺试验结果的精确度，不仅不可能根据测试仪表或器具的精确度定量推断，也不可能利用误差传递理论间接地推算。

选矿工艺试验结果的精确度，主要通过重复试验来测定。通常用多次重复试验的平均值作为该结果的期望值，而用标准误差度量它的精确度。例如，试验室小型试验，在找到了最优选矿方案和工艺条件之后，往复地进行几次小型闭路试验或综合流程试验，作为提出最终指标的依据。

(2)试验结果的计算

由于试验室小型试验的所有试验产品的重量均可直接计量，因此，其主要选矿指标的计算如下。

①将某一个单元试验得到所有产品进行称重，得到每个产品的重量 $G_i$，然后将各产品的重量累加得到本单元试验的总矿量 $\sum G_i$。一般要求试验后得到的总矿样重量与试验前总矿样重量之间误差在 1% 左右。即如果试验前为 500 g，则试验

后总矿样重量应在 495 g 以上。然后，按式(11-15)计算所有产品的产率。

$$\gamma_i = \frac{G_i}{\sum G_i} \times 100\% \qquad (11-15)$$

一般对于尾矿产品的产率，可采用 100 减去其他所有产品产率之和得到。因为计算结果的小数取舍问题，有时会导致所有产品的产率之和不等于 100。

②计算完产品产率后，利用各产品产率 $\gamma_i$ 与所得到的元素分析结果 $\beta_i$ 相乘，得到该元素在该产品中的相对金属量 $\gamma_i \times \beta_i$。然后再将单元试验中，所有产品中同一元素的相对金属量相加，得到计算的相对原矿金属量。

将相对原矿金属量除以 100 就是原矿中该元素的品位。一般根据这个计算数据，可以初步判断单元试验的金属量是否平衡(与原矿品位分析结果对照)，如果存在较大偏差，还应查找试验或化学分析过程中的原因等。

③根据计算的相对金属量，可用式(11-16)计算各产品中某元素的回收率。

$$\varepsilon_i = \frac{\gamma_i \beta_i}{\sum \gamma_i \beta_i} \times 100\% \qquad (11-16)$$

同样，一般对尾矿产品中的回收率计算，也应采用 100 减去其他所有产品中对应元素的回收率之和得到，避免出现因小数取舍问题导致所有产品的回收率之和不等于 100 的情况。

对于试验室小型闭路试验，除上述指标计算外，对最终平行的几套闭路试验指标，应采用加权方法计算指标，即先将参与指标计算的各套平衡试验的对应产品矿量 $G_i$ 及绝对金属量 $G_i \times \beta_i$ 分别相加，得到参与指标计算所有试验中该产品的总矿量 $\sum G_i$ 和总金属量 $\sum (G_i \times \beta_i)$，并依次计算其他所有产品。待计算完后，再将所有产品的 $\sum G_i$ 累加得到总矿量 $\sum G$，累加各产品金属量 $\sum (G_i \times \beta_i)$ 得到总金属量 $\sum G \times \beta_i$。然后，根据以下式(11-17)、式(11-18)、式(11-19)计算所有产品的加权平均指标。

$$\gamma_i' = \frac{\sum G_i}{\sum G} \times 100\% \qquad (11-17)$$

$$\beta_i' = \frac{\sum (G_i \times \beta_i)}{\sum G_i} \times 100\% \qquad (11-18)$$

$$\varepsilon_i' = \frac{\sum (G_i \times \beta_i)}{\sum (G \times \beta_i)} \times 100\% \qquad (11-19)$$

扩大连续试验、半工业试验和工业试验，除了要计算磨机生产能力等指标外，其他指标计算与试验室小型闭路试验类似，所不同的是产品产率的计算不同。在这些试验过程中，各产物的重量不可能直接得到，因此各产物的产率指标应根据下面的物料平衡方程求出(即理论指标)：

$$\begin{cases} r_0 = r_1 + r_2 + \cdots + r_j \\ r_0\alpha_1 = r_1\beta_{11} + r_2\beta_{21} + \cdots + r_j\beta_{j1} \\ \cdots \\ r_0\alpha_i = r_1\beta_{1i} + r_2\beta_{2i} + \cdots + r_j\beta_{ji} \end{cases} \quad (11\text{-}20)$$

式中：$r_0$ 为原矿产率(取 100)；$r_j$ 为选别产物的产率；$\alpha_i$ 为原矿品位；$\beta_{ji}$ 为选别产物品位。上述物料平衡方程的计算请参阅相关资料进行。

各产物的产率计算出来后，其他指标计算与上述介绍相同。对工业试验的原、精、尾矿最终指标的计算，则应采用矿量加权平均进行计算。

(3)计算结果取值精度

选矿试验和生产中，计算的各种指标均牵涉到小数的保留位数问题。由于产品的产率、回收率等指标是根据产品的重量以及产品化学分析的含量计算出来的，因此，这些指标的误差应是参与计算的各项的误差之和，也就是说其最终误差会扩大，相应的有效数字的位数也会减少。

一般来说，在实际生产和试验过程中，人们往往习惯将计算的指标保留到小数点后二位。特殊情况下，可以保留到小数点后三位，如对某些低品位的稀、贵金属的品位表示等。

(4)计算结果的表达形式

选矿试验获得的原始数据，必须通过一定的计算和整理，并按一定的形式表示出来，才有利于分析试验结果的优劣，从而做出正确的结论。常用的试验结果的表示方法有列表法、图示法两种。

①列表法。选矿试验数据，一般可分为自变数和因变数。如试验条件就是自变数，相应的试验结果就是因变数。将一组试验数据中的自变数和因变数的各个数据按一定的形式和顺序相应地列在特定的表格中，就是列表法。

选矿试验中通常使用的表格，按其用途可分为原始数据记录表和试验结果计算表。原始数据记录表供试验时作原始记录用。由于要求表格具有通用性，能详细地记录全部试验条件和数据，内容比较庞杂，再加上记录顺序只能按实际操作先后进行，因而不便于观察自变数和因变数之间的对应关系，在编写报告时还要重新计算和整理，不能直接利用。试验结果表是由原始记录汇总整理而得，可以是一组试验一个表，也可以是每说明一个问题一张表。总的原则是要突出所考察的自变数和因变数的关系，因而一般只将考察的那个试验条件列在表内，其他固定不变的条件则以注解的形式附在表下或直接在报告正文中说明。试验结果只列出主要指标(一般是矿量、产率和回收率等)。各组试验结果的排列顺序要与自变数本身增减顺序相对应，这样就可鲜明地显示出自变数和因变数之间的相互关系和变化规律。试验室小型试验结果参考表如表 11-6 所示，扩大连续试验及工业试验结果参考表如表 11-7 所示。

表 11-6　试验室小型试验结果参考表

| 试验编号 | 试验条件及流程 | 产品名称 | 产品重量/g | 产率/% | 品位/% | 产率/%×品位/% | 回收率/% | 观察现象与分析 |
|---|---|---|---|---|---|---|---|---|
|  |  |  |  |  |  |  |  |  |
|  |  |  |  |  |  |  |  |  |
|  |  |  |  |  |  |  |  |  |
|  |  |  |  |  |  |  |  |  |

表 11-7　扩大连续试验及工业试验结果参考表

| 日期 | 班次 | 矿量 | 磨矿细度 | 原矿Cu品位/% | 原矿Cu金属量/t | 铜精矿Cu品位/% | 铜精矿中Cu金属量/t | 尾矿Cu品位/% | 产率/% | | 铜精矿量/t | 铜回收率/% | |
|---|---|---|---|---|---|---|---|---|---|---|---|---|---|
|  |  |  |  |  |  |  |  |  | 铜精 | 尾矿 |  | 铜精 | 尾矿 |
|  | 早 |  |  |  |  |  |  |  |  |  |  |  |  |
|  | 中 |  |  |  |  |  |  |  |  |  |  |  |  |
|  | 晚 |  |  |  |  |  |  |  |  |  |  |  |  |
|  | 早 |  |  |  |  |  |  |  |  |  |  |  |  |
|  | 中 |  |  |  |  |  |  |  |  |  |  |  |  |
|  | 晚 |  |  |  |  |  |  |  |  |  |  |  |  |

　　②图示法。选矿试验过程中，往往为了更直观地分析试验结果的变化规律，可以作出自变数和因变数之间的关系图。磨矿试验中，以磨矿时间为横坐标，磨矿产物细度为纵坐标，得到磨矿时间与磨矿细度之间的关系图，如图 11-18 所示。此外，还要以工艺条件为横坐标，工艺指标作为纵坐标，绘制出工艺条件变化与工艺指标之间的对应关系，如图 11-19 所示。在扩大连续试验和工业试验中，完成流程考查和指标计算后，还应绘制出全流程的数质量和矿浆流程图，如第 1 章中图 1-2 所示。

　　从图 11-18 中可以明显看出磨矿细度随磨矿时间的变化趋势，并可从图中得到试验时间范围内，任意时刻所对应的磨矿细度值。从图 11-19 中也可直观看出，随浮选机叶轮线速度的变化，铝土矿反浮选精矿铝硅比和氧化铝回收率的变化规律，并可得出最佳叶轮线速度范围是 6.28~7.5 m/s。

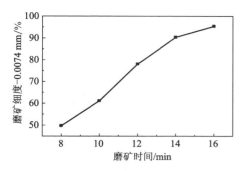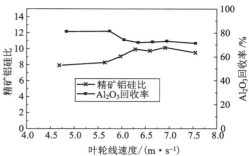

**图 11-18 磨矿时间与磨矿细度关系图**　　**图 11-19 浮选机叶轮线速度与指标的关系**

在采用数据的图示法时，应注意以下几点。

a. 坐标的分度应与试验误差相适应，即坐标的比例应该大小适当，做到既能鲜明地显示出试验结果的规律性变化，又不至于使试验误差引起的偶然性波动呈规律性变化。

b. 如果原始数据只能做 3 个点，一般用直线连接或用柱状图表达。原始数据要 4 个点才允许描成曲线。曲线应光滑匀称，只有少数转折点。

c. 曲线不一定通过图上各点，但曲线所经过的地方尽可能接近所有点。试验数据多时，大多数点应基本上对称地位于曲线的两侧。原因是任何实验均有误差，图中各点只是反映所求真值的近似位置，真值实际位于该点附近的某一范围内。

d. 有远离光滑曲线的奇异点时，应补做试验重新校核。若校核试验的试点移至曲线附近，即表明原来的试验结果有问题，这时可将原来的数据舍去而改用新的数据；若校核试验结果同原试验结果接近，说明曲线在此确实有大的转折，便应如实地特此绘出，而不应片面地追求曲线的光滑。

用图形表示试验结果，能简明直观、更加清晰地显示出自变数和因变数之间的相互联系和变化规律，缺点是不可能把有关数据全部绘入图中，因而在试验报告中总是图表并用来充分反映试验规律。

## 11.6.2　试验报告的编写

选矿试验报告是对选矿试验成果的总结和记录。试验报告应达到的基本要求是数据齐全可靠、问题分析周密、结论符合实际、文字和图表清晰明确、内容能满足设计和指导生产等的要求。其中，试验室试验报告的内容应比较详细，扩大连续试验、半工业试验及工业试验一般都是在试验室试验或前一种试验基础上进行的，因此，其试验报告的内容应结合前面所进行的试验工作基础来进行编写，但应着重反映本阶段试验的详细内容和结果。

一般选矿试验报告的主要内容如下。

①介绍试验的目的和任务。

②介绍试验矿样的性质和工艺矿物学研究结果。

③介绍试验的技术方案，包括选矿方法、流程、设备、选矿药剂及试验方法等。

④试验结果与分析，对试验结果进行分析，确定最佳工艺条件，推荐合理的工艺流程和技术经济指标。

⑤试验的结论与存在的问题阐述。

为选矿厂提供设计依据所用的试验报告，一般要求包括下列具体内容。

①矿石性质。包括矿石的物质组成，以及矿石及其组成矿物的理化性质，是拟订选矿试验方案的依据，不仅试验阶段需要了解，设计阶段也需要了解。因设计人员在确定选矿厂建设方案时，并非完全依据试验工作的结论，在许多问题上还须参考现场生产经验独立作出判断，此时必须有矿石性质的资料作为依据，才能进行对比分析。

②推荐的选矿方案。包括选矿方法、流程和设备类型(不包括设备规格)等，要具体到指明选别段数、各段磨矿细度、分级范围、作业次数等。这是对选矿试验的要求，它直接决定着选矿厂的建设方案和具体组成，必须慎重考虑。若有两个以上可供选择的方案、各项指标接近、试验人员无法作出最终决定时，也应该尽可能阐述清楚自己的观点，并提出足够的对比数据，以便设计人员能据以进行对比和分析。

③最终选别指标，以及与流程计算有关的原始数据。这是试验部门能向设计部门提供的主要数据，但有关流程中间产品的指标，往往要通过半工业或工业试验才能获得，试验室试验只能提供主要产品的指标。

④与计算设备生产能力有关的数据。如可磨度、浮选时间、产品沉降速度、设备单位负荷等，但除相对数字(如可磨度)以外，大多数据要在半工业或工业试验中得到确定。

⑤与计算水、电、材料消耗等有关的数据。如矿浆浓度、补加水量、浮选药剂用量、燃料及材料消耗等，也要通过半工业和工业试验才能获得较可靠的数据，试验室试验数据只能供参考。

⑥选矿工艺条件。试验室试验所提供的选矿工艺条件，大多数只能给工业生产提供一个范围，说明其影响规律，具体数字往往要到开工调整生产阶段，才能确定，并且在生产中也还要根据矿石性质的变化不断调节。因而，除了某些与选

择设备、材料类型有关的资料，如磁场强度、重介质选矿加重剂类型、浮选药剂品种等必须准确提出以外，其他属于工艺操作方面的因素，在试验室试验阶段主要是查明其影响规律，以便今后在生产上进行调整时有所依据，而不必过分追求其具体数字。

⑦产品性能。包括精矿、中矿、尾矿的物质成分、粒度与粒度组成、密度等物理性质方面的资料，作为考虑下一步加工（如冶炼）方法和尾矿堆存等问题的依据。

# 12

# 选矿厂生产管理

## 12.1 概述

生产管理是对企业日常生产活动进行计划、组织和控制，是对企业所涉及的与产品生产过程密切相关的各项活动的管理。这些活动主要包括产品生产技术的准备、产品的生产与检验，以及为保证正常生产活动所必须进行的各项辅助生产活动和各项生产服务工作。从根本上讲，管理就是对与生产活动有关的人、财和物的管理。做到怎样合理地利用人、财和物，以获得尽可能大的经济效益。

对于选矿厂而言，生产管理也就是对选矿厂生产全过程，以及围绕该生产过程所开展的各项活动进行管理，选矿厂生产管理的范围通常包括以下几个方面。

（1）制订计划和预测

制订计划是确定选矿厂生产经营活动的目标，包括长期规划和短期(年、季、月、周)计划。计划中还应包括为实现计划指标所需要的各种生产要素，即人力、物资和资金的计划，也要包括实现计划的具体技术措施，以及把计划指标分解到各生产车间(工段)、部门和个人，形成一个完整的计划体系。计划是选矿厂开展正常生产经营活动的具体安排，是选矿厂管理的首要功能。

预测则是对选矿厂今后若干年的发展所作出的测算和估计。它与计划密切相关，预测的可靠性直接影响计划的准确性。因此，计划和预测是选矿厂生产管理中的重要课题。

（2）组织和指挥

为了实现既定的计划目标，就必须要有合理的组织机构作保证。组织包括人和物两个方面，即一方面是选矿厂的生产管理组织系统，另一方面是由厂房、设备和各种设施等构成的系统的生产过程。

为了保证选矿厂各级组织的正常活动和生产过程的正常运行，要求建立准确和灵敏的信息系统，包括各项选矿生产技术经济指标、统计报表、会议决议及生产进展情况等信息。

为了使选矿厂的各个生产环节和部门保持步调一致，协同作战，需要建立一个生产现场及后勤保障的统一指挥系统，这个系统必须具有高度权威，一刻也不能中断。因此，选矿厂通常都设置生产调度指挥系统，由该系统来连续指挥、协调日常生产的各项活动。

（3）监督和控制

为了达到选矿厂既定的技术经济指标，必须搞好计划执行情况的检查和监督工作，督促选矿厂各项生产活动按规定目标、程序和内容进行的情况。同时要对选矿厂生产活动的各个环节进行合理的控制，比如，选矿工艺条件的控制、产品质量的控制、生产成本的控制、备品备件和各种原材料储备及消耗的控制等。从而使选矿厂生产活动的全过程处于受控状态，达到既定的目标。

（4）挖潜和创新

随着选矿技术的进步，选矿新工艺、新药剂和新设备在生产实践中得到推广和应用。同时随着生产人员技术素质的不断提高，选矿厂生产发展的潜力也随之增加。因此，选矿厂必须不断进行挖潜改造，以最大限度提高选矿厂的现代化管理水平，从而提高经济效益。

（5）员工教育和鼓励

管理归根结底是对人的管理。选矿厂的生产过程是靠人来完成的，因此，要把调动员工的积极性作为选矿厂生产管理的首要内容，要制订合理的考核制度和奖罚措施，明确规定各工种、岗位和机台的工作职责、指标任务和权限等，做到职责分明。其目的是要促使每个员工都能很好地完成本职工作，只有这样才能真正搞好选矿厂的各种生产活动，提高生产和管理水平。

由于选矿厂处理矿石的种类、生产规模、产品方案、采用的选别工艺及设备等不尽相同，都将导致生产管理的内容和方法也不尽相同。因此，本章主要选取既符合选矿厂现代化管理原则，且在现有选矿厂生产管理实践中相对较成熟，又适合于选矿生产管理基本要求的生产管理知识、制度和规程，供选矿厂在制定和完善生产管理制度、开展生产管理工作时借鉴和参考。

## 12.2　安全生产管理制度

加强劳动保护，搞好安全生产，是国家的一项重要政策，也是企业管理工作中的一项重要内容。在选矿厂的生产过程中，客观存在着许多不安全的因素，存在造成人身伤亡和设备事故的可能性。在生产管理过程中，如果不重视这些因素，不采取相应措施来消除这些不安全的因素，就有可能会发生人身伤亡事故，给生产员工及其家庭带来极大的痛苦和不幸，同时，企业生产活动也就不能顺利地和有秩序地进行。因此，选矿厂必须不断改善生产劳动条件，切实搞好安全生产，保护员工的人身安全和身体健康，从而确保生产的正常进行和稳步提高。安全生产管理就是为建立正常的生产秩序，创造良好的劳动环境和条件，在生产过程中预防发生人身伤亡和设备事故所进行的一系列管理工作。选矿厂各级管理人员，必须把搞好选矿厂生产的安全工作，作为选矿厂生产管理中的头等大事来抓。

## 12.2.1　安全生产管理的原则

对于生产型企业，安全生产管理包括以下基本原则。

(1)"安全第一"的原则

要求所有单位和人员在生产活动过程中，把安全生产工作放在首位。当生产与安全发生矛盾时，应该首先保证安全。采取各种有效措施保障劳动者的人身安全和身体健康，做到防患于未然。

(2)"管生产必须管安全"的原则

要在保证安全的前提下发展生产，在发展生产的基础上不断改善安全设施。要求生产的领导者和组织者要明确安全和生产是一个有机整体，必须两者一起抓。在计划、布置、检查、总结和评比生产的同时，也要计划、布置、检查、总结和评比安全工作。

(3)"安全具有否决权"的原则

安全工作是衡量企业管理工作好坏的重要内容之一。在对企业各项指标的考核、企业的升级评定，以及新项目、新设施投产前，都必须把安全工作放在重要位置，并使其具有"否决权"。

(4)科学性的原则

各种安全法规都是科学原理和实践经验相结合的产物。因此，在当今科学技术高速发展的年代，要不断地学习有关安全科学知识，才能掌握安全生产的主动权。

(5)群众性的原则

安全生产与每个员工的切身利益息息相关，人人都必须重视安全，遵守安全规章制度，才能保证安全生产。

(6)长期性的原则

安全生产是一项长期的、经常的工作，安全教育必须做到经常化和制度化，安全工作要做到常抓不懈，警钟长鸣。

## 12.2.2　安全生产管理的任务

安全生产管理的主要任务包括：①建立健全的安全生产管理体制和机构，明确各级各类人员的安全工作职责。②贯彻执行安全生产的方针、政策和法规，制定各项安全技术措施，并应付诸实施。③开展安全生产教育，使每个员工了解安全工作的内容和重要性，熟悉预防事故和处理事故的方法。④进行安全检查，针对查出的事故隐患，积极采取预防措施。⑤组织事故调查，妥善处理工伤事故等。

## 12.2.3 安全生产管理工作的基本内容

安全生产管理工作的内容，主要包括安全技术、工业卫生和劳动保护3个方面的工作，具体内容如下。

(1)安全技术

安全技术是为了控制与消除生产过程中，因劳动条件和劳动组织上存在的各种不安全因素而采取的各种技术措施。安全技术针对劳动环境、机器设备、工艺过程、劳动组织和工人安全技术知识等方面存在的问题，采取旨在消除引起伤亡事故的各种技术措施。它不仅是改善劳动条件的主要途径，也是提高劳动生产率的重要手段。

(2)工业卫生

工业卫生是控制与消除生产过程和劳动环境中，有害员工身体健康的一切有害因素而采取的各种技术措施和医疗措施，以便防止职业中毒、职业病和职业伤害的发生。具体包括：①防止生产过程中产生的有害、有毒物质，如有害粉尘、有毒的化学物质(浮选药剂)、放射性物质和噪声等。②改善不合理的劳动组织，比如，过长的作业时间、过度的体力劳动、有碍生理机能的劳动姿态等。③调节不良的操作环境，如车间工作场所的高温和高湿度等。④完善工作场所的照明、采暖和通风等。

(3)劳动保护

劳动保护主要内容包括：①对劳动保护法律、法规的贯彻实施。②贯彻执行在计划、布置、检查、总结、评比生产的同时，计划、布置、检查、总结、评比劳动保护制度的贯彻执行情况。③女工的特殊保护。④员工伤亡事故的调查、登记、报告、统计和分析制度。⑤分析事故的原因，掌握发生事故的规律，并有针对性地采取措施，防止伤亡事故的重复发生。⑥加强劳动保护方面的科学研究。⑦贯彻执行规定的工作制度和休假制度。⑧建立并督促执行安全生产责任制，以及劳动保护方面的宣传教育等。⑨改善劳动条件。⑩个人劳动保护用品和保健食品的发放和管理。

## 12.2.4 几种主要的安全生产管理制度

(1)选矿厂安全生产责任制

安全生产责任制是根据"管生产必须管安全"的原则，以制度的形式明确规定选矿厂各级领导、各车间、各职能部门、有关工程技术人员和生产工人在劳动生产过程中应负的安全责任。安全生产责任制是企业安全生产管理制度中最基本的安全制度，是一切安全生产规章制度的核心。

有了安全生产责任制，就能够把安全与生产从组织领导上统一起来，把"管生产必须管安全"的原则从制度上确定下来。这样，安全工作才能做到事事有人管，层层有专人负责，使领导和员工分工协作，共同努力，认真做好安全工作，保证安全生产。安全生产责任制是其他各项安全生产规章制度得以实施的基本保证。因此，在建立健全安全生产责任制的过程中，应对全厂每个部门（包括各车间、各职能部门及各班组）和每个岗位（包括各级领导、工程技术人员及生产工人），都分别规定适合各自职责范围和工作岗位的安全生产责任制。

安全生产责任制的主要内容有以下几点。

①厂长对本厂的安全工作负有全面责任，维护正常的生产秩序，保证员工的人身安全，其主要职责如下。

a. 组织、贯彻和执行上级的有关安全生产方针、政策、法令、决定和指示。做到在计划、布置、检查、总结和评比生产的同时，计划、布置、检查、总结和评比安全工作。

b. 直接领导本厂安全工作部门的工作。领导编制安全技术措施计划，并负责组织实施。

c. 审查本厂各项安全生产的规章制度，并负责督促本单位各部门贯彻执行。

d. 定期检查各方面的安全工作情况，听取有关部门负责人的汇报，及时提出安全工作意见。

e. 督促有关部门及人员定期进行安全生产的宣传和教育工作。

②各副厂长对各自主管业务工作范围内的安全工作负责，及时向厂长汇报负责范围内的安全生产情况，支持和协助安全工作部门的工作。

③总工程师对本厂的安全工作负有技术责任。在编制各项企业规划、重大科研项目生产计划时，要全面考虑相应的安全技术措施计划。在进行新建、扩（改）建及技术改造项目中，负责安全技术措施与主体工程同时设计、同时施工、同时投产。负责组织、审批本单位的安全技术操作规程和有关安全规程、制度。审查并解决重大隐患的技术措施、方案；组织安全技术攻关。

④安全工作部门的职责如下。

a. 在选矿厂厂长的直接领导下，监督检查本厂贯彻执行上级有关安全生产的方针、政策和法令等情况。负责本单位的安全技术和监察工作。

b. 调查研究生产过程中存在的不安全和职业危害的各种因素，提出相应的处理意见，并督促有关部门实施。

c. 组织制订和审定安全技术规程和安全管理制度，并督促执行。

d.参与编制、汇总、审查安全技术措施计划。

e.参与审查新建、扩（改）建工程的初步设计，并参加竣工验收和试运转工作。

f.经常性地组织安全检查，并督促对事故隐患的整改工作。

g.对员工进行安全教育，负责对新进厂员工和外来实习人员的三级安全教育（即入厂教育、车间教育和生产岗位教育）工作，负责特殊作业工人的培训、发证等有关工作。

h.推广先进的安全技术管理经验，组织安全活动，开展科研工作。

i.参与人身伤亡事故的调查处理、工伤鉴定、统计上报等工作。

j.参与制订个人劳动保护用品、保健食品的发放标准，并监督合理使用。

⑤各职能部门都应在各自的业务范围内，履行各自的安全生产职责，对实现全厂的安全生产负责。

⑥车间主任对本车间的安全生产工作负全面责任。各副主任分别负责分管业务范围内的安全工作，应对车间主任负责。

⑦班组长的安全生产职责是严格执行上级的有关安全生产的方针、政策、法令及规定。组织好本班组的安全生产工作。组织工人学习各项安全规章制度，并带头贯彻执行。及时制止违章作业行为。积极参加安全生产和各项活动。主动提出改进安全工作的意见。爱护和正确使用机器设备、工具及个人劳动保护用品。

（2）安全技术措施计划

安全技术措施计划是企业为保证员工的人身安全和身体健康，改善劳动条件，防止工伤事故，预防职业病和职业中毒等，从安全技术或安全措施上拟订的一系列计划。它是企业生产经营计划的重要组成部分。

编制安全技术措施计划的依据是：①国家公布的有关法令、法规、规定、标准和上级下达的指示。②根据本单位生产和发展的需要，应该采取的劳动保护、安全技术及工业卫生等的技术措施。③对造成本单位工伤事故和职业病的主要技术、物质因素所采取的防治措施。④安全检查中发现的隐患。⑤在安全技术方面的科研、革新成果和合理建议。

安全技术措施计划的内容是：①安全技术措施方面。预防伤亡事故的一切措施，包括防护装置、保险装置、信号装置，以及防爆和防火等设施。②工业卫生技术设施方面。改善劳动条件，预防职业病为目的的一切技术措施，包括防尘、防噪声、防振动及通风工程等。③有关保证生产安全、工业卫生所必须的房屋及设施，包括有害的岗位作业工人的淋浴室、更衣室、消毒室、女工卫生室等。④安全宣传教育所需的设施，包括安全教育材料、图书、仪器、安全技术培训设施及设备和安全技术展览厅等。

（3）安全生产检查制度

安全生产检查的目的在于发现事故隐患，采取针对性措施，堵塞漏洞，消除不安全因素，实现安全生产。检查只是手段，而改进才是安全生产检查的根本目的。

安全生产检查的内容包括：①检查贯彻执行安全生产法规、政策和上级有关安全生产指示的情况。②检查安全规章制度的贯彻执行情况。③检查设备的安全装置和工业卫生设备的完好率，以及其使用运行情况和效果。④检查易燃易爆及剧毒物品的贮存、运输及使用情况。⑤检查防洪、防水、防火等措施的落实情况。⑥检查通风防尘情况。⑦检查安全技术措施计划项目完成情况。⑧检查劳动保护用品的管理和使用情况。⑨检查事故后的措施落实情况。

安全检查的方式包括：①经常性检查。选矿厂每月组织一次。车间每周组织一次。班组做到天天查、班班查。选矿厂和车间根据实际情况，不定期组织抽查。②专业性检查。根据设备和季节特点进行某些项目的专业安全检查，如防暑、防水和电气等安全专业检查。

安全生产检查的要求是：①应把安全检查列为企业生产中安全工作的重要内容，并形成制度。②安全检查要有明确的目的、要求和具体计划，做到每检查一次，都能解决或处理几个实际问题。③安全检查要有厂领导负责，各部门负责人参加。④安全检查中发现的隐患，要及时进行整改。当前确有困难不能立即整改的，要列出计划，分期分批尽快进行整改。

（4）安全生产教育制度

安全生产教育是企业为提高员工技术水平和防范事故能力而进行的教育培训工作，是搞好企业安全生产和安全思想建设的一项重要工作。

安全教育的内容，包括安全思想教育、法制教育、劳动纪律教育、安全知识和安全技术教育、安全生产中的典型经验与事故教训方面的教育。

安全教育的基本形式包括：①组织好各级领导的安全学习，这是搞好安全生产管理工作的重要保证。②经常性安全教育。即对全厂广大员工开展多种形式的日常安全教育。③三级安全教育制度。即对新入厂的员工（包括进厂的实习人员）进行入厂安全教育、车间安全教育和现场岗位安全教育，这是安全教育的基本教育制度。④特殊工种教育。对从事电气、起重、压力容器、电焊、车辆驾驶、有毒有害等特殊工种的员工必须进行专门的安全教育和安全操作技术训练，并经过严格的考试，合格后发给上岗合格证准予上岗操作。⑤组织安全生产竞赛，实施安全奖罚。

（5）人身伤亡事故管理制度

人身伤亡事故管理是指对企业员工因涉及生产发生伤亡而进行的登记、统计、分析、报告和调查处理等一系列善后工作。通过伤亡事故的报告、统计等工作，各级劳动部门、企业主管部门能够及时、准确地掌握员工伤亡事故情况，进而能全面分析不同时期、不同地区、不同产业的劳动保护工作基本情况和问题。特别是对领导部门来说，是决定政策的依据和做好安全工作的先决条件之一。

伤亡事故的报告制度。对事故的定义、分类、报告程度、原因分析、调查处理和审批程序等都应该有明确的规定，并形成制度，要求企业都认真执行伤亡事故报告制度，并对管辖区内伤亡事故的调查、登记、统计、报告的正确性和及时性负责。伤亡事故报告制度规定：发生多人受伤和伤亡事故，企业行政必须立即向上级有关部门报告，并认真调查处理。在事故调查处理中，应坚持"三不放过"，即事故原因没有查清不放过、事故责任者和群众没有受到教育不放过、没有定出防范措施不放过。分析事故原因应侧重生产、技术、设备、制度和领导管理等方面，对严重失职、玩忽职守的责任者，直至追究其刑事责任。但杜绝事故最根本的措施是从调查处理中，找出规律性的问题和管理工作的薄弱环节，不断改进企业全局性的劳动保护工作。

工伤事故的统计分析包括以下几点。

①文字分析。通过事故调查，总结安全生产动态，提出主要问题及改进措施。采用旬报、月报、季报等形式定期送厂矿领导和有关部门，供领导掌握情况、指导工作，同时也是开展安全教育的材料。

②数字统计。用具体数据概括地说明事故情况，便于进行比较分析，如工伤事故次数、工伤事故人数、工伤事故频率、工伤事故休工天数、损失价值等。其中，工伤事故频率是指工厂在一定时间内（月、季、年）平均每一千名在册员工中所发生工伤事故的人次数，又称千人负伤率。计算公式为：

$$工伤事故频率(‰) = \frac{一定时间内工伤事故人次数}{同一时间内平均在册人数} \times 1000(‰)$$

③统计图表。用图形和数字表明事故的情况、变化规律和相互关系，一目了然，便于比较。通常采用曲线图、条形图和百分圆图等表示。

④工伤事故档案。为进行事故分析、比较和查核，安全部门应将工伤事故明细登记表、年度事故分析资料、死亡、重伤或典型事故等汇总编入档案，这是生产技术管理档案的内容之一。

（6）选矿厂安全生产制度

①认真贯彻国家的安全生产方针及上级的有关安全规定，加强安全生产教育，确保安全生产。

②凡新入厂的工人和外来实习培训人员，必须经过厂、车间、班组安全教育之后，方可进入操作岗位。

③岗位在岗人员要穿戴好劳动防护用品，女员工要求把发辫纳入工作帽内。

④参观人员必须经厂部批准，并有专人带领，严禁私自携带亲友入厂参观。

⑤2 m 以上高空作业和进入矿仓、漏斗内，必须系好安全带，戴好安全帽。安全设施有专人监护，并不得一人单独作业。

⑥岗位人员上班前严禁喝酒，班中不准取笑打闹、看书报、打瞌睡，不能擅自离开工作岗位，严禁穿拖鞋、打赤脚上班。

⑦对易燃、易爆、电气、起重、锅炉、受压容器、电(气)焊等特殊人员，要进行安全生产技术培训，并经考试合格后，发给操作证，方可上岗。

⑧传动设备要有可靠的防护罩；检修设备时，要拉掉事故电气开关，并在开关上挂"有人检修，严禁合闸"的安全牌。

⑨电气设备联动装置要经常检查信号灵敏度，电气设备要防止受潮、防止受药剂侵蚀，电气开关严禁湿手操作，带电作业要有 2 人以上方可作业，处理高压电气设备必须穿戴绝缘手套和绝缘胶鞋。

⑩上下分层作业，上下工序必须保持联系，上层不许丢东西。

⑪检修时，周围的安全设施不准毁坏。临时须拆除的，须得到有关部门同意，修理完毕要及时恢复原状，并打扫好作业场地卫生。

⑫不是本岗位的设备，不得随意开、停或操作。

⑬对某些要害岗位(比如配电室、控制室、压风机和药剂室等)，禁止无关人员进入。

⑭对剧毒物品要指定专人保管，实行领用登记制度。如氰化物、硫酸等药剂。

⑮凡发生人身和设备事故，要保护事故现场，要及时报告和采取抢救措施，并按工伤事故管理制度有关规定逐级上报。

⑯坚持每周一次的安全活动日制度；坚持开展定期的安全检查。

⑰车间内的消防器材不得任意拆卸或搬到别的地点。

⑱从事某工种作业时，应遵守该工种的安全操作规程。

⑲胶带运输机在运行中，严禁从皮带上方跨越或从皮带下方钻行，严禁推撬运行中的皮带。

⑳搞好文明生产，保持设备及其周围场地的清洁卫生。

(7) 与安全生产相关的其他事项的管理

安全生产管理制度的内容涉及的内容非常广泛。除以上介绍的几种管理制度外，还有很多其他管理制度，比如通风防尘管理制度、防暑降温管理制度、化学危险物品安全管理制度、压力容器安全管理制度等。这些制度分别从各个角度对安全工作提出了明确规定，可根据生产实际情况，组织专业人员进行制订。

## 12.2.5　安全专职机构和人员

为了有效地贯彻安全生产责任制，更好地进行安全生产管理，保障安全生产，选矿厂必须建立安全专职机构，设置专职人员，并要求保持相对稳定。安全专职管理人员应由具有中专以上文化程度并有现场实际工作经验的人员担任。其中工程技术人员应占安全专职人员的50%以上。

（1）安全专职机构的职责

选矿厂安全专职机构的职责如下。

①在厂长的直接领导下，监督和检查本厂贯彻执行上级有关安全生产的方针、政策和法令等情况，负责本单位的安全技术和监察工作。

②调查研究生产过程中存在的不安全和职业危害的各种因素，提出相应的处理意见，并督促有关部门实施。

③组织制订和审定安全技术规程和安全管理制度，并督促执行。

④参与编制、汇总、审查安全技术措施计划。

⑤参与审查新建、扩(改)建工程的初步设计，并参加竣工验收和试运转工作。

⑥经常性地组织安全检查，并督促对事故隐患的整改工作。

⑦对员工进行安全教育，负责对新进厂员工和外来实习人员的三级安全教育(即入厂教育、车间教育和生产岗位教育)工作，负责特殊作业工人的培训、发证等有关工作。

⑧推广先进的安全技术管理经验，组织安全活动，开展科研工作。

⑨参与人身伤亡事故的调查处理、工伤鉴定、统计上报等工作。

⑩参与制订个人劳动保护用品、保健食品的发放标准，并监督合理使用。

（2）安全专职人员的职责

①根据安全生产的方针、政策、法令以及上级有关指示，协助制订本单位的安全生产的各项规章制度。

②深入现场做好检查、监察工作，对违章作业行为有权制止。

③检查发现危及工人生命安全的作业时，有权立即停止作业，提出处理意见，并立即报告领导及有关主管部门研究处理。

④协助做好对员工安全思想教育，宣传上级规定和安全防护知识；负责对新入厂的工人和调换工种的工人进行安全教育和安全技术培训工作。

⑤参加各新建、扩(改)建和技术改造工程项目的初步设计审查、竣工验收等具体工作。

⑥参加本单位作业计划的编制工作，提出安全生产方面的意见和安全组织措施，并监督其实施。

⑦负责检查和教育员工正确使用好劳动保护用品。

⑧推广安全生产管理和劳动保护等方面的先进经验和事迹。

⑨会同有关人员对工伤事故调查和分析，找出事故原因并及时将事故真实情况报告有关部门，按规定填报好事故报告书等。

# 12.3 设备管理制度

机电设备是选矿厂生产的重要物质基础，是企业固定资产的主要组成部分。设备管理是选矿厂生产管理中的一个重要环节。搞好设备管理是保证选矿厂生产正常进行的先决条件，对改善选矿厂技术经济指标，提高现代化管理水平，都具有极其重要的意义。

## 12.3.1 设备管理的基本内容

设备管理的范围很广，它贯穿于设备选型、购进、使用，以及在选矿生产中发生的磨损、直到报废为止的全过程。归纳起来，设备管理的基本内容有以下几个方面。

（1）设备的选择和评价

依据技术上先进、经济上合理、生产上适用的基本原则，正确地选择和评价工艺设备。选择工艺设备时，还要根据企业的需要和实际情况，进行全面考虑，进行多方案的技术经济评价，以选择最优方案。

（2）正确使用设备

针对各种不同选矿设备的具体特点，合理地安排生产任务和工艺参数，并制订一系列规章制度，如技术操作规程、安全操作规程、设备润滑及维护规程等，使设备操作标准化、规范化和科学化，从而达到正确合理地使用设备的目的。

（3）设备的检查、维护保养与修理

这是选矿厂设备管理工作量最大的内容，也是维护正常生产的必要工作。其内容包括制订设备检查项目、内容和标准，维护保养的具体内容和检修周期，编制定期检查、维护保养和维修计划，并组织实施、维修所用的材料、备件的供应储备等。

（4）设备的更新和改造

根据选矿工艺流程的变革、新技术的应用和新设备进展的情况，有计划、有重点地对现有老设备进行更新和改造，以达到提高生产效率，增加经济效益的目的。

（5）设备的日常基础管理工作

设备的日常基础管理工作主要包括设备的分类、编号、登记、调拨、封存、报废、事故处理和资料管理等内容。

（6）设备的备件管理

设备的备件管理是设备管理中的重要环节之一。不仅要使备品备件确保检修所需，而且要设法减少备品备件的库存积压，缩短资金周转期，避免资金浪费。

（7）固定资产管理

固定资产管理包括建立固定资产台账和设备档案等内容。

此外，做好设备管理经验的总结和推广及先进管理方法的应用等工作，不断提高设备管理水平。

## 12.3.2　设备的日常基础管理工作

（1）设备的验收、分类编号和登记

①设备的验收。对新安装的设备，在设备安装完毕及试运行后，由设计、安装和用方三个单位参加，在主管部门主持下，按规定的程序进行空负荷、半负荷及全负荷试车，并对其安装精度及质量进行检验。合格后，办理正式验收移交手续。所安装设备说明书、图纸、安装记录、试验数据等技术资料也要同时移交给使用方。

②设备的分类编号。以使用方便、明了为原则，对设备进行分类编号。从编号上要反映出设备使用单位、设备的类别、明细和序号等内容。

③设备的登记。设备投入生产使用后，均要录入固定资产台账和设备台账。以后设备的变动、损坏、报废、折旧费的提取、大修等进行的日期等，也均要在台账上登记清楚。同时，在台账上要注明设备名称、编号、规格型号、技术性能、使用单位、附属设备、出厂时间和制造单位、开始使用日期、设备的重量、价值、使用年限等。

（2）设备的封存、调拨和报废

当生产过程某个环节发生变革，原有设备配置无法适应新的工艺要求时，要对该设备进行调整和迁移。设备调整和迁移前，要由选矿工艺技术人员提出方案，报机动部门审定，有关领导审批后方可进行。

设备的封存，是指因生产任务不足或其他原因而闲置 1~3 个月以上的设备，应实行封存保管。设备封存时，应进行认真清扫、擦洗、查点，同时应采取防尘、防锈、防潮、防丢失等措施。封存后，要指定专人负责保管、定期检查和维护。设备的封存或重新启封，应由选矿厂根据情况提出，经上一级主管部门批准后方可进行。

设备的调拨，是指由于工艺流程或设备的更新等原因，导致设备不适用于生产而长期闲置时，应予调出。调出设备应随机带原有附件、辅助设备、图纸和有关文件资料。

对设备的报废，凡有下列情形之一的设备都可申请报废。

①已超过折旧年限，且失去了设备应有功能，大修后也不能恢复其工作性能，不具备修理价值的设备。

②由于发生自然灾害或意外重大事故，造成损坏严重而无法修复的设备。

③严重影响环保和安全，继续使用会导致危险或严重污染，危害人身安全与健康，而又不能通过改造进行改善者，或改造不经济的设备。

④结构陈旧、机型已淘汰，主要部件因无制造厂家生产而无法修理更换的设备。

⑤能耗大，效率低，已无法进行改造和利用的设备。

⑥维修费和运行费过高，经济上不合算的设备。

设备报废应填写"申请报废设备鉴定书"，报请上级主管部门批准后，方可进行。

（3）设备的事故管理

凡正式投产使用的设备，无论何种原因造成设备损坏、性能显著下降，以至不能运行者，均属设备事故。

事故性质及等级的划分如下：①按事故的性质分为破坏事故、责任事故和自然事故。②按事故造成的设备损坏程度及对生产的影响程度和经济损失，分为特大事故、重大事故、一般事故和故障。

事故处理的原则包括：①凡属设备事故，均应及时组织调查分析，查明造成事故的原因和经过，确定事故的性质。②经查明对事故负有责任者，应根据其承担的责任大小及造成的损失程度，进行相应处理。③采取切实有效的措施，防范和杜绝重复事故发生。

对事故的报告程序如下：①发生事故时，现场知情者应立即采取必要处理措施，并及时向值班工长或调度报告情况。值班工长应立即向车间、厂领导报告事故情况，同时积极组织初步处理工作。②事故发生后，有关部门应立即采取针对性措施，尽量减少事故造成的损失，尽快抢修好设备，保证生产的正常进行。③选矿厂应在规定时间内，向上级主管机关简要通报事故情况，并限期提交"设备事故分析报告"。

（4）设备技术资料的管理

选矿厂设备部门应建立统一的设备档案及资料管理制度，加强设备资料的使用和保管。所有设备均应建立起相应设备台账，以便于设备的管理。设备档案资料主要包括以下几点。

①设备出厂质检单和合格证，设备附件清单。

②安装及试车记录、精度及质量检测记录、移交清单。

③所有的设备图纸和技术资料。

④设备运行状态记录、历次检查记录、历次润滑保养记录。

⑤历次维修记录。

⑥设备事故记录及分析报告。

⑦设备改装、更新、调拨记录等。

## 12.3.3 设备的检查及维护保养

设备的检查及维护保养是选矿厂设备管理的重要内容，选矿厂设备管理部门应建立起各种设备的维护规程及维护保养管理制度，搞好设备的维护保养工作。

（1）设备的检查

①设备管理部门应制订出各设备的检查制度。包括检查点、项目、内容、周期、检查方法及标准，以及完成检查任务的责任部门及责任人，并制成相应表格形式，以便检查者检查、记录和存档。

②操作人员应认真执行技术操作规程和巡回检查制度，做好设备的日常检查工作，了解设备的技术状况，发现问题应及时处理或告诉有关人员处理，以保障设备的正常运行。

③设备维修人员应认真执行设备检查制度，定期检查各台设备，发现问题和事故及时采取措施处理。

④选矿厂要定期组织有关设备技术及管理人员，对全厂设备进行全面检查，及时发现问题和事故隐患，督促各级设备管理、操作和维修人员搞好设备检查及维护保养。

⑤选矿厂设备部门应注意配备和完善必要的检测仪表和检测手段。对损坏的检测仪表要及时修复或更换。要努力采用现代化检测技术，提高设备检查的准确性和及时性。

（2）设备的润滑

①对各种设备均应制订出合格的润滑规程。设备操作及维护人员均应按润滑规程要求对设备进行润滑。

②设备润滑要坚持"五定"的原则，即定点、定质（品种）、定量、定期、定人。润滑后及时填写《设备加油润滑记录表》。

③设备操作人员应加强设备的日常巡回检查，注意各润滑点的油量及润滑状况，一旦发现油量不足或变质应及时补加或更换。

④对重要设备要定期采取油样进行分析，对设备润滑状况进行动态监测。

⑤设备维修完成后，维修人员应按润滑规程要求给设备加好油。

（3）设备的日常维护

①操作人员应认真执行技术操作规程及安全操作规程，合理使用和操作设备。

②操作人员和设备维护人员应执行设备维护规程，搞好设备的日常维护保养，按时完成各项维护保养内容。其主要内容包括清扫、擦洗设备，润滑、检查、紧固松动的零部件，更换损坏的零件，配齐不全的零件等。

③及时、合理地调整好设备,使之达到要求的技术性能。

④选矿厂应定期开展全面检查,督促各工段、机台搞好设备维护保养工作。把设备整洁状况和设备完好率等反映维护工作好坏的指标,列入对工段、机台的考核内容中。

### 12.3.4　设备的维修

（1）设备维修的分类

根据设备维修的性质,可分为计划维修和事故抢修。根据维修的工作量大小和修理后对设备性能的恢复程度分为:

①小修。仅修复及更换少量的使用期较短的一般零部件,并对设备构件做一般调整。

②中修。修复及更换设备的主要零部件,以及数量较多的其他磨损零件(主要更换件达10%~30%),同时要检查整个机械系统,校正设备的基准,以恢复和达到规定的精度、功能和其他技术要求,并保证使用到下次中修或大修。

③大修。需要将设备全部拆开,更换和修理全部磨损零件(主要更换件达90%以上),校正和调整整个设备,以全面恢复设备原有的精度、性能和生产效率。

（2）设备维修计划的编制

设备维修计划的种类有:①设备维修的类别、季度、月度维修计划。②按维修工作量类别分为大修、中修、小修计划。

设备维修计划的主要内容包括:①设备维修的类别、项目及内容,达到的维修标准及技术要求等。②计划维修工时及时间进度安排。③计划维修劳动力需要量及人员安排。④计划维修所需的零件、备件、材料。⑤计划维修所需的工具。⑥计划维修的程序及措施。

编制设备维修计划的依据包括:①设备的经验修理周期。②设备的实际状况。通过对设备的日常检查和定期检查,了解设备的运转情况,确定其修理项目及内容。③维修所需工作量及其与维修力量的平衡情况。④维修与生产之间的平衡、协调情况。维修的目的是更好地生产,而要维修必然要停车进行。因此要搞好维修计划与生产计划的结合,合理安排维修项目、维修工作量、工期和时间进度控制,尽量减少系统停车时间。

设备维修计划的编制程序是:①了解设备实际使用情况,结合其经验修理周期,确定设备维修的类别、项目及内容。②确定各设备维修的工作量、工时,并平衡安排好维修力量。③与生产计划部门结合,确定各设备的维修工时及进度安排。应尽量做到同一流水作业的系统,在相同时间里同步维修,以减少系统停产时间。同时要安排好维修力量。④编制维修计划表,同时要说明主要技术措施及注意事项。⑤计划经主管部门及主管领导审批后,正式下达执行。

（3）计划维修的实施及考核

①维修计划下达后，除遇特殊情况需要调整外，一般不得随意变更。各责任部门和责任人员应根据计划安排及时间进度，进行计划检查。

②设备部门及其他有关部门要认真做好维修的准备工作，确保人员、工具、备件、材料、技术资料及其他服务措施按计划到位。

③计划维修要严格按计划保质、保量、按时完成，不得拖延，不得降低标准和质量要求，不得随意减少项目内容。设备管理部门应有专人负责检查和督促。

④维修时，应指定一人为安全巡检员，负责本项目维修过程的安全巡视和监督。

⑤设备管理和技术人员应随时掌握设备维修的进展情况，处理、协调、解决维修过程中出现的意外问题，确保维修按计划顺利实施。

⑥计划维修完成后，应由设备部门组织人员进行验收，不合格者要重新返工，并对责任部门和责任人进行考核。

⑦维修完成后，应认真做好维修记录，登入设备台账。

⑧对计划维修执行情况用计划维修完成率进行考核。即

$$计划维修完成率 = \frac{完成计划维修项目数}{计划维修的总项目数} \times 100\%$$

## 12.3.5　设备的备件管理

备件是设备维修工作的物质基础。做好备件的管理工作，对提高维修质量、缩短维修时间、节约流动资金、降低维修成本都有极其重要的意义。

（1）备件的分类

按其备件的使用情况及寿命可分为：

①一般备件：凡是由于机械作用导致磨损，并非大量消耗的更换零件，称为一般备件。如轴瓦、轴套、各种滚珠轴承等。

②事故备件：是指工作负荷很重、制造周期较长、设备的要害部位的备件。如圆锥破碎机的动锥、调整环、大伞齿轮、偏心套；磨矿机的大小传动齿轮等。

③消耗备件：是指直接或间接与生产接触的，并和产量成正比的，而且消耗很大的更换零件。如破碎机的衬板、振动筛筛网、胶带运输机的胶带、上下托辊、磨机的衬板、浮选机的转子和定子、过滤机的过滤板、砂泵的叶轮、泵壳、旋流器沉砂嘴与溢流管等。

按产品规格标准分为标准件与非标准件。按制造来源分为自制件与外购件。按制造过程及自然属性分铸铁件、铸钢件、铜铸件、锻件、金属结构件和衬胶件等。除上述分类外，还可根据备件的专业用途或类别进行分类。

（2）备件供应计划的编制

①确定所有备件的消耗定额。根据生产实际经验及消耗数据，合理确定各种备件的年消耗定额或单位矿石量的消耗定额。

②确定计划期内各备件的需要量。根据备件消耗定额，以及本期维修计划的需要，确定计划期内各备件的需要量。

③确定备件的储备定额。备件的储备定额是指保证设备正常运转而必须储备的备件量。它与备件更换周期及制造厂供货周期有关。因此首先要了解和确定各类备件的更换周期及供货周期。储备定额分为两种：一种是最高储备定额，另一种是最低储备定额，其确定方法如下。

$$最低储备定额 = \frac{使用该备件的设备台数 \times 每台备件用量}{更换周期} \times 供货周期$$

$$保险储备定额 = \frac{设备台数 \times 每台备件用量}{更换周期} \times 保险储备天数$$

其中，保险储备天数是指备件供货的平均误期天数，一般由实际经验确定。

④确定备件的库存量。通常要保证备件库存量不低于最低储备定额，不高于最高储备定额。

⑤编制备件供应平衡计划。根据各类备件之需要量及经常库存量，以及原有的库存备件情况和计划期末应保证的库存量要求，编制备件平衡表，并提出备件供应计划。备件供应计划除说明各类备件的供应量外，还应提出每批供货量及供货周期。

（3）备件的保管

①备件到货后，应按订购合同、运单逐件验收、核对数量、检查质量是否合格，确认无误后方可接收。

②备件要分类堆放整齐，要有防潮、防锈、防腐蚀、防变形等措施。

③要建立完善的备件收发、保管制度和备件登记台账。从备件的入库、保存到领出使用都要履行严格的手续，做到账目清楚、账物相符。

④备件供应管理人员要经常了解备件的消耗情况，及时掌握备件使用的变化，调整好备件供应，做到既不影响维修所需，又避免大量库存积压；既做到定期盘点，又适时订货增补。

（4）备件的报废

①对设备上拆换下来的旧备件，如果不能修复或改作他用，则可作报废处理，但要经设备管理部门认可。

②对新的备件，由于设备改型、设计有误或其他原因造成不能使用时，要先尽量修复或改作他用，如仍不能使用或无修理价值，可作报废处理，但须经设备主管部门及主管领导同意审批后方可进行。

# 12.4 生产调度管理制度

生产作业计划的编制，仅仅是计划工作的开始。生产作业计划必须通过执行、检查、调节、控制等一系列活动才能实现。为此，必须有一个强有力的组织机构，并具有相应的权力和职责，来保证选矿生产作业计划的执行和完成；这样的组织机构，就是生产调度系统。生产调度工作是贯彻与检查生产作业计划执行情况的主要方法和制度，根据生产作业计划及时检查它的执行情况，发现并解决执行中出现的各种偏差和遇到的新矛盾，保证计划任务均衡地完成。因此，生产调度工作是选矿厂日常生产过程中不可缺少的重要工作，也是完成或超额完成生产作业计划的重要手段。

## 12.4.1 调度工作的任务和原则

（1）调度工作的任务

①检查生产作业计划的执行情况。对生产作业计划执行情况进行经常的监督、检查和控制，及时调节各生产环节之间的配合关系，保证有节奏地均衡地完成选矿生产作业计划，这是选矿厂生产调度的中心任务。

②及时发现、调节和消除影响计划完成的各种因素，处理所发生的各种事故和问题，采取有效措施，保证生产正常进行。

③狠抓生产关键环节。由于矿山供矿和其他客观条件的变化，造成选矿的各生产环节发展不平衡。因此，在日常生产过程的管理中，必须掌握关键的生产环节，注意解决好生产中出现的新矛盾。

④经常深入车间了解生产实际情况，及时向上级调度部门及厂领导汇报生产作业计划的执行情况及存在的问题。

⑤组织好各种调度会议，包括日调度碰头会、周（或旬）生产调度会、月生产总结会等。调度部门要把生产调度会议的情况及时通报各有关方面，并督促、检查各有关部门和生产单位对调度会议决议的贯彻执行情况。

（2）生产调度工作必须遵循的原则

①计划性。必须以选矿生产作业计划为依据，进行日常生产的组织和调度指挥工作，组织作业计划的实施，并确保作业计划的全面完成。

②集中性。选矿厂要建立一个强有力的集中统一的生产调度指挥系统。选矿厂调度部门是在厂长或生产副厂长统一领导下行使生产调度职权的部门；调度人员是厂级领导（尤其是生产领导）的参谋和得力助手，一切有关生产作业计划的指令和决定，应通过调度系统下达；一切有关生产作业计划的执行情况的汇报，也应由调度系统上报。各级领导应从各方面维护调度系统的集中统一指挥，使其在

生产指挥上具有一定的权威。

③预见性。要对生产过程中可能出现的矛盾和问题，有一定的预见性，从而取得生产调度的主动权；要及时地发现隐患，做到防患于未然，既要抓好当前的生产，又要抓好下一步的生产准备工作。

④及时性。发现问题要及时，处理和解决问题要迅速。下级能解决的问题，决不往上级推，当班出现的问题，能处理的必须当班处理，决不拖延。

⑤群众性。调度人员应经常深入生产现场，了解生产实际情况，倾听一线工人的意见，确保调度指令、决定更加符合生产实际，并依靠群众协调各生产环节，共同完成生产任务。

## 12.4.2 生产调度工作的组织和制度

（1）调度工作的组织原则

①要建立以厂长或生产副厂长为首的全厂统一的、指挥自如的、强有力的生产调度指挥系统。

②明确调度机构的职责权限，充分发挥它的作用，使它有职有权。

③选矿厂调度部门，每天 24 h 必须都有工作人员，做到轮流值班，不间断地对生产各个环节进行指挥、调度，确保选矿生产连续进行。

④建立健全调度工作制度，包括值班制度、调度报告制度、定期召开生产调度会议制度等。

（2）生产调度工作制度

①昼夜值班制度。选矿厂的生产调度工作必须执行昼夜值班制度（与生产车间的工作制度相一致），做到每天 24 h 生产指挥不断。值班调度人员应将当班出现的问题、采取的措施和主要环节的生产情况等如实地填写在调度日志上；值班结束时，应向下一班值班人员交代清楚，并向上一级调度部门汇报当班的情况。

②工作报告制度。调度人员每天早晨（8:00~10:00）应将头一天生产任务完成情况及设备运行状况等，向上级调度部门和厂领导汇报；对重大人身与设备事故、严重的自然灾害等情况，要及时向上级调度部门和厂有关领导汇报。

③调度会议制度

a. 每天早晨的生产调度碰头会。协调和平衡各车间生产不平衡的问题，处理一些急需处理的问题，碰头时间不宜过长，一般为 30 min 左右。

b. 选矿厂的生产调度会，一般每周进行一次，因此，又称为生产调度例会（详见 12.4.4）。

### 12.4.3  调度机构的权力以及调度人员的职责和权力

（1）调度机构的权力

①有权检查、督促各部门、各车间贯彻执行生产作业计划；有权在选矿生产作业计划范围内，指挥各车间和生产班组。同时，调度人员有责任维护生产作业计划的严肃性，不经请示和上级部门的批准，不得随意改变计划。

②有权传达和检查厂长或生产副厂长布置的各项工作任务；有权传达调度会议的决定，并检查其执行情况。

③有权在特殊情况（如重大设备事故、自然灾害等）下，组织本厂的人力、物力进行抢救工作，以便尽快恢复生产；同时，有权组织有关单位查清事故原因。

④有权在生产作业计划范围，针对内外部条件确定设备的停开和协调矿、水、电、风及燃料的综合平衡。

⑤可以根据生产需要或厂领导的授权，向有关职能部门的工作提出合理的要求和索取必需资料。

（2）生产调度人员的职责和权力

生产调度人员的基本职责包括：

①按厂部下达的生产作业计划组织好当班的生产；及时掌握采矿生产概况，全面了解选矿生产的实际状况，消除薄弱环节，均衡地组织好选矿生产，保证生产任务的全面完成。

②有责任加强领导、上级调度部门、调度人员、车间及班组相互之间的生产及其有关的信息传递，保证指令和决议的有效贯彻执行，做到上情下达、下情上报。

③及时正确地处理生产中出现的各类问题；对本班确不能解决的问题，应及时请示上级调度部门和有关的厂领导。

④全面了解选矿生产作业计划中规定的任务、进度安排及完成任务的措施。

⑤熟悉和掌握全厂的生产全过程、选矿的工艺流程、生产指标要求、设备性能、技术操作规程、安全制度、选矿主要材料的消耗定额及供应情况、采矿生产状况等；熟悉全厂的管路（矿浆管、泡沫管等）、电路、水路、风路等分布情况。

⑥经常深入生产现场了解生产情况，加强联系；对生产人员执行规章制度、技术操作规程和指标的波动情况及设备运行状态，做到心中有数。

⑦严格执行调度人员交接班制度，按时向上级调度部门及有关领导汇报本班的生产及设备运行情况及存在问题，认真填写好调度日志。

⑧保证安全生产，停、送电应指派专人负责。发现不安全因素或违章作业有权制止；发生事故要及时向上级部门和有关领导汇报，并深入现场查明原因，及时组织抢修，尽快恢复生产。

生产调度人员的权力包括：

①有权组织指挥全厂的生产；根据实际情况，指挥开、停车；安排设备的检修；有权做好全厂的矿、电、水、风的平衡。

②有权协调各车间的生产关系，解决好各车间因生产问题而产生的矛盾。

③有权检查、督促各班生产任务的完成情况，并提出完成任务的具体措施、意见和要求。

④有权检查、督促各项规章制度的执行情况，对违章者可提出批评教育，情节严重者或不改者，有权制止作业，并向上级汇报。

⑤受厂领导的委托，下达生产指令和交办的各项生产任务。特殊紧急情况，若遇厂长不在现场时，有权代表厂长处理生产中出现的各种问题，事后向领导汇报。

### 12.4.4　生产调度例会

（1）生产调度例会概念

选矿厂的生产调度例会，一般每周召开一次，会议由生产调度机构的负责人召集，厂长或生产副厂长主持，有关厂领导应到会。参加生产调度会的单位和人员有各生产车间主管生产的负责人、各辅助车间的负责人、有关的职能部门的负责人、生产调度人员等。

（2）生产调度例会的主要任务

①按照选矿生产作业计划的要求，正确地部署和指挥生产。

②检查生产作业计划以及上次调度会决定的执行情况，在计划执行中出现的偏差、存在的困难和问题。

③根据检查得到的信息，监督各生产单位和有关部门严格执行生产作业计划，并采取有效措施预防和纠正可能发生的或已经发生的脱离计划的偏差。

④按照实际情况，重新修正生产作业计划，调节生产进度和各方面的活动。

（3）生产调度例会的主要内容

①检查上周生产作业计划和上次调度会决定的执行情况，小结前期生产情况，肯定成绩，指出不足。布置本周任务和工作重点。

②各车间及职能部门汇报上周作业计划的执行情况和对下周作业计划的打算，需要上级部门帮助解决哪些问题，有什么困难等。

③协调各车间之间的生产进度，及其需要解决的主要问题。

④研究制订克服生产中的薄弱环节的措施。

⑤月初、月末或年初、年终的生产调度例会，要根据月生产作业计划或年生产作业计划，全面总结上月或上年的生产情况，布置本月或本年度的生产。

## 12.5　生产计划管理制度

生产计划是企业为完成上级下达的生产任务，科学地组织生产活动，合理安排企业内各部门的工作，使企业开展生产活动程序化、规范化、目标化而制订的一系列措施、步骤和目标。有了合理的生产计划，才能科学地指导企业的各项生产活动，协调好企业内各部门以及与企业有关的部门的工作，使企业生产有条不紊地进行。

### 12.5.1　编制生产计划的基本要求

①要有严密的科学性。计划指标和措施要结合本企业内部的生产、设备实际状况和外部条件，使计划能真正有效地起到指导生产活动和实现预定目标的目的。

②计划编制要在上级下达的计划指导下进行，不得与上级计划和指导原则产生矛盾。

③生产计划要与企业的其他专业计划在时空上协调一致，不得相互抵触。

④计划指标和措施要严谨、明确，不应含糊不清、模棱两可。计划一旦制订，不得随便更改。

⑤计划说明书和计划表要清晰、整洁、条理分明、内容齐全，各项指标和措施不得相互抵触。做到目标明确，措施具体，切实可行。

⑥计划要有严肃的时效观念。在计划期限实施之前，计划要下达或上报至有关部门。

### 12.5.2　生产计划的分类

根据计划的专业属性可划分为生产作业计划、原材料消耗计划和生产成本计划等。根据编制计划的行政等级和适用范围可划分为厂、车间计划等。根据计划的时间期限可划分为年度、季度、月度和周计划等。

### 12.5.3　生产计划的基本形式

生产计划通常由计划说明书和各类计划表组成，并且通常以正式文件的形式下达或上报。

①计划说明书。主要包括上期计划执行情况、本期计划的指导思想、目标和为完成本期计划应采取的主要技术措施、工作安排，以及需上级解决的问题等，通常以文字形式阐述。

②各类计划表。主要包括生产计划总表、各作业计划指标表、原材料消耗及

生产成本计划表等。通常以数据、表格形式编制。

生产计划书应明确编制部门、上报或下达部门、编制日期等，以便计划的归口管理。

### 12.5.4　生产计划的主要指标内容

生产计划指标内容主要包括产品品种、产量、质量、选矿技术经济指标、主要原材料及动力消耗量、选矿成本、总产值和利税等。

各车间生产作业的计划控制指标为：

①碎矿车间。作业天数、原矿处理总量、日平均处理量、碎矿产品粒度及其合格率、主要设备(如旋回破碎机，中、细碎圆锥破碎机，振动筛等)的作业率、台时效率或负荷率等，电耗、水耗、作业成本等。重选及磁选车间可参照磨浮车间相关指标。

②磨浮车间。本期原矿处理量、日平均处理量、各磨机运转率、台时效率、溢流浓细度；浮选各作业段原矿、精矿品位、回收率、系统处理量及产品产量、金属量等；添加药剂种类、单耗等；电耗、水耗、磨矿介质消耗、作业成本等。

③精矿车间。各产品精矿的重量、水分。主要设备的运转率、台时效率、作业成本等。

### 12.5.5　编制生产计划的程序

深入了解本厂设备、工艺状况，了解外部条件，与采场协调好生产平衡，为上级制订计划提供依据。

待上级计划确定并下达后，结合本厂实际情况，编制出本厂计划草案，编制计划草案的基本依据是：①上级下达的计划指标。主要是原矿量、原矿品位、精矿品位、回收率、精矿产量及金属含量、精矿水分、电耗、水耗、主要原材料消耗、生产成本、各主要设备的台效及运转率等。②采场的供矿计划。③矿石性质预报结果。④供电计划。⑤原材料供应计划。⑥本厂设备检修计划。⑦本厂设备、工艺状况。⑧在本厂实施的有关改造、更新工程对生产的影响程度等。

在计划草案下发给有关车间、部门以及有关领导审阅，待收集有关必要的信息后，最终确定生产计划指标和措施。

编制生产计划书，按规定时间上报上级主管部门，经审批后，下达至厂内各部门贯彻执行。

### 12.5.6　生产计划的检查与实施

计划人员应经常检查各部门计划实施进展情况，督促计划的实施，及时解决计划执行过程发现的问题。由于各种原因造成计划滞后时，要努力采取切实有效的补救措施，以保证计划按期完成。每期期末必须对本期计划实际情况作出总结，找出存在问题及原因，并对计划完成情况提出报告。

### 12.5.7　生产计划的调整

原则上，生产计划一经确定，不得随意更改，以保持计划的严肃性。但如遇重大意外情况，如计划制订确与实际不符，或由于客观原因造成条件变化时，应征求有关部门意见，报请上级审批，获准后方可做适当调整。调整计划指标要有确切的依据，同时应制订出调整计划的实施方案。计划调整程序基本上与编制程序相同，计划调整后，应及时上报或下达给有关部门。

## 12.6　原始记录管理制度

原始记录是工业企业生产技术经济活动的最基本最直接的记录，通过原始记录可以及时了解企业各部门，各过程、各时期的生产经济活动基本情况，从而为企业制订生产定额、编制计划、分析和检查生产活动状态提供重要的依据。

### 12.6.1　原始记录的基本要求

原始记录必须做到全面、准确和及时，即：①全面。厂属各部门对从事的各项生产活动和业务工作，都应有原始记录。②准确。所提供的原始记录都必须准确、可靠、能如实反映实际情况。③及时。对本部门各过程、各时期的生产活动和业务工作及时用原始记录形式记录下来，便于有关领导和有关部门检查、参考和使用，以便及时掌握生产活动状态，指导生产活动和业务工作。

所设置的各种原始记录表(本)的格式、项目及内容要有统一规定，以便查考、使用和保存。各种原始记录必须认真严肃地填写，字迹清楚，项目和内容完整，不允许随意修改。原始记录从记录、传递、整理到保存全过程的管理都要明确责任人员和其应尽的职责，从而保持原始记录的完整、连贯和一致。

### 12.6.2　常见的原始记录种类及主要内容

常见的原始记录种类及主要内容包括各工种、机台、岗位交接班本。主要记录本工种、机台、岗位的设备运转和操作状况、工作情况、发生的问题及处理经过；重要设备运行状态记录。如配电室、中心控制室、大型关键设备等重要机台，都要有完整的设备运行状况记录，主要内容包括：设备开、停车情况；设备运行中各个时间的运行检测数据，如油温、油压、油量、气压、电压、电流、水压等；各种生产过程的工艺检测数据，如粒度、浓度、流量、pH、品位、单位时间给矿量等；各项生产样品化验数据；药剂制备、药剂添加量检测数据记录；钢球添加记录；调度值班记录；设备检修记录；事故处理记录；备品备件及原材料消耗记录；各项现场工艺调查、工艺参数测定、选矿试验数据；各种生产统计报表；各项技术、经济、管理活动会议记录。

### 12.6.3　原始记录的填写要求

原始记录的填写要求包括：①原始记录必须按规定时间、项目、内容认真填写，不得遗漏。如原始记录表本上某些项目在当时没有发生，应在该项目栏内容填写处画上横杠标记。②有具体数据的项目要按时间规定要求准确填写，须用文字说明的，用文字逐条记录清楚。③对原始记录的所有项目内容如存在疑问时，应认真核实，待澄清事实后重新填写。④记录人必须签名以示对所填写的原始记录负责。

### 12.6.4　原始记录的整理及保存

全厂的原始记录应分类整理，按业务归口管理、使用和保存。具体包括：①反映日常生产状况的数据、报表等原始记录，由厂统计部门归口管理。②对生产工艺问题所进行的专项调查、试验、测试方面的原始记录，由厂生产技术部门负责管理。③设备运行、检修方面的记录，由设备管理部门负责。④备品备件、原材料消耗、成本方面的原始记录由经营管理部门负责。⑤反映机台、岗位设备操作状况的交接班本，由各主管工段、部门负责。⑥其他业务系统的原始记录，由各自业务部门负责整理和保存。

对原始记录的整理，一般每月进行1次。各类原始记录分类整理后要编号存档、认真保管。原始记录的保存期限如下。

①一般机台、岗位设备操作交接班本，保存1年以上。

②重要机台、岗位设备操作交接班本、值班工长交接班本、调度值班记录等，保存2年以上。

③各类原始数据记录、生产统计报表、设备运行记录、生产过程检测、工艺调查和检测、选矿试验、设备检修、事故处理记录等要永久保存，不得销毁、损坏和散失。

## 12.7　生产统计报表管理制度

生产统计报表是企业各职能部门为及时、准确、全面、系统地反映企业各时期、各过程的生产情况，按照规定的格式、指标数据及内容、上报时间和程序，向上级和企业内各部门通报生产情况的一种方式，也是上级和本企业内有关部门分析和掌握生产活动状态、捕捉生产信息、积累生产经验的重要途径。

### 12.7.1 生产统计报表的基本要求和类别

（1）生产统计报表的基本要求

①生产统计报表的原始数据和计算数据应全面、准确、可靠，能如实地反映生产实际状况。

②生产统计报表要按规定的格式、指标数据及内容编制，数据项目不得随意修改或丢弃。

③生产统计报表要有专门技术人员负责审查，数据不得随意修改。如果发现异常数据，则应会同有关部门查明原因，重新验证，在掌握充分依据的基础上，方可合理地进行修正。

④报表数据的统计口径应该统一，相互之间不得矛盾。年度、季度、月度和日报表之间要保持连贯性和一致性。

⑤报表应格式清楚、内容完整，报表应附有必要的文字说明。

⑥报表应有制表人、审核人、主管部门负责人签章及部门的公章，填报编制日期，按时报出。

（2）生产统计报表的分类

①按统计时期分为年报、季报、月报、旬报、周报、日报等。

②按报表性质分为生产工艺报表、设备运行状况报表、原材料消耗报表、成本报表等。

③按作业顺序分为碎矿作业报表、磨矿作业报表、选矿作业报表（其中可根据不同作业段、不同产品进一步分类）、精矿脱水作业报表等。

④按产品实物量划分为理论生产报表和实际生产报表（即金属平衡报表）等。

### 12.7.2 生产统计报表的一般形式及统计内容

生产统计报表通常根据作业段划分，按流程作业顺序，通过表格形式反映各工艺过程的生产技术经济指标、设备运行状况、原材料消耗情况等。不同选矿厂由于工艺的不同，生产日报表的内容有一定差异，这里以某铅锌硫多金属矿选矿厂的生产日报表加以介绍，其他选矿厂可参照编制。

①碎矿作业日报表，反映每班碎矿系统作业情况。主要统计数据内容为：系统处理量、产品粒度（或粒度合格率）主要设备作业率、台时效率、系统运转时间等。

②磨矿作业日报表。反映每班磨矿分级作业情况。主要统计数据内容为：各系统原矿处理量，溢流浓度、细度，磨机运转时间和作业率，台时效率及磨机利用系数等。

③铅锌分离作业日报表。反映该作业段铜、铅（还包括金、银）的作业情况。

主要统计数据内容为：原矿处理量、主元素品位、原矿氧化率、主元素金属量；铅精矿重量、主元素品位、主元素金属量、选铅尾矿重量、主元素品位及金属量；主元素回收率；运转时间、作业率等。

④锌硫分离作业日报表。反映每班锌、硫（还包括金、银）作业情况。主要统计数据内容与铅锌分离选矿段相似。但此时硫的回收率应在选锌尾矿栏中体现。且该报表可与铅锌分离作业日报表合在一起。

⑤选硫作业日报表。反映每班选硫作业情况。主要统计数据内容为：给矿重量、主元素品位、金属量；硫精矿重量、主元素品位、金属量；选硫作业回收率、系统运转时间、作业率等。

⑥精矿脱水作业日报表。反映每班精矿脱水作业情况。主要统计数据内容为：处理量、给矿和产品浓度（或水分）、台时效率、作业时间和作业率等。

⑦金属流失日报表。反映每班金属流失情况。主要统计数据内容为：各流失点的外流重量、浓度、主元素品位、金属量等。

⑧生产综合日报表。反映全厂综合生产情况。主要统计数据内容为：原矿处理量及主元素品位、金属量；各作业段主元素品位、回收率；最终精矿重量、主元素品位、金属量、主元素综合回收率；总尾矿重量、主元素品位、金属量等。

⑨全厂主要设备运行状况日报表。反映每班主要设备运行状况。主要统计数据内容为：主要设备作业率、台时效率、运转时间及停车时间、造成停车的原因及影响停车时间等。

上述生产日报表均要有从月初开始至当日每个系统、每个班次、每天的累计数据内容。金、银生产报表，根据检测、化验结果的周期编制。按流程作业顺序反映各作业金、银在铅、锌精矿中的富集情况，统计数据内容与铅锌选别作业日报表基本相同。选矿生产月报表根据各作业日报表累计数据获得，季报表根据月报表累计数据获得，年报表根据季报或月报表累计数据获得。原材料消耗及成本报表，每月编制一次。主要数据内容包括：水、电、药剂、钢球、备品备件等主要原材料的总消耗量、单位原矿消耗量、总费用；其他各项开支总费用、单位原矿费用、生产总成本、单位原矿生产成本等。金属平衡报表，每月编制一次。

## 12.7.3  生产统计报表的编制程序

（1）收集报表计算的原始数据。从调度室或检化部门收集前一天各段生产的原始数据、设备运行状况记录等；审查、核实各项原始数据是否准确、可靠，有无异常，数据是否齐全。

（2）根据各项原始数据计算各项统计指标。

（3）全部数据计算完毕后，填入报表中。

（4）对报表进行审查，确认数据准确无误后，方可报出。

### 12.7.4 生产统计报表的存档保管

所有的生产统计报表在报出的同时,应留有 1 份存档。生产统计报表要按月度、年度归类装订成册、编号存档,妥善保管。

## 12.8 选矿工艺条件管理制度

选矿工艺条件就是对选矿各生产作业的工艺参数的规定和工艺控制标准。它是选矿厂进行生产操作和工艺管理的重要依据,是搞好选矿工艺操作的根本保证。因此,选矿厂生产技术部门必须制订出合理的选矿工艺条件,各级工艺技术和管理人员、各机台操作人员都必须严格执行选矿工艺条件,按选矿工艺条件进行工艺操作和控制。同时,检查、督促各作业选矿工艺条件的执行情况,是选矿厂生产技术管理工作的最重要职能。

### 12.8.1 制订选矿工艺条件的基本依据

①设备性能和设备的现行工艺状况。
②设计工艺参数。
③矿石性质及其变化情况。
④选矿试验结果。
⑤生产实践经验。
⑥生产计划任务及对产品的要求。
⑦外部制约条件及其变化情况。

### 12.8.2 制订选矿工艺条件的基本原则

①选矿工艺条件的制订必须全面、科学、准确、及时。选矿厂各生产工艺关键环节都应制订完善的工艺条件,作为操作控制的目标和检查操作状况的依据,使全部操作过程处于受控状态。制订出的选矿工艺条件应科学、合理、准确,能真正满足实际工艺操作要求,真正取得指导工艺操作控制的目的。选矿工艺条件的制订要及时。当原矿性质发生大的变化而原有的工艺条件又不能适应这一变化时,应及时予以调整或进行临时性的修改变更,以满足现场生产要求。

②选矿工艺条件的制订要有充分的试验依据,要能在保证设备正常运转的前提下,使生产过程稳定化和最优化,获得最佳工艺效果。

③制订的选矿工艺条件要力求达到提高生产效率,降低物料消耗和生产成本,提高经济效益的目的。

④制订的选矿工艺条件应有明确、具体、合理的工艺控制范围,以满足生产

调节和控制的需要。

⑤选矿工艺条件应以简明的表格、卡片形式及时下达到各级生产管理部门和操作机台、岗位。

### 12.8.3　选矿厂通常须制订的选矿工艺条件项目

（1）破碎筛分作业

破碎筛分作业须制定的工艺条件包括：各段破碎机排矿口；各段破碎机给矿、排矿粒度；各段破碎机台时效率和负荷率；各段破碎机给矿量控制范围；各筛分作业筛孔尺寸及产品粒度；各筛分作业台时效率、负荷率及筛分效率。

（2）磨矿分级作业

磨矿分级作业须制定的工艺条件包括：给矿均匀性和磨机台时效率；磨矿浓度；钢球充填率、球荷及球荷配比；磨矿循环负荷率；分级溢流浓度、细度；分级效率。

（3）浮选作业

浮选作业须制定的工艺条件包括各作业药剂种类、添加点及添加量，矿浆浓度及矿浆 pH，浮选机充气量，各段产品品位和浓度，最终产品中影响产品质量的有害杂质的含量要求。

（4）精矿脱水作业

精矿脱水作业须制定的工艺条件包括各脱水作业的给矿及产品浓度（或水分），各脱水设备台时效率，各脱水作业溢流中固体含量及金属损失率。

### 12.8.4　制订选矿工艺条件的程序

（1）收集制订各选矿工艺条件的依据资料，及时了解、掌握各工艺影响因素的变化情况，根据对下期处理矿样进行选矿试验，确定各作业选矿工艺条件。

（2）选矿工艺条件一般由生产技术部门每月制订、下达一次。在执行过程中，如遇情况发生变化，应及时调整变更，并签发临时变更通知书。

（3）各作业机台均应有包括本作业选矿工艺条件项目的工艺操作技术卡片，使各个作业机台操作人员能及时了解本机台选矿工艺条件。

（4）选矿工艺条件由生产技术部门制订，须经选矿厂主管生产技术的领导审批后，方可下达执行。

### 12.8.5　选矿工艺条件的执行与检查

（1）各作业机台必须严格按选矿工艺条件进行工艺操作和控制，严禁违反工艺条件的操作行为，违者按违章作业论处。

（2）各级生产技术和管理人员经常深入现场检查工艺条件的执行情况，督促工艺条件的实施，及时纠正违反工艺条件的行为。

（3）有关人员应经常检查各作业执行选矿工艺条件的效果，及时发现问题，对不符合现场生产特点的工艺条件要及时修订，对贯彻工艺时碰到的问题和困难要及时设法加以解决，以保证选矿作业的高效率。

（4）有关管理部门应制订相应的考核措施，对各作业工艺条件执行情况进行考核，作为评价操作人员工作成绩的依据。

# 12.9 生产岗位交接班制度

选矿厂的生产是一个连续作业过程。其生产工作制度通常为每天三班制，每班 8 h 的工作制度。为使在交接班时，生产过程能稳定正常地进行，必须建立起严格的交接班制度。交接班制度是坚持安全生产、杜绝人身设备事故发生、保证生产连续均衡地进行、全面完成生产计划的一项重要工作。

## 12.9.1 交接班的内容

交接班的内容如下。

①设备运行情况，停开车的时间、次数以及设备维护保养情况。

②生产任务完成情况，当好班的操作经验。

③当班生产中出现的问题及处理情况，是否有遗留问题等。

④上级指示精神及规章制度的执行情况。

⑤原材料（矿、水、油、药）、动力、备件供应及消耗情况。

⑥公用工具、器具的交与接。

## 12.9.2 交接班应遵循的原则

交接班制度执行中要做到严而细，避免扯皮现象，具体原则如下。

①设备运转不正常，不交不接。

②生产作业不稳定、不正常，不交不接。

③当班能处理的问题未处理好，不交不接。

④公用工具、器具不齐全、不完整，不交不接。

⑤生产、设备情况不清楚、记录不全，不交不接。

⑥现场与机台卫生未搞好，不交不接。

## 12.9.3 交班制度

①交班前，要为下一班创造条件，保证生产作业稳定、正常，不得随意改变操作条件，不给下一班留下困难。

②保证设备安全运转，不弄虚作假，不隐瞒问题。交班时必须如实向接班人介绍本班生产情况、设备运转情况、存在问题及处理方法。

③当班出现的生产、设备问题原则上应由当班处理妥当之后，方可交班，本班确实无法处理的问题要及时上报，经与下班协商或经领导裁决后，方可交付给下班处理。

④交班时应保证工具齐全、完好，并交付给下班，同时要认真填写好交班记录，待接班者签名同意下班后，才可离开。

⑤若接班者未能按时到达现场或无人接班，当班者除及时向带班工长反映外，还应认真坚守岗位，不得擅自离去，待班长给予安排后，才可下班。否则，因此发生的故事由交班者负责。

⑥交班前，应将设备及环境卫生搞好。

### 12.9.4　接班制度

①接班者应按时参加班前的生产例会，认真听取班前工作布置，服从工长分工安排。

②接班者应提前 15 min 进入作业现场，认真听取交班者情况介绍，查阅交接班记录，并严格检查本机台操作情况和设备运行情况。

③接班者经各项检查之后，同意交接班，应在交接班记录本上签署意见。若发现还存在问题，不符合交接班要求时，除应向交班者口头说明外，也应如实在交接班记录本上注明，重大问题还应及时向上级汇报。

### 12.9.5　其他事项

①接班后所发生的问题或事故，均由接班者负责。
②停车状态的交接班也应严格执行交接班制度。
③交接班记录本各班均应认真负责地填写，并妥善保管。

## 12.10　选矿厂工艺过程管理

选矿厂的生产任务是按计划完成产品品种、数量、质量指标。选矿过程是一个连续生产过程，为了使这个过程能够正常、均衡、连续地进行，上下工序之间必须紧密衔接，互相创造条件，严格执行技术操作卡片，任何一道工序出现漏洞，都将影响全厂（或局部）的生产。

为使选矿厂的生产活动符合多、快、好、省的原则，便于按班、日、旬、月、季、年衡量选矿厂的生产效果，应做好选矿厂的金属平衡工作。金属平衡工作是选矿厂生产管理工作的一个重要部分，是衡量选矿厂（车间）生产技术管理和经营管理好坏的重要标志之一。做好金属平衡工作的关键就是要搞好选矿厂生产过程的检验，检查和了解各个生产环节的技术操作是否符合工艺要求，指出生产中存在的薄弱环节，以便及时发现问题、解决问题，促使生产正常进行。

为了搞好选矿生产过程的技术检验，应视选矿厂具体情况设立相应的组织机构，包括质量管理科、技术检验科、技术监督站、检测组等。生产检验所得到的各种原始数据，除了系统整理、长期保存外，还应及时在现场进行公布，并向生产管理部门定期提出各种统计报表和改进工作的建议。技术监督部门有权对造成严重金属流失和不执行技术操作条件的个人、班组、工段，提出严厉批评，甚至停止其生产操作。对那些不按规程办事的人员，按有关规定给予行政处分或经济制裁，并责令限期采取措施进行纠正。

## 12.10.1　生产过程的检验范围

选矿生产过程的检查与控制，随着处理矿石种类和选别方法的不同，检验范围也略有差异，但综合起来大致包括以下内容。

①进厂原材料(如原矿石、选矿药剂及其他消耗材料)及出厂产品品种、数量和质量标准的按期检查。

②计量设备(包括各种皮带秤、磅秤、天平、仪表、地中衡等)定期校核。

③主要设备技术条件的检查与控制，如破碎设备的排矿口尺寸、筛分设备的筛孔大小、浮选机充气量、浓密机溢流水的浑浊度、真空泵的真空度、干燥窑的炉温等。

④工艺操作条件的检查，根据选矿厂采用的工艺不同，检验内容存在一定差异。选矿厂常见的工艺操作条件的检验内容如下。

a.粒度检验分析。原矿块度、碎矿最终产品粒度、磨矿细度、分级机或旋流器溢流细度、入选矿石的粒度、精矿及尾矿产品的粒度等。

b.矿浆浓度测定。主要是磨矿浓度、分级机或旋流器溢流浓度、入选矿浆浓度，以及某些重要作业的浓度，如中矿浓缩等。

c.水分测定。主要包括原矿和各种精矿产品。

d.品位分析。包括原、精、尾矿样品位及快速样品位等。

e.矿浆酸碱度测定。主要包括各浮选作业的矿浆 pH 测定。

f.药剂用量的检查与控制。包括药剂的制备和药剂添加量的计量等。

## 12.10.2　选矿生产过程中样品的采集与制备

(1)取样的基本要求

选矿生产过程的取样应具有充分的代表性，即矿样中主要化学组分的平均含量和物理化学性质等，与生产所处理的矿石性质基本一致。为此，取样的基本原则包括以下几个方面。

①矿石粒度。矿石粒度与矿样代表性密切相关，一般矿石粒度较大时，取样量应该大一些。当样品重量一定时，为了减少矿石粒度大小对样品代表性的影响，应该将矿石破碎到较小的粒度，充分混匀后再取样。一般取样时，样品的最小重量可用以下经验公式确定：

$$Q = Kd^2$$

式中：$Q$ 为保证样品的代表性所必需的最小取样重量，kg；$d$ 为样品中最大块的粒度，mm；$K$ 为矿石性质系数，根据实践，一般铜矿石在 0.1 至 0.5 之间，铅锌矿石约为 0.2，其他种类矿石可参考这些系数确定(参见第 11 章相关内容)。

②矿物浸染特性。一般细粒均匀浸染矿石的取样量可少一些，粗粒不均匀浸染矿石取样量则应多一些。

③有用矿物的密度。矿石中各种有用矿物的密度差别愈大，愈易产生离析现象，因此取样量应多一些。

④矿石中有用成分的含量。在其他条件相同的情况下，如果矿石中有用成分含量愈高，则矿石中有用矿物成分的分布就应该愈均匀，样品重量也就可以少取一些。

⑤化学分析的允许误差。分析的允许误差愈小，样品的原始重量就应该愈大。

（2）取样点的选择

尽管选矿厂随处理矿石种类的不同，以及检验的目的不同，选取的取样点也不尽相同，但选矿厂的常规取样点如下。

①在球磨机给矿皮带上，以及其他原矿进入选矿厂的地点设立原矿计量点及水分取样点。在没有中矿返回的分级机或旋流器溢流处、精矿输（管）、尾矿输（管）处分别设立原矿、精矿、尾矿取样点。这些取样点得到的数据可用于计算选矿产品产量和编制生产日报表(原始数据包括原矿处理量，原矿水分，原矿、精矿、尾矿的品位等)。

②生产流程中，在对数量、质量指标影响的关键作业处，如分级机或旋流器溢流等处设置浓度和细度取样点。

③在生产流程中易造成金属流失的部位，如浓缩机、沉淀池的溢流口，各种砂泵池的溢流口，磨浮车间总污水排放口等位置，设立相应的取样和计量点。

④在精矿仓或出厂精矿装运汽车等运输设备上设置取样点。为编制实际金属平衡表提供原始数据(如出厂精矿水分、出厂精矿的数量和质量等)。

⑤为全面评价选矿厂生产工艺的数质量流程，进行全流程考察取样时，取样点的设置应充分考虑流程计算可行性。一般设置在所考察流程的各作业的给矿、产品及尾矿排放处。

（3）采样方法的选择

由于选矿厂生产过程中涉及的样品种类较多，针对不同种类的样品，应采取不同的取样方法和取样工具，以保证取样的代表性。

①移动松散物料的取样。一般是指在带式运输机上取样。此时应采用断流截取法。即按一定长度，每隔一定时间，垂直于矿石运动方向，沿料层全宽全厚度刮取一份矿料作为样品，取样的总时间（或长度）由所取样品的用途和重量而定。

②矿浆的取样。一般应采用横向截取法取样。即连续或周期地横向截取整个矿浆流断面得到的矿浆即为样品。取样时，必须等速切割，时间间隔相等、比例固定，避免溢漏。为保证截取到矿浆的全宽全厚料流，取样点应设置在矿浆明流转运处。比如，分级机溢流堰口、溜槽口和管道口等。严禁直接在管道、溜槽或贮存容器内取样，以避免在产生物料分层的环境截取代表性差的样品。人工取样一般间隔 15~30 min 采一次样，每次采样时行程与速度应基本保持一致。

矿浆取样时还应注意的是要将取样勺的勺口长度方向垂直矿浆流，等速横截通过矿浆流，从而保证料流的全宽与全厚均被截取到。

③粉状物料的取样。粉状物料取样主要是指对精矿仓中堆存的精矿和装车待运的出厂的精矿进行取样。一般采用方格探管取样法，即在取样矿堆的表面上画出网格，在网格交点处用探管取样。网格可以是菱形的、正方形的或长方形的，取样点数目越多，样品的代表性也就越强。但过多的取样点会加大样品加工的工作量，所以取样点数视具体情况而定，但最少不得少于 6 个，且分布要均匀。采用探管取样时，要垂直插入矿堆，每点采取的数量应基本相等，表层和底层均应取到。

（4）常用取样器械

要采取有代表性的样品，除了要正确地选择取样方法外，合理地选择取样工具和设备也是非常重要的，特别是对移动松散物料和矿浆的取样更为重要。目前选矿厂生产中常用的取样器械主要有两大类，即人工取样器和机械取样器。

1）人工取样器

人工取样器是根据各种不同待取样物料的特点，人工设计制作的一些取样工具，主要包括取样勺、取样壶、探管（或探针）等。

① 取样勺是带扁嘴形状的容器，如图 12-1 所示。取样勺的结构特点是口小底大，贮量较多，矿浆样品不易溅出，又便于将样品全部倾倒出来。取样勺的开口宽度不宜太小，至少应为所取样中最大颗粒的 4~5 倍。图 12-1 中的（a）、（c）、（d）三种取样勺适用于粒度较细的矿浆样。（b）和（f）取样勺的口较宽，适用于采取泡沫产品以及浓度较大、粒度较粗的样品。（e）取样勺则适用于采取球（棒）磨机排矿，以及分级机返砂等样品。选矿厂所用取样勺的规格有一定差异，但形状基本相同，都是用镀锌白铁皮（一般厚度为 0.5~1.0 mm）焊接而成。取样勺必须满足下列条件。

a. 接取矿浆的样勺口宽度至少应为样品中最大颗粒直径的 4~5 倍。

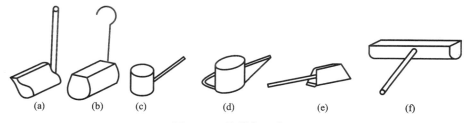

图 12-1　取样勺示意图

b. 取样勺的容积不得小于一次接取所要取得的矿浆体积。

c. 取样勺应为不透水、有光滑的内壁，使勺(壶)中的矿浆容易完全倒尽。

d. 取样勺的长度方向应平行于矿浆流运动方向，并以等速运动横截整个矿浆流。

②探管(探针)其形状如图 12-2 所示。其中，图 12-2(a)和 12-2(b)适用于取粒度较细堆存的松散固体物料，比如，矿仓中的精矿和装车待运的精矿等。

图 12-2(a)是圆筒形探针，一般由 1/2~3/4 in(1 in=2.54 cm)钢管或硬质塑料管制成。

图 12-2(b)是圆筒形探管，由 3/4~1 in 钢管或硬质塑料管制成，在其管上开一条纵向小缝，上部焊接一个手柄，通过小缝可以取得样品。

取样时，按规定的位置将探管从物料的表面垂直插入到最底部(如出厂精矿取样)，用力将探管拧动，使被取物料能最大限度地附着在探管的槽中，然后将探管抽出，并将其槽中的物料倒(刮)入取样桶中。

图 12-2(c)则适用于浮选槽等槽体中矿浆样的采取。一般由 1~1.5 in(1 in=2.54 cm)钢管或有机玻璃管、粗铁丝和橡皮塞组成。取样时，将取样管插入矿浆中，停留一会后，向上提升铁丝，使橡皮塞堵住圆管下端口，提出取样管后，松开橡皮塞，倒出矿浆样品。

③取样壶的形状如图 12-3 和图 12-4 所示。图 12-3 是选矿厂常用的深槽矿浆取样壶(如浓缩机矿浆的取样等)，图 12-4 是普通的矿浆取样壶，一般有 250 mL、500 mL 和 1000 mL 三种，用白铁皮焊接而成。取样壶一般在快速分析矿浆浓度和粒度时采用。

除了上述介绍的常见人工取样器外，各选矿厂还可根据工艺特点自行设计和制作一些合理的取样器。

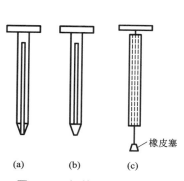

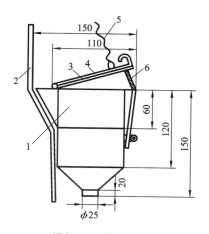

图 12-2 探管取样器示意图

1—样壶；2—手柄；3—盖板；
4—软胶皮；5—拉绳；6—橡皮或弹簧。

图 12-3 深槽矿浆取样壶示意图

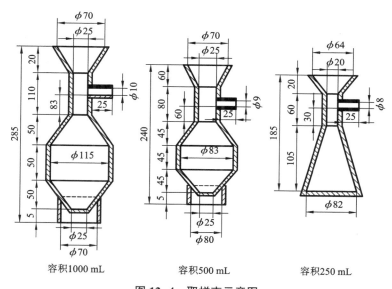

容积1000 mL    容积500 mL    容积250 mL

图 12-4 取样壶示意图

2）机械取样器（机）

机械式取样机与人工取样器相比，除能节省人力外，更主要的是取样间隔时间短，取样频率高，因而所采取的样品具有更高的代表性。凡是有条件的选矿厂，原则上应尽可能采用机械取样机。目前所采用的取样机，大都是按断流截取法原则，经过一定的时间间隔，从全部物料中取出样品的自动取样机。目前，选矿厂采用的自动取样机种类较多，但工作原理基本相似，常见的电动矿浆取样机的结构见图12-5。电动机1带动取样小车4沿取样小车导轨2往复运动，通过限位开关3限位，取样小车4带动取样切槽6横截矿浆过道槽8中的矿浆流，从而完成一次采样。

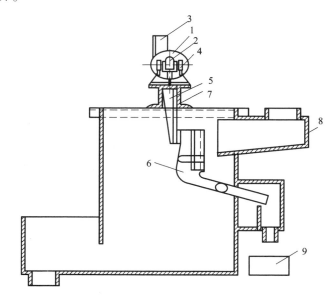

1—电动机；2—取样小车导轨；3—限位开关；4—取样小车；5—取样槽支架；
6—取样切槽；7—机座；8—矿浆过道槽；9—样品桶。

**图 12-5　电动矿浆取样机的结构示意图**

近年来，随着科学技术的飞速发展，相继出现了许多最新型的矿浆取样机，如管道取样装置，图12-6是SL型管道式全自动矿浆采样机。由钢制壳体(可根据用户要求衬胶)、不锈钢取样管、调节器节管、导向器、电机及机械传动系统、电子智能控制部分组成的整体全自动设备。

首先将采样机按安装示意图所指定的角度合适地安装在管道上，使矿浆流向与机器流向标志

1—矿浆管；2—调节装置；3—控制仪表；
4—电动机；5—取样管。

**图 12-6　SL 型管道式全自动矿浆采样机**

密度较大，含量很低的矿样(如金)，翻滚次数须多重复几次。

②矿样缩分。对干的粉矿样，其缩分一般有四分法对分和方格法两种，其中，四分法对分，即将样品混匀并堆成围锥后，用小铁板插入样堆至一定深度，旋转薄板将样堆展平成圆盘状，通过圆盘状样堆中心画十字线，将样堆分割成四个扇形部分，取其对角两份样合为一份样品；若分半样品还多，可将其再用四分法对分，直到满足为止。方格法，即将样品混匀并堆成圆锥后，摊平为一薄层，将其划分成较均匀的许多小方格，然后逐格铲取样品，每铲必须铲到底，每格取样量要大致相等，此法主要用于细粒物料的缩分，可一批连续分出多份样品。

对矿量较大的样品，可采用分样器进行缩分，有二分器和湿式缩分器等，其中，二分器可以根据样品粒度的不同用白铁皮来制作，主体部分由多个相互呈相反方向倾斜的料槽交叉排列组成，形状如图 11-4 所示，主要用于缩分中等粒度的样品，缩分精度比堆锥四分法好，它既能用于干样，也能用于湿样的缩分。

为使物料顺利通过小槽，小槽宽度应大于物料中最大物料尺寸的 3~4 倍。使用时两边先用盒接好，再将矿样沿二分器上端整个长度徐徐倒入，而使矿样分成两份，其中一份为需要的矿样。如果量大，应再继续缩分，直至缩分到需要的重量为止。

对大量的矿浆样品也只能采用二分器或湿式缩分机中进行湿法缩分，不允许将样品烘干后再缩分，尤其是硫化矿样品。湿式缩分机的结构简图见图 12-8 所示，其缩分过程是充分搅拌矿浆样品，搅拌均匀后边搅拌边倒入湿式缩分机中缩分，用容器接取缩分出的样品，其余废弃，根据需要可反复缩分多次。

图 12-8 湿式缩分机的结构简图

③过滤。过滤前要先将滤纸称重，并记录在滤纸的一角上，在滤纸的另一个角上写好样品的标签。详细检查过滤机滤盘盘面两侧有无堵塞或孔径是否显著变大，避免局部抽力太大将滤纸吸破，导致被滤物随滤液透过滤纸。滤纸铺好后用细水润湿，再开启真空泵或打开抽气阀门将被滤物料均匀、缓慢地倒入滤盘内。注意不得溢出。过滤完毕后关闭真空泵或抽气阀门，用两手轻轻将滤纸托起，然后送入烘箱内烘干。

若样品粒度很细或含泥多，过滤困难时，可将样品倒入铺有滤纸的滤盒(底部钻有许多小孔的铁盒或铝盒)待样盒中的水大部分滤去，就可直接放在加热板或烘箱中烘干。

④烘干。样品的烘干一般在专用烘箱内进行。当一个烘箱内放入几种不同品位样品时,品位高的样品必须放在最下层,品位低的样品放在最上层。在烘干过程中,温度应控制在110 ℃以下,温度过高样品氧化导致化验结果不准确。

检查样品是否烘干的简便方法是将样品从烘箱内取出放在干燥的橡胶皮或水泥地面上,稍后将样品拿起,观察被放物表面是否留有湿印,如果没有则表明已烘干,否则应继续烘干。用作筛分分析和水析的样品,烘到含水5%左右即可,不得过分干燥以免样品的结晶水等失去导致颗粒碎裂,改变粒度组成。

⑤制样。样品烘干后须称重记录,根据样品量的多少决定是否缩分,然后磨细,全部过筛并混匀、缩分,按化学分析的重量要求装袋供化学分析。

3)化学分析样品制备程序

①根据要求,确定样品化学分析内容,填写化验单、试验袋。如果样品要做矿物镜下鉴定,则不能研磨,应保持原样粒度。

②筛分。样品中如粉状物较多时需要预先筛分,筛除样品中已达合格粒度的物料,以利于样品的加工。如果样品中粉状量少,可不筛分直接研磨。筛分时,不得采用任何形式强迫过筛,如用毛刷刷筛网等,这样不仅会加速筛面破损,筛孔变形,更重要的是对筛下物的粒度组成有影响。

③研磨。样品的研磨一般采用研磨机或瓷研钵。样品数量多时采用研磨机研磨;样品数量少时可采用瓷研钵研磨,研磨的器具要干净,不能留有异物,研磨机的磨钵盛好样品后要密闭,以防研磨时样品泼洒。研磨后样品再过筛,筛上试料再返回研磨,直至样品全部通过筛子。研磨时,应注意高品位样品和低品位样品必须分别用不同研磨钵研磨,同类样品先磨低品位的后磨高品位的。

4)化学分析样品的重量及粒度要求

①粒度要求。一般原矿、精矿、尾矿过0.09 mm以上筛子,贵金属及稀有金属全部过0.074 mm筛子。

②重量要求。样品中元素的个数、含量高低及分析方法的不同,所需要的样品的量也不相同,一般样品量为10~200 g。其中,原矿、精矿、尾矿样品只分析一种元素为5~10 g,原矿、精矿、尾矿样品分析两种元素为10~20 g,物相分析样品为20~50 g。

多元素分析样品视分析元素多少而定,铂族元素分析样品为500 g,试金分析样品(低品位)大于100 g。

## 12.10.3　生产工艺过程的检测与计算

### 12.10.3.1　矿浆浓度、细度测定

(1)矿浆浓度的测定

矿浆浓度是指矿浆中固体矿粒的含量。现场常用重量百分比浓度表示,即矿

浆中固体重量占矿浆重量的百分数。公式如下：

$$R = \frac{T}{Q} \times 100\% \tag{12-1}$$

式中：$R$ 为矿浆百分比浓度，%；$T$ 为矿浆中固体重量，g；$Q$ 为矿浆重量，g。

在选矿厂日常生产过程中，人工测定矿浆浓度通常采用浓度壶。由于检查矿浆浓度是选矿厂经常性的工作，为了适应及时调整工艺操作的要求，省去现场每次测定的计算工作，选矿厂一般都根据选别不同过程的矿物密度，针对容积一定、重量一定的浓度壶，预先计算出某一称重下的矿浆浓度，然后制定出一个矿浆浓度查对表，供现场迅速查对。浓度查对表可由式(12-2)算出。

$$G_{称重} = G_{壶重} + G_{矿浆重} = G_{壶重} + \frac{\rho V}{\rho - C\rho + C} \tag{12-2}$$

式中：$G_{称重}$ 为浓度壶和所盛矿浆总量，g；$G_{壶重}$ 为浓度壶本身重量，g；$G_{矿浆}$ 为浓度壶所盛矿浆重量，g；$\rho$ 为矿石密度，g/cm³；$V$ 为浓度壶体积，mL；$C$ 为重量百分浓度，%。

除采用人工测定矿浆浓度外，还有采用 γ 射线密度计等仪器测定矿浆浓度和密度。

(2)矿浆细度的测定

选矿厂通常对分级溢流的细度进行检查测定。分级机溢流细度通常是指分级溢流中小于 0.074 mm 级别的重量百分比。对分级溢流细度的检查测定是用筛孔孔径为 0.074 mm 的标准筛对矿浆样品进行筛析。筛下重量与样品重量之比就是被检查测定的矿浆细度。而现场矿浆细度制定多采用快速筛分法。此法虽然有些误差，但筛分速度较快，因而对指导现场生产有实际意义。

快速筛分法所用的工具有浓度壶、标准筛、天平等。筛分检查时，分以下步骤进行。

①按取样要求采取矿浆样品，盛满容积一定的浓度壶。

②称重，记下浓度壶加矿浆的总重量。

③将浓度壶中矿浆样品全部倒在标准筛上湿筛，若固体含量多，可分几次倒入，直至小于筛孔的筛下粒级已筛净方可终止筛分。

④将筛上物重新倒入浓度壶中，并注满清水。

⑤再次称重，记下浓度壶加矿浆的总重量。

⑥根据第一次称重的浓度壶和矿浆的总重量，即可在浓度对照表上查出矿浆浓度。

⑦根据第二次称重，对应于第一次称重查得的浓度即可在细度对照表上查出矿浆细度。

矿浆细度查对表可按式(12-3)近似计算得出。

$$d = 1 - \frac{q - (V + w)}{Q + (V + w)} \times 100\% \tag{12-3}$$

式中：$d$ 为筛下某粒级重量百分含量，%；$Q$ 为筛前矿浆加容器重，g；$q$ 为筛上矿粒加水加容器重，g；$w$ 为容器重，g；$V$ 为浓度壶容积，mL。

矿浆细度（粒度）的检测，除采用人工测定外，有些选矿厂也有用粒度自动检测设备和仪器检测。

### 12.10.3.2 破碎最终产品粒度的测定

破碎最终产品粒度的制定常用方法是筛分。即在运输破碎最终产品的胶带上或卸矿处定时取样筛分。取样间隔时间视碎矿开车时间长短而定，一般不得超过 1 h/次。每班测定次数，手工筛分 1~2 次，机械筛分 2~4 次。每次取样重量应符合 $Q = Kd^2$ 公式要求，但最少不得少于 20 kg。将所取样品在磅秤上称重，然后倒入指定的筛中筛分。筛孔的大小根据对最终产品粒度的要求而定。筛分到终点后，将筛上物称重，并记录数字，最终粒度合格率由式（12-4）求出。

$$E = \left(1 - \frac{Q_1}{Q}\right) \times 100\% \tag{12-4}$$

式中：$E$ 为破碎最终产品粒度合格率，%；$Q_1$ 为筛上物重量，kg；$Q$ 为所取样品总重量，kg。

若每班筛分多次，则该班合格率是每次合格率的加权平均值。值得注意的是，所用检查筛的筛孔，在尺寸相同而形状不同时，筛下产物粗度也随之不同。筛下产物的最大粗度可按式（12-5）计算。

$$d_{最大} = KA \tag{12-5}$$

式中：$d_{最大}$ 为筛下产物最大粒度，mm；$A$ 为筛孔尺寸，mm；$K$ 为系数，由表 12-1 查得。

表 12-1　$K$ 值

| 筛孔形状 | 圆形 | 方形 | 长方形 |
|---|---|---|---|
| $K$ 值 | 0.7 | 0.9 | 1.2~1.7 |

### 12.10.3.3 矿浆酸碱度的测定

常用的矿浆酸碱度的测定方法有以下几种：pH 试纸法、电位法和滴定法。

（1）pH 试纸法

这是最简单的测定方法。测定时将 pH 试纸纸条的 1/2~1/3 部分直接插入矿浆中，经 2~3 s 取出，将接触矿浆部分纸条变色程度与标准色对比，即可知所测矿浆的 pH。pH 试纸具有方便和快捷的优点，但缺点是不够准确。使用 pH 试纸时,应注意试纸的有效期,过期的试纸就不能再使用了。

(2)电位法(pH 计法)

测定时按所使用的 pH 计的说明书测定。工作原理是插入待测液体中的两个电极,能够根据液体中氢离子浓度的大小,产生相应的电位差来确定矿浆的 pH。用这种方法测定的精度较高,而且能连续测量,并将测定的 pH 自动显示和记录。

(3)滴定法(酸碱中和滴定法)

其操作程序是:

①取少量矿浆样品静置澄清。

②用移液管吸取澄清后的上清液 50 mL,并将其转入干净的三角瓶内。

③往瓶中滴入几滴酚酞指示剂(这种指示剂在酸性介质中无色,在碱性介质中变为红色),如试液是碱性的则变成红色。

④用预先标定的已知浓度的滴定液(如 0.1 N 的硫酸溶液)滴定,细心逐滴滴定并摇动三角瓶,直至溶液恰恰无色为止。

⑤根据滴定时所耗的硫酸的体积,采用式(12-6)计算所测矿浆的碱度。

$$pH = \lg \frac{S_V V}{1000} + 14 \tag{12-6}$$

式中:$S_V$ 为硫酸当量浓度,N*;$V$ 为滴定时所耗酸的体积,mL。

### 12.10.3.4　药剂用量的检测

(1)药剂用量的测定

在生产过程中,为了保持一定的药剂添加量,必须对各种药剂每隔 30 min 或 1 h 测定一次。

液体药剂多采用虹吸管式、斗式和轮式给药机的给药方式给药,其测定可用小量杯(筒)接取 1 min 的药量,然后可按式(12-7)、式(12-8)计算,给药量以每吨原矿所消耗的药量克数表示。

①溶液药剂用量的计算。

$$给药量(g/t) = \frac{每分钟滴入量杯的体积(mL) \times 药液密度(g/mL) \times 药液浓度(\%) \times 60}{处理矿量(t/h)}$$

$$\tag{12-7}$$

②原液药剂用量的计算。

$$给药量(g/t) = \frac{每分钟滴入量杯的体积(mL) \times 药液密度(g/mL) \times 60}{处理矿量(t/h)} \tag{12-8}$$

对于集中(一次)给药的选矿厂,按公式计算的药剂用量即为该种药剂在单位时间内的总耗量;对于分段给药的选矿厂,应先将每一段作业该药剂在 1 min 内

---

\* 　1 N＝1 克溶质当量数/溶液体积(L)。

测得的药剂体积数相加，然后再用公式求出单位时间内该种药剂的总耗量。

请注意，目前大多数选矿厂的药剂配制均采用单位体积的水中所溶解的药剂量来表示浓度(俗称体积重量浓度)，即每100 mL水中所溶解多少g的重量药剂，如5%的黄药溶液，表示每100 mL水中，溶解5 g的黄药。此时式(12-7)中可将药液密度×药液浓度两项直接用体积重量浓度代替。

(2)药剂浓度的测定

对于易溶于水的药剂(如黄药、硫化钠等)浓度的测定是采用测定药液密度的方法(因为已确定浓度的药剂其密度是一个定值)，间接地测出药剂浓度。测定的方法是：取已配制好的药剂溶液200~350 mL放在容器中(一般用250~500 mL的烧杯)，将波美密度计轻轻地放进容器内，使其在药液中飘浮，待其稳定后，观察药液面交界处的浮标密度刻度，即为药液的密度。

对于较难溶解于水的脂肪酸药剂(如塔尔油)浓度的测定是将已配好的药剂取样化学分析，看脂肪酸的含量(因为已确定的药剂浓度其脂肪酸的含量是个定值)，就可间接知道药剂浓度。

### 12.10.3.5　浓密机及沉淀池溢流中固体含量的测定

浓密机及沉淀池溢流中固体含量的高低(亦称为浑浊度)，不仅反映浓密、沉淀作业的工作情况，而且是造成金属流失的一个重要因素。溢流中固体含量的损失是编制实际金属平衡报表和采取措施减少溢流跑浑所必需的原始数据。

对浓密机及沉淀池溢流中固体含量的测定，通常是用过滤较大量的溢流样品，将滤渣烘干后直接称重的办法。因为正常情况下浓密机、沉淀池溢流中固体含量毕竟很少，用普通称量一定容积的浓度壶法不够准确，测定误差较大。

溢流中所含的固体量一般通过测定溢流的流量，固体含量和分析其品位后计算得出。为了测定溢流的浑浊度和金属损失量，要在溢流跑浑的整个时间内，每隔一定时间(通常20~30 min)取一次样，并测定溢流量，所采样品待澄清后，把上部清水用吸管吸出，将沉淀物用双层滤纸过滤烘干、称重、制备分析样品供化验，最后根据测定和分析数据按如式(12-9)计算浑浊度。

$$F = \frac{q}{V} \tag{12-9}$$

式中：$F$ 为浓密机及沉淀池溢流浑浊度或固体含量，g/L；$q$ 为所取溢流样品中的固体重量，g；$V$ 为所取样品的体积，L。

浓密机及沉淀池溢流中的金属量损失，按式(12-10)计算。

$$p = \frac{FQ\beta}{1000} \tag{12-10}$$

式中：$p$ 为溢流中的金属损失量，kg；$F$ 为溢流中的固体含量，g/L；$Q$ 为测定期间的溢流总流量，L；$\beta$ 为溢流中固体的金属品位，%。

#### 12.10.3.6 筛分效率、分级效率、返砂比及返砂量的测定

（1）筛分效率的测定与计算

分别对入筛物料、筛上物料及筛下物料每隔 15~20 min 取一次样，应连续取样 4~8 h。将取得的样品在检查筛里筛分，检查筛的筛孔与生产上用的筛子的筛孔相同，分别求原料和筛上产物、筛下产物中小于筛孔尺寸的级别重量百分含量，即可计算筛分效率 E。如果没有与所测定筛子的筛孔尺寸相等的检查筛子时，可用套筛做筛分分析，将其结果绘成筛析曲线，然后由筛析曲线求出该级别的百分含量：

$$E = \frac{\beta(\alpha - \theta)}{\alpha(\beta - \theta)} \times 100\% \qquad (12-11)$$

式中：α 为入筛原料中小于筛孔的级别含量，%；β 为筛下产物中所含小于筛孔级别的含量，%；θ 为筛上产物中所含小于筛孔级别含量，%。

（2）分级效率、返砂量和返砂比的测定计算

对分级机的给矿、溢流、返砂每隔 20 min 分别取一次样，连续取样 4~8 h，然后将取得的样品筛分分析，求得给矿、溢流、返砂中小于筛孔尺寸的级别百分含量，就可进行下列计算：

分级效率

$$E = \frac{(\alpha - \theta) \times (\beta - \alpha)}{\alpha(\beta - \theta) \times (100 - \alpha)} \times 100\% \qquad (12-12)$$

返砂比

$$C = \frac{(\beta - \alpha)}{(\alpha - \theta)} \times 100\% \qquad (12-13)$$

返砂量

$$S = \frac{(\beta - \alpha)}{(\alpha - \theta)} \times Q \qquad (12-14)$$

式中：Q 为球磨机新给矿量，t/h；α 为球磨机排矿（分级机给矿）中某一指定粒级的产率，%；β 为分级机溢流中某指定粒级的产率，%；θ 为分级机返砂中某指定粒级的产率，%。

#### 12.10.3.7 原矿和精矿的计量及水分的测定

（1）原矿和精矿的计量

①原矿计量是通过磨矿机给矿端带式运输机上的皮带秤自动计量，由测定人员按时抄录读数后计算得到。需要说明的是，这样算得的矿量还须扣除其中所含水分，才为真正的矿石处理量。

②精矿的计量是通过将生产出的精矿送往精矿仓的带式运输机上的皮带秤来自动计量的，也必须扣除精矿所含水分，才可求得精矿重。

③样品水分的测定

原矿与精矿中水分含量的测定是用烘干的方法。烘干的温度不宜过高，特别是含有硫化矿物的样品易氧化变质。因此，温度一般在 100 ℃ 左右，干燥到恒重为止，就是在 70~105 ℃ 温度下，相隔 20~30 min，两次称量样品的重量相等，即可认为已达恒重，湿重与干重之差在于湿重之比的百分数即为水分含量：

$$W = \frac{Q_1 - Q_2}{Q_1} \times 100\% \qquad (12-15)$$

式中：$W$ 为样品的水分含量，%；$Q_1$ 为湿样品的重量，g；$Q_2$ 为干样品的重量（恒重后），g。

### 12.10.3.8　球磨机生产能力的测定

（1）球磨机生产能力测定

对球磨机生产能力进行测定有以下两种方法。

①由电子皮带秤直接测得，并扣除矿石所含水分后即为磨机生产能力。

②在球磨机给矿皮带上，人工刮取一定长度的矿石，然后用普通台秤称量，求出每小时运输的矿量：

$$Q = 3.6pvf/L \qquad (12-16)$$

式中：$Q$ 为每小时的给矿量，t/h；$p$ 为刮取的矿量，kg；$v$ 为带式运输机运行速度，m/s；$f$ 为原矿含水系数；$L$ 为刮取矿量的胶带长度，m。

（2）球磨机利用系数的测定

$$q_{-0.074\,mm} = \frac{Q(\beta_2 - \beta_1)}{V} \qquad (12-17)$$

式中：$q_{-0.074\,mm}$ 为磨矿机利用系数，即每小时磨矿机单位容积所磨出的新生成 -74 μm 矿量，t/(h·m³)；$Q$ 为磨矿机每小时处理的给矿量，t/h；$\beta_1$ 为磨矿机给矿中 -74 μm 矿料的百分率，%；$\beta_2$ 为磨矿机排矿中 -74 μm 矿料的百分率，%；$V$ 为磨矿机的有效容积，m³。

### 12.10.3.9　浮选机充气量、浮选时间的测定

（1）浮选机充气量的测定

用特制透明的充气测定管进行，在充气管上部一定的体积处标有刻度，详见图 12-9。测定时先将充气管装满水，用纸盖住充气管的入口，将其倒置插入矿浆，插入深度为 30~40 cm，轻轻晃动充气管，使盖住充气管入口的纸脱落，见第一个气泡进入充气器时，秒表计时，待空气将充气管中水排至刻度位置时停止计时。根据充满一定体积的空气量及充气时间就可算出充气量。测定时，应在浮选机每槽不同位置测 3~4 次，取平均值，计算充气量。公式如下：

$$q = \frac{60 \times V}{S \times t} \qquad (12-18)$$

式中：$q$ 为充气量，$mL/(cm^2 \cdot min)$；$V$ 为充气管刻度处容积，$mL$；$S$ 为充气管的截面积，$cm^2$；$t$ 为空气充满气管刻度处时所需时间，$min$。

（2）浮选时间的计算

$$t = \frac{60VNK}{Q_0(R+1/\rho)} \qquad (12-19)$$

式中：$t$ 为作业浮选时间，$min$；$V$ 为浮选机的有效容积，$m^3$；$N$ 为浮选机的槽数；$K$ 为充气系数，浮选机内所装矿浆体积与浮选机有效容积之比，一般为 $0.65 \sim 0.75$，泡沫层厚时取小值，反之取大值；$\rho$ 为矿石的密度，$t/m^3$；$Q_0$ 为处理干矿量，$t/h$；$R$ 为液体与固体重量比。

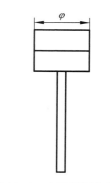

图 12-9　充气量测定装置

### 12.10.3.10　减少技术检验中产生误差的途径

在选矿厂取样、加工和化验过程中，产生误差的原因有很多，它们各自对选矿结果都有一定影响。各个单项误差总合起来，构成一个总误差，要减少总误差，必须先从降低单项误差入手。

从误差传递理论可知，多项相加时，和的相对误差不会大于各个单项的最大相对误差；乘除运算时，最终结果的相对误差，是各个单项的相对误差之和。计算出厂精矿金属含量时，若允许精矿重量误差为 $\pm 2\%$，品位化验误差为 $\pm 3\%$，则金属含量的误差就应允许达到 $\pm 5\%$。若原、精、尾矿品位化验误差分别允许为 $\pm 1\%$，则计算出来的回收率的误差，就应允许达到 $\pm 4\%$。因此，如何减少单项误差，则是降低总误差的必经之路。其主要途径为：

①样品最小重量，必须满足 $Q=Kd^2$ 公式的要求，参阅第 11 章。

②取样方法不能随意改变，必须定点、定时进行取样，具体的取样步骤、要求、操作方法请参阅 12.10.2 节。

③样品加工的方法、步骤、注意事项，要严格参照前面相关章节要点进行。

取样方法和样品加工步骤、注意事项，是前人多少年来根据选矿生产实践进行的经验总结，之所以要规定得详细、具体，甚至有些人认为"烦琐"，这主要是为了尽量减少误差，使其所得的测定数据，能近似反映客观实际。

④化验分析过程中，要有一套严格的操作规程和具体要求。难分析的样品要两人双对做，内部抽查比例不少于总样的 20%；外检样品必须要由内检样品中抽 5%～10% 送外检单位；内、外检的合格率必须在 95% 以上。

⑤选矿厂负责技术工作的厂长或主任工程师，必须定期召集技术检验和化验人员进行座谈，分析取样、加工和化验工作中存在的各种问题，及时总结经验、吸取教训、改进工作，把误差控制在最小的允许范围内。

# 12.11 选矿厂的金属平衡

选矿厂的金属平衡工作是选矿厂管理工作的重要组成部分，是衡量选矿厂（车间）生产技术管理和经营管理好坏的主要标志之一。金属平衡可分为工艺金属平衡（理论金属平衡）和商品金属平衡（实际金属平衡）两大类。

工艺金属平衡是根据原矿矿石和选矿产品的化学分析，以及所处理的矿石重量来编制的。是根据工艺过程某一选别阶段的产品取样分析结果计算得到的，所以工艺平衡反映了选矿工艺过程的实际状况。商品金属平衡则是根据实际所得到的全部选矿产品和商品（原矿、精矿）的重量和化学分析（品位），以及机械损失等资料计算编制的。因此，商品金属平衡反映整个选矿厂的实际生产情况。

工艺金属平衡与商品金属平衡之间的差别在于：前者不考虑在不同选矿生产阶段中各种产品的机械损失，所以，工艺回收率一般要高于商品回收率。仅在理想情况下，商品平衡回收率与工艺回收率才基本接近。工艺回收率有时又称为"理论回收率"，商品回收率又称为"实际回收率"或"实收率"。对比分析两者的差别，可以帮助查明矿石选矿处理过程中的异常情况，找出造成金属流失可能的原因。两者间的不协调程度，也反映了企业技术水平和生产管理水平的好坏。

## 12.11.1 工艺金属平衡与平衡表的编制

工艺金属平衡不仅用于检查选矿工艺过程，而且也反映整个企业生产活动和各生产班的工作情况。

编制工艺金属平衡所需要的主要资料包括：①处理原矿量 $Q$ 及原矿取样化验品位 $\alpha$；②精矿取样化验品位 $\beta$ 和尾矿取样化验品位 $\theta$。

如果具有生产过程各环节的取样资料，则可为任何环节编制工艺平衡。根据工艺平衡可用分析方法确定金属的回收率、金属的富集比、产品的产率、工艺损失量及选矿比。工艺平衡的计算可能有如下几种情况。

（1）两种最终产品——精矿和尾矿

取所处理矿石的产率为 100%，$\gamma_1$ 为精矿的产率；$\gamma_2$ 为尾矿的产率；$\alpha$ 为原矿中有用金属品位，%；$\beta$ 为精矿中有用金属品位，%；$\theta$ 为尾矿中有用金属品位，%。则尾矿产率为 $\gamma_2 = 100 - \gamma_1$，矿石和产品中金属的平衡方程式为：

$$100\alpha = \gamma_1\beta + (100 - \gamma_1)\theta$$

$$\gamma_1 = \frac{\alpha - \theta}{\beta - \theta} \times 100\% \qquad (12-20)$$

精矿中金属回收率为精矿中金属质量与原矿中该金属质量之比的百分数：

$$\varepsilon_1 = \gamma_1 \frac{\beta}{\alpha} \quad 或 \quad \varepsilon_1 = \frac{\alpha-\theta}{\beta-\theta} \times \frac{\beta}{\alpha} \times 100\% \tag{12-21}$$

尾矿中金属损失率为：

$$\varepsilon_2 = 100 - \varepsilon_1 \quad 或 \quad \varepsilon_2 = \gamma_2 \frac{\theta}{\alpha} \tag{12-22}$$

（2）三种最终产品——两种精矿和尾矿

某选矿厂生产铜精矿和铅精矿，假设原、精和尾矿中所含的金属量（品位）（%）如下：

|  | Cu（铜） | Pb（铅） |
|---|---|---|
| 原矿 | $a$ | $b$ |
| 铜精矿 | $a_1$ | $b_1$ |
| 铅精矿 | $a_2$ | $b_2$ |
| 尾矿 | $a_3$ | $b_3$ |

依据上述资料可列出如下平衡式：

$$\left. \begin{array}{l} ①矿量平衡：\gamma_1 + \gamma_2 + \gamma_3 = 100 \\ ②铜金属平衡：a_1\gamma_1 + a_2\gamma_2 + a_3\gamma_3 = a \times 100 \\ ③铅金属平衡：b_1\gamma_1 + b_2\gamma_2 + b_3\gamma_3 = b \times 100 \end{array} \right\} \tag{12-23}$$

式中：$\gamma_1$、$\gamma_2$、$\gamma_3$ 分别为铜、铅精矿和尾矿的产率。解此联立方程式，得出 $\gamma_1$、$\gamma_2$，而 $\gamma_3 = 100 - \gamma_1 - \gamma_2$。

$$\gamma_1 = \frac{(a-a_3)(b_2-b_3) - (a_2-a_3)(b-b_3)}{(a_2-a_3)(b_2-b_3) - (a_2-a_3)(b_1-b_3)} \times 100\% \tag{12-24}$$

$$\gamma_2 = \frac{(a_2-a_3)(b-b_3) - (a-a_3)(b-b_3)}{(a_1-a_3)(b_2-b_3) - (a_2-a_3)(b_1-b_3)} \times 100\% \tag{12-25}$$

回收率的计算如下。

铜精矿中铜的回收率为：

$$\varepsilon_{Cu} = \gamma_1 \frac{a_1}{a} \tag{12-26}$$

铅精矿中铅的回收率为：

$$\varepsilon_{Pb} = \gamma_2 \frac{b_2}{b} \tag{12-27}$$

另外，铜精矿中损失的铅为：

$$\varepsilon'_{Pb} = \gamma_1 \frac{b_1}{b} \tag{12-28}$$

铅精矿中损失的铜为：

$$\varepsilon'_{Cu} = \gamma_2 \frac{a_2}{a} \qquad (12-29)$$

计算后再编制工艺金属平衡表。为简便计算也可采用行列式求解。对选矿厂生产 4 种或 5 种以上最终产品时，可以采用类似于上述的方法进行计算，只不过是计算工作量大些，目前许多选矿厂针对自己特定的工艺流程，编制相应的计算机程序完成金属平衡的计算。

（3）工艺金属平衡报表的编制

由于选矿厂生产是一个连续的过程，不可能精确地提供商品金属平衡计算所需要的原始数据，因此，选矿厂一般应先编制工艺金属平衡表，并按日报出，按月累计汇总。

工艺金属平衡表是根据原矿和选矿最终产品（精矿和尾矿）的化学分析数据，以及被处理矿石的数量进行编制的。选矿厂通常按班、日编制工艺金属平衡表；日金属平衡表的加权累计，即得旬或月金属平衡表；月累计，即得季度或年度工艺金属平衡表。

需要提醒的是，每月工艺金属平衡表，不能仅根据每月的原、精、尾矿的综合试样的分析结果进行编制，这是因为所得综合样的分析数据比在一个月内各产品分析结果累积加权平均值的准确性差，同样，年度金属平衡表的编制，也必须以月度金属平衡表的加权累积平均值为依据。

工艺金属平衡表作为对选矿工艺过程和技术管理业务检查的重要手段，可反映出全厂和个别车间、班组的工作情况。从工艺金属平衡表中所反映出的问题，对全厂、个别车间和班组的工作指标进行比较和分析，以便查明选矿过程中不正常情况的原因，以及在取样、计量和各种分析与测量中存在的误差等。

工艺金属平衡表一般由选矿厂计划统计或生产管理部门进行编制，包括了全厂各车间的主要工艺指标。不同选矿厂编制的工艺金属平衡表格式存在一定差异，常见单金属工艺平衡报表如表 12-1 所示。多金属工艺平衡报表在单金属的表格基础上，按金属种类多少增加相应的表项即可。表 12-1 中各项指标的计算如下。

①磨矿开车时数。一般由处理原矿的磨矿机开车时数为计算标准，单位为 h，有效数取小数点后 2 位。

②磨矿台效。处理原矿量（t）/磨矿机开车时数，有效数取小数点后 1 位。

③原矿处理量。根据各系统皮带秤（或人工测定），每班记录的总数和原矿水分测定结果计算而得。原矿处理量=记录矿量总数×（1-原矿水分），通常取整数。

④原、精、尾矿品位。取样后经化学分析得出，一般根据品位高低，保留小数点后 2~3 位。

⑤原矿金属量=原矿处理量（t）×原矿品位，取小数点后 2~3 位。

⑥回收率。计算同前式（12-20）~（12-29）。

一致, 并注意电机转向要和转向标志相同。打开电源开关, 控制器电源指示灯和数字显示, 正常发光, 调节时间设定旋钮, 使时间显示器显示出设定的时间, 本机就开始正常自动工作。

当达到设定的时间, 控制器发出电机运转指令, 电机的旋转力通过机械传动系统, 通过拉杆、导向器使取样管匀速上升, 取样管入口自动打开, 开始垂直全方位取样, 取样完成后, 由电子控制系统发出指令, 使取样管停止在下止点的密封关闭状态。

(5)生产检查样品的制备

1)样品的加工与缩分

从生产流程中取得的样品, 在粒度组成、重量或其他性质上不一定能满足化学分析的要求。因此, 在对这些样品进行化学分析之前, 一般应该进行一系列的样品制备工作, 常见的矿浆样品缩分流程如图 12-7 所示。

①首先要明确所采样品的用途是什么, 对其粒度和重量的要求如何, 以保证所制备的样品能满足全部测试项目的需要, 而不致遗漏或弄错。

②按样品最小重量公式 $Q = Kd^2$, 算出在不同粒度下为保证样品的代表性所需要的最小重量, 据

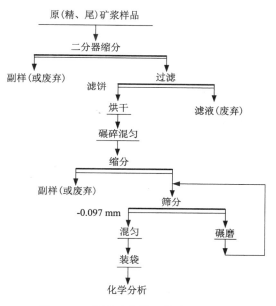

图 12-7 典型矿浆样品缩分流程

此确定在什么情况下可以直接缩分, 以及在什么情况下要破碎到较小粒度后才能缩分。若样品实际重量 $Q \geqslant 2Kd^2$, 则样品不须破碎即可缩分; 若样品实际重量 $Q < 2Kd^2$, 则样品必须破碎到较小后才能缩分; 若样品实际重量 $Q < Kd^2$, 表明样品的代表性已有问题, 有关代表性样品重量的计算详细参阅第 11 章。

2)样品的加工步骤

不同种类的样品, 其加工方法和步骤不完全相同, 这里综合常见样品的加工步骤如下。

①矿样混匀。对破碎后的矿样, 缩分前应对矿样进行混匀。一般采用堆锥法进行混匀, 由于矿量较多, 为保证样品的均匀性, 要求堆 3 次以上。翻滚法是用于混匀少量细粒样品的方法。将样品置于一块橡胶皮上, 然后抓住胶皮的对角, 使样品反复翻滚而达到混匀的目的, 重复数次即可混匀。对矿石中有用矿物颗粒

⑦精矿金属含量=理论回收率×原矿金属含量(t)，取小数点后 2~3 位。

⑧精矿量=精矿金属量/精矿品位(t)，取小数点后 2 位。

⑨累计原矿品位=累计原矿金属含量/累计原矿处理量。

累计精矿品位=累计精矿金属含量/累计精矿量

$$累计尾矿品位=\frac{累计原矿金属含量-累计精矿金属含量}{累计原矿处理量-累计精矿量}$$

⑩累计入选细度$(\%-0.074\ mm)=\dfrac{Q_1d_1+Q_2d_2+\cdots}{Q_1+Q_2+\cdots}$，取整。其中，$Q_i$ 和 $d_i$ 分别为各班(或日)原矿处理量和入选细度。

$$累计精矿水分(\%)=\frac{累计湿精矿量-累计干精矿量}{累计湿精矿量}$$，保留小数点后 1 位。

选矿的质量、物质消耗及其他主要技术经济指标统计也会因厂而异。

## 12.11.2　商品金属平衡与平衡表的编制

(1)商品金属平衡

商品金属平衡又叫实际金属平衡，企业的技术经济指标是建立在商品金属平衡的基础上，所以商品金属平衡应按产品取样和化学分析的精确数据，以及实际消耗的原矿量和得到的产品重量来编制。

编制商品金属平衡需要下列原始数据：处理的原矿重量；所生产的精矿重量；尾矿重量；在厂产品的盘存量(矿仓、浓缩机内的产品)；原、精、尾矿及在厂产品的化验品位；机械损失。

商品金属平衡一般每月编制一次。编制的计算式可根据收入等于支出的原则进行。

上月遗留下来的盘存金属量+本月收入原矿的金属量=运出的精矿中的金属量+尾矿中的金属量+遗留给下月的盘存金属量+损失的金属量。

若用符号表示如下。

$$[Q_仓\ \alpha_仓+Q_浓\beta_浓]+Q_原\alpha=Q_精\beta+Q_尾\theta+[Q'_仓\alpha'_仓+Q'_浓\beta'_浓]+\delta_损\ Q_损 \qquad (12-30)$$

式中：$Q_仓$，$\alpha_仓$ 分别为上月遗留在矿仓中盘存的矿石量(t)及其金属品位(%)；$Q_浓$，$\beta_浓$ 分别为上月遗留在浓缩机中盘存的精矿量(t)及其金属品位(%)；$Q_原$，$\alpha$ 分别为本月进厂的原矿量(t)及其金属品位(%)；$Q_精$，$\beta$ 分别为本月产出的精矿量(t)及其金属品位(%)；$Q_尾$，$\theta$ 分别为本月产出的尾矿量(t)及其金属品位(%)；$Q'_仓$，$\alpha'_仓$ 分别为存留在矿仓中遗留给下月的盘存矿石量(t)及其金属品位(%)；$Q'_浓$，$\beta'_浓$ 分别为存留在浓缩机中遗留给下月的盘存精矿量(t)及其金属品位(%)；$Q_损$，$\delta_损$ 分别为损失的矿量(t)及其金属品位(%)。

一般来说，生产过程中损失的矿量包括浮选机槽子漏、跑槽、精矿流失及故障时溢出物、浓缩机溢流"跑浑"，以及胶带运输机"掉矿"、球磨给矿处"漏矿"等。

计算商品回收率的公式是：

$$\varepsilon_{商品} = \frac{实际商品金属量}{实际入选原矿所含金属量} = \frac{Q_{精}\beta}{Q_{原}\alpha} \times 100\% \qquad (12-31)$$

式中：$Q_{精}$ 为实产精矿吨数(要扣除盘存的)；$\beta$ 为精矿品位，%；$Q_{原}$ 为实选的矿石吨数(要扣除盘存的)；$\alpha$ 为原矿品位，%。

商品回收率往往略低于工艺回收率，但也不能相差太多，一般工艺回收率比商品回收率高 1%~3%。若二者相差太多，表明损失过多，就要查明原因，采取措施。

(2)商品金属平衡报表

商品金属平衡报表是根据所处理原矿的实际数量、出厂精矿数量、机械损失量、在产品和产成品的存留量(包括矿仓、浓密机和各种设备器械中的物料)、原矿及选矿产成品的化学分析资料等统计资料进行编制的。由于选矿是一个连续的生产过程，原矿石要经过一段较长的分选时间，才能得到精矿。所以，在短时间内商品金属平衡报表是难以编制的，通常是按旬、月、季、年来进行编制。

根据商品金属平衡报表中的数据，可以知道出厂商品精矿的数量、金属量和商品精矿的回收率，以及在产品的余额(即生产工艺流程中正在处理的矿石量和其金属量)、成品精矿的库存量、工艺过程中金属的机械损失等。商品精矿中的金属量，是选矿厂和产品销售部门之间，进行经济核算的重要依据。

选矿厂常用的单一金属商品平衡报表如表 12-2 所示。对于多金属选矿厂的商品金属平衡报表，可以按金属种类不同，单独编制，也可以增加项目，编在同一张表内。

比较单金属工艺平衡报表和商品金属平衡报表的数据，可以揭示出选矿工艺过程中机械损失的来源，便于查明工艺过程中的不正常状况，以及在取样、称重和各种分析与测量中的误差。

编制商品金属平衡报表时，很多选矿厂只对精矿仓(场)和浓密机中(包括沉淀池)存留的精矿量，进行测定和取样，计算出其金属量，而对存留在各种机械设备中的物料，可将前后两次编制报表时的存留量近似地看成相等，因而在编制时一般不予统计。报表中关于金属流失一栏，其测定和计算方法见 12.11.3。

## 12.11.3　金属流失的检查与测定

选矿厂的金属流失主要是指磨矿、选别和脱水车间的流失。其原因是选矿厂所处理的原矿量一般是指磨矿机的原始给矿量。但不可否认的是，破碎车间也有一定的金属流失，特别是当原矿含泥量较大时，其金属损失就相对较大，尽管如

## 表12-1 单金属工艺平衡报表

制表日期： 年 月 日

| 班别 | 系统 | 磨机开车时数/h | 磨矿台时/(t·h⁻¹) | 原矿 处理量/t | 原矿 品位/% | 原矿 金属量/t | 精矿 精矿量/t | 精矿 品位/% | 精矿 金属量/t | 尾矿品位/% | 回收率/% | 入选细度/% -0.074mm |
|---|---|---|---|---|---|---|---|---|---|---|---|---|
| 0~8班 | 1# | | | | | | | | | | | |
| | 2# | | | | | | | | | | | |
| | 3# | | | | | | | | | | | |
| | 合计 | | | | | | | | | | | |
| 8~16班 | 1# | | | | | | | | | | | |
| | 2# | | | | | | | | | | | |
| | 3# | | | | | | | | | | | |
| | 合计 | | | | | | | | | | | |
| 16~24班 | 1# | | | | | | | | | | | |
| | 2# | | | | | | | | | | | |
| | 3# | | | | | | | | | | | |
| | 合计 | | | | | | | | | | | |
| 当日 | | | | | | | | | | | | |
| 本月累计 | | | | | | | | | | | | |

碎矿工段

| 班次 | 设备开车情况 开车时间 本日 | 设备开车情况 开车时间 累计 | 设备开车情况 运转率/% 本日 | 设备开车情况 运转率/% 累计 | 处理量/t 本日 | 处理量/t 累计 |
|---|---|---|---|---|---|---|
| 一班 | | | | | | |
| 二班 | | | | | | |
| 三班 | | | | | | |
| 合计 | | | | | | |

脱水工段

| 班次 | 溢流固体含量/(g·L⁻¹) | 生产精矿 水分/% | 生产精矿 干量/t | 出厂精矿 水分/% | 出厂精矿 干量/t |
|---|---|---|---|---|---|
| 一班 | | | | | |
| 二班 | | | | | |
| 三班 | | | | | |
| 日累计 | | | | | |
| 月累计 | | | | | |

制表： 校核：

表12-2 单金属商品平衡报表

制表日期： 年 月 日

| 项 目 | 单位 | 统计产量/t | | 核实产量/t | | 精矿仓存留量/t | | 浓缩机存留量/t | |
|---|---|---|---|---|---|---|---|---|---|
| | | 理论 | 实际 | 理论 | 实际 | 本月(旬) | 上月(旬) | 本月(旬) | 上月(旬) |
| 原矿量 | t | | | | | | | | |
| 原矿品位 | % | | | | | | | | |
| 原矿金属量 | t | | | | | | | | |
| 精矿量 | t | | | | | | | | |
| 精矿品位 | % | | | | | | | | |
| 精矿金属量 | t | | | | | | | | |
| 回收率 | % | | | | | | | | |
| 尾矿品位 | % | | | | | | | | |
| 金属流失 | 磨矿选别车间流失 | | | t; 浓缩机溢流水流失 | | t; 干燥机烟尘流失 | | t; | |
| | 三项合计 | | | t; 浓缩机溢流水固体含量 | | g/L | | | |
| 备 注 | | | | | | | | | |

校核： 制表：

此，经过生产实践数据的统计分析，破碎车间的金属损失占整个金属损失的比例较小，一般占原矿的0.2%以下，因而，一般不引起重视。

磨矿、选别和脱水车间的金属损失主要表现在：①磨矿和选别生产过程中的流失，如磨矿机漏浆、砂泵池漫浆、浮选机跑槽、管道漏浆、砂泵漏浆和事故放矿等；②浓密机溢流水跑浑；③干燥机烟尘损失等（一般选矿厂无干燥作业）。

（1）磨矿和选别车间金属流失检查和测定

由于大多数选矿厂均将磨矿和选别车间设计在一起，因而两个车间的生产废水汇集在一起，由沟渠或管道排出厂外再与最终尾矿汇合，排入尾矿库。因此，一般可从以下几个地点进行检查和测定。

①总污水沟（管）。在总污水的排出口处安装地沟取样机（如图12-11所示）。对污水取样分析其品位，同时对其流量每间隔30~60 min 测定一次，计算每班的平均流量，则该班在总污水中的金属流失计算如下：

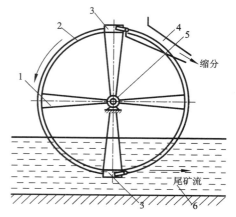

1—轮辐；2—转轮；3—取样勺；4—接样槽；
5—轴承；6—地沟（或尾矿沟）。

**图12-10 地沟取样机**

$$E_s = \frac{48WP\beta}{100000} \quad (12-32)$$

式中：$E_s$ 为 8 h 内金属流失量，t；$W$ 为污水沟平均流量，L/min；$P$ 为污水中固体含量，g/L；$\beta$ 为污水中金属品位，%。

②排出厂外的尾矿沟。如果磨矿和选别车间的污水沟和生产废弃的尾矿合并后排出，会使总尾矿品位升高，导致实际回收率的降低。此时，可分别对生产尾矿和与污水合并后的总尾矿进行取样分析其品位，按式（12-33）计算金属损失。

$$E_s = \frac{Q\beta}{10000}\left(\frac{\alpha-\theta}{\beta-\theta}\frac{\alpha-\theta_1}{\beta-\theta_1}\right) \quad (12-33)$$

式中：$E_s$ 为当班磨矿选别车间的金属损失量，t；$Q$ 为当班处理的原矿量，t；$\alpha$、$\beta$、$\theta$、$\theta_1$ 分别为当班生产的原、精、尾和总尾矿（含流失金属）品位，%。

式（12-33）近似地反映了金属流失的量的关系，因而，还可以根据总尾矿和生产尾矿的品位，按式（12-34）计算。

$$E_s = \frac{Q_\theta(\theta_1-\theta)}{100} \quad (12-34)$$

式中：$Q_\theta$ 为当班生产尾矿量，t；$Q_\theta$ 可由当班处理的原矿量减去当班理论精矿量求出。

（2）浓缩机溢流水中金属流失检查与测定

浓缩机溢流水中的金属流失量，可以根据溢流水的固含与固体的金属品位，以及溢流水总量计算得到：

$$E_n = \frac{P\beta_n W}{1000} \qquad (12-35)$$

式中：$E_n$ 为溢流水中金属流失量，t；$P$ 为溢流固体含量，g/L；$\beta_n$ 为溢流中固体的品位，%；$W$ 为溢流水的总流量，$m^3$。

一般生产中，可以近似地认为进入浓缩机中固体精矿量与过滤机滤饼排出的固体精矿量相等，则浓缩机溢流总量 $W$，可根据进入浓缩机精矿矿浆中的含水量与过滤机滤饼含水量之差计算。

$$W = \frac{100Q(R_2 - R_1)}{R_1 R_2} \qquad (12-36)$$

式中：$R_1$、$R_2$ 分别为进入浓缩机精矿矿浆和过滤机滤饼的重量百分浓度，%；$Q$ 为生产的理论精矿量（干量），t。

如果浓缩机溢流水中固体的金属品位是溢流水中固体含量的月度混合样的化验结果，溢流水中固体含量以月度的算术平均值计算，精矿量可以全月的理论精矿量代替，给入浓缩机的精矿矿浆和滤饼浓度，也可用月度算术平均值计算，得到全月浓缩机溢流水中金属流失量，但这种计算结果存在较大误差。

## 12.11.4　金属不平衡的原因及其改善措施

在选矿工艺过程中，由于种种原因存在导致金属的损失和各种测试误差，所以工艺金属平衡和商品金属平衡之间也存在一定差值，这个差值称之为金属平衡差。通常用理论回收率与实际回收率之差来表示。产生金属平衡差值的原因，大体由下列因素引起。

①选矿过程中金属的机械损失，所谓机械损失主要是指未计入产品精矿和尾矿中的金属量。如砂泵池漫浆、浮选机跑槽、磨矿机吐矿和漏浆、矿浆管道泄漏、浓密机溢流水跑浑、干燥机烟尘损失等。这些损失都会使理论回收率与实际回收率之差为正值。在生产正常的选矿厂，这种机械损失并不大，一般情况下，这部分金属损失量仅占回收率的 0.1%~0.2%，最多不超过 0.5%。

②取样、计量和化学分析误差。这些误差贯穿于从处理原矿起到精矿出厂的全过程。

根据一些选矿厂的经验教训，要搞好金属平衡编制工作，减少平衡差值，达到国家要求的允许范围，必须抓好以下几项工作。

①计准入选的原矿量。对于用电子（或机械）皮带秤计量的选矿厂，要对皮带

秤进行认真地调试，使其测量误差不超过规定要求，并且每隔 3~4 天，用人工实测矿量或挂码进行校正，每隔半月或一月用链轮进行校验。

对于用刮皮带或测摆式给矿机下矿量来计算原矿量的选矿厂，一定要对磅秤进行校验，并记准给矿时间。对原矿的水分样要尽量采准和测准。

②测准原矿品位。原矿品位的误差，使理论回收率和实际回收率各朝相反的方向波动，对金属平衡差值起着双重影响。因此，从采样、加工到化验，都要采用准确可靠的方法，保证原矿品位的准确性。原矿品位的误差，对金属平衡差值影响最大。因此，必须在测准原矿品位上狠下功夫，尽量减少平衡差值。

③测准精、尾矿品位。对于精、尾矿矿浆品位样的取样和加工，应严格按操作规程进行。精矿品位的误差，虽然对回收率和平衡差值影响不太大，但对精矿销售价格和企业利润有着举足轻重的影响作用。

根据一些选矿厂的生产实践证实，尾矿品位较低，测试的相对误差最大，对金属平衡差值的影响也最大。因此，对尾矿品位的测试也要认真对待。要测准精、尾矿品位样，必须注意抓好两方面的工作，一是做好各尾矿点(或精矿点)的集中采样；二是要给采样点留有一定的高差。

④新建、改建选矿厂时，应为编制金属平衡创造条件，所采用的计量采样方法以及采样设备的选择，要在总体上同时考虑、同时订货、同时付诸施工，保证投产后就能考核生产指标，为进一步提高生产效率指标提供依据。

# 参考文献

[1] 陈若兰.矿产资源开发管理概论[J].江苏地矿信息,2001(4):105-107.

[2] 张强.选矿概论[M].北京:冶金工业出版社,1984(6).

[3] 张志雄,等.矿石学[M].北京:冶金工业出版社,1981.

[4] 周乐光.工艺矿物学[M].北京:冶金工业出版社,1990.

[5] 王毓华,王化军.矿物加工工程设计[M].长沙:中南大学出版社,2012.

[6] 李启衡.碎矿与磨矿[M].北京:冶金工业出版社,1980.

[7] 韩跃新.粉体工程[M].长沙:中南大学出版社,2011.

[8] 吴建明.国际粉碎工程领域的新进展(续1-5)[J].有色设备,2007,(2-6):1.

[9] 李明发.选矿机械设备安装调试运行操作与维修保养[M].北京:当代科学技术出版社,2005.

[10] 《中国选矿设备手册》编委会.中国选矿设备手册(上、下册)[M].北京:科学出版社,2006.

[11] 刀正超.选矿厂磨矿工[M].北京:冶金工业出版社,1987.

[12] 梁殿印,吴建明.矿物加工设备新进展[J].矿冶,2002(7):60-74.

[13] 陈炳辰.磨矿分级进展(上、下)[J].金属矿山,1999(11-12):12.

[14] 王淀佐,等.资源加工学[M].北京:科学出版社,2005.

[15] 胡岳华,等.矿物资源加工技术与装备[M].北京:科学出版社,2006.

[16] 胡为柏.浮选[M].北京:冶金工业出版社,1983.

[17] 胡岳华.矿物浮选[M].长沙:中南大学出版社,2014.

[18] 胡岳华,王毓华,王淀佐.铝硅矿物浮选化学与铝土矿脱硅[M].北京:科学出版社,2004.

[19] 于福顺,王毓华.锂辉石矿浮选理论与实践[M].长沙:中南大学出版社,2015.

[20] 朱玉霜,朱建光.浮选药剂的化学原理[M].长沙:中南工业大学出版社,1996.

[21] 胡熙庚,等.浮选理论与工艺[M].长沙:中南工业大学出版社,1991.

[22] 沈政昌,等.浮选设备发展概况(续一、二、三)[J].有色设备,2004,(6-8):8.

[23] 魏德洲.矿物物理分选[M].长沙:中南大学出版社,2010.

[24] 刘树贻.磁电选矿学[M].长沙:中南工业大学出版社,1994.

[25] 王常任.磁电选矿[M].北京:冶金工业出版社,1986.

[26] 孙玉波.重力选矿[M].北京:冶金工业出版社,1982.

[27] 姚书典.重选原理[M].北京:冶金工业出版社,1992.

[28] 恒川昌美,等.湿式重选技术的研究进展[J].国外金属矿选矿,2006(5):4-10.

[29] 卡斯特尔.重选法的新进展[J].国外金属矿选矿,2002(10):18-20.

[30] 杨守志.固液分离[M].北京:冶金工业出版社,2003.

[31] 罗茜.固液分离[M].北京:冶金工业出版社,1997.

[32] 罗茜.脱水设备的现状与进展[J].冶金矿山与冶金设备,1996(5):49-51.

[33] 胡寿松.自动控制原理[M].北京:科学出版社,2013.

[34] 王卫东,徐志强,朱子祺.矿物加工过程电气与控制[M].北京:冶金工业出版社,2021.

[35] Barry A Wills, et al. Will's Mineral Processing Technology (8th Edition)[J]. Butterworth-Heinemann,2015.

[36] 许时.矿石可选性研究[M].北京:冶金工业出版社,1981.

[37] 成清书.矿石可选性试验与检查[M].北京:冶金工业出版社,1981.

[38] 黄先本.选矿厂生产技术检验[M].北京:冶金工业出版社,1985.

[39] 黄先本.选矿厂管理[M].北京:冶金工业出版社,1985.

[40]《选矿设计手册》编委会.选矿设计手册[M].北京:冶金工业出版社,1988.

[41] 吕宪俊,连民杰.金属矿山尾矿处理技术进展[J].金属矿山,2005(8):1-4.

[42]《尾矿库安全管理技术、工程设计实施手册》编委会.尾矿库安全管理技术、工程设计实施手册[M].北京:中国知识出版社,2008.

[43] 吴建明.Bond 粉磨功指数研究与应用的进展[J].有色设备,2005(3):1-3.

[44] 吴建明.Bond 粉磨功指数研究与应用的进展[J].有色设备,2005(6):6-8.

[45] 王强,林齐.复杂铝土矿 BOND 功指数测试研究[J].世界有色金属,2009(12):39-41.

[46] Deis R J,杨忠高.利用实验室球磨机可磨性试验确定榜德功指数[J].化工矿山译丛,1989(1):57-60.

[47] 王宏勋,贺春山.关于自磨的试验程序和方法[J].有色金属(选矿部分),1980(6):24-28.

[48] 张式诚.太钢尖山铁矿石自磨试验研究[J].矿山技术,1991(2):53-58.

[49] 蒋豪杰.大红山铁矿石自磨试验研究,矿冶工程,1999,19(4):19-21.

[50] 王炬.云南某含铁铜矿石球磨功指数及自磨介质适应性试验研究[J].矿业快报,2007(10):34-36.